KUHMINSA

한 발 앞서나가는 출판사, 구민사
독자분들도 구민사와 함께 한 발 앞서나가길 바랍니다.

구민사 출간도서 中 수험서 분야

- 용접
- 자동차
- 조경/산림
- 품질경영
- 산업안전
- 전기
- 건축토목
- 실내건축

- 기술사
- 기계
- 금속
- 환경
- 보일러
- 가스
- 공조냉동
- 위험물

전문가를 위한 첫걸음, 구민사는 그 이상을 봅니다!

전국 도서판매처

- 일산남부서점 • 안산대동서적 • 대전계룡서점 • 대구북앤북스 • 대구하나도서
- 포항학원사 • 울산처용서림 • 창원그랜드문고 • 순천중앙서점 • 광주조은서림

www.kuhminsa.co.kr

자격증 시험 접수부터 자격증 수령까지!

D-DAY 60 승강기기능사 필기 D-60 합격 플랜

(위의 플랜은 가장 이상적인 것이므로 참고하여 개인의 입장과 일정에 맞춰 준비하시기 바랍니다.)

월요일	화요일	수요일	목요일	금요일	토요일	일요일
D-60	D-59	D-58	D-57	D-56	D-55	D-54
PART 1 학습 및 복습							
D-53	D-52	D-51	D-50	D-49	D-48	D-47
PART 2 & 3 학습 및 복습						
D-46	D-45	D-44	D-43	D-42	D-41	D-40
PART 4 학습 및 복습						
D-39	D-38	D-37	D-36	D-35	D-34	D-33
과년도 문제 풀이						
D-32	D-31	D-30	D-29	D-28	D-27	D-26
전체 이론 및 과년도 문제 복습						

D-DAY 60 놓친 부분 다시보기

월요일	화요일	수요일	목요일	금요일	토요일	일요일
D-25	D-24	D-23	D-22	D-21	D-20	D-19
		이론복습 (O/X)				문제풀이 (O/X)
D-18	D-17	D-16	D-15	D-14	D-13	D-12
		이론복습 (O/X)				문제풀이 (O/X)
D-11	D-10	D-9	D-8	D-7	D-6	D-5
		이론복습 (O/X)				문제풀이 (O/X)
D-4	D-3	D-2	D-1			
		이론복습 (O/X)				

시험장 가기 전에 Tip

Q 계산기를 따로 가져가야 하나요?
A 시험을 치르는 PC에 설치된 계산기를 이용하실 수 있습니다.(개인 계산기 지참 가능)

Q PC로 시험을 치르면 종이는 못 쓰나요?
A 시험장에서 필요한 사람에 한해 종이를 제공합니다. 시험장마다 상황이 다를 수 있으니 전화로 해당 시험장의 상황을 파악해보시길 권장합니다. 이 때 시험이 끝나고 종이 반납은 필수입니다.

머리말

1910년 국내 최초로 설치된 승강기가 설치된 이후 100년이 지난 현대 산업사회에서 승강기는 한정된 대지에 용적률을 높인 고층건물에서 일상생활에 없어서는 안 될 중요한 부분으로 자리잡았으며, 산업사회의 발달과 인류의 생활수준 향상에 기여하는 바가 크고, 의존도가 높아지고 있는 것이 현실이다.

승강기의 사용은 불특정 다수인의 편리함, 안전성, 신뢰성 등이 확보되어야 함이 전제되어야 하며, 우리나라도 더 이상 지진과 같은 자연재해의 안전지대가 아닌 이상 안전성이 확보되지 못하거나 결여되어 있으면 인명 및 재산상의 손실을 야기 시키는 재해발생 요인이 되어 위험관리의 대상이 된다.

승강기 이용자의 안전을 위해서 승강기시설 안전관리법에 의거 승강기의 안전장치 및 기능의 설치를 의무화하였고, 안전장치는 항상 그 기능이 유지될 수 있도록 점검과 검사를 실시하며, 유지관리를 효율적으로 수행하기 위해 유지관리에 필요한 여러 가지 행위를 전문기술자 또는 그 행위에 적절하게 수행할 수 있는 자격자에게 위임하여 관리하여야 한다.

따라서 위에서 말한 승강기 안전관리자의 필수조건인 승강기기능사 자격의 지침서를 만들고자 일목요연(一目瞭然)하게 이론학습의 요점을 정리하였고, 문제풀이 과정을 명확하고 세밀하게 풀어서 안내함으로써 수험자들이 최대한 쉽고, 이해할 수 있도록 하였다.

언제든 독자 여러분들의 의견에 귀 기울이며, 본서의 내용에 대한 의문이나 수정할 부분이 있으면 내용을 다시금 연구 보강하여 독자 여러분들의 필수품인 지침서가 되도록 노력할 것이다.

끝으로 본서가 뜻깊은 결실을 맺을 수 있도록 격려와 신뢰를 보내주신 구민사 조규백 대표님과 직원분들께 다시 한 번 감사의 마음을 전한다.

저자

C/O/N/T/E/N/T/S

PART 1 승강기 개론

CHAPTER 01　승강기의 개요　3
　제1절　승강기의 종류　3
　제2절　승강기 운전방식에 따른 분류　7
　* 승강기의 개요 출제예상문제　9

CHAPTER 02　승강기의 원리 및 구조　12
　제1절　승강기의 원리와 구조　12
　제2절　권상기　13
　제3절　주로프(main rope)　17
　제4절　가이드 레일(guide rail)　21
　제5절　비상정지장치　22
　제6절　조속기(governor)　24
　제7절　완충기(buffer)　26
　제8절　카와 카 틀(car frame)　28
　제9절　균형추(counter weight)　28
　제10절　균형체인 및 균형로프　30
　* 승강기의 원리 및 구조 출제예상문제　32

CHAPTER 03　승강기의 도어 시스템　44
　제1절　도어 시스템의 종류 및 원리　44
　* 승강기의 도어 시스템 출제예상문제　48

CHAPTER 04　승강로와 기계실　51
　제1절　승강로의 구조 및 깊이　51
　제2절　기계실의 제설비　53
　* 승강로와 기계실 출제예상문제　55

CHAPTER 05　승강기의 제어　58
　제1절　교류 엘리베이터 제어　58
　제2절　직류 엘리베이터 제어　59
　* 승강기의 제어 출제예상문제　61

CHAPTER 06　승강기의 부속장치　64
　제1절　승강기의 안전장치　64
　제2절　신호장치　67
　제3절　기타 보조장치　68
　* 승강기의 부속장치 출제예상문제　71

CHAPTER 07　유압 승강기　74
　제1절　유압 승강기의 구조와 원리　74
　제2절　유압회로　77
　제3절　실린더(cylinder)와 플런저(plunger)　81
　제4절　유압파워 유니트 및 제어기
　　　　 (펌프, 주모터, 유량제어 밸브 등)　82
　* 유압 승강기 출제예상문제　83

CHAPTER 08　에스컬레이터(escalator)　87
　제1절　에스컬레이터의 구조 및 원리　87
　제2절　구동장치　89
　제3절　스텝과 스텝 체인 및 난간과 핸드레일　90
　제4절　안전장치　93
　* 에스컬레이터(escalator) 출제예상문제　99

CHAPTER 09　특수 승강기　104
　제1절　입체 주차설비의 종류 및 특징　104
　제2절　덤 웨이터　105
　제3절　입체 주차 설비의 종류 및 특징　106
　제4절　유희시설　110
　* 특수 승강기 출제예상문제　111

PART 2　승강기 안전관리

CHAPTER 01　승강기 안전 기준 및 취급　117
- 제1절　승강기 안전 기준　117
- 제2절　승강기의 안전 수칙　118
- 제3절　승강기의 사용 및 취급　124
- 제4절　승강기 비상시의 조치사항　126
- * 승강기 안전 기준 및 취급 출제예상문제　128

CHAPTER 02　이상 시의 제현상과 재해 방지　131
- 제1절　이상 상태의 제현상　131
- 제2절　이상 시 발견 조치　133
- 제3절　재해원인의 분석방법　134
- 제4절　재해조사 항목과 내용　135
- 제5절　재해 원인의 분류　137
- * 이상 시의 제현상과 재해 방지 출제예상문제　139

CHAPTER 03　안전점검 제도　145
- 제1절　안전점검 방법 및 제도　145
- 제2절　안전진단　147
- 제3절　안전점검 결과에 따른 시정조치　149
- * 안전점검 제도 출제예상문제　150

CHAPTER 04　기계 기구와 그 설비의 안전　152
- 제1절　기계 설비의 위험 방지　152
- 제2절　전기에 의한 위험 방지　154
- 제3절　추락 등에 의한 위험 방지　158
- 제4절　기계 방호장치　160
- 제5절　방호조치　161
- * 기계 기구와 그 설비의 안전 출제예상문제　163

PART 3　승강기 보수

CHAPTER 01　승강기 제작기준　171
- 제1절　전기식 엘리베이터　171
- 제2절　유압식 엘리베이터　184
- 제3절　에스컬레이터　190
- * 승강기 제작기준 출제예상문제　194

CHAPTER 02　승강기 검사기준　205
- 제1절　전기식 엘리베이터　205
- 제2절　유압식 엘리베이터　216
- 제3절　에스컬레이터　225
- * 승강기 검사기준 출제예상문제　229

CHAPTER 03　전기식 엘리베이터 주요 부품의 수리 및 조정에 관한 사항　241
- 제1절　조속기 점검 및 조정　241
- 제2절　가이드 레일 점검 및 조정　242
- 제3절　비상정지장치 점검 및 조정　243
- 제4절　카와 카틀 점검 및 조정　244
- 제5절　피트 점검 및 조정　246
- 제6절　제어 패널, 캐비닛접촉기, 릴레이제어 기판　248
- * 전기식 엘리베이터 주요 부품의 수리 및 조정에 관한 사항 출제예상문제　250

CHAPTER 04　유압식 엘리베이터 주요 부품의 수리 및 조정에 관한 사항　253
- 제1절　펌프와 밸브 점검 및 조정　253
- 제2절　실린더와 플런저 점검 및 조정　255
- 제3절　압력배관 점검 및 조정　256
- 제4절　안전장치류　257
- 제5절　제어장치 점검 및 조정　258
- * 유압식 엘리베이터 주요 부품의 수리 및 조정에 관한 사항 출제예상문제　260

C/O/N/T/E/N/T/S

CHAPTER 05 에스컬레이터의 수리 및
조정에 관한 사항 263
- 제1절 구동장치 점검 및 조정 263
- 제2절 스텝 및 스텝체인 점검 및 조정 264
- 제3절 난간과 핸드레일 점검 및 조정 266
- 제4절 제어장치 점검 및 조정 268
- * 에스컬레이터의 수리 및 조정에 관한 사항 출제예상문제 270

CHAPTER 06 특수승강기의 수리 및
조정에 관한 사항 274
- 제1절 입체 주차설비 점검 및 조정 274
- 제2절 덤 웨이터 점검 및 조정 275
- 제3절 소형엘리베이터 점검 및 조정 278
- 제4절 수직형 휠체어리프트 점검 및 조정 280
- 제5절 경사형 휠체어리프트 점검 및 조정 282
- * 특수승강기의 수리 및 조정에 관한 사항 출제예상문제 284

PART 4 기계, 전기기초이론

CHAPTER 01 승강기 재료의 역학적
성질에 관한 기초 289
- 제1절 하중 289
- 제2절 응력 291
- 제3절 변형률 292
- 제4절 탄성계수 293
- 제5절 안전율 295
- * 승강기 재료의 역학적 성질에 관한 기초 출제예상문제 297

CHAPTER 02 승강기 주요 기계요소별
구조와 원리 299
- 제1절 링크기구 299
- 제2절 운동기구와 캠 300
- 제3절 도르래(활차)장치 301
- 제4절 베어링 302
- 제5절 로프(벨트포함) 304
- 제6절 기어 306
- * 승강기 주요 기계요소별 구조와 원리 출제예상문제 313

CHAPTER 03 승강기 요소측정 및 시험 317
- 제1절 측정기기 및 측정장비의 사용방법과 원리 317
- 제2절 기계요소 계측 및 원리 319
- 제3절 전기요소 계측 및 원리 323
- * 승강기 요소측정 및 시험 출제예상문제 334

CHAPTER 04 승강기 동력원의 기초 전기 339
- 제1절 정전기와 콘덴서 339
- 제2절 직류회로 346
- 제3절 교류회로 351
- 제4절 자기회로 366
- 제5절 전자력과 전자유도 370
- 제6절 전기보호기기 377
- * 승강기 동력원의 기초 전기 출제예상문제 379

CHAPTER 05	승강기 구동 기계기구 작동 및 원리	391
제1절	직류전동기	391
제2절	유도전동기	402
제3절	동기전동기	408
*승강기 구동 기계기구 작동 및 원리		410

CHAPTER 06	승강기 제어 및 제어 시스템의 원리 및 구성	414
제1절	제어의 개념	414
제2절	제어계의 요소 및 구성	416
제3절	자동제어	417
제4절	시퀀스제어	419
제5절	전자회로	432
제6절	반도체	435
제7절	제어기기 및 제어회로	440
제8절	제어의 응용	442
*승강기 제어 및 제어 시스템의 원리 및 구성 출제예상문제		445

부록 1   실기 작업형 문제수록

와이어로프 453
행가로라 459

부록 2   필기 과년도 기출문제

2013년
제1회 승강기기능사 기출문제(2013.01.27 시행) 467
제2회 승강기기능사 기출문제(2013.04.14 시행) 480
제5회 승강기기능사 기출문제(2013.10.12 시행) 494

2014년
제1회 승강기기능사 기출문제(2014.01.26 시행) 508
제2회 승강기기능사 기출문제(2014.04.06 시행) 522
제5회 승강기기능사 기출문제(2014.10.11 시행) 537

2015년
제1회 승강기기능사 기출문제(2015.01.25 시행) 551
제2회 승강기기능사 기출문제(2015.04.04 시행) 566
제4회 승강기기능사 기출문제(2015.07.19 시행) 581
제5회 승강기기능사 기출문제(2015.10.10 시행) 597

2016년
제1회 승강기기능사 기출문제(2016.01.24 시행) 613
제2회 승강기기능사 기출문제(2016.04.02 시행) 628
제4회 승강기기능사 기출문제(2016.07.10 시행) 642

※ 기출복원 문제란?
2016년 5회부터 반영되는 CBT시행에 따라 저자께서 수검자들의 도움으로 최대한 유형에 가깝게 복원한 문제입니다. 앞으로도 높은 적중률을 위해 노력하겠습니다.

CBT 기출복원 문제   656

이 책의 구성과 특징

01. 풀컬러 이론 및 예상문제 수록

본서는 풀컬러 인쇄로 이론을 학습할 수 있도록 구성하였으며, 최신 CBT 기출복원 문제 포함 출제기준을 반영하여 집필하였습니다. 또한 이론 중간중간 예상문제를 수록해 개념을 정립할 수 있도록 하였습니다.

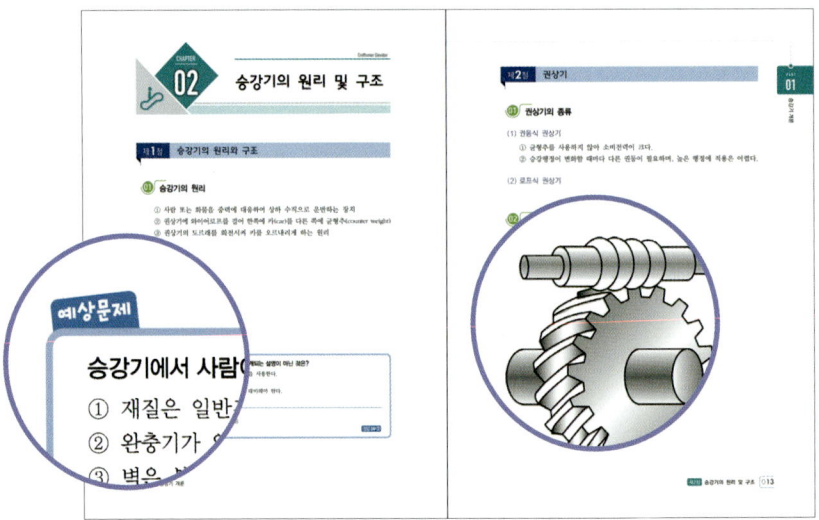

02. 실기 작업형 문제 수록

필기 공부와 함께 하면 유용한 정보를 제공하고자 실기 작업형 문제도 함께 수록하였습니다.
1. 와이어로프, 2. 행가로라

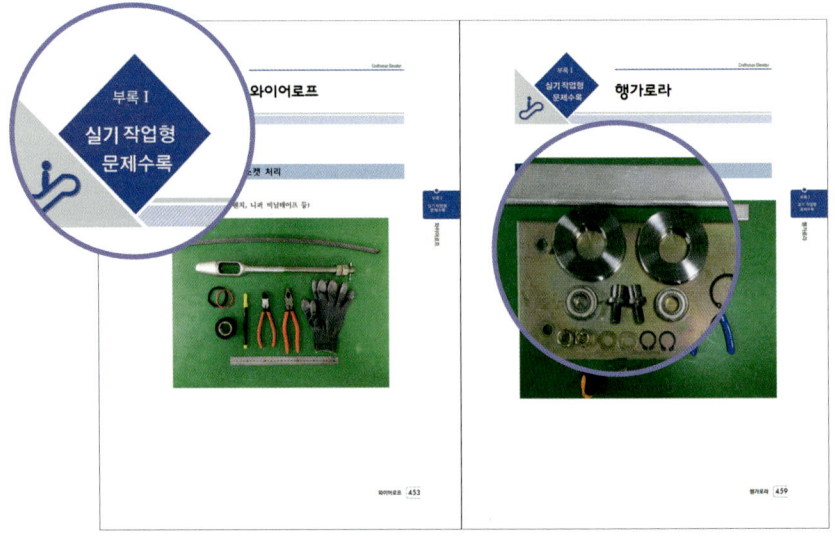

03. 과년도 기출문제 + CBT 기출복원 문제 수록

최근 기출문제를 토대로 저자분의 알찬 해설과 함께 공부하시면 자격증 취득에 한 발 더 다가가실 수 있습니다.

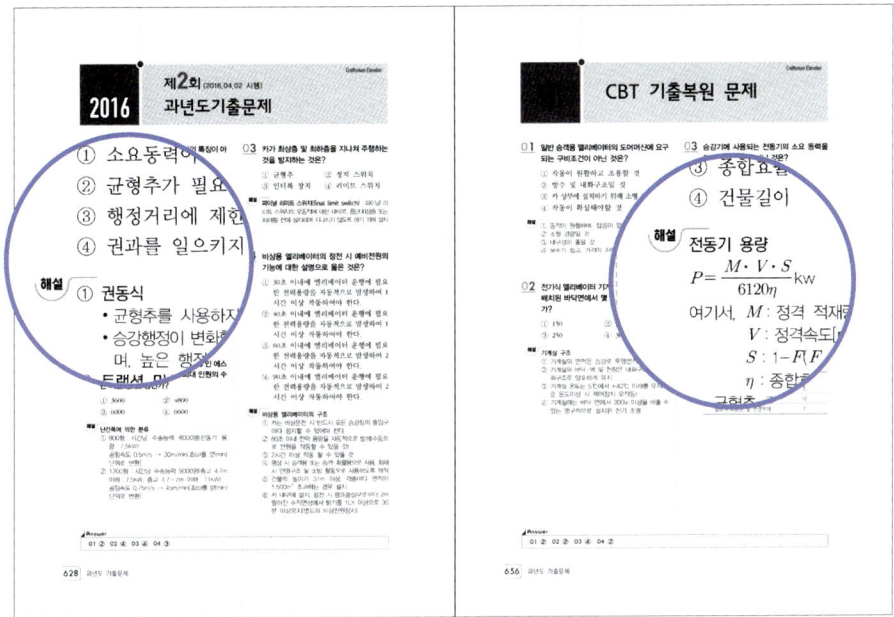

과년도 기출문제   CBT 기출복원 문제

※ 기출복원 문제란?
2016년 5회부터 반영되는 CBT시행에 따라 저자께서 수검자들의 도움으로 최대한 유형에 가깝게 복원한 문제입니다. 앞으로도 높은 적중률을 위해 노력하겠습니다.

승강기 기능사 필기 출제기준

직무분야	기계	중직무분야	기계장비설비·설치
자격종목	승강기기능사	적용기간	2021.1.1~2023.12.31
직무내용	승강기에 대한 숙련기능을 바탕으로 승강기 설비의 제작, 설치, 점검, 유지 및 운용 등을 수행하는 직무이다.			
필기검정방법	객관식	문제수	60문제	시험시간	1시간

필기과목명	문제수	주요항목	세부항목
승강기개론, 안전 관리, 승강기보수, 기계·전기 기초 이론	60	1. 승강기 개요	1. 승강기의 종류 2. 승강기의 원리 3. 승강기의 조작방식
		2. 승강기의 구조 및 원리	1. 구동기 2. 매다는 장치(로프 및 벨트) 3. 주행안내 레일 4. 추락방지안전장치 5. 과속조절기 6. 완충기 7. 카(케이지)와 카틀(케이지틀) 8. 균형추 9. 균형체인 및 균형로프
		3. 승강기의 도어시스템	1. 도어시스템의 종류 및 원리 2. 도어머신 장치 3. 출입문잠금장치 및 클로저 4. 보호장치
		4. 승강로와 기계실 및 기계류 공간	1. 승강로의 구조 및 깊이 2. 기계실 및 기계류공간의 제설비
		5. 승강기의 제어	1. 직류승강기의 제어시스템 2. 교류승강기의 제어시스템
		6. 승강기의 부속장치	1. 안전장치 2. 신호장치 3. 비상전원장치 4. 기타 보조장치
		7. 유압식 엘리베이터	1. 유압식엘리베이터의 구조와 원리 2. 유압회로 3. 펌프와 밸브 4. 잭(실린더와 램)
		8. 에스컬레이터	1. 에스컬레이터의 구조 및 원리 2. 구동장치 3. 디딤판과 디딤판체인 및 난간과 손잡이 4. 안전장치
		9. 특수승강기	1. 입체주차설비 2. 무빙워크 3. 유희시설 4. 소형화물용 엘리베이터

필기과목명	문제수	주요항목	세부항목
승강기개론, 안전 관리, 승강기보수, 기계·전기 기초 이론	60		5. 주택 용엘리베이터
			6. 휠체어리프트
		10. 승강기 안전기준 및 취급	1. 승강기 안전기준
			2. 승강기 안전수칙
			3. 승강기 사용 및 취급
		11. 이상 시의 제현상과 재해방지	1. 이상상태의 제 현상
			2. 이상 시 발견조치
			3. 재해 원인의 분석방법
			4. 재해 조사항목과 내용
			5. 재해원인의 분류
		12. 안전점검 제도	1. 안전점검 방법 및 제도
			2. 안전진단
			3. 안전점검 결과에 따른 시정조치
		13. 기계기구와 그 설비의 안전	1. 기계설비의 위험방지
			2. 전기에 의한 위험방지
			3. 추락 등에 의한 위험방지
			4. 기계 방호장치
			5. 방호조치
		14. 승강기 제작기준	1. 전기식 엘리베이터
			2. 유압식 엘리베이터
			3. 에스컬레이터
		15. 승강기 검사기준	1. 기계실에서 행하는 검사
			2. 카 내에서 행하는 검사
			3. 카 상부에서 행하는 검사
			4. 피트 내에서 행하는 검사
			5. 승강장에서 행하는 검사
		16. 전기식 엘리베이터 주요 부품의 수리 및 조정에 관한 사항	1. 조속기
			2. 주행안내 레일
			3. 추락방지안전장치
			4. 카(케이지)와 카틀(케이지틀)
			5. 균형추
			6. 균형체인, 균형로프
			7. 직·교류 제어 시스템
		17. 유압식 엘리베이터 주요 부품의 수리 및 조정에 관한 사항	1. 펌프와 밸브
			2. 잭(실린더와 램)
			3. 압력배관
			4. 안전장치류
			5. 제어장치
		18. 에스컬레이터의 수리 및 조정에 관한 사항	1. 구동장치
			2. 딤판 및 디딤판체인
			3. 난간과 손잡이
			4. 제어장치
		19. 특수승강기의 수리 및 조정에 관한 사항	1. 입체주차설비
			2. 무빙워크

필기과목명	문제수	주요항목	세부항목
승강기개론, 안전 관리, 승강기보수, 기계·전기 기초 이론	60		3. 유희시설
			4. 소형화물용 엘리베이터
			5. 주택용 엘리베이터
			6. 휠체어리프트
			7. 리프트
		20. 승강기 재료의 역학적 성질에 관한 기초	1. 하중
			2. 응력
			3. 변형율
			4. 탄성계수
			5. 안전율
			6. 힘
			7. 강재재료 및 빔
		21. 승강기 주요 기계요소별 구조와 원리	1. 링크기구
			2. 운동기구와 캠
			3. 도르래(활차)장치
			4. 치차
			5. 베어링
			6. 로프(벨트포함)
			7. 기어
		22. 승강기 요소측정 및 시험	1. 측정기기 및 측정장비의 사용방법과 원리
			2. 기계요소 계측 및 원리
			3. 전기요소 계측 및 원리
		23. 승강기 동력원의 기초전기	1. 정전기와 콘덴서
			2. 직류회로 및 교류회로
			3. 자기회로
			4. 전자력과 전자유도
			5. 전기보호기기
		24. 승강기 구동 기계 기구 작동 및 원리	1. 직류전동기
			2. 유도전동기
			3. 동기전동기
		25. 승강기 제어 및 제어시스템의 원리 및 구성	1. 제어의 개념
			2. 제어계의 요소 및 구성
			3. 자동제어
			4. 시퀀스제어
			5. 전자회로
			6. 반도체
			7. 제어기기 및 제어회로
			8. 제어의 응용

info 승강기 기능사 시험정보

개요

엘리베이터나 에스컬레이터, 주차용 기계장치 등 승강기는 일단 설치가 끝나면, 좋은 작동상태를 유지하기 위해 지속적인 점검 및 보수작업을 해야한다. 이러한 작업을 위해서는 기계, 전자, 전기에 대한 기초적인 지식과 기능을 필요로 한다. 이에 따라 산업현장에서 필요로 하는 기능인력의 양성을 통해 승강기 이용 시 안전을 도모하고자 자격제도 제정

① **시행처** : 한국산업인력공단

② **관련학과** : 공업계 고등학교의 기계, 전기 관련학과

③ **훈련기관** : 현재 직업훈련 기관에서 승강기 보수 직종에 관한 직업훈련을 실시하고 있는 훈련원은 없으며, 한국승강기안전관리원에서 승강기 자체검사자는 승강기시설 안전관리법 제15조(자체점검) 동법 시행령 제16조(승강기의 자체점검자)에 따라 법정교육을 실시하고 있음

④ **시험과목**
- 필기 : 1.승강기개론 2.안전관리 3.승강기보수 4.기계,전기기초이론
- 실기 : 승강기점검 및 보수작업

⑤ **검정방법**
- 필기 : 전과목 혼합, 객관식 60문항 (60분)
- 실기 : 작업형 (3시간 30분 정도)

⑥ **합격기준**
필기·실기 : 100점을 만점으로 하여 60점 이상

⑦ **시험수수료**
- 필기 : 14,500원
- 실기 : 77,800원

작업형 실기시험 출제안내

- 요구사항 : 도면이해 및 해독능력, 행가로라 취부 조립시 레일 유격 조절 기능정도, 와이어로프 소켓과 와이어 로프의 접속 기능정도 및 운전제어회로의 동작의 정확성
- 작업순서
  ① 부품점검 · 도면이해
  ② 와이어로프 끝부분 처리작업
  ③ 운전제어회로 구성하기

- 공개도면 참조 : 큐넷(http://www.q-net.or.kr) 고객만족 → 자료실 → 공개문제

전국 산업인력공단 안내

안내전화 1644-8000

기관명 / 지역번호		주소	기술자격 검정안내	전문/상시자격 검정안내	자격증 발급
서울지역본부 / 02	02512	서울특별시 동대문구 장안벚꽃로 279 (휘경동 49-35)	서류제출심사 2137-0503~6, 12 실기 2137-0521~4, 02	전문자격 2137-0551~9, 0561 상시(필기/실기) 2137-0566~7 2137-0562, 4-5, 8	우편 배송 2137-0516 방문 2137-0509
서울서부지사 (舊서울동부지사) / 02	03302	서울 은평구 진관3로 36(진관동 산100-23)	필기, 서류제출심사 2024-1705, 7-8, 10, 29 실기 2024-1702, 4, 6, 9, 11, 12	상시 CBT 2024-1725 실기(네일, 메이크업) 2024-1723 실기(제과 제빵) 2024-1718	2024-1729
서울남부지사 / 02	07225	서울특별시 영등포구 버드나루로 110	대표번호 876-8322~4 필기, 실기 6907-7133~9, 7151~156	상시 6907-7191~7193 전문(공인중개사) 6907-7191, 7 전문(행정사) 6907-7193	6907-7137
경기지사 / 031	16626	경기도 수원시 권선구 호매실로 46-68	대표번호 249-1201 기술자격 249-1212-7, 19, 21, 26-7	상시 249-1222, 57, 60, 62~3 전문 249-1223, 33, 65, 83	249-1228
경기북부지사 / 031	11780	경기도 의정부시 추동로 140	필기 850-9122~3, 7-8 실기 850-9123, 73	상시 850-9174, 28-9	850-9127~8
경기동부지사 (舊성남지사) / 031	13313	경기도 성남시 수정구 성남대로 1217 (SK코원에너지(주) 건물 4-5층)	기술자격/응시자격서류 750-6222~9, 16	-	750-6226, 15
경기남부지사 / 031	17561	경기도 안성시 공도읍 공도로 51-23	-	-	-
인천지역본부 (舊중부지역본부) / 032	21634	인천시 남동구 남동서로 209	대표번호 820-8600 기술자격 820-8619, 22~35	상시 820-8692~6 전문 820-8670-6, 8	820-8679
강원지사 / 033	24408	강원도 춘천시 동내면 원창고개길 135	대표번호 248-8500 기술자격 248-8512~3, 8515~9	전문 248-8511 상시 248-8552, 4, 6, 13	248-8516
강원동부지사 (舊강릉지사) / 033	25440	강원도 강릉시 사천면 방동길 60	대표번호 650-5700 응시자료서류제출심사 650-5714	상시 650-5750~1	650-5711
충남지사 / 041	31081	충남 천안시 서북구 천일고1길 27	대표번호 041-620-7600 기술자격 041-620-7632~9	상시 620-7641 전문 620-7690~1	620-7636, 9
대전지역본부 / 042	35000	대전시 중구 서문로 25번길 1	기술자격 580-9131~7, 9	상시 580-9141~3 전문 580-9151~7	
(신설)세종지사 / 042	35000	세종특별자치시 한누리대로 296 밀레니엄 빌딩 5층	대표번호 042-580-9173		
충북지사 / 043	28456	충북 청주시 흥덕구 1순환로 394번길 81	대표번호 279-9000 기술자격 279-9041~6	상시/전문 279-9091~4	
부산지역본부 / 051	46519	부산광역시 북구 금곡대로 441번길 26	대표번호 330-1910 기술자격 330-1918, 22, 25-6, 28, 30-2, 53	상시 330-1942~3, 5-6 전문 330-1962~4	330-1910
부산남부지사 / 051	48518	부산광역시 남구 신선로 454-18	기술자격 620-1910-9	상시(필기/실기) 620-1953 / 4	620-1910
울산지사 / 052	44538	울산광역시 중구 종가로 347	기술자격 220-3223-4 / 3210-8	상시(필기/실기) 220-3282, 11	220-3223
대구지역본부 / 053	42704	대구광역시 달서구 성서공단로 213	대표번호 580-2300 기술자격 580-2351~61	상시 580-2371, 3, 5, 7 전문/과정평가형 580-2381~4	580-2300
경북지사 / 054	36616	경북 안동시 서후면 학가산온천길 42	대표번호 840-3000 기술자격 840-3030-9		840-3000
경북동부지사 (舊포항지사) / 054	37580	경북 포항시 북구 법원로 140번길 9	기술자격 230-3251~8	-	230-3202
경남지사 / 055	51519	경남 창원시 성산구 두대로 239	대표번호 212-7200 기술자격 212-7240-5, 8, 50	상시 212-7260-4	212-7200
전남지사 / 061	57948	전남 순천시 순광로 35-2	대표번호 720-8500 기술자격(정기/전문) 720-8531~2, 4-6, 9, 61	상시 720-8533, 5, 6	720-8500
전남서부지사 (舊목포지사) / 061	58604	전남 목포시 영산로 820	기술자격 288-3321	상시 288-3322~4 전문 288-3327	288-3321
광주지역본부 / 062	61008	광주광역시 북구 첨단벤처로 82	대표번호 970-1700-5 기술자격 970-1761~9	상시 970-1776~9 전문 970-1771-5	970-1768
전북지사 / 063	54852	전북 전주시 덕진구 유상로 69	대표번호 210-9200 기술자격 210-9221~7	상시 210-9282~3 전문 210-928	210-9225, 8-9
제주지사 / 064	63220	제주 제주시 복지로 19	기술자격 729-0701~2	상시/전문 729-0713~4, 6	729-0701~2

PART 1

승강기 개론

Craftsman Elevator

CHPTER 01 : 승강기의 개요

CHPTER 02 : 승강기의 원리 및 구조

CHPTER 03 : 승강기의 도어 시스템

CHPTER 04 : 승강로와 기계실

CHPTER 05 : 승강기의 제어

CHPTER 06 : 승강기의 부속장치

CHPTER 07 : 유압 승강기

CHPTER 08 : 에스컬레이터(escalator)

CHPTER 09 : 특수 승강기

CHAPTER 01 승강기의 개요

제 1 절 승강기의 종류

01 구동방식에 의한 분류

(1) 로프식
   ① 카를 로프에 매어 동력에 의한 운전방식
   ② 저·고층 적합

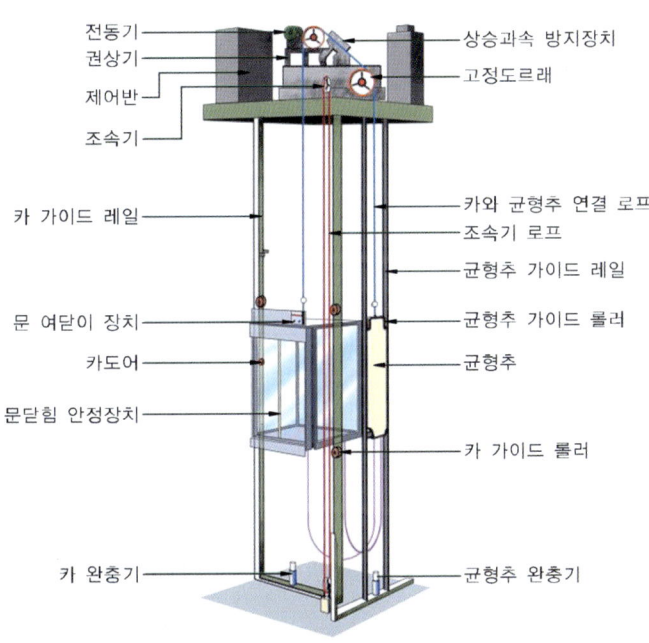

▶ 로프식 승강기 구조

(2) 플런저식

① 카를 실린더에 연결 유체의 압력의 운전방식
② 플런저를 직접 지탱하는 방식
③ 로프 및 체인에 의한 간접방식
④ 저층에 적합

(3) 스크류(screw)식

카를 나선형 홈 기둥에 따라 이동시키는 운전방식

(4) 랙-피니언(rack-pinion)식

레일에 랙 기어를 설치, 카에는 랙의 톱니와 맞물리는 피니언을 설치하여 이동시키는 운전방식

02 승강기 속도별 분류

▶ 속도별 분류

분류	속도	사용
저속	45 이하[m/min]	소형빌딩 등
중속	60~105[m/min]	아파트 및 병원, 중형빌딩 등
고속	120~240(300)[m/min]	대형빌딩, 백화점 등 (무기어제어 시)
초고속	360 초과[m/min]	초고층 빌딩

예상문제

승강기의 속도에 따른 분류 중 고속에 속하는 것은?

① 60m/min~90m/min
② 95m/min~115m/min
③ 120m/min~300m/min
④ 360m/min 이상

해설 속도에 따른 분류

분류	속도	사용
저속	45 이하[m/min]	소형빌딩 등
중속	60~105[m/min]	아파트 및 병원, 중형빌딩 등
고속	120~300[m/min]	대형빌딩, 백화점 등
초고속	360 초과[m/min]	초고층 빌딩

정답 ③

03 승강기의 용도별 분류

(1) 승객용 승강기

　　① **승객용** : 사람만 운송용으로 제작
　　② **침대용** : 병원에서 병상운송용으로 제작(평상시 승객용)
　　③ **승객·화물용** : 승객 및 화물 겸용으로 제작
　　④ **전망용** : 카 안에서 외부를 전망할 수 있게 제작

(2) 화물용 승강기

　　① **화물용** : 화물 운송용으로 제작(화물취급자 및 조작자 1인 탑승가능)
　　② **자동차용** : 주차장에 자동차 전용 운송용으로 제작
　　③ **덤 웨이터(dumb waiter)** : 건물 내에서 소형화물(음식물, 서적 등) 운반전용으로 제작

(3) 기타 용도

　　① **장애인용** : 장애인이 편리하게 이용할 수 있도록 제작
　　② **피난용** : 평상 시 승객용으로 사용, 재난 시 피난활동으로 사용하도록 제작
　　③ **비상용** : 평상 시 승객용으로 사용, 화재 시 인명구조 및 소방활동으로 사용하도록 제작

예상문제

비상용 승강기에 대한 설명 중 옳지 않은 것은?
① 외부와 연락할 수 있는 전화를 설치하여야 한다.
② 예비전원을 설치하여야 한다.
③ 정전 시에는 예비전원으로 작동할 수 있어야 한다.
④ 승강기의 운행속도는 90m/min이상으로 해야 한다.

해설
① 평상 시 승객용 또는 승객·화물용으로 사용, 화재 시 인명구조 및 소방 활동으로 사용하도록 제작
② 건물의 높이가 31m 이상, 각층마다 면적이 1,500m² 초과하는 경우 설치
③ 60초 이내 전력 용량을 자동적으로 발생(수동으로 전원을 작동할 수 있을 것)
④ 2시간 이상 작동 할 수 있을 것
⑤ 승강기의 운행속도는 60m/min 이상
⑥ 카 내부에 설치, 정전 시 램프중심부로부터 2m 떨어진 수직면상에서 밝기를 1lx 이상으로 30분 이상유지

정답 ≫≫ ④

04 승강기 조작 방법에 의한 분류

① 수동방식 : 운전자의 조작 방식
② 자동방식 : 승객의 조작 방식
③ 병용방식 : 운전자 또는 승객의 조작을 겸용할 수 있도록 하는 방식

05 기종·용도를 표시하는 엘리베이터의 기호 분류

① P : 전기식(로프식) 일반 승객용
② R : 전기식(로프식) 주택용
③ B : 전기식(로프식) 침대용
④ E : 전기식(로프식) 비상용
⑤ F : 화물용
⑥ RT : 로프식 주택용 트렁크 부착
⑦ HP : 유압식 일반 승용
⑧ HR : 유압식 주택용

예상문제

다음은 승강기의 표시방법이다. 옳지 않은 것은?

P15-CO120-15S

① 승객용이다.
② 15인승이다.
③ 중앙개폐식 도어방식으로 120[cm]이다.
④ 정지층수는 15이다.

해설
① P(로프식 승객용), 15인승
② CO(중앙[Center]개폐방식), 속도(120)
③ 15S(정지층수)

정답 ≫≫ ③

제2절 승강기 운전방식에 따른 분류

01 승강기의 운전방식

(1) 운전원(수동) 방식

① 카 스위치 방식 : 카의 기동 및 정지를 운전원의 카 스위치 조작에 의한 방식
② 신호 제어(signal control) 방식 : 카 내 또는 승강장의 신호를 받아 제어반에서 정리하여 카에 신호를 줘서 움직이는 방식

> **예상문제**
>
> 엘리베이터 도어의 개폐만이 운전자의 조작에 의해 이루어지고, 기타 카의 기동은 카내 버튼이나 승강장 버튼에 의해 이루어지는 조작방식은?
> ① 카 스위치 방식   ② 신호방식
> ③ 단식자동식   ④ 승합전자동식
>
> **해설**
> ① 카 스위치 방식 : 카의 기동 및 정지를 운전원의 카 스위치 조작에 의한 방식
> ② 신호 제어(signal control) 방식 : 카 내 또는 승강장의 신호를 받아 제어반에서 정리하여 카에 신호를 줘서 움직이는 방식
> ③ 단식 자동 방식
>   • 운전중에 일단 호출을 받으면 다른 호출을 받지 않는 운전방식이다.
>   • 승객 자신이 자동적으로 시동, 정지를 이루는 조작방식
> ④ 승합 전자동식 : 승객 자신이 운전하는 전자동 엘리베이터로 목적 층의 단추나 승강장으로부터의 호출 신호로 시동, 정지를 이루는 조작방식
>
> **정답 ②**

(2) 무운전원 방식

① 단식 자동 방식
   ㉠ 운전중에 일단 호출을 받으면 다른 호출을 받지 않는 운전방식
   ㉡ 승객 자신이 자동적으로 시동, 정지를 이루는 조작방식
② 승합 전자동식
   ㉠ 승객 자신이 운전하는 전자동 엘리베이터로 목적 층의 단추나 승강장으로부터의 호출 신호로 시동, 정지를 이루는 조작방식
③ 하강 승합 자동식
   ㉠ 아파트와 같이 도중에 층으로부터 상승하는 승객이 적은 건물에 적용되는 방식
   ㉡ 승강장에는 내림방향의 단추만 있어, 중간층에서 위로 올라가기 위해서는 1층까지 내려온 후 올라가는 방식(사생활 침해 및 방범 목적)

(3) 복수 승강기의 조작방식

① 군 승합 전자동식
  ㉠ 2~3대의 승강기를 병설로 할 때 사용하는 조작방식
  ㉡ 한 개의 승강장 호출에 한 대의 카만 응답하고 나머지는 응답하지 않아 효율적 이용방식

② 군 관리 방식
  ㉠ 3~8대의 승강기를 병설로 할 때 카의 불필요한 동작 없이 운영하는 조작방식
  ㉡ 수요의 변화에 따라 카의 운전내용을 변화시켜 즉각 대응
    (ex : 출퇴근, 점심시간 식당 등)

예상문제

4~5대의 승강기가 병설되어 있을 때 적합한 운전방식은?

① 군관리방식　　　　　　　② 군승합 전자동방식
③ 양방향 승합 전자동식　　④ 단식자동식

해설
① 군 관리 방식
  • 3~8대의 승강기를 병설로 할 때 카의 불필요한 동작 없이 운영하는 조작방식
  • 수요의 변화에 따라 카의 운전내용을 변화시켜 즉각 대응(ex : 출퇴근, 점심시간식당 등)
② 군 승합 전자동식
  • 2~3대의 승강기를 병설로 할 때 사용하는 조작방식
  • 한 개의 승강장 호출에 한 대의 카만 응답하고 나머지는 응답하지 않아 효율적 이용방식

정답 ▶▶▶ ①

CHAPTER 01 승강기의 개요
출제예상문제

01 승강기의 속도에 따른 분류 중 고속에 속하는 것은?

① 60m/min~90m/min
② 95m/min~115m/min
③ 120m/min~300m/min
④ 360m/min 이상

해설 속도에 따른 분류

분류	속도	사용
저속	45 이하[m/min]	소형빌딩 등
중속	60~105[m/min]	아파트 및 병원, 중형빌딩 등
고속	120~300[m/min]	대형빌딩, 백화점 등
초고속	360 초과[m/min]	초고층 빌딩

02 비상용 승강기에 대한 설명 중 옳지 않은 것은?

① 외부와 연락할 수 있는 전화를 설치하여야 한다.
② 예비전원을 설치하여야 한다.
③ 정전 시에는 예비전원으로 작동할 수 있어야 한다.
④ 승강기의 운행속도는 90m/min이상으로 해야 한다.

해설
① 평상 시 승객용 또는 승객·화물용으로 사용, 화재 시 인명구조 및 소방 활동으로 사용하도록 제작
② 건물의 높이가 31m 이상, 각층마다 면적이 1,500m² 초과하는 경우 설치
③ 60초 이내 전력 용량을 자동적으로 발생(수동으로 전원을 작동할 수 있을 것)
④ 2시간 이상 작동 할 수 있을 것
⑤ 승강기의 운행속도는 60m/min 이상
⑥ 카 내부에 설치, 정전 시 램프중심부로부터 2m 떨어진 수직면상에서 밝기를 1lx 이상으로 30분 이상유지

03 2~3대의 엘리베이터가 병설되었을 때 주로 사용되는 운전방식은?

① 단식 자동식
② 양방향 승합 전자동식
③ 군 승합 전자동식
④ 군 관리 방식

해설
① 단식 자동 방식
 • 운전중에 일단 호출을 받으면 다른 호출을 받지 않는 운전방식이다.
 • 승객 자신이 자동적으로 시동, 정지를 이루는 조작방식
② 승합 전자동식 : 승객 자신이 운전하는 전자동 엘리베이터로 목적 층의 단추나 승강장으로부터의 호출 신호로 시동, 정지를 이루는 조작방식
③ 군 승합 전자동식
 • 2~3대의 승강기를 병설로 할 때 사용하는 조작방식
 • 한 개의 승강장 호출에 한 대의 카만 응답하고 나머지는 응답하지 않아 효율적 이용방식
④ 군 관리 방식
 • 3~8대의 승강기를 병설로 할 때 카의 불필요한 동작 없이 운영하는 조작방식
 • 수요의 변화에 따라 카의 운전내용을 변화시켜 즉각 대응(ex : 출퇴근, 점심시간식당 등)

Answer
01 ③ 02 ④ 03 ③

04 전망용 엘리베이터 카의 재료로서 한국산업규격에 정한 유리로 사용할 수 없는 것은?

① 복층유리   ② 강화유리
③ 접합유리   ④ 망유리

해설 3.1.2(2)에는 "구조상 경미한 부분(인테리어 목적으로 사용되는 카 내장재를 포함)을 제외하고는 불연재료로 만들거나 씌워야 한다. 다만, 유리를 사용할 경우에는(비상용 엘리베이터는 제외) 한국산업규격의 망유리·강화유리·접합유리와 동등 이상의 것을 사용하여야 한다."

05 4~5대의 승강기가 병설되어 있을 때 적합한 운전방식은?

① 군관리방식
② 군승합 전자동방식
③ 양방향 승합 전자동식
④ 단식자동식

해설
① 군 관리 방식
  • 3~8대의 승강기를 병설로 할 때 카의 불필요한 동작 없이 운영하는 조작방식
  • 수요의 변화에 따라 카의 운전내용을 변화시켜 즉각 대응(ex : 출퇴근, 점심시간식당 등)
② 군 승합 전자동식
  • 2~3대의 승강기를 병설로 할 때 사용하는 조작방식
  • 한 개의 승강장 호출에 한 대의 카만 응답하고 나머지는 응답하지 않아 효율적 이용방식

06 다음 중 동력전달장치가 아닌 것은?

① 기어   ② 변압기
③ 체인   ④ 컨베이어

해설
① 회전력 : 원심력으로 감기거나 말려들기 동력 ex) 기어, 컨베이어, 체인 등
② 변압기 : 전자기 유도 작용을 이용하여 교류 전압의 값을 바꾸는 장치

07 카의 조작방법별 구분에서 자동식이란?

① 전임 운전자 조작
② 관리식 조작
③ 운전자와 관리실 겸용 조작
④ 승객 자신 조작

해설 승강기 조작 방법에 의한 분류
① 수동방식 : 운전자의 조작 방식
② 자동방식 : 승객의 조작 방식
③ 병용방식 : 운전자 또는 승객의 조작을 겸용할 수 있도록 하는 방식

08 다음은 승강기의 표시방법이다. 옳지 않은 것은?

```
P15-CO120-15S
```

① 승객용이다.
② 15인승이다.
③ 중앙개폐식 도어방식으로 120[cm]이다.
④ 정지층수는 15이다.

해설
① P(로프식 승객용), 15인승
② CO(중앙[Center]개폐방식), 속도(120)
③ 15S(정지층수)

09 승객용 엘리베이터에서 각층 강제정지 운전의 목적으로 가장 적합한 것은?

① 출·퇴근 시간대에 모든 층의 승객에게 골고루 서비스 제공
② 각 층의 도어장치 기능의 원활한 작동
③ 각 층의 도어장치 확인 시 사용
④ 카 안의 범죄활동 방지

해설 강제 각층 정지운전
공동주택에서 방범 목적으로 야간에 사용되며, 각층에 정지 후 운행

Answer
04 ①   05 ①   06 ②   07 ④   08 ③   09 ④

10 가장 먼저 등록된 부름에만 응답하고 그 운전이 완료될 때까지는 다름 부름에 응답하지 않는 방식으로 주로 화물용으로 사용되는 운전방식은?

① 단식 자동식
② 하강승합 전자동식
③ 군 승합 전자동식
④ 양방향 승합 전자동식

① 단식 자동 방식
  • 운전중에 일단 호출을 받으면 다른 호출을 받지 않는 운전방식이다.
  • 승객 자신이 자동적으로 시동, 정지를 이루는 조작방식(화물용)
② 승합 전자동식 : 승객 자신이 운전하는 전자동 엘리베이터로 목적 층의 단추나 승강장으로부터의 호출 신호로 시동, 정지를 이루는 조작방식
③ 군 승합 전자동식
  • 2~3대의 승강기를 병설로 할 때 사용하는 조작방식
  • 한 개의 승강장 호출에 한 대의 카만 응답하고 나머지는 응답하지 않아 효율적 이용방식
④ 군 관리 방식
  • 3~8대의 승강기를 병설로 할 때 카의 불필요한 동작 없이 운영하는 조작방식
  • 수요의 변화에 따라 카의 운전내용을 변화시켜 즉각 대응(ex : 출퇴근, 점심시간식당 등)

11 다음 중 비상용 승강기에 대한 설명으로 옳지 않은 것은?

① 평상시는 승객용 또는 승객·화물용으로 사용할 수 있다.
② 카는 비상운전시 반드시 모든 승강장의 출입구마다 정지할 수 있어야 한다.
③ 별도의 비상전원장치가 필요하다.
④ 도어가 열려 있으면 카를 승강 시킬 수 없다.

① 평상 시 승객용 또는 승객·화물용으로 사용, 화재 시 인명구조 및 소방 활동으로 사용하도록 제작
② 건물의 높이가 31m 이상, 각층마다 면적이 1,500m² 초과하는 경우 설치
③ 상시전원의 정전 시 카가 층 중간에 멈출 경우 비상전원 배터리로 안전한 층까지 저속으로 운전하는 장치
④ 카 이송 및 정지의 운전지령은 중앙관리실에 장치를 설치
⑤ 카 내부에 설치, 정전 시 램프중심부로부터 2m 떨어진 수직면상에서 밝기를 1lx 이상으로 30분 이상유지

12 엘리베이터 도어의 개폐만이 운전자의 조작에 의해 이루어지고, 기타 카의 기동은 카내 버튼이나 승강장 버튼에 의해 이루어지는 조작방식은?

① 카 스위치 방식
② 신호방식
③ 단식자동식
④ 승합전자동식

① 카 스위치 방식 : 카의 기동 및 정지를 운전원의 카 스위치 조작에 의한 방식
② 신호 제어(signal control) 방식 : 카 내 또는 승강장의 신호를 받아 제어반에서 정리하여 카에 신호를 줘서 움직이는 방식
③ 단식 자동 방식
  • 운전중에 일단 호출을 받으면 다른 호출을 받지 않는 운전방식이다.
  • 승객 자신이 자동적으로 시동, 정지를 이루는 조작방식
④ 승합 전자동식 : 승객 자신이 운전하는 전자동 엘리베이터로 목적 층의 단추나 승강장으로부터의 호출 신호로 시동, 정지를 이루는 조작방식

Answer
10 ① 11 ④ 12 ②

CHAPTER 02 승강기의 원리 및 구조

제1절 승강기의 원리와 구조

01 승강기의 원리

① 사람 또는 화물을 중력에 대응하여 상하 수직으로 운반하는 장치
② 권상기에 와이어로프를 걸어 한쪽에 카(car)를 다른 쪽에 균형추(counter weight)
③ 권상기의 도르래를 회전시켜 카를 오르내리게 하는 원리

02 승강기의 구조

① 기계실
② 케이지
③ 승강로
④ 승강장

예상문제

승강기에서 사람이 타는 케이지(cage)에 관계되는 설명이 아닌 것은?
① 재질은 일반적으로 1.2mm 이상의 강판을 사용한다.
② 완충기가 있는 피트는 깊을수록 좋다.
③ 벽은 불연재료로 제작하여 화재사고에 대비해야 한다.
④ 천장에 비상구출구가 있어야 한다.

해설 승강기의 구조
① 기계실, ② 케이지, ③ 승강로, ④ 승강장
• 피트는 승강로에 대한 설명

정답 ▶▶▶ ②

제2절 권상기

01 권상기의 종류

(1) 권동식 권상기

① 균형추를 사용하지 않아 소비전력이 크다.
② 승강행정이 변화할 때마다 다른 권동이 필요하며, 높은 행정에 적용은 어렵다.

(2) 로프식 권상기

02 권상기의 형식

(1) 기어드(geared) 방식

전동기회전 감속을 위해 기어 부착
- 웜 기어, 헬리컬 기어

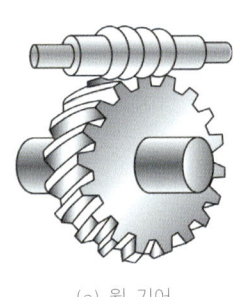
(a) 웜 기어

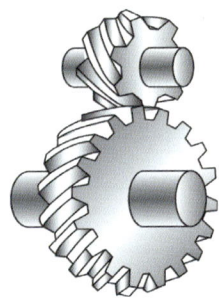
(b) 헬리컬 기어

➦ 기어의 구조

(2) 기어레스(gearless) 방식

전동기 회전축에 시브(sheave : 도르래)를 고정 부착

▶▶ 웜 기어와 헬리컬 기어 비교

구분 \ 형식	웜 기어	헬리컬 기어
소음	작다	크다
역구동	어렵다	가능
효율	낮다	높다

(3) 기어식 권상기

　감속기를 사용(105m/min 이하)

(4) 무기어식 권상기

　구동모터의 축에 직접 구동 도르래와 브레이크 부착(120m/min 이상)

03 전동기(motor)

(1) 전동기 구비해야 할 특성

　① 기동전류가 작을 것
　② 기동빈도가 많아(시간당 180~300회) 발열을 고려할 것
　③ 제동력을 가질 것(전동기 회전력 +100~-70% 이상)
　④ 승강기 정격속도에 맞는 회전특성을 가질 것(회전속도 오차 +5~-10% 이내)
　⑤ 소음이 작고, 저진동일 것

(2) 전동기 용량

$$P = \frac{M \cdot V \cdot S}{6120\eta} [\text{kW}]$$

여기서, M : 정격 적재량[kg]
　　　　V : 정격속도[m/min]
　　　　S : 1-F [F : 오버밸런스율%]
　　　　η : 종합효율
　∴ 균형추 중량 : 케이지 자체중량 + $M \cdot F$

엘리베이터 전동기 출력 (Pm)의 계산식으로 옳은 것은? (단, L : 정격하중, V : 정격속도, S : 1–F(F : 오버밸런스율), η : 종합효율이다.)

① Pm = $(LVS) / (6210\eta)$
② Pm = $(\eta VS) / (6120L)$
③ Pm = $(6120\eta) / (LVS)$
④ Pm = $(LVS\eta) / 6120$

해설 전동기 용량

$$P = \frac{M \cdot V \cdot S}{6120\eta} [\text{kW}]$$

여기서, M : 정격 적재량(kg) V : 정격속도(m/min)
S : 1–F(F : 오버밸런스율%) η : 종합효율

∴ 균형추 중량 : 케이지 자체중량 + M·F

정답 ≫ ①

04 제동기(brake)

(1) 제동기의 능력

승객용 엘리베이터는 125%의 부하, 화물용 엘리베이터는 120%의 부하로 전속 하강 중 카를 안전하게 감속 또는 정지시킬 수 있어야 한다.

(2) 제동시간(t)

$$t = \frac{120 \cdot d}{v}(S)$$

여기서, v : 정격속도[m/min]
d : 제동 후 이동한 거리[m]

균형추를 사용한 승객용 엘리베이터에서 제동기(Brake)의 제동력은 적재하중의 몇 [%]까지는 위험 없이 정지가 가능하여야 하는가?

① 100[%] ② 110[%] ③ 120[%] ④ 125[%]

해설 제동기의 능력

승객용엘리베이터는 125%의 부하, 화물용 엘리베이터는 120%의 부하로 전속 하강 중 카를 안전하게 감속 또는 정지시킬 수 있어야 한다.

• 제동시간(t)

$$t = \frac{120 \cdot d}{v}(S)$$

여기서, v : 정격속도[m/min]
d : 제동 후 이동한 거리[m]

정답 ≫ ④

(3) 제동기 구조

제동기의 솔레노이드 코일이 소자(전자석 소멸)되면 강력한 스프링에 의해 즉시 제동이 걸린다.

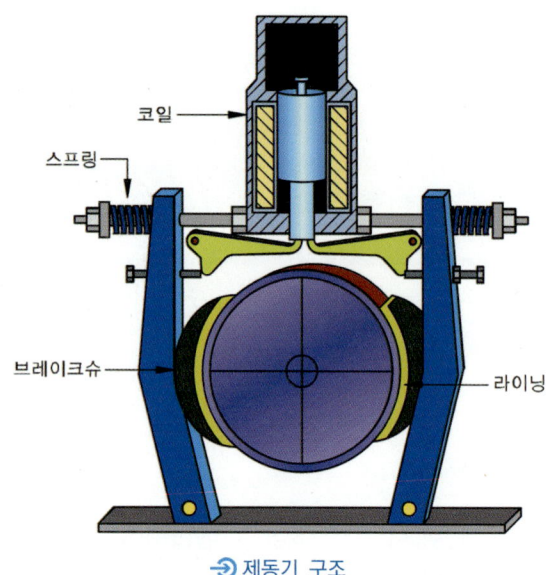

제동기 구조

예상문제

승강기의 브레이크 장치에 관한 설명 중 옳은 것은?

① 승객용 엘리베이터는 125%의 적재하중을 싣고 정격속도 하강 시 정격부하 시와 같은 승차감으로 안전하게 감속 정지해야 한다.
② 화물용 엘리베이터는 125%의 적재하중을 싣고 정격속도 하강 시 안전하게 감속 정지해야 한다.
③ 승객용 엘리베이터는 125%의 적재하중을 싣고 정격속도 하강 시 안전하게 감속 정지해야 한다.
④ 화물용 엘리베이터는 135%의 적재하중을 싣고 정격속도 하강 시 안전하게 감속 정지해야 한다.

해설

제동기의 능력
① 승객용엘리베이터는 125%의 부하, 화물용 엘리베이터는 120%의 부하로 전속 하강 중 카를 안전하게 감속 또는 정지시킬 수 있어야 한다.
② 브레이크는 전동기, 카, 균형추 등 모든 장치의 관성을 제지하는 역할을 해야 한다.
③ 정지 후에는 부하에 의한 불균형 역구동이 되어 움직이는 일이 없어야 한다.

브레이크 구조
제동기의 솔레노이드 코일이 소자(전자석 소멸)되면 강력한 스프링에 의해 즉시 제동이 걸린다.

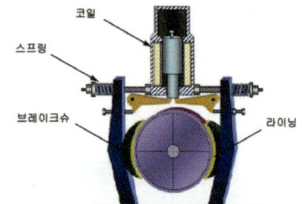

정답 >>> ③

제3절 주로프(main rope)

01 주로프의 구조

(1) 와이어로프

주로프의 공칭직경은 12mm 이상 되어야 하고, 제3본 이상(권동식은 2본 이상)의 와이어로프를 사용하며, 안전율은 10 이상이다.(여러 가닥의 로프를 사용하는 경우에 공칭직경은 8mm 이상으로 할 수 있다.)

(2) 필러와이어

필러형 로프를 꼬을 때 상층의 소선과 하층의 소선 틈 사이로 채워지는 소선

(3) 스트랜드

소선을 한층 혹은 여러층 꼬아 합친 로프

(4) 상연소선

스트랜드의 최외층 소선

(5) 하연소선

스트랜드의 내부층(최외층 제외) 소선

→ 와이어로프 구성 및 단면

예상문제

스트랜등의 내층·외층소선을 같은 직경으로 구성하고 소선간의 틈새에 가는 소선을 넣은 와이어로프는?

① 실형 ② 필러형 ③ 워링톤형 ④ 헬테레스형

해설
① 필러와이어 : 필러형 로프를 꼬을 때 상층의 소선과 하층의 소선 틈 사이로 채워지는 소선
② 와이어로프(주로프) : 주로프의 공칭직경은 12mm 이상 되어야 하고, 제3본 이상(권동식은 2본 이상)의 와이어로프를 사용하며, 안전율은 10 이상이다.

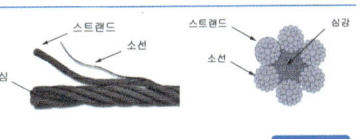

정답 >>> ②

02 로프의 종류 및 단면

호칭	7개선 6꼬임	12개선 6꼬임	19개선 6꼬임	24개선 6꼬임
구성	6×7	6×12	6×19	6×24
단면				

호칭	30개선 6꼬임	37개선 6꼬임	61개선 6꼬임	실형 19개선 6꼬임
구성	6×30	6×37	6×61	6×S(19)
단면				

호칭	플랫형 둥근선 삼각심 24개선 6꼬임	실형 19개선 6꼬임	워링톤형 19개선 6꼬임	필러형 25개선 6꼬임
구성	6×F[(3×2+3)+12+12]	6×S(19)	6×W(19)	6×Fi(25)
단면				

호칭	필러형 25개선 6꼬임	필러형 25개선 6꼬임	실형 19개선 8꼬임	워링톤형 19개선 8꼬임
구성	6×Fi(25)	IWRC+6×Fi(25)	8×S(19)	8×W(19)
단면				

호칭	필러형 25개선 8꼬임	필러형 29개선 6꼬임	워링톤 실형 26개선 6꼬임	워링톤 실형 31개선 6꼬임
구성	8×Fi(25)	IWRC 6×Fi(29)	6×WS(26)	6×WS(31)
단면				

03 로프 꼬임방법에 의한 분류

① **일반꼬임** : 스트랜드의 꼬임방향과 로프의 꼬임방향이 반대인 것
② **랭 꼬임** : Z꼬임 스트랜드와 S꼬임 스트랜드가 교대로 꼬여 소선의 배열이 흡사 화살날개와 같은 형으로 된 로프
③ **Z꼬임** : 스트랜드의 꼬임방향이 Z자형과 일치하는 표준적 꼬임형태
④ **S꼬임** : 스태랜드의 꼬임방향이 S자형과 일치하는 꼬임형태

일반 Z꼬임   일반 S꼬임   랭 Z꼬임   랭 S꼬임

 로프 꼬임모양 및 방향

예상문제

다음 중 로프의 꼬임 방법과 거리가 가장 먼 것은?

① 보통꼬임과 랭꼬임이 있다.
② 보통꼬임은 스트랜드의 꼬임 방향과 로프의 꼬임 방향이 같다.
③ 보통꼬임은 소선과 도르래의 접촉면이 작으면 마모의 영향은 다소 많다.
④ 보통꼬임은 잘 풀리지 않아 일반적으로 사용된다.

해설
① 일반꼬임 : 스트랜드의 꼬임방향과 로프의 꼬임방향이 반대인 것
② 랭 꼬임 : Z꼬임 스트랜드와 S꼬임 스트랜드가 교대로 꼬여 소선의 배열이 흡사 화살날개와 같은 형으로 된 로프
③ Z꼬임 : 스트랜드의 꼬임방향이 Z자형과 일치하는 표준적 꼬임형태
④ S꼬임 : 스태랜드의 꼬임방향이 S자형과 일치하는 꼬임형태

일반 Z꼬임   일반 S꼬임   랭 Z꼬임   랭 S꼬임

 정답 ②

---

04 로핑(roping)

(1) 로핑방식

① 승객용 엘리베이터는 1 : 1 로핑방식을 사용한다.
② 2 : 1 로핑방식의 엘리베이터는 기어식 30m/min 미만에 사용한다.

③ 3 : 1, 4 : 1, 6 : 1 로핑방식의 엘리베이터는 대용량의 저속화물용 엘리베이터에 사용된다. 단점으로는 로프의 길이가 매우 길어지며, 로프의 수명이 짧아지고, 조합 효율이 저하된다.

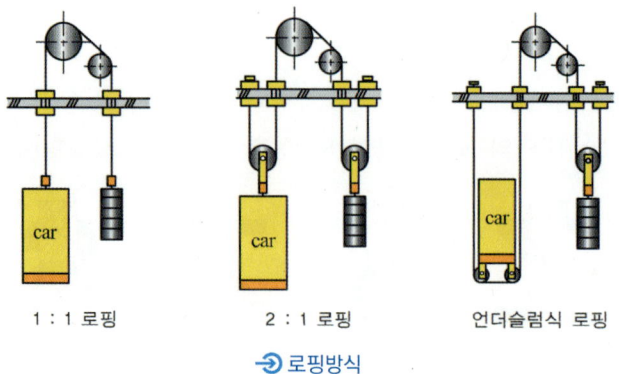

1 : 1 로핑   2 : 1 로핑   언더슬럼식 로핑

▶ 로핑방식

예상문제

기어가 붙은 권상기에서 30[m/min] 미만의 승강기에 일반적으로 사용되는 로프 거는 방법은?
① 1 : 1 로핑 ② 2 : 1 로핑
③ 3 : 1 로핑 ④ 4 : 1 로핑

해설
로핑방식
① 승용엘리베이터는 1 : 1 로핑방식을 사용한다.
② 2 : 1 로핑방식의 엘리베이터는 기어식 30m/min 미만에 사용한다.
③ 3 : 1, 4 : 1, 6 : 1 로핑방식의 엘리베이터는 대용량의 저속화물용 엘리베이터에 사용된다. 단점으로는 로프의 길이가 매우 길어지며, 로프의 수명이 짧아지고, 조합 효율이 저하된다.

정답 ▶▶▶ ②

(2) 시브에 로프거는 방식

① **싱글 랩 방식** : 중·저속 엘리베이터 사용
② **더블 랩 방식** : 고속 엘리베이터 사용

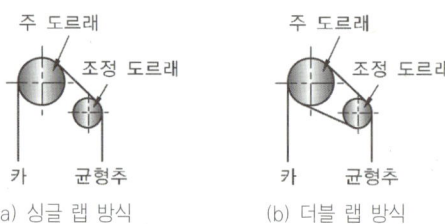

(a) 싱글 랩 방식   (b) 더블 랩 방식

▶ 도르래에 로프를 거는 법

제4절 가이드 레일(guide rail)

01 가이드 레일 사용목적

카의 기울어짐 방지 또는 비상정지장치가 작동 때 수직하중 유지

02 가이드 레일의 규격

① 레일 호칭은 마무리 가공 전 소재의 1m당 중량으로 한다.
② 보통 T형 레일을 사용하는데 공칭은 8K, 13K, 18K, 24K이나 대용량 엘리베이터에서는 37K, 50K 등도 사용된다.
③ 레일의 표준길이는 5m이다.
④ 가이드 레일의 허용응력은 $2400 kg/cm^2$이다.

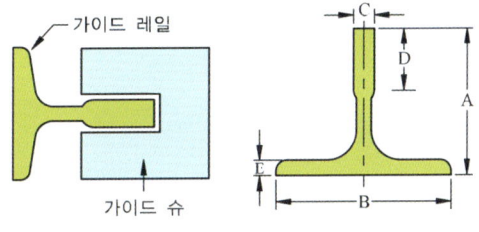

→ 가이드 레일 단면

▶ 가이드 레일의 단면치수

mm 공칭	A	B	C	D	E	계산중량 (kg$_f$/m)
8K	56	78	10	26	6	8.55
13K	62	89	16	32	7	13.1
18K	89	114	16	38	8	17.5
24K	89	127	16	50	12	23.7
30K	108	140	19	51	13	29.7

※ 가이드 레일은 길이 1m의 공칭하중

> **예상문제**
>
> 엘리베이터에 사용되는 "T"형 가이드레일(Guide Rail)의 단위표시는?
> ① 레일의 높이로 표시한다.　　② 레일 한본의 무게[kg]로 표시한다.
> ③ 레일 1미터[m]당 무게[kg]로 표시한다.　④ 레일 5미터[m]당 무게[kg]로 표시한다.
>
> **해설** 가이드 레일의 규격
> ① 레일 호칭은 마무리 가공 전 소재의 1m당 중량으로 한다.
> ② 보통 T형 레일 공칭은 8K, 13K, 18K, 24K(대용량 엘리베이터에서는 37K, 50K)
> ③ 레일의 표준길이는 5m이다.
> ④ 가이드 레일의 허용응력은 2400(kg/cm²)이다.
>
> 정답 ≫≫ ③

제5절　비상정지장치

조속기 로프와 연결되어 있어 카 또는 균형추의 정격속도(1.4배)를 넘을 경우에 가이드레일을 잡아 안전하게 강제 정지시키는 장치

01 비상정지장치의 종류

Cage 내부 승객의 충격을 고려하여 작동부터 완전 정지시까지의 최소치는 평균감속도를 1G 이하로, 최대치는 평균감속도를 0.35G로 억제하는 값이다.(1G는 중력가속도 9.8m/sec²)

(1) 점진적 비상정지장치

　① F·G·C(flexible guide clamp)형
　　㉠ 레일을 죄는 힘이 동작 시점에서 정지까지 일정하다.
　　㉡ 구조가 간단하여 많이 사용되며, 복구가 용이하다.
　　㉢ 정격속도 60m/min 이상인 중·고속엘리베이터에 사용

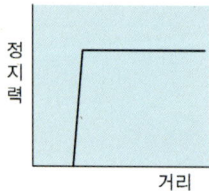

▶ F·G·C 거리에 따른 정지력 그래프

② F·W·C(flexible wedge clamp)형
  ㉠ 레일을 죄는 힘이 동작 시점에는 약하나 하강함에 점점 강해진 후 일정치 도달한다.
  ㉡ 구조가 복잡하여 많이 사용하지 않는다.

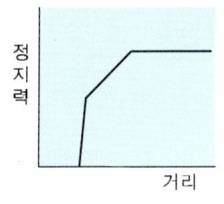

→ F·W·C 거리에 따른 정지력 그래프

(2) 순간식 비상정지장치
  ① 작동 시 정지력이 급격히 작용하고 카 또는 균형추를 거의 순식간에 정지시킨다.
  ② 저속도 엘리베이터 속도가 45m/min 이하에 사용한다.
  ③ 작동원리는 대표적인 롤러방식의 경우에 있어서 나타내면 비상정지 프레임의 테이퍼 부분에 인상로드에 연결된 롤러가 있고, 조속기의 작동에 따라 당겨 올라간 롤러가 레일과의 협각부에 끼어 들어가 강력한 정지력이 발생한다.
  ④ 순간식 비상정지장치에는 조속기를 사용하지 않고 롤러의 장력이 없어지는 것을 검출하여 작동하는 방식도 있으며, 슬랙로프 세이프티라고 부른다.

→ 순간식 거리에 따른 정지력 그래프

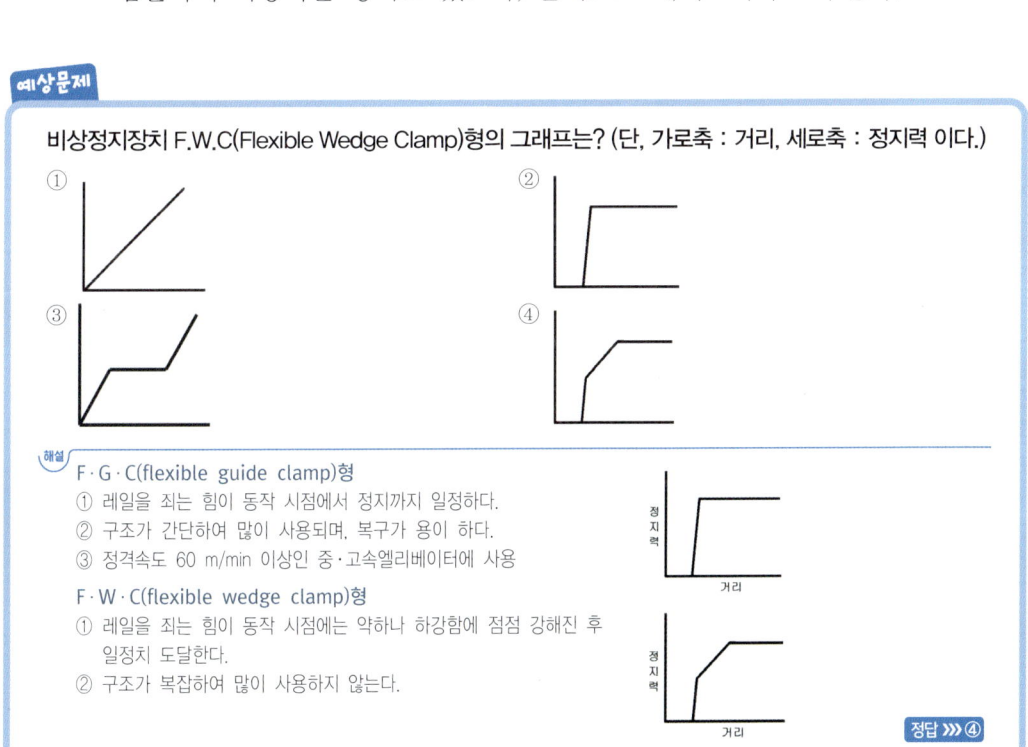

예상문제

비상정지장치 F.W.C(Flexible Wedge Clamp)형의 그래프는? (단, 가로축 : 거리, 세로축 : 정지력 이다.)

해설
F·G·C(flexible guide clamp)형
① 레일을 죄는 힘이 동작 시점에서 정지까지 일정하다.
② 구조가 간단하여 많이 사용되며, 복구가 용이 하다.
③ 정격속도 60 m/min 이상인 중·고속엘리베이터에 사용

F·W·C(flexible wedge clamp)형
① 레일을 죄는 힘이 동작 시점에는 약하나 하강함에 점점 강해진 후 일정치 도달한다.
② 구조가 복잡하여 많이 사용하지 않는다.

정답 ④

제6절 조속기(governor)

카의 속도를 검출하는 장치로 카의 속도와 같은 회전
기계적 과속 제어장치(카의 정격속도 이상 과속을 캐치 카를 정지시키는 장치)

01 조속기의 종류

(1) 롤 세이프티 조속기(roll safety governor)
  ① 카의 정격속도 이상시 과속스위치가 검출하여 동력전원회로 차단
  ② 조속기 도르래의 홈과 로프 사이에 마찰력을 이용 비상정지

(2) 디스크 조속기(disk governor)
  ① 카의 정격속도 초과 시 원심력에 의해 진자(振子)가 작동 가속 스위치를 작동시켜 정지
  ② **추형방식** : 추(錘, weight)형 캐치에 의해 로프를 붙잡아 비상정지 장치 작동
  ③ **슈형방식** : 도르래 홈과 슈사이에 로프를 붙잡아 비상정지 장치를 작동

(3) 플라이 볼 조속기(fly ball governor)
  ① 도르래의 회전을 수직축의 회전으로 변환, 링크 기구로 구형의 진자에 원심력으로 작동
  ② 구조가 매우 복잡하나 정밀도가 높은 검출을 하므로 고속 승강기에 많이 적용

예상문제

고속용 승강기에 가장 적합한 조속기(Governor)는?
① 롤 세프티형(GR형)   ② 디스크형(GD형)
③ 플라이볼형(GF형)   ④ 플랙시블형(FGC형)

해설 점진적 비상정지장치
① F·G·C(flexible guide clamp)형
  • 레일을 죄는 힘이 동작 시점에서 정지까지 일정하다.
  • 구조가 간단하여 많이 사용되며, 복구가 용이 하다.
  • 정격속도 60m/min 이상인 중·고속엘리베이터에 사용
② F·W·C(flexible wedge clamp)형
  • 레일을 죄는 힘이 동작 시점에는 약하나 하강함에 점점 강해진 후 일정치 도달한다.
  • 구조가 복잡하여 많이 사용하지 않는다.

정답 ▶▶▶ ③

02 조속기 동작

(1) 1단계 과속검출 스위치
   ① 카(car)의 속도가 정격속도의 1.3배 이하에서 동작(정격속도 45m/min 이하의 경우 63m/min 이하에서 동작)
   ② 양방향(상·하)의 경우 모두 검출

(2) 2단계 캣치
   ① 카의 속도가 정격속도의 1.4배를 넘기 전에 동작(정격속도 45m/min 이하의 경우 68m/min 넘기 전에 동작)
   ② 과속스위치가 작동한 다음 하강 방향에서만 작동

예상문제

조속기가 작동하여 전원을 차단하고 브레이크를 작동시키는 속도는 정격속도의 몇 배를 초과하지 않는 범위이어야 하는가?
① 1.1배　　　　　　　　② 1.2배
③ 1.3배　　　　　　　　④ 1.4배

해설
1단계 과속검출
카(car)의 속도가 정격속도의 1.3배 이하에서 동작(정격속도 45m/min 이하의 경우 63m/min 이하에서 동작)

정답 ③

---

03 조속기 로프 및 도르래 구비조건

① 조속기 로프의 공칭지름의 6mm 이상, 안전율은 최소 8 이상
② 마찰 정지형 조속기의 경우 마찰계수가 0.2로 고려하여 인장력 계산
③ 도르래의 피치지름과 로프의 공칭지름의 비를 30 이상
④ 도르래 홈의 지름은 조속기 로프 지름의 $1\frac{1}{8}$배 이하
⑤ 조속기 조정이 가능한 경우, 최종 설정은 봉인(표시) 처리

제7절 완충기(buffer)

주행의 종점에서 완충적인 정지, 그리고 유체 또는 스프링(또는 유사한 수단)을 사용한 것을 포함한 제동수단

01 완충기 종류

(1) 스프링 완충기(spring buffer)
  ① 카가 하강 또는 균형추의 충격을 완화하기 위해 1개 이상 스프링을 사용
      ㉠ 정격속도 60m/min 이하 승강기에 적용
      ㉡ 행정은 최소한 정격속도의 115%에 상응하는 중력 정지거리의 2배
      ㉢ 적용중량은 최대 압축하중의 1/4배~1/2.5배의 범위로 적용
  ② 속도별 최소행정(stroke)
      ㉠ 30m/min 이하 : 38mm
      ㉡ 30m/min 초과 45m/min 이하 : 64mm
      ㉢ 45m/min 초과 60m/min 이하 : 100mm

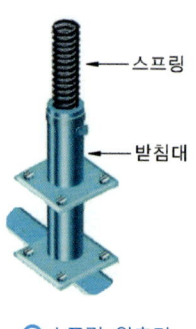

↪ 스프링 완충기

예상문제

스프링 완충기를 속도 60m/min 인 승강기에 적용할 때 최소 행정(STROKE)은 몇 [mm]인가?
① 64   ② 78   ③ 91   ④ 100

해설
속도별 최소행정(stroke)
① 30m/min 이하 : 38mm
② 30m/min 초과 45m/min 이하 : 64mm
③ 45m/min 초과 60m/min 이하 : 100mm

정답 ④

(2) 유입 완충기
　① 카 또는 균형추의 하강 운동에너지를 흡수 및 분산을 위한 매체로 오일 사용
　　㉠ 정격속도 60m/min 초과에 적용
　　㉡ 적용중량 : 최소적용중량(카 자중＋65), 최대적용중량(카 자중＋적재하중)
　② 속도별 최소행정(stroke)
　　㉠ 90m/min : 152mm　　－ 105m/min : 207mm
　　㉡ 120m/min : 270mm　　－ 150m/min : 422mm
　　㉢ 180m/min : 608mm　　－ 210m/min : 827mm
　　㉣ 240m/min : 1080mm　　－ 300m/min : 1687mm

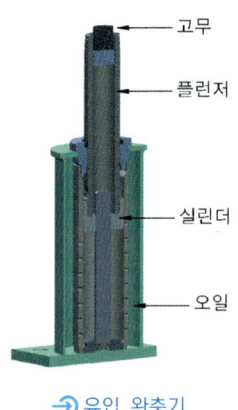

유입 완충기

예상문제

카 또는 균형추가 승강로 바닥에 충돌하였을 때 카 내의 사람이 안전하도록 충격을 완화 시키는 장치는?
① 조속기　　　　　　　　　② 순간비상정지장치
③ 완충기　　　　　　　　　④ 리미트 스위치

해설
① 스프링 완충기(spring buffer) : 카가 하강 또는 균형추의 충격을 완화하기 위해 1개 이상 스프링을 사용
　• 정격속도 60m/min 이하 승강기에 적용
　• 행정은 최소한 정격속도의 115%에 상응하는 중력 정지 거리의 2배
　• 적용중량은 최대 압축하중의 1/4배~1/2.5배의 범위로 적용
② 유압완충기 : 카 또는 균형추의 하강 운동에너지를 흡수 및 분산을 위한 매체로 오일 사용
　• 정격속도 60m/min 초과에 적용
　• 적용중량 : 최소적용중량(카 자중+65), 최대적용중량(카 자중+적재하중)

정답 ≫≫ ③

제8절 카와 카 틀(car frame)

01 카(Elevator Car)

카는 승객 또는 화물을 태우는 공간이며 일반적으로 승객이 가장 많이 접하는 곳

① 카 바닥, 카틀, 카 벽, 천장 및 도어 등으로 구성
② 재질은 1.2mm 이상의 강판을 사용, 도장 또는 스테인리스 스틸
③ 천정에는 조명, 환기, 비상구시설 등 설치
④ 카 벽에는 층 버튼, 카 도어, 카 내 위치표시, 명판, 운전 조작반, 외부연락장치 등 설치

02 카 틀(Car Frame)

카 바닥, 비상정지장치, 메인 로프가 취부 되는 구조물

① 카 또는 카 프레임은 방진고무와 말굽 스프링으로 분리되어 진동 흡수
② 카 프레임은 상부, 하부, 측부로 구성
③ 브레이스 로드는 카 바닥면의 분산된 하중을 균등하게 측부 틀에 전달

제9절 균형추(counter weight)

카의 자중에 적재용량의 약 40~50%를 더한 중량을 보상시키기 위하여 카와 연결된 권상로프의 반대편에 연결된 중량물

01 오버밸런스(over balance)

① 카 자중에 정격 적재하중의 더할 값으로 35%~55%를 적용

② 균형추의 중량 = 카 자체하중 + $L \times F(0.35 \sim 0.55)$
여기서, L : 정격 적재량[kg]
F : 오버밸런스$(0.35 \sim 0.55)$율

다음 중 균형추의 총 중량에 관한 설명으로 옳은 것은?
① 일반적으로 빈 카의 자체하중에 정격하중의 35~50%의 중량을 제한 값
② 일반적으로 빈 카의 자체하중에 정격하중을 제한 값
③ 일반적으로 빈 카의 자체하중에 정격하중을 더한 값
④ 일반적으로 빈 카의 자체하중에 정격하중을 35~50%의 중량을 더한 값

해설
균형추(counter weight)
균형추의 중량 = 카 자체하중 + L×F(0.35~0.55)
여기서, L : 정격 적재량(kg)
F : 오버밸런스(0.35~0.55)율

정답 ④

02 견인비(traction ratio)

카의 로프가 매달려 있는 중량과 균형추 측 로프가 매달려 있는 중량의 비

(1) 전부하 최하층에서 상승할 때의 견인비

① 카측 중량 = 카 자체하중 + 적재하중 + 로프하중
② 균형추측 중량 = 균형추 중량(카 자체하중 + $L \times F$)

• 전부하시 견인비 = $\dfrac{카측\ 중량}{균형추측\ 중량}$

(2) 무부하 최상층에서 하강할 때의 견인비

① 카측 중량 = 카 자체하중
② 균형추측 중량 = 균형추 중량 + 로프하중 = (카 자체하중 + $L \times F$) + 로프하중

• 무부하시 견인비 = $\dfrac{균형추측\ 중량}{카측\ 중량}$

• 전부하 및 무부하 때 견인비를 비교 큰 쪽을 분자로 항상 1 이상의 값이 된다.

예상문제

다음 장치들 중 보조 안전 스위치(장치)설치와 무관한 것은?
① 균형추
② 유입완충기
③ 조속기 로프 인장장치
④ 균형로프 도르래

해설 균형추 중량
① 균형추의 중량 = 카 자체하중 + L×F(0.35~0.55)
  여기서, L : 정격 적재량(kg)
       F : 오버밸런스(0.35~0.55)율
② 카의 자중에 적재용량의 약 40, 50%를 더한 중량을 보상시키기 위하여 카와 연결된 권상로프의 반대편에 연결된 중량물

정답 ≫≫ ①

제 10 절 균형체인 및 균형로프

01 균형체인

① 승강로가 높아져 카의 위치변화에 따른 로프와 이동케이블 자중의 무게 불균형을 보상
② 균형체인은 중·저속 승강기에 적용
③ 보상의 효과는 약 90%

02 균형로프

① 로프가 서로 엉키는 것을 방지하기 위하여 인장 시브를 설치
② 균형 로프는 고속 승강기에 적용
③ 보상의 효과는 100%
④ 카의 밸런스 및 와이어로프 무게 보상

예상문제

균형로프의 주된 사용 목적은?
① 카의 소음진동을 보상하기 위해서
② 카의 위치변화에 따른 주 로프무게에 의한 권상비를 보상하기 위해서
③ 카의 밸런스를 맞추기 위해서
④ 카의 적재하중 변화를 보상하기 위해서

해설
① 로프가 서로 엉키는 것을 방지하기 위하여 인장 시브를 설치
② 균형 로프는 고속 승강기에 적용
③ 보상의 효과는 100%
④ 소음진동 보상
⑤ 카의 밸런스 보상

정답 ≫≫ ②

CHAPTER 02
승강기의 원리 및 구조
출제예상문제

01 로프식 엘리베이터에서 카 바닥 앞부분과 승강장 출입구 바닥 앞부분과의 틈새는 몇 [cm] 이하인가?
① 2　　② 3
③ 4　　④ 5

해설 정지층 실간격은 승강장 출입구 바닥 앞부분과 카 바닥 앞부분과의 틈의 너비는 4cm 이하이어야 한다.

02 엘리베이터용 로프의 특성으로 옳은 것은?
① 강도가 크고 유연성이 적어야 한다.
② 강도가 크고 유연성이 풍부하여야 한다.
③ 강도와 유연성이 적어야 한다.
④ 강도가 적고 유연성이 풍부하여야 한다.

해설 ① 주로프의 공칭직경은 12mm 이상으로 하여야 한다. 다만, 주로프의 안전율이 10 이상이 되도록 여러 가닥의 로프를 사용하는 경우에 공칭직경은 8mm 이상으로 할 수 있다.
② 3가닥(권동식은 2가닥) 이상으로 하여야 한다.
③ 끝부분은 1가닥마다 로프소켓에 바빗트 채움을 하거나 체결식 로프소켓을 사용하여 고정하여야 한다.(고정하는 경우의 연결은 주로프 최소파단하중의 80% 이상)
④ 주로프를 걸어 맨 고정부위는 2중 너트로 견고하게 조이고, 풀림방지를 위한 분할 핀이 꽂혀 있어야 한다.
⑤ 로프의 단말부에는 장력을 균등하게 유지하는 스프링 등의 장치는 정격하중의 110%에서도 완전히 압축되지 않는 등의 정상적인 기능이 유지되어야 한다.
⑥ 강도가 크고 유연성이 풍부하여야 한다.

03 승강기의 완충기에 대한 설명 중 옳지 않은 것은?
① 스프링완충기와 유입완충기가 있다.
② 엘리베이터의 속도가 60m/min 이하인 경우 스프링 완충기가 사용된다.
③ 유입완충기는 $98m/sec^2$를 넘지 않는 평균 감속도를 가져야 한다.
④ 스프링완충기의 작용은 유체 저항에 의한다.

해설 ① 스프링완충기
　• 정격속도 60m/min 이하 승강기에 적용
　• 행정은 최소한 정격속도의 115%에 상응하는 중력 정지거리의 2배
　• 적용중량은 최대 압축하중의 1/4배~1/2.5배의 범위로 적용
② 유입완충기
　• 정격속도 60m/min 초과에 적용
　• 적용중량 : 최소적용중량(카 자중+65), 최대적용중량(카 자중+적재하중)

04 균형로프의 주된 사용 목적은?
① 카의 소음진동을 보상하기 위해서
② 카의 위치변화에 따른 주 로프무게에 의한 권상비를 보상하기 위해서
③ 카의 밸런스를 맞추기 위해서
④ 카의 적재하중 변화를 보상하기 위해서

해설 ① 로프가 서로 엉키는 것을 방지하기 위하여 인장 시브를 설치
② 균형 로프는 고속 승강기에 적용
③ 보상의 효과는 100%
④ 소음진동 보상
⑤ 카의 밸런스 보상

Answer
01 ③　02 ②　03 ④　04 ②

05 정격속도 60m/min인 승강기에서 조속기 1차 과속스위치가 작동하는 속도는 몇 [m/min] 인가?

① 60　　② 63
③ 68　　④ 78

 ① 1단계 과속검출 스위치 : 카(car)의 속도가 정격속도의 1.3배 이하에서 동작(정격속도 45m/min 이하의 경우 63m/min 이하에서 동작)
② 2단계 캣치 : 카의 속도가 정격속도의 1.4배를 넘기 전에 동작(정격속도 45m/min 이하의 경우 68m/min 넘기 전에 동작)

06 다음 중 비상정지장치와 관련이 없는 것은?

① 후렉시블 가이드 크램프형 세이프티
② 슬랙 로프 세이프티
③ 조속기
④ 턴버클

 ① 조속기 로프와 연결되어 있어 카 또는 균형추의 정격속도(1.4배)를 넘을 경우에 가이드레일을 잡아 안전하게 강제 정지시키는 장치
② 점진적 비상정지장치
　• F·G·C(flexible guide clamp)형
　　− 구조가 간단하여 많이 사용되며, 복구가 용이하다.
　　− 정격속도 60 m/min 이상인 중·고속엘리베이터에 사용
　• F·W·C(flexible wedge clamp)형
　　− 레일을 죄는 힘이 동작 시점에는 약하나 하강함에 점점 강해진 후 일정치 도달한다.
　　− 구조가 복잡하여 많이 사용하지 않는다.
③ 순간식 비상정지장치
　• 저속도 엘리베이터 속도가 45m/min이하 사용한다.
　• 순간식 비상정지장치에는 조속기를 사용하지 않고 롤러의 장력이 없어지는 것을 검출하여 작동하는 방식도 있으며, 슬랙로프 세이프티라고 부른다.

07 다음 중 로프의 꼬임 방법과 거리가 가장 먼 것은?

① 보통꼬임과 랭꼬임이 있다.
② 보통꼬임은 스트랜드의 꼬임 방향과 로프의 꼬임 방향이 같다.
③ 보통꼬임은 소선과 도르래의 접촉면이 작으면 마모의 영향은 다소 많다.
④ 보통꼬임은 잘 풀리지 않아 일반적으로 사용된다.

 ① 일반꼬임 : 스트랜드의 꼬임방향과 로프의 꼬임 방향이 반대인 것
② 랭 꼬임 : Z꼬임 스트랜드와 S꼬임 스트랜드가 교대로 꼬여 소선의 배열이 흡사 화살날개와 같은 형으로 된 로프
③ Z꼬임 : 스트랜드의 꼬임방향이 Z자형과 일치하는 표준적 꼬임형태
④ S꼬임 : 스태랜드의 꼬임방향이 S자형과 일치하는 꼬임형태

일반 Z꼬임 　일반 S꼬임 　랭 Z꼬임 　랭 S꼬임

08 조속기는 무엇을 이용하여 스위치의 개폐작용을 하는가?

① 응력　　② 원심력
③ 마찰력　④ 항력

조속기(governor)
① 카의 정격속도 초과 시 원심력에 의해 진자(振子)가 작동 가속 스위치를 작동시켜 정지
② 추형방식 : 추(錘, weight)형 캐치에 의해 로프를 붙잡아 비상정지 장치 작동
③ 슈형방식 : 도르래 홈과 슈사이에 로프를 붙잡아 비상정지장치를 작동

Answer
05 ④　06 ④　07 ②　08 ②

09 가이드 레일은 제조와 설치 시 승강로 내의 반입이 편리하도록 약 몇 [m] 로 하고 있는가?

① 3m　　② 4m
③ 5m　　④ 6m

해설 가이드 레일(guide rail)
① T형 레일 : 공칭은 8K, 13K, 18K, 24K(대용량 엘리베이터에서는 37K, 50K 등도 사용)
② 레일의 표준길이는 5m이다.
③ 가이드 레일의 허용응력은 2400(kg/cm²)

10 비상정지장치 F.W.C(Flexible Wedge Clamp)형의 그래프는? (단, 가로축 : 거리, 세로축 : 정지력 이다.)

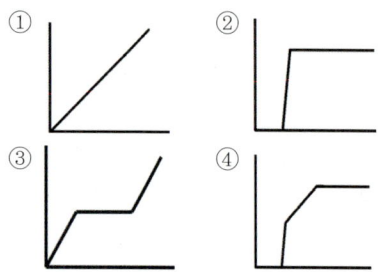

해설 F·G·C(flexible guide clamp)형
① 레일을 죄는 힘이 동작 시점에서 정지까지 일정하다.
② 구조가 간단하여 많이 사용되며, 복구가 용이 하다.
③ 정격속도 60 m/min 이상인 중·고속엘리베이터에 사용

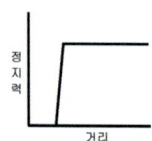

F·W·C(flexible wedge clamp)형
① 레일을 죄는 힘이 동작 시점에는 약하나 하강함에 점점 강해진 후 일정치 도달한다.
② 구조가 복잡하여 많이 사용하지 않는다.

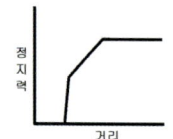

11 다음 그림과 같이 카와 균형추에 로프를 거는 방법은?

① 1 : 1 로핑
② 2 : 1 로핑
③ 4 : 1 로핑
④ 밀어 올리기식 로핑

해설
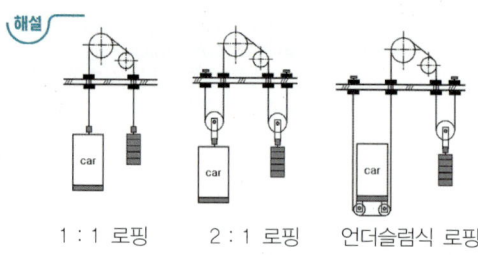
1 : 1 로핑　　2 : 1 로핑　　언더슬럼식 로핑

12 조속기가 작동하여 전원을 차단하고 브레이크를 작동시키는 속도는 정격속도의 몇 배를 초과하지 않는 범위이어야 하는가?

① 1.1배　　② 1.2배
③ 1.3배　　④ 1.4배

해설 1단계 과속검출
카(car)의 속도가 정격속도의 1.3배 이하에서 동작 (정격속도 45m/min 이하의 경우 63m/min 이하에서 동작)

13 트랙션(Traction)식 승강기에서 로프의 미끄러짐을 방지하기 위하여 고려해야 할 사항이 아닌 것은?

① 카측과 균형추축의 로프에 걸리는 장력비(중량비)
② 카의 가속도와 감속도
③ 시브의 크기
④ 로프의 감기는 각도인 권부각

해설 견인비(traction ratio)
① 카측 중량=카 자체하중+적재하중+로프하중
② 균형추측 중량=균형추 중량(카 자체하중+L×F)

Answer
09 ③　10 ④　11 ①　12 ③　13 ③

※ 전부하시 견인비 = $\dfrac{\text{카측 중량}}{\text{균형추측 중량}}$

여기서, L : 정격 적재량(kg)
F : 오버밸런스(0.35~0.55)율
– 시브의 크기와는 관련이 없음

14 엘리베이터용 주로프는 일반 와이어로프에서 볼 수 없는 몇 가지 특징이 있다. 이에 해당되지 않는 것은?

① 반복적인 벤딩에 소선이 끊어지지 않을 것
② 유연성이 클 것
③ 파단강도가 높을 것
④ 마모에 견딜 수 있도록 탄소량을 많게 할 것

해설 탄소량이 적은 것은 연질이고, 강도가 작고, 가연성이 크며, 구힘이 용이하게 되는 반면 탄소량이 많으면 경도와 강도가 증대되나 신도는 감소하게 된다.

15 엘리베이터 전동기 출력 (Pm)의 계산식으로 옳은 것은? (단, L : 정격하중, V : 정격속도, S : 1–F(F : 오버밸런스율), η : 종합효율이다.)

① Pm = (LVS) / (6210η)
② Pm = (ηVS) / ($6120 L$)
③ Pm = (6120η) / (LVS)
④ Pm = ($LVS\eta$) / 6120

해설 전동기 용량
$$P = \dfrac{M \cdot V \cdot S}{6120\eta}\,[\text{kw}]$$
여기서, M : 정격 적재량(kg)
V : 정격속도(m/min)
S : 1–F(F : 오버밸런스율%)
η : 종합효율
∴ 균형추 중량 : 케이지 자체중량 + M·F

16 카의 유입 완충기의 최대 적용 중량은?

① 카의 자중 + 65kg$_f$
② 카의 자중 + 존재 하중
③ 균형추의 중량
④ 카의 자중 + 균형추의 중량

해설 카 또는 균형추의 하강 운동에너지를 흡수 및 분산을 위한 매체로 오일 사용
① 정격속도 60m/min 초과에 적용
② 적용중량 : 최소적용중량(카 자중+65), 최대적용중량(카 자중+적재[존재]하중)

17 균형추를 사용한 승객용 엘리베이터에서 제동기(Brake)의 제동력은 적재하중의 몇 [%]까지는 위험 없이 정지가 가능하여야 하는가?

① 100[%] ② 110[%]
③ 120[%] ④ 125[%]

해설 제동기의 능력
승객용엘리베이터는 125%의 부하, 화물용 엘리베이터는 120%의 부하로 전속 하강 중 카를 안전하게 감속 또는 정지시킬 수 있어야 한다.
• 제동시간(t)
$$t = \dfrac{120 \cdot d}{v}\,(S)$$
여기서, v : 정격속도[m/min]
d : 제동 후 이동한 거리[m]

18 균형추의 전체 무게를 산정하는 방법으로 옳은 것은?

① 카의 전중량에 정격 적재량의 40~50[%]를 더한 무게로 한다.
② 카의 전중량에 정격 적재량을 더한 무게로 한다.
③ 카의 전중량과 같은 무게로 한다.
④ 카의 전중량에 정격 적재량의 110[%]를 더한 무게로 한다.

Answer
14 ④ 15 ① 16 ② 17 ④ 18 ①

> **해설** 균형추 중량
> 케이지 자체중량 + M·F
> 여기서, M : 정격 적재량(kg)
> F : 오버밸런스율%

19 승강기에 사용하고 있는 스프링 완충기는 주로 어떤 기종에 사용되고 있는가?

① 정격속도가 60[m/min] 이하의 기종
② 정격속도가 60[m/min] 초과하는 기종
③ 정격속도가 80[m/min] 이하의 기종
④ 정격속도가 80[m/min] 초과하는 기종

> **해설** 스프링 완충기(spring buffer)
> ① 정격속도 60m/min 이하 승강기에 적용
> ② 행정은 최소한 정격속도의 115%에 상응하는 중력 정지 거리의 2배
> ③ 적용중량은 최대 압축하중의 1/4배~1/2.5배의 범위로 적용

20 일반적으로 피트에 설치되지 않는 것은?

① 균형추　　② 조속기
③ 완충기　　④ 인장도르래

> **해설** 균형추(counter weight)
> 카의 자중에 적재용량의 약 40, 50%를 더한 중량을 보상시키기 위하여 카와 연결된 권상로프의 반대편에 연결된 중량물

21 승객용 엘리베이터 카(car)와 카 틀(car frame)의 구조로 옳은 것은?

① 카 상부 틀(top team)에 카가 고정되어 있다.
② 카 세로 틀(car shaft)에 카가 고정되어 있다.
③ 카 틀(car frame)과 카는 분리시켜 고무쿠션으로 지지토록 되어 있다.
④ 카 틀(car frame) 전체에 카가 고정시켜 있다.

> **해설** 카 틀(Car Frame)
> 카 바닥, 비상정지장치, 메인 로프가 취부 되는 구조물
> ① 카 또는 카 프레임은 방진고무와 말굽 스프링으로 분리되어 진동 흡수
> ② 카 프레임은 상부, 하부, 측부로 구성
> ③ 브레이스 로드는 카 바닥면의 분산된 하중을 균등하게 측부 틀에 전달

22 정격속도가 90[m/min]인 승객용 엘리베이터의 조속기 과속 스위치의 작동속도는?

① 63[m/min] 이하
② 68[m/min] 이하
③ 117[m/min] 이하
④ 126[m/min] 이하

> **해설** ① 1단계 과속검출 스위치 : 카(car)의 속도가 정격속도의 1.3배 이하에서 동작(정격속도 45m/min 이하의 경우 63m/min 이하에서 동작)
> ② 2단계 캣치 : 카의 속도가 정격속도의 1.4배를 넘기 전에 동작(정격속도 45m/min 이하의 경우 68m/min 넘기 전에 동작)

23 기어가 붙은 권상기에서 30[m/min] 미만의 승강기에 일반적으로 사용되는 로프 거는 방법은?

① 1 : 1 로핑
② 2 : 1 로핑
③ 3 : 1 로핑
④ 4 : 1 로핑

> **해설** 로핑방식
> ① 승용엘리베이터는 1 : 1 로핑방식을 사용한다.
> ② 2 : 1 로핑방식의 엘리베이터는 기어식 30m/min 미만에 사용한다.
> ③ 3 : 1, 4 : 1, 6 : 1 로핑방식의 엘리베이터는 대용량의 저속화물용 엘리베이터에 사용된다. 단점으로는 로프의 길이가 매우 길어지며, 로프의 수명이 짧아지고, 조합 효율이 저하된다.

Answer
19 ①　20 ①　21 ③　22 ③　23 ②

24 카 또는 균형추가 승강로 바닥에 충돌하였을 때 카 내의 사람이 안전하도록 충격을 완화 시키는 장치는?

① 조속기
② 순간비상정지장치
③ 완충기
④ 리미트 스위치

해설
① 스프링 완충기(spring buffer) : 카가 하강 또는 균형추의 충격을 완화하기 위해 1개 이상 스프링을 사용
  • 정격속도 60m/min 이하 승강기에 적용
  • 행정은 최소한 정격속도의 115%에 상응하는 중력 정지 거리의 2배
  • 적용중량은 최대 압축하중의 1/4배~1/2.5배의 범위로 적용
② 유압완충기 : 카 또는 균형추의 하강 운동에너지를 흡수 및 분산을 위한 매체로 오일 사용
  • 정격속도 60m/min 초과에 적용
  • 적용중량 : 최소적용중량(카 자중+65), 최대적용중량(카 자중+적재하중)

25 다음 중 균형추의 총 중량에 관한 설명으로 옳은 것은?

① 일반적으로 빈 카의 자체하중에 정격하중의 35~50%의 중량을 제한 값
② 일반적으로 빈 카의 자체하중에 정격하중을 제한 값
③ 일반적으로 빈 카의 자체하중에 정격하중을 더한 값
④ 일반적으로 빈 카의 자체하중에 정격하중을 35~50%의 중량을 더한 값

해설 균형추(counter weight)
균형추의 중량 = 카 자체하중 + L×F(0.35~0.55)
여기서, L : 정격 적재량(kg)
       F : 오버밸런스(0.35~0.55)율

26 고속용 승강기에 가장 적합한 조속기(Governor)는?

① 롤 세프티형(GR형)
② 디스크형(GD형)
③ 플라이볼형(GF형)
④ 플랙시블형(FGC형)

해설 점진적 비상정지장치
① F·G·C(flexible guide clamp)형
  • 레일을 죄는 힘이 동작 시점에서 정지까지 일정하다.
  • 구조가 간단하여 많이 사용되며, 복구가 용이하다.
  • 정격속도 60m/min 이상인 중·고속엘리베이터에 사용
② F·W·C(flexible wedge clamp)형
  • 레일을 죄는 힘이 동작 시점에는 약하나 하강함에 점점 강해진 후 일정치 도달한다.
  • 구조가 복잡하여 많이 사용하지 않는다.

27 엘리베이터에 사용되는 "T"형 가이드레일(Guide Rail)의 단위표시는?

① 레일의 높이로 표시한다.
② 레일 한본의 무게[kg]로 표시한다.
③ 레일 1미터[m]당 무게[kg]로 표시한다.
④ 레일 5미터[m]당 무게[kg]로 표시한다.

해설 가이드 레일의 규격
① 레일 호칭은 마무리 가공 전 소재의 1m당 중량으로 한다.
② 보통 T형 레일 공칭은 8K, 13K, 18K, 24K(대용량 엘리베이터에서는 37K, 50K)
③ 레일의 표준길이는 5m이다.
④ 가이드 레일의 허용응력은 2400(kg/cm^2)이다.

Answer
24 ③ 25 ④ 26 ③ 27 ③

28 완충기의 종류를 결정하는데 반드시 필요한 조건은?

① 승강기의 용량
② 승강기의 속도
③ 승강기의 용도
④ 카의 크기

해설 스프링 완충기(spring buffer)
• 속도별 최소행정(stroke)
① 30m/min 이하 : 38mm
② 30m/min 초과 45m/min 이하 : 64mm
③ 45m/min 초과 60m/min 이하 : 100mm
유압완충기
• 속도별 최소행정(stroke)
① 90m/min : 152mm – 105m/min : 207mm
② 120m/min : 270mm – 150m/min : 422mm
③ 180m/min : 608mm – 210m/min : 827mm
④ 240m/min : 1080mm – 300m/min : 1687mm

29 순간식 비상정지장치인 즉시작동이 적용되는 승강기는?

① 정격속도가 45[m/min] 이하의 승강기
② 정격속도가 60~105[m/min] 의 승강기
③ 정격속도가 120~240[m/min] 의 승강기
④ 정격속도가 300[m/min] 이상의 승강기

해설 순간식 비상정지장치
① 작동 시 정지력이 급격히 작용하고 카 또는 균형추를 거의 순식간에 정지시킨다.
② 저속도 엘리베이터 속도가 45m/min이하 사용한다.

30 승용 엘리베이터의 경우 카 문턱과 승강로 벽사이의 홈은 몇 mm 이하로 하는가?

① 80
② 105
③ 125
④ 150

해설 카 내에서 행하는 검사
카 바닥 앞부분과 승강로 벽과의 수평거리는 125mm 이하이어야 한다.

31 승강기에서 사람이 타는 케이지(cage)에 관계되는 설명이 아닌 것은?

① 재질은 일반적으로 1.2mm 이상의 강판을 사용한다.
② 완충기가 있는 피트는 깊을수록 좋다.
③ 벽은 불연재료로 제작하여 화재사고에 대비해야 한다.
④ 천장에 비상구출구가 있어야 한다.

해설 승강기의 구조
① 기계실
② 케이지
③ 승강로
④ 승강장
• 피트는 승강로에 대한 설명

32 유입완충기에서 완전히 압축한 상태에서 완전히 복귀할 때까지 요하는 폴런저의 복귀시간은 몇 초 이내이어야 하는가?

① 30
② 60
③ 90
④ 120

해설 플런저 복귀시험
유입식 완충기의 플런저 복귀시험은 플런저를 완전히 압축한 상태에서 5분동안 유지한 후 완전복귀 위치까지 요하는 시간은 120초 이하로 한다.

Answer
28 ② 29 ① 30 ③ 31 ② 32 ④

33 1 : 1 로핑방식에 비해 2 : 1, 3 : 1, 4 : 1 로핑방식의 설명 중 옳지 않은 것은?

① 와이어로프의 수명이 짧다.
② 와이어로프의 총 길이가 길다.
③ 승강기의 속도가 빠르다.
④ 종합 효율이 저하된다.

해설 로핑방식
① 승용엘리베이터는 1 : 1 로핑방식을 사용한다.
② 2 : 1 로핑방식의 엘리베이터는 기어식 30m/min 미만에 사용한다.
③ 3 : 1, 4 : 1, 6 : 1 로핑방식의 엘리베이터는 대용량의 저속화물용 엘리베이터에 사용된다. 단점으로는 로프의 길이가 매우 길어지며, 로프의 수명이 짧아지고, 조합 효율이 저하된다.

34 균형체인의 설치 목적으로 가장 알맞은 것은?

① 카의 진동을 방지하기 위해서 설치한다.
② 카의 추락을 방지하기 위해서 설치한다.
③ 이동 케이블과 로프의 이동에 따라 변화되는 하중을 보상하기 위해서 설치한다.
④ 균형추의 추락을 방지하기 위해서 설치한다.

해설 균형체인
① 승강로가 높아져 카의 위치변화에 따른 로프와 이동케이블 자중의 무게 불균형을 보상
② 균형체인은 중·저속 승강기에 적용
③ 보상의 효과는 약 90%

35 다음 중 조속기의 종류에 해당되지 않는 것은?

① 플라이 불형 조속기
② 롤 세프티형 조속기
③ 웨지형 조속기
④ 디스크형 조속기

해설
① 롤 세이프티 조속기(roll safety governor)
  • 카의 정격속도 이상시 과속스위치가 검출하여 동력전원회로 차단
  • 조속기 도르래의 홈과 로프 사이에 마찰력을 이용 비상정지
② 디스크 조속기(disk governor)
  • 카의 정격속도 초과 시 원심력에 의해 진자(振子)가 작동 가속 스위치를 작동시켜 정지
  • 추형방식 : 추(錘, weight)형 캐치에 의해 로프를 붙잡아 비상정지 장치 작동
  • 슈형방식 : 도르래 홈과 슈사이에 로프를 붙잡아 비상정지장치를 작동
③ 플라이 볼 조속기(fly ball governor)
  • 도르래의 회전을 수직축의 회전으로 변환. 링크 기구로 구형의 진자에 원심력으로 작동
  • 구조가 매우 복잡하나 정밀도가 높은 검출을 하므로 고속 승강기에 많이 적용

36 정격속도가 분당 120[m]인 승객용 엘리베이터에 사용하는 유입완충기의 성능시험을 하려고 한다. 충돌 속도는 몇 [m/min]가 적당한가?

① 130   ② 132
③ 135   ④ 138

해설 에너지분산형 완충기
① 카에 정격하중을 싣고 자유낙하하여 정격속도의 115%의 속도로 카 완충기에 충돌하였을 때, 그 평균 감속도는 1gn 이하여야 한다.
② 2.5gn을 초과하는 감속도가 0.04초 이하이어야 한다.
∴ 120×1.15 = 138[m/min](정격속도의 115%)

Answer
33 ③   34 ③   35 ③   36 ④

37 엘리베이터용 가이드레일의 역할이 아닌 것은?

① 카와 균형추의 승강로내 위치 규제
② 승강로의 기계적강도를 보강해 주는 역할
③ 카의 자중이나 화물에 의한 카의 기울어짐 방지
④ 집중하중이나 비상정지장치 작동 시 수직하중 유지

해설
① 카의 기울어짐을 방지
② 카와 균형추의 승강로내 위치규제
③ 비상정지장치 작동 시 수직하중을 유지

38 승강기의 브레이크 장치에 관한 설명 중 옳은 것은?

① 승객용 엘리베이터는 125%의 적재하중을 싣고 정격속도 하강 시 정격부하 시와 같은 승차감으로 안전하게 감속 정지해야 한다.
② 화물용 엘리베이터는 125%의 적재하중을 싣고 정격속도 하강 시 안전하게 감속 정지해야 한다.
③ 승객용 엘리베이터는 125%의 적재하중을 싣고 정격속도 하강 시 안전하게 감속 정지해야 한다.
④ 화물용 엘리베이터는 135%의 적재하중을 싣고 정격속도 하강 시 안전하게 감속 정지해야 한다.

해설 제동기의 능력
① 승객용엘리베이터는 125%의 부하, 화물용 엘리베이터는 120%의 부하로 전속 하강 중 카를 안전하게 감속 또는 정지시킬 수 있어야 한다.
② 브레이크는 전동기, 카, 균형추 등 모든 장치의 관성을 제지하는 역할을 해야 한다.
③ 정지 후에는 부하에 의한 불균형 역구동이 되어 움직이는 일이 없어야 한다.

브레이크 구조
제동기의 솔레노이드 코일이 소자(전자석 소멸)되면 강력한 스프링에 의해 즉시 제동이 걸린다.

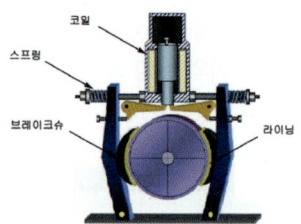

39 정격속도가 90[m/min]인 승객용 엘리베이터에서 사용되는 유입완충기의 필요 최소행정은?

① 132   ② 142
③ 152   ④ 162

해설 유입완충기 속도별 최소행정(stroke)
① 90m/min : 152mm – 105m/min : 207mm
② 120m/min : 270mm – 150m/min : 422mm
③ 180m/min : 608mm – 210m/min : 827mm
④ 240m/min : 1080mm – 300m/min : 1687mm

40 승객용 엘리베이터에서 일반적으로 균형체인 대신 균형로프를 사용하는 정격속도의 범위는?

① 120m/min 이상
② 120m/min 이하
③ 150m/min 이상
④ 150m/min 미만

해설
① 로프가 서로 엉키는 것을 방지하기 위하여 인장 시브를 설치
② 균형 로프는 고속 승강기에 적용
③ 보상의 효과는 100%
④ 소음진동 보상
⑤ 카의 밸런스 및 와이어로프 무게 보상
⑥ 정격속도의 범위120m/min 이상

Answer
37 ② 38 ③ 39 ③ 40 ①

41 다음 장치들 중 보조 안전 스위치(장치)설치와 무관한 것은?

① 균형추
② 유입완충기
③ 조속기 로프 인장장치
④ 균형로프 도르래

해설 / 균형추 중량
① 균형추의 중량
   = 카 자체하중+L×F(0.35~0.55)
   여기서, L : 정격 적재량(kg)
          F : 오버밸런스(0.35~0.55)율
② 카의 자중에 적재용량의 약 40, 50%를 더한 중량을 보상시키기 위하여 카와 연결된 권상로프의 반대편에 연결된 중량물

42 권상하중 100[kg], 권상속도 60[m/min]의 엘리베이터용 전동기의 최소 용량은 몇 [kW]인가? (단, 권상장치의 효율은 70%, 오버밸런스율은 50%이다.)

① 5.5   ② 7
③ 9.5   ④ 11

해설 / 전동기 용량
$P = \dfrac{M \cdot V \cdot S}{6120\eta}[\text{kw}]$
여기서, M : 정격 적재량[kg]
       V : 정격속도[m/min]
       S : 1−F(F : 오버밸런스율%)
       η : 종합효율
∴ $P = \dfrac{M \cdot V \cdot (1-F)}{6120\eta}$
   $= \dfrac{1000 \times 60 \times (1-0.5)}{6120 \times 0.7} ≒ 7[\text{kw}]$

43 가이드레일에 관한 설명으로 맞지 않은 것은?

① 레일의 가장 좋은 규격은 길이 5m이다.
② 대용량 엘리베이터에는 13K, 18K, 24K가 사용되고 있다.
③ 레일규격의 호칭은 1m당의 중량으로 한다.
④ 비상정지장치가 작동할 때 안전하게 물려야 한다.

해설 / 가이드 레일의 규격
① 레일 호칭은 마무리 가공 전 소재의 1m당 중량으로 한다.
② 보통 T형 레일 공칭은 8K, 13K, 18K, 24K(대용량 엘리베이터에서는 37K, 50K)
③ 레일의 표준길이는 5m이다.
④ 가이드 레일의 허용응력은 2400(kg/cm²)이다.

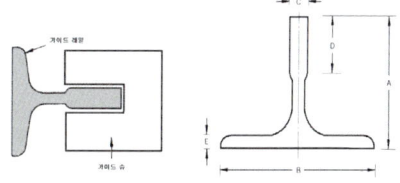

44 스트랜등의 내층·외층소선을 같은 직경으로 구성하고 소선간의 틈새에 가는 소선을 넣은 와이어로프는?

① 실형   ② 필러형
③ 워링톤형   ④ 헬테레스형

해설
① 필러와이어 : 필러형 로프를 꼬울 때 상층의 소선과 하층의 소선 틈 사이로 채워지는 소선
② 와이어로프(주로프) : 주로프의 공칭직경은 12mm 이상 되어야 하고, 제3본 이상(권동식은 2본 이상)의 와이어로프를 사용하며, 안전율은 10 이상이다.

Answer
41 ①   42 ②   43 ②   44 ②

45 엘리베이터의 고장으로 과속 하강 시, 제어 신호와 관계없이 기계적으로 카를 정지시킬 때 조속기는 어떤 힘으로 작동하는가?

① 가속력 ② 전자력
③ 구심력 ④ 원심력

해설 ① 조속기(governor)
- 카의 속도를 검출하는 장치로 카의 속도와 같은 회전
- 기계적 과속 제어장치(카의 정격속도 이상 과속을 캐치 카를 정지시키는 장치)
② 1단계 과속검출 스위치
- 카(car)의 속도가 정격속도의 1.3배 이하에서 동작(정격속도 45m/min 이하의 경우 63m/min 이하에서 동작)
- 양방향(상·하)의 경우 모두 검출
③ 2단계 캣치
- 카의 속도가 정격속도의 1.4배를 넘기 전에 동작(정격속도 45m/min 이하의 경우 68m/min 넘기 전에 동작)
- 과속스위치가 작동한 다음 하강 방향에서만 작동

46 로프식 승강기로 짝 지어진 것은?

① 직접식과 간접식
② 견인식과 권동식
③ 견인식과 직접식
④ 권동식과 간접식

해설 로프식 승강기
① 카를 로프에 매어 동력에 의한 운전방식
② 견인식과 권동식으로 나누며, 저/고층 적합

47 카 또는 균형추가 승강로 바닥에 충돌하였을 때 카 내의 사람이 안전하도록 충격을 완화 시키는 장치는?

① 조속기
② 순간비상정지장치
③ 완충기
④ 리미트 스위치

해설 ① 스프링 완충기(spring buffer) : 카가 하강 또는 균형추의 충격을 완화하기 위해 1개 이상 스프링을 사용
- 정격속도 60m/min 이하 승강기에 적용
- 행정은 최소한 정격속도의 115%에 상응하는 중력 정지 거리의 2배
- 적용중량은 최대 압축하중의 1/4배~1/2.5배의 범위로 적용
② 유압완충기 : 카 또는 균형추의 하강 운동에너지를 흡수 및 분산을 위한 매체로 오일 사용
- 정격속도 60m/min 초과에 적용
- 적용중량 : 최소적용중량(카 자중+65), 최대적용중량(카 자중+적재하중)

48 승강기의 안전에 관한 장치가 아닌 것은?

① 조속기(governor)
② 세이프티 블럭(safety block)
③ 용수철완충기(spring buffer)
④ 눌름버튼스위치(push button switch)

해설 ① 조속기(governor)
- 카의 정격속도 초과 시 원심력에 의해 진자(振子)가 작동 가속 스위치를 작동시켜 정지
- 추형방식 : 추(錘, weight)형 캐치에 의해 로프를 붙잡아 비상정지 장치 작동
- 슈형방식 : 도르래 홈과 슈사이에 로프를 붙잡아 비상정지장치를 작동
② 세이프티 블록(safety block) : 작업자가 추락하는 것을 방지해 주고 추락 시 인체에 가해지는 충격을 완화시켜 주는 보호구
③ 완충기
- 주행의 종점에서 완충적인 정지, 그리고 유체 또는 스프링(또는 유사한 수단)을 사용한 것을 포함한 제동수단
- 카가 하강 또는 균형추의 충격을 완화하기 위해 1개 이상 스프링을 사용
- 피트 바닥면에 설치

49 와이어로프 클립(wire rope clip)의 체결 방법으로 가장 적합한 것은?

①
②
③
④

해설 와이어로프 체결 순서
① 클립 1번 가체결

② 딤블쪽 클립 체결

③ 딤블쪽에서 두 번째, 세 번째 클립 체결

50 로프식 엘리베이터에서 주로프의 끝 부분은 몇 가닥마다 로프 소켓에 바빗트 채움을 하거나 체결식 로프소켓을 사용하여 고정하여야 하는가?

① 1가닥 ② 2가닥
③ 3가닥 ④ 5가닥

해설 ① 끝부분은 1가닥마다 로프소켓에 바빗트채움을 하거나 체결식 로프소켓을 사용하여 고정하여야 한다.
② 기타의 장치로 고정하는 경우의 연결은 주로프 최소파단하중의 80% 이상이어야 한다.
③ 권동식 엘리베이터인 경우에는 권동측의 끝부분을 1가닥마다 클램프 고정으로 할 수 있다.

51 다음 중 권상기 도르래 홈의 형상에 속하지 않는 것은?

① U 홈 ② V 홈
③ R 홈 ④ 언더커트 홈

해설
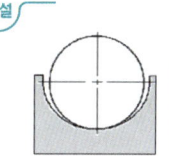 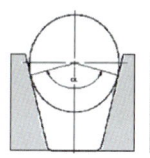 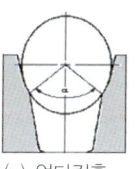
(a) U홈   (b) V홈   (c) 언더컷홈

52 스프링 완충기를 속도 60m/min 인 승강기에 적용할 때 최소 행정(STROKE)은 몇 [mm]인가?

① 64   ② 78
③ 91   ④ 100

해설 속도별 최소행정(stroke)
① 30m/min 이하 : 38mm
② 30m/min 초과 45m/min 이하 : 64mm
③ 45m/min 초과 60m/min 이하 : 100mm

Answer
49 ② 50 ① 51 ③ 52 ④

승강기의 도어 시스템

제1절 도어 시스템의 종류 및 원리

카의 도어는 많은 동작 빈도로 사고율이 높은 장치이므로 안전상의 문제에서도 매우 높은 신뢰성을 요구하는 장치이다.

01 도어 시스템의 종류

(1) 가로 열기식 문[측면(side)오픈방식]

　① **측면개폐** : ex) 1SO, 2SO
　② 승객용, 침대용 또는 화물용으로 사용

(2) 중앙 열기식 문[중앙(Center)오픈방식]

　① **중앙개폐** : ex) 2CO, 4CO
　② 승객용 또는 침대용으로 사용

(3) 상하 열기식 문(상하 오픈방식)

　① **상승개폐** : ex) 1UP, 2UP
　　상하개폐 : ex) 2UD, 4UD(주로 덤 웨이터)
　② 대형 화물 또는 자동차용으로 사용

(4) 스윙식 문[여닫이(swing)문]

　① **여닫이** : ex) 1S, 2S

다음 중 자동차용 엘리베이터나 대형 화물용 엘리베이터에 주로 사용하는 도어 개폐방식은?
① CO　　　　② SO　　　　③ UD　　　　④ UP

해설
① 가로 열기식 문 : 승객용, 침대용 또는 화물용으로 사용(1SO, 2SO)
② 중앙 열기식 문 : 승객용 또는 침대용으로 사용(2CO, 4CO)
③ 상승 열기식 문 : 대형 화물 또는 자동차용으로 사용(1UP, 2UP)
④ 상하 열기식 문 : 주로 덤 웨이터 사용(2UD, 4UD)
⑤ 스윙식 문 : 여닫이(1S, 2S)

정답 》》》 ④

02 도어 머신 장치

승강기의 회전력을 이용한 전동기, 감속기 등을 포함한 도어 개폐장치

(1) 도어 머신의 특징

① 주행 중 어린이의 장난으로 문을 여는 것을 막기 위해, 손으로 문을 여는데 필요한 힘을 20kgf 이상으로 규정
② 카 도어의 닫힘은 중간에 서지 못하도록 방지하는데 필요한 힘이 13kgf 하중이하 규정

(2) 도어 머신의 요구 조건

① 동작이 원활하며, 잡음이 없을 것
② 소형 경량일 것
③ 내구성이 좋을 것
④ 보수가 쉽고, 가격이 저렴할 것

도어 머신(door machine)장치가 갖추어야 할 요구 조건이 아닌 것은?
① 소형경량이고 가격이 저렴하여야 한다.　　② 대형이고 무거워야 한다.
③ 동작이 원활하고 소음이 적어야 한다.　　④ 고빈도의 작동에 대한 내구성이 강해야 한다.

해설
도어 머신의 요구 조건
① 동작이 원활하며, 잡음이 없을 것
② 소형 경량일 것
③ 내구성이 좋을 것
④ 보수가 쉽고, 가격이 저렴할 것

정답 》》》 ②

03 도어 시스템의 안전장치

(1) 도어 클로저 및 보호장치

① 도어 클로저
㉠ 승강기 출입문이 열려있으면, 자동으로 닫게 하는 안전장치
㉡ 스프링 방식 또는 중력 방식

> **예상문제**
>
> 승강장의 문이 열린 상태에서 모든 제약이 해제되면 자동적으로 닫히게끔 하여 문의 개방상태에서 생기는 2차 재해를 방지하는 문의 안전장치는?
> ① 세이프티 레이 ② 도어 인터로크
> ③ 클로저 ④ 도어 세이프티
>
> **해설** 도어 클로저
> ① 승강기 출입문이 열려있으면, 자동으로 닫게 하는 안전장치
> ② 스프링 방식 또는 중력 방식
>
> 정답 ▶▶▶ ③

② 도어 보호장치
㉠ 세이프티 슈(safety shoe) : 물체가 접촉이 되면 도어가 열리는 보호장치
㉡ 세이프티 레이(safety ray) : 광이 물체에 반사, 변화된 파장을 검출
㉢ 초음파 장치 : 초음파로 물체를 검출

> **예상문제**
>
> 카 도어의 끝단에 설치되어 이물체가 접촉되면 도어의 힘을 중지하고 도어를 반전시키는 접촉식 보호장치는?
> ① 도어 인터록 ② 세이프티슈
> ③ 광전장치 ④ 초음파장치
>
> **해설** 도어 보호장치
> ① 세이프티 슈(safety shoe) : 물체가 접촉이 되면 도어가 열리는 보호장치
> ② 세이프티 레이(safety ray) : 광이 물체에 반사, 변화된 파장을 검출
> ③ 초음파 장치 : 초음파로 물체를 검출
>
> 정답 ▶▶▶ ②

(2) 도어 안전장치

① **도어 스위치** : 도어가 완전 닫히지 않으면 카의 운행할 수 없는 장치
② **추락 방지판** : 카 내에서 밖으로 나가려고 할 경우 승강로 벽과 카사이의 공간으로 추락 방지장치

③ 도어 인터록 : 운행 중 카가 정지하지 않은 층에서는 승강장문 전용 열쇠로 열리는 장치

예상문제

도어 인터록에 대한 설명으로 틀린 것은?
① 모든 승강장문에는 전용열쇠를 사용하지 않으면 열리지 않도록 하여야 한다.
② 도어가 닫혀있지 않으면 운전이 불가능하여야 한다.
③ 닫힘 동작 시 도어 스위치가 들어간 다음 도어록이 확실히 걸리는 구조이어야 한다.
④ 도어록을 열기 위한 열쇠는 특수한 전용키이어야 한다.

해설 도어 인터록
① 운행 중 카가 정지하지 않은 층에서는 승강장문 전용 열쇠로 열리는 장치
② 도어가 닫힐 때 도어록의 장치가 확실히 걸린 후 도어 스위치가 ON된다.
③ 도어가 열릴 때 도어스위치가 OFF 후에 도어록이 열려야 한다.

정답 ≫ ③

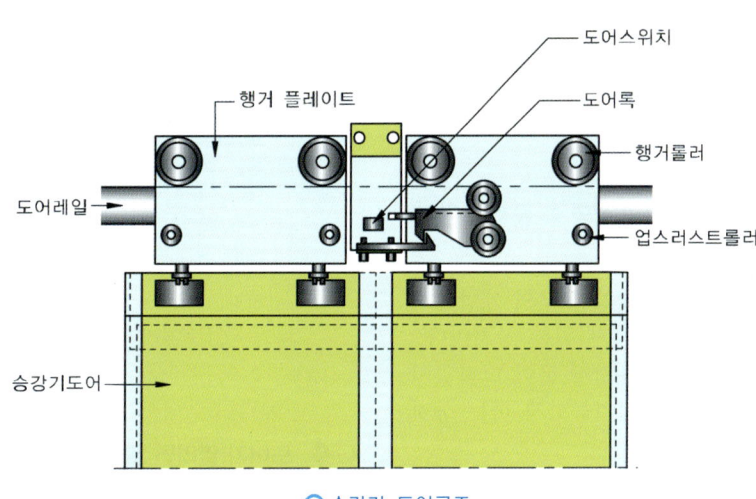

승강기 도어구조

CHAPTER 03

승강기의 도어 시스템
출제예상문제

01 다음 중 엘리베이터 도어용 부품과 거리가 먼 것은?

① 행거롤러   ② 업스러스트롤러
③ 도어레일   ④ 가이드롤러

해설
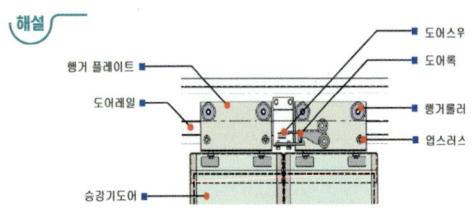

02 도어 안전장치에 관한 설명 중 옳지 않은 것은?

① 도어 클로저는 승강장 문의 개방에서 생기는 재해를 막기 위한 장치이다.
② 도어 스위치는 승강장 문이 닫혀있지 않으면 운전이 불가능하게 하는 장치이다.
③ 세이프티 슈는 카 도어의 끝단에 설치하여 이물체가 접촉되면 도어를 반전시키는 장치이다.
④ 도어 인터록은 주행 중 키 도어가 열리지 않게 하는 장치이다.

해설
① 도어 클로저 : 승강기 출입문이 열려있으면, 자동으로 닫게 하는 장치
② 세이프티 슈(safety shoe) : 물체가 접촉이 되면 도어가 열리는 보호장치
③ 세이프티 레이(safety ray) : 광이 물체에 반산, 변화된 파장을 검출
④ 도어 인터록 : 운행 중 카가 정지하지 않은 층에서는 승강장문 전용 열쇠로 열리는 장치

⑤ 도어 스위치 : 도어가 완전 닫히지 않으면 카의 운행할 수 없는 장치

03 다음 중 자동차용 엘리베이터나 대형 화물용 엘리베이터에 주로 사용하는 도어 개폐 방식은?

① CO   ② SO
③ UD   ④ UP

해설
① 가로 열기식 문 : 승객용, 침대용 또는 화물용으로 사용(1SO, 2SO)
② 중앙 열기식 문 : 승객용 또는 침대용으로 사용(2CO, 4CO)
③ 상승 열기식 문 : 대형 화물 또는 자동차용으로 사용(1UP, 2UP)
④ 상하 열기식 문 : 주로 덤 웨이터 사용(2UD, 4UD)
⑤ 스윙식 문 : 여닫이(1S, 2S)

04 도어가 열리면 엘리베이터의 운행이 중지되게 하는 스위치는?

① 화이널리미트스위치
② 비상정지스위치
③ 도어스위치
④ 조속기스위치

해설 도어 스위치(door switch)
카의 도어가 완전히 닫히지 않으면 운행 정지

Answer
01 ④ 02 ④ 03 ④ 04 ③

05 카 도어의 끝단에 설치되어 이물체가 접촉되면 도어의 힘을 중지하고 도어를 반전시키는 접촉식 보호장치는?

① 도어 인터록
② 세이프티슈
③ 광전장치
④ 초음파장치

해설 도어 보호장치
① 세이프티 슈(safety shoe) : 물체가 접촉이 되면 도어가 열리는 보호장치
② 세이프티 레이(safety ray) : 광이 물체에 반사, 변화된 파장을 검출
③ 초음파 장치 : 초음파로 물체를 검출

06 엘리베이터 도어시스템의 행거(hanger) 부위에서의 점검사항이 아닌 것은?

① 강장 도어장치 카바 부착상태
② 러 마모상태
③ 정볼트 조임상태
④ 거 휨상태

해설 도어장치 카바 부착여부는 점검사항에 해당되지 않는다.

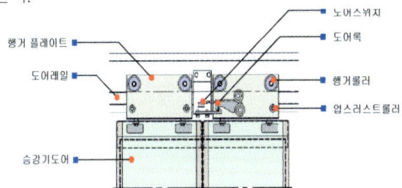

07 도어 인터록에 대한 설명으로 틀린 것은?

① 모든 승강장문에는 전용열쇠를 사용하지 않으면 열리지 않도록 하여야 한다.
② 도어가 닫혀있지 않으면 운전이 불가능하여야 한다.
③ 닫힘 동작 시 도어 스위치가 들어간 다음 도어록이 확실히 걸리는 구조이어야 한다.
④ 도어록을 열기 위한 열쇠는 특수한 전용키이어야 한다.

해설 도어 인터록
① 운행 중 카가 정지하지 않은 층에서는 승강장문 전용 열쇠로 열리는 장치
② 도어가 닫힐 때 도어록의 장치가 확실히 걸린 후 도어 스위치가 ON된다.
③ 도어가 열릴 때 도어스위치가 OFF 후에 도어록이 열려야 한다.

08 도어 행거가 구비해야할 조건 중 옳지 않은 것은?

① 행거 롤러는 도어레일과 접촉 시 내마모성과 함께 원활한 구동이 되어야 한다.
② 도어가 레일에서 벗어나는 것을 방지하는 장치가 있어야 한다.
③ 행거의 강도는 도어 무게의 2배에 해당하는 정지하중을 지탱 하도록 제작되어야 한다.
④ 도어가 레일 끝을 이탈하는 것을 방지하는 스토퍼를 설치해야 한다.

해설 도어행거(door hanger)
엘리베이터의 횡 여닫이문은 도어 패널의 상부 테두리에 도어행거를 설치하고, 이를 도어레일에 걸어 원활하게 움직이도록 한 장치

09 카가 주행 중에 저속의 문을 손으로 억지로 여는 데에 필요한 힘은 몇 kgf 이상으로 하고 있는가?

① 5[kgf]
② 20[kgf]
③ 35[kgf]
④ 40[kgf]

해설 도어 머신의 특징
① 주행 중 어린이의 장난으로 문을 여는 것을 막기 위해, 손으로 문을 여는데 필요한 힘을 20kgf 이상으로 규정
② 카 도어의 닫힘은 중간에 서지 못하도록 방지하는데 필요한 힘이 13kgf 하중이하 규정

Answer
05 ② 06 ① 07 ③ 08 ③ 09 ②

10 도어 머신(door machine)장치가 갖추어야 할 요구 조건이 아닌 것은?

① 소형경량이고 가격이 저렴하여야 한다.
② 대형이고 무거워야 한다.
③ 동작이 원활하고 소음이 적어야 한다.
④ 고빈도의 작동에 대한 내구성이 강해야 한다.

해설 도어 머신의 요구 조건
① 동작이 원활하며, 잡음이 없을 것
② 소형 경량일 것
③ 내구성이 좋을 것
④ 보수가 쉽고, 가격이 저렴할 것

11 승강장의 문이 열린 상태에서 모든 제약이 해제되면 자동적으로 닫히게끔 하여 문의 개방상태에서 생기는 2차 재해를 방지하는 문의 안전장치는?

① 세이프티 레이 ② 도어 인터로크
③ 클로저   ④ 도어 세이프티

해설 도어 클로저
① 승강기 출입문이 열려있으면, 자동으로 닫게 하는 안전장치
② 스프링 방식 또는 중력 방식

12 문닫힘 안전장치(door safety shoe)에 대한 설명으로 틀린 것은?

① 문이 닫힐 때 작동시키면 다시 열린다.
② 문이 열릴 때 작동시키면 즉시 닫힌다.
③ 문이 완전히 닫힌 상태에서는 작동하지 않는다.
④ 문이 열려 있을 때 작동시키면 닫혀지지 않는다.

해설 문닫힘 안전장치(세이프티슈)를 비접촉식으로 설치한 경우 바닥면에서 0.3m~1.4m사이의 물체를 감지할 수 있도록 설치해야 한다.
• 물체가 접촉이 되면 도어가 열리는 보호장치

Answer
10 ②   11 ③   12 ②

CHAPTER 04 승강로와 기계실

제1절 승강로의 구조 및 깊이

01 승강로의 구조

① 하나 이상의 엘리베이터, 덤웨이터, 자재운반 승강기(material lift)가 이동하는 수직통로
② 피트와 오버헤드를 포함
③ 필요한 배관 설비 이외의 설비는 설치 불가
④ 카, 가이드레일, 레일 브래킷, 균형추, 와이어로프, 승강장 도어, 완충기, 조속기, 인장도르래, 안전스위치 등 설치됨

예상문제

다음 중 승강로의 구조에 대한 설명 중 옳지 않은 것은?
① 1개층에 대한 출입구는 카 1대에 대하여 2개의 출입구를 설치할 수 있으나, 2개의 문이 동시에 열려 통로로 사용되는 구조이어서는 안 된다.
② 피트에는 피트의 깊이가 2m를 초과하는 경우 출입구를 설치할 수 있다.
③ 엘리베이터와 관계없는 급수배관·가스관 및 전선관 등을 설치하지 않아야 한다.
④ 균형추에 안전장치를 설치하고 피트바닥이 충분한 강도를 지니면 통로로 사용할 수 있다.

해설
① 하나 이상의 엘리베이터, 덤웨이터, 자재운반 승강기(material lift)가 이동하는 수직통로
② 피트와 오버헤드를 포함
③ 필요한 배관 설비 이외의 설비는 설치 불가
④ 카, 가이드레일, 레일 브래킷, 균형추, 와이어로프, 승강장 도어, 완충기, 조속기, 인장도르래, 안전스위치 등 설치됨
⑤ 피트 깊이가 2.5m를 초과하는 경우에는 피트 출입문이 설치되어야 한다.
⑥ 피트 깊이가 2.5m 이하인 경우에는 피트 출입문 또는 점검자 등 사람이 승강장문에서 쉽게 진입할 수 있는 피트 사다리가 설치되어야 한다.

정답 ▶▶▶ ②

02 승강로의 깊이

(1) 정상부틈과 피트(pit) 깊이

① **정상부틈** : 관리원이 승강시 승강로 최상부와 충돌하지 않도록 최소치를 고려
② **피트**
  ㉠ 카의 정격속도에 따라 피트의 깊이 기준이 다름(완충기 행정이 일정하지 않음)
  ㉡ 승강로 벽과 카의 틈새는 125mm 이하(초과 시 금속제 보호판 설치)
  ㉢ 승강장 문턱과 카의 문턱 틈새는 4cm(장애인용 3cm) 이하

▶ 카 속도에 따른 피트의 깊이

정격속도[m/min]	피트깊이[m]
45 초과~60 이하	1.5
90 초과~120 이하	2.1
180 초과~210 이하	3.2

예상문제

정격속도가 45m/min이하인 승강기에서 승강기가 최상층에 정지하였을 때 카 상부에서 승강로 상부까지의 거리 즉, 꼭대기틈새는 몇 [m] 이상이어야 하는가?

① 1.0m
② 1.2m
③ 1.4m
④ 1.5m

해설

정격속도(m/min)	상부틈(m)	피트깊이(m)
45 이하	1.2	1.2
45 초과~60 이하	1.4	1.5
60 초과~90 이하	1.6	1.8
90 초과~120 이하	1.8	2.1
120 초과~150 이하	2.0	2.4
150 초과~180 이하	2.3	2.7
180 초과~210 이하	2.7	3.2
201 초과~240 이하	3.3	3.8
240 초과	4.0	4.0

정답 ▶▶▶ ②

제2절 기계실의 제설비

 기계실의 종류

① 정상부 타입(over head machine type) : 승강로의 최상부
② 상부 측면부 타입(side machine type) : 승강로 중간
③ 하부 측면부 타입(basement machine type) : 승강로 최하부

예상문제

기계실을 승강로의 아래쪽에 설치하는 방식은?
① 정상부형 방식
② 횡인 구동 방식
③ 베이스먼트 방식
④ 사이드머신 방식

해설
기계실의 종류
① 정상부 타입(over head machine type) : 승강로의 최상부
② 상부 측면부 타입(side machine type) : 승강로 중간
③ 하부 측면부 타입(basement machine type) : 승강로 최하부

정답 ≫ ③

 기계실의 구비조건

① 기계실의 면적은 승강로 투영면적의 2배 이상
② 권상기, 조속기, 제어반 등이 설치
③ 기계실 온도는 40℃ 이하를 유지(기준 온도이상 시 제어장치 오작동)
④ 기계실에는 바닥 면에서 200LX 이상을 비출 수 있는 영구적으로 설치된 전기조명

예상문제

엘리베이터 기계실에 관한 설명으로 틀린 것은?
① 바닥면적은 일반적으로 수평투영면적의 2배 이상으로 한다.
② 기계실의 바로 위층 또는 인접한 벽면에 물 탱크실을 설치할 수 없다.
③ 실온은 원칙적으로 40℃ 이하를 유지할 수 있어야 한다.
④ 계계실에는 일반적으로 엘리베이터와 관계없는 설비를 설치하지 않아야 한다.

해설
기계실 구조
① 기계실의 면적은 승강로 투영면적의 2배 이상
② 기계실의 바닥·벽 및 천장은 내화구조 또는 방화구조로 양호하게 유지
③ 기계실 온도는 5℃에서 +40℃ 이하를 유지(기준 온도이상 시 제어장치 오작동)
④ 기계실에는 바닥 면에서 200lx 이상을 비출 수 있는 영구적으로 설치된 전기 조명

정답 >>> ②

기계실의 높이

▶ 정격속도에 따른 기계실 높이

정격속도[m/min]	기계실 높이[m]
60m/min 이하	2.0m 이상
60m/min 초과 150m/min 이하	2.2m 이상
150m/min 초과 210m/min 이하	2.5m 이상
210m/min 초과	2.8m 이상

CHAPTER 04 승강로와 기계실 출제예상문제

01 다음 중 승강로의 구조에 대한 설명 중 옳지 않은 것은?

① 1개층에 대한 출입구는 카 1대에 대하여 2개의 출입구를 설치할 수 있으나, 2개의 문이 동시에 열려 통로로 사용되는 구조이어서는 안 된다.
② 피트에는 피트의 깊이가 2m를 초과하는 경우 출입구를 설치할 수 있다.
③ 엘리베이터와 관계없는 급수배관·가스관 및 전선관 등을 설치하지 않아야 한다.
④ 균형추에 안전장치를 설치하고 피트 바닥이 충분한 강도를 지니면 통로로 사용할 수 있다.

해설
① 하나 이상의 엘리베이터, 덤웨이터, 자재운반 승강기(material lift)가 이동하는 수직통로
② 피트와 오버헤드를 포함
③ 필요한 배관 설비 이외의 설비는 설치 불가
④ 카, 가이드레일, 레일 브래킷, 균형추, 와이어로프, 승강장 도어, 완충기, 조속기, 인장도르래, 안전스위치 등 설치됨
⑤ 피트 깊이가 2.5m를 초과하는 경우에는 피트 출입문이 설치되어야 한다.
⑥ 피트 깊이가 2.5m 이하인 경우에는 피트 출입문 또는 점검자 등 사람이 승강장문에서 쉽게 진입할 수 있는 피트 사다리가 설치되어야 한다.

02 승강기의 카가 승강로의 상부에 있는 경우 천장에 충돌하는 것을 방지하기 위한 장치는?

① 균형체인
② 화이널리미트스위치
③ 조속장치
④ 회로개폐기

해설 승강행정의 상하 최종단에 설치하며 최상층과 최하층의 정지 위치를 초과하였을 때 자동적으로 완전히 정지시키는 안전장치

03 정격속도가 45m/min이하인 승강기에서 승강기가 최상층에 정지하였을 때 카 상부에서 승강로 상부까지의 거리 즉, 꼭대기틈새는 몇 [m] 이상이어야 하는가?

① 1.0m
② 1.2m
③ 1.4m
④ 1.5m

해설

정격속도(m/min)	상부틈(m)	피트깊이(m)
45 이하	1.2	1.2
45 초과~60 이하	1.4	1.5
60 초과~90 이하	1.6	1.8
90 초과~120 이하	1.8	2.1
120 초과~150 이하	2.0	2.4
150 초과~180 이하	2.3	2.7
180 초과~210 이하	2.7	3.2
201 초과~240 이하	3.3	3.8
240 초과	4.0	4.0

Answer
01 ② 02 ② 03 ②

04 기계실을 승강로의 아래쪽에 설치하는 방식은?

① 정상부형 방식
② 횡인 구동 방식
③ 베이스먼트 방식
④ 사이드머신 방식

해설 기계실의 종류
① 정상부 타입(over head machine type) : 승강로의 최상부
② 상부 측면부 타입(side machine type) : 승강로 중간
③ 하부 측면부 타입(basement machine type) : 승강로 최하부

05 엘리베이터 기계실에 관한 설명으로 틀린 것은?

① 바닥면적은 일반적으로 수평투영면적의 2배 이상으로 한다.
② 기계실의 바로 위층 또는 인접한 벽면에 물 탱크실을 설치할 수 없다.
③ 실온은 원칙적으로 40℃ 이하를 유지할 수 있어야 한다.
④ 계계실에는 일반적으로 엘리베이터와 관계없는 설비를 설치하지 않아야 한다.

해설 기계실 구조
① 기계실의 면적은 승강로 투영면적의 2배 이상
② 기계실의 바닥·벽 및 천장은 내화구조 또는 방화구조로 양호하게 유지
③ 기계실 온도는 5℃에서 +40℃ 이하를 유지(기준 온도이상 시 제어장치 오작동)
④ 기계실에는 바닥 면에서 200lx 이상을 비출 수 있는 영구적으로 설치된 전기 조명

06 승강기 기계실에 설비되어서는 안 되는 것은?

① 승강기 제어반
② 환기설비
③ 옥탑 물탱크
④ 조속기

해설 기계실 구조
① 기계실의 면적은 승강로 투영면적의 2배 이상
② 기계실의 바닥·벽 및 천장은 내화구조 또는 방화구조로 양호하게 유지
③ 기계실 온도는 5℃에서 +40℃ 이하를 유지(기준 온도이상 시 제어장치 오작동)
④ 기계실에는 바닥 면에서 200lx 이상을 비출 수 있는 영구적으로 설치된 전기 조명
⑤ 수전반 및 제어반
⑥ 제동기, 조속기, 전동기 및 권상기

07 승강로 꼭대기 틈새(상부틈)에 대한 설명으로 옳은 것은?

① 카가 최상층에 정지하였을 경우 카 바닥과 기계실 바닥간의 거리
② 카가 최상층에 정지하였을 경우 카 바닥과 카 천정간의 거리
③ 카가 최상층에 정지하였을 경우 카 상부체대와 승강로 천정간의 거리
④ 카가 최상층에 정지하였을 경우 카 상부체대와 기계실 천정까지의 거리

해설
① 정상부틈 : 관리원이 승강시 승강로 최상부와 충돌하지 않도록 최소치를 고려
② 피트
- 카의 정격속도에 따라 피트의 깊이 기준이 다름(완충기 행정이 일정하지 않음)
- 승강로 벽과 카의 틈새는 125mm 이하(초과 시 금속제 보호판 설치)
- 승강장 문턱과 카의 문턱 틈새는 4cm(장애인용 3cm) 이하

Answer
04 ③   05 ②   06 ③   07 ③

08 승용 엘리베이터의 경우 카 문턱과 승강로 벽사이의 홈은 몇 mm 이하로 하는가?

① 80   ② 105
③ 125 ④ 150

해설 카 내에서 행하는 검사
카 바닥 앞부분과 승강로 벽과의 수평거리는 125mm 이하이어야 한다.

09 승강장 도어와 문틀 사이의 여유간격은 몇 [mm] 이하 이어야 하는가?

① 6[mm]   ② 8[mm]
③ 10[mm] ④ 12[mm]

해설 승강장 도어와 문틀 사이의 여유간격은 6mm 이하

10 기계실의 바닥면부터 천장 또는 보의 하부까지의 수직거리는 얼마 이상으로 해야 하는가?

① 1[m]   ② 1.5[m]
③ 2[m]   ④ 2.5[m]

해설 기계실의 구조
① 주요한 기기로부터 기둥이나 벽까지의 수평거리는 30cm 이상으로 하여야 한다.
② 바닥면적은 승강로 수평투영면적의 2배 이상으로 하여야 한다.
③ 바닥면부터 천장 또는 보의 하부까지의 수직거리는 2m 이상으로 하여야 한다.

11 승강로의 벽 일부에 한국산업규격에 알맞은 유리를 사용할 경우 다음 중 적합하지 않은 것은?

① 망유리   ② 강화유리
③ 접합유리 ④ 감광유리

해설 ① 사람들이 접근할 수 있는 곳에 평면 또는 성형된 유리판은 접합유리로 만들어져야 한다.
② 한국산업규격의 망유리·강화유리 및 복층유리 (16mm 이상)와 동등 이상의 것을 사용할 수 있다.

12 승강로 출입구에 접한 승강 로비에 대한 설명으로 올바른 것은?

① 승강 로비는 엘리베이터 전용으로 하여야 한다.
② 당해 부분의 벽이 실내에 접하는 부분의 마감은 난연재료로 하여야 한다.
③ 당해 부분의 천장이 실내에 접하는 부분의 마감은 난연재료로 하여야 한다.
④ 로비 하부는 준불연재료로 하여야 한다.

해설 승강로 벽 강도
리베이터의 안전운행을 위하여, 0.3m×0.3m 면적의 원형이나 사각의 단면에 1,000N의 힘을 균등하게 분산하여 벽의 어느 지점에 수직으로 가할 때, 아래와 같다.
① 1mm를 초과하는 영구변형이 없어야 한다.
② 15mm를 초과하는 탄성변형이 없어야 한다.
• 승강로 벽 및 출입문 : 재료를 불연재료나 내화구조일 것

Answer
08 ③   09 ①   10 ③   11 ④   12 ①

승강기의 제어

제1절 교류 엘리베이터 제어

구조적으로 간단한 유도 전동기를 사용한 엘리베이터
간단한 구조로 튼튼하며, 고장이 잘 나지 않고, 가격이 저렴

01 교류 엘리베이터 제어방식의 종류

(1) 교류 1단 속도제어
  ① 30m/min의 저속용 엘리베이터에 적용하며, 가장 간단한 제어방식
  ② 유도전동기에 전원 공급으로 기동과 정속운전
  ③ 유도전동기 정지는 전원공급 차단 후 기계적 브레이크 방식(제동기)

(2) 교류 2단 속도제어
  ① 30~60m/min 중속의 화물용 엘리베이터에 적용
  ② 고속권선 → 기동과 주행, 저속권선 → 감속과 착상 시 행하는 제어
  ③ 속도비로 4 : 1이 가장 많이 사용

(3) 교류 귀환제어
  ① 45~105m/min 승객용 엘리베이터에 적용
  ② 카의 실속도와 지령속도를 비교, 사이리스터의 점호각을 바꿔 속도를 제어
  ③ 지령속도에 맞는 제어방식으로 승차감 또는 착상정도가 향상
  ④ 감속 시 유도전동기에 직류를 흘려 제동 토크를 발생해 제동

(4) VVVF(Variable Voltage Variable Frequency : 가변전압 가변주파수)제어
① 저속도에서 고속 범위까지 적용
② 유도 전동기에 공급되는 전압과 주파수를 변환시켜 직류 전동기와 동등한 제어방식
③ 제어방식의 향상으로 고속엘리베이터에 유도전동기 적용으로 유지보수가 용이
④ 중·저속 엘리베이터의 승차감, 성능 향상과 저속영역의 손실 저감시켜 소비전력 절감
⑤ 복잡한 제어방식으로 고성능 마이크로프로세서 적용

예상문제

기동과 주행은 고속권선으로 하고 감속과 착상은 저속으로 하며, 착상지점에 근접해지면 모든 접점을 끊고 동시에 브레이크를 거는 제어방식은?
① VVVF 제어방식
② 교류1단 제어방식
③ 교류2단 제어방식
④ 교류귀환 제어방식

해설
① 교류 1단 속도제어 : 30m/min의 저속용 엘리베이터에 적용하며, 가장 간단
② 교류이단 속도제어 : 30~60m/min 중속의 화물용 엘리베이터에 적용(주행 → 고속권선, 감속 → 저속권선 방식 : 극수변환방식)

정답 ③

제2절 직류 엘리베이터 제어

직류 엘리베이터는 속도제어가 용이하며, 승차감이 좋아 고급의 중·고속용에 적합
교류식에 비해 설비비용이 많음

01 직류 엘리베이터 제어방식

(1) 워드-레오나드(ward-leonard)방식
① 직류 전원으로 교류 전동기와 직류 발전기를 조합한 방식
② 직류 엘리베이터 속도제어에 많이 적용되는 방식
③ 연속적이고 광범위한 속도 조절이 가능
④ 고속 엘리베이터에 사용하며, 교류이단 속도제어보다 승차감과 착상시간이 짧음

(2) 정지 레오나드(static leonard)방식
  ① 전동발전기 대신 정지형 반도체(사이리스터) 소자를 사용하여 교류를 직류로 변환
  ② 전력소비가 적어 효율이 제일 좋음
  ③ 교류에서 직류로 변환손실이 낮고, 유지보수가 용이하며, 고속 엘리베이터에 적용

예상문제

직류엘리베이터의 속도제어 방식에서 발전기의 계자전류를 제어하는 방식은?
① 워드 레오나드 방식   ② 정지 레오나드 방식
③ 귀환전압 제어방식   ④ VVVF 제어방식

해설 워드 레오나드 방식
직류엘리베이터 속도제어에 널리 사용되는 방식이며, 발전기의 자계를 조절하고 따라서 발전기의 직류전압을 제어

정답 ≫≫ ①

CHAPTER 05 승강기의 제어 출제예상문제

01 가변전압 가변주파수(VVVF)제어에 대한 설명으로 틀린 것은?

① 교류 엘리베이터 속도제어의 방법이다.
② 전동기는 교류 유도 전동기를 사용한다.
③ 인버터제어이다.
④ 직류 엘리베이터 속도제어 방법이다.

해설
① 저속도에서 고속 범위까지 적용(교류 엘리베이터 속도제어)
② 유도 전동기에 공급되는 전압과 주파수를 변환시켜 직류 전동기와 동등한 제어방식
③ 제어방식의 향상으로 고속엘리베이터에 유도전동기 적용으로 유지보수가 용이
④ 중·저속 엘리베이터의 승차감. 성능 향상과 저속 영역의 손실저감 시켜 소비전력 절감
⑤ 복잡한 제어방식으로 고성능 마이크로프로세서 적용

02 기동과 주행은 고속권선으로 하고 감속과 착상은 저속으로 하며, 착상지점에 근접해지면 모든 접점을 끊고 동시에 브레이크를 거는 제어방식은?

① VVVF 제어방식
② 교류1단 제어방식
③ 교류2단 제어방식
④ 교류귀환 제어방식

해설
① 교류 1단 속도제어 : 30m/min의 저속용 엘리베이터에 적용하며, 가장 간단.
② 교류이단 속도제어 : 30~60m/min 중속의 화물용 엘리베이터에 적용(주행 → 고속권선. 감속 → 저속권선 방식 : 극수변환방식)
③ 교류귀환제어 : 45~105m/min 승객용 엘리베이터에 적용
④ 가변전압 가변주파수제어(VVVF) : 저속도에서 고속 범위까지 적용

03 교류 엘리베이터의 전동기 특성으로 적당하지 않은 것은?

① 고빈도로 단속 사용하는데 적합한 것이어야 한다.
② 기동토크가 커야 한다.
③ 기동전류가 적어야 한다.
④ 회전부분의 관성모멘트가 커야 한다.

해설
교류 엘리베이터 전동기(유도전동기) 특성
① 토크와 공급전압 : 기동토크는 커야한다.
  • $\tau \propto E_2^2$
② 구조적으로 간단한 유도 전동기를 사용
③ 정속도 특성(무부하 속도와 정격속도 차이이 매우 적음)
④ 관성모멘트(회전 운동을 변화시키기 어려운 정도를 나타내는 물리량)는 작을 것
⑤ 기동전류가 작을 것

Answer
01 ④ 02 ③ 03 ④

04 VVVF(Variable Voltage Variable Frequency)제어의 설명으로 옳지 않은 것은?

① 전동기는 직류 전동기가 사용된다.
② 전압과 주파수를 동시에 제어할 수 있다.
③ 컨버터(converter)와 인버터(inverter)로 구성되어 있다.
④ PAM 제어방식과 PWM 제어방식이 있다.

해설
① 저속도에서 고속 범위까지 적용
② 유도 전동기에 공급되는 전압과 주파수를 변환시켜 직류 전동기와 동등한 제어방식
③ 제어방식의 향상으로 고속엘리베이터에 유도전동기 적용으로 유지보수가 용이
④ 중·저속 엘리베이터의 승차감, 성능 향상과 저속 영역의 손실저감 시켜 소비전력 절감
⑤ 복잡한 제어방식으로 고성능 마이크로프로세서 적용

05 교류 엘리베이터 제어방식에 관한 설명 중 옳지 않은 것은?

① 교류 일단속도제어는 30(m/min) 이하에 적용한다.
② VVVF 제어는 전압과 주파수를 동시에 제어하는 방식이다.
③ 교류 궤환제어는 사이리스터의 점호각을 바꾸어 유도전동기의 속도를 제어하는 방식이다.
④ 교류 이단속도제어방식은 교류 일단속도제어보다 착상 오차가 큰 것이 단점이다.

해설
① 교류 1단 속도제어 : 30m/min의 저속용 엘리베이터에 적용하며, 가장 간단
② 교류이단 속도제어 : 30~60m/min 중속의 화물용 엘리베이터에 적용(주행 → 고속권선, 감속 → 저속권선 방식)
③ 교류귀환제어 : 45~105m/min 승객용 엘리베이터에 적용(카의 실제속도와 지령속도를 비교, 사이리스터의 점호각을 바꾸는 방식)
④ 가변전압 가변주파수제어(VVVF) : 저속도에서 고속 범위까지 적용(전압과 주파수 변화 방식)

06 다음 중 교류 1단 속도제어를 설명한 것으로 옳은 것은?

① 기동은 고속권선으로 행하고 감속은 저속권선으로 행하는 것이다.
② 모터의 계자코일에 저항을 넣어 이것을 증감하는 것이다.
③ 기동과 주행은 고속권선으로, 감속과 착상은 저속권선으로 행하는 것이다.
④ 3상 교류의 단속도 모터에 전원을 투입하므로서 기동과 정속운전을 하고 착상하는 것이다.

해설 교류 1단 속도제어
① 30m/min의 저속용 엘리베이터에 적용하며, 가장 간단한 제어방식
② 유도전동기에 전원 공급으로 기동과 정속운전
③ 유도전동기 정지는 전원공급 차단 후 기계적 브레이크 방식(제동기)

07 직류엘리베이터의 속도제어 방식에서 발전기의 계자전류를 제어하는 방식은?

① 워드 레오나드 방식
② 정지 레오나드 방식
③ 귀환전압 제어방식
④ VVVF 제어방식

해설 워드 레오나드 방식
직류엘리베이터 속도제어에 널리 사용되는 방식이며, 발전기의 자계를 조절하고 따라서 발전기의 직류전압을 제어

08 직류 전동기 속도를 제어하는 방식이라고 볼 수 없는 것은?

① 저항제어 ② 전압제어
③ 계자제어 ④ 전류제어

해설 ① 계자 제어법
• 계자 전류를 조정하여 계자속 ϕ를 변화시켜 속도를 제어하는 방법

Answer
04 ① 05 ④ 06 ④ 07 ① 08 ④

- 제어하는 전류가 작아, 손실이 작다.
- 광범위하게 속도 조정을 할 수 있다.
- 정출력 가변속도의 용도에 적합하다.

② 저항 제어법
- 회로에 저항을 가감하여 속도를 제어하는 방법
- 계자전류보다 훨씬 큰 전기자전류가 흐른다.
- 전력손실이 크고, 효율이 나쁘다.
- 속도 변동률이 크게 되어 특성이 나쁘다.

③ 전압 제어법
- 전기자에 단자 전압을 변화하여 속도를 조정하는 방법
- 광범위한 속도 조정이 가능하다.
- 정토크 가변 속도의 용도에 적합하다.

09 3상 교류의 단속도 전동기에 전원을 공급하는 것으로 기동과 정속도운전을 하고, 정지는 전원을 차단한 후 제동기에 의해 기계적으로 브레이크를 거는 제어방식은?

① 교류 일단 속도 제어방식
② 교류 이단 속도 제어방식
③ 교류 궤환 제어방식
④ 워드 레오나드 제어방식

해설 교류 1단 속도제어
① 30m/min의 저속용 엘리베이터에 적용하며, 가장 간단한 제어방식
② 유도전동기에 전원 공급으로 기동과 정속운전
③ 유도전동기 정지는 전원공급 차단 후 기계적 브레이크 방식(제동기)

10 직류기에서 워드 레오나드 방식의 목적은?

① 계자자속을 조정하기 위하여
② 속도제어를 하기 위하여
③ 병렬운동을 하기 위하여
④ 정류를 좋게 하기 위하여

해설 ① 워드 레오나드 방식 : 직류엘리베이터 속도제어에 널리 사용되는 방식이며, 발전기의 자계를 조절하고 따라서 발전기의 직류전압을 제어
② 정지 레오나드 방식 : 사이리스터와 같은 정지형 반도체 소자로 교류를 직류로 변환과 동시에 점호각 제어

11 교류 엘리베이터의 속도제어방식이 아닌 것은?

① 교류 1단 속도제어방식
② 교류 2단 속도제어방식
③ 교류 3단 속도제어방식
④ 교류 귀환 전압제어방식

해설 교류 엘리베이터 제어방식의 종류
① 교류 1단 속도제어
② 교류이단 속도제어
③ 교류귀환제어
④ VVVF(Variable Voltage Variable Friquency : 가변전압 가변주파수)제어

12 직류 가변전압식 엘리베이터에서는 권상전동기에 직류전원을 공급한다. 필요한 발전기 용량은? (단, 권상전동기의 효율은 80%, 1시간 정격은 연속정격의 56%, 엘리베이터용 전동기의 출력은 20kW이다.)

① 약 11kW
② 약 14kW
③ 약 17kW
④ 약 20kW

해설 발전기용량 = 전동기 출력 × 정격비율

$$\therefore Q = \frac{20}{0.8} \times 0.56 = 14[\text{kW}]$$

13 교류 2단 속도제어(AC-2)방식으로 주로 사용되는 것은?

① 정지레오나드방식
② 주파수 변환방식
③ 극수 변환방식
④ 워드레오나드방식

해설 교류이단 속도제어
30~60m/min 중속의 화물용 엘리베이터에 적용 (주행 → 고속권선, 감속 → 저속권선 방식 : 극수변환방식)

Answer
09 ① 10 ② 11 ③ 12 ② 13 ③

CHAPTER 06 승강기의 부속장치

제1절 승강기의 안전장치

01 배선용 차단기(MCCB)

승강기 제어반과 전동부하에 과부하 또는 단락 사고 시 전로를 차단하는 기구

02 리미트 스위치(limit switch)

카(car)의 층간표시 또는 충돌(최상층·최하층)과 감속 정지할 수 있도록 스위치 용도

> **예상문제**
>
> 카가 최상층 및 최하층을 지나쳐 주행하는 것을 방지하는 것은?
> ① 리미트 스위치　　② 균형추
> ③ 인터록 장치　　　④ 정지스위치
>
> **해설** 리미트 스위치(limit switch)
> 카(car)의 층간표시 또는 충돌(최상층·최하층)과 감속 정지할 수 있도록 스위치 용도
>
> 정답 ▶▶▶ ①

03 화이널 리미트 스위치(final limit switch)

화이널 리미트 스위치의 오동작에 대한 대비로, 종단(최상층 또는 최하층) 전에 설치하여 지나치지 않도록 하기 위해 설치

04 로크다운(lock down) 비상정지장치

① 카의 비상정지장치로 급 작동 시 로크다운(lock down) 장치에 의해 균형추와 로프 등이 관성으로 상승을 방지
② 로크다운(lock down) 장치는 속도 240m/min 이상에 반드시 필요한 안전장치

> **예상문제**
>
> 속도가 몇 [m/min] 이상의 엘리베이터에는 록다운 비상 정지장치가 반드시 설치되어야 하는가?
> ① 180m/min
> ② 210m/min
> ③ 240m/min
> ④ 360m/min
>
> **해설** 로크다운(lock down) 비상정지장치
> ① 카의 비상정지장치로 급 작동 시 로크다운(lock down) 장치에 의해 균형추와 로프 등이 관성으로 상승을 방지
> ② 로크다운(lock down) 장치는 속도 240m/min 이상에 반드시 필요한 안전장치
>
> 정답 ③

05 록 스위치(lock switch)

승강장 문이 완전히 닫히지 않으면 운행 정지

06 스로다운 스위치(slow down switch)

카의 비정상운행으로 인한 감속 없이 최상층·최하층을 통과 시 강제 감속정지장치

07 도어 스위치(door switch)

카의 도어가 완전히 닫히지 않으면 운행 정지

08 도어 안전 스위치

카 도어가 닫힘 동작 중 이물질이 끼이면 즉시 열렸다가 닫게 하는 장치

09 종단층 강제 감속장치

① 카의 위치 및 속도 검출하여 종단층에 접근하는 속도가 규정된 정격속도를 초과 시 즉시 브레이크를 작동시켜, 카를 정지시키는 장치
② 이단 이상의 감속제어로 와이어 로프의 마모속도를 줄이는 제어 선정
③ 감속장치의 위치로 카 상단, 승강로, 기계실 내부설치하며, 카 동작으로 조작될 것

10 강제 각층 정지운전

공동주택에서 방범 목적으로 야간에 사용되며, 각층에 정지 후 운행

예상문제

승객용 엘리베이터에서 각층 강제정지 운전의 목적으로 가장 적합한 것은?
① 출·퇴근 시간대에 모든 층의 승객에게 골고루 서비스 제공
② 각 층의 도어장치 기능의 원활한 작동
③ 각 층의 도어장치 확인 시 사용
④ 카 안의 범죄활동 방지

해설 강제 각층 정지운전
공동주택에서 방범 목적으로 야간에 사용되며, 각층에 정지 후 운행

정답 ④

---

11 피트 정지 스위치(pit stop switch)

유지보수 점검 및 안전검사로 피트 내부에 들어가기 전 정지 스위치로 선택 작업 중 카 동작 방지(수동 조작 스위치)

12 역 결상 검출 장치

전원의 상이 전동기에 공급 시 상이 바뀜과 결상인 경우 감지하여 전동기의 전원차단

13 과부하 경보장치

① 카 내에 정격적재하중 초과 시 바닥에 설치한 장치가 작동으로 경보와 도어 열림
② 정격적재하중의 105~110% 범위에 설정

예상문제

승강기의 안전장치에 해당되지 않는 것은?
① 마지막 층에는 파이널 리밋 스위치를 설치한다.
② 비상정지장치가 작동하면 안전회로가 차단되는 스위치를 설치하여야 한다.
③ 비상탈출구가 열리면 안전회로가 차단되는 스위치를 설치한다.
④ 카가 출발하면 자동으로 선풍기가 가동되는 장치가 있어야 한다.

해설
① 로크다운(lock down) 비상정지장치 : 카의 비상정지장치로 급 작동 시 로크다운(lock down) 장치에 의해 균형추와 로프 등이 관성으로 상승을 방지
② 스로다운 스위치(slow down switch) : 카의 비정상운행으로 인한 감속 없이 최상층·최하층을 통과 시 강제 감속정지장치
③ 종단층 강제 감속장치 : 카의 위치 및 속도 검출하여 종단층에 접근하는 속도가 규정된 정격속도를 초과 시 즉시 브레이크를 작동시켜, 카를 정지시키는 장치
④ 과부하 경보장치 : 카 내에 정격적재하중 초과 시 바닥에 설치한 장치가 작동으로 경보와 도어 열림

정답 ④

제2절 신호장치

01 위치 표시기(indicator)

승강장 및 카 내부에서 위치표시를 하는 장치(디지털방식 및 점등, 점멸 방식)

02 홀·랜턴(hall lantern)

군관리방식(복수엘리베이터)에서 카의 상승 및 하강을 지시해 주는 방향등

> **예상문제**
>
> **홀 랜턴(hall lantern)을 바르게 설명한 것은?**
> ① 단독 카일 때 사용하며 방향을 표시한다.
> ② 2대 이상일 때 많이 사용하며 위치를 표시한다.
> ③ 군관리방식에서 도착예보와 방향을 표시한다.
> ④ 카의 출발을 예보한다.
>
> **해설** 홀·랜턴(hall lantern)
> 군관리방식(복수엘리베이터)에서 카의 상승 및 하강을 지시해 주는 방향등
>
> **정답 ③**

03 등록 안내 표시기

수동식 엘리베이터에서 승강장 단추 등록을 카 내의 운전자가 인지할 수 있는 표시기

04 인터폰(interphone)

① 카 내 통재불능인 위급한 상태에 내부와 외부의 통신할 수 있는 기기
② 상시전원 및 비상전원 장치에 연결되어 정전 시에도 외부와 통신 가능 할 것
③ 카 내부와 통신연결 장소로 기계실, 경비실 및 중앙감시반과 통신 가능할 것

제3절 기타 보조장치

01 비상용 엘리베이터

① 건물의 높이가 31m 이상, 각층마다 면적이 1,500m² 초과하는 경우 설치
② 주로 화재 시에 소화, 구출작업 사용 하며, 평상시 승객용 및 화물용으로 사용
③ 화재 시 사용으로 승장로비에는 각종 방화문을 설치, 속도는 60m/min 이상 운행
④ 정전 시 예비 전원에 의하여 엘리베이터를 가동할 수 있도록 한다.
　㉠ 60초 이내 전력 용량을 자동적으로 발생(수동으로 전원을 작동할 수 있을 것)
　㉡ 2시간 이상 작동 할 수 있을 것

> **예상문제**
>
> 비상용 엘리베이터 구조로 옳지 않은 것은?
> ① 엘리베이터의 운행속도는 60m/min 이상 이어야한다.
> ② 카는 비상운전 시 반드시 모든 승강장의 출입구마다 정지할 수 있어야 한다.
> ③ 정전 시 예비전원에 의해 2시간 이상 가동할 수 있어야 한다.
> ④ 90초 이내에 엘리베이터 운행에 필요한 전력을 공급하여야 한다.
>
> **해설** 정전 시 예비 전원에 의하여 엘리베이터를 가동할 수 있도록 한다.
>   ① 60초 이내 전력 용량을 자동적으로 발생(수동으로 전원을 작동할 수 있을 것)
>   ② 2시간 이상 작동 할 수 있을 것
>
> **정답 ④**

02 정전 시 구출 운전장치

상시전원의 정전 시 카가 층 중간에 멈출 경우 비상전원 배터리로 안전한 층까지 저속으로 운전하는 장치

03 관제운전 장치

① 화재발생 시 안전한 피난 층으로 빠르게 이송시켜 카 내의 승객안전을 도모한 후 정지
② 카 이송 및 정지의 운전지령은 중앙관리실에 장치를 설치

04 정전등비상등

카 내부에 설치, 정전 시 사용 수직면상에서 밝기를 1LX 이상으로 30분 이상 유지

05 B.G.M 장치

카 내부에 음악이나 방송하기 위한 장치(Back Ground Music)

예상문제

엘리베이터에서 BGM 장치란?
① 비상시 연락하는 장치
② 외부와 통화하는 장치
③ 정전 시 카 내를 밝혀주는 장치
④ 승객의 마음을 음악으로 편하게 해주기 위한 장치

해설
B.G.M 장치
카 내부에 음악이나 방송하기 위한장치(Back Ground Music)

정답 >>> ④

승강기의 부속장치
출제예상문제

01 홀 랜턴(hall lantern)을 바르게 설명한 것은?

① 단독 카일 때 사용하며 방향을 표시한다.
② 2대 이상일 때 많이 사용하며 위치를 표시한다.
③ 군관리방식에서 도착예보와 방향을 표시한다.
④ 카의 출발을 예보한다.

해설 홀·랜턴(hall lantern)
군관리방식(복수엘리베이터)에서 카의 상승 및 하강을 지시해 주는 방향등

02 엘리베이터 도어의 개폐만이 운전자의 조작에 의해 이루어지고, 기타 카의 기동은 카내 버튼이나 승강장 버튼에 의해 이루어지는 조작방식은?

① 카 스위치 방식
② 신호방식
③ 단식자동식
④ 승합전자동식

해설 ① 카 스위치 방식 : 카의 기동 및 정지를 운전원의 카 스위치 조작에 의한 방식
② 신호 제어(signal control) 방식 : 카 내 또는 승강장의 신호를 받아 제어반에서 정리하여 카에 신호를 줘서 움직이는 방식
③ 단식 자동 방식
 • 운전중에 일단 호출을 받으면 다른 호출을 받지 않는 운전방식이다.
 • 승객 자신이 자동적으로 시동, 정지를 이루는 조작방식
④ 승합 전자동식 : 승객 자신이 운전하는 전자동 엘리베이터로 목적 층의 단추나 승강장으로부터의 호출 신호로 시동, 정지를 이루는 조작방식

03 속도가 몇 [m/min] 이상의 엘리베이터에는 록다운 비상 정지장치가 반드시 설치되어야 하는가?

① 180m/min
② 210m/min
③ 240m/min
④ 360m/min

해설 로크다운(lock down) 비상정지장치
① 카의 비상정지장치로 급 작동 시 로크다운(lock down) 장치에 의해 균형추와 로프 등이 관성으로 상승을 방지
② 로크다운(lock down) 장치는 속도 240m/min 이상에 반드시 필요한 안전장치

04 카가 최상층 및 최하층을 지나쳐 주행하는 것을 방지하는 것은?

① 리미트 스위치
② 균형추
③ 인터록 장치
④ 정지스위치

해설 리미트 스위치(limit switch)
카(car)의 층간표시 또는 충돌(최상층·최하층)과 감속 정지할 수 있도록 스위치 용도

Answer
01 ③ 02 ② 03 ③ 04 ①

05 다음 장치 중에서 작동되어도 카의 운행에 관계없는 것은?

① 조속기 캐치
② 승강장 도어의 열림
③ 과부하 감지 스위치
④ 통화장치

해설) **승강로의 비상통화장치**
승강로에서 작업하는 사람이 갇히게 되어 카 또는 승강로를 통해서 빠져나올 방법이 없는 경우, 이러한 위험이 존재하는 장소에는 비상통화장치가 설치되어야 한다.

06 엘리베이터에서 BGM 장치란?

① 비상시 연락하는 장치
② 외부와 통화하는 장치
③ 정전 시 카 내를 밝혀주는 장치
④ 승객의 마음을 음악으로 편하게 해주기 위한 장치

해설) **B.G.M 장치**
카 내부에 음악이나 방송하기 위한장치(Back Ground Music)

07 다음 중 승강기의 비상정지장치가 아닌 것은?

① 조속기
② 주전동률 과전류계전기
③ 최상층 종점 스위치
④ 운전반 자동·수동 장치

해설) **운전반 자동·수동 장치** : 승강기 조작장치

08 과부하 감지장치의 작동에 따른 연계 작동에 포함되지 않는 것은?

① 카가 움직이지 않는다.
② 경보음이 울린다.
③ 통화장치가 작동된다.
④ 문이 닫히지 않는다.

해설) **과부하 경보장치**
① 카 내에 정격적재하중 초과 시 바닥에 설치한 장치가 작동으로 경보와 도어 열림
② 정격적재하중의 105~110% 범위에 설정

09 승강기의 안전장치에 해당되지 않는 것은?

① 마지막 층에는 파이널 리밋 스위치를 설치한다.
② 비상정지장치가 작동하면 안전회로가 차단되는 스위치를 설치하여야 한다.
③ 비상탈출구가 열리면 안전회로가 차단되는 스위치를 설치한다.
④ 카가 출발하면 자동으로 선풍기가 가동되는 장치가 있어야 한다.

해설) ① 로크다운(lock down) 비상정지장치 : 카의 비상정지장치로 급 작동 시 로크다운(lock down) 장치에 의해 균형추와 로프 등이 관성으로 상승을 방지
② 스로다운 스위치(slow down switch) : 카의 비정상운행으로 인한 감속 없이 최상층·최하층을 통과 시 강제 감속정지장치
③ 종단층 강제 감속장치 : 카의 위치 및 속도 검출하여 종단층에 접근하는 속도가 규정된 정격속도를 초과 시 즉시 브레이크를 작동시켜, 카를 정지시키는 장치
④ 과부하 경보장치 : 카 내에 정격적재하중 초과 시 바닥에 설치한 장치가 작동으로 경보와 도어 열림

Answer
05 ④　06 ④　07 ④　08 ③　09 ④

10 승객용 엘리베이터에서 각층 강제정지 운전의 목적으로 가장 적합한 것은?

① 출·퇴근 시간대에 모든 층의 승객에게 골고루 서비스 제공
② 각 층의 도어장치 기능의 원활한 작동
③ 각 층의 도어장치 확인 시 사용
④ 카 안의 범죄활동 방지

해설 강제 각층 정지운전
공동주택에서 방범 목적으로 야간에 사용되며, 각층에 정지 후 운행

11 승강로에 설치되는 화이널 리미트 스위치에 대한 설명 중 타당하지 않은 것은?

① 승강로 내부에 설치하고 카에 부착된 캠으로 조작 시켜야 한다.
② 기계적으로 조작되어야 하며 작동 캠은 금속재 이어야 한다.
③ 화이널 리미트 스위치가 작동하면 카의 움직임은 어느 방향으로든지 움직일 수 없어야 한다.
④ 종점스위치가 설치되면 화이널 리미트 스위치는 불필요하다.

해설 화이널 리미트 스위치(final limit switch)
화이널 리미트 스위치의 오동작에 대한 대비로, 종단(최상층 또는 최하층) 전에 설치하여 지나치지 않도록 하기 위해 설치

12 비상정지장치는 엘리베이터 정격속도의 얼마의 범위에서 동작해야 하는가?

① 1.3배 이하 ② 1.3배 초과
③ 1.4배 이하 ④ 1.4배 초과

해설
① 1단계 과속검출 스위치 : 카(car)의 속도가 정격속도의 1.3배 이하에서 동작(정격속도 45m/min 이하의 경우 63m/min 이하에서 동작)
② 2단계 캣치 : 카의 속도가 정격속도의 1.4배를 넘기 전에 동작(정격속도 45m/min 이하의 경우 68m/min 넘기 전에 동작)

13 비상용 엘리베이터 구조로 옳지 않은 것은?

① 엘리베이터의 운행속도는 60m/min 이상 이어야한다.
② 카는 비상운전 시 반드시 모든 승강장의 출입구마다 정지할 수 있어야 한다.
③ 정전 시 예비전원에 의해 2시간 이상 가동할 수 있어야 한다.
④ 90초 이내에 엘리베이터 운행에 필요한 전력을 공급하여야 한다.

해설 정전 시 예비 전원에 의하여 엘리베이터를 가동할 수 있도록 한다.
① 60초 이내 전력 용량을 자동적으로 발생(수동으로 전원을 작동할 수 있을 것)
② 2시간 이상 작동 할 수 있을 것

Answer
10 ④ 11 ④ 12 ③ 13 ④

CHAPTER 07 유압 승강기

제1절 유압 승강기의 구조와 원리

01 유압 엘리베이터의 구조와 원리

유압 승강기는 유압 파워유닛에서 압력을 가해 유체를 실린더로 보내 플런저를 상승시켜 카를 올리고, 실린더 내의 유체를 유압 탱크로 보내 플런저를 하강 시켜 카를 내림

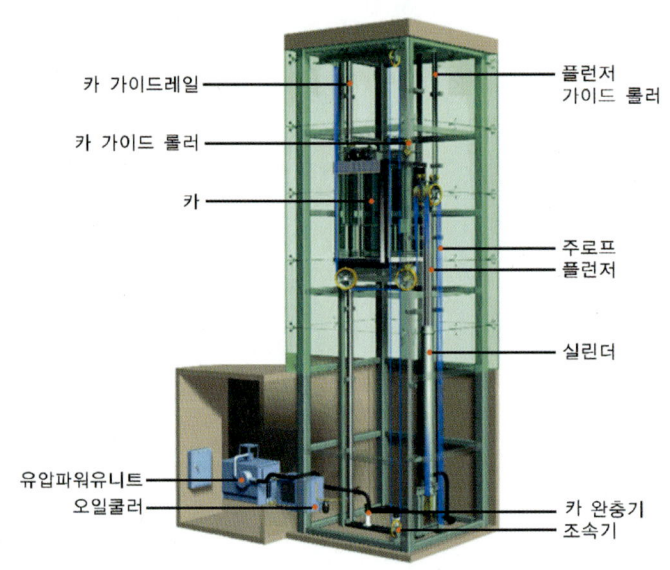

→ 유압 승강기의 구조

예상문제

유압 엘리베이터에서 카가 정지할 때, 자연하강을 보정하기 위한 바닥맞춤보정장치를 설치하는데, 착상면을 기준으로 몇 [mm] 이내의 위치에서 보정할 수 있어야 하는가?

① 45mm   ② 55mm   ③ 65mm   ④ 75mm

해설 바닥맞춤 보정장치
카의 정지시에 있어서 자연하강을 보정하기 위한 바닥맞춤보정장치(착상면을 기준으로 하여 75mm 이내의 위치)

정답 ≫ ④

02 유압 승강기의 특징 및 종류

(1) 유압 승강기의 특징

① 건물 하층부에 기계실을 설치하여 상층부의 하중이 걸리지 않음
② 타방식에 기계실 배치보다 자유롭게 설치 운영 가능
③ 유체를 이용한 실린더와 플런저를 사용하므로 속도 및 행정거리에 한계가 있음
④ 균형추가 없어 오로지 동력만을 이용하므로 전력소비가 많음
⑤ 저층 및 60m/min 이하에 적용하며, 대용량 화물용으로 적합
⑥ 유체의 온도를 5~60℃ 이하로 유지
⑦ 공회전 방지장치가 필요함
⑧ 카의 상승 시 압력의 125% 초과하지 않도록 안전밸브 설치

> **예상문제**
>
> 유압 엘리베이터의 안전장치에 대한 설명으로 틀린 것은?
> ① 상승 시 유압은 상용압력의 125%가 넘지 않도록 조절하는 릴리프 밸브장치가 필요하다.
> ② 전동기의 공회전 방지장치를 설치하여야 한다.
> ③ 오일의 온도를 65℃~80℃로 유지하기 위한 장치를 설치하여야 한다.
> ④ 전원 차단 시 실린더내의 오일의 역류로 인한 카의 하강을 자동 저지하는 장치를 설치하여야 한다.
>
> **해설** 유체의 온도를 5~60℃ 이하로 유지
>
> **정답** ③

(2) 유압 승강기의 종류

① 직접식 엘리베이터
  ㉠ 플런저에 카를 직접 설치로 비상정지장치를 추가로 설치하지 않아도 됨
  ㉡ 지중에 실린더(cylinder)를 설치하기 위해 보호판을 지중에 설치
  ㉢ 승강로의 면적이 작아도 되며, 구조가 매우 간단
  ㉣ 실린더는 카의 승강행정의 길이와 동일(약간의 여유)
  ㉤ 공회전 방지장치가 필요함

직접식

② 간접식 엘리베이터
  ㉠ 플런저에 도르래를 설치하여 로프 또는 체인을 이용한(roping) 카를 승강함
  ㉡ 로핑(roping)으로 1 : 2, 1 : 4, 2 : 4 방법으로 설치

ⓒ 실린더의 행정은 승강행정의 1/2, 1/4배 적어도 되며, 그로인해 실린더 매설이 불필요
ⓔ 실린더(cylinder) 매설이 불필요하므로 보호관이 필요 없음
ⓜ 일반적으로 실린더(cylinder)의 점검이 간편함
ⓗ 별도의 비상정지 장치가 필요

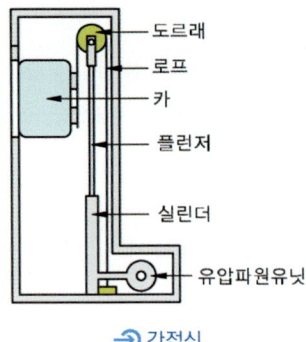

➔ 간접식

예상문제

다음 중 간접식 유압엘리베이터의 특징으로 옳지 않은 것은?
① 실린더를 설치하기 위한 보호관이 필요하지 않다.
② 실린더 길이가 직접식에 비하여 짧다.
③ 비상정지장치가 필요하지 않다.
④ 실린더의 점검이 직접식에 비하여 쉽다.

해설
간접식 유압 엘리베이터 특징
① 플런저에 도르래를 설치하여 로프 또는 체인을 이용한(roping) 카를 승강함
② 로핑(roping)으로 1 : 2, 1 : 4, 2 : 4 방법으로 설치
③ 실린더의 행정은 승강행정의 1/2, 1/4배 적어도 되며, 그로인해 실린더 매설이 불필요
④ 실린더(cylinder) 매설이 불필요하므로 보호관이 필요 없음
⑤ 일반적으로 실린더(cylinder)의 점검이 간편함
⑥ 별도의 비상정지장치가 필요

직접식 유압 엘리베이터 특징
① 플런저에 카를 직접 설치로 비상정지장치를 추가로 설치하지 않아도 됨
② 지중에 실린더(cylinder)를 설치하기 위해 보호판을 지중에 설치
③ 승강로의 면적이 작아도 되며, 구조가 매우 간단
④ 실린더는 카의 승강행정의 길이와 동일(약간의 여유)
⑤ 공회전 방지장치가 필요함

정답 ▶▶▶ ③

③ 팬터 그래프식
ⓐ 카를 플런저에 의해 팬터 그래프를 승강하는 방식
ⓑ 별도의 비상정지장치가 필요하지 않음
ⓒ 승강로 소요면적 치수가 작아도 됨
ⓓ 공장이나 창고에서 작업용으로 사용

> **예상문제**
>
> 플런저 선단에 도르래를 놓고 로프 또는 체인을 통해 카를 올리고 내리는 유압엘리베이터 종류는?
> ① 직접식   ② 팬터 그래프식
> ③ 간접식   ④ 실린더식
>
> **해설** 팬터 그래프식
> ① 카를 플런저에 의해 팬터 그래프를 승강하는 방식
> ② 별도의 비상정지장치가 필요하지 않음
> ③ 승강로 소요면적 치수가 작아도 됨
> ④ 공장이나 창고에서 작업용으로 사용
>
> **정답 ≫ ③**

제2절 유압회로

유압 엘리베이터의 속도 제어로 많이 활용되는 것이 유량 제어 밸브에 의한 제어방식이나, 또 다른 방식인 VVVF제어에 의한 유압펌프 회전수를 제어하는 방식도 적용되고 있다.

01 유량 제어 밸브에 의한 속도 제어

(1) 미터 인(meter-in)회로

① 주회로에 유량 제어 밸브를 직렬로 부착하여, 유량을 직접 제어하는 회로방식
② 직접 제어하는 회로로 속도제어가 확실
③ 안전밸브로 귀환하는 유량으로 효율은 낮은 편

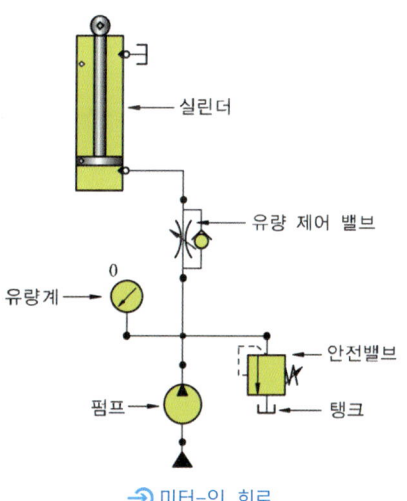

◉ 미터-인 회로

(2) 블리드 오프(bleed-off)
   ① 공급압력을 시스템 최고 압력으로 미치지 못하게 하여 시스템을 효율적 속도제어 방법
   ② 실린더로 공급되는 유량의 일부를 유량 제어 밸브를 통하여 탱크로 귀환
   ③ 부하에 필요 이상의 압력공급이 불필요함으로 효율은 높음
   ④ 직접제어를 할 수 없어 정확한 속도제어가 어려움

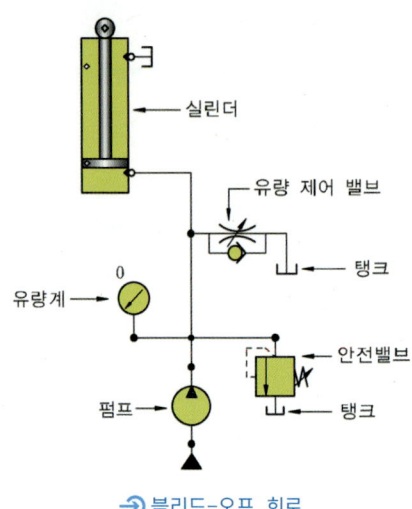

→ 블리드-오프 회로

예상문제

블리드오프 유압회로 방식의 특징이 아닌 것은?
① 카의 기동 시 유량조정이 어렵다.
② 상승운전시의 효율이 높다.
③ 작동유의 온도(점도)변화 및 압력 변화 등의 영향을 받기 쉽다.
④ 기동·정지 시 효과가 작다.

해설 블리드 오프(bleed-off)
① 공급압력을 시스템 최고 압력으로 미치지 못하게 하여 시스템을 효율적 속도제어 방법
② 실린더로 공급되는 유량의 일부를 유량 제어 밸브를 통하여 탱크로 귀환
③ 부하에 필요이상의 압력공급이 불필요함으로 효율은 높음
④ 직접제어를 할 수 없어 정확한 속도제어가 어려움

정답 ≫> ①

02 유압회로의 구성

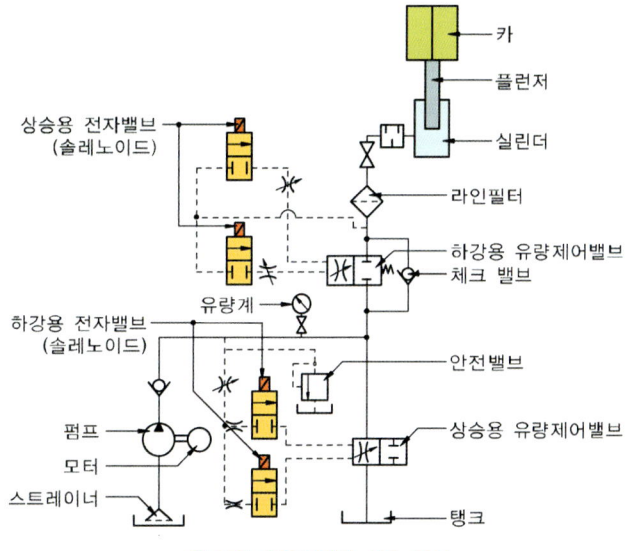

🔹 유압 엘리베이터 회로 구성

(1) 펌프(pump)와 모터(motor)

① 유압회로 펌프는 압력의 맥동, 소음, 진동이 적은 스크류(screw) 펌프를 적용
② 펌프의 토출량이 클수록 속도가 빠르다(50~1500ℓ/min)
③ 유압 펌프로 초고압력 $250kg_f/cm^2$ 까지 실용화되고 있음
④ 모터(motor)로는 3상유도전동기를 일반적으로 적용

예상문제

펌프의 출력에 대한 설명으로 옳은 것은?

① 압력과 토출량에 비례한다.
② 압력과 토출량에 반비례한다.
③ 압력에 비례하고 토출량에 반비례한다.
④ 압력에 반비례하고 토출량에 비례한다.

해설
펌프(pump)와 모터(motor)
① 유압회로 펌프는 압력의 맥동, 소음, 진동이 적은 스크류(screw) 펌프를 적용
② 펌프의 토출량이 클수록 속도가 빠르다(50~1500ℓ/min)
③ 유압 펌프로 초고압력 $250kg_f/cm^2$까지 실용화되고 있음
④ 모터(motor)로는 3상유도전동기를 일반적으로 적용
• 펌프 : 펌프의 출력은 압력과 토출량에 비례한다.

정답 ≫≫ ①

(2) 안전밸브(relief valve)
    ① 일종의 압력조정 밸브로 설정압력에서 열리고, 125% 과도한 압력에서는 완전개방
    ② 안전밸브의 개방은 압력 초과의 증가량에 비례
    ③ 배출된 유체는 오일탱크 및 펌프 흡입측으로 귀환하며, 밖으로 배출되지 않음

(3) 상승용 유량제어밸브
    ① 펌프의 압력으로 유체는 실린더로 흘러가고 일부는 상승용 전자밸브로 유량 제어 밸브를 통한 오일탱크로 귀환
    ② 귀환 하는 유량을 제어해 실린더로 흐르는 유량을 간접적 제어하는 밸브

(4) 체크 밸브(check vale)
    ① 어느 한쪽에서 유체가 공급되어 흐르도록 하는 밸브로 역방향은 유체가 차단됨
    ② 체크 밸브기능은 로프식 승강기의 전자 브레이크기능과 흡사 함

(5) 하강용 유량제어밸브
    ① 카의 하강 시 실리더에서 오일탱크로 귀환하는 유체를 제어하는 밸브
    ② 이상현상 또는 정전으로 층사이에 운행을 멈추었을 때 수동식 하강밸브가 부착되어 있어 밸브를 열어 카 자중의 힘으로 안전하게 하강할 수 있음

(6) 필터(filter)와 스트레이너(strainer)
    ① 유압 기계장치의 마모분, 도료, 오일의 열화에 의한 슬러지 등 불순물을 제거하는 장치
    ② 펌프측 흡입하는 오일 속에 포함된 입자가 굵은 불순물을 제거하는 장치

(7) 스톱 밸브(stop valve)
    ① 유압파워 유니트에서 액추에이터 사이 설치하는 수동조작밸브
    ② 수동조작밸브를 닫으므로 액추에이터에서 오일탱크로 귀환하는 유체를 제어
    ③ 소유량을 미세하게 조절할 수 있음
    ④ 유압장치의 점검, 유지보수 및 수리 시 작동

(8) 사일렌서(silencer)
    ① 일명 소음기로 유압장치 작동유의 소음 및 진동을 흡수하기 위한 장치

예상문제

유압 승강기의 안전밸브에 관한 설명으로 옳지 않은 것은?
① 사용압력의 1.25배를 초과하기 전에 작동하여 1.5배를 초과하지 않는다.
② 점검은 수동정지밸브를 차단하고 펌프를 강제 가동시켜 점검한다.
③ 체크밸브는 펌프가 정지되었을 때 카가 자연 상승하는 것을 점검한다.
④ 카의 상승 시 유입이 증대되었을 때 자동적으로 작동되어 회로를 보호한다.

해설
체크밸브(check vale)
① 어느 한쪽에서 유체가 공급되어 흐르도록 하는 밸브로 역방향은 유체가 차단됨
② 체크밸브기능은 로프식 승강기의 전자 브레이크기능과 흡사 함

정답 ≫ ③

제3절 실린더(cylinder)와 플런저(plunger)

01 실린더(cylinder)

① 유체에너지를 이용하여 기계적 에너지로 변환 시 직선운동 하는 장치
② 실린더의 안전율은 4 이상(취성금속을 사용 시 10으로 함)
③ 간접식에서 로핑(roping)으로 1 : 2, 1 : 4, 2 : 4 방법으로 설치
④ 실린더의 길이는 승강행정의 1/2, 1/4배 여유 길이

예상문제

간접식 유압엘리베이터의 특징이 아닌 것은?
① 기계실의 위치가 자유롭다.　　② 주로 저속 승강기에 사용된다.
③ 승강행정이 짧은 승강기에 사용된다.　　④ 비상정치장치가 필요 없다.

해설
간접식 유압 엘리베이터 특징
① 플런저에 도래를 설치하여 로프 또는 체인을 이용한(roping) 카를 승강함
② 로핑(roping)으로 1 : 2, 1 : 4, 2 : 4 방법으로 설치
③ 실린더의 행정은 승강행정의 1/2, 1/4배 적어도 되며, 그로인해 실린더 매설이 불필요
④ 실린더(cylinder) 매설이 불필요하므로 보호관이 필요 없음
⑤ 일반적으로 실린더(cylinder)의 점검이 간편함
⑥ 별도의 비상정지장치가 필요

정답 ≫ ④

02 플런저(plunger)

① 플런저에 도르래를 설치하여 로프 또는 체인을 이용한(roping) 카를 승강함
② 기계적 이탈방지를 위해 외부에 기계적 정지장치를 설치한 경우 합성력이 잭의 중심부에 가해지도록 설치

제4절 유압파워 유니트 및 제어기(펌프, 주모터, 유량제어 밸브 등)

유압파워 유니트 및 제어기(펌프유량제어밸브, 안전밸브, 체크밸브 혹은 모터를 주된 구성요소로 하는 유니트)는 승강기 카마다 설치하고 또한 진동 등에 의하여 전도 또는 이동하지 않도록 해야 함

01 구성 요소

① 모터
② 펌프
③ 밸브 블록
④ 유압 어큐뮬레이터
⑤ 안전밸브
⑥ 오일 쿨러
⑦ 오일 필터
⑧ 스트레이너
⑨ 오일탱크
⑩ 사일렌서
⑪ 유량제어
⑫ 압력계

예상문제

유압식 승강기의 유압 파워 유니트의 구성요소에 속하지 않는 것은?
① 펌프
② 유량제어밸브
③ 체크밸브
④ 실린더

해설
유압파워유니트
펌프, 전동기, 안전밸브, 상승용 유량제어밸브, 체크밸브, 하강용 유량제어밸브, 유량탱크, 스트레이너, 스톱밸브, 사일렌서, 보온장치 등으로 구성
• 실린더 : 유체에너지를 이용하여 기계적 에너지로 변환 시 직선운동 하는 장치

정답 ▶▶▶ ④

CHAPTER 07 유압 승강기 출제예상문제

01 유량 제어밸브를 주 회로에서 분기된 바이패스회로에 삽입한 것을 블리드 오프(bleed off)회로라 한다. 이 회로에 관한 설명 중 옳은 것은?

① 비교적 정확한 속도 제어가 가능하다.
② 부하에 필요한 압력 이상의 압력이 발생한다.
③ 효율이 비교적 높다.
④ 미터인(Meter in) 회로라고도 한다.

해설 블리드 오프(bleed-off)
① 공급압력을 시스템 최고 압력으로 미치지 못하게 하여 시스템을 효율적 속도제어 방법
② 실린더로 공급되는 유량의 일부를 유량 제어 밸브를 통하여 탱크로 귀환
③ 부하에 필요이상의 압력공급이 불필요함으로 효율은 높음
④ 직접제어를 할 수 없어 정확한 속도제어가 어려움

02 다음 중 간접식 유압엘리베이터의 특징으로 옳지 않은 것은?

① 실린더를 설치하기 위한 보호관이 필요하지 않다.
② 실린더 길이가 직접식에 비하여 짧다.
③ 비상정지장치가 필요하지 않다.
④ 실린더의 점검이 직접식에 비하여 쉽다.

해설 간접식 유압 엘리베이터 특징
① 플런저에 도르래를 설치하여 로프 또는 체인을 이용한(roping) 카를 승강함
② 로핑(roping)으로 1 : 2, 1 : 4, 2 : 4 방법으로 설치
③ 실린더의 행정은 승강행정의 1/2, 1/4배 적어도 되며, 그로인해 실린더 매설이 불필요

④ 실린더(cylinder) 매설이 불필요하므로 보호관이 필요 없음
⑤ 일반적으로 실린더(cylinder)의 점검이 간편함
⑥ 별도의 비상정지장치가 필요

직접식 유압 엘리베이터 특징
① 플런저에 카를 직접 설치로 비상정지장치를 추가로 설치하지 않아도 됨
② 지중에 실린더(cylinder)를 설치하기 위해 보호판을 지중에 설치
③ 승강로의 면적이 작아도 되며, 구조가 매우 간단
④ 실린더는 카의 승강행정의 길이와 동일(약간의 여유)
⑤ 공회전 방지장치가 필요함

03 유압 엘리베이터에서 카가 정지할 때, 자연하강을 보정하기 위한 바닥맞춤보정장치를 설치하는데, 착상면을 기준으로 몇 [mm] 이내의 위치에서 보정할 수 있어야 하는가?

① 45mm
② 55mm
③ 65mm
④ 75mm

해설 바닥맞춤 보정장치
카의 정지시에 있어서 자연하강을 보정하기 위한 바닥맞춤보정장치(착상면을 기준으로 하여 75mm 이내의 위치)

Answer
01 ③ 02 ③ 03 ④

04 유압 엘리베이터의 안전장치에 대한 설명으로 틀린 것은?

① 상승 시 유압은 상용압력의 125%가 넘지 않도록 조절하는 릴리프 밸브장치가 필요하다.
② 전동기의 공회전 방지장치를 설치하여야 한다.
③ 오일의 온도를 65℃~80℃로 유지하기 위한 장치를 설치하여야 한다.
④ 전원 차단 시 실린더내의 오일의 역류로 인한 카의 하강을 자동 저지하는 장치를 설치하여야 한다.

해설 유체의 온도를 5~60℃ 이하로 유지

05 유압엘리베이터의 주요 배관상에 유량제어 밸브를 설치하여 유량을 직접 제어하는 회로로써 비교적 정확한 속도제어가 가능한 유압회로는?

① 미터 인(METER IN)회로
② 블리드 오프(BLEED OFF)회로
③ 미터 아웃(METER OUT)회로
④ 유압 VVVF 제어회로

해설 미터 인(meter-in)회로
① 주회로에 유량 제어 밸브를 직렬로 부착하여, 유량을 직접 제어하는 회로방식
② 직접 제어하는 회로로 속도제어가 확실
③ 안전밸브로 귀환하는 유량으로 효율은 낮은 편

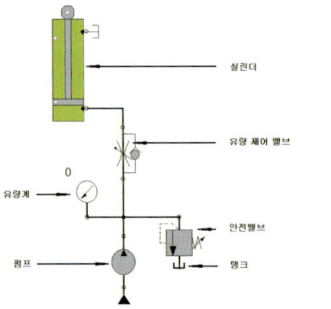

06 펌프의 출력에 대한 설명으로 옳은 것은?

① 압력과 토출량에 비례한다.
② 압력과 토출량에 반비례한다.
③ 압력에 비례하고 토출량에 반비례한다.
④ 압력에 반비례하고 토출량에 비례한다.

해설 펌프(pump)와 모터(motor)
① 유압회로 펌프는 압력의 맥동, 소음, 진동이 적은 스크류(screw) 펌프를 적용
② 펌프의 토출량이 클수록 속도가 빠르다 (50~1500ℓ/min)
③ 유압 펌프로 초고압력 250kgf/cm² 까지 실용화 되고 있음
④ 모터(motor)로는 3상유도전동기를 일반적으로 적용
• 펌프 : 펌프의 출력은 압력과 토출량에 비례한다.

07 유압 승강기의 안전밸브에 관한 설명으로 옳지 않은 것은?

① 사용압력의 1.25배를 초과하기 전에 작동하여 1.5배를 초과하지 않는다.
② 점검은 수동정지밸브를 차단하고 펌프를 강제 가동시켜 점검한다.
③ 체크밸브는 펌프가 정지되었을 때 카가 자연 상승하는 것을 점검한다.
④ 카의 상승 시 유입이 증대되었을 때 자동적으로 작동되어 회로를 보호한다.

해설 체크밸브(check vale)
① 어느 한쪽에서 유체가 공급되어 흐르도록 하는 밸브로 역방향은 유체가 차단됨
② 체크밸브기능은 로프식 승강기의 전자 브레이크 기능과 흡사 함

Answer
04 ③ 05 ① 06 ① 07 ③

08 유압용 엘리베이터에 가장 많이 사용하는 펌프는?

① 기어펌프　② 스크류펌프
③ 밴펌프　　④ 피스톤펌프

해설 펌프(pump)와 모터(motor)
① 유압회로 펌프는 압력의 맥동, 소음, 진동이 적은 스크류(screw) 펌프를 적용
② 펌프의 토출량이 클수록 속도가 빠르다(50~1500ℓ/min)
③ 유압 펌프로 초고압력 250kg/cm² 까지 실용화 되고 있음
④ 모터(motor)로는 3상유도전동기를 일반적으로 적용

09 유압식 엘리베이터의 종류에 속하지 않는 것은?

① 직접식　　② 간접식
③ 팬터그래프식　④ 권동식

해설 유압식 엘리베이터
① 직접식 엘리베이터
② 간접식 엘리베이터
③ 팬터 그래프식 엘리베이터

10 유압식 승강기의 유압 파워 유니트의 구성요소에 속하지 않는 것은?

① 펌프　　　② 유량제어밸브
③ 체크밸브　④ 실린더

해설 유압파워유니트
펌프, 전동기, 안전밸브, 상승용 유량제어밸브, 체크밸브, 하강용 유량제어밸브, 유량탱크, 스트레이너, 스톱밸브, 사일렌서, 보온장치 등으로 구성
• 실린더 : 유체에너지를 이용하여 기계적 에너지로 변환 시 직선운동 하는 장치

11 블리드오프 유압회로 방식의 특징이 아닌 것은?

① 카의 기동 시 유량조정이 어렵다.
② 상승운전시의 효율이 높다.
③ 작동유의 온도(점도)변화 및 압력 변화 등의 영향을 받기 쉽다.
④ 기동·정지 시 효과가 작다.

해설 블리드 오프(bleed-off)
① 공급압력을 시스템 최고 압력으로 미치지 못하게 하여 시스템을 효율적 속도제어 방법
② 실린더로 공급되는 유량의 일부를 유량 제어 밸브를 통하여 탱크로 귀환
③ 부하에 필요이상의 압력공급이 불필요함으로 효율은 높음
④ 직접제어를 할 수 없어 정확한 속도제어가 어려움

12 플런저 선단에 도르래를 놓고 로프 또는 체인을 통해 카를 올리고 내리는 유압엘리베이터 종류는?

① 직접식
② 팬터 그래프식
③ 간접식
④ 실린더식

해설 팬터 그래프식
① 카를 플런저에 의해 팬터 그래프를 승강하는 방식
② 별도의 비상정지장치가 필요하지 않음
③ 승강로 소요면적 치수가 작아도 됨
④ 공장이나 창고에서 작업용으로 사용

Answer
08 ②　09 ④　10 ④　11 ①　12 ③

13 간접식 유압엘리베이터의 특징이 아닌 것은?

① 기계실의 위치가 자유롭다.
② 주로 저속 승강기에 사용된다.
③ 승강행정이 짧은 승강기에 사용된다.
④ 비상정지장치가 필요 없다.

해설 간접식 유압 엘리베이터 특징
① 플런저에 도르래를 설치하여 로프 또는 체인을 이용한(roping) 카를 승강함
② 로핑(roping)으로 1 : 2, 1 : 4, 2 : 4 방법으로 설치
③ 실린더의 행정은 승강행정의 1/2, 1/4배 적어도 되며, 그로인해 실린더 매설이 불필요
④ 실린더(cylinder) 매설이 불필요하므로 보호관이 필요 없음
⑤ 일반적으로 실린더(cylinder)의 점검이 간편함
⑥ 별도의 비상정지장치가 필요

14 직접식 유압엘리베이터의 장점이 되는 항목은?

① 실린더를 보호하기 위한 보호관을 설치할 필요가 없다.
② 승강로의 소요평면치수가 크다.
③ 부하에 의한 바닥의 빠짐이 크다.
④ 비상정지장치가 필요하지 않다.

해설 직접식 유압 엘리베이터 특징
① 플런저에 카를 직접 설치로 비상정지장치를 추가로 설치하지 않아도 됨
② 지중에 실린더(cylinder)를 설치하기 위해 보호판을 지중에 설치
③ 승강로의 면적이 작아도 되며, 구조가 매우 간단
④ 실린더는 카의 승강행정의 길이와 동일(약간의 여유)
⑤ 공회전 방지장치가 필요함

15 유압장치의 보수, 점검 또는 수리 등을 할 때에 사용되는 것은?

① 안전밸브   ② 유량제어밸브
③ 스톱밸브   ④ 필터

해설
① 릴리프밸브 : 작동압력이 125%를 초과하지 않을 때 자동개시하고, 작동압력이 상용압력의 150%를 초과하지 않아야 한다.
② 스톱밸브 : 유압파워 유니트에서 액추에이터 사이 설치하는 수동조작
③ 유량제어밸브 : 실린더로 공급되는 유량의 일부를 유량 제어
④ 필터 : 무언가를 걸러내는 도구. 특정 성질을 가진 것은 차단하고, 그렇지 않은 것은 통과시키는 도구이다.

16 유압 엘리베이터에서 카가 정지할 때, 자연하강을 보정하기 위한 바닥맞춤보정장치를 설치하는데, 착상면을 기준으로 몇 [mm] 이내의 위치에서 보정할 수 있어야 하는가?

① 45mm   ② 55mm
③ 65mm   ④ 75mm

해설 바닥맞춤 보정장치
카의 정지시에 있어서 자연하강을 보정하기 위한 바닥맞춤보정장치(착상면을 기준으로 하여 75mm 이내의 위치)

Answer
13 ④   14 ①   15 ③   16 ④

CHAPTER 08 에스컬레이터(escalator)

제1절 에스컬레이터의 구조 및 원리

철골구조의 틀(트러스)를 상하층 바닥에 설치하여, 내부에 좌우 리본에 무단연속체인(스텝체인)에 일정한 간격의 스텝설치로 체인의 구동에 의해 스텝을 순환 수송 장치

01 에스컬레이터의 구조 및 일반

(1) 에스컬레이터의 구조

① 전동기　② 구동기　③ 구동체인
④ 핸드레일　⑤ 스텝　⑥ 스텝레일
⑦ 트러스　⑧ 제어반

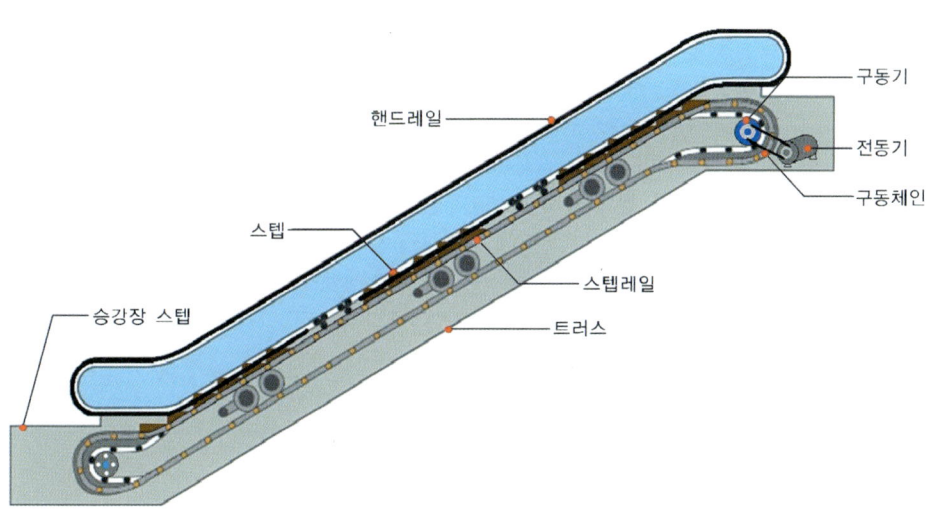

⊙ 에스컬레이터 구조

(2) 에스컬레이터 배열시 고려사항

① 지지보, 기둥 등에 하중이 균등하게 분산시키는 위치에 배치
② 동선 중심에 배치(엘리베이터와 정면 현관의 중간)
③ 바닥면적 작게 하고, 승객의 시야가 넓게 확보
④ 주행거리가 짧도록 배치

에스컬레이터의 구조로서 적당하지 않은 것은?
① 사람이 3각부에 충돌하는 것을 경고하기 위하여 비고정식 안전보호판을 부착한다.
② 경사도는 일반적인 경우 30도 이하로 하여야 한다.
③ 디딤판은 이동손잡이의 속도에 반비례하도록 한다.
④ 디딤면의 폭은 560mm 이상, 1020mm 이하이어야 한다.

해설 핸드레일
구동장치는 스텝을 구동시키는 주 구동장치와 핸드레일을 구동시키는 장치가 있으며, 같이 연동되어 같은 속도로 구동이 됨

정답 ▶▶▶ ③

02 에스컬레이터의 종류

(1) 난간폭에 의한 분류

① 800형 : 시간당 수송능력 6000명(전동기 용량 : 7.5kW)
② 1200형 : 시간당 수송능력 9000명
   (층고 4.7m 이하 : 7.5kW, 층고 4.7~7m 이하 : 11kW)

에스컬레이터의 난간 폭에 의한 분류 중 폭 800형의 공칭수송 능력은?
① 10000인/시간　　　　　　　　② 9000인/시간
③ 8000인/시간　　　　　　　　④ 6000인/시간

해설 난간폭에 의한 분류
① 800형 : 시간당 수송능력 6000명(전동기 용량 : 7.5kW)
② 1200형 : 시간당 수송능력 9000명(층고 4.7m 이하 : 7.5kW, 층고 4.7~7m 이하 : 11kW)

정답 ▶▶▶ ④

(2) 난간의 손잡이에 의한 분류
   ① 전 투명형 : 일반용(일반빌딩, 백화점 등)
   ② 스테인리스강의 판넬형 : 교통기관용(지하철, 역사 등)

(3) 속도에 의한 분류
   ① 디딤판의 정격속도 30m/min 이하
   ② 경사도 30° 이하 수평에서는 0.75m/s 이하, 35° 이하 수평에서는 0.5m/s 이하
   ③ 경사도가 8° 이하의 속도는 50m/min

예상문제

우리나라에서 주로 사용되고 있는 에스컬레이터의 속도는 일반적인 경우 몇 [m/min]인가?
① 15   ② 25   ③ 30   ④ 45

해설 속도에 의한 분류
디딤판의 정격속도 30m/min 이하

정답 ③

제2절 구동장치

01 구동기

① 구동장치는 스텝을 구동시키는 주 구동장치와 핸드레일을 구동시키는 장치가 있으며, 같이 연동되어 같은 속도로 구동이 됨
② 에스컬레이터의 전동기를 감속하기 위하여 감속기를 이용하고, 역회전방지를 위한 기어방식 중 웜기어 또는 헬리컬 기어(효율이 좋음)를 적용
③ 제동기의 제동력은 무인운행 시 상승 시와 하강 시 동일한 제동거리를 가질 것
④ 탑승객에 의한 적재하중에서 제동거리는 상승 시 짧으며, 하강 시에는 거리가 늘어남
⑤ 에스컬레이터의 분당 수송인원을 나타내는 전동기용량 설정으로 아래와 같다.

$$P = \frac{\text{1분간 수송인원} \times \text{1인중량} \times \text{층 높이}}{6120 \times \text{전체효율}(\eta)} [\text{kW}]$$

에스컬레이터의 구동용 모터를 선정할 때 가장 중요한 것은?

① 승강 높이   ② 승강 속도   ③ 기계실 크기   ④ 수송 인원

해설

$$P = \frac{1분간\ 수송인원 \times 1인중량 \times 층\ 높이}{6120 \times 전체효율(\eta)}\ [kW]$$

정답 ④

 핸드레일 구동장치

① 스텝을 구동시키는 주 구동장치와 핸드레일을 구동시키는 장치의 연동되어 있어 구동 시 속도가 같을 것
② 핸드레일을 구동하기 위한 주 구동장치와 연동하기 위한 구동방식의 종류는 벨트(belt)를 이용한 평 벨트(flat belt) 방식과 롤러(roller) 방식을 이용

제3절 스텝과 스텝 체인 및 난간과 핸드레일

01 스텝

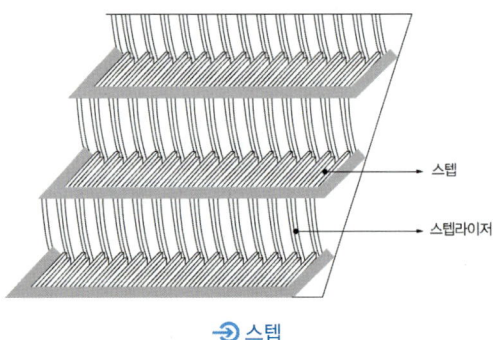

→ 스텝

① 에스컬레이터에 있어서 승객이나 물건을 싣고 이동하는 디딤판을 의미
② 스텝은 스텝 트레드, 스텝 라이저, 스텝 롤러(roller) 등으로 구성
③ 디딤판 좌·우와 전방에 승객의 주의를 환기시키기 위해 황색의 주의선을 표시
④ 스텝의 깊이는 380mm 이상, 공칭 폭은 580mm 이상~1100mm 이하(경사도 6° 이하 수평보행기에는 폭 1650mm 까지 허용)
⑤ 스텝의 종류별 공칭 폭 구분

에스컬레이터에 바르게 타도록 디딤판 위의 황색 또는 적색으로 표시한 안전마크는?
① 스텝체인　　② 테크보드　　③ 데마케이션　　④ 스커트 가드

해설 데마케이션
사람의 신체일부 및 이물질이 스텝 사이 틈새에 닿지 않게 주의시키는 효과

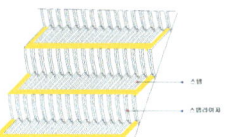

정답 >>> ③

▶▶ 스텝의 구분

종류	세부안전 적용기준
에스컬레이터용	• 600mm 이하인 것 • 800mm 이하인 것 • 1000m 이하인 것
수평보행기용	• 600mm 이하인 것 • 600mm 초과 800mm 이하인 것 • 800mm 초과 1100m 이하인 것 • 1100mm 초과인 것

02 스텝 체인

① 체인 재료의 강도는 에스컬레이터 폭이 넓고, 운행길이가 길수록 기계적 강도가 클 것
② 스텝체인의 일정한 결합간격을 위하여 일정한 간격으로 스텝측에 연결하고, 스텝측 좌·우단에 스텝의 전륜에 부착
③ 안전율은 에스컬레이터가 승객하중과 인장장치의 인장력을 더한 하중을 운반할 때 체인이 받는 정적인 힘 사이의 비율로 결정
④ 스텝 체인의 안전율을 10 이상으로 규정

▶▶ 안전율 비교

에스컬레이터부분	안전율
트러스 및 빔	5
디딤판 체인 및 구동체인	10
벨트식 디딤판 및 연결부재	7

예상문제

에스컬레이터에서 스텝체인에 대한 설명으로 옳은 것은?
① 폭이 좁고, 충고가 낮을수록 높은 강도의 체인을 필요로 한다.
② 일종의 롤러체인이다.
③ 좌우 체인의 링크 간격은 스텝을 안전하게 유지하기 위하여 크기가 서로 다른 환강으로 연결한다.
④ 클립형과 판넬형이 있다.

해설
① 체인 재료의 강도는 에스컬레이터 폭이 넓고, 운행길이가 길수록 기계적 강도가 클 것
② 스텝체인(롤러체인)의 일정한 결합간격을 위하여 일정한 간격으로 스텝측에 연결하고, 스텝측 좌·우단에 각 1개씩 스텝의 전륜에 부착
③ 안전율은 에스컬레이터가 승객하중과 인장장치의 인장력을 더한 하중을 운반할 때 체인이 받는 정적인 힘 사이의 비율로 결정
④ 스텝 체인의 안전율을 10 이상으로 규정

정답 ▶▶▶ ②

03 난간

① 난간에는 사람이 정상적으로서 서 있을 수 있는 부분이 없어야 함
② 난간은 50mm 길이의 핸드레일 표면에 900N의 분포하중을 가할 때 영구변형, 파손 또는 변위가 없어야 함
③ 난간의 구조
  ㉠ 핸드레일
  ㉡ 데크보드
  ㉢ 핸드레일 가이드
  ㉣ 난간조명
  ㉤ 곡면 유리
  ㉥ 내측범위
  ㉦ 유리패널
  ㉧ 스커트 가드

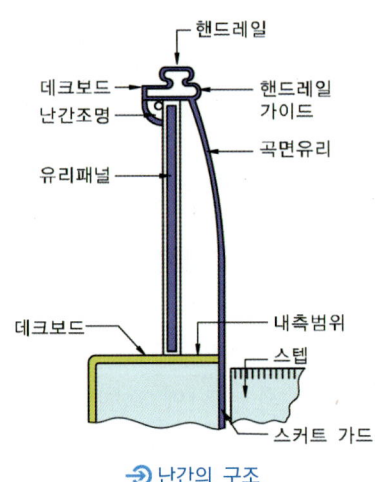

▶ 난간의 구조

예상문제

에스컬레이터에서 탑승객이 좌우로 떨어지지 않도록 설치한 측면 벽의 명칭에 해당하는 것은?
① 난간   ② 스커트가드
③ 핸드레일   ④ 데크보드

해설
난간
① 난간에는 사람이 정상적으로서 서 있을 수 있는 부분이 없어야 함
② 난간은 50mm 길이의 핸드레일 표면에 900N의 분포하중을 가할 때 영구변형, 파손 또는 변위가 없어야 함

정답 ▶▶▶ ①

04 핸드레일

① 각 난간 상부에는 디딤판, 팔레트 또는 벨트 속도의 0~2%의 허용오차에서 동일한 방향으로 움직이는 핸드레일 설치
② 핸드레일은 스텝면에서 수직으로 높이 600mm의 위치에 설치하고, 핸드레일 내 측거리는 1.2m 이하로 하며, 하강 중 약 15kgf의 힘으로 가하여 잡아도 멈추지 않을 것

예상문제

에스컬레이터의 이동식 핸드레일의 경우, 운행 전 구간에서 디딤판과 핸드레일 속도 차의 범위는?
① 0~1% 이하
② 0~2% 이하
③ 0~3% 이하
④ 0~4% 이하

해설
핸드레일
이동식 핸드레일의 경우, 운행 전구간에서 디딤판과 핸드레일의 속도차는 0~2% 이하이어야 한다.

정답 ≫ ②

제4절 안전장치

01 구동체인 안전장치(D.C.S)

① 구동체인이 늘어짐 또는 절단되었을 때 동력을 차단하고 역회전을 기계적 방지하는 장치
② 안전스위치의 설치로 안전장치의 동작과 동시에 전기적으로 전원을 차단(수동복귀형)
③ 구동체인은 하중 및 충격에 견딜 수 있는 강도로 안전율을 10 이상 규정

> **예상문제**
>
> 에스컬레이터의 구동체인이 규정치 이상으로 늘어났을 때 일어나는 현상은?
> ① 안전레버가 작동하여 하강은 되나 상승은 되지 않는다.
> ② 안전레버가 작동하여 브레이크가 작동하지 않는다.
> ③ 안전레버가 작동하여 무부하시는 구동되나 부하시는 구동되지 않는다.
> ④ 안전레버가 작동하여 안전회로 차단으로 구동되지 않는다.
>
> **해설** 구동체인 안전장치(D.C.S)
> 구동체인이 늘어짐 또는 절단되었을 때 동력을 차단
> • 안전레버가 작동하여 안전회로 차단으로 구동되지 않는다.
>
> 정답 ④

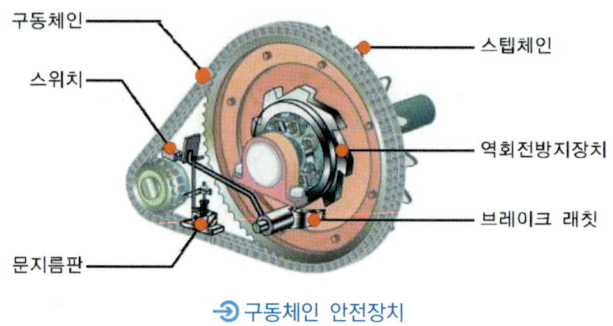

→ 구동체인 안전장치

02 스텝 체인 안전장치(T.C.S)

① 스텝 체인의 심하게 늘어남과 파단으로 인한 전동기의 전원을 차단하고 기계적인 브레이크를 작동시켜 운행정지를 시키는 장치
② 이 장치의 스위치는 수동으로 재설정하는 방식일 것

03 핸드레일 인입구 안전장치(T.I.S)

① 핸드레일 인입구 또는 위·아래면 승객의 손이나 이물질이 말려들어가는 것을 방지
② 핸드레일 인입방향으로만 작동하고, 난간으로 진입하는 인입구에 설치
③ 이 장치의 스위치는 자동 복귀하는 방식을 사용

04 머신 브레이크(machine brake)

에스컬레이터의 비상 시 등으로 운행정지 상태에서 에스컬레이터의 움직이고자 하는 관성에서 절대 정지시키기 위한 장치

05 스커트 가드 안전장치(S.G.S)

① 승강구의 가까운 위치에서 사람이나 이물질이 디딤판 측면과 스커트가드와의 사이에 강하게 끼이는 경우 구동 전동기 및 브레이크의 전원을 차단하는 장치
② 디딤판 수평구간에 위치하며, 보통 콤플레이트 앞 곡선부 상하 양 측면에 설치하고, 추가 설치 시에는 중간지점의 좌우에 설치 할 것
③ 스커트 가드는 어느 부분에서나 $25cm^2$의 면적에 $1500N(153kg_f)$의 힘을 직각으로 가했을 때 휨량이 4mm 이내이어야 하고, 시험후 영구변형이 없어야 한다.

예상문제

에스컬레이터의 디딤판과 스커트 가드와의 틈새는 양쪽 모두 합쳐서 최대 얼마이어야 하는가?
① 5[mm] 이하
② 7[mm] 이하
③ 9[mm] 이하
④ 10[mm] 이하

해설 스커트 가드 안전장치(S.G.S)
① 승강구의 가까운 위치에서 사람이나 이물질이 디딤판 측면과 스커트가드와의 사이에 강하게 끼이는 경우 구동 전동기 및 브레이크의 전원을 차단하는 장치
② 디딤판 수평구간에 위치하며, 보통 콤플레이트 앞 곡선부 상하 양 측면에 설치하고, 추가 설치 시에는 중간지점의 좌우에 설치 할 것
③ 스커트가드와 디딤판과의 틈새는 승강로의 총길이에 걸쳐서 한쪽이 4mm 이하이어야 한다.(양쪽 합쳐서 7mm 이하)

정답 ▶▶▶ ②

---

06 조속기(governor)

승객인원(적재하중) 초과로 전동기의 토크가 감당하기 부족하여 상승운전 중 하강하거나 하강운전 시 정격속도 보다 상승할 때 과속방지를 위해 전동기 축상에 부착

07 역행방지장치(reversal stop)

① 에스컬레이터의 운행방향과 역행하는 것을 방지를 위한 역행방지장치를 설치
② 이 장치는 반드시 키 작동스위치에 의하여 재 기동 되도록 함
③ 상승방향으로 운행하는 동안 역방향으로 역 구동 하는 경우 구동전동기 및 제동기의 전원을 차단

> **예상문제**
>
> 에스컬레이터의 역회전 방지장치가 아닌 것은?
> ① 구동체인 안전장치　　② 기계 브레이크
> ③ 조속기　　　　　　　④ 스컷트 가드
>
> **[해설]** 스컷트 가드 안전장치(S.G.S)
> ① 승강구에서 사람, 이물질이 끼이는 경우 구동 전동기 및 브레이크의 전원을 차단하는 장치
> ② 디딤판 수평구간에 위치하며, 보통 콤플레이트 앞 곡선부 상하 양 측면에 설치
>
> **정답 ④**

08 비상정지버튼(emergency stop button)

① 승강장에서 비상 시 또는 점검할 때 디딤판의 승강을 강제로 정지시킬 수 있는 장치
② 비상정지버튼을 설치하는 위치는 비상 시 쉽게 작동할 수 있는 상하 승강장의 이입구
③ 층고가 12m 초과 시 비상정지버튼 추가설치(비상정지버튼의 간격은 15m 초과할 수 없음)
④ 비상정지버튼의 색상은 "적색", 부근에는 "정지" 표시 할 것
⑤ 어린이 등 장난에 의한 오조작을 방지하기 위한 덮개를 설치하며, 비상 시 쉽게 열수 있는 구조로 할 것

예상문제

에스컬레이터 비상정지스위치에 관한 설명 중 옳은 것은?
① 비상정지스위치는 승객의 안전을 위하여 하부 승강구에만 설치한다.
② 어린이의 장난을 방지하기 위해 비상정지스위치의 위치 명시는 식별이 어렵게 한다.
③ 비상정지스위치는 오조작을 방지하기 위하여 덮개를 씌워 보호한다.
④ 색상은 청색으로 하며 버튼 또는 버튼주변에 "정지"표시를 하여야 한다.

해설
비상정지버튼(emergency stop button)
① 승강장에서 비상 시 또는 점검할 때 디딤판의 승강을 강제로 정지시킬 수 있는 장치
② 비상정지버튼을 설치하는 위치는 비상 시 쉽게 작동할 수 있는 상하 승강장의 이입구
③ 층고가 12m 초과 시 비상정지버튼 추가설치(비상정지버튼의 간격은 15m 초과할 수 없음)
④ 비상정지버튼의 색상은 "적색", 부근에는 "정지" 표시 할 것
⑤ 어린이 등 장난에 의한 오조작을 방지하기 위한 덮개를 설치하며, 비상 시 쉽게 열수 있는 구조로 할 것

정답 ▶▶▶ ③

09 기타 안전시설

(1) 안전보호판

에스컬레이터 난간부와 건축물의 교차하는 위치에서 건물의 천장 또는 측면부 등과의 사이에 운행방향으로 생기는 3각부에 사람의 신체의 일부가 접촉사고 방지위한 보호판

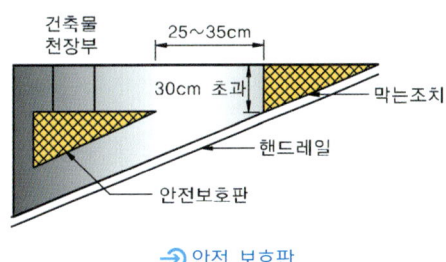

→ 안전 보호판

예상문제

에스컬레이터의 안전장치가 아닌 것은?
① 스텝체인 안전장치
② 플런저 이탈 방지장치
③ 핸드레일 안전장치
④ 역회전 방지장치

해설
에스컬레이터 안전장치
① 구동체인 안전장치(D.C.S)
② 스텝 체인 안전장치(T.C.S)
③ 핸드 레일 인입구 안전장치(T.I.S)
④ 머신 브레이크(machine brake)
⑤ 스커트 가드 안전장치(S.G.S)
⑥ 조속기(governor)
⑦ 역행방지장치(reversal stop)
⑧ 비상정지버튼(emergency stop button)

정답 ▶▶▶ ②

예상문제

다음 중 에스컬레이터의 디딤판의 승강을 자동으로 정지시키는 장치가 작동 하지 않는 경우는?

① 디딤판체인이 절단되었을 때
② 승강장 근처에 설치한 방화셔터가 닫히기 시작할 때
③ 3각부 안전보호판에 이물질이 접촉되었을 때
④ 디딤판과 콤이 맞물리는 지점에 물체가 끼였을 때

해설
3각부 틈새의 수직거리가 30cm 되는 곳까지 막는 등의 조치를 하되 디딤판의 진행속도로 부딪쳤을 때 신체에 상해를 주지 않는 탄력성이 있는 재료
① 사람이 3각부에 충돌하는 것을 경고하기 위하여 25~35cm 전방에 신체상해의 우려가 없는 재질의 비고정식 안전보호판 등이 설치되어 있어야 한다.
② 건축물 천장부 또는 측면부가 핸드레일 외측 끝단에서 50cm 이상 떨어져 있는 경우
③ 교차각이 60°를 초과하는 경우에는 그러하지 아니하다.

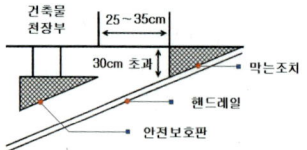

정답 ③

CHAPTER 08

에스컬레이터(escalator) 출제예상문제

01 에스컬레이터의 적재하중 산출과 관계가 없는 것은?

① 스텝면의 수평투영면적
② 층고
③ 스텝폭
④ 정격속도

해설 제63조(적재하중)
① 에스컬레이터의 적재하중은 다음식에 의해 계산한 값 이상으로 해야 한다.
 • P = 270A
  여기에서 P : 에스컬레이터의 적재하중 (단위 : kg)
   A : 에스컬레이터 디딤판의 수평투영면적(단위 : m²)
② 수평보행기의 적재하중은 디딤판의 수평투영면적에 270kg/m²를 곱한 값 이상으로 해야 한다.

02 에스컬레이터 비상정지스위치에 관한 설명 중 옳은 것은?

① 비상정지스위치는 승객의 안전을 위하여 하부 승강구에만 설치한다.
② 어린이의 장난을 방지하기 위해 비상정지스위치의 위치 명시는 식별이 어렵게 한다.
③ 비상정지스위치는 오조작을 방지하기 위하여 덮개를 씌워 보호한다.
④ 색상은 청색으로 하며 버튼 또는 버튼 주변에 "정지"표시를 하여야 한다.

해설 비상정지버튼(emergency stop button)
① 승강장에서 비상 시 또는 점검할 때 디딤판의 승강을 강제로 정지시킬 수 있는 장치
② 비상정지버튼을 설치하는 위치는 비상 시 쉽게 작동할 수 있는 상하 승강장의 이입구
③ 층고가 12m 초과 시 비상정지버튼 추가설치(비상정지버튼의 간격은 15m 초과할 수 없음)
④ 비상정지버튼의 색상은 "적색", 부근에는 "정지" 표시 할 것
⑤ 어린이 등 장난에 의한 오조작을 방지하기 위한 덮개를 설치하며, 비상 시 쉽게 열수 있는 구조로 할 것

03 에스컬레이터의 구동장치가 아닌 것은?

① 구동기
② 스텝체인 구동장치
③ 핸드레일 구동장치
④ 구동체인 안전장치

해설 구동체인 안전장치(D.C.S)
구동체인이 늘어짐 또는 절단되었을 때 동력을 차단

04 에스컬레이터에서 탑승객이 좌우로 떨어지지 않도록 설치한 측면 벽의 명칭에 해당하는 것은?

① 난간 ② 스커트가드
③ 핸드레일 ④ 데크보드

해설 난간
① 난간에는 사람이 정상적으로서 서 있을 수 있는 부분이 없어야 함
② 난간은 50mm 길이의 핸드레일 표면에 900N의 분포하중을 가할 때 영구변형, 파손 또는 변위가 없어야 함

Answer
01 ④ 02 ③ 03 ④ 04 ①

05 우리나라에서 주로 사용되고 있는 에스컬레이터의 속도는 일반적인 경우 몇 [m/min]인가?

① 15   ② 25
③ 30   ④ 45

해설 속도에 의한 분류
디딤판의 정격속도 30m/min 이하

06 에스컬레이터의 경사도는 주로 몇 도[°] 이하로 설치되고 있는가?

① 15   ② 25
③ 30   ④ 45

해설 ① 경사도 30° 이하 수평에서는 0.75m/s 이하, 35° 이하 수평에서는 0.5m/s 이하
② 경사도가 8° 이하의 속도는 50m/min

07 에스컬레이터의 안전장치가 아닌 것은?

① 스텝체인 안전장치
② 플런저 이탈 방지장치
③ 핸드레일 안전장치
④ 역회전 방지장치

해설 에스컬레이터 안전장치
① 구동체인 안전장치(D.C.S)
② 스텝 체인 안전장치(T.C.S)
③ 핸드 레일 인입구 안전장치(T.I.S)
④ 머신 브레이크(machine brake)
⑤ 스커트 가드 안전장치(S.G.S)
⑥ 조속기(governor)
⑦ 역행방지장치(reversal stop)
⑧ 비상정지버튼(emergency stop button)

08 에스컬레이터의 난간 폭에 의한 분류 중 폭 800형의 공칭수송 능력은?

① 10000인/시간   ② 9000인/시간
③ 8000인/시간   ④ 6000인/시간

해설 난간폭에 의한 분류
① 800형 : 시간당 수송능력 6000명(전동기 용량 : 7.5kW)
② 1200형 : 시간당 수송능력 9000명(층고 4.7m 이하 : 7.5kW, 층고 4.7~7m 이하 : 11kW)

09 에스컬레이터의 구동체인이 규정치 이상으로 늘어났을 때 일어나는 현상은?

① 안전레버가 작동하여 하강은 되나 상승은 되지 않는다.
② 안전레버가 작동하여 브레이크가 작동하지 않는다.
③ 안전레버가 작동하여 무부하시는 구동되나 부하시는 구동되지 않는다.
④ 안전레버가 작동하여 안전회로 차단으로 구동되지 않는다.

해설 구동체인 안전장치(D.C.S)
구동체인이 늘어짐 또는 절단되었을 때 동력을 차단
• 안전레버가 작동하여 안전회로 차단으로 구동되지 않는다.

10 에스컬레이터의 비상정지버튼의 설치위치는?

① 기계실에 설치한다.
② 상부 승강장 입구에 설치한다.
③ 하부 승강장 입구에 설치한다.
④ 상·하부 승강장 입구에 설치한다.

해설 기계실에서 행하는 검사
① 상하승강장의 입구에 기동스위치·정지스위치·비상정지버튼스위치 등의 작동상태는 양호하여야 한다.
② 적재하중을 작용시키지 않고 디딤판이 상승할 때의 정지거리가 0.1m 이상 0.6m 이하이어야 한다.
③ 정지거리는 상하부의 스커트가드스위치의 작용점으로부터 콤까지의 거리 미만이어야 한다.

Answer
05 ③   06 ③   07 ②   08 ④   09 ④   10 ④

11 에스컬레이터에서 스텝체인에 대한 설명으로 옳은 것은?

① 폭이 좁고, 층고가 낮을수록 높은 강도의 체인을 필요로 한다.
② 일종의 롤러체인이다.
③ 좌우 체인의 링크 간격은 스텝을 안전하게 유지하기 위하여 크기가 서로 다른 환강으로 연결한다.
④ 클립형과 판넬형이 있다.

① 체인 재료의 강도는 에스컬레이터 폭이 넓고, 운행길이가 길수록 기계적 강도가 클 것
② 스텝체인(롤러체인)의 일정한 결합간격을 위하여 일정한 간격으로 스텝측에 연결하고, 스텝측 좌·우단에 각 1개씩 스텝의 전륜에 부착
③ 안전율은 에스컬레이터가 승객하중과 인장장치의 인장력을 더한 하중을 운반할 때 체인이 받는 정적인 힘 사이의 비율로 결정
④ 스텝 체인의 안전율을 10 이상으로 규정

12 에스컬레이터의 경사도가 30° 이하이고, 층고가 6[m] 이하이며, 수평주행구간 디딤판의 수가 3개 이상인 경우에 디딤판의 속도는 몇 [m/min] 이하로 할 수 있는가?

① 35 ② 40
③ 50 ④ 60

① 경사도는 30°를 초과하지 않아야 한다.(높이 6m 이하, 공칭속도 0.5m/s 이하에서는 경사도 35°까지)
② 디딤판 속도 40m/min

13 에스컬레이터의 구동용 모터를 선정할 때 가장 중요한 것은?

① 승강 높이 ② 승강 속도
③ 기계실 크기 ④ 수송 인원

$$P = \frac{1분간\ 수송인원 \times 1인중량 \times 층\ 높이}{6120 \times 전체효율(\eta)}[kW]$$

14 에스컬레이터의 구동장치에 관한 설명으로 틀린 것은?

① 스텝 구동장치와 핸드레일 구동장치는 서로 연동되어 같은 속도로 이동하여야 한다.
② 스텝 체인 안전장치가 설치되어 체인이 끊어지면 전원을 차단하여야 한다.
③ 감속기는 효율이 높아 에너지를 절약할 수 있는 웜기어를 사용하며, 헬리컬 기어는 사용하지 않는다.
④ 구동장치에는 브레이크를 설치하여야 한다.

에스컬레이터의 전동기를 감속하기 위하여 감속기를 이용하고, 역회전방지를 위한 기어방식 중 웜기어 또는 헬리컬 기어(효율이 좋음)를 적용

15 에스컬레이터의 역회전 방지장치가 아닌 것은?

① 구동체인 안전장치
② 기계 브레이크
③ 조속기
④ 스컷트 가드

스컷트 가드 안전장치(S.G.S)
① 승강구에서 사람, 이물질이 끼이는 경우 구동 전동기 및 브레이크의 전원을 차단하는 장치
② 디딤판 수평구간에 위치하며, 보통 콤플레이트 앞 곡선부 상하 양 측면에 설치

Answer
11 ② 12 ② 13 ④ 14 ③ 15 ④

16 에스컬레이터의 구조로서 적당하지 않은 것은?

① 사람이 3각부에 충돌하는 것을 경고하기 위하여 비고정식 안전보호판을 부착한다.
② 경사도는 일반적인 경우 30도 이하로 하여야 한다.
③ 디딤판은 이동손잡이의 속도에 반비례하도록 한다.
④ 디딤면의 폭은 560mm 이상, 1020mm 이하이어야 한다.

해설 핸드레일
구동장치는 스텝을 구동시키는 주 구동장치와 핸드레일을 구동시키는 장치가 있으며, 같이 연동되어 같은 속도로 구동이 됨

17 에스컬레이터의 디딤판과 스커트 가드와의 틈새는 양쪽 모두 합쳐서 최대 얼마이어야 하는가?

① 5[mm]이하   ② 7[mm]이하
③ 9[mm]이하   ④ 10[mm]이하

해설 스커트 가드 안전장치(S.G.S)
① 승강구의 가까운 위치에서 사람이나 이물질이 디딤판 측면과 스커트가드와의 사이에 강하게 끼이는 경우 구동 전동기 및 브레이크의 전원을 차단하는 장치
② 디딤판 수평구간에 위치하며, 보통 콤플레이트 앞 곡선부 상하 양 측면에 설치하고, 추가 설치 시에는 중간지점의 좌우에 설치 할 것
③ 스커트가드와 디딤판과의 틈새는 승강로의 총길이에 걸쳐서 한쪽이 4mm 이하이어야 한다.(양쪽 합쳐서 7mm 이하)

18 에스컬레이터에 바르게 타도록 디딤판 위의 황색 또는 적색으로 표시한 안전마크는?

① 스텝체인   ② 테크보드
③ 데마케이션   ④ 스커트 가드

해설 데마케이션
사람의 신체일부 및 이물질이 스텝 사이 틈새에 닿지 않게 주의시키는 효과

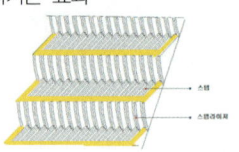

19 다음 중 에스컬레이터의 디딤판의 승강을 자동으로 정지시키는 장치가 작동 하지 않는 경우는?

① 디딤판체인이 절단되었을 때
② 승강장 근처에 설치한 방화셔터가 닫히기 시작할 때
③ 3각부 안전보호판에 이물질이 접촉되었을 때
④ 디딤판과 콤이 맞물리는 지점에 물체가 끼었을 때

해설 3각부 틈새의 수직거리가 30cm 되는 곳까지 막는 등의 조치를 하되 디딤판의 진행속도로 부딪쳤을 때 신체에 상해를 주지 않는 탄력성이 있는 재료
① 사람이 3각부에 충돌하는 것을 경고하기 위하여 25~35cm 전방에 신체상해의 우려가 없는 재질의 비고정식 안전보호판 등이 설치되어 있어야 한다.
② 건축물 천장부 또는 측면부가 핸드레일 외측 끝단에서 50cm 이상 떨어져 있는 경우
③ 교차각이 60°를 초과하는 경우에는 그러하지 아니하다.

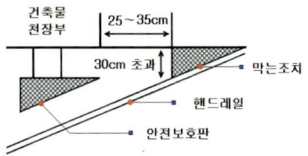

Answer
16 ③   17 ②   18 ③   19 ③

20 경사각이 6° 이하인 경우를 제외한 수평보행기 디딤면의 폭은?

① 560mm 이상, 1020mm 이하
② 580mm 초과, 1020mm 미만
③ 580mm 이상, 1050mm 이하
④ 580mm 초과, 2050mm 미만

해설) 스텝의 깊이는 380mm 이상, 공칭 폭은 580mm 이상~1100mm 이하(경사도 6° 이하 수평보행기에는 폭 1650mm 까지 허용)

21 에스컬레이터 난간과 핸드레일의 점검사항이 아닌 것은?

① 접촉기와 계전기의 이상 유무를 확인한다.
② 가이드에서 핸드레일의 이탈 가능성을 확인한다.
③ 표면의 균열 및 진동여부를 확인한다.
④ 주행 중 소음 및 진동여부를 확인한다.

해설) ① 핸드레일
  • 주 구동장치와 핸드레일을 구동시키는 장치의 연동되어 있어 구동 시 속도가 같을 것
  • 각 난간 상부에는 디딤판, 팔레트 또는 벨트 속도의 0~2%의 허용오차에서 동일한 방향으로 움직이는 핸드레일 설치
  • 핸드레일은 스텝면에서 수직으로 높이 600mm의 위치에 설치하고, 핸드레일 내측거리는 1.2m 이하로 하며, 하강 중 약 15kg₁의 힘으로 가하여 잡아도 멈추지 않을 것
② 난간
  • 난간에는 사람이 정상적으로서 서 있을 수 있는 부분이 없어야 함
  • 난간은 50mm 길이의 핸드레일 표면에 900N의 분포하중을 가할 때 영구변형, 파손 또는 변위가 없어야 함
③ 접촉기와 계전기의 이상 유무를 확인은 제어반 점검사항

22 에스컬레이터의 이동식 핸드레일의 경우, 운행 전 구간에서 디딤판과 핸드레일 속도차의 범위는?

① 0~1% 이하   ② 0~2% 이하
③ 0~3% 이하   ④ 0~4% 이하

해설) 핸드레일
이동식 핸드레일의 경우, 운행 전구간에서 디딤판과 핸드레일의 속도차는 0~2% 이하이어야 한다.

Answer
20 ③   21 ①   22 ②

CHAPTER 09 특수 승강기

제1절 입체 주차설비의 종류 및 특징

01 수평 보행기

(1) 수평 보행기의 구조

① 디딤판이 금속제인 팔레트식과 디딤판이 고무 벨트로 만든 고무 벨트식이 있다.
② 일반적인 내측판간 거리는 0.8~1.2m, 핸드레일 간격은 1.25m 이하
③ 경사각은 12° 이하(디딤판의 고무 및 가공으로 미끄러지기 어려운 재질 : 15° 이하)
④ 경사각에 따른 속도는 8° 이하 50m/min 이하(단 8° 초과 시 40m/min 이하)
⑤ 비상스위치는 사고 발생 시 즉시 작동을 위해 승강구 인입구 쪽에 설치하며, 표시할 것
⑥ 인·출입표시를 반드시 할 것(수평 보행기라 오판으로 인한 사고 유발)

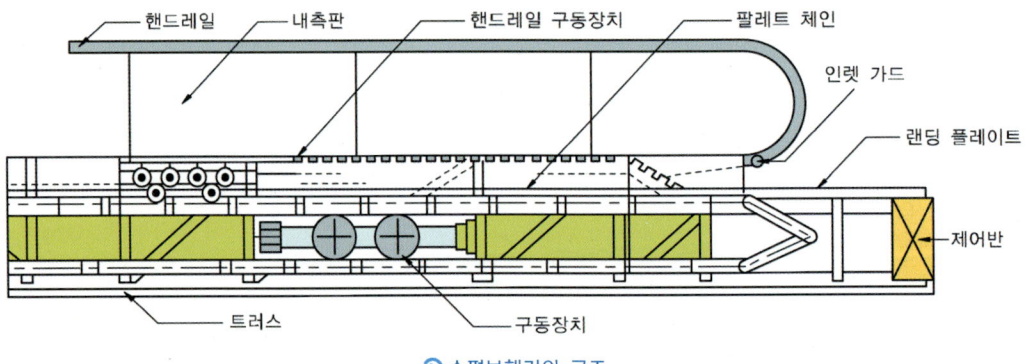

수평보행기의 구조

> **예상문제**
>
> **수평보행기에 대한 설명으로 틀린 것은?**
> ① 경사도는 일반적으로 12° 이하로 하여야 한다.
> ② 정격속도는 경사도가 8° 이하일 경우 50m/min 이하로 하여야 한다.
> ③ 스커트가드 스위치는 1m마다 설치하여야 한다.
> ④ 스탭면이 고무제품 등 미끄럽지 않은 구조일 경우에는 경사도를 15° 이하로 할 수 있다.
>
> **해설** **수평보행기의 구조**
> ① 일반적인 내측판간 거리는 0.8~1.2m, 핸드레일 간격은 1.25m 이하
> ② 경사각은 12° 이하(디딤판의 고무 및 가공으로 미끄러지기 어려운 재질 : 15°이하)
> ③ 경사각에 따른 속도는 8° 이하 50m/min 이하(단 8° 초과 시 40m/min 이하)
> ④ 인·출입표시를 반드시 할 것(수평 보행기라 오판으로 인한 사고 유발)
>
> **정답 》》 ③**

제2절 덤 웨이터

건물 내에서 승객용이 아닌 소형화물(음식물, 서적 등) 운반전용으로 제작

01 덤 웨이터 형식

① 테이블 타입 : 출입문이 승강장 바닥보다 높음(바닥면에서 75cm 위치)
② 플로어 타입 : 카 바닥과 승강장 바닥이 같음

02 덤 웨이터 구동방식

① 승강기 구동방식과 같은 트랙션 또는 권상식이 일반적으로 많이 쓰임
② 도르래의 지름과 주 로프의 지름과의 비의 규정
  ㉠ 정격적재하중 500kg 이하에서 30배 이상
  ㉡ 주 로프의 도르래에 접하는 부분의 길이 1/4 이하에서는 25배 이상
  ㉢ 덤 웨이터 출입문은 각 층별 1개 그리고 카에 대해서도 1개로 규정

03 덤 웨이터의 안전장치

① 승강로에 전체 출입구의 도어가 닫혀야 카를 승강할 수 있는 구조
② 조작방식에 있어 일반적인 다수 단추방식을 대다수 적용
③ 출입구 문의 안전장치 또는 적재하중, 사람의 탑승 금지 등 명시한 표시판 취부

예상문제

전동 덤웨이터에 대한 설명으로 틀린 것은?
① 구조상 경미한 부분을 제외하고는 불연재료로 만들거나 씌워야 한다.
② 점검용 콘센트는 소방설비용 비상콘센트를 겸용하여 사용한다.
③ 일반적으로 기계실 천장의 높이는 1m 이상을 유지하여야 한다.
④ 서적, 음식물 등 소형화물의 운반에 적합하게 제작된 엘리베이터이다.

 해설
① 덤 웨이터(dumb waiter) : 건물 내에서 소형화물(음식물, 서적 등) 운반전용으로 제작
② 승강기 구동방식과 같은 트랙션 또는 권상식이 일반적으로 많이 쓰임
③ 테이블 타입 : 출입문이 승강장 바닥보다 높음(바닥면에서 75cm 위치)
④ 기계실 천장의 높이는 1m 이상을 유지
　• 점검용 콘센트는 소방설비용 비상콘센트를 겸용해서는 안 된다.

정답 ≫≫ ②

제3절 입체 주차 설비의 종류 및 특징

01 수직 순환식 주차 방식

(1) 주차 구획을 수직으로 순환 이동하여 수직면에 배열된 곳에 운반하는 방식

(2) 주차방식의 종류(입출구의 위치에 의한 구분)
　① 상부 승입식
　② 중간 승입식
　③ 하부 승입식

(3) 특징
   ① 수직 구조로 승강로 면적이 작고, 그로인해 차량의 입·출고 시간이 짧음
   ② 수직 구조의 주차구획이 1개의 라인의 체인에 의해 승강운반으로 기계장치에 부하부담이 크며, 전력사용량이 높고, 전체가 이송되므로 진동, 소음이 큼
   ③ 체인라인이 파단 시 모든 적재물 또는 장비의 파손

02 수평 순환 주차 방식

(1) 주차 구획을 수평으로 순환 이동하여 배열된 곳으로 운반하는 방식

(2) 주차방식의 종류
   ① 원형 순환방식 : 주차장치의 양 끝단에서 운반기로 회전시켜 순환하는 방식(상부, 중간, 하부 승입식)
   ② 각형 순환방식 : 주차장치의 양 끝단에서 운반기로 직선 운동시켜 순환하는 방식(상부, 중간, 하부 승입식)

(3) 특징
   ① 차량의 입·출고 시간이 많이 필요함
   ② 출구가 제한된 빌딩들의 지하공간에 설치로 지하공간을 효율적으로 활용

예상문제

주차장치 중 다수의 운반기를 2열 혹은 그 이상으로 배열하여 순환 이동하는 방식은?

① 수직 순환식　　　　　　　　② 다층 순환식
③ 수평 순환식　　　　　　　　④ 승강기식

해설 수평 순환 주차 방식
① 주차 구획을 수평으로 순환 이동하여 배열된 곳으로 운반하는 방식
② 주차방식의 종류 및 특징
  • 원형 순환방식 : 주차장치의 양 끝단에서 운반기로 회전시켜 순환하는 방식(상부, 중간, 하부 승입식)
  • 각형 순환방식 : 주차장치의 양 끝단에서 운반기로 직선 운동시켜 순환하는 방식(상부, 중간, 하부 승입식)
  • 차량의 입·출고 시간이 많이 필요함
  • 출구가 제한된 빌딩들의 지하공간에 설치로 지하공간을 효율적으로 활용

정답 ③

03 승강기식 주차 방식

(1) 여러 층으로 배열되어 고정된 주차구획에 상하로 운반할 수 있는 운반기로 자동차를 주차시키는 방식

(2) 주차방식의 종류
   ① 횡식 : 자동차를 주차구획에 격납 시킬 때 자동차의 폭 방향으로 이송시켜 입·출고하는 방식(가장 일반적인 방식)
   ② 종식 : 자동차를 주차구획에 격납 시킬 때 자동차의 길이 방향으로 이송시켜 입·출고하는 방식
   ③ 승강 선회식 : 승강로 주위를 방사선 형태로 주차구획을 배치하여 입·출고를 행하는 방식으로 공간 효율이 좋지 않다.

(3) 특징
   ① 차량의 입·출고 시간이 짧음
   ② 운반비용이 수직 순환식과 비교해 저렴
   ③ 별도의 지하 피트부가 필요함
   ④ 수직 순환식보다 공간 효율이 떨어짐

예상문제

여러 층으로 배치되어 있는 고정된 주차구획에 상하로 이동할 수 있는 운반기에 의해 자동차를 운반 이동하여 주차하도록 설계된 주차장치는?

① 승강기식 주차장치 ② 평면왕복식 주차장치
③ 수평순환식 주차장치 ④ 승강기 슬라이드식 주차장치

해설 승강기식 주차 방식
여러 층으로 배열되어 고정된 주차구획에 상하로 운반할 수 있는 운반기로 자동차를 주차시키는 방식

정답 ≫ ①

04 평면 왕복식 주차 방식

(1) 주차구획이 여러층으로 고정 배열된 곳에 운반기로 각층마다 별도의 대차가 설치되어 있어 횡행 또는 종행으로 이동하면서 입·출고시키는 방식

(2) 주차방식의 종류
   ① **운반식** : 각 층 주차구획의 대차에 의해 자동차를 격납 위치로 이동 후 입고·출고시키는 일반적인 평면왕복방식
   ② **운반격납식** : 자동차의 입·출고가 앞쪽에 배치된 주차구획인 운반기 모두를 출입구로 사용할 수 있는 방식

(3) 특징
   ① 차량의 입·출고 시간이 짧음
   ② 차량의 동시 입·출고 가능
   ③ 대규모 지하주차장에 적합(소규모 지하주차장에는 고가)

05 승강기 슬라이드식 주차방식

주차구획이 여러층으로 고정 배열되어 있고, 위아래 및 옆으로 이동 할 수 있는 승강장치로 구성되어 있고, 이 방식은 승강기식과 유사하며, 승강장치 전체가 종행 또는 횡행으로 이동(슬라이드)할 수 있는 방식

06 다단식 주차방식

① 주차구획이 3층 이상으로 배치되어 있고 출입구가 있는 층의 모든 주차구획을 주차장치 출입구로 사용할 수 있는 구조
② 주차구획을 아래·위 또는 수평으로 이동하여 자동차를 주차하도록 설계한 주차장치

> **예상문제**
>
> 기계식 주차장치의 종류에서 순환방식에 속하지 않는 것은?
> ① 멀티순환방식   ② 수평순환방식
> ③ 수직순환방식   ④ 다층순환방식
>
> **해설** 주차방식
> ① 수직 순환식
> ② 수평 순환식
> ③ 다층 순환식
> ④ 승강기식(엘리베이터)
> ⑤ 평면 왕복식
> ⑥ 승강기 슬라이드식
>
> 정답 ≫ ①

제4절 유희시설

동력장치에 의해 운전되는 시설물은 오락을 목적으로 한 탑승물로서 주행, 회전, 요동 등 여러 가지 형태의 시설

01 고가의 유희시설

① 모노레일
② 어린이 기차
③ 코스터
④ 매트 마우스

02 회전운동을 하는 유의시설

① 회전목마
② 회전그네
③ 회전탑
④ 관람기차
⑤ 옥토퍼스

CHAPTER 09 특수 승강기 출제예상문제

01 수평보행기에 대한 설명으로 틀린 것은?

① 경사도는 일반적으로 12° 이하로 하여야 한다.
② 정격속도는 경사도가 8° 이하일 경우 50m/min 이하로 하여야 한다.
③ 스커트가드 스위치는 1m마다 설치하여야 한다.
④ 스텝면이 고무제품 등 미끄럽지 않은 구조일 경우에는 경사도를 15° 이하로 할 수 있다.

해설 수평보행기의 구조
① 일반적인 내측판간 거리는 0.8~1.2m, 핸드레일 간격은 1.25m 이하
② 경사각은 12° 이하(디딤판의 고무 및 가공으로 미끄러지기 어려운 재질 : 15°이하)
③ 경사각에 따른 속도는 8° 이하 50m/min 이하(단 8° 초과 시 40m/min 이하)
④ 인·출입표시를 반드시 할 것(수평 보행기라 오판으로 인한 사고 유발)

02 수평보행기의 스텝 구조에 따른 종류로 옳은 것은?

① 고무벨트식과 플라스틱성형식이 있다.
② 고무벨트식과 파레트식이 있다.
③ 파레트식과 베이크라이트식이 있다.
④ 고무벨트식과 베이크라이트식이 있다.

해설 수평 보행기의 구조
① 디딤판이 금속제인 팔레트식과 디딤판이 고무 벨트로 만든 고무 벨트식이 있다.
② 일반적인 내측판간 거리는 0.8~1.2m, 핸드레일 간격은 1.25m 이하

③ 경사각은 12° 이하(디딤판의 고무 및 가공으로 미끄러지기 어려운 재질 : 15°이하)
④ 경사각에 따른 속도는 8° 이하 50m/min 이하(단 8° 초과 시 40m/min 이하)

03 주차설비 중 자동차를 운반하는 운반기의 일반적인 호칭으로 사용되지 않는 것은?

① 카고, 리프트
② 케이지, 카트
③ 트레이, 파레트
④ 리프트, 호이스트

해설
① 리프트 : 사람은 탑승하지 않고 소하물을 위 아래로 이송하는 장치
② 호이스트 : 원동기·기어감속장치·감기통 등을 한 조로 하고 권상용(捲上用) 로프 끝에 훅(hook)을 장치하여 화물을 들어올린다. (체인, 공기, 전기 호이스트 등)

04 2단으로 배열된 운반기 중 임의의 상단의 자동차를 출고 시키고자 하는 경우 하단의 운반기를 수평 이동시켜 상단의 운반기가 하강기 가능 하도록 한 입체 주차설비는?

① 평면 왕복식 주차장치
② 승강기식 주차장치
③ 2단식 주차장치
④ 수직 순환식 주차장치

해설 2단식 주차장치
① 운반기(파레트)를 상하 2층으로 배열하여 두 층간의 운반기를 좌우 횡행과 승하강 이동시키는 동작으로 자동차를 입·출고하도록 하는 방식이다

Answer
01 ③ 02 ② 03 ④ 04 ③

② 2단식 주차장치 또는 다단식 주차장치에 있어서 주차장의 아래층에 자동차가 있는 경우 위층의 운반기가 아래층으로 하강할 수 없게 하는 안전장치를 설치해야한다.

05 수평보행기의 안전장치에 해당되지 않는 것은?

① 스텝체인 안전스위치
② 스커트 가드 안전스위치
③ 비상정지스위치
④ 핸드레일 인입구 안전스위치

해설 **스커트 가드 안전장치(S.G.S)**
① 승강구의 가까운 위치에서 사람이나 이물질이 디딤판 측면과 스커트가드와의 사이에 강하게 끼이는 경우 구동 전동기 및 브레이크의 전원을 차단하는 장치
② 디딤판 수평구간에 위치하며, 보통 콤플레이트 앞 곡선부 상하 양 측면에 설치하고, 추가 설치 시에는 중간지점의 좌우에 설치 할 것
③ 에스컬레이터 안전장치

06 전동 덤웨이터에 대한 설명으로 틀린 것은?

① 구조상 경미한 부분을 제외하고는 불연재료로 만들거나 씌워야 한다.
② 점검용 콘센트는 소방설비용 비상콘센트를 겸용하여 사용한다.
③ 일반적으로 기계실 천장의 높이는 1m 이상을 유지하여야 한다.
④ 서적, 음식물 등 소형화물의 운반에 적합하게 제작된 엘리베이터이다.

해설 ① 덤 웨이터(dumb waiter) : 건물 내에서 소형화물(음식물, 서적 등) 운반전용으로 제작
② 승강기 구동방식과 같은 트랙션 또는 권상식이 일반적으로 많이 쓰임
③ 테이블 타입 : 출입문이 승강장 바닥보다 높음(바닥면에서 75cm 위치)
④ 기계실 천장의 높이는 1m 이상 유지
• 점검용 콘센트는 소방설비용 비상콘센트를 겸용해서는 안 된다.

07 주차장치 중 다수의 운반기를 2열 혹은 그 이상으로 배열하여 순환 이동하는 방식은?

① 수직 순환식
② 다층 순환식
③ 수평 순환식
④ 승강기식

해설 **수평 순환 주차 방식**
① 주차 구획을 수평으로 순환 이동하여 배열된 곳으로 운반하는 방식
② 주차방식의 종류 및 특징
• 원형 순환방식 : 주차장치의 양 끝단에서 운반기로 회전시켜 순환하는 방식(상부, 중간, 하부 승입식)
• 각형 순환방식 : 주차장치의 양 끝단에서 운반기로 직선 운동시켜 순환하는 방식(상부, 중간, 하부 승입식)
• 차량의 입·출고 시간이 많이 필요함
• 출구가 제한된 빌딩들의 지하공간에 설치로 지하공간을 효율적으로 활용

08 자동차를 수용하는 주차구획과 자동차용 엘리베이터와의 조합으로 입체적으로 구성되며 자동차의 전방향으로 주차구획을 설치하는 것을 종식, 좌우 방향을 횡식이라 하는 주차 설비는?

① 수직 순환식   ② 수평 순환식
③ 평면 왕복식   ④ 엘리베이터식

해설 **승강기식 주차 방식**
① 여러 층으로 배열되어 고정된 주차구획에 상하로 운반할 수 있는 운반기로 자동차를 주차시키는 방식
② 주차방식의 종류
• 횡식 : 자동차를 주차구획에 격납 시킬 때 자동차의 폭 방향으로 이송시켜 입·출고하는 방식 (가장 일반적인 방식)
• 종식 : 자동차를 주차구획에 격납 시킬 때 자동차의 길이 방향으로 이송시켜 입·출고하는 방식
• 승강 선회식 : 승강로 주위를 방사선 형태로 주차구획을 배치하여 입·출고를 행하는 방식으로 공간 효율이 좋지 않다

Answer
05 ②   06 ②   07 ③   08 ④

09 기계식 주차장치의 종류에서 순환방식에 속하지 않는 것은?

① 멀티순환방식　② 수평순환방식
③ 수직순환방식　④ 다층순환방식

해설 주차방식
① 수직 순환식
② 수평 순환식
③ 다층 순환식
④ 승강기식(엘리베이터)
⑤ 평면 왕복식
⑥ 승강기 슬라이드식

10 여러 층으로 배치되어 있는 고정된 주차구획에 상하로 이동할 수 있는 운반기에 의해 자동차를 운반 이동하여 주차하도록 설계된 주차장치는?

① 승강기식 주차장치
② 평면왕복식 주차장치
③ 수평순환식 주차장치
④ 승강기 슬라이드식 주차장치

해설 승강기식 주차 방식
여러 층으로 배열되어 고정된 주차구획에 상하로 운반할 수 있는 운반기로 자동차를 주차시키는 방식

Answer
09 ① 10 ①

PART

승강기 안전관리

Craftsman Elevator

CHPTER 01 : 승강기 안전 기준 및 취급

CHPTER 02 : 이상 시의 제현상과 재해 방지

CHPTER 03 : 안전점검 제도

CHPTER 04 : 기계 기구와 그 설비의 안전

승강기 안전 기준 및 취급

제1절 승강기 안전 기준

01 목적 및 정의

(1) 안전관리 목적

　승강기의 설치 및 보수 등에 관한 사항을 정하여 승강기를 효율적으로 관리함으로써 승강기시설의 안전성을 확보하고 승강기 이용자를 보호함을 목적으로 한다.

(2) 안전관리 정의

① "승강기"란 건축물이나 고정된 시설물에 설치되어 일정한 경로에 따라 사람이나 화물을 승강장으로 옮기는 데에 사용되는 시설로서 엘리베이터, 에스컬레이터, 휠체어리프트 등 총리령으로 정하는 것을 말한다.
② "승강기 유지관리용 부품"이란 승강기를 유지 관리하는 데에 필요한 주요 부품으로서 총리령으로 정하는 것을 말한다.
③ "유지관리"란 승강기가 갖추어야 하는 기능 및 안전성을 유지할 수 있도록 주기적인 점검을 실시하고 부품의 교체 및 수리 등 승강기를 보수하는 것을 말한다.
④ "승강기 관리주체"란 다음 각 목의 어느 하나에 해당하는 자를 말한다.
　㉠ 승강기 소유자로서 관리책임이 있는 자
　㉡ 다른 법령에 따라 승강기 관리자로 규정되어 승강기를 관리할 책임과 권한을 가진 자
　㉢ 승강기 소유자나 다른 법령에 따라 승강기 관리자로 규정된 자와의 계약에 따라 승강기를 관리할 책임과 권한을 부여받은 자

예상문제

승강기 관리주체가 행하여야 할 사항으로 틀린 것은?
① 안전(운행)관리자를 선임하여야 한다.
② 승강기에 관한 전반적인 관리를 하여야 한다.
③ 안전(운행)관리자가 선임되면 관리주체는 별다른 관리를 할 필요가 없다.
④ 승강기의 유지보수에 대한 위임 용역 및 감독을 하여야 한다.

해설
관리주체(사업주)
① 승강기 운행에 대한 지식이 풍부한 자를 안전관리자로 선임하여 당해 승강기를 관리하도록 한다.
② 승강기를 안전하게 관리하도록 안전관리자를 지휘·감독하여야 한다.
③ 이용자의 안전 확보를 위하여 승강기 유지관리에 철저를 기하여야 한다

정답 >>> ③

제2절 승강기의 안전 수칙

01 관리주체의 준수사항

(1) 관리주체 등의 의무

① 승강기 관리주체는 승강기의 기능 및 안전성이 지속적으로 유지되도록 이 법에서 정하는 바에 따라 해당 승강기를 안전하게 유지 관리해야 한다.
② 승강기를 제조·수입 또는 설치하는 자는 승강기를 제조·수입 또는 설치할 때 이 법과 이 법에서 정하는 기준 등을 준수하여 승강기의 이용자 등에게 발생할 수 있는 피해를 방지하도록 노력하여야 한다.

(2) 승강기의 안전관리자

① 승강기 관리주체는 승강기 운행에 대한 지식이 풍부한 자를 안전관리자로 선임하여 해당 승강기를 관리하도록 하여야 한다. 다만, 승강기 관리주체가 직접 승강기를 관리하는 경우에는 그러하지 아니하다.
② 제1항에 따라 승강기 관리주체는 승강기의 안전관리자를 선임하거나 직접 승강기를 관리하는 때에는 안전행정부령으로 정하는 바에 따라 3개월 이내에 안전행정부장관에게 그 사실을 통보하여야 한다. 승강기의 안전관리자나 승강기 관리주체가 변경된 때에도 또한 같다.
③ 승강기 관리주체는 승강기의 안전관리자가 안전하게 승강기를 관리하도록 지휘·감독하여야 한다.

④ 승강기 관리주체는 승강기의 안전관리자로 하여금 선임 후 3개월 이내에 안전행정부령으로 정하는 기관이 실시하는 승강기의 관리에 관한 교육(이하 "승강기관리교육"이라 한다)을 받도록 하여야 한다. 다만, 승강기 관리주체가 직접 승강기를 관리하는 경우에는 관리주체가 승강기관리교육을 받아야 한다.
⑤ 승강기 안전관리자의 자격요건, 직무범위, 승강기관리교육의 내용·기간·주기 등에 필요한 사항은 안전행정부령으로 정한다.

(3) 안전관리자의 선임

① 관리주체는 법 제16조의2제1항의 규정에 의하여 승강기 운행에 대한 지식이 풍부한 자를 안전관리자로 선임하여 당해 승강기를 관리하도록 하여야 하며, 관리주체가 직접 승강기를 관리하는 경우에는 승강기 관리주체가 당해 승강기의 안전관리자가 된다.
② 관리주체는 제1항의 규정에 의하여 안전관리자를 선임한 경우에는 법 제16조의2제2항의 규정에 의하여 승강기를 안전하게 관리하도록 안전관리자를 지휘·감독하여야 한다.
③ 안전관리자는 승강기 운행중 수시 순회하여 운행의 지장여부를 확인하여야 하며, 운행에 지장이 있다고 인정된 경우에는 즉시 운행을 중지하고 관리주체에게 보고하여야 하고, 유지관리업자에게 통보하여야 한다.
④ 안전관리자는 승강기의 고장·수리내용을 별지 제10호서식에 의하여 기록·관리하여야 한다.
⑤ 관리주체는 승강기 이용자의 안전확보를 위하여 필요하다고 인정되는 경우에는 다음 각 호에 해당하는 자를 운전자로 선임하여 승강기를 운전시킬 수 있다.
  ㉠ 18세 이상의 건강한 자
  ㉡ 승강기 운전에 관하여 필요한 지식을 가지고 있는 자

(4) 이용안내 표지

① 관리주체는 승강기 내의 잘 보이는 곳에 다음 각 호의 사항을 포함한 표지 또는 명판을 부착하여야 하며, 덤웨이터의 경우 출입구 등 잘 보이는 곳에 탑승금지 및 적재하중을 나타내는 표지를 부착하여야 한다.
  ㉠ 승강기 이용방법 및 비상통화장치 사용방법
  ㉡ 승강기 용도, 적재하중 또는 최대정원
  ㉢ 이용자 안전수칙 및 용도 이외의 사용(탑승)금지
  ㉣ 영 제7조의2에 따라 국민안전처장관이 정하는 승강기 고유식별 표지

② 관리주체는 비상용 승강기 경우 제1항에서 정한 사항 외에 각층 승강장의 잘 보이는 곳에 다음 각 호의 사항을 포함한 표지를 부착하여야 한다.
  ㉠ 비상용 용도표시(적색), 비상시 탑승금지
  ㉡ 피난경로 등 긴급 피난 시 필요한 사항
③ 관리주체는 다음 각 호의 어느 하나의 규정에 따라 승강기 이용안내 및 안전수칙 등에 대한 교육 또는 계몽을 실시하는 등 이용자의 안전확보에 노력하여야 한다.
  ㉠ 공동주택등 주거전용 건축물인 경우에는 매 분기마다 1회 이상 교육실시 및 매월 1회 이상 방송 등을 통한 계몽을 실시하여야 한다.
  ㉡ 백화점 등 다중이 이용하는 시설인 경우에는 매일 수시로 방송 등을 통한 계몽을 실시하여야 한다.
④ 공단의 장은 관리주체가 제3항의 규정에 의하여 교육·계몽을 효율적으로 수행할 수 있도록 교육·계몽에 필요한 자료를 제공하여야 한다.

(5) 유지관리 시 안전관리

① 관리주체는 승강기의 유지관리 시에는 유지관리자로 하여금 유지관리중임을 표시하도록 하는 등 다음 각 호의 안전 조치를 취한 후 작업하도록 하여야 한다.
  ㉠ 사용 금지 표지
  ㉡ 유지관리 개소 및 소요시간
  ㉢ 작업자 성명 및 연락처
② 관리주체는 유지관리담당자 및 자체점검 실시내용 등이 기재된 별지 제11호서식의 승강기 관리카드를 기록·관리하여야 한다.

(6) 승강기 안전관리자의 직무 범위

① 승강기 운행관리 규정의 작성 및 유지·관리에 관한 사항
② 승강기의 고장·수리 등에 관한 기록 유지에 관한 사항
③ 승강기 사고 발생에 대비한 비상연락망의 작성 및 관리에 관한 사항
④ 승강기 인명사고 시 긴급조치를 위한 구급체제의 구성 및 관리에 관한 사항
⑤ 승강기의 중대한 사고 및 중대한 고장 시 사고 및 고장 보고에 관한 사항
⑥ 승강기 표준부착물의 관리에 관한 사항
⑦ 승강기 비상열쇠의 관리에 관한 사항

예상문제

승강기 운행관리자의 직무가 아닌 것은?
① 고장 및 수리에 관한 기록 유지
② 사고발생에 대비한 비상연락망의 작성 및 관리
③ 사고시의 사고보고
④ 고장시의 긴급 수리

해설
승강기 안전관리자의 직무 범위
① 승강기 운행관리 규정의 작성 및 유지·관리에 관한 사항
② 승강기의 고장·수리 등에 관한 기록 유지에 관한 사항
③ 승강기 사고 발생에 대비한 비상연락망의 작성 및 관리에 관한 사항
④ 승강기 인명사고 시 긴급조치를 위한 구급체제의 구성 및 관리에 관한 사항
⑤ 승강기의 중대한 사고 및 중대한 고장 시 사고 및 고장 보고에 관한 사항
⑥ 승강기 표준부착물의 관리에 관한 사항
⑦ 승강기 비상열쇠의 관리에 관한 사항

정답 ≫≫ ④

02 운전자의 준수 사항

① 질병, 피로 등을 느꼈을 때는 안전관리자 또는 관리주체에게 그 사유를 보고하고 운전에 관계하지 않아야 한다.
② 술에 취한 채 또는 흡연하면서 운전하지 말아야 한다.
③ 정원 또는 적재하중을 초과하지 말아야 한다.
④ 운전 중 고장사고가 발생할 때 또는 우려가 있다고 판단된 때에는 즉시 운전을 중지하고 안전관리자 또는 관리주체에게 보고한 후 그 지시에 따라야 한다.
⑤ 운전 종료 시는 정해진 층에 카를 정지시켜 정지스위치를 내리고, 출입문을 잠근 다음 안전관리자 또는 관리주체에게 보고하여야 한다.

예상문제

승강기 운전자가 준수하여야 할 사항으로 옳지 않은 것은?
① 술에 취한 채 또는 흡연하면서 운전하지 말아야 한다.
② 정원 또는 적재하중을 초과하여 태우지 말아야 한다.
③ 질병, 피로 등을 느꼈을 때는 즉시 약을 복용하고 근무한다.
④ 운전 중 사고가 발생한 때에는 즉시 운전을 중지하고 관리 주체에 보고한다.

① 질병, 피로 등을 느꼈을 때는 안전관리자 또는 관리주체에게 그 사유를 보고하고 운전에 관계하지 않아야 한다.
② 운전 종료 시는 정해진 층에 카를 정지시켜 정지스위치를 내리고, 출입문을 잠근 다음 안전관리자 또는 관리주체에게 보고하여야 한다.

정답 ≫≫ ③

03 승강기 이용자의 준수사항

(1) 승강기 이용자의 의무

승강기를 이용하는 자는 다음 각 호의 안전수칙을 준수하여야 한다.

① 지정된 용도 외의 사용 금지
② 정원초과 탑승의 금지
③ 그 밖에 승강기 이용자의 안전을 위하여 안전행정부장관이 정하여 고시하는 사항

(2) 엘리베이터 이용자의 준수사항

엘리베이터 이용자는 승강기의 안전운행과 사고방지를 위하여 다음 각 호의 사항을 준수하여야 한다.

① 운전자가 있을 경우에는 그의 안내에 따르고, 자동운전방식일 경우에는 승강기 내에 부착된 유의사항을 지켜야 한다.
② 정원 및 적재하중의 초과는 고장이나 사고의 원인이 되므로 엄수하여야 한다.
③ 안전관리자의 입회 없이 부피가 큰 화물 등을 무단으로 싣지 말아야 한다.
④ 승강장의 호출버튼 및 승강기내의 행선층의 버튼 등을 장난으로 누르거나 난폭하게 취급하지 말아야 한다.
⑤ 카 내의 비상통화장치(호출버튼 등) 및 비상정지스위치 등을 장난으로 조작하지 말아야 한다.
⑥ 승강기 내에서 뛰거나 구르는 등 난폭한 행동을 하지 말아야 한다.
⑦ 승강기의 출입문을 흔들거나 밀지 말아야 하며, 출입문에 기대지 말아야 한다.
⑧ 정전 등의 이유로 카 내의 조명이 꺼지더라도 당황하지 말고 비상통화장치로 연락하여야 한다.
⑨ 승강기가 운행중 갑자기 정지하면 비상통화장치로 구출을 요청하여야 하며, 임의로 판단해서 탈출을 시도하지 말아야 한다.
⑩ 구조의 요청으로 구출되는 경우 반드시 구출자의 지시에 따라야 한다.
⑪ 승강기 내에서는 담배를 피우지 말아야 한다.
⑫ 어린이와 노약자는 가급적 보호자와 함께 이용하도록 하여야 한다.
⑬ 지정된 용도 이외에는 사용하지 말아야 한다.
⑭ 승강장 문을 강제로 개방하는 행위 등을 하지 말아야 한다.
⑮ 문턱 틈에 이물질 등을 버리지 말아야 한다.

(3) 에스컬레이터 이용자 준수사항

에스컬레이터(무빙워크 포함) 이용자는 승강기의 안전운행과 사고방지를 위하여 다음 각 호의 사항을 준수하여야 한다.

① 옷이나 물건 등이 틈새에 끼이지 않도록 주의하여야 한다.
② 손잡이를 잡고 있어야 한다.
③ 디딤판 가장자리에 표시된 황색안전선의 밖으로 발이 벗어나지 않도록 하여야 한다.
④ 유아나 애완동물은 보호자가 안고 타야하며, 어린이나 노약자는 보호자가 잡고 타야 한다.
⑤ 디딤판 위에서 뛰거나 장난을 치지 말아야 한다.
⑥ 디딤판 위에 앉거나 맨발로 탑승하지 말아야 한다.
⑦ 유모차 등은 접어서 지니고 타야하며, 수레 등은 싣지 말아야 한다. 다만, 에스컬레이터에 탑재 가능하도록 특수한 구조로 안전하게 설치된 경우에는 그러하지 아니한다.
⑧ 화물을 디딤판 위에 올려놓지 말아야 한다.
⑨ 담배를 피우거나 담배꽁초, 껌 등 쓰레기를 버리지 말아야 한다.
⑩ 비상정지버튼을 장난으로 조작하지 말아야 한다.
⑪ 손잡이 밖으로 몸을 내밀지 말아야 한다.

예상문제

에스컬레이터 이용자의 준수사항과 관련이 없는 것은?
① 옷이나 물건 등이 틈새에 끼이지 않도록 주의하여야 한다.
② 화물은 디딤판 위에 반드시 올려놓고 타야 한다.
③ 디딤판 가장자리에 표시된 황색 안전선 밖으로 발이 벗어나지 않도록 하여야 한다.
④ 핸드레일을 잡고 있어야 한다.

해설 에스컬레이터 이용자 준수 사항
① 옷이나 물건 등이 틈새에 끼이지 않도록 주의하여야 한다.
② 손잡이를 잡고 있어야 한다.
③ 디딤판 가장자리에 표시된 황색안전선의 밖으로 발이 벗어나지 않도록 하여야 한다.
④ 유아나 애완동물은 보호자가 안고 타야하며, 어린이나 노약자는 보호자가 잡고 타야 한다.
⑤ 디딤판 위에서 뛰거나 장난을 치지 말아야 한다.
⑥ 디딤판 위에 앉거나 맨발로 탑승하지 말아야 한다.
⑦ 유모차등은 접어서 지니고 타야하며, 수레 등은 싣지 말아야 한다. 다만, 에스컬레이터에 탑재 가능하도록 특수한 구조로 안전하게 설치된 경우에는 그러하지 아니한다.
⑧ 화물을 디딤판 위에 올려놓지 말아야 한다.
⑨ 담배를 피우거나 담배꽁초, 껌 등 쓰레기를 버리지 말아야 한다.
⑩ 비상정지버튼을 장난으로 조작하지 말아야 한다.
⑪ 손잡이 밖으로 몸을 내밀지 말아야 한다.

정답 ▶▶▶ ②

(4) 휠체어리프트 이용자 준수사항

휠체어리프트 이용자는 승강기의 안전운행과 사고방지를 위하여 다음 각 호의 사항을 준수하여야 한다.

① 전동휠체어 등을 이용할 경우에는 보호자의 협조를 받아야 한다.
② 정원 및 적재하중의 초과는 고장이나 사고의 원인이 되므로 엄수하여야 한다.
③ 휠체어 사용자 전용이므로 보조자 이외의 일반인은 절대 탑승하여서는 안 되며, 화물 등의 운반에 사용하지 않아야 한다.
④ 각 승강장 및 카에 설치되는 조작 장치를 장난으로 누르거나 난폭하게 취급하지 않아야 한다.
⑤ 조작반의 비상정지스위치 등을 장난으로 조작하지 말아야 한다.
⑥ 휠체어리프트 내에서 뛰거나 구르는 등 난폭한 행동을 하지 말아야 한다.
⑦ 휠체어리프트의 출입문 또는 보호대를 흔들거나 밀지 말아야 하며 출입문에 기대지 말아야 한다.
⑧ 휠체어리프트를 이용하는 도중 정전 등을 이유로 운행이 정지되더라도 당황하지 말고 비상경보장치를 동작시켜 경보를 발하거나 도움을 요청하여야 한다.
⑨ 휠체어리프트가 운행 중 갑자기 정지하면 임의로 판단해서 탈출을 시도하지 말아야 한다.
⑩ 경사형 리프트에 진입 시에는 탈착 가능한 보호대를 고정한 후 진입하여야 한다.
⑪ 휠체어리프트에 부착되어있는 동작설명서에 따라 운행을 하여야 한다.
⑫ 휠체어리프트의 출입문 또는 보호대를 강제로 개방하는 행위 등을 하지 말아야 한다.

제3절 승강기의 사용 및 취급

01 관리상의 유의사항

(1) 관리책임자의 선정

승강기의 관리책임자를 선정하여 총리령에 따라 시·도지사에게 등록 명시하여야 하고, 선정된 사람은 긴급사항 발생 시 관계 부서와 연락방법 그리고 긴급조치 등을 숙지며, 관리자의 부재 시 대리인도 선정 운영해야 한다.(변경등록은 변경사항이 있었던 날부터 30일 이내)

(2) 기계실, 구동기 및 폴리 공간
　① 기계실문은 일반인 출입 금지하기 위해 관리자 외 항상 잠금장치를 유지한다.
　② 통로에 장애물이 없어야 하며, 통로가 현저하게 어둡고, 계단의 상태가 불량해서는 안 됨
　③ 빗물 또는 눈에 의한 누수가 되지 않도록 창문 및 환기구 잠금 상태 유지하며, 전기화재용 소화기를 설치 운영한다.

(3) 카 실내의 공간
　① 주벽, 천장 및 바닥이 변형, 마모, 녹, 부식 등이 없을 것
　② 문 및 문턱의 변형, 마모, 녹, 부식 등, 문 개폐 동작이 불량하지 않을 것
　③ 문 닫힘 안전장치가 둔하지 않을 것

(4) 승강장
　승강장은 항시 청결하게 유지하고, 특히 물청소 시 피트 안으로 들어가지 않도록 주의

예상문제

고장 및 정전 시 카내의 승객을 구출하기 위한 비상 천장 구출구에 대한 설명으로 옳지 않은 것은?
① 카 안에서는 열수 없도록 잠금장치를 하여야 한다.
② 카 위에서는 공구 등을 사용하지 않고 간단한 조작에 의해 용이하게 열 수 있어야 한다.
③ 승객의 구조활동에 장애가 없도록 충분한 공간이 확보되는 위치에 설치한다.
④ 구출구의 크기는 최소 폭 0.3m, 면적 0.1m²이상이어야 한다.

해설
① 카 천장에 설치된 비상구출구는 카 위에서는 공구 등을 사용하지 않고 간단한 조작에 의해 쉽게 열 수 있어야 한다.
② 카 내에서는 열 수 없도록 잠금장치를 갖추어야 한다.
③ 승객의 구출활동에 장애가 없도록 충분한 공간이 확보되는 위치에 설치한다.
④ 크기는 작은쪽 변의 길이가 0.4m 이상. 면적은 0.2m² 이상으로 하여야 한다.

정답 ④

---

02 승강기의 일상점검

(1) 승강기의 운행 중 점검
　① 승강장의 호출 누름버튼의 점등 확인
　② 승강장 및 카 내 층과 운행방향 표시 확인
　③ 도어의 열림 및 닫힘은 정상인가 확인
　④ 인터폰 버튼의 동작은 정상인가 확인
　⑤ 행선 층 버튼의 동작 상태를 확인

(2) 에스컬레이터의 운행 중 점검

① 핸드레일의 이동 속도와 계단속도가 일치하는지 확인
② 디딤판의 홈과 콤의 빗살이 일치하는지 확인
③ 운행 중에 평소와 다른 소음 및 진동이 있는가를 확인
④ 비상 스위치 및 덮개 여부 확인
⑤ 에스컬레이터의 디딤판 및 주의 환경상태(먼지 및 이 물질) 확인
⑥ 삼각보호 판이 표시 위치에 단단히 붙어있는지 확인

예상문제

승강기를 자체 점검할 때 거리가 먼 항목은?
① 와이어로프의 손상 유무   ② 비상정지장치의 이상 유무
③ 가이드레일의 상태   ④ 클러치의 이상 유무

해설
① 기계실, 구동기 및 풀리 공간에서 하는 점검
② 카 실내에서 하는 점검
③ 카 위에서 하는 점검
④ 승강장에서 하는 점검
⑤ 피트에서 하는 점검

정답 ④

제4절 승강기 비상시의 조치사항

01 비상 시 카 내의 승객 구출

① 카 내의 승객과 인터폰을 통해 의사소통(안전하게 구출)을 통한 심적 안정을 취한 후 무리한 탈출 자제 당부한다.
② 카의 현 위치(층 표시)를 확인한다.
③ 승강기의 주전원 스위치를 차단한다.
④ 승강기가 있는 승강장 도어 비상키를 사용해 열어서 카를 확인한다.
⑤ 카 도어의 잠금을 해지하여 승객을 구출한다.
⑥ 카의 위치가 층 중간에 있는 경우 승객 구출 시 추락 우려가 있으므로 특별한 경우가 아니면 카가 층의 정위치에 고정한 후 승객 구출을 원칙으로 한다.
⑦ 카의 위치가 층간 사이에 있을 시 ①~③까지 취한 후 권상기를 수동조작으로 층의 정 위치에 맞추고 구출한다.

02 화재발생 시 조치사항

① 모든 카를 피난 층으로 불러들인 후 도어를 닫고 정지시키는 것을 원칙으로 한다.
② 빌딩 내에서 화재 발생 시 전원 차단, 굴뚝효과 등으로 승객이 갇혀 2차사고 발생 우려로 피난에는 계단을 이용하여 비상탈출 한다.(승강기를 이용한 비상탈출 하지 않음)
③ 기계실 화재 발생 시 화재의 확대를 막기 위한 소화기 등으로 소화활동에 주력한다.
④ 카 내의 승객과 연락을 취하면서 안정을 취한 후 승강기용 주전원 스위치를 차단한다.
⑤ 카가 중간층에서 멈추게 되면 앞의 내용 중 카 내의 승객 구출 순서에 의해 구출한다.

03 지진 발생 시 조치사항

① 승강기의 운행 중 지진발생 시 가장 가까운 층으로 정지, 피난 후 도어를 닫고 주전원 스위치를 차단한다.
② 승강기를 피난용으로 사용을 금지한다.(지진의 진동에 의해 멈추는 경우 갇히게 되는 것을 방지)
③ 지진 시 관제 운전정지 부착의 승강기는 지진감지장치의 감지로 카를 가장 가까운 층에 정지시켜 일정한 시간이 지난 후에 도어를 닫고, 운행을 정지하도록 한다.
④ 지진 후 재운전을 하기 위해서는 반드시 기술자의 이상 유무의 확인이 필요하다.
　㉠ 진도 3 정도 관리기술자
　㉡ 진도 4 정도 이상의 경우 전문기술자의 점검과 이상 유무의 확인

예상문제

다음 중 비상용 승강기에 대한 설명으로 옳지 않은 것은?
① 평상시는 승객용 또는 승객·화물용으로 사용할 수 있다.
② 카는 비상운전시 반드시 모든 승강장의 출입구마다 정지할 수 있어야 한다.
③ 별도의 비상전원장치가 필요하다.
④ 도어가 열려 있으면 카를 승강 시킬 수 없다.

해설
① 평상 시 승객용 또는 승객·화물용으로 사용, 화재 시 인명구조 및 소방 활동으로 사용하도록 제작
② 건물의 높이가 31m 이상, 각층마다 면적이 1,500m² 초과하는 경우 설치
③ 상시전원의 정전 시 카가 층 중간에 멈출 경우 비상전원 배터리로 안전한 층까지 저속으로 운전하는 장치
④ 카 이송 및 정지의 운전지령은 중앙관리실에 장치를 설치
⑤ 카 내부에 설치, 정전 시 램프중심부로부터 2m 떨어진 수직면상에서 밝기를 1lx 이상으로 30분 이상유지

정답 ≫ ④

CHAPTER 01

승강기 안전 기준 및 취급
출제예상문제

01 다음 중 비상용 승강기에 대한 설명으로 옳지 않은 것은?

① 평상시는 승객용 또는 승객·화물용으로 사용할 수 있다.
② 카는 비상운전시 반드시 모든 승강장의 출입구마다 정지할 수 있어야 한다.
③ 별도의 비상전원장치가 필요하다.
④ 도어가 열려 있으면 카를 승강 시킬 수 없다.

해설
① 평상 시 승객용 또는 승객·화물용으로 사용, 화재 시 인명구조 및 소방 활동으로 사용하도록 제작
② 건물의 높이가 31m 이상, 각층마다 면적이 1,500m² 초과하는 경우 설치
③ 상시전원의 정전 시 카가 층 중간에 멈출 경우 비상전원 배터리로 안전한 층까지 저속으로 운전하는 장치
④ 카 이송 및 정지의 운전지령은 중앙관리실에 장치를 설치
⑤ 카 내부에 설치, 정전 시 램프중심부로부터 2m 떨어진 수직면상에서 밝기를 1lx 이상으로 30분 이상유지

02 승강기를 자체 점검할 때 거리가 먼 항목은?

① 와이어로프의 손상 유무
② 비상정지장치의 이상 유무
③ 가이드레일의 상태
④ 클러치의 이상 유무

해설
① 기계실, 구동기 및 폴리 공간에서 하는 점검
② 카 실내에서 하는 점검
③ 카 위에서 하는 점검
④ 승강장에서 하는 점검
⑤ 피트에서 하는 점검

03 에스컬레이터 승강장의 주의표지판에 대한 설명 중 옳은 것은?

① 주의표지판은 충격을 흡수하는 재질로 만들어야 한다.
② 주의표지판은 영문으로 읽기 쉽게 표기되어야 한다.
③ 주의표지판의 크기는 80mm×80mm 이하의 그림으로 표시되어야 한다.
④ 주의표지판의 바탕은 흰색, 도안은 흑색, 사선은 적색이다.

해설 에스컬레이터 또는 무빙워크의 출입구 근처의 주의표시
① 주의표시를 위한 표지판 또는 표지는 견고한 재질로 만들어야 한다.
② 승강장에서 잘 보이는 곳에 확실히 부착되어야 한다.
③ 주의표시는 80mm×100mm 이상의 크기로 한다.

구분		기준규격(mm)	색상
최소 크기		80×100	–
바탕		–	흰색
	원	40×40	–
	바탕	–	황색
	사선	–	적색
	도안	–	흑색

Answer
01 ④ 02 ④ 03 ④

04 승강기 운전자가 준수하여야 할 사항으로 옳지 않은 것은?

① 술에 취한 채 또는 흡연하면서 운전하지 말아야 한다.
② 정원 또는 적재하중을 초과하여 태우지 말아야 한다.
③ 질병, 피로 등을 느꼈을 때는 즉시 약을 복용하고 근무한다.
④ 운전 중 사고가 발생한 때에는 즉시 운전을 중지하고 관리 주체에 보고한다.

해설
① 질병, 피로 등을 느꼈을 때는 안전관리자 또는 관리주체에게 그 사유를 보고하고 운전에 관계하지 않아야 한다.
② 운전 종료 시는 정해진 층에 카를 정지시켜 정지 스위치를 내리고, 출입문을 잠근 다음 안전관리자 또는 관리주체에게 보고하여야 한다.

05 동력으로 운전하는 기계에 작업자의 안전을 위하여 기계마다 설치하는 장치는?

① 수동 스위치장치
② 동력차단장치
③ 동력장치
④ 동력전도장치

해설 산업안전보건기준에 관한 규칙 제88조(기계의 동력차단장치)
1항 사업주는 동력으로 작동되는 기계에 스위치·클러치(clutch) 및 벨트이동장치 등 동력차단장치를 설치하여야 한다.

06 엘리베이터로 인하여 인명 사고가 발생했을 경우 운행관리자의 대처사항으로 부적합한 것은?

① 의약품, 들것, 사다리 등의 구급용구를 준비하고 장소를 명시한다.
② 구급을 위해 의료기관과의 비상연락체계를 확립한다.
③ 전문 기술자와의 비상연락체계를 확립한다.
④ 자체검사에 관한 사항을 숙지하고 기술적인 사고 요인을 검사하여 고장 요인을 제거한다.

해설 엘리베이터의 자체검사에 관한 사항으로 인명 사고 발생 시 운행관리자의 대처사항으로는 부적합

07 승강기 운행관리자의 직무가 아닌 것은?

① 고장 및 수리에 관한 기록 유지
② 사고발생에 대비한 비상연락망의 작성 및 관리
③ 사고시의 사고보고
④ 고장시의 긴급 수리

해설 승강기 안전관리자의 직무 범위
① 승강기 운행관리 규정의 작성 및 유지·관리에 관한 사항
② 승강기의 고장·수리 등에 관한 기록 유지에 관한 사항
③ 승강기 사고 발생에 대비한 비상연락망의 작성 및 관리에 관한 사항
④ 승강기 인명사고 시 긴급조치를 위한 구급체제의 구성 및 관리에 관한 사항
⑤ 승강기의 중대한 사고 및 중대한 고장 시 사고 및 고장 보고에 관한 사항
⑥ 승강기 표준부착물의 관리에 관한 사항
⑦ 승강기 비상열쇠의 관리에 관한 사항

08 고장 및 정전 시 카내의 승객을 구출하기 위한 비상 천장 구출구에 대한 설명으로 옳지 않은 것은?

① 카 안에서는 열수 없도록 잠금장치를 하여야 한다.
② 카 위에서는 공구 등을 사용하지 않고 간단한 조작에 의해 용이하게 열 수 있어야 한다.
③ 승객의 구조활동에 장애가 없도록 충분한 공간이 확보되는 위치에 설치한다.
④ 구출구의 크기는 최소 폭 0.3m, 면적 $0.1m^2$ 이상이어야 한다.

Answer
04 ③ 05 ② 06 ④ 07 ④ 08 ④

해설
① 카 천장에 설치된 비상구출구는 카 위에서는 공구 등을 사용하지 않고 간단한 조작에 의해 쉽게 열 수 있어야 한다.
② 카 내에서는 열 수 없도록 잠금장치를 갖추어야 한다.
③ 승객의 구출활동에 장애가 없도록 충분한 공간이 확보되는 위치에 설치한다.
④ 크기는 작은쪽 변의 길이가 0.4m 이상, 면적은 0.2m² 이상으로 하여야 한다.

09 에스컬레이터 이용자의 준수사항과 관련이 없는 것은?

① 옷이나 물건 등이 틈새에 끼이지 않도록 주의하여야 한다.
② 화물은 디딤판 위에 반드시 올려놓고 타야 한다.
③ 디딤판 가장자리에 표시된 황색 안전선 밖으로 발이 벗어나지 않도록 하여야 한다.
④ 핸드레일을 잡고 있어야 한다.

해설 에스컬레이터 이용자 준수 사항
① 옷이나 물건 등이 틈새에 끼이지 않도록 주의하여야 한다.
② 손잡이를 잡고 있어야 한다.
③ 디딤판 가장자리에 표시된 황색안전선의 밖으로 발이 벗어나지 않도록 하여야 한다.
④ 유아나 애완동물은 보호자가 안고 타야하며, 어린이나 노약자는 보호자가 잡고 타야 한다.
⑤ 디딤판 위에서 뛰거나 장난을 치지 말아야 한다.
⑥ 디딤판 위에 앉거나 맨발로 탑승하지 말아야 한다.
⑦ 유모차등은 접어서 지니고 타야하며, 수레 등은 싣지 말아야 한다. 다만, 에스컬레이터에 탑재 가능하도록 특수한 구조로 안전하게 설치된 경우에는 그러하지 아니한다.
⑧ 화물을 디딤판 위에 올려놓지 말아야 한다.
⑨ 담배를 피우거나 담뱃꽁초, 껌 등 쓰레기를 버리지 말아야 한다.
⑩ 비상정지버튼을 장난으로 조작하지 말아야 한다.
⑪ 손잡이 밖으로 몸을 내밀지 말아야 한다.

10 승강기 관리주체가 행하여야 할 사항으로 틀린 것은?

① 안전(운행)관리자를 선임하여야 한다.
② 승강기에 관한 전반적인 관리를 하여야 한다.
③ 안전(운행)관리자가 선임되면 관리주체는 별다른 관리를 할 필요가 없다.
④ 승강기의 유지보수에 대한 위임 용역 및 감독을 하여야 한다.

해설 관리주체(사업주)
① 승강기 운행에 대한 지식이 풍부한 자를 안전관리자로 선임하여 당해 승강기를 관리하도록 한다.
② 승강기를 안전하게 관리하도록 안전관리자를 지휘·감독하여야 한다.
③ 이용자의 안전 확보를 위하여 승강기 유지관리에 철저를 기하여야 한다.

11 원동기, 회전축 등에는 위험방지장치를 설치하도록 규정하고 있다. 설치방법에 대한 설명으로 옳지 않은 것은?

① 위험 부위에는 덮개, 울, 슬리브, 건널다리 등을 설치
② 키이 및 핀 등의 기계요소는 묻힘형으로 설치
③ 벨트의 이음부분에는 돌출된 고정구로 설치
④ 건널다리에는 안전난간 및 미끄러지지 아니하는 구조의 발판 설치

해설 안전기준 제87조(원동기, 회전축, 기어, 폴리, 벨트 및 체인 등 위험방지)
① 위험에 처할 우려가 있는 부위에는 덮개, 울, 슬리브 및 건널다리 등 설치
② 키이, 핀 등의 기계요소는 묻힘형으로 하거나 해당부위에 덮개 설치
③ 벨트의 이음 부분에 돌출된 고정구를 사용해서는 안 된다.
④ 건널다리에는 안전난간 및 미끄러지지 아니하는 구조의 발판 설치

Answer
09 ② 10 ③ 11 ③

CHAPTER 02 이상 시의 제현상과 재해 방지

제1절 이상 상태의 제현상

01 재해의 발생 과정

① 간접원인 : 안전관리 결함(기술적, 교육적, 관리적)
② 직접원인 : 불안전한 상태, 불안전한 행동
③ 물적요인 : 가해물, 인적요인
④ 발생형태 : 사고현상, 사람

예상문제

다음 중 안전사고 발생요인이 가장 높은 것은?
① 불안전한 상태와 행동　　② 개인의 개성
③ 환경과 유전　　　　　　 ④ 개인의 감정

해설
직접원인
① 불안전한 상태 : 물적원인, 작업환경 결함 등
② 불안전한 행동 : 인적원인, 작업환경의 부적응 등

정답 ≫≫ ①

02 직접원인 중 불안전한 행동

① 지식의 부족(지술적인 지식)
② 경험부족(미숙련)
③ 의욕의 결여(감독자의 무관심)
④ 피로(근무시간과다, 수면부족, 작업강도의 과대, 정신적 스트레스 과다 등)
⑤ 작업환경의 부적응
⑥ 심적 갈등

예상문제

안전사고의 발생요인으로 볼 수 없는 것은?
① 피로감　　　　　　　　　　② 임금
③ 감정　　　　　　　　　　　④ 날씨

해설 직접원인 중 불안전한 행동
① 지식의 부족(기술적인 지식)
② 경험부족(미숙련)
③ 의욕의 결여(감독자의 무관심)
④ 피로(근무시간과다, 수면부족, 작업강도의 과대, 정신적 스트레스 과다 등)
⑤ 작업환경의 부적응
⑥ 심적갈등

정답 ▶▶▶ ②

03 직접원인 중 불안전한 상태

① 자체의 결함(설계, 제작, 정비, 재료 등 불량)
② 방호장치의 결함(방호조치 미흡)
③ 작업, 장소 불량(기계, 설비 등의 배치 결함, 작업, 장소 공간 부족 등)
④ 복장 결함(작업 상황에 적합지 않는 복장 및 복장불량 등)
⑤ 작업환경 결함(조명불량, 정전기발생 및 위험물질 관리 미흡 등)

예상문제

다음 중 재해의 발생원인 중 가장 높은 빈도를 차지하는 것은?
① 열량의 과잉 억제
② 설비의 Layout 착오
③ Over Load
④ 작업자 작업행동 부주의

해설 재해 원인의 분류
① 직접원인 : 불안전한 행동(인적원인), 불안전한 상태(물적 원인)
② 간접원인 : 기술적, 교육적, 신체적, 정신적, 관리적

정답 ▶▶▶ ④

제2절 이상 시 발견 조치

01 사고의 발생 형태별 분류

① 추락 : 사람이 건축물, 비계, 기계, 사다리, 경사면 등에서 떨어짐
② 감전 : 전기 접촉이나 방전에 의해서 충격을 받은 경우
③ 충격 : 사람이 정지물에 부딪힌 경우
④ 파열 : 용기 도는 장치가 물리적 압력에 의해 찢어지는 경우
⑤ 전도 : 사람이 평면상에서 넘어졌을 경우(과속/미끄러짐 포함)
⑥ 폭발 : 압력의 급격한 발생이나 개방으로 폭음을 수반한 팽창
⑦ 낙하 : 물건이 주체가 되어 사람이 맞은 경우(비래)
⑧ 화재 : 물체의 연소로 피해를 입는 경우
⑨ 붕괴 : 적재물, 비계, 건축물이 무너지는 경우
⑩ 협착 : 물건에 끼워진 상태, 말려든 상태
⑪ 무리한 동작 : 무거운 물건을 들다가 허리를 삐거나 상해를 입는 경우
⑫ 유해물 접촉 : 유해물 접촉으로 중독이나 질식된 경우

예상문제

정지되어 있는 물체에 부딪쳤을 때의 재해발생 형태는?
① 추락   ② 낙하
③ 충돌   ④ 전도

해설
① 추락 : 사람이 건축물, 비계, 기계, 사다리, 경사면 등에서 떨어짐
② 감전 : 전기 접촉이나 방전에 의해서 충격을 받은 경우
③ 충격(충돌) : 사람이 정지물에 부딪힌 경우
④ 파열 : 용기 도는 장치가 물리적 압력에 의해 찢어지는 경우
⑤ 전도 : 사람이 평면상에서 넘어졌을 경우(과속/미끄러짐 포함)
⑥ 폭발 : 압력의 급격한 발생이나 개방으로 폭음을 수반한 팽창
⑦ 낙하 : 물건이 주체가 되어 사람이 맞은 경우(비래)
⑧ 화재 : 물체의 연소로 피해를 입는 경우
⑨ 붕괴 : 적재물, 비계, 건축물이 무너지는 경우
⑩ 협착 : 물건에 끼워진 상태, 말려든 상태

정답 ≫ ③

02 사고 발생 시 응급처리

① 관찰을 한다.
② 구명에 필요한 처치를 한다.
③ 의식이 없으면 바로 기도확보(입안 이물질제거, 머리 뒤로)를 한다.
④ 호흡확인 후 없으면 인공호흡을 즉시 실시한다.(호흡이 있으면 옆으로 눕힘)
⑤ 맥박을 확인하면서 없으면 심폐소생을 실시한다.(맥박이 있으면 인공호흡)

제3절 재해원인의 분석방법

01 개별적 원인 분석

① 재해원인을 상세하게 규명(실시 중에 안전대책의 결함을 발견가능)
② 특별재해 또는 중대재해의 원인분석으로 적합
③ 재해 건수가 적은 중소규모의 기업에 적합
④ 통계적 원인분석의 기초자료에 활용

02 통계적 원인분석

① 재해의 발생경향, 유사한 유형을 파악함으로써, 동종 재해 예방
② 산업재해 통계양식으로는 부상부위별, 근속년수별, 직장별, 월별 등 있으며, 분석 목적에 따라 상해유형별 및 성별통계 등 구분 됨
③ 표현방법
  ㉠ 파레트 도 : 분류항목에 큰 순으로 나열하여 항목간의 크기를 비교
  ㉡ 크로즈 도 : 항목 2개 이상의 발생빈도를 분석
  ㉢ 관리도 : 시간의 흐름에 따른 재해발생건수, 불안전행동율 등의 변화추이를 분석

예상문제

일반적인 안전대책의 수립 방법으로 가장 알맞은 것은?
① 계획적 ② 경험적
③ 사무적 ④ 통계적

해설 대책수립(유사재해의 예방대책)
① 통계적 원인분석
 • 재해의 발생경향, 유사한 유형을 파악함으로써, 동종 재해 예방
 • 산업재해 통계양식으로는 부상부위별, 근속년수별, 직장별, 월별 등 있으며, 분석목적에 따라 상해유형별 및 성별통계 등 구분 됨
② 표현방법
 • 파레트 도 : 분류항목에 큰 순으로 나열하여 항목간의 크기를 비교
 • 크로즈 도 : 항목 2개 이상의 발생빈도를 분석
 • 관리도 : 시간의 흐름에 따른 재해발생건수, 불안전행동율 등의 변화추이를 분석

정답 》》④

제4절 재해조사 항목과 내용

01 재해조사의 목적

재해의 발생 원인을 정확히 밝힘으로써 가장 타당한 재해방지대책을 수립하여 동종 및 유사 재해를 미연에 방지

02 재해조사의 유의 사항

① 재해의 발단, 진행, 원인 등 정확하고 공평하며, 객관적인 시각으로 검토유지
② 재해조사는 발생 후 현장이 변경되지 않은 가운데, 최대한 빨리 실시
③ 재해와 관련된 모든 물적, 인적 등의 것을 수집, 보관
④ 불안전상태의 시설이나, 불안전행동의 작업자에 대하여 각별히 유의할 것
⑤ 목격자나 현장의 책임자의 설명을 듣고, 피해자로부터 당시 상황설명을 듣는 것이 중요
⑥ 현장에서 일상적인 관습이나 상식에 관한 그 직장 책임자로부터 들어서 참고 함
⑦ 재해현장의 상황의 사진이나 도면을 작성 및 기록 함
⑧ 목적에 불필요한 항목의 조사는 하지 않음

03 재해조사의 순서

① 사실의 확인(구체적인 조사)
② 직접원인과 문제점의 발견
③ 기본원인과 근본적 문제의 결정
④ 대책수립

04 재해발생시 긴급조치의 순서

① 긴급처리
② 재해조사(6하 원칙)
③ 원인강구
④ 대책수립(유사재해의 예방대책)
⑤ 대책실시계획(6하 원칙)
⑥ 실시
⑦ 평가(평가 후 후속조치)

예상문제

재해발생시 긴급 처리해야 할 사항이 아닌 것은?
① 피해 기계의 정지   ② 피해자의 응급조치
③ 관계기관에 신고   ④ 2차 재해방지

해설 재해발생시 긴급조치의 순서
① 긴급처리
② 재해조사(6하 원칙)
③ 원인강구
④ 대책수립(유사재해의 예방대책)
⑤ 대책실시계획(6하 원칙)
⑥ 실시
⑦ 평가(평가 후 후속조치

정답 ▶▶▶ ③

제5절 재해 원인의 분류

01 직접원인

(1) 불안전한 행동(인적 원인)
　　① 안전조치의 불이행
　　② 가동 중인 장비를 정비
　　③ 개인 보호구를 미사용
　　④ 잘못된 동작 자세 적용
　　⑤ 인위적인 속도조작으로 운전
　　⑥ 공동 작업자에게 경고 누락
　　⑦ 안전장치가 미가동
　　⑧ 구조물 등 위험방치 및 미확인
　　⑨ 무모하고, 불필요한 행위 및 동작
　　⑩ 인허가 없이 장치 운전
　　⑪ 잘못된 절차로 장치를 운전

(2) 불안전한 상태(물적 원인)
　　① 방호조치의 부적절
　　② 작업공정 부적절
　　③ 작업장소의 밀집
　　④ 절차의 부적절
　　⑤ 작업통로 등 장소 불량 및 위험
　　⑥ 물체 및 설비 자체의 결함
　　⑦ 환경 여건 부적절
　　⑧ 보호구 착용 상태 불량
　　⑨ 보호구 성능 불량
　　⑩ 기계기구 등의 취급상 위험
　　⑪ 작업상의 기타 고유위험요인

예상문제

산업재해의 발생 원인으로 불안전한 행동이 많은 사고의 원인이 되고 있다. 이에 해당되지 않은 것은?
① 위험장소 접근
② 안전장치 기능 제거
③ 복장보호구 잘못 사용
④ 작업장소 불량

해설
불안전한 상태(물적 원인)
① 방호조치의 부적절
② 작업공정 부적절
③ 작업장소의 밀집
④ 절차의 부적절
⑤ 작업통로 등 장소 불량 및 위험
⑥ 물체 및 설비 자체의 결함
⑦ 환경 여건 부적절
⑧ 보호구 착용 상태 불량
⑨ 보호구 성능 불량
⑩ 기계기구 등의 취급상 위험
⑪ 작업상의 기타 고유위험요인

불안전한 행동(인적 원인)
① 안전조치의 불이행
② 가동 중인 장비를 정비
③ 개인 보호구를 미사용
④ 잘못된 동작 자세 적용
⑤ 인위적인 속도조작으로 운전
⑥ 공동 작업자에게 경고 누락
⑦ 안전장치가 미가동
⑧ 구조물 등 위험방치 및 미확인
⑨ 무모하고, 불필요한 행위 및 동작
⑩ 인허가 없이 장치 운전

정답 >>> ④

 간접원인

① 기술적 원인
② 교육적 원인
③ 신체적 원인
④ 정신적 원인
⑤ 관리적 원인

예상문제

산업재해의 간접원인에 해당되지 않는 것은?
① 기술적요인
② 인적원인
③ 교육적원인
④ 정신적원인

 재해 원인의 분류
간접원인 : 기술적, 교육적, 신체적, 정신적, 관리적

정답 >>> ②

이상 시의 제현상과 재해 방지
출제예상문제

01 안전사고의 발생요인으로 심리적인 요인에 해당하는 것은?

① 감정
② 극도의 피로감
③ 육체적 능력 초과
④ 신경계통의 이상

해설) 안전심리 5대 요소(개인적 불안전요소 5가지)
① 동기 : 능동적인 감각에 의한 자극에서 일어나는 사고(思考)의 결과를 동기라 함. 사람의 마음을 움직이는 원동력을 말함.
② 기질 : 인간의 성격, 능력 등 개인적인 특성. 생활환경에서 영향을 받으며 주위환경에 따라 달라짐
③ 감정 : 희노애락 등의 의식. 사고를 일으키는 정신적 동기
④ 습성 : 동기, 기질 감정 등과 밀접한 관계를 형성하여 인간의 행동에 영향을 미칠 수 있는 것.
⑤ 습관 : 성장과정을 통해 형성된 특성 등이 자신도 모르게 습관화된 현상

02 사고예방의 기본 4원칙이 아닌 것은?

① 원인 계기의 원칙
② 대책 선정의 원칙
③ 예방 가능의 원칙
④ 개별 분석의 원칙

해설) 재해예방의 4원칙
① 손실우연의 법칙 : 사고로 인한 손실(상해)의 종류 및 정도는 우연적이다
② 원인계기의 원칙 : 사고는 여러 가지 원인이 연속적으로 연계되어 일어난다.
③ 예방가능의 원칙 : 사고는 예방이 가능하다.
④ 대책선정의 원칙 : 사고예방을 위한 안전대책이 선정되고 적용되어야 한다.

03 안전사고 방지의 기본원리 중 3E를 적용하는 단계는?

① 1단계
② 2단계
③ 3단계
④ 5단계

해설) ① 1단계 : 안전관리조직(Organization)
② 2단계 : 사실의 발견(Fact Finding)
③ 3단계 : 분석(Analysis 사고기록, 원인 등)
④ 4단계 : 대책의 선정(Selection of Remedy)
⑤ 5단계 : 3E(교육 : education, 기술 : engineering, 독려 : enforcement)

04 스패너를 힘주어 돌릴 때 지켜야 할 안전사항이 아닌 것은?

① 스패너 자루에 파이프를 끼워 연장하면 힘이 훨씬 덜 들게 된다.
② 주위를 살펴보고 조심성 있게 조인다.
③ 스패너를 밀지 않고 당기는 식으로 사용한다.
④ 스패너를 조금씩 여러 번 돌려 사용한다.

해설) 공구를 변형해서 사용 시 마모 및 파손될 수 있다.

Answer
01 ① 02 ④ 03 ④ 04 ①

05 다음 중 재해의 발생원인 중 가장 높은 빈도를 차지하는 것은?

① 열량의 과잉 억제
② 설비의 Layout 착오
③ Over Load
④ 작업자 작업행동 부주의

해설 재해 원인의 분류
① 직접원인 : 불안전한 행동(인적원인), 불안전한 상태(물적 원인)
② 간접원인 : 기술적, 교육적, 신체적, 정신적 관리적

06 부상으로 인하여 8일 이상의 노동력 상실을 가져온 상해정도는?

① 중상해
② 경상해
③ 경미 상해
④ 무상해

해설 재해 통계를 위한 인체상해의 통계적 분류
① 사망 : 업무상 목숨을 잃게 되는 경우 (노동 손실 일수 7,500일)
② 중상해 : 부상으로 인하여 8일 이상의 노동 상실을 가져온 상해 정도
③ 경상해 : 부상으로 1일 이상 7일 이하의 노동 상실을 가져온 상해 정도
④ 무상해 : 사고로 응급 처치 이하의 상처로 작업에 종사하면서 치료를 받는 상해 정도(통원치료), 한국과 일본에서는 4일 이상의 요양을 요하는 재해를 다루고 있다.

07 정지되어 있는 물체에 부딪쳤을 때의 재해 발생 형태는?

① 추락
② 낙하
③ 충돌
④ 전도

해설
① 추락 : 사람이 건축물, 비계, 기계, 사다리, 경사면 등에서 떨어짐
② 감전 : 전기 접촉이나 방전에 의해서 충격을 받은 경우
③ 충격(충돌) : 사람이 정지물에 부딪힌 경우
④ 파열 : 용기 도는 장치가 물리적 압력에 의해 찢어지는 경우

⑤ 전도 : 사람이 평면상에서 넘어졌을 경우(과속/미그러짐 포함)
⑥ 폭발 : 압력의 급격한 발생이나 개방으로 폭음을 수반한 팽창
⑦ 낙하 : 물건이 주체가 되어 사람이 맞은 경우(비래)
⑧ 화재 : 물체의 연소로 피해를 입는 경우
⑨ 붕괴 : 적재물, 비계, 건축물이 무너지는 경우
⑩ 협착 : 물건에 끼워진 상태, 말려든 상태

08 안전사고의 발생요인으로 볼 수 없는 것은?

① 피로감
② 임금
③ 감정
④ 날씨

해설 직접원인 중 불안전한 행동
① 지식의 부족(기술적인 지식)
② 경험부족(미숙련)
③ 의욕의 결여(감독자의 무관심)
④ 피로(근무시간과다, 수면부족, 작업강도의 과대, 정신적 스트레스 과다 등)
⑤ 작업환경의 부적응
⑥ 심적갈등

09 작업자의 안전을 위하여 작업을 중지시킬 수 있는 조건으로 볼 수 없는 것은?

① 퇴근시간이 경과하였을 때
② 우천, 강풍, 강설 등의 악천후일 때
③ 지상에서 작업원이 확실하게 보이지 않을 정도의 짙은 안개가 끼었을 때
④ 작업원이 감당하기 어려울 정도의 추위일 때

해설 산업안전보건기준에 관한 규칙
① 제37조(악천후 및 강풍 시 작업 중지) : 사업주는 비·눈·바람 또는 그 밖의 기상상태의 불안정으로 인하여 근로자가 위험해질 우려가 있는 경우
② 제349조(작업중지 및 피난) : 사업주는 벼락이 떨어질 우려가 있는 경우
③ 제384조(작업중지) : 사업주는 비, 눈, 그 밖의 기상상태의 불안정으로 날씨가 몹시 나쁜 경우

Answer
05 ④ 06 ① 07 ③ 08 ② 09 ①

10 사고원인에 대한 사항으로 틀린 것은?

① 교육적인 원인 : 안전지식 부족
② 인적원인 : 불안전한 행동
③ 간접적인 원인 : 고의에 의한 사고
④ 직접적인 원인 : 환경 및 설비의 불량

해설
① 간접원인 : 안전관리 결함(기술적, 교육적, 관리적)
② 직접원인
  • 불안전한 상태(물적원인, 작업환경 결함 등)
  • 불안전한 행동(인적원인, 작업환경의 부적응 등)

11 사업장에 승강기의 조립 또는 해체작업을 할 때 조치하여야 할 사항과 거리가 먼 것은?

① 작업을 지휘하는 자를 선임하여 지휘자의 책임 하에 작업을 실시할 것
② 작업할 구역에는 관계근로자외의 자의 출입을 금지시킬 것
③ 기상상태의 불안정으로 인하여 날씨가 몹시 나쁠 때에는 그 작업을 중지시킬 것
④ 사용자의 편의를 위하여 야간작업을 하도록 할 것

해설 산업안전보건기준에 관한 규칙 제162조(조립 등의 작업)
① 사업주는 사업장에 승강기의 설치·조립·수리·점검 또는 해체 작업을 하는 경우 다음 각 호의 조치를 하여야 한다
  1. 작업을 지휘하는 사람을 선임하여 그 사람의 지휘하에 작업을 실할 것
  2. 작업을 할 구역에 관계 근로자가 아닌 사람의 출입을 금지하고 그 취지를 보기 쉬운 장소에 표시할 것
  3. 비, 눈, 그 밖에 기상상태의 불안정으로 날씨가 몹시 나쁜 경우에는 그 작업을 중지시킬 것

12 안전관리자의 직무가 아닌 것은?

① 안전보건 관리규정에서 정한 직무
② 산업재해 발생의 원인 조사 및 대책
③ 안전교육계획의 수립 및 실시
④ 근로환경보건에 관한 연구 및 조사

해설 산업안전보건법 시행령 제13조(안전관리자의 업무 등)
① 법 제15조제2항에 따라 안전관리자가 수행하여야 할 업무는 다음 각 호와 같다.
  1. 사업장의 안전보건관리규정(이하 "안전보건관리규정"이라 한다) 및 취업규칙에서 정한 업무
  2. 안전인증대상 기계·기구등과 자율안전확인대상 기계·기구등 구입 시 적격품의 선정에 관한 보좌 및 조언·지도
  2의2. 법 제41조의2에 따른 위험성평가에 관한 보좌 및 조언·지도
  3. 해당 사업장 안전교육계획의 수립 및 안전교육 실시에 관한 보좌 및 조언·지도
  4. 사업장 순회점검·지도 및 조치의 건의
  5. 산업재해 발생의 원인 조사·분석 및 재발 방지를 위한 기술적 보좌 및 조언·지도
  6. 산업재해에 관한 통계의 유지·관리·분석을 위한 보좌 및 조언·지도
  7. 법 또는 법에 따른 명령으로 정한 안전에 관한 사항의 이행에 관한 보좌 및 조언·지도
  8. 업무수행 내용의 기록·유지

13 승강기 보수자가 승강기 카와 건물 벽 사이에 끼었다. 이 재해의 발생 형태는?

① 협착   ② 전도
③ 마찰   ④ 질식

해설 재해의 발생 형태
① 협착 : 물건에 끼워진 상태, 말려든 상태
② 전도 : 사람이 평면상에서 넘어졌을 경우(과속/미끄러짐 포함)
③ 감전 : 전기 접촉이나 방전에 의해서 충격을 받은 경우
④ 파열 : 용기 도는 장치가 물리적 압력에 의해 찢어지는 경우
⑤ 추락 : 사람이 건축물, 비계, 기계, 사다리, 경사면 등에서 떨어짐

Answer
10 ③   11 ④   12 ④   13 ①

14 상해의 종류에 해당되지 않는 것은?
① 유해물 접촉 ② 시력장해
③ 청력장해 ④ 찰과상

해설
① 상해의 종류 : 골절, 동상, 부종, 자상, 찰과상, 시력장애, 청력장애, 중독, 질식, 좌상, 절상 등
② 사고의 형태 : 추락, 전도, 충돌, 협착, 폭발, 파열, 화재, 낙하, 이상온도접촉, 유해물 접촉, 무리한 동작 등

15 다음 중 안전사고 발생요인이 가장 높은 것은?
① 불안전한 상태와 행동
② 개인의 개성
③ 환경과 유전
④ 개인의 감정

해설 직접원인
① 불안전한 상태 : 물적원인, 작업환경 결함 등
② 불안전한 행동 : 인적원인, 작업환경 부적응 등

16 재해발생시 긴급 처리해야 할 사항이 아닌 것은?
① 피해 기계의 정지
② 피해자의 응급조치
③ 관계기관에 신고
④ 2차 재해방지

해설 재해발생시 긴급조치의 순서
① 긴급처리
② 재해조사(6하 원칙)
③ 원인강구
④ 대책수립(유사재해의 예방대책)
⑤ 대책실시계획(6하 원칙)
⑥ 실시
⑦ 평가(평가 후 후속조치)

17 경보를 통일시켜 정하지 않아도 되는 것은?
① 발파작업
② 화재발생
③ 토석의 붕괴
④ 누전감지

해설
위급성에 따라 '안전안내, 긴급재난, 위급재난' 구분에 따라 경보

18 재해의 발생형태에서 추락에 대한 설명으로 가장 옳은 것은?
① 사람이 중간 단계의 접촉 없이 자유낙하 하는 것은?
② 사람이 정지물에 부딪친 것
③ 사람이 엎어져 넘어지는 것
④ 사람이 평면상으로 넘어져 굴러 떨어지는 것

해설 재해의 발생 형태
① 협착 : 물건에 끼워진 상태, 말려든 상태
② 전도 : 사람이 평면상에서 넘어졌을 경우(과속/미끄러짐 포함)
③ 감전 : 전기 접촉이나 방전에 의해서 충격을 받은 경우
④ 파열 : 용기 도는 장치가 물리적 압력에 의해 찢어지는 경우
⑤ 추락 : 사람이 건축물, 비계, 기계, 사다리, 경사면 등에서 떨어짐
⑥ 충격 : 사람이 정지물에 부딪힌 경우

Answer
14 ① 15 ① 16 ③ 17 ④ 18 ①

19 일반적인 안전대책의 수립 방법으로 가장 알맞은 것은?

① 계획적　② 경험적
③ 사무적　④ 통계적

해설 **대책수립(유사재해의 예방대책)**
① 통계적 원인분석
  • 재해의 발생경향, 유사한 유형을 파악함으로써, 동종 재해 예방
  • 산업재해 통계양식으로는 부상부위별, 근속년수별, 직장별, 월별 등이 있으며, 분석목적에 따라 상해유형별 및 성별통계 등 구분 됨
② 표현방법
  • 파레트 도 : 분류항목에 큰 순으로 나열하여 항목간의 크기를 비교
  • 크로스 도 : 항목 2개 이상의 발생빈도를 분석
  • 관리도 : 시간의 흐름에 따른 재해발생건수, 불안전행동율 등의 변화추이를 분석

20 산업재해의 발생 원인으로 불안전한 행동이 많은 사고의 원인이 되고 있다. 이에 해당되지 않는 것은?

① 위험장소 접근
② 안전장치 기능 제거
③ 복장보호구 잘못 사용
④ 작업장소 불량

해설 **불안전한 상태(물적 원인)**
① 방호조치의 부적절
② 작업공정 부적절
③ 작업장소의 밀집
④ 절차의 부적절
⑤ 작업통로 등 장소 불량 및 위험
⑥ 물체 및 설비 자체의 결함
⑦ 환경 여건 부적절
⑧ 보호구 착용 상태 불량
⑨ 보호구 성능 불량
⑩ 기계기구 등의 취급상 위험
⑪ 작업상의 기타 고유위험요인

불안전한 행동(인적 원인)
① 안전조치의 불이행
② 가동 중인 장비를 정비
③ 개인 보호구를 미사용
④ 잘못된 동작 자세 적용
⑤ 인위적인 속도조작으로 운전
⑥ 공동 작업자에게 경고 누락
⑦ 안전장치가 미가동
⑧ 구조물 등 위험방치 및 미확인
⑨ 무모하고, 불필요한 행위 및 동작
⑩ 인허가 없이 장치 운전
⑪ 잘못된 절차로 장치를 운전

21 사업주가 근로자의 안전 또는 보건을 위하여 취하는 조치에 따라 근로자가 준수하여야 할 사항 중 옳지 않은 것은?

① 보호구 착용
② 작업중지
③ 대피
④ 작업장 순회점검

해설 **산업안전보건법 시행령 제13조(안전관리자의 업무 등)**
① 법 제15조제2항에 따라 안전관리자가 수행하여야 할 업무는 다음 각 호와 같다.
  1. 사업장의 안전보건관리규정(이하 "안전보건관리규정"이라 한다) 및 취업규칙에서 정한 업무
  2. 안전인증대상 기계·기구등과 자율안전확인대상 기계·기구등 구입 시 적격품의 선정에 관한 보좌 및 조언·지도
  2의2. 법 제41조의2에 따른 위험성평가에 관한 보좌 및 조언·지도
  3. 해당 사업장 안전교육계획의 수립 및 안전교육 실시에 관한 보좌 및 조언·지도
  4. 사업장 순회점검·지도 및 조치의 건의
  5. 산업재해 발생의 원인 조사·분석 및 재발 방지를 위한 기술적 보좌 및 조언·지도
  6. 산업재해에 관한 통계의 유지·관리·분석을 위한 보좌 및 조언·지도
  7. 법 또는 법에 따른 명령으로 정한 안전에 관한 사항의 이행에 관한 보좌 및 조언·지도
  8. 업무수행 내용의 기록·유지

22 산업재해의 간접원인에 해당되지 않는 것은?

① 기술적요인　② 인적원인
③ 교육적원인　④ 정신적원인

해설 **재해 원인의 분류**
간접원인 : 기술적, 교육적, 신체적, 정신적, 관리적

Answer
19 ④　20 ④　21 ④　22 ②

23 작업자의 재해 예방에 대한 일반적인 대책으로 맞지 않는 것은?

① 계획의 작성
② 엄격한 작업감독
③ 위험요인의 발굴 대처
④ 작업지시에 대한 위험 예지의 실시

해설 하인리히의 재해예방의 4원칙
① 예방가능의 원칙 : 재해는 원칙적으로 원인만 제거되면 예방이 가능하다.
② 손실우연의 원칙 : 재해 손실은 사고 발생시 사고 대상의 조건에 따라 달라지므로 한 사고의 결과로서 생긴 재해손실은 우연성에 의해서 결정된다.
③ 원인계기의 원칙 : 재해 발생은 반드시 원인이 있다. 즉, 사고와 손실과의 관계는 우연적이지만 사고와 원인의 관계는 필연적이다.
④ 대책선정의 원칙 : 재해 예방을 위한 가능한 안전 대책은 반드시 존재한다. 일반적으로 재행방지를 위한 안전 대책은 다음과 같다.
 • 기술적 대책 : 안전설계, 작업행정의 개선, 점검 보조느이 확립 등
 • 교육적 대책 : 안전교육 및 훈련실시(위험요인 발굴 대처)
 • 규제적 대책 : 관리적 대책은 엄격한 규칙에 의해 제도적으로 시행

24 사다리를 사용하는 작업에서 안전수칙에 어긋나는 행위는?

① 위험 및 사용금지의 표찰이 붙어서 결함이 있는 사다리를 사용 할 때는 주의하면서 사용한다.
② 사다리 밑 끝이 불안전하거나 3m 이상의 높은 곳이면 다른 사람으로 하여금 붙들게 하고 작업한다.
③ 사다리를 문 앞에 설치할 때는 문을 완전히 열어놓거나 잠궈야 한다.
④ 사다리 설치 시에는 사다리의 밑바닥이 사다리 길이와 관련지어 어느 정도 벽에서 떨어지게 한다.

해설
① 위험 및 사용금지의 표찰이 붙어서 결함이 있는 것은 사용해서는 안 된다.
② 사다리 상단은 작업장으로부터 60cm 이상 또는 발판 3개 이상을 연장 설치

25 작업장으로 통하는 통로의 안전 조건으로 잘못된 것은?

① 통로의 주요한 부분에는 통로 표시를 한다.
② 가설통로의 경사가 20도 초과 시에는 미끄러지지 않는 구조로 한다.
③ 옥내에 통로를 설치 시 미끄러지는 등의 위험이 없도록 한다.
④ 통로 면으로부터 높이 2[m] 이내에는 장애물이 없도록 한다.

해설 산업안전보건 기준에 관한 규칙(작업장으로 통하는 통로)
① 안전하게 통행할 수 있도록 통로에 75럭스 이상의 채광 또는 조명시설을 한다.
② 통로의 주요 부분에는 통로표시를 하고, 안전하게 통행할 수 있도록 하여야 한다.
③ 통로면으로부터 높이 2미터 이내에는 장애물이 없도록 하여야 한다.
④ 경사는 30도 이하로 할 것(다만, 계단을 설치하거나 높이 2미터 미만의 가설통로로서 튼튼한 손잡이를 설치한 경우에는 그러하지 아니한다.)
⑤ 경사가 15도를 초과하는 경우에는 미끄러지지 아니하는 구조로 할 것

26 승강기 출입문에 손이 끼여 사고를 당했다면 그 기인물은?

① 승강기 ② 사람
③ 출입문 ④ 손

해설 기인물이란 직접적으로 재해를 유발하거나 영향을 끼친 에너지원(운동,위치, 열,전기 등)을 지닌 기계·장치, 구조물, 물체·물질, 사람 또는 환경 등을 말한다.

Answer
23 ② 24 ① 25 ② 26 ①

CHAPTER 03 안전점검 제도

제1절 안전점검 방법 및 제도

01 안전점검의 목적

① 시설물의 물리적·기능적 결함과 내재 되어 있는 위험요인 발견
② 신속하고, 적절한 보수·보강 방법 및 조치방안 등을 제시
③ 안전을 확보하고자 함

예상문제

안전점검의 주목적으로 옳은 것은?
① 안전작업표준의 적절성을 점검하는데 있다.
② 시설장비의 설계를 점검하는데 있다.
③ 법 기준에 대한 적합 여부를 점검하는데 있다.
④ 위험을 사전에 발견하여 시정하는데 있다.

 안전점검의 목적
① 시설물의 물리적·기능적 결함과 내재 되어 있는 위험요인 발견
② 신속하고, 적절한 보수·보강 방법 및 조치방안 등을 제시
③ 안전을 확보하고자 함

정답 ④

---

02 안전점검의 종류

▶ 안전점검 종류

안전점검의 종류	시행시기	점검사항
일상점검	• 매일 • 작업 전, 후(수시)	• 기계 공구 및 설비 등 • 해당 작업
정기점검	• 매주, 매월 • 분기별(정기적)	• 기계, 기구 설비의 주요부분 • 파손, 마모 등 세밀한 부분
특별점검	• 설비의 신설 및 변경 시 • 천재지변 후(부정기적)	• 기계, 기구 설비의 신설 및 변경 • 고장 및 수리 등

예상문제

어떤 기간을 두고 행하는 안전점검의 종류는?
① 임시점검　　　　　　　　② 정기점검
③ 특별점검　　　　　　　　④ 일상점검

해설 안전점검 종류

종류	시행시기	점검사항
일상점검	• 매일 • 작업 전, 후(수시)	• 기계 공구 및 설비 등 • 해당 작업
정기점검	• 매주, 매월 • 분기별(정기적)	• 기계, 기구 설비의 주요부분 • 파손, 마모 등 세밀한 부분
특별점검	• 설비의 신설 및 변경 시 • 천재지변 후(부정기적)	• 기계, 기구 설비의 신설 및 변경 • 고장 및 수리 등

정답 ≫ ②

03 안전점검의 순환과정

① 실태 파악
② 결함의 발견
③ 대책의 결정
④ 실시

04 안전점검의 방법

① 외관점검
② 동작점검
③ 기능점검
④ 종합점검

05 안전점검 시 유의 사항

① 불량부분 발견 시 동종설비 점검 실시
② 점검방법을 여러 가지로 병용
③ 불량부분 발견 시 원인조사 후 대책 강구
④ 관계자의 의견을 청취하며, 점검자의 주관적 판단은 안됨
⑤ 점검자의 복장 및 동작이 모범적 일 것

⑥ 재해발생부분이 이전 재해요인이 배제되었는지 확인
⑦ 점검자 능력에 맞는 점검을 실시

제2절 안전진단

01 안전진단 표의 작성 항목

① 점검개소
② 점검항목
③ 점검방법
④ 점검시기
⑤ 판정기준
⑥ 조치사항

예상문제

다음 중 안전점검표에 포함하지 않아도 되는 사항은?
① 시정확인
② 점검항목
③ 점검시기
④ 판정기준

해설 안전점검표 항목
① 점검항목 ② 점검시기
③ 점검내용 ④ 판정기준
⑤ 점검주체 ⑥ 점검방법

정답 ▶▶▶ ①

---

02 안전진단 항목 작성 시 유의사항

① 사업장에 맞는 단독적인 내용과 적합한 내용으로 작성
② 정기적으로 세부적인 내용과 타당성 있는 내용으로 재해예방에 효과 있도록 작성
③ 일정한 양식에 따라서 폭 넓게 점검할 수 있는 항목 작성
④ 위험성이 매우 높으며, 긴급을 요하는 순으로 작성
⑤ 알기 쉽고 구체화된 항목으로 작성

예상문제

안전점검 체크 리스트 작성 시의 유의사항으로 가장 타당한 것은?
① 일정한 양식으로 작성할 필요가 없다.
② 사업장에 공통적인 내용으로 작성한다.
③ 중점도가 낮은 것부터 순서대로 작성한다.
④ 점검표의 내용은 이해하기 쉽도록 표현하고 구체적이어야 한다.

해설 안전진단 항목 작성 시 유의사항
 ① 사업장에 맞는 단독적인 내용과 적합한 내용으로 작성
 ② 정기적으로 세부적인 내용과 타당성 있는 내용으로 재해예방에 효과 있도록 작성
 ③ 일정한 양식에 따라서 폭 넓게 점검할 수 있는 항목 작성
 ④ 위험성이 매우 높으며, 긴급을 요하는 순으로 작성
 ⑤ 알기 쉽고 구체화된 항목으로 작성

정답 ▶▶▶ ④

03 자체 안전점검 대상기계 및 기구

① 1개월 1회 이상 : 승강기
② 6개월 1회 이상 : 보일러, 압력용기, 크레인 등
③ 12개월 1회 이상 : 건조설비, 동력 프레스 및 전단기, 용접기 등
④ 24개월 1회 이상 : 화학설비 등

예상문제

승강기의 자체 검사 시 월 1회 이상 점검하여야 할 항목이 아닌 것은?
① 비상정치장치 및 기타 방호장치의 이상 유무
② 브레이크 장치
③ 와이어로프 손상 유무
④ 각종 부품의 명판 부착상태

해설 자체 안전점검 대상기계 및 기구
 ① 1개월 1회 이상 : 승강기
 ② 6개월 1회 이상 : 보일러, 압력용기, 크레인 등
 ③ 12개월 1회 이상 : 건조설비, 동력 프레스 및 전단기, 용접기 등
 ④ 24개월 1회 이상 : 화학설비 등

정답 ▶▶▶ ④

제3절 안전점검 결과에 따른 시정조치

01 검사 결과보고 사항

① 검사진단 표
② 검사 결과에 대한 개선안
③ 개선에 필요한 필요예산 및 기관
④ 개선 책임자

02 관할 관서의 법정 검사 결과보고

① 검사일시
② 검사자명
③ 검사결과
④ 검사결과 개선안 계획
⑤ 검사진단 표 사본

안전점검 제도 출제예상문제

01 안전점검 체크 리스트 작성 시의 유의사항으로 가장 타당한 것은?
① 일정한 양식으로 작성할 필요가 없다.
② 사업장에 공통적인 내용으로 작성한다.
③ 중점도가 낮은 것부터 순서대로 작성한다.
④ 점검표의 내용은 이해하기 쉽도록 표현하고 구체적이어야 한다.

해설 안전진단 항목 작성 시 유의사항
① 사업장에 맞는 단독적인 내용과 적합한 내용으로 작성
② 정기적으로 세부적인 내용과 타탕성 있는 내용으로 재해예방에 효과 있도록 작성
③ 일정한 양식에 따라서 폭 넓게 점검할 수 있는 항목 작성
④ 위험성이 매우 높으며, 긴급을 요하는 순으로 작성
⑤ 알기 쉽고 구체화된 항목으로 작성

02 어떤 기간을 두고 행하는 안전점검의 종류는?
① 임시점검 ② 정기점검
③ 특별점검 ④ 일상점검

해설 안전점검 종류

종류	시행시기	점검사항
일상점검	• 매일 • 작업 전, 후(수시)	• 기계 공구 및 설비 등 • 해당 작업
정기점검	• 매주, 매월 • 분기별(정기적)	• 기계 기구 설비의 주요 부분 • 파손, 마모 등 세밀한 부분
특별점검	• 설비의 신설 및 변경 시 • 천재지변 후(부정기적)	• 기계 기구 설비의 신설 및 변경 • 고장 및 수리 등

03 승강기의 자체 검사 시 월 1회 이상 점검하여야 할 항목이 아닌 것은?
① 비상정치장치 및 기타 방호장치의 이상 유무
② 브레이크 장치
③ 와이어로프 손상 유무
④ 각종 부품의 명판 부착상태

해설 자체 안전점검 대상기계 및 기구
① 1개월 1회 이상 : 승강기
② 6개월 1회 이상 : 보일러, 압력용기, 크레인 등
③ 12개월 1회 이상 : 건조설비, 동력 프레스 및 전단기, 용접기 등
④ 24개월 1회 이상 : 화학설비 등

04 안전점검의 주목적으로 옳은 것은?
① 안전작업표준의 적절성을 점검하는데 있다.
② 시설장비의 설계를 점검하는데 있다.
③ 법 기준에 대한 적합 여부를 점검하는데 있다.
④ 위험을 사전에 발견하여 시정하는데 있다.

해설 안전점검의 목적
① 시설물의 물리적·기능적 결함과 내재 되어 있는 위험요인 발견
② 신속하고, 적절한 보수·보강 방법 및 조치방안 등을 제시
③ 안전을 확보하고자 함

Answer
01 ④ 02 ② 03 ④ 04 ④

05 다음 중 안전점검표에 포함하지 않아도 되는 사항은?

① 시정확인 ② 점검항목
③ 점검시기 ④ 판정기준

해설 안전점검표 항목
① 점검항목 ② 점검시기
③ 점검내용 ④ 판정기준
⑤ 점검주체 ⑥ 점검방법

06 다음 중 안전점검의 종류가 아닌 것은?

① 순회점검 ② 정기점검
③ 특별점검 ④ 일상점검

해설
① 산업안전보건법(안전점검)
 • 일상점검
 • 정기점검
 • 특별점검
② 시설물특별법(안전점검)
 • 정기점검
 • 정밀점검
 • 긴급점검

07 로프식 엘리베이터에 대하여 매월 1회 이상 정기적으로 실시하는 자체검사 항목이 아닌 것은?

① 수전반, 제어반
② 고정 도르래
③ 권상기의 브레이크
④ 카 도어 스위치

해설

종류	시행시기	점검사항
일상점검	• 매일 • 작업 전, 후(수시)	• 기계 공구 및 설비 등 • 해당 작업
정기점검	• 매주, 매월 • 분기별(정기적)	• 기계 기구 설비의 주요 부분 • 파손, 마모 등 세밀한 부분
특별점검	• 설비의 신설 및 변경 시 • 천재지변 후(부정기적)	• 기계 기구 설비의 신설 및 변경 • 고장 및 수리 등

• 도르래의 파손, 마모 등 세밀한 부분은 분기별 점검

08 승강기 자체점검의 결과 결함이 있는 경우 조치가 옳은 것은?

① 즉시 보수하고, 보수가 끝날 때까지 운행을 중지
② 주의 표지 부착 후 운행
③ 점검결과를 기록하고 운행
④ 제한적으로 운행하고 보수

해설 관리주체는 승강기의 보수점검시 안전조치를 취한 후, 작업하도록 해야 합니다.
① "점검중"이라는 사용금지 표지
② 보수 점검개소 및 소요시간
③ 보수 점검자명 및 보수 점검자 연락처(전화번호 등)
④ 즉시 보수하고, 보수가 끝날 때까지 운행 중지

09 다음에서 일상점검의 중요성이 아닌 것은?

① 승강기 품질유지
② 승강기의 수명연장
③ 보수자의 편리도모
④ 승강기의 안전한 운행

해설 승강기의 일상점검의 중요성
① 승강기의 안전한 운행과 품질유지
② 승강기의 수면연장과 이용자의 편의를 도모

10 승강기를 자체 점검할 때 거리가 먼 항목은?

① 와이어로프의 손상 유무
② 비상정지장치의 이상 유무
③ 가이드레일의 상태
④ 클러치의 이상 유무

해설 엘리베이터 자체검사 항목
① 기계실, 구동기 및 풀리 공간에서 하는 점검
② 카 실내에서 하는 점검
③ 카 위에서 하는 점검
④ 승강장에서 하는 점검
⑤ 피트에서 하는 점검
⑥ 비상용 엘리베이터 점검
⑦ 장애인용 엘리베이터 점검

Answer
05 ① 06 ① 07 ② 08 ① 09 ③ 10 ④

기계 기구와 그 설비의 안전

제1절 기계 설비의 위험 방지

01 기계 설비의 위험점 및 방호

(1) 협착점

　왕복 운동을 하는 동작부분과 움직임이 없는 고정부분 사이에 형성되는 위험 점

(2) 끼임점

　고정부분과 회전하는 동작부분이 함께 만드는 위험 점

(3) 절단점

　회전하는 운동부분 자체의 위험이나 운동하는 기계부분 자체의 위험에서 초래되는 위험 점

(4) 물림점

　회전하는 두 개의 회전체에 물려 들어가는 위험 점

(5) 접선 물림점

　회전하는 부분의 접선방향으로 물려 들어갈 위험 점

(6) 회전 밀림점

　회전하는 물체에 작업복 등이 말려드는 위험이 존재하는 점

예상문제

기계 설비의 기계적 위험에 해당되지 않는 것은?
① 직선운동과 미끄럼운동
② 회전운동과 기계 부품의 튀어나옴
③ 재료의 튀어나옴과 진동 운동체의 끼임
④ 감전, 누전 등 오통전에 의한 기계의 오작동

해설 **전기에 의한 위험**
감전, 누전, 전기화재, 통전에 의한 영향 등

정답 >>> ④

02 기계설비 운전 시의 기본 안전수칙

① 작업범위 이외의 기계는 허가 없이 사용하지 않도록 함
② 공동 작업을 할 경우 시동할 경우에는 남에게 위험이 없도록 확실한 신호를 보내고 스위치를 작동
③ 방호장치는 유효 적절히 사용하며 허가 없이 무단으로 떼어놓지 않음
④ 기계설비가 고장이 났을 때는 정지, 고장표시를 반드시 기계에 부착
⑤ 기계설비를 청소한 기름걸레는 불연재 용기 속에 넣고 자연발화 등의 위험을 예방
⑥ 기계설비 운전 중에 기계에서 이상 음, 진동, 냄새 등이 날 때는 즉시 전원 차단
⑦ 기계설비 운전 중에는 기계에서 이탈하지 않도록 함
⑧ 작업 종료 후 손질 점검을 실시하고 기계설비의 각 부위를 정지위치에 놓을 것

예상문제

기계설비의 위험방지를 위해 보전성을 개선하기 위한 사항과 거리가 먼 것은?
① 안전사고 예방을 위해 주기적인 점검을 해야 한다.
② 고가의 부품인 경우는 고장발생 직후에 교환한다.
③ 가동률을 높이고 신뢰성을 향상시키기 위해 안전 모니터링 시스템을 도입하는 것은 바람직하다.
④ 보전용 통로나 작업장의 안전 확보는 필요하다.

해설 **기계설비 운전 시의 기본 안전수칙**
① 방호장치는 유효 적절히 사용하며 허가 없이 무단으로 떼어놓지 않는다.
② 기계설비가 고장이 났을 때는 정지, 고장표시를 반드시 기계에 부착(고장부품 즉시 교환)
③ 기계가 고장이 났을 때는 정지, 고장표시를 반드시 기계에 부착한다.
④ 공동 작업을 할 경우 시동할 때에는 남에게 위험이 없도록 확실한 신호를 보내고 스위치를 넣는다.

정답 >>> ②

제2절 전기에 의한 위험 방지

01 전압의 종류

▶ 전압의 종류

전압의 종류	전압의 범위
저압	• 직류 750V 이하 • 교류 600V 이하
고압	• 직류 750V 초과 7000V 이하 • 교류 600V 초과 7000V 이하
특고압	• 직류 7000V 초과 • 교류 7000V 초과

02 감전

전기가 흐르고 있는 전기 기기 등에 사람이 접촉되어 인체에 전기가 흘러 일어나는 화상 또는 불구자가 되거나 심한 경우에는 생명을 잃게 되는 현상

예상문제

물에 젖은 손으로 전기기기를 만졌을 경우의 위험 요소는?
① 감열   ② 소손
③ 누전   ④ 감전

감전사고 원인
① 전기 기기 및 배선 등의 모든 충전부의 노출
② 전기 기기에 접지 미설치 상태에서 누설전류 발생
③ 누전 차단기 미설치로 감전사고 시의 재해발생
④ 젖은 손으로 전기 기기를 접촉
⑤ 콘덴서는 전하를 충전하는데 방전하기 전 접촉
⑥ 불량하거나 고장난 전기제품의 절연파괴로 감전

정답 ▶▶▶ ④

03 통전에 의한 영향

인체에 전류가 흐르게 되면 아주 작은 전류에서는 아무런 느낌이 없으나, 전류가 커지게 되면 "통전전류의 크기×시간"의 크기에 따라 전류를 느끼게 되고, 그 이상에서는 고통-호흡의 정지 및 질식 또는 심실 세동 등이 일어나게 되어 아주 위험하게 된다.

04 인체의 전기 저항

통전 전류의 크기는 인체의 전기저항(임피던스)값에 의해 결정되고, 이 저항은 인가된 접촉전압에 따라 다르나 최악의 경우를 감안하면 약 1,000옴 정도가 된다. 이 저항값이 작을수록 위험하므로 전기를 취급할 경우에는 이 값을 크게 하는 것이 중요하다.

05 전기화재 발생 형태

① 전열기/조명기구 등의 과열로 주위 가연물을 착화시키는 경우
② 배선의 과열로 전선피복을 착화시키는 경우
③ 전동기/변압기 등 전기기기의 과열
④ 선간 단락/누전/과전류/정전기

예상문제

전기에 의한 발화의 원인으로 볼 수 없는 것은?
① 단락에 의한 발화 ② 과전류에 의한 발화
③ 접속 불량의 과열에 의한 발화 ④ 용접기의 자동전격방지장치에 의한 발화

해설
전기화재 발생 형태
① 전열기/조명기구 등의 과열로 주위 가연물을 착화시키는 경우
② 배선의 과열로 전선피복을 착화시키는 경우
③ 전동기/변압기 등 전기기기의 과열
④ 선간 단락/누전/과전류/정전기

정답 ≫≫ ④

06 감전사고 예방 대책

① 전기 기기 및 배선 등의 모든 충전부는 노출시키지 않을 것
② 전기 기기 사용 시에 필히 접지 할 것
③ 누전 차단기를 시설하여 감전사고 시의 재해를 방지할 것
④ 젖은 손으로 전기 기기를 만지지 않을 것
⑤ 개폐기에는 반드시 정격 퓨즈를 사용할 것
⑥ 불량하거나 고장난 전기제품은 사용하지 않을 것

> **예상문제**
>
> 다음 중 전기사고의 방지대책이 아닌 것은?
> ① 방전장치의 시설   ② 누전 개소의 조기 발견
> ③ 전기의 사용 억제   ④ 규격 전기용품의 사용
>
> **해설** 감전사고 예방 대책
> ① 전기 기기 및 배선 등의 모든 충전부는 노출시키지 않을 것
> ② 전기 기기 사용 시에 필히 접지 할 것
> ③ 누전 차단기를 시설하여 감전사고 시의 재해를 방지할 것
> ④ 젖은 손으로 전기 기기를 만지지 않을 것
> ⑤ 개폐기에는 반드시 정격 퓨즈를 사용할 것
> ⑥ 불량하거나 고장난 전기제품은 사용하지 않을 것
>
> **정답 ③**

07 전기 일반적인 안전사용

① 전기 스위치 부근에 인화성, 가연성 용매 등을 놓아서는 안 됨
② 스위치함(분전반) 내부에 실험 기자재 등 불필요한 물건을 보관해서는 안 됨
③ 전동기 등의 전기 장치에 스파크나 연기가 나면 즉시 전원차단 후 전기 담당 부서 연락
④ 전기 수리 또는 점검할 때에는 "수리 중", "점검 중" 표시를 하고 관계자 이외는 출입금지 함
⑤ 접지는 올바른 것을 확실하게 접속 함
⑥ 스위치 개폐는 접속 부분의 안전을 확인하고 확실하게 접속한 다음 개폐해야 함
⑦ 승낙 없이 임의로 전기 배선을 접속 사용해서는 안 됨
⑧ 전원으로부터 플러그를 뽑을 때에는 선을 잡아당기지 말고 플러그 전체를 잡아당김

예상문제

전기 안전대책의 기본 요건에 해당되지 않는 것은?
① 정전방지를 위해 활선작업 유도
② 전기시설의 안전처리 확립
③ 취급자의 안전자세 확립
④ 전기설비의 접지 실시

해설 ▶ 전기 일반적인 안전사용
① 전기 스위치 부근에 인화성, 가연성 용매 등을 놓아서는 안 됨
② 스위치함(분전반) 내부에 실험 기자재 등 불필요한 물건을 보관해서는 안 됨
③ 전동기 등의 전기 장치에 스파크나 연기가 나면 즉시 전원차단 후 전기 담당 부서연락
④ 전기 수리 또는 점검할 때에는 "수리 중", "점검 중" 표시를 하고 관계자 이외는 출입금지 함
⑤ 접지는 올바른 것을 확실하게 접속 함
⑥ 스위치 개폐는 접속 부분의 안전을 확인하고 확실하게 접속한 다음 개폐해야 함
⑦ 승낙 없이 임의로 전기 배선을 접속 사용해서는 안 됨
⑧ 전원으로부터 플러그를 뽑을 때에는 선을 잡아당기지 말고 플러그 전체를 잡아 당김

정답 ≫ ①

08 전기안전작업 요령

① 장비를 점검하기 전에 회로차단 하고, 플러그가 있는 장비는 플러그를 제거 함
② 전기 설비를 작업할 때 공구나 비품의 손잡이는 부도체로 된 것을 사용
③ 전기 장치의 충전부 전기가 흐르는 부분은 절연 할 것
④ 전원에 연결된 회로배선은 임의로 변경하지 않을 것
⑤ 작업공간은 충분히 확보하고 항상 청결하게 유지 할 것
⑥ 젖은 손이나 물건으로 회로에 접촉하지 않을 것
⑦ 전기 설비에 연결된 접지선의 접속을 확인 할 것
⑧ 전기 배전반의 진입로와 스위치 앞에는 장애물이 없도록 할 것

예상문제

감전사고의 원인이 되는 것과 관계없는 것은?
① 기계기구의 빈번한 기동 및 정지
② 전기기계기구나 공구의 절연파괴
③ 콘덴서의 방전코일이 없는 상태
④ 정전작업 시 접지가 없어 유도전압이 발생

해설 ▶ 감전사고 원인
① 전기 기기 및 배선 등의 모든 충전부의 노출
② 전기 기기에 접지 미설치 상태에서 누설전류 발생
③ 누전 차단기 미설치로 감전사고 시의 재해발생
④ 젖은 손으로 전기 기기를 접촉
⑤ 콘덴서는 전하를 충전하는데 방전하기 전 접촉
⑥ 불량하거나 고장난 전기제품의 절연파괴로 감전

정답 ≫ ①

제3절　추락 등에 의한 위험 방지

01 작업장 추락 방지조치

사업주는 작업장 등에서 근로자가 추락하거나 넘어질 위험이 있는 장소에는 안전난간·울·손잡이 또는 충분한 강도를 가진 덮개 등을 설치하는 등 필요한 조치를 취하여야 함

02 건설 작업에서의 추락방지 조치

① 사업주는 작업발판의 끝·개구부 등을 제외한 높이 2m 이상인 장소에는 비계 조립 등의 방법에 의해 작업발판을 설치하여야 한다.
　㉠ 작업발판 설치가 곤란한 경우에는 안전방망을 치거나 근로자에게 안전대를 착용하도록 하는 등 근로자의 추락방지를 위해 필요한 조치를 취해야 함(안전규칙 제439조)
② 사업주는 높이 2m 이상인 작업발판의 끝이나 개구부에는 안전난간·울 및 손잡이 등으로 방호조치를 하거나 충분한 강도를 가진 구조의 덮개를 설치하고, 개구부임을 표시
　㉠ 안전난간 등을 설치하는 것이 심히 곤란한 등의 경우에는 안전방망을 치거나 근로자에게 안전대를 착용하도록 하는 등 추락방지를 위해 필요한 조치를 취해야 함

03 낙하물 등에 의한 위험방지 조치

① 사업주는 물체가 떨어지거나 날아올 위험이 있는 때에는 낙하물 방지망, 수직보호망 또는 방호선반의 설치, 출입금지 구역의 설정, 보호구의 착용 등 위험방지를 위해 필요한 조치를 취하여야 함
② 낙하물 방지망 또는 방호선반을 설치할 때의 준수사항
　㉠ 설치높이는 10m 이내 마다 설치하고, 내민길이는 벽면으로부터 2m 이상으로 할 것
　㉡ 수평면과의 각도는 20°내지 30°를 유지할 것

04 승강설비의 설치

사업주는 높이 또는 깊이가 2m를 초과하는 장소에서 작업하는 경우 해당 작업에 종사하는 근로자가 안전하게 승강하기 위한 건설작업용 리프트 등의 설비를 설치하여야 한다. 다만, 승강설비를 설치하는 것이 작업의 성질상 곤란한 경우에는 그러하지 아니하다.

05 안전 보호구 및 용도

(1) 안전모
　① 작업장 바닥, 천장, 도로, 등에서 낙하물의 위험이 있는 작업
　② 바닥으로부터 높이 2m 이상인 작업장에서 추락의 위험이 있는 작업
　③ 활선작업에 있어 감전의 위험이 있는 작업

(2) 안전화
　① 중량물을 취급하는 작업
　② 화물의 낙하로 인한 발 부상을 당할 위험 있는 작업
　③ 활선작업에 있어 감전의 위험이 있는 작업
　④ 기계기구 등에 의하여 발이 끼일 우려가 있는 작업

(3) 안전대
　① 높이가 2m 이상인 장소에서 작업 시 추락방지를 위한 작업 발판설치 곤란한 작업
　② 높이가 2m 이상인 작업발판의 끝이나 개구부 작업
　③ 궤도작업차량 작업 시 안전난간이 없는 장소에서의 작업

예상문제

작업내용에 따라 지급해야 할 보호구로 옳지 않은 것은?
① 보안면 : 물체가 날아 흩어질 위험이 있는 작업
② 안전장갑 : 감전의 위험이 있는 작업
③ 방열복 : 고열에 의한 화상 등의 위험이 있는 작업
④ 안전화 : 물체의 낙하, 물체의 끼임 등이 있는 작업

해설 **보안면**
작업 시 발생하는 각종 비산물과 유해한 액체로부터 얼굴(머리의 전면, 이마, 턱, 목앞부분, 코, 입)을 보호

정답 ≫ ①

제4절 기계 방호장치

01 방호

인간을 사고로부터 방호하기 위하여 설계된 가드 또는 장치로서 일반적으로 방호(Safeguard)는 가드(Guard) 및 방호장치(Safety Device)를 말한다.

02 방호장치

기계기구 및 설비를 사용할 경우에 작업자에게 상해를 입힐 우려가 있는 부분으로부터 작업자를 보호하기 위하여 일시적 또는 영구적으로 설치하는 기계적 안전장치를 말한다.

03 방호장치의 일반원칙

① 작업방해의 제거
② 기계특성의 적합성
③ 작업 점의 방호
④ 외관상의 안전화

04 방호장치 선정 시 검토사항

① 적용의 범위
② 보수·정비의 난이
③ 신뢰성
④ 방호의 정도
⑤ 경비
⑥ 작업성

예상문제

위해·위험방지를 위하여 방호조치가 필요한 기계기구에 대한 방호조치의 짝으로 알맞은 것은?

① 리프트 – 조속기
② 에스컬레이터 – 파킹장치
③ 크레인 – 역화방지기
④ 승강기 – 과부하방지장치

해설 과부하 방지장치
① 카 내에 정격적재하중 초과 시 바닥에 설치한 장치가 작동으로 경보와 도어 열림
② 정격적재하중의 105~110% 범위에 설정

정답 >>> ④

제5절 방호조치

위험기계·기구의 위험장소 또는 부위에 근로자가 통상적인 방법으로는 접근하지 못하도록 하는 제한조치를 말하며, 방호망, 방책, 덮개 또는 각종 방호장치 등을 설치하는 것

01 예초기 날접촉 방호조치

예초기의 절단날 또는 비산물로부터 작업자를 보호하기 위해 설치하는 보호덮개 등의 장치를 말한다.

02 회전체 접촉 방호조치

원심기의 케이싱 또는 하우징 내부의 회전통 등에 작업자의 신체 일부가 접촉되는 것을 방지하기 위해 설치하는 덮개 등의 장치를 말한다.

예상문제

회전 중의 파괴 위험이 있는 연마반의 숫돌은 어떤 장치를 하여야 하는가?

① 차단장치
② 전도장치
③ 덮개장치
④ 개폐장치

해설 회전체 접촉 방호조치
원심기의 케이싱 또는 하우징 내부의 회전통 등에 작업자의 신체 일부가 접촉되는 것을 방지하기 위해 설치하는 덮개 등의 장치를 말한다.

정답 >>> ③

03 압력방출 방호조치

공기압축기에 부속된 압력용기의 과도한 압력상승을 방지하기 위하여 설치하는 안전밸브, 언로드밸브 등의 장치를 말한다.

04 금속절단기 날접촉 방호조치

띠톱, 둥근톱 등 금속절단기의 절단날 또는 비산물로부터 작업자를 보호하기 위하여 설치하는 장치를 말한다.

05 헤드가드 방호조치

지게차를 이용한 작업 중에 위쪽으로부터 떨어지는 물건에 의한 위험을 방지하기 위하여 운전자의 머리 위쪽에 설치하는 덮개를 말한다.

06 백레스트

지게차를 이용한 작업 중에 마스트를 뒤로 기울일 때 화물이 마스트 방향으로 떨어지는 것을 방지하기 위해 설치하는 짐받이 틀을 말한다.

07 구동부 방호연동

진공포장기, 랩핑기의 구동부에 설치되는 방호장치 등이 개방되었을 때 기계의 작동이 정지되도록 하거나 방호장치가 닫힌 상태에서만 기계가 작동되도록 상호 연결시키는 것을 말한다.

예상문제

방호장치 중 과도한 한계를 벗어나 계속적으로 작동하지 않도록 제한하는 장치는?
① 크레인 ② 리미트스위치
③ 윈치   ④ 호이스트

해설
리미트 스위치(limit switch)
카(car)의 층간표시 또는 충돌(최상층·최하층)과 감속 정지할 수 있도록 스위치 용도

정답 》》 ②

CHAPTER 04
기계 기구와 그 설비의 안전
출제예상문제

01 안전관리상 안전모를 착용하는 목적이 아닌 것은?

① 감전의 방지
② 추락에 의한 부상 방지
③ 종업원의 표시
④ 비산물로 인한 부상 방지

해설 안전모
① 작업장 바닥, 천장, 도로, 등에서 낙하물의 위험이 있는 작업
② 바닥으로부터 높이 2m 이상인 작업장에서 추락의 위험이 있는 작업
③ 활선작업에 있어 감전의 위험이 있는 작업

02 안전한 작업을 위하여 고려하여야 할 사항이 아닌 것은?

① 조작장치는 관계작업자가 조작하기 쉬울 것
② 구동기구를 가진 기계는 사이클의 마지막과 처음에 시간적 지연을 가질 것
③ 급정지 장치가 작동했을 때 리셋되지 않는 한 동작되지 않을 것
④ 조작을 가능한 복잡하게 하여 관계자가 아니면 동작시키지 못하게 할 것

해설 조작은 가능한 간단하게 해야 한다.

03 작업내용에 따라 지급해야 할 보호구로 옳지 않은 것은?

① 보안면 : 물체가 날아 흩어질 위험이 있는 작업
② 안전장갑 : 감전의 위험이 있는 작업
③ 방열복 : 고열에 의한 화상 등의 위험이 있는 작업
④ 안전화 : 물체의 낙하, 물체의 끼임 등이 있는 작업

해설 보안면
작업 시 발생하는 각종 비산물과 유해한 액체로부터 얼굴(머리의 전면, 이마, 턱, 목앞부분, 코, 입)을 보호

04 다음 중 승강기의 방호장치에 해당 되지 않는 것은?

① 가이드레일
② 과부하방지장치
③ 조속기
④ 출입문 인터록

해설 ① 방호장치 : 기계기구 및 설비를 사용할 경우에 작업자에게 상해를 입힐 우려가 있는 부분으로부터 작업자를 보호하기 위한 장치
② 가이드레일 : 카, 균형추 또는 평형추의 안내

Answer
01 ③   02 ④   03 ①   04 ①

05 위험기계기구의 방호장치의 설치의무가 있는 자는?

① 안전관리자
② 해당 작업자
③ 기계기구의 소유자
④ 현장작업의 책임자

해설 산업안전보건법 제33조(유해하거나 위험한 기계·기구 등의 방호장치 등)
3항 기계·기구·설비 및 건축물 등으로서 대통령령으로 정하는 것을 타인에게 대여하거나 대여받는 자는 고용노동부령으로 정하는 유해·위험 방지를 위하여 필요한 조치를 하여야 한다.

06 방호장치 중 과도한 한계를 벗어나 계속적으로 작동하지 않도록 제한하는 장치는?

① 크레인 ② 리미트스위치
③ 윈치   ④ 호이스트

해설 리미트 스위치(limit switch)
카(car)의 층간표시 또는 충돌(최상층·최하층)과 감속 정지할 수 있도록 스위치 용도

07 승강기의 방호(안전)장치가 아닌 것은?

① 전동기 ② 조속기
③ 완충기 ④ 경보벨

해설 전동기 구비해야 할 특성
① 기동전류가 작을 것
② 기동빈도가 많아(시간당 180~300회) 발열을 고려할 것
③ 제동력을 가질 것(전동기 회전력 +100~-70% 이상)
④ 승강기 정격속도에 맞는 회전특성을 가질 것(회전속도 오차 +5~-10% 이내)
⑤ 소음이 작고, 저진동 일 것

08 감전사고의 원인이 되는 것과 관계없는 것은?

① 기계기구의 빈번한 기동 및 정지
② 전기기계기구나 공구의 절연파괴
③ 콘덴서의 방전코일이 없는 상태
④ 정전작업 시 접지가 없어 유도전압이 발생

해설 감전사고 원인
① 전기 기기 및 배선 등의 모든 충전부의 노출
② 전기 기기에 접지 미설치 상태에서 누설전류 발생
③ 누전 차단기 미설치로 감전사고 시의 재해발생
④ 젖은 손으로 전기 기기를 접촉
⑤ 콘덴서는 전하를 충전하는데 방전하기 전 접촉
⑥ 불량하거나 고장난 전기제품의 절연파괴로 감전

09 전기에 의한 발화의 원인으로 볼 수 없는 것은?

① 단락에 의한 발화
② 과전류에 의한 발화
③ 접속 불량의 과열에 의한 발화
④ 용접기의 자동전격방지장치에 의한 발화

해설 전기화재 발생 형태
① 전열기 / 조명기구 등의 과열로 주위 가연물을 착화시키는 경우
② 배선의 과열로 전선피복을 착화시키는 경우
③ 전동기 / 변압기 등 전기기기의 과열
④ 선간 단락 / 누전 / 과전류 / 정전기

10 아크용접기의 감전방지를 위해서 부착하는 것은?

① 자동전격방지장치
② 중성점접지장치
③ 과전류계전장치
④ 리미트 스위치

Answer
05 ③ 06 ② 07 ① 08 ① 09 ④ 10 ①

> **해설** 감전 보호장치 부착
> ① 아크용접 시 작업자의 전격을 방지하기 위해 자동전력방지장치를 필수적으로 부착
> ② 용접기 외함에 접지선은 터미널("O"자형)로 압착 견고히 고정 접속시킬 것.

11 이동식 전기기기에 의한 감전사고를 예방하기 위하여 가장 필요한 조치는?

① 외부에 절연용 도료를 칠한다.
② 장시간 사용을 금한다.
③ 숙련공이 취급한다.
④ 접지를 한다.

> **해설** 접지목적
> ① 인, 축의 감전방지(보호접지)
> ② 계통의 이상전압 발생의 억제 및 기기 보호
> ③ 전기설비 신뢰성 향상
> ④ 고장전류 및 뇌격전류의 유입에 대한 기기 보호
> ⑤ 정전차폐를 유지

12 전기 안전대책의 기본 요건에 해당되지 않는 것은?

① 정전방지를 위해 활선작업 유도
② 전기시설의 안전처리 확립
③ 취급자의 안전자세 확립
④ 전기설비의 접지 실시

> **해설** 전기 일반적인 안전사용
> ① 전기 스위치 부근에 인화성, 가연성 용매 등을 놓아서는 안 됨
> ② 스위치함(분전반) 내부에 실험 기자재 등 불필요한 물건을 보관해서는 안 됨
> ③ 전동기 등의 전기 장치에 스파크나 연기가 나면 즉시 전원차단 후 전기 담당 부서연락
> ④ 전기 수리 또는 점검할 때에는 "수리 중", "점검 중" 표시를 하고 관계자 이외는 출입금지 함
> ⑤ 접지는 올바른 것을 확실하게 접속 함
> ⑥ 스위치 개폐는 접속 부분의 안전을 확인하고 확실하게 접속한 다음 개폐해야 함
> ⑦ 승낙 없이 임의로 전기 배선을 접속 사용해서는 안 됨
> ⑧ 전원으로부터 플러그를 뽑을 때에는 선을 잡아당기지 말고 플러그 전체를 잡아 당김

13 위해·위험방지를 위하여 방호조치가 필요한 기계기구에 대한 방호조치의 짝으로 알맞은 것은?

① 리프트 – 조속기
② 에스컬레이터 – 파킹장치
③ 크레인 – 역화방지기
④ 승강기 – 과부하방지장치

> **해설** 과부하 방지장치
> ① 카 내에 정격적재하중 초과 시 바닥에 설치한 장치가 작동으로 경보와 도어 열림
> ② 정격적재하중의 105~110% 범위에 설정

14 회전 중의 파괴 위험이 있는 연마반의 숫돌은 어떤 장치를 하여야 하는가?

① 차단장치 ② 전도장치
③ 덮개장치 ④ 개폐장치

> **해설** 회전체 접촉 방호조치
> 원심기의 케이싱 또는 하우징 내부의 회전통 등에 작업자의 신체 일부가 접촉되는 것을 방지하기 위해 설치하는 덮개 등의 장치를 말한다.

15 정전기로 인한 화재폭발 방지에 필요한 조치는?

① 개폐기 설치
② 전선은 단선 사용
③ 접지설비
④ 역률 개선

> **해설** 정전기 방지대책
> ① 가습
> ② 제전기사용
> ③ 도전성 재료사용
> ④ 접지
> ⑤ 대전방지제 사용

Answer
11 ④ 12 ① 13 ④ 14 ③ 15 ③

16 물에 젖은 손으로 전기기기를 만졌을 경우의 위험 요소는?

① 감열 ② 소손
③ 누전 ④ 감전

해설 감전사고 원인
① 전기 기기 및 배선 등의 모든 충전부의 노출
② 전기 기기에 접지 미설치 상태에서 누설전류 발생
③ 누전 차단기 미설치로 감전사고 시의 재해발생
④ 젖은 손으로 전기 기기를 접촉
⑤ 콘덴서는 전하를 충전하는데 방전하기 전 접촉
⑥ 불량하거나 고장난 전기제품의 절연파괴로 감전

17 작업장에서 작업복을 착용하는 가장 큰 이유는?

① 방한
② 작업능률 향상
③ 작업 중 위험 감소
④ 복장 통일

해설 유해 물질로부터 근로자를 보호하기 위하여 고안된 작업복
① 작업의 안전 및 능률향상
② 개인의 의복보호
③ 작업장의 오염으로부터 몸 보호

18 다음 중 전기사고의 방지대책이 아닌 것은?

① 방전장치의 시설
② 누전 개소의 조기 발견
③ 전기의 사용 억제
④ 규격 전기용품의 사용

해설 감전사고 예방 대책
① 전기 기기 및 배선 등의 모든 충전부는 노출시키지 않을 것
② 전기 기기 사용 시에 필히 접지 할 것
③ 누전 차단기를 시설하여 감전사고 시의 재해를 방지할 것
④ 젖은 손으로 전기 기기를 만지지 않을 것
⑤ 개폐기에는 반드시 정격 퓨즈를 사용할 것
⑥ 불량하거나 고장난 전기제품은 사용하지 않을 것

19 승강기의 방호장치에 대한 설명으로 틀린 것은?

① 용도에 구분 없이 모든 승강기는 도어 인터록을 설치한다.
② 화물용 승강기는 수동 운전 시 도어가 개방되었을 때도 운전이 가능하도록 한다.
③ 수동 운전 시 업다운 버튼조작을 중지하면 자동적으로 정지하여야 한다.
④ 로프식 승강기는 반드시 승강로 상부에 2차 전지 스위치를 설치할 필요가 있다.

해설 수동운전으로 전환하였을 때 자동개폐방식문의 작동, 자동운전 및 전기적 비상운전이 무효화되어야 한다.

20 감전사고시 응급조치로 가장 옳은 것은?

① 인공호흡을 하면 안 된다.
② 호흡이 정상인 경우에만 인공호흡을 한다.
③ 호흡이 정지된 경우에는 인공호흡을 안 한다.
④ 호흡이 정지되어 있어도 인공호흡을 하는 것이 좋다.

해설 감전사고 시의 응급조치
① 감전재해가 발생하면 우선 전원을 차단한다.
② 피해자를 위험지역에서 신속히 대피시키는 동시에 구급차나 의사에 연락한다.
③ 2차재해가 발생하지 않도록 조치하여야 한다.
④ 재해상태를 신속정확하게 관찰한 다음 구명시기를 놓치지 않도록 불필요한 시간을 낭비해서는 안된다.
⑤ 감전에 의하여 넘어진 사람에 대한 중요 관찰사항은 의식상태, 호흡상태, 맥박상태이며 높은 곳에서 추락한 경우에는 출혈의 상태, 골절의 이상 유무 등을 확인
⑥ 관찰한 결과 의식이 없거나 호흡 및 심장이 정지해 있거나 출혈을 많이 하였을 때에는 관찰을 중지하고 곧 필요한 응급조치(인공호흡, 심장마지 등)를 하여야 한다.

Answer
16 ④   17 ③   18 ③   19 ②   20 ④

21 기계 설비의 기계적 위험에 해당되지 않는 것은?

① 직선운동과 미끄럼운동
② 회전운동과 기계 부품의 튀어나옴
③ 재료의 튀어나옴과 진동 운동체의 끼임
④ 감전, 누전 등 오통전에 의한 기계의 오작동

해설 전기에 의한 위험
감전, 누전, 전기화재, 통전에 의한 영향 등

22 기계설비의 위험방지를 위해 보전성을 개선하기 위한 사항과 거리가 먼 것은?

① 안전사고 예방을 위해 주기적인 점검을 해야 한다.
② 고가의 부품인 경우는 고장발생 직후에 교환한다.
③ 가동률을 높이고 신뢰성을 향상시키기 위해 안전 모니터링 시스템을 도입하는 것은 바람직하다.
④ 보전용 통로나 작업장의 안전 확보는 필요하다.

해설 기계설비 운전 시의 기본 안전수칙
① 방호장치는 유효 적절히 사용하며 허가 없이 무단으로 떼어놓지 않는다.
② 기계설비가 고장이 났을 때는 정지, 고장표시를 반드시 기계에 부착(고장부품 즉시 교환)
③ 기계가 고장이 났을 때는 정지, 고장표시를 반드시 기계에 부착한다.
④ 공동 작업을 할 경우 시동할 때에는 남에게 위험이 없도록 확실한 신호를 보내고 스위치를 넣는다.

Answer
21 ④ 22 ②

PART 3

승강기 보수

Craftsman Elevator

CHPTER 01 : 승강기 제작기준

CHPTER 02 : 승강기 검사기준

CHPTER 03 : 전기식 엘리베이터 주요 부품의
　　　　　　수리 및 조정에 관한 사항

CHPTER 04 : 유압식 엘리베이터 주요 부품의
　　　　　　수리 및 조정에 관한 사항

CHPTER 05 : 에스컬레이터의 수리 및 조정에
　　　　　　관한 사항

CHPTER 06 : 특수승강기의 수리 및 조정에
　　　　　　관한 사항

승강기 제작기준

제1절 전기식 엘리베이터

수직에 대해 15° 이하의 경사진 가이드 레일 사이에서 권상 또는 포지티브 구동장치에 의해 로프 또는 체인으로 현수되는 승객이나 화물을 수송하기 위한 카를 정해진 승강장으로 운행시키기 위한 전기식 엘리베이터

01 강도기준 및 로프

(1) 승강로 벽 강도

리베이터의 안전운행을 위하여, 0.3m×0.3m 면적의 원형이나 사각의 단면에 1,000N의 힘을 균등하게 분산하여 벽의 어느 지점에 수직으로 가할 때, 아래와 같아야 한다.

① 1mm를 초과하는 영구변형이 없어야 한다.
② 15mm를 초과하는 탄성변형이 없어야 한다.

예상문제

승강로 출입구에 접한 승강 로비에 대한 설명으로 올바른 것은?
① 승강 로비는 엘리베이터 전용으로 하여야 한다.
② 당해 부분의 벽이 실내에 접하는 부분의 마감은 난연재료로 하여야 한다.
③ 당해 부분의 천장이 실내에 접하는 부분의 마감은 난연재료로 하여야 한다.
④ 로비 하부는 준불연재료로 하여야 한다.

해설
승강로 벽 강도
리베이터의 안전운행을 위하여, 0.3m×0.3m 면적의 원형이나 사각의 단면에 1,000N의 힘을 균등하게 분산하여 벽의 어느 지점에 수직으로 가할 때, 아래와 같다.
① 1mm를 초과하는 영구변형이 없어야 한다.
② 15mm를 초과하는 탄성변형이 없어야 한다.
• 승강로 벽 및 출입문 : 재료를 불연재료나 내화구조일 것

정답 》》①

(2) 피트 바닥 및 사다리의 강도

① 피트 바닥은 전 부하 상태의 카가 완충기에 작용하였을 때 완충기 지지대 아래에 부과되는 정하중의 4배를 지지할 수 있어야 한다.

- $4 \cdot g_n \cdot (P+Q)$

  여기서, P : 카 자중 및 이동케이블, 균형 로프/체인 등 카에 의해 지지되는 부품의 중량[kg]

  Q : 정격하중[kg]

  g_n : 중력 가속도[9.81m/s²]

② 피트 사다리는 한 사람의 무게에 해당하는 1,500N의 힘에 견뎌야 한다.

(3) 승강장문의 강도

수직면의 표면은 견고한 재질이어야 하며, 5cm² 면적의 원형이나 사각의 단면에 300N의 힘을 균등하게 분산하여 면의 어느 지점에 수직으로 가할 때, 아래와 같아야 한다.

① 영구적인 변형이 없어야 한다.
② 10mm를 초과하는 탄성변형이 없어야 한다.

예상문제

승강장문의 조립체는 소프트 팬들럼 시험방법에 따라 몇 [J]의 운동에너지로 충격을 가하였을 때 문의 이탈 없이 견딜 수 있어야 하는가?

① 400   ② 450   ③ 500   ④ 550

① 승강장 출입문의 두께는 1.5mm 이상으로 한다.
② 승강장 도어는 KSBEN81-1 부속서 J의 소프트 펜들럼 시험방법에 따라 450J의 운동에너지로 충격을 가했을 때 모든 조립체가 견고하여 문이 이탈없이 견딜 수 있도록 한다.

정답 ▶▶ ②

---

(4) 승강장문 틀의 강도

잠금장치가 있는 승강장문이 잠긴 상태에서 5cm² 면적의 원형이나 사각의 단면에 300N의 힘을 균등하게 분산하여 문짝의 어느 지점에 수직으로 가할 때, 다음과 같아야 한다.

① 1mm를 초과하는 영구변형이 없어야 한다.
② 15mm를 초과하는 탄성변형이 없어야 한다.
③ 시험 중이거나 시험이 끝난 후에 문의 안전성능은 영향을 받지 않아야 한다.

(5) 카 벽의 강도

5cm² 면적의 원형이나 사각의 단면에 300N의 힘을 균등하게 분산하여 카 내부에서 외부로 카 벽의 어느 지점에 수직으로 가할 때, 다음과 같아야 한다.

① 1mm를 초과하는 영구변형이 견뎌야 한다.
② 15mm를 초과하는 탄성변형 없이 견뎌야 한다.

(6) 로프의 강도 및 규정

① 현수로프의 안전율은 부속서에 따라 계산되어야 한다. 어떠한 경우라도 안전율은 12 이상이어야 한다.
② 현수 로프 풀리의 피치 직경은 로프 직경의 25배 이상이어야 한다.
③ 로프는 공칭 직경이 8mm 이상이어야 하며 승강기용 강선로프에 적합하거나 동등 이상
④ 체인은 전동용 롤러 체인에 적합하거나 동등 이상이어야 한다.
⑤ 로프는 3가닥 이상이어야 한다.(구동식 엘리베이터의 경우 체인을 2가닥 이상)
⑥ 로프 또는 체인은 독립적이어야 한다.

예상문제

와이어로프 안전율의 산출공식으로 옳은 것은? (단, F : 안전율, S : 로프 1가닥에 대한 제작사 정격 파단강도, N : 부하를 받는 와이어 로프의 가닥수, W : 카와 정격하중을 승강로 안의 어떤 위치에 두고 모든 카 로프에 걸리는 최대정지부하 임)

① F = (S·W) / N
② F = (N·S) / W
③ F = W / (N·S)
④ F = (N·W) / S

해설
① 안전율(S) = $\dfrac{\sigma_s (기준강도)}{\sigma_a (허용응력)}$
② 와이어로프 안전율 = $\dfrac{정격파단강도 \times 와이어로프가닥수}{허용응력(하중)}$

정답 ≫ ②

(7) 포지티브 구동식 엘리베이터의 로프 감김

① 카가 완전히 압축된 완충기에 정지하고 있을 때, 드럼 홈에는 1 + (1/2)권의 로프가 남아야 한다.
② 로프는 드럼에 한 겹으로만 감겨야 된다.
③ 홈에 연관된 로프의 편향 각(후미 각)은 4° 이하이어야 한다.

02 도르래 및 레일

(1) 권상 도르래의 승강로 설치조건

　① 유지보수 및 점검이 기계실에서부터 수행될 수 있는 경우
　② 기계실과 승강로 사이의 개구부가 가능한 작은 경우

(2) 권상 도르래의 보호 수단

　① 인체의 부상
　② 로프/체인이 느슨해질 경우, 로프/체인이 풀리/스프라켓에서 벗어남
　③ 로프와 풀리/체인과 스프라켓 사이에 물체의 유입

(3) 가이드레일의 길이

　① 카가 완전히 압축된 완충기 위에 있을 때, 평형추의 가이드레일의 길이는 0.3m 이상 연장
　② 균형추가 완전히 압축된 완충기 위에 있을 때, 카 가이드 레일의 길이는 $0.1 + 0.035v^2$ m 이상 연장 ($0.035v^2$는 정격속도의 115%에 상응하는 중력 정지거리의 1/2)

(4) 가이드레일의 안전 운행에 대한 관점

　① 카, 균형추 또는 평형추의 안내는 보증되어야 한다.
　② 휨은 다음 사항에 의해 기인되는 범위까지 제한되어야 한다.
　　㉠ 의도되지 않게 문의 잠금이 해제되지 않아야 한다.
　　㉡ 안전장치의 작동에 영향을 주지 않아야 한다.
　　㉢ 움직이는 부품이 다른 부품과 충돌할 가능성이 없어야 한다.

예상문제

로프식 엘리베이터의 가이드 레일 설치에서 패킹(보강재)이 설치된 경우는?

① 레일이 짧게 설치되어 보강할 경우
② 레일이 양 폭의 조정 작업을 할 경우
③ 철구조물등과 레일브래킷의 간격을 줄일 경우
④ 철구조물등과 레일브래킷의 간격조정 및 보강이 필요한 경우

해설 레일 브래킷(Rail bracket)
① 엘리베이터 레일을 승강로에 고정하기 위한 지지대로 승강로의 벽, 철골, 중간 빔 등에 설치된다.
② 레일브래킷의 간격이 필요이상 한계를 초과할 경우 레일의 뒷면에 패킹을 보강

정답 ④

03 가이드레일의 허용 응력 및 안전율

① 허용 응력은 다음 식에 의해 결정되어야 한다.

- $\sigma_{perm} = \dfrac{R_m}{S_t}$

  여기서 σ_{perm} : 허용응력[N/mm^2]

  R_m : 인장강도[N/mm^2]

  S_t : 안전율

② 가이드레일의 안전율

▶ 가이드 레일에 대한 안전율

하중	연신율(A5)	안전율
정상 사용 하중	A$_5$ ≥ 12%	2.25
	8% ≤ A$_5$ ≤ 12%	3.75
비상정지장치 작동	A$_5$ ≥ 12%	1.8
	8% ≤ A$_5$ ≤ 12%	3.0

③ 안전율 = $\dfrac{\text{인장강도}}{\text{허용응력}}$

예상문제

승강기에 많이 사용하는 가이드레일의 허용응력은 원칙적으로 몇 [kg$_f$/cm^2]인가?

① 1000kg$_f$/cm^2 ② 1450kg$_f$/cm^2
③ 2100kg$_f$/cm^2 ④ 2400kg$_f$/cm^2

 가이드 레일의 허용응력은 2400(kg/cm^2)이다.
- 가이드레일 허용응력 및 안전율
  - $\sigma_{perm} = \dfrac{R_m}{S_t}$ 여기서, R_m : 인장강도, 안전율 : S_t
  - 안전율 = $\dfrac{\text{인장강도}}{\text{허용응력}}$

정답 ≫≫ ④

04 승강로

균형추 또는 평형추가 이동하는 공간. 이 공간은 보통 승강로 벽, 바닥 및 천장으로 구획된다.

(1) 승강로의 구획
  ① 밀폐식 승강로
    ㉠ 승강장문을 설치하기 위한 개구부
    ㉡ 화재 시 가스 및 연기의 배출을 위한 통풍구
    ㉢ 승강로의 점검문 및 비상문을 설치하기 위한 개구부
    ㉣ 엘리베이터 성능을 위한 승강로와 기계실 또는 풀리실 사이의 개구부
    ㉤ 환기구
  ② 반-밀폐식 승강로
    ㉠ 사람이 일반적으로 접근할 수 있는 곳의 승강로 벽은 아래와 같은 상황에 처한 사람이 충분히 보호될 수 있는 높이로 시공되어야 한다.
      • 승강장문 측 : 3.5m 이상
      • 다른 측면 및 움직이는 부품까지 수평거리가 0.5m 이하인 장소 : 2.5m 이상
    ㉡ 승강로 벽은 구멍이 없어야 한다.
    ㉢ 승강로 벽은 복도, 계단 또는 플랫폼의 가장자리로부터 최대 0.15m 이내에 시공 한다.
    ㉣ 타 설비에 의해 엘리베이터의 운행이 간섭받지 않도록 방지대책이 마련되어야 한다.
    ㉤ 건축물 외벽에 설치된 엘리베이터에는 특별한 예방조치가 마련되어야 한다.

(2) 승강로의 점검문 및 비상문
  ① 승강로의 점검문
    ㉠ 폭 0.6m 이상, 높이 1.4m 이상(트랩 방식은 폭 0.5m 이하, 높이 0.5m 이하)
    ㉡ 비상문은 폭 0.35m 이상, 높이 1.8m 이상
    ㉢ 점검문 및 비상문은 승강로 내부로 열리지 않아야 한다.
    ㉣ 문에는 열쇠로 조작되는 잠금장치가 있을 것(승강로 내부에서는 열쇠 없이 열릴 것)

(3) 피트에 출입하는 수단
  ① 피트 깊이가 2.5m를 초과하는 경우에는 피트 출입문이 설치되어야 한다.

② 피트 깊이가 2.5m 이하인 경우에는 피트 출입문 또는 점검자 등 사람이 승강장문에서 쉽게 진입할 수 있는 피트 사다리가 설치되어야 한다.

> **예상문제**
>
> **다음 중 승강로의 구조에 대한 설명으로 옳지 않은 것은?**
> ① 승강로는 안전한 벽 또는 울타리에 의하여 외부공간과 격리되어야 한다.
> ② 사람 또는 물건이 운전 중인 카나 균형추에 접촉하지 않도록 되어야 한다.
> ③ 화재 시 승강로를 거쳐 다른 층으로 연소되지 않아야 한다.
> ④ 승강기의 배관설비 이외의 배관도 승강로에 함께 설치되도록 한다.
>
> **해설**
> ① 하나 이상의 엘리베이터, 덤웨이터, 자재운반 승강기(material lift)가 이동하는 수직통로
> ② 피트와 오버헤드를 포함
> ③ 필요한 배관 설비 이외의 설비는 설치 불가
> ④ 카, 가이드레일, 레일 브래킷, 균형추, 와이어로프, 승강장 도어, 완충기, 조속기, 인장도르래, 안전스위치 등 설치됨
> ⑤ 피트 깊이가 2.5m를 초과하는 경우에는 피트 출입문이 설치되어야 한다.
> ⑥ 피트 깊이가 2.5m 이하인 경우에는 피트 출입문 또는 점검자 등 사람이 승강장문에서 쉽게 진입할 수 있는 피트 사다리가 설치되어야 한다.
>
> **정답 ④**

(4) 승강로의 사용 제한

　① 증기난방 및 고압 온수난방을 제외한 엘리베이터 승강로를 위한 냉·난방설비, 다만, 냉·난방설비의 제어장치 또는 조절장치는 승강로 외부에 있어야 한다.
　② 소방 관련 법령에 따른 화재감지기 본체 및 비상방송용 스피커
　③ 카 내에 설치되는 CCTV의 전선 등 관련 설비
　④ 카 내에 설치되는 모니터의 전선 등 관련 설비

(5) 승강로의 비상통화장치

　승강로에서 작업하는 사람이 갇히게 되어 카 또는 승강로를 통해서 빠져나올 방법이 없는 경우, 이러한 위험이 존재하는 장소에는 비상통화장치가 설치되어야 한다.

05 카

(1) 카는 승객 또는 화물을 태우는 공간이며 일반적으로 승객이 가장 많이 접하는 곳

　① 카 바닥, 카틀, 카 벽, 천장 및 도어 등으로 구성
　② 재질은 1.2mm 이상의 강판을 사용, 도장 또는 스테인리스 스틸
　③ 천정에는 조명, 환기, 비상구시설 등 설치

④ 카 벽에는 층 버튼, 카 도어, 카 내 위치표시, 명판, 운전 조작반, 외부연락장치 등 설치

(2) 카의 높이

① 카 내부의 유효 높이는 2m 이상(자동차용 엘리베이터는 제외)
② 카 출입구의 유효 높이는 2m 이상(자동차용 엘리베이터는 제외)

(3) 카의 유효 면적, 정격하중 및 정원

정격하중, 질량[kg]	최대 카의 유효 면적[m^2]	정격하중, 질량[kg]	최대 카의 유효 면적[m^2]
100[1]	0.37	900	2.20
180[2]	0.58	975	2.35
225	0.70	1,000	2.40
300	0.90	1,050	2.50
375	1.10	1,125	2.65
400	1.17	1,200	2.80
450	1.30	1,250	2.90
525	1.45	1,275	2.95
600	1.60	1,350	3.10
630	1.66	1,425	3.25
675	1.75	1,500	3.40
750	1.90	1,600	3.56
800	2.00	2,000	4.20
825	2.05	2,500[3]	5.00

[주석]
1) 1인승 엘리베이터에 대한 최소
2) 2인승 엘리베이터에 대한 최소
3) 2,500kg을 초과 시에는 추가되는 각 100kg에 대하여 0.16m^2의 면적을 더한다.

(4) 화물용

① 화물용 엘리베이터의 정격하중은 카의 면적 1m^2당 250kg으로 계산한 값 이상
② 자동차용 엘리베이터의 정격하중은 카의 면적 1m^2당 150kg으로 계산한 값 이상

(5) 카의 정원 및 유효면적

정원	최소 카의 유효 면적[m^2]	정원	최소 카의 유효 면적[m^2]
1	0.24	11	1.62
2	0.42	12	1.74
3	0.52	13	1.86
4	0.68	14	1.99
5	0.85	15	2.11
6	1.01	16	2.23
7	1.14	17	2.34
8	1.26	18	2.47
9	1.38	19	2.59
10	1.50	20	2.71

* 정원이 20명을 초과하는 경우에는 추가 승객 당 0.10m^{2}의 면적을 더한다.

(6) 카 조명의 조건

① 카 바닥 및 조작 장치를 50[lx] 이상의 조도로 비출 수 있는 영구적인 전기조명이 설치
② 조명이 백열등 형태일 경우에는 2개 이상의 등이 병렬로 연결
③ 정상 조명전원이 차단될 경우에는 2[lx] 이상의 조도로 1시간 동안 전원이 공급될 수 있는 자동 재충전 예비전원공급장치가 필요
④ 호출버튼 및 비상통화장치 표시
⑤ 램프중심부로부터 2m 떨어진 수직면상

예상문제

승용승강기의 카 내에는 램프 중심으로부터 2[m] 떨어진 수직 면상에서 몇 [lx] 이상의 조도를 확보할 수 있는 예비조명 장치가 있어야 하는가?

① 0.5[lx] ② 1[lx]
③ 2[lx] ④ 3[lx]

해설 카 내에서 행하는 검사
정전 시에 램프중심부로부터 2m 떨어진 수직면상에서 1lx 이상의 조도로 비출 수 있어야 한다.

**정답 ② **

06 도어

(1) 카문의 개방

　① 카문의 강제 개방은 카가 정지되고 도어개폐장치의 전원은 차단되어야 한다.
　② 카문의 개방은 잠금해제 구간에서만 가능해야 하는 규정이다.
　③ 문을 개방하는데 필요한 힘은 300N을 초과하지 않아야 한다.
　④ 정격속도 1m/s를 초과하여 운행 중 카문의 개방은 50N 이상으로 요구된다.

(2) 비상구출문

　① 비상구출 운전 시, 카 내 승객의 구출은 항상 카 밖에서 이루어져야 한다.
　② 비상구출문이 카 천장에 있는 경우, 비상구출구의 크기는 0.35m×0.5m 이상이어야 한다.
　③ 2대 이상의 엘리베이터가 동일 승강로에 설치 시 인접한 카에서 구출할 수 있도록 카 벽에 비상구출문이 설치될 수 있다.
　④ 서로 다른 카사이의 수평거리는 0.75m 이하이어야 한다.
　⑤ 비상구출문의 크기는 폭 0.35m 이상, 높이 1.8m 이상이어야 한다.
　⑥ 비상구출문은 손으로 조작 가능한 잠금장치가 있어야 한다.

예상문제

승객의 구출 및 구조를 위한 카 상부 비상구 출구문의 크기는 얼마 이상이어야 하는가?
① 0.2m×0.2m　　② 0.35m×0.5m
③ 0.5m×0.5m　　④ 0.25m×0.3m

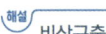 비상구출구
① 비상구출운전으로서 특별히 규정된 경우, 카내에 있는 승객에 대한 구출활동은 항상 카 밖에서 이루어져야 한다.
② 승객의 구출 및 구조를 위해 카 천장에 비상구출구가 있는 경우, 크기는 0.35m×0.5m 이상으로 하여야 한다.
③ 카 밖에서 간단한 조작으로 열 수 있어야 하고, 카 내부에서는 규정된 삼각키르 사용하지 않으면 열 수 없는 구조로 하여야 한다.

정답 ▶▶▶ ②

---

07 기계실

(1) 구비 조건

　① 기계실은 견고한 벽, 천장, 바닥 및 출입문으로 구획되어야 한다.
　② 기계실은 엘리베이터 이외의 목적으로 사용되지 않아야 한다.

③ 엘리베이터 이외 용도의 덕트, 케이블 또는 장치가 설치되지 않아야 한다.
④ 덤웨이터 또는 에스컬레이터 등 승강기의 구동기
⑤ 증기난방 및 고압 온수난방을 제외한 기계실의 공조기 또는 냉·난방을 위한 설비
⑥ 환기를 위한 덕트
⑦ 소방 관련 법령에 따라 기계실 천장에 설치되는 화재감지기 본체, 비상용 스피커 및 가스계 소화설비(제어장치는 제외)

(2) 기계실 크기

① 특히 전기설비의 작업이 쉽고 안전하도록 충분하여야 한다.
② 작업구역에서 유효 높이는 2m 이상이어야 한다.
③ 제어 패널 및 캐비닛 전면의 유효 수평면적은 아래와 같아야 한다.
　㉠ 폭은 0.5m 또는 제어 패널·캐비닛의 전체 폭 중에서 큰 값 이상
　㉡ 깊이는 외함의 표면에서 측정하여 0.7m 이상
④ 수동 비상운전이 필요하다면, 움직이는 부품의 유지보수 및 점검을 위한 유효 수평면적은 0.5m×0.6m 이상이어야 한다.

예상문제

전기실 엘리베이터 기계실의 구비 조건으로 틀린 것은?
① 기계실의 크기는 작업구역에서의 유효 높이는 2.5m 이상이어야 한다.
② 기계실에는 소요설비 이외의 것을 설치하거나 두어서는 안 된다.
③ 유지관리에 지장이 없도록 조명 및 환기 시설은 승강기검사기준에 적합하여야 한다.
④ 출입문은 외부인이 출입을 방지할 수 있도록 잠금장치를 설치하여야 한다.

해설
기계실 구비 조건
① 기계실은 견고한 벽, 천장, 바닥 및 출입문으로 구획되어야 한다.
② 기계실은 엘리베이터 이외의 목적으로 사용되지 않아야 한다.
③ 작업구역에서 유효 높이는 2m 이상이어야 한다.
④ 기계실에는 바닥 면에서 200lx 이상을 비출 수 있는 영구적으로 설치된 전기 조명이 있어야 한다.
⑤ 기계실은 눈·비가 유입되거나 동절기에 실온이 내려가지 않도록 조치되어야 하며 실온은 +5℃에서 +40℃ 사이에서 유지되어야 한다.
⑥ 제어 패널 및 캐비닛 전면의 유효 수평면적은 아래와 같아야 한다.
　• 폭은 0.5m 또는 제어 패널·캐비닛의 전체 폭 중에서 큰 값 이상
　• 깊이는 외함의 표면에서 측정하여 0.7m 이상
⑦ 수동 비상운전이 필요하다면, 움직이는 부품의 유지보수 및 점검을 위한 유효 수평면적은 0.5m×0.6m 이상이어야 한다.

정답 ≫≫ ①

08 안전장치

(1) 전기안전장치 구성

① 접촉기 또는 릴레이-접촉기에 전원을 직접 차단하는 안전접점을 만족하는 1개 이상의 안전접점
② 내·외부의 유도작용 또는 축전효과는 전기안전장치의 고장원인이 되지 않아야 한다.
③ 다른 전기장치로부터 나오는 외부신호에 의해 교란되어 위험한 상황이 초래되지 않아야 한다.

(2) 전기안전장치의 운용

① 전기안전장치는 구동기의 운전 설정을 막거나 구동기를 즉시 정지시켜야 한다.
② 브레이크에 전원공급도 마찬가지로 차단되어야 한다.
③ 릴레이-접촉기는 구동기의 운전을 위해 전원공급을 직접 제어해야 한다.

예상문제

전자접촉기 등의 조작회로를 접지하였을 경우, 당해 전자접촉기 등이 폐로될 염려가 있는 것의 접속방법으로 옳은 것은?

① 코일과 접지측 전선 사이에 반드시 개폐기가 있을 것
② 코일의 일단을 접지측 전선에 접속할 것
③ 코일의 일단을 접지하지 않는 쪽의 전선에 접속할 것
④ 코일과 접지측 전선 상이에 반드시 퓨즈를 설치할 것

해설
원심기 제작 및 안전기준(제5조 관련)
전자접촉기 등의 조작회로는 접지하였을 때 전자접촉기 등이 폐로될 우려가 있는 것은 다음과 같이 한다.
① 코일의 한쪽 끝은 접지측 전선에 접속할 것
② 코일의 접지측 전선과의 사이에는 개폐기 등이 없을 것

정답 ▶▶▶ ②

---

09 엘리베이터 운전제어

(1) 착상 및 재-착상의 제어

① 잠금해제 구간 밖의 모든 카의 움직임은 문 및 잠금 전기안전장치의 브리지나 션트에 설치된 1개 이상의 스위칭 장치에 의해 방지되어야 한다.
② 스위치의 작동이 카에 기계적으로 간접 연결된 장치(로프, 벨트 또는 체인 등)로 파손 또는 늘어지면 전기안전장치가 작동하여 구동기를 정지다.

③ 착상운전 중, 전기안전장치를 무효화시키는 수단은 해당 승강장에 대한 정지신호가 주어진 경우에만 작동되어야 한다.
④ 착상속도는 0.8m/s 이하이어야 한다.
　㉠ 구동기(전원의 고정주파수)의 경우, 저속 운전 제어회로에만 전원이 공급되어야 한다.
　㉡ 기타 다른 구동기의 경우, 잠금해제 구간 도달 순간의 속도는 0.8m/s 이하이어야 한다.
⑤ 재-착상 속도는 0.3m/s 이하이어야 하며, 다음 사항이 확인되어야 한다.
　㉠ 구동기(전원의 고정주파수)의 경우, 저속 운전 제어회로에만 전원이 공급되어야 한다.
　㉡ 전력 변환장치에 전원이 공급되는 구동기는 재-착상 속도는 0.3m/s 이하이어야 한다.

(2) 부하 제어
① 카에 과부하가 발생 시 재-착상을 포함한 정상운행을 방지하는 장치를 설치한다.
② 과부하는 최소 65kg으로 계산하여 정격하중의 10%를 초과하기 전에 검출한다.

(3) 결함확인장치
① 고장분석 및 전기안전장치의 결함확인 기능
② 결함 초기화 및 정상 운행 복귀 기능
③ 유지관리를 위한 조정 및 설정기능
④ 점검 및 검사를 위한 조정 기능
⑤ 월간 기동횟수 및 운행시간 적산 기록·표시 기능

예상문제

로프식 승객용 엘리베이터에서 자동 착상 장치가 고장났을 때의 현상으로 볼 수 없는 것은?
① 고속으로 저속으로 전환되지 않는다.
② 최하층으로 직행 감속되지 않고 완충기에 충돌하였다.
③ 어느 한쪽 방향의 착상오차가 100mm 이상 일어난다.
④ 호출된 층에 정지하지 않고 통과한다.

해설 최소한 카가 미리 설정한 속도에 도달하였을 때 또는 그 이전에 제어불능운행을 하는 것을 감지하여야 하며, 카 또는 카운터웨이트가 완충기에 충돌하기 전에 카를 정지시키도록 하거나 또는 최소한 카 속도를 완충기의 설계속도 이하로 낮추어야 한다.

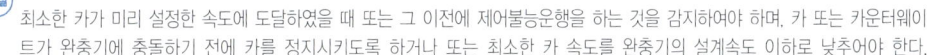

제2절 유압식 엘리베이터

수직에 대해 15° 이하의 경사진 가이드 레일 사이에서 유압잭에 의해 로프 또는 체인으로 현수되는 승객이나 화물을 수송하기 위한 카를 정해진 승강장으로 운행시키기 위한 유압식 엘리베이터

01 허용응력 및 안전율

$$\sigma_{perm} = \frac{R_m}{S_t}$$

여기서, σ_{perm} : 허용응력[N/mm²]

R_m : 인장강도[N/mm²]

S_t : 안전율

예상문제

승강기에 많이 사용하는 가이드레일의 허용응력은 원칙적으로 몇 [kgf/cm²]인가?
① 1000kgf/cm²   ② 1450kgf/cm²
③ 2100kgf/cm²   ④ 2400kgf/cm²

해설
① 가이드레일의 허용응력은 2400[]kgf/cm²이다.
② 가이드레일 하용응력 및 안전율
 • $\sigma_{perm} = \frac{R_m}{S_t}$ (R_m : 인장강도[N/mm²], S_t : 안전율)
 • 안전율 = $\frac{인장강도}{허용응력}$

정답 ④

▶ **가이드 레일에 대한 안전율**

하중	연신율(A5)	안전율
정상 사용 하중	A5 ≥ 12%	2.25
	8% ≤ A5 ≤ 12%	3.75
비상정지장치 작동	A5 ≥ 12%	1.8
	8% ≤ A5 ≤ 12%	3.0

① 현수로프의 안전율 12 이상
② 현수체인의 안전율 10 이상
③ 가용성 호스의 안전율 8 이상

예상문제

플런저 선단에 도르래를 놓고 로프 또는 체인을 통해 카를 올리고 내리는 유압엘리베이터 종류는?
① 직접식   ② 팬터 그래프식
③ 간접식   ④ 실린더식

해설 팬터 그래프식
① 카를 플런저에 의해 팬터 그래프를 승강하는 방식   ② 별도의 비상정지장치가 필요하지 않음
③ 승강로 소요면적 치수가 작아도 됨.   ④ 공장이나 창고에서 작업용으로 사용

정답 ③

02 로프 및 체인의 최소 가닥

① 간접식 엘리베이터의 : 잭 당 2가닥
② 카와 평형추 사이의 연결 : 잭 당 2가닥
  ※ 로프와 체인은 독립적일 것

03 실린더(cylinder)

① 유체에너지를 이용하여 기계적 에너지로 변환 시 직선운동 하는 장치
② 실린더의 안전율은 4 이상(취성금속을 사용 시 10으로 함)
③ 간접식에서 로핑(roping)으로 1 : 2, 1 : 4, 2 : 4 방법으로 설치
④ 실린더의 길이는 승강행정의 1/2, 1/4배 여유 길이

예상문제

유압식 엘리베이터에서 실린더의 일반적인 구조기준은 안전율 몇 이상이어야 하는가?
① 2   ② 4   ③ 8   ④ 10

해설 실린더(cylinder)
① 유체에너지를 이용하여 기계적 에너지로 변환 시 직선운동 하는 장치
② 실린더의 안전율은 4이상 (취성금속을 사용 시 10으로 함)
③ 간접식에서 로핑(roping)으로 1 : 2, 1 : 4, 2 : 4 방법으로 설치
④ 실린더의 길이는 승강행정의 1/2, 1/4배 여유 길이

정답 ②

04 플런저(plunger)

① 플런저에 도르래를 설치하여 로프 또는 체인을 이용한(roping) 카를 승강함
② 기계적 이탈방지를 위해 외부에 기계적 정지장치를 설치한 경우 합성력이 잭의 중심부에 가해지도록 설치

예상문제

유압엘리베이터의 플런저에 대한 설명으로 옳은 것은?
① 플런저에 걸리는 하중이 클수록 그 단면적은 커지므로, 재료는 두꺼운 강관이 사용된다.
② 플런저에 작용하는 총 하중이 크면 클수록 그 단면은 작아진다.
③ 플런저의 표면은 연마를 하는 경우의 표면 거칠기는 10~30(μm)정도이다.
④ 탄소강 강관의 이음매가 없는 것이 사용되며 두께는 50~60cm 정도이다.

해설
플런저(plunger)
① 플런저에 도르래를 설치하여 로프 또는 체인을 이용한(roping) 카를 승강함
② 기계적 이탈방지를 위해 외부에 기계적 정지장치를 설치한 경우 합성력이 잭의 중심부에 가해지도록 설치
③ 플런저에 걸리는 하중이 클수록 그 단면적은 커지므로, 재료는 두꺼운 강관이 사용

정답 ① ①

05 파워유닛(펌프, 주모터, 유량제어 밸브 등) 구성요소

① 유압파워유닛 및 제어기(펌프유량제어밸브, 안전밸브, 체크밸브 혹은 모터를 주된 구성요소로 하는 유닛)는 승강기 카마다 설치하고 또한 진동 등에 의하여 전도 또는 이동하지 않도록 해야 함
　㉠ 모터
　㉡ 펌프
　㉢ 밸브 블록
　㉣ 유압 어큘뮬레이터
　㉤ 안전밸브
　㉥ 오일 쿨러
　㉦ 오일 필터
　㉧ 스트레이너
　㉨ 오일탱크
　㉩ 사일렌서
　㉪ 유량제어
　㉫ 압력계

예상문제

유압식 엘리베이터의 유압 파워유니트(Power unit)의 구성 요소가 아닌 것은?
① 펌프
② 유압실린더
③ 유량제어밸브
④ 체크밸브

해설 유압 파워유니트
펌프, 전동기, 안전밸브, 상승용 유량제어밸브, 체크밸브, 하강용 유량제어벨브, 유량탱크, 스트레이너, 스톱밸브, 사일렌서, 보온장치 등으로 구성
• 실린더 : 유체에너지를 이용하여 기계적 에너지로 변환 시 직선운동하는 장치

정답 ›››②

밸브

(1) 상승용 유량 제어 밸브

　① 펌프의 압력으로 유체는 실린더로 흘러가고 일부는 상승용 전자밸브로 유량 제어 밸브를 통한 오일탱크로 귀환
　② 귀환 하는 유량을 제어해 실린더로 흐르는 유량을 간접적 제어하는 밸브

(2) 체크 밸브(check vale)

　① 어느 한쪽에서 유체가 공급되어 흐르도록 하는 밸브로 역방향은 유체가 차단됨
　② 체크 밸브기능은 로프식 승강기의 전자 브레이크기능과 흡사 함

예상문제

유압 승강기의 안전밸브에 관한 설명으로 옳지 않은 것은?
① 사용압력의 1.25배를 초과하기 전에 작동하여 1.5배를 초과하지 않는다.
② 점검은 수동정지밸브를 차단하고 펌프를 강제 가동시켜 점검한다.
③ 체크밸브는 펌프가 정지되었을 때 카가 자연 상승하는 것을 점검한다.
④ 카의 상승 시 유입이 증대되었을 때 자동적으로 작동되어 회로를 보호한다.

해설 체크밸브(check vale)
① 어느 한쪽에서 유체가 공급되어 흐르도록 하는 밸브로 역방향은 유체가 차단됨
② 체크밸브기능은 로프식 승강기의 전자 브레이크기능과 흡사 함

정답 ›››③

(3) 하강용 유량 제어 밸브

　① 카의 하강 시 실린더에서 오일탱크로 귀환하는 유체를 제어하는 밸브
　② 이상현상 또는 정전으로 층사이에 운행을 멈추었을 때 수동식 하강밸브가 부착되어 있어 밸브를 열어 카 자중의 힘으로 안전하게 하강할 수 있음

(4) 스톱밸브(stop valve)
① 유압파워 유니트에서 액추에이터 사이 설치하는 수동조작밸브
② 수동조작밸브를 닫으므로 액추에이터에서 오일탱크로 귀환하는 유체를 제어
③ 소유량을 미세하게 조절할 수 있음
④ 유압장치의 점검, 유지보수 및 수리 시 작동

07 기계실

(1) 구비 조건
① 기계실은 견고한 벽, 천장, 바닥 및 출입문으로 구획되어야 한다.
② 기계실은 엘리베이터 이외의 목적으로 사용되지 않아야 한다.
③ 기계실 바닥은 콘크리트 또는 체크 플레이트 등의 미끄러지지 않은 재질로 마감한다.
④ 덤웨이터 또는 에스컬레이터 등 승강기의 구동기
⑤ 증기난방 및 고압 온수난방을 제외한 기계실의 공조기 또는 냉·난방을 위한 설비
⑥ 환기를 위한 덕트
⑦ 소방 관련 법령에 따라 기계실 천장에 설치되는 화재감지기 본체, 비상용 스피커 및 가스계 소화설비(제어장치는 제외)

예상문제

승강기 기계실에 설비되어서는 안 되는 것은?
① 승강기 제어반 ② 환기설비
③ 옥탑 물탱크 ④ 조속기

해설 기계실 구조
① 기계실의 면적은 승강로 투영면적의 2배 이상
② 기계실의 바닥·벽 및 천장은 내화구조 또는 방화구조로 양호하게 유지
③ 기계실 온도는 5℃에서 +40℃ 이하를 유지(기준 온도이상 시 제어장치 오작동)
④ 기계실에는 바닥 면에서 200lx 이상을 비출 수 있는 영구적으로 설치된 전기 조명
⑤ 수전반 및 제어반
⑥ 제동기, 조속기, 전동기 및 권상기

정답 ≫≫ ③

(2) 기계실 크기
① 특히 전기설비의 작업이 쉽고 안전하도록 충분하여야 한다.
② 작업구역에서 유효 높이는 2m 이상이어야 한다.
③ 제어 패널 및 캐비닛 전면의 유효 수평면적은 아래와 같아야 한다.
㉠ 폭은 0.5m 또는 제어 패널·캐비닛의 전체 폭 중에서 큰 값 이상
㉡ 깊이는 외함의 표면에서 측정하여 0.7m 이상
④ 수동 비상운전이 필요하다면, 움직이는 부품의 유지보수 및 점검을 위한 유효 수평면적은 0.5m×0.6m 이상이어야 한다.
⑤ 출입문은 폭 0.7m 이상, 높이 1.8m 이상의 금속제 문이어야 하며 기계실 외부로 완전히 열리는 구조이어야 한다.

08 안전장치를 설치 운영

① 엘리베이터의 운행은 점검문 및 비상문이 닫힘 위치에 있을 때 자동으로 가능하여야 한다. 이 목적을 위해 전기안전장치가 사용되어야 한다.
② 피트 사다리가 펼쳐진 위치에서 엘리베이터의 움직이는 부품과 충돌할 위험이 있는 경우에는 사다리가 보관위치에 있지 않을 때 엘리베이터의 운행을 막는 전기안전장치가 있어야 한다.
③ 기계적인 장치가 작동위치에 있는 경우에는 전기안전장치에 의해 카의 모든 움직임은 보호되어야 한다.
④ 승강장문이 닫힌 상태를 확인하는 전기안전장치가 있어야 한다.
⑤ 자동 동력 작동식문이 닫히는 동안 사람이 끼이거나 끼이려고 할 때 자동으로 문이 반전되어 열리는 문닫힘 안전장치가 있어야 한다.
⑥ 카 비상정지장치가 작동될 때, 카에 설치된 전기안전장치에 의해 비상정지장치가 작동하기 전 또는 작동순간에 구동기의 정지가 시작되어야 한다.
⑦ 조속기 또는 다른 장치는 전기안전장치에 의해 늦어도 조속기 작동속도에 도달하기 전에 구동기의 정지를 시작하여야 한다.
⑧ 로프(또는 체인)가 이완될 때 전기안전장치에 의해 구동기를 정지시키고 정지 상태를 유지시켜야 한다.
⑨ 바닥맞춤 보정장치 : 카의 정지시에 있어서 자연하강을 보정하기 위한 바닥맞춤 보정장치(착상면을 기준으로 하여 75mm 이내의 위치)

예상문제

유압 엘리베이터에서 카가 정지할 때, 자연하강을 보정하기 위한 바닥맞춤보정장치를 설치하는데, 착상면을 기준으로 몇 [mm] 이내의 위치에서 보정할 수 있어야 하는가?

① 45mm ② 55mm ③ 65mm ④ 75mm

해설 바닥맞춤 보정장치
카의 정지시에 있어서 자연하강을 보정하기 위한 바닥맞춤보정장치(착상면을 기준으로 하여 75mm 이내의 위치)

정답 》》 ④

제3절 에스컬레이터

일정한 통로에 승객을 수송하기 위해 설치되는 경사지게 연속으로 움직이는 계단형 에스컬레이터

01 에스컬레이터의 구조 및 강도

① 전동기
② 구동기
③ 구동체인
④ 핸드레일
⑤ 스텝
⑥ 스텝레일
⑦ 트러스
⑧ 제어반

- 경사도는 30°를 초과하지 않아야 한다.(높이 6m 이하, 공칭속도 0.5m/s 이하에서는 경사도 35°까지)
- 에스컬레이터 속도는 0.75m/s 이하이어야 한다.
- 스텝의 공칭 폭은 0.58m 이상, 1.1m 이하이어야 한다.
- 트러스는 에스컬레이터 자중에 5,000N/m² 의 정격하중을 더한 부하를 견디도록 한다.
- 고정은 보호벽(패널) 정하중의 2배 이상을 견디는 방법으로 설계되어야 한다.
- 스텝, 팔레트 및 벨트는 6,000N/m² 에 균일하게 분포된 하중을 견디도록 한다.

- 스텝 라이저는 25cm²의 면적 표면에 1,500N의 하중을 가할 때 휨은 4mm 이하로 한다.
- 팔레트는 1m²의 팔레트 면적에 7,500N(강판 무게 포함)의 힘을 가하여 휨에 대해 시험되어야 한다.

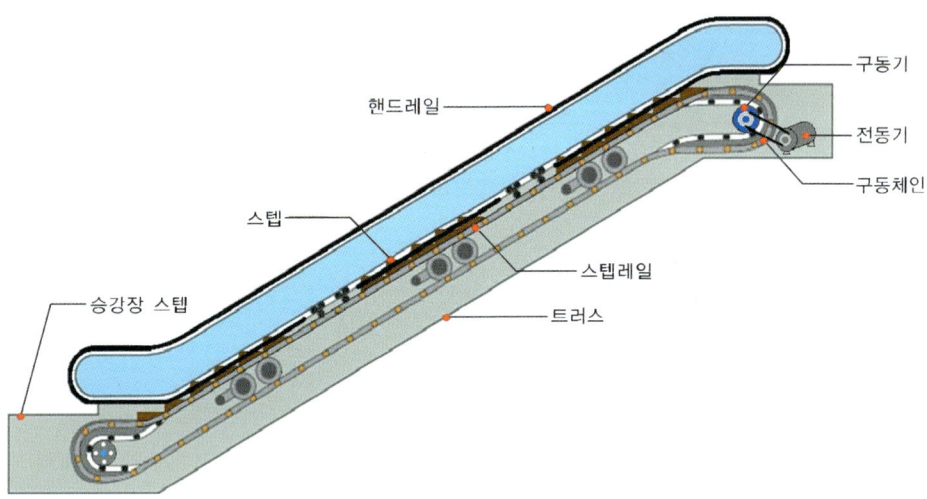

→ 에스컬레이터 구조

예상문제

다음 중 에스컬레이터의 일반구조에 대한 설명으로 옳지 않은 것은?
① 일반적으로 경사도는 30도 이하로 하여야 한다.
② 핸드레일의 속도가 디딤바닥과 동일한 속도를 유지하도록 한다.
③ 디딤바닥의 정격속도는 30m/min 이상이어야 한다.
④ 물건이 에스컬레이터의 각 부분에 끼이거나 부딪치는 일이 없도록 안전한 구조이어야 한다.

해설 속도에 의한 분류
① 디딤판의 정격속도 30m/min 이하
② 경사도 30° 이하 수평에서는 0.75m/s 이하, 35° 이하 수평에서는 0.5m/s 이하
③ 경사도가 8° 이하의 속도는 50m/min

정답 ▶▶▶ ③

02 허용응력 및 안전율

① 에스컬레이터의 모든 구동부품의 안전율은 정적 계산으로 5 이상이어야 한다.
② 스텝체인은 담금질한 강철에 대하여 5 이상이어야 한다.
③ 연결부를 포함한 벨트의 안전율은 동적인 힘에 대하여 5 이상이어야 한다.
④ 구동체인은 하중 및 충격에 견딜 수 있는 강도로 안전율을 10 이상이어야 한다.

예상문제

다음 중 에스컬레이터 디딤판 체인 및 구동 체인의 안전율로 알맞은 것은?

① 5 이상 ② 7 이상
③ 8 이상 ④ 10 이상

에스컬레이터부분	안전율
트러스 및 빔	5
디딤판 체인 및 구동체인	10
벨트식 디딤판 및 연결부재	7

정답 ④

03 안전장치

(1) 구동체인 안전장치(D.C.S)

① 구동체인이 늘어짐 또는 절단되었을 때 동력을 차단하고 역회전을 기계적 방지하는 장치
② 안전스위치의 설치로 안전장치의 동작과 동시에 전기적으로 전원을 차단(수동복귀형)

(2) 스텝 체인 안전장치(T.C.S)

① 스텝 체인의 심하게 늘어남과 파단으로 인한 전동기의 전원을 차단하고 기계적인 브레이크를 작동시켜 운행정지를 시키는 장치
② 이 장치의 스위치는 수동으로 재설정하는 방식일 것

예상문제

에스컬레이터에서 스텝 체인은 일반적으로 어떻게 구성되어 있는가?

① 좌·우 각 1개씩 있다.   ② 좌·우 각 2개씩 있다.
③ 좌측에 1개, 우측에 2개 있다.   ④ 좌측에 2개, 우측에 1개 있다.

 ① 체인 재료의 강도는 에스컬레이터 폭이 넓고, 운행길이가 길수록 기계적 강도가 클 것
② 스텝체인의 일정한 결합간격을 위하여 일정한 간격으로 스텝측에 연결하고, 스텝측 좌·우단에 각 1개씩 스텝의 전륜에 부착
③ 안전율은 에스컬레이터가 승객하중과 인장장치의 인장력을 더한 하중을 운반할 때 체인이 받는 정적인 힘 사이의 비율로 결정
④ 스텝 체인의 안전율을 10 이상으로 규정

정답 ①

(3) 핸드레일 인입구 안전장치(T.I.S)
    ① 핸드레일 인입구 또는 위·아래면 승객의 손이나 이물질이 말려들어가는 것을 방지
    ② 핸드레일 인입방향으로만 작동하고, 난간으로 진입하는 인입구에 설치
    ③ 이 장치의 스위치는 자동 복귀하는 방식을 사용

(4) 머신 브레이크(machine brake)
    ① 에스컬레이터의 비상 시 등으로 운행정지 상태에서 에스컬레이터의 움직이고자 하는 관성에서 절대 정지시키기 위한 장치

(5) 역행방지장치(reversal stop)
    ① 에스컬레이터의 운행방향과 역행하는 것을 방지를 위한 역행방지장치를 설치
    ② 이 장치는 반드시 키 작동스위치에 의하여 재 기동 되도록 함
    ③ 상승방향으로 운행하는 동안 역방향으로 역 구동 하는 경우 구동전동기 및 제동기의 전원을 차단

(6) 비상정지버튼(emergency stop button)
    ① 승강장에서 비상 시 또는 점검할 때 디딤판의 승강을 강제로 정지시킬 수 있는 장치
    ② 비상정지버튼을 설치하는 위치는 비상 시 쉽게 작동할 수 있는 상하 승강장의 이입구
    ③ 층고가 12m 초과 시 비상정지버튼 추가설치(비상정지버튼의 간격은 15m 초과할 수 없음)
    ④ 비상정지버튼의 색상은 "적색", 부근에는 "정지" 표시 할 것
    ⑤ 어린이 등 장난에 의한 오조작을 방지하기 위한 덮개를 설치하며, 비상 시 쉽게 열수 있는 구조로 할 것

CHAPTER 01

승강기 제작기준
출제예상문제

01 유압 엘리베이터에서 카가 정지할 때, 자연 하강을 보정하기 위한 바닥맞춤보정장치를 설치하는데, 착상면을 기준으로 몇 [mm] 이내의 위치에서 보정할 수 있어야 하는가?

① 45mm ② 55mm
③ 65mm ④ 75mm

해설 바닥맞춤 보정장치
카의 정지시에 있어서 자연하강을 보정하기 위한 바닥맞춤보정장치(착상면을 기준으로 하여 75mm 이내의 위치)

02 다음 중 에스컬레이터 디딤판 체인 및 구동체인의 안전율로 알맞은 것은?

① 5 이상 ② 7 이상
③ 8 이상 ④ 10 이상

해설

에스컬레이터부분	안전율
트러스 및 빔	5
디딤판 체인 및 구동체인	10
벨트식 디딤판 및 연결부재	7

03 카측의 총중량이 2400kgf이고, 카 주 2본의 단면적이 24cm²일 때 카 주의 안전율은? (단, 파단강도는 4100kgf/cm²이다.)

① 37 ② 41
③ 45 ④ 48

해설
① 허용응력 = $\dfrac{W}{A} = \dfrac{2400}{24} = 100$

 (허용응력 = $\dfrac{하중}{단면적}$)

② 안전율 = $\dfrac{인장강도}{허용응력} = \dfrac{4100}{100} = 41$

04 에스컬레이터의 제어장치에 관한 설명 중 옳지 않은 것은?

① 방화셔터가 핸드레일 반환부의 선단에서 2m 이내에 있는 에스컬레이터는 그 셔터와 연동하여 작동해야 한다.
② 전원의 상이 바뀌면 주행을 멈출 수 있는 장치가 필요하다.
③ 제어반의 각종 단자나 부품의 상태가 양호한지 확인한다.
④ 감속기의 오일 온도가 60℃를 넘을 경우 정지장치가 필요하다.

해설 오일 온도 규정이 없음

Answer
01 ④ 02 ④ 03 ② 04 ④

05 로프식 승강기에 필요하지 않은 안전장치는?

① 핸드레일 안전장치
② 완충기
③ 조속기
④ 화이널리미트스위치

해설 에스컬레이터의 구조
전동기, 구동기, 구동체인, 핸드레일, 스텝, 스텝레일 트러스 등
① 스텝을 구동시키는 주 구동장치와 핸드레일을 구동시키는 장치의 연동되어 있어 구동 시 속도가 같을 것
② 스텝면에서 수직으로 높이 600mm의 위치에 설치하고, 핸드레일 내측거리는 1.2m 이하로 하며, 하강 중 약 15kg의 힘으로 가하여 잡아도 멈추지 않을 것

06 승강기에 많이 사용하는 가이드레일의 허용응력은 원칙적으로 몇 [kgf/cm²]인가?

① 1000kgf/cm² ② 1450kgf/cm²
③ 2100kgf/cm² ④ 2400kgf/cm²

해설 가이드 레일의 허용응력은 2400(kg/cm²)이다.
- 가이드레일 허용응력 및 안전율
  - $\sigma_{perm} = \dfrac{R_m}{S_t}$
    여기서, R_m : 인장강도, 안전율 : S_t
  - 안전율 = $\dfrac{인장강도}{허용응력}$

07 승강장 출입구 바닥 앞부분과 카 바닥 앞부분과의 틈의 너비는 몇 [cm] 이하로 하여야 하는가?

① 2   ② 3
③ 4   ④ 5

해설 정지층 실간격은 승강장 출입구 바닥 앞부분과 카 바닥 앞부분과의 틈의 너비는 4cm 이하이어야 한다.

08 다음 중 에스컬레이터의 일반구조에 대한 설명으로 옳지 않은 것은?

① 일반적으로 경사도는 30도 이하로 하여야 한다.
② 핸드레일의 속도가 디딤바닥과 동일한 속도를 유지하도록 한다.
③ 디딤바닥의 정격속도는 30m/min 이상이어야 한다.
④ 물건이 에스컬레이터의 각 부분에 끼이거나 부딪치는 일이 없도록 안전한 구조이어야 한다.

해설 속도에 의한 분류
① 디딤판의 정격속도 30m/min 이하
② 경사도 30° 이하 수평에서는 0.75m/s 이하, 35° 이하 수평에서는 0.5m/s 이하
③ 경사도가 8° 이하의 속도는 50m/min

09 정전으로 인하여 카가 정지될 때 점검자에 의해 주로 사용되는 밸브는?

① 하강용 유량제어 밸브
② 스톱 밸브
③ 릴리프 밸브
④ 체크 밸브

해설 하강용 유량 제어 밸브
① 카의 하강 시 실린더에서 오일탱크로 귀환하는 유체를 제어하는 밸브
② 이상현상 또는 정전으로 층사이에 운행을 멈추었을 때 수동식 하강밸브가 부착되어 있어 밸브를 열어 카 자중의 힘으로 안전하게 하강할 수 있음

Answer
05 ①   06 ④   07 ③   08 ③   09 ①

10 엘리베이터용 주로프는 일반 와이어로프에서 볼 수 없는 몇 가지 특징이 있다. 이에 해당되지 않는 것은?

① 반복적인 벤딩에 소선이 끊어지지 않을 것
② 유연성이 클 것
③ 파단강도가 높을 것
④ 마모에 견딜 수 있도록 탄소량을 많게 할 것

해설 탄소량이 적은 것은 연질이고, 강도가 작고, 가연성이 크며, 구힘이 용이하게 되는 반면 탄소량이 많으면 경도와 강도가 증대되나 신도는 감소하게 된다.

11 로프의 미끄러짐 현상을 줄이는 방법으로 틀린 것은?

① 권부각을 크게 한다.
② 가감속도를 완만하게 한다.
③ 보상체인이나 로프를 설치한다.
④ 카 자중을 가볍게 한다.

해설 로프 제동장치
- 승강기 추락시 카의 미끄러짐이나 떨어짐을 방지하는 비상제동장치
- 로프와 견인 시브의 마찰력 저하로 인해 로프의 미끄러짐이나 제동장치의 불량으로 서서히 미끄러져 이동되거나 하강방향 또는 상승방향으로 떨어질 (균형추가 아래로 떨어짐)때 제동장치가 작동되어 승강기의 추락을 방지해 주는 안전장치이다.
① 권부각(로프를 감는 각도)이 클수록 로프의 미끄러짐을 줄일 수 있다.
② 가감속도가 작을수록 로프의 미끄러짐을 줄일 수 있다.
③ 보상체인이나 로프를 설치하여 미끄러짐을 줄인다.

12 엘리베이터의 승강장 문은 닫혀있을 경우 승강장에서 몇 [cm] 이상 열려지지 않아야 하는가? (단, 상하개폐문 및 중앙개폐문이 아니며, 화물용 상승 개폐문이 아닌 경우이다.)

① 1cm ② 2cm
③ 3cm ④ 5cm

해설
① 상하개폐문 및 중앙개폐문의 경우에는 5cm 이내까지 닫혔을 때 기동하고, 승강장에서는 5cm 이상 열려지지 않아야 한다.
② 기타의 문의 경우에는 2cm 이내까지 닫혀졌을 때 기동하고, 승강장에서는 2cm 이상 열려지지 않아야 한다.

13 에스컬레이터에서 스텝 체인은 일반적으로 어떻게 구성되어 있는가?

① 좌우 각 1개씩 있다.
② 좌우 각 2개씩 있다.
③ 좌측에 1개, 우측에 2개 있다.
④ 좌측에 2개, 우측에 1개 있다.

해설
① 체인 재료의 강도는 에스컬레이터 폭이 넓고, 운행길이가 길수록 기계적 강도가 클 것
② 스텝체인의 일정한 결합간격을 위하여 일정한 간격으로 스텝에 연결하고, 스텝측 좌·우단에 각 1개씩 스텝의 전륜에 부착
③ 안전율은 에스컬레이터가 승객하중과 인장장치의 인장력을 더한 하중을 운반할 때 체인이 받는 정적인 힘 사이의 비율로 결정
④ 스텝 체인의 안전율을 10 이상으로 규정

Answer
10 ④ 11 ④ 12 ② 13 ①

14 유압 승강기의 안전밸브에 관한 설명으로 옳지 않은 것은?

① 사용압력의 1.25배를 초과하기 전에 작동하여 1.5배를 초과하지 않는다.
② 점검은 수동정지밸브를 차단하고 펌프를 강제 가동시켜 점검한다.
③ 체크밸브는 펌프가 정지되었을 때 카가 자연 상승하는 것을 점검한다.
④ 카의 상승 시 유입이 증대되었을 때 자동적으로 작동되어 회로를 보호한다.

해설 체크밸브(check vale)
① 어느 한쪽에서 유체가 공급되어 흐르도록 하는 밸브로 역방향은 유체가 차단됨
② 체크밸브기능은 로프식 승강기의 전자 브레이크 기능과 흡사 함

15 장애인용 엘리베이터에서 비접촉식 문 닫힘 안전장치를 설치할 경우, 바닥면 위 몇 [m] 높이의 물체를 감지할 수 있어야 하는가?

① 0.3[m] 이하　② 0.3~1.4[m]
③ 1.4~1.7[m]　④ 1.7[m] 이상

해설 문닫힘 안전장치(세이프티슈)를 비접촉식으로 설치한 경우 바닥면에서 0.3m~1.4m사이의 물체를 감지할 수 있도록 설치해야 한다.

16 에스컬레이터의 하중시험을 하고자 할 때 옳은 방법은?

① 적재하중 50%의 하중을 싣고 운행
② 적재하중 100%의 하중을 싣고 운행
③ 적재하중 110%의 하중을 싣고 운행
④ 적재하중을 싣지 않고 운행

해설 하중시험
3가지 경우에 각기 정격전압 및 정격주파수에서 속도 및 전류를 측정
① 하중을 싣지 않은 경우
② 정격하중의 100%의 하중을 실은 경우
③ 정격하중의 110%의 하중을 실은 경우

17 에스컬레이터의 디딤판과 스커트 가드와의 틈새는 양쪽 모두 합쳐서 최대 얼마이어야 하는가?

① 5[mm] 이하　② 7[mm] 이하
③ 9[mm] 이하　④ 10[mm] 이하

해설 스커트 가드 안전장치(S.G.S)
① 승강구의 가까운 위치에서 사람이나 이물질이 디딤판 측면과 스커트가드와의 사이에 강하게 끼이는 경우 구동 전동기 및 브레이크의 전원을 차단하는 장치
② 디딤판 수평구간에 위치하며, 보통 콤플레이트 앞 곡선부 상하 양 측면에 설치하고, 추가 설치 시에는 중간지점의 좌우에 설치 할 것
③ 스커트가드와 디딤판과의 틈새는 승강로의 총길이에 걸쳐서 한쪽이 4mm 이하이어야 한다.(양쪽 합쳐서 7mm 이하)

18 엘리베이터의 카(car) 구조에 대한 설명으로 틀린 것은?

① 카 내부는 구조상 경미한 부분을 제외하고는 불연재료로 만들거나 씌워야 한다.
② 카 천장에 설치된 비상구출구는 카 내에서 열 수 없도록 잠금장치를 갖추어야 한다.
③ 카 벽에 설치된 비상구출구는 카 안쪽으로만 열리도록 하여야 한다.
④ 2개의 문이 설치된 경우에는 2개의 문이 동시에 열려 통로로 사용되는 구조이어야 한다.

해설 카문 및 승강장문에는 2개 이상의 출입구를 설치할 수 있으나, 2개의 문이 동시에 열려 통로로 사용되는 구조이어서는 아니 된다.

Answer
14 ③　15 ②　16 ④　17 ②　18 ④

19 승용승강기의 카 내에는 램프 중심으로부터 2[m] 떨어진 수직 면상에서 몇 [lx] 이상의 조도를 확보할 수 있는 예비조명 장치가 있어야 하는가?

① 0.5[lx]　　② 1[lx]
③ 2[lx]　　　④ 3[lx]

해설 카 내에서 행하는 검사
정전 시에 램프중심부로부터 2m 떨어진 수직면상에서 1lx 이상의 조도로 비출 수 있어야 한다.

20 수평보행기 디딤판의 속도에 관한 기준으로 맞는 것은?

① 경사도가 6° 이하의 것은 속도 60m/min 이하
② 경사도가 6° 이하의 것은 속도 50m/min 이하
③ 경사도가 8° 이하의 것은 속도 50m/min 이하
④ 경사도가 8° 이하의 것은 속도 60m/min 이하

해설 수평 보행기의 구조
① 디딤판이 금속체인 팔레트식과 디딤판이 고무 벨트로 만든 고무 벨트식이 있다.
② 일반적인 내측판간 거리는 0.8~1.2m, 핸드레일 간격은 1.25m 이하
③ 경사각은 12° 이하(디딤판의 고무 및 가공으로 미끄러지기 어려운 재질 : 15°이하)
④ 경사각에 따른 속도는 8° 이하 50m/min 이하(단 8° 초과 시 40m/min 이하)
⑤ 비상스위치는 사고 발생 시 즉시 작동을 위해 승강구 인입구 쪽에 설치하며, 표시할 것
⑥ 인·출입표시를 반드시 할 것(수평 보행기라 오판으로 인한 사고 유발)

21 양중기의 와이어 로프로 사용할 수 있는 것은?

① 이음매가 있는 것
② 와이어 로프의 한 가닥에서 소선의 수가 10~20%정도 절단된 것
③ 지름의 감소가 공칭 지름의 5%인 것
④ 꼬인 것

해설 와이어로프(주로프)
① 주로프의 공칭직경은 12mm 이상 되어야 하고, 제3본 이상(권동식은 2본 이상)의 와이어로프를 사용하며, 안전율은 10 이상이다.
② 주로프의 한 가닥에서 소선의 수가 10% 이상 절단되어 있지 않을 것
③ 지름의 감소가 공칭지름의 7% 미만일 것

22 조속기(Governor) 로프의 안전율은 얼마이어야 하는가?

① 2 이상
② 3 이상
③ 8 이상
④ 5 이상

해설 조속기 로프 및 도르래 구비조건
① 조속기 로프의 공칭지름의 6mm 이상, 안전율은 최소 8 이상
② 마찰 정지형 조속기의 경우 마찰계수가 0.2로 고려하여 인장력 계산
③ 도르래의 피치지름과 로프의 공칭지름의 비를 30 이상

Answer
19 ②　20 ③　21 ③　22 ③

23 가이드 레일에 대한 설명으로 맞지 않은 것은?

① 카의 기울어짐을 방지
② 15~20년 경과 시 교체
③ 카와 균형추의 승강로내 위치규제
④ 비상정지장치 작동 시 수직하중을 유지

해설 가이드 레일의 규격
① 레일 호칭은 마무리 가공 전 소재의 1m당 중량으로 한다.
② 보통 T형 레일 공칭은 8K, 13K, 18K, 24K(대용량 엘리베이터에서는 37K, 50K)
③ 레일의 표준길이는 5m이다.
④ 가이드 레일의 허용응력은 2400(kg/cm2)이다.
⑤ 카의 기울어짐 방지 또는 비상정지장치가 작동 때 수직하중 유지

24 에스컬레이터의 이동식 핸드레일은 하강운전 중 상부 승강장에서 사람이 수평으로 약 몇 N정도의 힘으로 당겨도 정지하지 않아야 하는가?

① 127
② 137
③ 147
④ 157

해설 ① 이동식 핸드레일의 경우, 운행 전구간에서 디딤판과 핸드레일의 속도차는 0~2% 이하이어야 한다.
② 이동식 핸드레일은 하강운전중 상부 승강장에서 수평으로 약 147N 정도의 사람의 힘으로 당겨도 정지하지 않아야 한다.
③ 고정식 핸드레일의 경우에 난간과 손잡이의 설치 상태는 안전하고 견고하여야 한다.
④ 핸드레일의 외피 및 내피는 파단이나 핸드레일구동롤러 등에 의해 마찰 시 미끄러짐이 발생하는 정도의 손상이 없어야 한다.
⑤ 승강장에서는 물체가 쉽게 끼어 들어가지 않도록 디딤판과 콤(Comb)의 물림량은 6mm 이상(벨트방식의 경우에는 4mm 이상)이어야 하고, 맞물리는 부분의 틈새는 4mm 이하이어야 한다.
⑥ 디딤판 상호간의 틈새는 승강로의 총길이에 걸쳐서 6mm 이하이어야 한다.
⑦ 스커트가드와 디딤판과의 틈새는 승강로의 총길이에 걸쳐서 한쪽이 4mm 이하이어야 한다.
⑧ 승강장의 폭은 핸드레일 중심선간의 거리 이상이어야 한다.
⑨ 승강장의 길이는 난간 끝단에서 진행방향으로 2.5m 이상이어야 한다.

25 경사각이 6° 이하인 경우를 제외한 수평보행기 디딤면의 폭은?

① 560mm 이상, 1020mm 이하
② 580mm 초과, 1020mm 미만
③ 580mm 이상, 1050mm 이하
④ 580mm 초과, 2050mm 미만

해설 스텝의 깊이는 380mm 이상. 공칭 폭은 580mm 이상~1100mm 이하(경사도 6° 이하 수평보행기에는 폭 1650mm 까지 허용)

26 유압식 엘리베이터에서 실린더의 일반적인 구조기준은 안전율 몇 이상이어야 하는가?

① 2
② 4
③ 8
④ 10

해설 실린더(cylinder)
① 유체에너지를 이용하여 기계적 에너지로 변환 시 직선운동 하는 장치
② 실린더의 안전율은 4이상 (취성금속을 사용 시 10으로 함)
③ 간접식에서 로핑(roping)으로 1 : 2, 1 : 4, 2 : 4 방법으로 설치
④ 실린더의 길이는 승강행정의 1/2, 1/4배 여유 길이

Answer
23 ② 24 ③ 25 ③ 26 ②

27 카 실(cage)의 구조에 관한 설명 중 옳지 않은 것은?

① 승객용 카의 출입구에는 정전기 장애가 없도록 방전코일을 설치하여야 한다.
② 카 천장에 비상구출구를 설치하여야 한다.
③ 구조상 경미한 부분을 제외하고는 불연재료를 사용하여야 한다.
④ 승객용은 한 개의 카에 두 개의 출입구 설치를 금지한다.

해설 카 실(cage)의 구조
① 카 바닥, 카틀, 카 벽, 천장 및 도어 등으로 구성
② 재질은 1.2mm 이상의 강판을 사용, 도장 또는 스테인리스 스틸
③ 천정에는 조명, 환기, 비상구시설 등 설치
④ 카 벽에는 층 버튼, 카 도어, 카 내 위치표시, 명판, 운전 조작반, 외부연락장치 등 설치

28 로프식 엘리베이터의 가이드 레일 설치에서 패킹(보강재)이 설치된 경우는?

① 레일이 짧게 설치되어 보강할 경우
② 레일이 양 폭의 조정 작업을 할 경우
③ 철구조물등과 레일브래킷의 간격을 줄일 경우
④ 철구조물등과 레일브래킷의 간격조정 및 보강이 필요한 경우

해설 레일 브래킷(Rail bracket)
① 엘리베이터 레일을 승강로에 고정하기 위한 지지대로 승강로의 벽, 철골, 중간 빔 등에 설치된다.
② 레일브래킷의 간격이 필요이상 한계를 초과할 경우 레일의 뒷면에 패킹을 보강

29 에스컬레이터의 스커트 가드는 어느 부분에서나 25cm²의 면적에 1500N의 힘을 직각으로 가했을 때의 휨량은 몇 mm 이내이어야 하는가?

① 2mm 이내
② 3mm 이내
③ 4mm 이내
④ 5mm 이내

해설 스커트 가드 안전장치(S.G.S)
① 승강구의 가까운 위치에서 사람이나 이물질이 디딤판 측면과 스커트가드와의 사이에 강하게 끼이는 경우 구동 전동기 및 브레이크의 전원을 차단하는 장치
② 스커트 가드는 어느 부분에서나 25cm²의 면적에 1500N(153kgf)의 힘을 직각으로 가했을 때 휨량이 4mm 이내이어야 하고, 시험후 영구변형이 없어야 한다.

30 기계실에 권상기, 전동기 및 제어반 등을 설치하려고 한다. 벽으로부터 최소 몇 cm 이상 떨어져야 점검등이 용이한가?

① 20
② 25
③ 30
④ 50

해설 기계실의 구조
기계실은 다음 각항의 구조로 하여야 한다.
① 주요한 기기로부터 기둥이나 벽까지의 수평거리는 30cm 이상으로 하여야 한다.
② 바닥면적은 승강로 수평투영면적의 2배 이상으로 하여야 한다.
③ 바닥면부터 천장 또는 보의 하부까지의 수직거리는 2m 이상으로 하여야 한다.

Answer
27 ① 28 ④ 29 ③ 30 ③

31 유압엘리베이터의 플런저에 대한 설명으로 옳은 것은?

① 플런저에 걸리는 하중이 클수록 그 단면적은 커지므로, 재료는 두꺼운 강관이 사용된다.
② 플런저에 작용하는 총 하중이 크면 클수록 그 단면은 작아진다.
③ 플런저의 표면은 연마를 하는 경우의 표면 거칠기는 10~30(μm)정도이다.
④ 탄소강 강관의 이음매가 없는 것이 사용되며 두께는 50~60cm 정도이다.

해설 플런저(plunger)
① 플런저에 도르래를 설치하여 로프 또는 체인을 이용한(roping) 카를 승강함
② 기계적 이탈방지를 위해 외부에 기계적 정지장치를 설치한 경우 합성력이 잭의 중심부에 가해지도록 설치
③ 플런저에 걸리는 하중이 클수록 그 단면적은 커지므로, 재료는 두꺼운 강관이 사용

32 와이어로프 안전율의 산출공식으로 옳은 것은? (단, F : 안전율, S : 로프 1가닥에 대한 제작사 정격 파단강도, N : 부하를 받는 와이어 로프의 가닥수, W : 카와 정격하중을 승강로 안의 어떤 위치에 두고 모든 카 로프에 걸리는 최대정지부하 임)

① F = (S · W) / N ② F = (N · S) / W
③ F = W / (N · S) ④ F = (N · W) / S

해설
① 안전율
$$S(안전율) = \frac{\sigma_s (기준강도)}{\sigma_a (허용응력)}$$
② 와이어로프 안전율
$$= \frac{정격파단강도 \times 와이어로프가닥수}{허용응력(하중)}$$

33 유압엘리베이터에 있어서 정상적인 작동을 위하여 유지하여야 할 오일의 온도 범위는?

① 30℃~40℃ ② 50℃~60℃
③ 70℃~80℃ ④ 90℃~100℃

해설 유체의 온도를 5~60℃ 이하로 유지

34 승강장문의 조립체는 소프트 팬들럼 시험방법에 따라 몇 [J]의 운동에너지로 충격을 가하였을 때 문의 이탈 없이 견딜 수 있어야 하는가?

① 400 ② 450
③ 500 ④ 550

해설
① 승강장 출입문의 두께는 1.5mm 이상으로 한다.
② 승강장 도어는 KSBEN81-1 부속서 J의 소프트 펜들럼 시험방법에 따라 450J의 운동에너지로 충격을 가했을 때 모든 조립체가 견고하여 문이 이탈없이 견딜 수 있도록 한다.

35 승강로 출입구에 접한 승강 로비에 대한 설명으로 올바른 것은?

① 승강 로비는 엘리베이터 전용으로 하여야 한다.
② 당해 부분의 벽이 실내에 접하는 부분의 마감은 난연재료로 하여야 한다.
③ 당해 부분의 천장이 실내에 접하는 부분의 마감은 난연재료로 하여야 한다.
④ 로비 하부는 준불연재료로 하여야 한다.

해설 승강로 벽 강도
리베이터의 안전운행을 위하여, 0.3m×0.3m 면적의 원형이나 사각의 단면에 1,000N의 힘을 균등하게 분산하여 벽의 어느 지점에 수직으로 가할 때, 아래와 같다.
① 1mm를 초과하는 영구변형이 없어야 한다.
② 15mm를 초과하는 탄성변형이 없어야 한다.
• 승강로 벽 및 출입문 : 재료를 불연재료나 내화구조일 것

Answer
31 ① 32 ② 33 ② 34 ② 35 ①

36 조속기 도르래의 피치 지름과 로프의 공칭 지름의 비는 몇 배 이상인가?

① 25배　　② 30배
③ 35배　　④ 40배

해설　도르래의 지름과 주 로프의 지름과의 비의 규정
① 정격적재하중 500kg 이하에서 30배 이상
② 주 로프의 도르래에 접하는 부분의 길이 1/4 이하에서는 25배 이상

37 권상기의 브레이크 기능을 설명한 것으로 옳지 않은 것은?

① 승객용의 경우 카에 125% 부하상태에서 정격 속도로 하강 중에도 안전하게 감속정지 시켜야 한다.
② 브레이크는 전기가 입력되는 즉시 브레이크 슈가 작동하여 드럼을 잡아 미끄러지지 않도록 설계되어야 한다.
③ 브레이크는 전동기, 카, 균형추 등 모든 장치의 관성을 제지하는 역할을 해야 한다.
④ 정지 후에는 부하에 의한 불균형 역구동이 되어 움직이는 일이 없어야 한다.

해설　① 브레이크의 능력 : 승객용엘리베이터는 125%의 부하, 화물용 엘리베이터는 120%의 부하로 전속 하강 중 카를 안전하게 감속 또는 정지시킬 수 있어야 한다.
② 브레이크 구조 : 제동기의 솔레노이드 코일이 소자(전자석 소멸)되면 강력한 스프링에 의해 즉시 제동이 걸린다.

38 다음 중 승강로의 구조에 대한 설명으로 옳지 않은 것은?

① 승강로는 안전한 벽 또는 울타리에 의하여 외부공간과 격리되어야 한다.
② 사람 또는 물건이 운전 중인 카나 균형추에 접촉하지 않도록 되어야 한다.
③ 화재 시 승강로를 거쳐 다른 층으로 연소되지 않아야 한다.
④ 승강기의 배관설비 이외의 배관도 승강로에 함께 설치되도록 한다.

해설　① 하나 이상의 엘리베이터, 덤웨이터, 자재운반 승강기(material lift)가 이동하는 수직통로
② 피트와 오버헤드를 포함
③ 필요한 배관 설비 이외의 설비는 설치 불가
④ 카, 가이드레일, 레일 브래킷, 균형추, 와이어로프, 승강장 도어, 완충기, 조속기, 인장도르래, 안전스위치 등 설치됨
⑤ 피트 깊이가 2.5m를 초과하는 경우에는 피트 출입문이 설치되어야 한다.
⑥ 피트 깊이가 2.5m 이하인 경우에는 피트 출입문 또는 점검자 등 사람이 승강장문에서 쉽게 진입할 수 있는 피트 사다리가 설치되어야 한다.

39 승객의 구출 및 구조를 위한 카 상부 비상구출구문의 크기는 얼마 이상이어야 하는가?

① 0.2m×0.2m　　② 0.35m×0.5m
③ 0.5m×0.5m　　④ 0.25m×0.3m

해설　비상구출구
① 비상구출운전으로서 특별히 규정된 경우, 카내에 있는 승객에 대한 구출활동은 항상 카 밖에서 이루어져야 한다.
② 승객의 구출 및 구조를 위해 카 천장에 비상구출구가 있는 경우, 크기는 0.35m×0.5m 이상으로 하여야 한다.
③ 카 밖에서 간단한 조작으로 열 수 있어야 하고, 카 내부에서는 규정된 삼각키르 사용하지 않으면 열 수 없는 구조로 하여야 한다.

Answer
36 ②　37 ②　38 ④　39 ②

40 전기실 엘리베이터 기계실의 구비 조건으로 틀린 것은?

① 기계실의 크기는 작업구역에서의 유효 높이는 2.5m 이상이어야 한다.
② 기계실에는 소요설비 이외의 것을 설치하거나 두어서는 안 된다.
③ 유지관리에 지장이 없도록 조명 및 환기 시설은 승강기검사기준에 적합하여야 한다.
④ 출입문은 외부인이 출입을 방지할 수 있도록 잠금장치를 설치하여야 한다.

해설 기계실 구비 조건
① 기계실은 견고한 벽, 천장, 바닥 및 출입문으로 구획되어야 한다.
② 기계실은 엘리베이터 이외의 목적으로 사용되지 않아야 한다.
③ 작업구역에서 유효 높이는 2m 이상이어야 한다.
④ 기계실에는 바닥 면에서 200lx 이상을 비출 수 있는 영구적으로 설치된 전기 조명이 있어야 한다.
⑤ 기계실은 눈·비가 유입되거나 동절기에 실온이 내려가지 않도록 조치되어야 하며 실온은 +5℃에서 +40℃ 상이에서 유지되어야 한다.
⑥ 제어 패널 및 캐비닛 전면의 유효 수평면적은 아래와 같아야 한다.
 • 폭은 0.5m 또는 제어 패널·캐비닛의 전체 폭 중에서 큰 값 이상
 • 깊이는 외함의 표면에서 측정하여 0.7m 이상
⑦ 수동 비상운전이 필요하다면, 움직이는 부품의 유지보수 및 점검을 위한 유효 수평면적은 0.5m×0.6m 이상이어야 한다.

41 전자접촉기 등의 조작회로를 접지하였을 경우, 당해 전자접촉기 등이 폐로될 염려가 있는 것의 접속방법으로 옳은 것은?

① 코일과 접지측 전선 사이에 반드시 개폐기가 있을 것
② 코일의 일단을 접지측 전선에 접속할 것
③ 코일의 일단을 접지하지 않는 쪽의 전선에 접속할 것
④ 코일과 접지측 전선 상이에 반드시 퓨즈를 설치할 것

해설 원심기 제작 및 안전기준(제5조 관련)
전자접촉기 등의 조작회로는 접지하였을 때 전자접촉기 등이 폐로될 우려가 있는 것은 다음과 같이 한다.
① 코일의 한쪽 끝은 접지측 전선에 접속할 것
② 코일의 접지측 전선과의 사이에는 개폐기 등이 없을 것

42 로프식 승객용 엘리베이터에서 자동 착상장치가 고장났을 때의 현상으로 볼 수 없는 것은?

① 고속으로 저속으로 전환되지 않는다.
② 최하층으로 직행 감속되지 않고 완충기에 충돌하였다.
③ 어느 한쪽 방향의 착상오차가 100mm 이상 일어난다.
④ 호출된 층에 정지하지 않고 통과한다.

해설 최소한 카가 미리 설정한 속도에 도달하였을 때 또는 그 이전에 제어불능운행을 하는 것을 감지하여야 하며, 카 또는 카운터웨이트가 완충기에 충돌하기 전에 카를 정지시키도록 하거나 또는 최소한 카 속도를 완충기의 설계속도 이하로 낮추어야 한다.

43 승강기에 많이 사용하는 가이드레일의 허용응력은 원칙적으로 몇 [kgf/cm²]인가?

① 1000kgf/cm² ② 1450kgf/cm²
③ 2100kgf/cm² ④ 2400kgf/cm²

해설 ① 가이드레일의 허용응력은 2400[]kgf/cm²이다.
② 가이드레일 허용응력 및 안전율
 • $\sigma_{perm} = \dfrac{R_m}{S_t}$
  (R_m : 인장강도[N/mm²], S_t : 안전율)
 • 안전율 = $\dfrac{\text{인장강도}}{\text{허용응력}}$

Answer
40 ① 41 ② 42 ② 43 ④

44 플런저 선단에 도르래를 놓고 로프 또는 체인을 통해 카를 올리고 내리는 유압엘리베이터 종류는?

① 직접식　　② 팬터 그래프식
③ 간접식　　④ 실린더식

해설 팬터 그래프식
① 카를 플런저에 의해 팬터 그래프를 승강하는 방식
② 별도의 비상정지장치가 필요하지 않음
③ 승강로 소요면적 치수가 작아도 됨
④ 공장이나 창고에서 작업용으로 사용

45 유압식 엘리베이터의 유압 파워유니트(Power unit)의 구성 요소가 아닌 것은?

① 펌프　　② 유압실린더
③ 유량제어밸브　　④ 체크밸브

해설 유압 파워유니트
펌프, 전동기, 안전밸브, 상승용 유량제어밸브, 체크밸브, 하강용 유량제어밸브, 유량탱크, 스트레이너, 스톱밸브, 사일렌서, 보온장치 등으로 구성
• 실린더 : 유체에너지를 이용하여 기계적 에너지로 변환 시 직선운동하는 장치

46 승강기 기계실에 설비되어서는 안 되는 것은?

① 승강기 제어반　　② 환기설비
③ 옥탑 물탱크　　④ 조속기

해설 기계실 구조
① 기계실의 면적은 승강로 투영면적의 2배 이상
② 기계실의 바닥·벽 및 천장은 내화구조 또는 방화구조로 양호하게 유지
③ 기계실 온도는 5℃에서 +40℃ 이하를 유지(기준온도이상 시 제어장치 오작동)
④ 기계실에는 바닥 면에서 200lx 이상을 비출 수 있는 영구적으로 설치된 전기 조명
⑤ 수전반 및 제어반
⑥ 제동기, 조속기, 전동기 및 권상기

Answer
44 ③　45 ②　46 ③

승강기 검사기준

제1절 전기식 엘리베이터

01 기계실에서 행하는 검사

(1) 기계실의 구조

① 주로프·조속기로프 및 층상선택기의 스틸테이프 등은 기계실 바닥의 관통부분과 접촉되지 않아야 하고, 엘리베이터 관련 설비 이외의 것이 기계실 바닥을 관통하여서는 아니된다.
② 기계실에는 소요설비 이외의 것이 없도록 유지되어 있어야 한다.
③ 출입구의 자물쇠의 잠금장치는 양호하여야 한다.
④ 조도는 기기가 배치된 바닥면에서 200LX 이상, 실온은 원칙적으로 40℃ 이하 유지한다.

예상문제

엘리베이터 기계실의 바닥변적은 승강로 수평투영면적의 몇 배 이상이어야 하는가?
① 1.5배   ② 2배
③ 2.5배   ④ 3배

해설
기계실 구조
① 기계실의 면적은 승강로 투영면적의 2배 이상
② 기계실의 바닥·벽 및 천장은 내화구조 또는 방화구조로 양호하게 유지
③ 기계실 온도는 5℃에서 +40℃ 이하를 유지(기준 온도이상 시 제어장치 오작동)
④ 기계실에는 바닥 면에서 200lx 이상을 비출 수 있는 영구적으로 설치된 전기 조명

정답 ≫≫ ②

---

(2) 수전반 및 제어반

① 수전반 및 주개폐기는 원칙적으로 기계실 출입구 내부 가까이 설치하고, 안전하고 용이하게 조작되도록 하여야 한다.

② 제어반 기타의 제어장치의 설치상태는 견고하고, 지진 기타의 진동에 의해 움직이거나 넘어지지 않는 조치가 되어 있어야 한다.

③ 절연저항은 각 회로마다 각각 [표] 규정에 합격하여야 한다.

▶▶ 절연저항 값

공칭회로전압[V]	시험전압(직류)[V]	절연저항[MΩ]
SELV	250	0.25 이상
≤ 500	500	0.5 이상
> 500	1000	1.0 이상

④ 코일의 일단을 접지측의 전선에 접속하여야 한다. 다만, 코일과 접지측 사이에 반도체를 이용하는 전자접촉기 드라이브방식일 경우에는 그러하지 아니하다.

⑤ 코일과 접지측의 전선 사이에는 계전기 접점이 없어야 한다. 다만, 코일과 접지측 사이에 반도체를 이용하는 전자접촉기 드라이브방식일 경우에는 그러하지 아니하다.

⑥ 과전류 또는 과부하시 동력을 차단시키는 과전류방지기능을 구비하여야 하고 그 작동은 양호하여야 한다.

예상문제

엘리베이터 전동기 주회로의 사용전압이 380V이면 절연저항은 몇 [MΩ]이상이어야 하는가?

① 0.1   ② 0.2   ③ 0.3   ④ 0.4

해설

• 절연저항 : 대지와 전로사이의 절연상태(개폐기 또는 과전류차단기로 구획할 수 있는 전로마다 검사할 수 있다.)

회로의 용도	회로의 사용전압	절연저항	공칭회로전압[V]	시험전압(직류)[V]	절연저항[MΩ]
전동기 주회로	300V 이하의 것	0.2 이상	SELV	250	0.25 이상
	300V를 초과 400V 이하의 것	0.3 이상			
	400V를 초과하는 것	0.4 이상	≤ 500	500	0.5 이상
승강로내 안전회로 신호회로 조명회로	150V 이하의 것	0.1 이상			
	150V를 초과 300V 이하의 것	0.2 이상	> 500	1000	1.0 이상

• 메가 : 절연저항 측정

정답 ▶▶▶ ③

---

(3) 제동기, 조속기, 전동기 및 권상기

① 제동기 최대정지거리는 정격하중을 싣고 하강과 상승시 0.05g~1.0g 감속도(G) 상당거리[(1.15V)2/2G)] 범위 이내일 것

② 조속기 정격속도

㉠ 45m/min 이하(과속스위치는 63m/min 이하 작동할 것)

㉡ 45m/min 초과(과속스위치는 정격속도의 1.3배 이하 작동할 것)

③ 전동기 정격하중의 110%를 적재한 상태에서도 원활하게 작동할 것
④ 전동기는 운행에 지장을 주는 이상 발열이 없을 것
⑤ 권상기의 설치상태는 견고하고, 지진 기타의 진동에 움직임에 대해 조치되어 있을 것
⑥ 감속기구가 있는 것은 톱니바퀴에 심한 마모 및 점식 등으로 카 운행에 지장이 없을 것
⑦ 권동에는 사람의 손·물건 등이 끼이지 않도록 보호망 등이 설치되어 있을 것

예상문제

조속기의 보수 점검항목에 해당되지 않는 것은?
① 조속기 스위치의 접점 청결상태
② 세이프티 링크 스위치와 캠의 간격
③ 운전의 윤활성 및 소음 유무
④ 조속기 로프와 클립 체결상태

 해설
① 각부 마모가 진행하여 진동 소음이 현저한 것
② 베어링에 눌러 붙음이 생길 염려가 있는 것
③ 캣치가 작동하지 않는 것
④ 스위치가 불량한 것
⑤ 비상정지장치를 작동시키지 못하는 것
⑥ 각부 청결상태

정답 ≫≫ ②

(4) 비상정지장치

① 카 내에 65kg의 하중을 싣고, 가능한 최저속도로 검사한다.
② 비상정지장치를 인위적으로 작동시켜 수동운전 또는 수권조작으로 동작시켰을 때 도르래의 겉돌음, 로프의 이완 등을 확인하는 방법으로 비상정지장치가 작동하는지 확인한다.
③ 비상정지장치의 작동을 감지하는 안전스위치는 비상정지장치가 작동하였을 때 구동기로 공급되는 전류를 차단하여야 한다.
④ 비상정지장치의 쐐기, 블록 등의 부품은 가이드슈로 사용되지 않아야 한다.
⑤ 비상정지장치는 전기, 유압, 공압으로 작동되는 장치에 의해 작동되지 않아야 한다.

예상문제

비상정지장치가 작동한 경우에 검사하여야 할 사항과 거리가 먼 것은?
① 조속기 로프의 연결부위 손상 유무
② 조속기의 손상 유무
③ 가이드 레일의 손상 유무
④ 메인 로프의 연결부위 손상 유무

해설 승강기검사 기준(비상정지장치)
① 카 내에 65kg의 하중을 싣고, 가능한 최저속도로 검사한다.
② 비상정지장치를 인위적으로 작동시켜 수동운전 또는 수권조작으로 동작시켰을 때 도르래의 겉돌음, 로프의 이완 등을 확인하는 방법으로 비상정지장치가 작동하는지 확인한다.
③ 비상정지장치의 작동을 감지하는 안전스위치는 비상정지장치가 작동하였을 때 구동기로 공급되는 전류를 차단하여야 한다.
④ 비상정지장치의 쐐기, 블록 등의 부품은 가이드슈로 사용되지 않아야 한다.
⑤ 비상정지장치는 전기, 유압, 공압으로 작동되는 장치에 의해 작동되지 않아야 한다.

정답 ≫≫ ④

(5) 정격하중 적정성 및 하중시험

① 정격하중은 최대정원은 1인당 하중을 65kg으로 계산한다.

▶ **면적 당 정격하중**

용도	카바닥 면적	정격하중
승객용	1.5m² 이하	바닥면적 1m²당 370kg으로 계산한 수치
	1.5m² 초과 3m² 이하	바닥면적 중 1.5m²를 초과한 면적에 대해서 1m²당 500kg으로 계산한 값에 550kg을 더한 수치
	3m² 초과	바닥면적 중 3m²를 초과한 면적에 대해서 1m²당 600kg으로 계산한 값에 1,300kg을 더한 수치
화물용	바닥면적 1m²당 250kg(자동차용 엘리베이터와 바닥면적 1m² 이하의 덤웨이터의 경우는 150kg)으로 계산한 수치	

② 하중시험은 각기 정격전압 및 정격주파수에서 속도 및 전류를 측정하여 규정에 적합
  ㉠ 하중을 싣지 않은 경우
  ㉡ 정격하중의 100%의 하중을 실은 경우
  ㉢ 정격하중의 110%의 하중을 실은 경우

▶ **정격하중에 따른 속도**

적재하중	정격하중의 0% 및 110%	정격하중의 100%
속도	정격속도의 125% 이하	정격속도의 90% 이상 105% 이하
전류	전동기 정격전류치의 120% 이하	전동기 정격전류치의 110% 이하

③ 하중을 적재한 상태에서 운행 중 카 또는 모든 부품의 간섭이 발생하지 않아야 한다.

예상문제

로프식 엘리베이터의 카 상부에서 실시하는 검사가 아닌 것은?
① 레일 클립의 조임상태
② 카 도어스위치의 동작상태
③ 조속기의 작동상태
④ 비상구 출구 스위치 동작상태

 기계실에서 행하는 검사
① 주로프·조속기로프 및 층상선택기의 스틸테이프 등은 기계실 바닥의 관통부분과 접촉되지 않아야 하고, 엘리베이터 관련 설비 이외의 것이 기계실 바닥을 관통하여서는 아니된다.
② 조도는 기기가 배치된 바닥면에서 200lx 이상, 실온은 원칙적으로 40℃ 이하 유지한다.
③ 제동기 최대정지거리는 정격하중을 싣고 하강과 상승시 0.05g~1.0g 감속도(G) 상당거리[(1.15v)2/2G)] 범위 이내일 것
④ 조속기 정격속도
   • 45m/min 이하(과속스위치는 63m/min 이하 작동할 것)
   • 45m/min 초과(과속스위치는 정격속도의 1.3배 이하 작동할 것)
⑤ 전동 정격하중의 110%를 적재한 상태에서도 원활하게 작동할 것

정답 ▶▶▶ ③

02 카 내에서 행하는 검사

① 승강기 종류 및 용도, 정격하중 또는 최대정원, 이용자안전수칙, 비상연락전화번호 등 표시가 보기 쉬운 위치에 있고, 그 기재내용이 적정하여야 한다.
② 열림 표시(도형 또는 글씨)는 확실히 표시되어야 한다.
③ 카내 열림버튼은 엘리베이터가 정지한 상태에서 출입문의 닫힘 동작에 우선하여 카 내에서 문을 열 수 있어야 한다.
④ 카 내 정지스위치는 일반이용자가 조작할 수 없도록 키로 조작되는 방식이거나 잠금장치가 있는 조작반함 내에 설치하여야 한다.
⑤ 카 바닥 앞부분과 승강로 벽과의 수평거리는 125mm 이하이어야 한다.
⑥ 정전 시에 램프중심부로부터 2m 떨어진 수직면상에서 1LX 이상의 조도로 비출 수 있어야 한다.
⑦ 1차소방운전
   ㉠ 행선층 버튼 또는 문닫힘 버튼을 계속 누르고 있을 때 문의 닫힘 동작이 가능하고, 문이 완전히 닫히기 전에 손을 떼면 문이 다시 열려야 한다.
   ㉡ 카 내에서의 행선층 등록은 다수의 등록이 가능하지만 출발 후 가장 가까운 층에 도착하면 남아 있는 모든 등록은 취소되어야 하고, 승강장 호출에는 카가 응답하지 않아야 한다.
   ㉢ 문닫힘 안전장치 및 과부하감지장치가 작동하지 않아야 한다.
   ㉣ 목적층에 자동 착상한 후에도 문열림 버튼을 누르고 있을 때에만 문의 열림 동작이 가능하고, 문이 완전히 열리기 전에 손을 떼면 문이 다시 닫혀야 한다.

⑧ 2차소방운전
  ㉠ 카 및 승강장의 문을 인위적으로 열어 놓고 행선층 버튼을 약 3초간 계속 누르면 카는 주행을 시작하여 목적층에 도착하여야 한다.
  ㉡ 경보는 행선층 버튼을 누르면 울리기 시작하여 주행시작 후 멈추어야 한다.
  ㉢ 경보음이 멈춘 후에는 행선층 버튼 및 2차소방 스위치에서 손을 떼어도 2차소방 운전동작이 당초의 목적층에 도달할 때까지 유효하여야 한다.
  ㉣ 2차소방 스위치는 자동복귀식으로 하고, 1차소방 스위치를 작동시킨 상태에서만 2차소방 운전이 가능하여야 한다.
⑨ 비상구출구를 열었을 때에는 비상구출구스위치가 작동하여 카가 움직이지 않아야 한다.
⑩ 장애인용엘리베이터 카 내 조작반 및 통화장치에 설치하는 점자표시판의 부착상태 및 표시상태는 양호하여야 한다.
⑪ 승강장의 장애인용 호출버튼, 카 내의 휠체어사용자용 조작반의 행선버튼에 의하여 카가 정지하면 10초 이상 문이 열린 채로 대기하여야 한다.
⑫ 비상통화 장치는 지속적인 양방향 통신이 가능하여야 한다.
⑬ 착상오차 범위는 자동식 엘리베이터의 경우에 카(카 내부에 조작반이 있는 경우)는 그 층에 ±2cm 이내로 정확히 도착하여야 한다. 이는 정격하중으로 검사하였을 때 최상층과 기준층에서 확인할 수 있다.
⑭ 정지층 실간격은 승강장 출입구 바닥 앞부분과 카 바닥 앞부분과의 틈의 너비는 4cm 이하이어야 한다.

예상문제

카내에서 행하는 검사에 해당되지 않는 것은?
① 카 시브의 안전상태
② 카내의 조명상태
③ 비상통화장치
④ 운전반 버튼의 동작상태

 기계실에서 행하는 검사
주로프·조속기로프 및 층상선택기의 스틸테이프 등은 기계실 바닥의 관통부분과 접촉되지 않아야 하고, 엘리베이터 관련 설비 이외의 것이 기계실 바닥을 관통하여서는 아니 된다

정답 ≫≫ ①

03 카 상부에서 행하는 검사

① 주로프의 공칭직경은 12mm 이상으로 하여야 한다. 다만, 주로프의 안전율이 10 이상이 되도록 여러 가닥의 로프를 사용하는 경우에 공칭직경은 8mm 이상으로 할 수 있다.
② 3가닥(권동식은 2가닥) 이상으로 하여야 한다.
③ 끝부분은 1가닥마다 로프소켓에 바빗트 채움을 하거나 체결식 로프소켓을 사용하여 고정하여야 한다.(고정하는 경우의 연결은 주로프 최소파단하중의 80% 이상)
④ 주로프를 걸어 맨 고정부위는 2중 너트로 견고하게 조이고, 풀림방지를 위한 분할 핀이 꽂혀 있어야 한다.
⑤ 로프의 단말부에는 장력을 균등하게 유지하는 스프링 등의 장치는 정격하중의 110%에서도 완전히 압축되지 않는 등의 정상적인 기능이 유지되어야 한다.

▶ **주로프의 마모 및 파손상태 기준**

마모 및 파손상태	기준
소선의 파단이 균등하게 분포되어 있는 경우	1구성 꼬임(스트랜드)의 1꼬임 피치 내에서 파단수 4 이하
파단 소선의 단면적이 원래의 소선 단면적의 70% 이하로 되어 있는 경우 또는 녹이 심한 경우	1구성 꼬임(스트랜드)의 1꼬임 피치 내에서 파단수 2 이하
소선의 파단이 1개소 또는 특정의 꼬임에 집중되어 있는 경우	소선의 파단총수가 1꼬임 피치 내에서 6꼬임 와이어로프이면 12 이하 8꼬임 와이어로프이면 16 이하
마모부분의 와이어로프의 지름	마모되지 않은 부분의 와이어로프 직경의 90% 이상

⑥ 카 위의 출입구를 제외한 전 둘레에는 카 위 바닥면에서 수직높이가 60cm 이상인 보호난간이 견고하게 설치되어 있어야 한다.
⑦ 카 위의 안전스위치 및 수동운전스위치의 작동상태는 양호하여야 한다.
⑧ 수동운전스위치는 양방향성이어야 하고 힘을 가하였을 때만 작동하여야 한다.
⑨ 수동운전스위치에는 운전방향이 분명히 표시되어야 한다.
⑩ 수동운전으로 전환하였을 때 자동개폐방식문의 작동, 자동운전 및 전기적 비상운전이 무효화되어야 한다.
⑪ 카 위에는 점검 및 보수 관리에 지장이 없도록 작업등의 설치상태는 견고하고, 작동상태는 양호하여야 한다.
⑫ 비상구출구는 카 밖에서 손에 의해 간단한 조작으로 열 수 있어야 한다. 또한, 비상구출구의 설치상태는 견고하여야 한다.
⑬ 카 및 승강장 문의 도어스위치는 방적처리 및 2차소방운전시 분리되어야 한다.

⑭ 카 위 점검스위치는 방적처리를 하여야 한다.
⑮ 카 위 전체를 커버로 덮는 등에 의한 방적처리가 되어 있는 경우에는 그 커버의 고정 및 설치상태는 견고하여야 한다.
⑯ 도어이탈 방지장치는 승강장문을 카 위에서 흔들었을 때 이탈하지 않아야 한다.
⑰ 승강장문이 카 문과의 연동에 의하여 열리는 방식인 경우에 도어클로저의 설치상태는 풀림이나 손상, 균열 등이 없이 견고하여야 한다.
⑱ 비상정지장치가 작동된 상태에서 기계장치 및 조속기로프에는 아무런 손상이 없어야 한다.
⑲ 비상정지장치 시험후 비상정지장치에 손상이 없이 정상으로 복귀되어야 한다.
⑳ 비상정지장치는 좌우 양쪽 다같이 균등하게 작용하고, 카 바닥의 수평도의 변화는 어느 부분에서나 1/30 이내이어야 한다.

예상문제

엘리베이터 로프의 검사기준과 맞지 않는 것은?
① 주로프에 걸어 맨 고정부위는 2중 너트로 견고하게 조인다.
② 모든 주로프는 균등한 장력을 받고 있어야 한다.
③ 주로프에 걸어 맨 고정부위는 풀림방지를 위한 분할핀이 꽂혀있어야 한다.
④ 로프의 마모 및 파손상태는 가장 양호한 부분에서 검사한다.

해설 카 상부에서 행하는 검사
① 주로프의 공칭직경은 12mm 이상으로 하여야 한다. 다만, 주로프의 안전율이 10 이상이 되도록 여러 가닥의 로프를 사용하는 경우에 공칭직경은 8mm 이상으로 할 수 있다.
② 2가닥 이상으로 하여야 한다.
③ 주로프 끝부분은 1가닥마다 로프소켓에 바빗트 채움을 하거나 체결식 로프소켓을 사용하여 고정하여야 한다.(고정하는 경우의 연결은 주로프 최소파단하중의 80% 이상)
④ 주로프를 걸어 맨 고정부위는 2중 너트로 견고하게 조이고, 풀림방지를 위한 분할 핀이 꽂혀 있어야 한다.
⑤ 로프의 단말부에는 장력을 균등하게 유지하는 스프링 등의 장치는 정격하중의 110%에서도 완전히 압축되지 않는 등의 정상적인 기능이 유지되어야 한다.

[주로프의 마모 및 파손상태 기준]

마모 및 파손상태	기준
소선의 파단이 균등하게 분포되어 있는 경우	1구성 꼬임(스트랜드)의 1꼬임 피치 내에서 파단수 4 이하
파단 소선의 단면적이 원래의 소선 단면적의 70% 이하로 되어 있는 경우 또는 녹이 심한 경우	1구성 꼬임(스트랜드)의 1꼬임 피치 내에서 파단수 2 이하
소선의 파단이 1개소 또는 특정의 꼬임에 집중되어 있는 경우	소선의 파단총수가 1꼬임 피치 내에서 6꼬임 와이어로프이면 12 이하 8꼬임 와이어로프이면 16 이하
마모부분의 와이어로프의 지름	마모되지 않은 부분의 와이어로프 직경의 90% 이상

정답 ④

04 피트 내에서 행하는 검사

① 레일 및 브라켓은 녹·변형 또는 심한 마모가 없어야 하고, 레일클립의 조임상태는 양호하여야 한다.
② 카 및 균형추레일에 비상정지장치 또는 제동기가 설치되어 있는 경우에 레일은 제동력에 대해 충분히 견딜 수 있는 강도를 갖추어야 한다.
③ 승강로 내에는 엘리베이터와 관계없는 배관 또는 배선 등이 없도록 유지되어 있어야 한다.
④ 승강로 내 설치되는 돌출물은 엘리베이터의 운행 및 안전상 지장이 없어야 한다.
⑤ 승강로 내에는 각층을 나타내는 표기가 되어 있어야 한다.
⑥ 피트에 설치된 스위치류·인장장치류 및 완충기 등이 누수·습기 또는 먼지 등으로 기능을 상실하지 않도록 누수가 없이 청결하여야 한다.
⑦ 피트작업등 및 피트 정지스위치의 설치상태는 확실하고, 작동상태는 양호하여야 한다.
⑧ 피트에는 물이 담기지 않도록 배수구 또는 배수펌프 등의 배수시설이 설치되어 있어야 하고, 피트 내에는 물에 뜨는 것이 없어야 한다.
⑨ 카 또는 균형추가 완충기를 완전히 누른 상태로 정지하였을 때에도 완충기는 전도 및 파손 등이 없어야 한다.
⑩ 카가 최하층에 수평으로 정지되어 있는 경우에 카와 완충기의 거리에 완충기의 충격정도를 더한 수치는 균형추의 꼭대기틈새보다 작아야 한다.
⑪ 카가 최상층에서 수평으로 정지되어 있을 때의 균형추와 완충기와의 거리 및 카가 최하층에서 수평으로 정지되어 있을 때의 카와 완충기와의 거리는 표 규정에 합격하여야 한다.

▶ 정격속도에 따른 거리

정격속도[m/min]		최소거리[mm]		최대거리[mm]	
		교류1단속도제어방식 또는 저항제어방식	그 외의 제어방식	카측	균형추측
스프링 완충기	7.5 이하	75	150	600	900
	7.5 초과 15 이하	150			
	15 초과 30 이하	225			
	30 초과	300			
유입완충기		규정하지 않음			

⑫ 균형추 프레임 및 추의 고정 상태는 양호하여야 한다.
⑬ 이동케이블은 손상 또는 손상의 염려가 없어야 한다.
⑭ 균형로프 또는 균형체인이 있는 경우에 설치상태는 견고하여야 한다.
⑮ 조속기 인장장치는 피트 바닥 등에 접촉하는 처짐이 발생하지 않아야 한다.

엘리베이터 피트내의 환경상태를 점검할 때 유의 하여야 할 항목을 나열한 것이다. 해당되지 않는 것은?
① 피트 바닥 청결상태
② 비상등 작동상태
③ 누수, 누유상태
④ 피트 작업등 점등상태

해설 피트 내에서 육안점검
① 승강로 내 설치되는 돌출물은 엘리베이터의 운행 및 안전상 지장이 없어야 한다.
② 승강로 내에는 각층을 나타내는 표기가 되어 있어야 한다.
③ 피트에 설치된 스위치류·인장장치류 및 완충기 등이 누수·습기 또는 먼지 등으로 기능을 상실하지 않도록 누수가 없이 청결하여야 한다.
④ 피트에는 물이 담기지 않도록 배수구 또는 배수펌프 등의 배수시설이 설치되어 있어야 하고, 피트 내에는 물에 뜨는 것이 없어야 한다.

정답 ▶▶▶ ②

05 승강장에서 행하는 검사

① 개문출발방지기능은 카가 승강장에서 1,200mm를 이동하기 전에 통제 불능한 이동을 감지하여 카를 완전히 정지시켜야 한다.
② 상승과속방지수단은 카가 상승방향으로 과속하는 것을 방지하여야 한다.
③ 착상구간에 정지한 경우 제어시스템 또는 브레이크에 이상이 발생하여 승강장 문이 열린 채 제어할 수 없는 동작을 일으키는 것을 방지하여야 한다.
④ 카문 및 승강장문에는 2개 이상의 출입구를 설치할 수 있으나, 2개의 문이 동시에 열려 통로로 사용되는 구조이어서는 아니 된다.
⑤ 카문 및 승강장문의 유효 출입구의 높이는 2.0m 이상이어야 한다.
⑥ 카문 및 승강장문은 부식, 마모, 파손 등으로 인하여 승강로 밖의 사람이나 물건이 카 또는 균형추에 닿을 염려가 없어야 한다.
⑦ 승강장 문은 카가 없는 층에서는 닫혀 있고, 외부에서 열 수 없도록 하는 로크장치의 설치상태는 견고하여야 하고, 열림 방향으로 당겼을 때 열리지 않아야 한다.
⑧ 승강장 문의 인터록장치는 로크가 확실히 걸린 후에 도어스위치를 닫고, 반대로 도어스위치가 확실히 열린 후가 아니면 로크는 벗겨지지 않아야 한다.

⑨ 상하개폐문 및 중앙개폐문의 경우에는 5cm 이내까지 닫혔을 때 기동하고, 승강장에서는 5cm 이상 열려지지 않아야 한다.
⑩ 기타의 문의 경우에는 2cm 이내까지 닫혀졌을 때 기동하고, 승강장에서는 2cm 이상 열려지지 않아야 한다.
⑪ 모든 승강장에는 비상해제장치를 설치하여야 하고 그 설치상태 및 기능은 양호하여야 한다.
⑫ 승강장문은 열림의 끝단에서 문의 이탈이 발생하지 않아야 한다.
⑬ 문닫힘안전장치(세이프티슈·광전장치·초음파장치등)는 카 문 또는 승강장 문에 설치되어야 하며 설치상태 및 작동상태는 양호하여야 한다.
⑭ 승강장 위치표시기의 표시상태는 양호하여야 한다.
⑮ 층 위치를 숫자로 표시하는 방식의 위치표시기는 카가 승강장에 도착하였을 때 해당층을 정확하게 표시하여야 한다.
⑯ 카 및 승강장 문의 도어스위치는 방적처리 및 2차소방운전시 분리되어야 한다.
⑰ 비상용 표지는 각층의 승강장 버튼 상부 또는 승강장 버튼이 포함된 세로형 위치표시기인 경우에는 위치표시기 상부에 설치되어 있거나 승강장 문의 상부에 설치되어 있어야 한다.
⑱ 비상용 표시등은 각층의 승강장 위치표시기(디지털식 포함) 또는 홀랜턴 내 혹은 그것에 가까이 설치되어 있어야 한다.

예상문제

승강장에서 행하는 검사가 아닌 것은?
① 승강장 도어의 손상 유무
② 도어 슈의 마모 유부
③ 승강장 버튼의 양호 유무
④ 조속기 스위치 동작 여부

해설

승강장에서 행하는 검사
① 상하개폐문 및 중앙개폐문의 경우에는 5cm 이내까지 닫혔을 때 기동하고, 승강장에서는 5cm 이상 열려지지 않아야 한다.
② 기타의 문의 경우에는 2cm 이내까지 닫혀졌을 때 기동하고, 승강장에서는 2cm 이상 열려지지 않아야 한다.

조속기 스위치(Governor switch, Overspeed switch)
• 조속기 기능의 하나이며, 과속도를 검출하여 신호를 주기 위한 스위치(과도스위치)
• 조속기는 기계실에서 행하는 검사 중 하나

정답 ≫≫ ④

제2절 유압식 엘리베이터

01 기계실에서 행하는 검사

(1) 기계실의 구조

① 유압파워유니트는 엘리베이터의 카 마다 설치되어 있어야 한다.
② 지진 기타의 진동에 의해 움직이거나 넘어지지 않도록 유압파워유니트의 설치상태는 확실하고, 운전상태는 양호하여야 한다.
③ 펌프용 전동기의 공전을 방지하는 장치의 작동상태는 양호하여야 한다.
④ 공회전 방지장치는 정격하중으로 카가 최하층에서 최상층까지 직행하여 운행하는데 걸리는 시간을 초과하고, 20초를 더한 시간 이전에 작동하여야 한다.
⑤ 기계실의 조도는 기기가 배치된 바닥면에서 200LX 이상이어야 하고, 환기는 적절하여야 하며, 실온은 원칙적으로 40℃ 이하를 유지하도록 한다.
⑥ 기계실의 바닥·벽 및 천장은 내화구조 또는 방화구조로 양호하게 유지되어 있어야 한다.
⑦ 기계실 출입구 외부 가까이 소화기 또는 소화용 모래가 보기 쉬운 위치에 놓여 있어야 한다.
⑧ 기계실로 가는 복도·계단 및 출입문 등은 유지관리상 지장이 없어야 한다.
⑨ 통화장치는 지속적인 양방향 통신이 가능하여야 한다.(정전 시에도 유효)
⑩ 기계실 내에는 화기엄금 표시가 있어야 한다.

예상문제

유압식 엘리베이터의 유압파워유니트(Power Unit)의 구성 요소가 아닌 것은?
① 펌프
② 유압실린더
③ 유량제어밸브
④ 체크밸브

 유압파워유니트
펌프, 전동기, 안전밸브, 상승용 유량제어밸브, 체크밸브, 하강용 유량제어밸브, 유량탱크, 스트레이너, 스톱밸브, 사일렌서, 보온장치 등으로 구성
• 실린더 : 유체에너지를 이용하여 기계적 에너지로 변환 시 직선운동하는 장치

정답 ▶▶▶ ②

---

(2) 수전반 및 제어반

① 수전반 및 주개폐기는 원칙적으로 기계실 출입구 내부 가까이 설치하고, 안전하고 용이하게 조작되도록 하여야 한다.

② 제어반 기타의 제어장치의 설치상태는 견고하고, 지진 기타의 진동에 의해 움직이거나 넘어지지 않는 조치가 되어 있어야 한다.
③ 절연저항은 각 회로마다 각각 [표] 규정에 합격하여야 한다.

▶▶ 절연저항 값

공칭회로전압[V]	시험전압(직류)[V]	절연저항[MΩ]
SELV	250	0.25 이상
≤ 500	500	0.5 이상
> 500	1000	1.0 이상

예상문제

유압 엘리베이터 제어반에서 할 수 없는 것은?
① 작동시의 유압 측정 ② 전동기의 전류 측정
③ 절연저항의 측정 ④ 과전류계전기의 작동

해설 유압 엘리베이터는 유압 파워유닛(펌프, 전동기 등 포함)에서 압력을 가해 유체를 실린더로 보내는 기능으로 작동 시 유압측정이 가능

정답 ▶▶▶ ①

---

(3) 제동기장치 및 조속기, 전동기 판정기준

① 조속기, 조속기인장장치 및 조속기로프의 설치상태는 풀림이나 손상, 균열 등이 없이 견고하여야 한다.
② 조속기 풀리는 미끄러짐이 발생하는 정도의 심한 마모가 없어야 한다.
③ **조속기 정격속도**
  ㉠ 45m/min 이하(과속스위치는 63m/min 이하 작동할 것)
  ㉡ 45m/min 초과(과속스위치는 정격속도의 1.3배 이하 작동할 것)
④ 조속기는 작동 후에도 조속기의 정상적인 사용이 불가한 파손이 발생하지 않아야 한다.
⑤ 비상정지장치의 물림 중에 조속기로프 및 그 부착물은 비상정지거리가 정상보다 큰 경우일지라도 손상되지 않아야 한다.
⑥ 조속기로프의 인장장치 및 기타의 인장장치의 작동상태는 양호하여야 한다.
⑦ 전동기는 운전 중 이상 소음이나 진동이 발생하지 않는 등의 운전상태가 양호하여야 한다.
⑧ 전동기는 정격하중의 110%를 적재한 상태에서 원활하게 작동하여야 한다.

(4) 비상정지장치

① 카 내에 65kg의 하중을 싣고, 가능한 최저속도로 검사한다.
② 비상정지장치 시험후 비상정지장치에 손상이 없이 정상으로 복귀되어야 한다.
③ 비상정지장치 및 연결기구는 부식, 노후 등으로 인한 심한 변형이나 파손이 발생하지 않아야 한다.
④ 카를 일단 정지시키고 조속기의 캣치를 작동시킨 다음 다시 카가 하강하게끔 유압파워유니트를 조작한다. 플런저가 하강하여도 카가 하강하지 않게 됨으로써 비상정지장치가 작동한 것을 확인한다.
⑤ 비상정지장치는 좌우 양쪽 다같이 균등하게 작용하고, 카 바닥의 수평도의 변화는 어느 부분에서나 1/30 이내이어야 한다.
⑥ 비상정지장치의 쐐기, 블록 등의 부품은 가이드슈로 사용되지 않아야 한다.
⑦ 비상정지장치는 전기, 유압, 공압으로 작동되는 장치에 의해 작동되지 않아야 한다.

예상문제

비상정지장치가 작동된 후 승강기 카 바닥면의 수평도의 기준은 얼마인가?
① 1/10 이내
② 1/20 이내
③ 1/30 이내
④ 1/40 이내

해설 비상정지장치는 좌우 양쪽 다같이 균등하게 작용하고, 카 바닥의 수평도의 변화는 어느 부분에서나 1/30 이내이어야 한다.

정답 ③

---

(5) 정격하중 적정성 및 하중시험

① 정격하중은 최대정원은 1인당 하중을 65kg으로 계산한다.

▶ 면적 당 정격하중

용도	카바닥 면적	정격하중
승객용	1.5m² 이하	바닥면적 1m²당 370kg으로 계산한 수치
	1.5m² 초과 3m² 이하	바닥면적 중 1.5m²를 초과한 면적에 대해서 1m²당 500kg으로 계산한 값에 550kg을 더한 수치
	3m² 초과	바닥면적 중 3m²를 초과한 면적에 대해서 1m²당 600kg으로 계산한 값에 1,300kg을 더한 수치
화물용		바닥면적 1m²당 250kg(자동차용 엘리베이터와 바닥면적 1m² 이하의 덤웨이터의 경우는 150kg)으로 계산한 수치

② 각기 정격전압 및 정격주파수에서 속도, 전류 및 작동압력을 측정하여 규정에 적합
　㉠ 정격하중의 100%의 하중을 실은 경우
　㉡ 정격하중의 110%의 하중을 실은 경우

▶▶ 정격하중에 따른 속도

적재하중	정격하중의 100%	정격하중의 110%
속도	정격속도의 90% 이상 105% 이하	정격속도의 85% 이상 110% 이하
전류	전동기 정격전류치의 135% 이하	전동기 정격전류치의 140% 이하

③ 하중을 적재한 상태에서 운행 중 카 또는 모든 부품의 간섭이 발생하지 않아야 한다.

예상문제

유압식 승강기의 하중시험시, 110%의 하중을 적재하고 상승할 때는 전동기 정격전류값의 몇 % 이하로 작동하여야 하는가?

① 120　　② 130　　③ 140　　④ 150

해설

적재하중	정격하중의 100%	정격하중의 110%
속도	정격속도의 90% 이상 105% 이하	정격속도의 85% 이상 110% 이하
전류	전동기 정격전류치의 135% 이하	전동기 정격전류치의 140% 이하
작동압력	상용압력의 115% 이하	상용압력의 120% 이하

정답 ▶▶▶ ③

(6) 압력배관 상태

① 압력배관 및 고압고무호스에는 1개 이상의 압력계가 설치되어 있어야 한다.
② 압력배관은 유효한 부식방지를 위한 조치가 강구되어 있어야 하고, 확실히 지지되어 있어야 한다.
③ 압력배관 및 이음접속부에는 기름누설이 없어야 하고, 고정, 뒤틀림, 진동에 의한 비정상적인 응력을 피하는 방법으로 설치되어야 한다.
④ 압력배관에는 지진 기타의 진동 및 충격을 완화하는 장치가 설치되어 있고, 벽 등을 관통하는 부분에는 슬리이브 등이 설치되어 있어야 한다.
⑤ 유압고무호스의 이음접속은 확실하고, 기름 누설 및 심각한 손상이 없어야 하며, 벽 등을 관통하는 부분에는 슬리이브 등이 설치되어 있어야 한다.

(7) 안전밸브

① 수동하강밸브를 열었을 때의 속도는 정격하강속도 이하이어야 한다.
② 수동하강밸브의 작동은 힘을 가하고 있을 때만 유효하여야 한다.

③ 카의 상승시 유압이 이상하게 증대한 경우에 작동압력이 상용압력의 125%를 초과하지 않을 때 자동적으로 작동을 개시하고, 작동압력이 상용압력의 150%를 초과하지 않아야 한다.
④ 릴리프밸브는 펌프와 체크밸브사이에 설치되어야 한다.
⑤ 릴리프밸브의 작동에 따른 유압 작동유는 탱크로 복귀하여야 한다.

예상문제

승용승강기의 카 내에는 램프 중심으로부터 2[m] 떨어진 수직 면상에서 몇 [lx] 이상의 조도를 확보할 수 있는 예비조명 장치가 있어야 하는가?
① 0.5[lx]   ② 1[lx]
③ 2[lx]   ④ 3[lx]

해설 카 내에서 행하는 검사
정전 시에 램프중심부로부터 2m 떨어진 수직면상에서 1lx 이상의 조도로 비출 수 있어야 한다.

정답 》》 ②

---

02 카 내에서 행하는 검사

① 승강기 종류 및 용도, 정격하중 또는 최대정원, 이용자안전수칙, 비상연락전화번호 등 표시가 보기 쉬운 위치에 있고, 그 기재내용이 적정하여야 한다.
② 열림 표시(도형 또는 글씨)는 확실히 표시되어야 한다.
③ 카내 열림버튼은 엘리베이터가 정지한 상태에서 출입문의 닫힘 동작에 우선하여 카 내에서 문을 열 수 있어야 한다.
④ 카 내 정지스위치는 일반이용자가 조작할 수 없도록 키로 조작되는 방식이거나 잠금장치가 있는 조작반함 내에 설치하여야 한다.
⑤ 정지스위치가 작동된 경우 상승 및 하강 양방향 모두 정지하여야 한다.
⑥ 카 바닥 앞부분과 승강로 벽과의 수평거리는 125mm 이하이어야 한다.
⑦ 정전 시에 램프중심부로부터 2m 떨어진 수직면상에서 1LX 이상의 조도로 비출 수 있어야 한다.
⑧ 카 내와 외부의 소정의 장소를 연결하는 통화장치의 작동상태는 양호하여야 한다.
⑨ 비상구출구를 열었을 때에는 비상구출구스위치가 작동하여 카가 움직이지 않아야 한다.
⑩ 정전이 발생하면 즉시 자동적으로 점등되어야 한다.
⑪ 비상통화 장치는 지속적인 양방향 통신이 가능하여야 한다.
⑫ 착상오차 범위는 자동식 엘리베이터의 경우에 카(카 내부에 조작반이 있는 경우)

는 그 층에 ±2cm 이내로 정확히 도착하여야 한다. 이는 정격하중으로 검사하였을 때 최상층과 기준층에서 확인할 수 있다.
⑬ 정지층 실간격은 승강장 출입구 바닥 앞부분과 카 바닥 앞부분과의 틈의 너비는 4cm 이하이어야 한다.

03 카 상부에서 행하는 검사

① 주로프의 공칭직경은 12mm 이상으로 하여야 한다. 다만, 주로프의 안전율이 10 이상이 되도록 여러 가닥의 로프를 사용하는 경우에 공칭직경은 8mm 이상으로 할 수 있다.
② 2가닥 이상으로 하여야 한다.
③ 주로프 끝부분은 1가닥마다 로프소켓에 바빗트 채움을 하거나 체결식 로프소켓을 사용하여 고정하여야 한다.(고정하는 경우의 연결은 주로프 최소파단하중의 80% 이상)
④ 주로프를 걸어 맨 고정부위는 2중 너트로 견고하게 조이고, 풀림방지를 위한 분할 핀이 꽂혀 있어야 한다.
⑤ 로프의 단말부에는 장력을 균등하게 유지하는 스프링 등의 장치는 정격하중의 110%에서도 완전히 압축되지 않는 등의 정상적인 기능이 유지되어야 한다.

▶ 주로프의 마모 및 파손상태 기준

마모 및 파손상태	기준
소선의 파단이 균등하게 분포되어 있는 경우	1구성 꼬임(스트랜드)의 1꼬임 피치 내에서 파단수 4 이하
파단 소선의 단면적이 원래의 소선 단면적의 70% 이하로 되어 있는 경우 또는 녹이 심한 경우	1구성 꼬임(스트랜드)의 1꼬임 피치 내에서 파단수 2 이하
소선의 파단이 1개소 또는 특정의 꼬임에 집중되어 있는 경우	소선의 파단총수가 1꼬임 피치 내에서 6꼬임 와이어로프이면 12 이하 8꼬임 와이어로프이면 16 이하
마모부분의 와이어로프의 지름	마모되지 않은 부분의 와이어로프 직경의 90% 이상

⑥ 카 위의 출입구를 제외한 전 둘레에는 카 위 바닥면에서 수직높이가 60cm 이상인 보호난간이 견고하게 설치되어 있어야 한다.
⑦ 카 위의 안전스위치 및 수동운전스위치의 작동상태는 양호하여야 한다.
⑧ 수동운전스위치는 양방향성이어야 하고 힘을 가하였을 때만 작동하여야 한다.
⑨ 수동운전스위치에는 운전방향이 분명히 표시되어야 한다.

⑩ 수동운전으로 전환하였을 때 자동개폐방식문의 작동, 자동운전 및 전기적 비상운전이 무효화되어야 한다.
⑪ 카 위에는 점검 및 보수 관리에 지장이 없도록 작업등의 설치상태는 견고하고, 작동상태는 양호하여야 한다.
⑫ 비상구출구는 카 밖에서 손에 의해 간단한 조작으로 열 수 있어야 한다. 또한, 비상구출구의 설치상태는 견고하여야 한다.
⑬ 카 위에서 운전조작하는 경우에 있어서 꼭대기부분 안전거리를 1.2m 이상을 확보하고, 그 이상의 카의 상승을 자동적으로 제어하여 정지시키는 장치의 작동상태는 양호하여야 한다.
⑭ 카 위 안전거리는 카를 최상층에서 미속으로 상승시켜 플런저가 이탈방지장치로 정지했을 때 꼭대기부분틈새는 다음 수치 이상이어야 한다.

- 직접식 : 60cm, 간접식 : $(60 + \dfrac{V^2}{706})$cm

⑮ 도어이탈 방지장치는 승강장문을 카 위에서 흔들었을 때 이탈하지 않아야 한다.
⑯ 승강장문이 카 문과의 연동에 의하여 열리는 방식인 경우에 도어클로저의 설치상태는 풀림이나 손상, 균열 등이 없이 견고하여야 한다.
⑰ 비상정지장치가 작동된 상태에서 기계장치 및 조속기로프에는 아무런 손상이 없어야 한다.
⑱ 비상정지장치 시험후 비상정지장치에 손상이 없이 정상으로 복귀되어야 한다.
⑲ 비상정지장치는 좌우 양쪽 다같이 균등하게 작용하고, 카 바닥의 수평도의 변화는 어느 부분에서나 1/30 이내이어야 한다.

예상문제

승강기 카 상부에서 점검 및 작업을 할 때 주의하여야 할 사항이 아닌 것은?
① 장애물 등에 주의한다. ② 승강장 측 신호 계통을 분리시킨다.
③ 승객을 탑승시킬 때 주의시킨다. ④ 올라설 곳은 견고한지 확인한다.

  카 상부에서 행하는 검사
① 주로프의 공칭직경은 12mm 이상으로 하여야 한다. 다만, 주로프의 안전율이 10 이상이 되도록 여러 가닥의 로프를 사용하는 경우에 공칭직경은 8mm 이상으로 할 수 있다.
② 2가닥 이상으로 하여야 한다.
③ 주로프 끝부분은 1가닥마다 로프소켓에 바빗트 채움을 하거나 체결식 로프소켓을 사용하여 고정하여야 한다.(고정하는 경우의 연결은 주로프 최소파단하중의 80% 이상)
④ 주로프를 걸어 맨 고정부위는 2종 너트로 견고하게 조이고, 풀림방지를 위한 분할 핀이 꽂혀 있어야 한다.
⑤ 로프의 단말부에는 장력을 균등하게 유지하는 스프링 등의 장치는 정격하중의 110%에서도 완전히 압축되지 않는 등의 정상적인 기능이 유지되어야 한다.
⑥ 카 위의 출입구를 제외한 전 둘레에는 카 위 바닥면에서 60cm 이상인 보호난간이 견고하게 설치되어 있어야 한다.

정답 ≫≫ ③

04 피트내에서 행하는 검사

① 레일 및 브라켓은 녹·변형 또는 심한 마모가 없어야 하고, 레일클립의 조임상태는 양호하여야 한다.
② 카 및 균형추레일에 비상정지장치 또는 제동기가 설치되어 있는 경우에 레일은 제동력에 대해 충분히 견딜 수 있는 강도를 갖추어야 한다.
③ 승강로 내에는 엘리베이터와 관계없는 배관 또는 배선 등이 없도록 유지되어 있어야 한다.
④ 승강로 내 설치되는 돌출물은 엘리베이터의 운행 및 안전상 지장이 없어야 한다.
⑤ 승강로 내에는 각층을 나타내는 표기가 되어 있어야 한다.
⑥ 피트에 설치된 스위치류·인장장치류 및 완충기 등이 누수·습기 또는 먼지 등으로 기능을 상실하지 않도록 누수가 없이 청결하여야 한다.
⑦ 피트작업등 및 피트 정지스위치의 설치상태는 확실하고, 작동상태는 양호하여야 한다.
⑧ 카 또는 균형추가 완충기를 완전히 누른 상태로 정지하였을 때에도 완충기는 전도 및 파손 등이 없어야 한다.
⑨ 카가 최하층에 수평으로 정지하고 있을 때의 카와 완충기와의 거리는 [표]의 규정에 합격하여야 한다.

▶ 하강정격속도에 따른 거리

하강정격속도[m/min]	최소거리[mm]	최대거리[mm]
30 이하	70	600
30을 초과하는 것	150	

⑩ 카가 완충기를 완전히 누르고 정지했을 때 카 또는 균형추의 부품은 다른 부분과 간섭이 발생하지 않아야 한다.
⑪ 균형추 프레임 및 추의 고정 상태는 양호하여야 한다.
⑫ 이동케이블은 손상 또는 손상의 염려가 없어야 한다.
⑬ 조속기 인장장치는 피트 바닥 등에 접촉하는 처짐이 발생하지 않아야 한다.
⑭ 카, 균형추 및 유압실린더 가이드슈의 설치상태는 견고하고, 지진 기타의 진동에 의해 레일로부터 이탈되지 않는 조치가 되어 있어야 한다.
⑮ 가이드슈는 카 또는 균형추를 좌우로 흔들었을 때 금속음이 발생하는 정도의 파손, 마모 등이 없어야 하고, 가이드롤러는 주행에 영향을 미치는 심각한 파손, 마모가 없어야 한다.

예상문제

카가 최하층에 정지하였을 때 균형추 상단과 기계실 하부와의 거리는 카 하부와 완충기와의 거리보다 어떤 상태이어야 하는가?
① 작아야 한다.
② 커야 한다.
③ 같아야 한다.
④ 크거나 작거나 관계없다.

해설 피트 내에서 행하는 검사
카가 최하층에 수평으로 정지되어 있는 경우에 카와 완충기의 거리에 완충기의 충격정도를 더한 수치는 균형추의 꼭대기틈새보다 작아야 한다.

정답 ②

05 승강장에서 행하는 검사

① 카문 및 승강장문에는 2개 이상의 출입구를 설치할 수 있으나, 2개의 문이 동시에 열려 통로로 사용되는 구조이어서는 아니된다.
② 카문 및 승강장문의 유효 출입구의 높이는 2.0m 이상이어야 한다.
③ 카문의 노후, 마모 등으로 인한 카문과 카문틀의 세로부분 틈새는 10mm 이내이어야 한다.
④ 카문이 완전히 닫혔을 때 카문틀과 카문은 최소한 겹쳐져 있어야 한다.
⑤ 승강장 문은 카가 없는 층에서는 닫혀 있고, 외부에서 열 수 없도록 하는 로크장치의 설치상태는 견고하여야 하고, 열림방향으로 당겼을 때 열리지 않아야 한다.
⑥ 승강장 문의 인터록장치는 로크가 확실히 걸린 후에 도어스위치를 닫고, 반대로 도어스위치가 확실히 열린 후가 아니면 로크는 벗겨지지 않아야 한다.
⑦ 상하개폐문 및 중앙개폐문의 경우에는 5cm 이내까지 닫혔을 때 기동하고, 승강장에서는 5cm 이상 열려지지 않아야 한다.
⑧ 기타의 문의 경우에는 2cm 이내까지 닫혀졌을 때 기동하고, 승강장에서는 2cm 이상 열려지지 않아야 한다.
⑨ 모든 승강장에는 비상해제장치를 설치하여야 하고 그 설치상태 및 기능은 양호하여야 한다.
⑩ 승강장문은 열림의 끝단에서 문의 이탈이 발생하지 않아야 한다.
⑪ 문닫힘안전장치(세이프티슈·광전장치·초음파장치등)는 카 문 또는 승강장 문에 설치되어야 하며 설치상태 및 작동상태는 양호하여야 한다.
⑫ 승강장 위치표시기의 표시상태는 양호하여야 한다.
⑬ 층 위치를 숫자로 표시하는 방식의 위치표시기는 카가 승강장에 도착하였을 때 해당층을 정확하게 표시하여야 한다.

예상문제

카 및 승강장 문의 유효 출입구의 높이(m) 얼마 이상이어야 하는가?
① 1.8
② 1.9
③ 2.0
④ 2.1

해설 승강장에서 행하는 검사
① 개문출발방지기능은 카가 승강장에서 1,200mm를 이동하기 전에 통제 불능한 이동을 감지하여 카를 완전히 정지시켜야 한다.
② 카문 및 승강장문에는 2개 이상의 출입구를 설치할 수 있으나, 2개의 문이 동시에 열려 통로로 사용되는 구조이어서는 아니 된다.
③ 카문 및 승강장문의 유효 출입구의 높이는 2.0m 이상이어야 한다.
④ 상하개폐문 및 중앙개폐문의 경우에는 5cm 이내까지 닫혔을 때 기동하고, 승강장에서는 5cm 이상 열려지지 않아야 한다.
⑤ 기타의 문의 경우에는 2cm 이내까지 닫혀졌을 때 기동하고, 승강장에서는 2cm 이상 열여지지 않아야 한다.

정답 ③

제3절 에스컬레이터

01 기계실에서 행하는 검사

① 상하승강장의 기동스위치·정지스위치·비상정지버튼스위치 등의 작동상태는 양호하여야 한다.
② 적재하중을 작용시키지 않고 디딤판이 상승할 때의 정지거리가 0.1m 이상 0.6m 이하이어야 한다.
③ 정지거리는 상하부의 스커트가드스위치의 작용점으로부터 콤까지의 거리 미만이어야 한다.
④ 제동기는 제동기회로 전원 및 제동기전원이 차단된 경우에 작동되어야 한다.
⑤ 하중을 싣지 않은 상태에서 속도 및 전류를 측정하여 [표]의 규정에 적합하여야 한다.

▶ 속도 및 전류

속도	설계도면 및 시방서에 기재된 속도의 125% 이하
전류	전동기 정격전류치의 120% 이하

⑥ 구동체인 절단시의 역행방지장치 또는 제동장치가 작동하는 경우 정지스위치에 의해 전기적으로 전동기의 전원을 차단하여야 한다.
⑦ 수전반 및 주개폐기는 원칙적으로 기계실 출입구 내부 가까이 설치하고, 안전하고 용이하게 조작되도록 하여야 한다.
⑧ 제어반 기타의 제어장치의 설치상태는 견고하고, 지진 기타의 진동에 의해 움직이거나 넘어지지 않는 조치가 되어 있어야 한다.
⑨ 제어반상의 각 스위치의 접점 및 작동상태는 양호하여야 한다.
⑩ 절연저항은 각 회로마다 각각 [표] 규정에 합격하여야 한다.

▶▶ 절연저항 값

공칭회로전압[V]	시험전압(직류)[V]	절연저항[MΩ]
SELV	250	0.25 이상
≤ 500	500	0.5 이상
〉500	1000	1.0 이상

예상문제

에스컬레이터의 상하 승강장 및 디딤판에서 점검할 사항이 아닌 것은?
① 이동용 손잡이 ② 구동기 브레이크
③ 스커트 가드 ④ 안전방책

해설 기계실에서 행하는 검사
① 구동체인 절단시의 역행방지장치 또는 제동장치가 작동하는 경우 정지스위치에 의해 전기적으로 전동기의 전원을 차단하여야 한다.
② 제동기는 제동기회로 전원 및 제동기전원이 차단된 경우에 작동되어야 한다.

정답 ≫≫ ②

02 승강장에서 행하는 검사

① 이동식 핸드레일의 경우, 운행 전구간에서 디딤판과 핸드레일의 속도차는 0~2% 이하이어야 한다.
② 이동식 핸드레일은 하강운전중 상부 승강장에서 수평으로 약 147N 정도의 사람의 힘으로 당겨도 정지하지 않아야 한다.
③ 고정식 핸드레일의 경우에 난간과 손잡이의 설치상태는 안전하고 견고하여야 한다.
④ 핸드레일의 외피 및 내피는 파단이나 핸드레일구동롤러 등에 의해 마찰 시 미끄러짐이 발생하는 정도의 손상이 없어야 한다.

⑤ 승강장에서는 물체가 쉽게 끼어 들어가지 않도록 디딤판과 콤(Comb)의 물림량은 6mm 이상(벨트방식의 경우에는 4mm 이상)이어야 하고, 맞물리는 부분의 틈새는 4mm 이하이어야 한다.
⑥ 디딤판 상호간의 틈새는 승강로의 총길이에 걸쳐서 6mm 이하이어야 한다.
⑦ 스커트가드와 디딤판과의 틈새는 승강로의 총길이에 걸쳐서 한쪽이 4mm 이하이어야 한다.
⑧ 승강장의 폭은 핸드레일 중심선간의 거리 이상이어야 한다.
⑨ 승강장의 길이는 난간 끝단에서 진행방향으로 2.5m 이상이어야 한다.

03 안전 및 주의 표시기

① 3각부 틈새의 수직거리가 30cm 되는 곳까지 막는 등의 조치를 하되 디딤판의 진행속도로 부딪쳤을 때 신체에 상해를 주지 않는 탄력성이 있는 재료(스폰지 등)로 마감처리 하여야 한다.
② 사람이 3각부에 충돌하는 것을 경고하기 위하여 25~35cm 전방에 신체상해의 우려가 없는 재질의 비고정식 안전보호판 등이 설치되어 있어야 한다.
③ 삼각부의 막는 재료 및 안전보호판과 건축물의 천장부 등 사람이 부딪칠 수 있는 부분의 모서리나 끝부분은 날카롭지 않도록 마감처리 되어 있어야 한다.
④ 안전선반 또는 낙하방지망이 설치되어 있는 경우에 설치상태는 견고하여야 한다.
⑤ 디딤판 위의 안전마크는 황색 또는 적색으로 명확하게 표시되어 있어야 한다.
⑥ 주의표지판은 견고한 재질로 만들어야 하며, 잘 보이는 곳에 확실히 부착하여야 한다.
⑦ 주의표지판은 국문으로 읽기 쉽게 표기하거나 크기 80mm×80mm 이상의 그림으로 [그림]와 같이 표시하여야 한다.(바탕 : 흰색, 그림 : 청색, X표시 : 적색)

주의표지판

예상문제

에스컬레이터 승강장의 주의표지판에 대한 설명 중 옳은 것은?
① 주의표지판은 충격을 흡수하는 재질로 만들어야 한다.
② 주의표지판은 영문으로 읽기 쉽게 표기되어야 한다.
③ 주의표지판의 크기는 80mm×80mm 이하의 그림으로 표시되어야 한다.
④ 주의표지판의 바탕은 흰색, 도안은 흑색, 사선은 적색이다.

해설 에스컬레이터 또는 무빙워크의 출입구 근처의 주의표시
① 주의표시를 위한 표시판 또는 표지는 견고한 재질로 만들어야 한다.
② 승강장에서 잘 보이는 곳에 확실히 부착되어야 한다.
③ 주의표시는 80mm×100mm 이상의 크기로 한다.

구분		기준규격(mm)	색상
최소 크기		80×100	–
바탕		–	흰색
	원	40×40	–
	바탕	–	황색
	사선	–	적색
	도안	–	흑색

정답 ▶▶▶ ④

CHAPTER 02 승강기 검사기준 출제예상문제

01 유압식 엘리베이터의 유압파워유니트(Power Unit)의 구성 요소가 아닌 것은?

① 펌프
② 유압실린더
③ 유량제어밸브
④ 체크밸브

해설 유압파워유니트
펌프, 전동기, 안전밸브, 상승용 유량제어밸브, 체크밸브, 하강용 유량제어밸브, 유량탱크, 스트레이너, 스톱밸브, 사일렌서, 보온장치 등으로 구성
• 실린더 : 유체에너지를 이용하여 기계적 에너지로 변환 시 직선운동 하는 장치

02 엘리베이터의 피트에서 행하는 점검사항이 아닌 것은?

① 화이날 리미트스위치 점검
② 이동케이블 점검
③ 배수구 점검
④ 도어로크 점검

해설
① 완충기 취부상태 확인
② 조속기로프 및 기타의 당김 도르래 확인
③ 피트바닥 청결상태 확인(사다리 고정 유무, 배수구점검)
④ 하부 화이널리미트스위치 동작상태 확인
⑤ 카 비상정지장치 및 스위치 동작상태 확인
⑥ 하부 도르래 동작상태 확인
⑦ 균형추 밑부분 틈새 확인
⑧ 이동케이블 및 부착부 확인

03 카 바닥 앞부분과 승강로 벽과의 수평거리는 몇 [mm] 이하로 하여야 하는가?

① 120
② 125
③ 130
④ 135

해설 카 내에서 행하는 검사
카 바닥 앞부분과 승강로 벽과의 수평거리는 125mm 이하이어야 한다.

04 비상정지장치에 관한 설명으로 틀린 것은?

① 한번 동작하면 복귀가 곤란하다.
② 종류는 순간식과 점진식이 있다.
③ 작동시험은 저속운전으로도 가능하다.
④ 정격속도 1.4배 이내에서 작동되어야 한다.

해설 비상정지장치
① 정격속도(1.4배)를 넘을 경우에 가이드레일을 잡아 안전하게 강제 정지시키는 장치
② 점진적 비상정지장치(F·G·C, F·W·C), 순간식 비상정지장치
③ 비상정지장치 시험후 비상정지장치에 손상이 없이 정상으로 복귀되어야 한다.
④ 안전회로를 인위적 조작에 의해 동작상태 확인

Answer
01 ② 02 ④ 03 ② 04 ①

05 정격속도 90m/min로 유압 완충기를 사용하는 카가 최하층에 수평으로 정지되었다면 카와 완충기와의 최소거리로 옳은 것은?

① 규정하지 않는다.
② 150~300mm
③ 300~600mm
④ 75~150mm

해설

정격속도(m/min)		최소거리(mm)		최대거리(mm)	
		교류1단속도 제어방식 또는 저항제어방식	그 외의 제어방식	카측	균형추측
스프링 완충기	7.5 이하	75	150	600	900
	7.5 초과 15 이하	150			
	15 초과 30 이하	225			
	30 초과	300			
유입완충기		규정하지 않음			

06 조속기의 보수 점검항목에 해당되지 않는 것은?

① 조속기 스위치의 접점 청결상태
② 세이프티 링크 스위치와 캠의 간격
③ 운전의 윤활성 및 소음 유무
④ 조속기 로프와 클립 체결상태

해설 ① 각부 마모가 진행하여 진동 소음이 현저한 것
② 베어링에 눌러 붙음이 생길 염려가 있는 것
③ 캣치가 작동하지 않는 것
④ 스위치가 불량한 것
⑤ 비상정지장치를 작동시키지 못하는 것
⑥ 각부 청결상태

07 에스컬레이터 구동장치 보수점검사항에 해당 되지 않는 것은?

① 구동체인의 이완 여부
② 브레이크 작동상태
③ 스텝과 핸드레일 속도차이
④ 각부의 볼트 및 너트의 풀림 상태

해설 에스컬레이터의 구조
전동기, 구동기, 구동체인, 핸드레일, 스텝, 스텝레일 트러스 등
• 스텝을 구동시키는 주 구동장치와 핸드레일을 구동시키는 장치의 연동되어 있어 구동 시 속도가 같을 것

08 에스컬레이터 및 수평보행기의 비상정지스위치 위치에 관한 설명으로 옳지 않은 것은?

① 상하 승강장의 잘 보이는 곳에 설치한다.
② 색상은 적색으로 하여야 한다.
③ 장난 등에 의한 오조작 방지를 위하여 잠금장치를 설치하여야 한다.
④ 버튼 또는 버튼 부근에는 "정지" 표시를 하여야 한다.

해설 비상정지버튼(emergency stop button)
① 승강장에서 비상 시 또는 점검할 때 디딤판의 승강을 강제로 정지시킬 수 있는 장치
② 비상정지버튼을 설치하는 위치는 비상 시 쉽게 작동할 수 있는 상하 승강장의 이입구
③ 층고가 12m 초과 시 비상정지버튼 추가설치(비상정지버튼의 간격은 15m 초과할 수 없음)
④ 비상정지버튼의 색상은 "적색", 부근에는 "정지" 표시 할 것
⑤ 어린이 등 장난에 의한 오조작을 방지하기 위한 덮개를 설치하며, 비상 시 쉽게 열수 있는 구조로 할 것

Answer
05 ① 06 ② 07 ③ 08 ③

09 로프식 엘리베이터의 경우 기계실에서 검사하는 항목과 관계가 없는 것은?

① 전동기 및 제동기
② 권상기의 도르래
③ 브레이크 라이닝
④ 인터록장치

해설 도어 인터록(도어 안전장치)
운행 중 카가 정지하지 않은 층에서는 승강장문 전용 열쇠로 열리는 장치

10 승강장 문의 로크 및 스위치 검사 시 적합하지 않은 것은?

① 승강장 문은 외부에서 열 수 없도록 로크장치의 설치 상태가 견고하여야 한다.
② 승강장 문이 열려 있거나 닫혀 있지 않은 경우 도어 스위치는 열려 있어야 한다.
③ 승강장 문의 인터록장치는 로크가 걸린 후에 도어 스위치를 닫아야 한다.
④ 승강장 문의 도어스위치가 확실히 열리기 전에 로크가 벗겨져야 한다.

해설 도어 스위치(door switch)
① 카의 도어가 완전히 닫히지 않으면 운행 정지
② 카 및 승강장 문의 도어스위치는 방적처리 및 2차 소방운전시 분리되어야 한다.
③ 도어스위치가 확실히 열린 후가 아니면 로크는 벗겨지지 않아야 한다.

11 로프식 엘리베이터의 카 상부에서 실시하는 검사가 아닌 것은?

① 레일 클립의 조임상태
② 카 도어스위치의 동작상태
③ 조속기의 작동상태
④ 비상구 출구 스위치 동작상태

해설 기계실에서 행하는 검사
① 주로프·조속기로프 및 층상선택기의 스틸테이프 등은 기계실 바닥의 관통부분과 접촉되지 않아야 하고, 엘리베이터 관련 설비 이외의 것이 기계실 바닥을 관통하여서는 아니된다.
② 조도는 기기가 배치된 바닥면에서 200lx 이상, 실온은 원칙적으로 40℃ 이하 유지한다.
③ 제동기 최대정지거리는 정격하중을 싣고 하강과 상승시 0.05g~1.0g 감속도(G) 상당거리 [(1.15v)2/2G)] 범위 이내일 것
④ 조속기 정격속도
 • 45m/min 이하(과속스위치는 63m/min 이하 작동할 것)
 • 45m/min 초과(과속스위치는 정격속도의 1.3배 이하 작동할 것)
⑤ 전동 정격하중의 110%를 적재한 상태에서도 원활하게 작동할 것

12 엘리베이터 기계실의 바닥변적은 승강로 수평투영면적의 몇 배 이상이어야 하는가?

① 1.5배   ② 2배
③ 2.5배   ④ 3배

해설 기계실 구조
① 기계실의 면적은 승강로 투영면적의 2배 이상
② 기계실의 바닥·벽 및 천장은 내화구조 또는 방화구조로 양호하게 유지
③ 기계실 온도는 5℃에서 +40℃ 이하를 유지(기준온도이상 시 제어장치 오작동)
④ 기계실에는 바닥 면에서 200lx 이상을 비출 수 있는 영구적으로 설치된 전기 조명

Answer
09 ④   10 ④   11 ③   12 ②

13 엘리베이터용 로프의 특성으로 옳은 것은?

① 강도가 크고 유연성이 적어야 한다.
② 강도가 크고 유연성이 풍부하여야 한다.
③ 강도와 유연성이 적어야 한다.
④ 강도가 적고 유연성이 풍부하여야 한다.

해설
① 주로프의 공칭직경은 12mm 이상으로 하여야 한다. 다만, 주로프의 안전율이 10 이상이 되도록 여러 가닥의 로프를 사용하는 경우에 공칭직경은 8mm 이상으로 할 수 있다.
② 3가닥(권동식은 2가닥) 이상으로 하여야 한다.
③ 끝부분은 1가닥마다 로프소켓에 바빗트 채움을 하거나 체결식 로프소켓을 사용하여 고정하여야 한다.(고정하는 경우의 연결은 주로프 최소파단하중의 80% 이상)
④ 주로프를 걸어 맨 고정부위는 2중 너트로 견고하게 조이고, 풀림방지를 위한 분할 핀이 꽂혀 있어야 한다.
⑤ 로프의 단말부에는 장력을 균등하게 유지하는 스프링 등의 장치는 정격하중의 110%에서도 완전히 압축되지 않는 등의 정상적인 기능이 유지되어야 한다.
⑥ 강도가 크고 유연성이 풍부하여야 한다.

14 비상정지장치는 엘리베이터 정격속도의 얼마의 범위에서 동작해야 하는가?

① 1.3배 이하   ② 1.3배 초과
③ 1.4배 이하   ④ 1.4배 초과

해설
① 1단계 과속검출 스위치 : 카(car)의 속도가 정격속도의 1.3배 이하에서 동작(정격속도 45m/min 이하의 경우 63m/min 이하에서 동작)
② 2단계 캣치 : 카의 속도가 정격속도의 1.4배를 넘기 전에 동작(정격속도 45m/min 이하의 경우 68m/min 넘기 전에 동작)

15 경고나 주의를 표시할 때 사용하는 색채로 가장 알맞은 것은?

① 파랑   ② 보라
③ 노랑   ④ 녹색

해설
① 빨강 – 금지
② 노랑 – 경고 또는 주의
③ 녹색 – 안내
④ 파랑 – 지시

16 유압 엘리베이터 제어반에서 할 수 없는 것은?

① 작동시의 유압 측정
② 전동기의 전류 측정
③ 절연저항의 측정
④ 과전류계전기의 작동

해설
유압 엘리베이터는 유압 파워유닛(펌프, 전동기 등 포함)에서 압력을 가해 유체를 실린더로 보내는 기능으로 작동 시 유압측정이 가능

17 로프식 엘리베이터의 경우 카 위에서 하는 검사가 아닌 것은?

① 비상구출구
② 도어개폐장치
③ 리미트 스위치류
④ 운전조작반

해설
운전조작반은 카 내에서 행하는 검사

Answer
13 ② 14 ③ 15 ③ 16 ① 17 ④

18 엘리베이터 로프의 검사기준과 맞지 않는 것은?

① 주로프에 걸어 맨 고정부위는 2중 너트로 견고하게 조인다.
② 모든 주로프는 균등한 장력을 받고 있어야 한다.
③ 주로프에 걸어 맨 고정부위는 풀림방지를 위한 분할핀이 꽂혀있어야 한다.
④ 로프의 마모 및 파손상태는 가장 양호한 부분에서 검사한다.

해설 카 상부에서 행하는 검사
① 주로프의 공칭직경은 12mm 이상으로 하여야 한다. 다만, 주로프의 안전율이 10 이상이 되도록 여러 가닥의 로프를 사용하는 경우에 공칭직경은 8mm 이상으로 할 수 있다.
② 2가닥 이상으로 하여야 한다.
③ 주로프 끝부분은 1가닥마다 로프소켓에 바빗트 채움을 하거나 체결식 로프소켓을 사용하여 고정하여야 한다.(고정하는 경우의 연결은 주로프 최소파단하중의 80% 이상)
④ 주로프를 걸어 맨 고정부위는 2중 너트로 견고하게 조이고, 풀림방지를 위한 분할 핀이 꽂혀 있어야 한다.
⑤ 로프의 단말부에는 장력을 균등하게 유지하는 스프링 등의 장치는 정격하중의 110%에서도 완전히 압축되지 않는 등의 정상적인 기능이 유지되어야 한다.

[주로프의 마모 및 파손상태 기준]

마모 및 파손상태	기준
소선의 파단이 균등하게 분포되어 있는 경우	1구성 꼬임(스트랜드)의 1꼬임 피치 내에서 파단수 4 이하
파단 소선의 단면적이 원래의 소선 단면적의 70% 이하로 되어 있는 경우 또는 녹이 심한 경우	1구성 꼬임(스트랜드)의 1꼬임 피치 내에서 파단수 2 이하
소선의 파단이 1개소 또는 특정의 꼬임에 집중되어 있는 경우	소선의 파단총수가 1꼬임 피치 내에서 6꼬임 와이어로프 이면 12 이하 8꼬임 와이어로프 이면 16 이하
마모부분의 와이어로프의 지름	마모되지 않은 부분의 와이어 로프 직경의 90% 이상

19 조속기 도르래의 피치 지름과 로프의 공칭 지름의 비는 몇 배 이상인가?

① 25배　② 30배
③ 35배　④ 40배

해설 도르래의 지름과 주 로프의 지름과의 비의 규정
① 정격적재하중 500kg 이하에서 30배 이상
② 주 로프의 도르래에 접하는 부분의 길이 1/4 이하에서는 25배 이상

20 에스레이터의 이동식 핸드레일은 하강운전 중 상부 승강장에서 사람이 수평으로 약 몇 N정도의 힘으로 당겨도 정지하지 않아야 하는가?

① 127　② 137
③ 147　④ 157

해설
① 이동식 핸드레일의 경우, 운행 전구간에서 디딤판과 핸드레일의 속도차는 0~2% 이하이어야 한다.
② 이동식 핸드레일은 하강운전중 상부 승강장에서 수평으로 약 147N 정도의 사람의 힘으로 당겨도 정지하지 않아야 한다.
③ 고정식 핸드레일의 경우에 난간과 손잡이의 설치상태는 안전하고 견고하여야 한다.
④ 핸드레일의 외피 및 내피는 파단이나 핸드레일구동롤러 등에 의해 마찰 시 미끄러짐이 발생하는 정도의 손상이 없어야 한다.
⑤ 승강장에서는 물체가 쉽게 끼어 들어가지 않도록 디딤판과 콤(Comb)의 물림량은 6mm 이상(벨트방식의 경우에는 4mm 이상)이어야 하고, 맞물리는 부분의 틈새는 4mm 이하이어야 한다.
⑥ 디딤판 상호간의 틈새는 승강로의 총길이에 걸쳐서 6mm 이하이어야 한다.
⑦ 스커트가드와 디딤판과의 틈새는 승강로의 총길이에 걸쳐서 한쪽이 4mm 이하이어야 한다.
⑧ 승강장의 폭은 핸드레일 중심선간의 거리 이상이어야 한다.
⑨ 승강장의 길이는 난간 끝단에서 진행방향으로 2.5m 이상이어야 한다.

Answer
18 ④　19 ②　20 ③

21 승강장에서 행하는 검사가 아닌 것은?

① 승강장 도어의 손상 유무
② 도어 슈의 마모 유무
③ 승강장 버튼의 양호 유무
④ 조속기 스위치 동작 여부

해설 승강장에서 행하는 검사
① 상하개폐문 및 중앙개폐문의 경우에는 5cm 이내까지 닫혔을 때 기동하고, 승강장에서는 5cm 이상 열려지지 않아야 한다.
② 기타의 문의 경우에는 2cm 이내까지 닫혀졌을 때 기동하고, 승강장에서는 2cm 이상 열려지지 않아야 한다.
• 조속기 스위치(Governor switch, Overspeed switch)
 – 조속기 기능의 하나이며, 과속도를 검출하여 신호를 주기 위한 스위치(과도스위치)
 – 조속기는 기계실에서 행하는 검사 중 하나

22 엘리베이터의 승강장 문이 닫혀 있을 경우 승강장에서 몇 [cm]이상 열려지지 않아야 하는가? (단, 상하 개폐문 및 중앙개폐문이 아니며, 화물용 상승 개폐문이 아닌 경우이다.)

① 1cm ② 2cm
③ 3cm ④ 4cm

해설
① 상하개폐문 및 중앙개폐문의 경우에는 5cm 이내까지 닫혔을 때 기동하고, 승강장에서는 5cm 이상 열려지지 않아야 한다.
② 기타의 문의 경우에는 2cm 이내까지 닫혀졌을 때 기동하고, 승강장에서는 2cm 이상 열려지지 않아야 한다.

23 에스컬레이터에 전원의 일부가 결상되거나 전동기의 토크가 부족하였을 때 상승운전 중 하강을 방지하기 위한 안전장치는?

① 조속기
② 스커트가드 스위치
③ 구동체인 안전장치
④ 핸드레일 안전장치

해설 카를 일단 정지시키고 조속기의 캣치를 작동시킨 다음 권상기를 조작하거나 또는 브레이크를 개방하여 카를 하강시켜도 카가 하강하지 않게 됨으로써 비상정지장치가 작동한 것을 확인한다.

24 엘리베이터 전동기 주회로의 사용전압이 380V이면 절연저항은 몇 [MΩ]이상이어야 하는가?

① 0.1 ② 0.2
③ 0.3 ④ 0.4

해설
• 절연저항 : 대지와 전로사이의 절연상태(개폐기 또는 과전류차단기로 구획할 수 있는 전로마다 검사할 수 있다.)

회로의 용도	회로의 사용전압	절연저항
전동기 주회로	300V 이하의 것	0.2 이상
	300V를 초과 400V 이하의 것	0.3 이상
	400V를 초과하는 것	0.4 이상
승강로내 안전회로 신호회로 조명회로	150V 이하의 것	0.1 이상
	150V를 초과 300V 이하의 것	0.2 이상

공칭회로전압[V]	시험전압(직류)[V]	절연저항[MΩ]
SELV	250	0.25 이상
≤ 500	500	0.5 이상
> 500	1000	1.0 이상

• 메가 : 절연저항 측정

Answer
21 ④ 22 ② 23 ① 24 ③

25 난간폭에 의한 에스컬레이터 분류 중 800형 에스컬레이터의 시간당 수송인원수는?

① 5000명
② 6000명
③ 7000명
④ 8000명

해설 난간폭에 의한 분류
① 800형 : 시간당 수송능력 6000명(전동기 용량 : 7.5kW)
② 1200형 : 시간당 수송능력 9000명(층고 4.7m 이하 : 7.5kW, 층고 4.7~7m 이하 : 11kW)

26 승객용 승강기의 시브가 편마모 되었을 때 그 원인을 제거하기 위해 어떤 것을 보수, 조정하여야 하는가?

① 과부하 방지장치
② 조속기
③ 로프의 장력
④ 균형체인

해설
① 과부하 방지장치 : 카 내에 정격적재하중 초과 시 바닥에 설치한 장치가 작동으로 경보와 도어 열림
② 조속기 : 카의 속도를 검출하는 장치로 카의 속도와 같은 회전
③ 균형체인 : 승강로가 높아져 카의 위치변화에 따른 로프와 이동케이블 자중의 무게 불균형을 보상

27 다음 중 승강로의 구조에 대한 설명으로 옳지 않은 것은?

① 승강로는 안전한 벽 또는 울타리에 의하여 외부공간과 격리되어야 한다.
② 사람 또는 물건이 운전 중인 카나 균형추에 접촉하지 않도록 되어야 한다.
③ 화재 시 승강로를 거쳐 다른 층으로 연소되지 않아야 한다.
④ 승강기의 배관설비 이외의 배관도 승강로에 함께 설치되도록 한다.

해설
① 하나 이상의 엘리베이터, 덤웨이터, 자재운반 승강기(material lift)가 이동하는 수직통로
② 피트와 오버헤드를 포함
③ 필요한 배관 설비 이외의 설비는 설치 불가
④ 카, 가이드레일, 레일 브래킷, 균형추, 와이어로프, 승강장 도어, 완충기, 조속기, 인장도르래, 안전 스위치 등 설치됨
⑤ 피트 깊이가 2.5 m를 초과하는 경우에는 피트 출입문이 설치되어야 한다.
⑥ 피트 깊이가 2.5 m 이하인 경우에는 피트 출입문 또는 점검자 등 사람이 승강장문에서 쉽게 진입할 수 있는 피트 사다리가 설치되어야 한다.

28 엘리베이터 피트내의 환경상태를 점검할 때 유의하여야 할 항목을 나열한 것이다. 해당되지 않는 것은?

① 피트 바닥 청결상태
② 비상등 작동상태
③ 누수, 누유상태
④ 피트 작업등 점등상태

해설 피트 내에서 육안점검
① 승강로 내 설치되는 돌출물은 엘리베이터의 운행 및 안전상 지장이 없어야 한다.
② 승강로 내에는 각층을 나타내는 표기가 되어 있어야 한다.
③ 피트에 설치된 스위치류·인장장치류 및 완충기 등이 누수·습기 또는 먼지 등으로 기능을 상실하지 않도록 누수가 없이 청결하여야 한다.
④ 피트에는 물이 담기지 않도록 배수구 또는 배수 펌프 등의 배수시설이 설치되어 있어야 하고, 피트 내에는 물에 뜨는 것이 없어야 한다.

Answer
25 ②   26 ③   27 ④   28 ②

29 카 상부에 탑승할 때 반드시 지켜야 할 사항으로 볼 수 없는 것은?

① 스톱 스위치를 차단한다.
② 탑승 후 외부 문부터 닫는다.
③ 자동 스위치를 점검 쪽으로 전환한다.
④ 카 상부에 탑승하기 전에 작업등을 점등한다.

해설
① 카 위에는 점검 및 보수 관리에 지장이 없도록 작업등의 설치상태는 견고하고, 작동상태는 양호하여야 한다.
② 카 위의 안전스위치 및 수동운스위치의 작동상태는 양호하여야 한다.
③ 수동운전으로 전환하였을 때 자동개폐방식문의 작동, 자동운전 및 전기적 비상운전이 무효화되어야 한다.
④ 카 위에서 운전조작하는 경우에 있어서 꼭대기부분 안전거리를 1.2m 이상을 확보하고, 그 이상의 카의 상승을 자동적으로 제어하여 정지시키는 장치의 작동상태는 양호하여야 한다.

30 비상정지장치가 작동한 경우에 검사하여야 할 사항과 거리가 먼 것은?

① 조속기 로프의 연결부위 손상 유무
② 조속기의 손상 유무
③ 가이드 레일의 손상 유무
④ 메인 로프의 연결부위 손상 유무

해설 승강기검사 기준(비상정지장치)
① 카 내에 65kg의 하중을 싣고, 가능한 최저속도로 검사한다.
② 비상정지장치를 인위적으로 작동시켜 수동운전 또는 수권조작으로 동작시켰을 때 도르래의 겉돌음, 로프의 이완 등을 확인하는 방법으로 비상정지장치가 작동하는지 확인한다.
③ 비상정지장치의 작동을 감지하는 안전스위치는 비상정지장치가 작동하였을 때 구동기로 공급되는 전류를 차단하여야 한다.
④ 비상정지장치의 쐐기, 블록 등의 부품은 가이드슈로 사용되지 않아야 한다.
⑤ 비상정지장치는 전기, 유압, 공압으로 작동되는 장치에 의해 작동되지 않아야 한다.

31 에스컬레이터가 정격하중으로 하강하는 중 브레이크가 작동될 경우 감속도의 기준은?

① 0.1G 이하
② 0.2G 이하
③ 0.5G 이하
④ 1G 이하

해설
① 운행방향에서 하강방향으로 움직이는 에스컬레이터에서 측정된 감속도는 브레이크 시스템이 작동하는 동안 $1m/s^2$ 이하이어야 한다.
② 제동기 최대정지거리는 정격하중을 싣고 하강과 상승시 0.05g~1.0g 감속도(G) 상당거리 [(1.15v)2/2G)] 범위 이내일 것

32 유압엘리베이터의 플런저에 대한 설명으로 옳은 것은?

① 플런저에 걸리는 하중이 클수록 그 단면적은 커지므로, 재료는 두꺼운 강관이 사용된다.
② 플런저에 작용하는 총 하중이 크면 클수록 그 단면은 작아진다.
③ 플런저의 표면은 연마를 하는 경우의 표면 거칠기는 10~30(μm)정도이다.
④ 탄소강 강관의 이음매가 없는 것이 사용되며 두께는 50~60cm 정도이다.

해설 플런저(plunger)
① 플런저에 도르래를 설치하여 로프 또는 체인을 이용한(roping) 카를 승강함
② 기계적 이탈방지를 위해 외부에 기계적 정지장치를 설치한 경우 합성력이 잭의 중심부에 가해지도록 설치
③ 플런저에 걸리는 하중이 클수록 그 단면적은 커지므로, 재료는 두꺼운 강관이 사용

Answer
29 ② 30 ④ 31 ① 32 ①

33 비상정지장치가 작동된 후 승강기 카 바닥면의 수평도의 기준은 얼마인가?

① 1/10 이내
② 1/20 이내
③ 1/30 이내
④ 1/40 이내

 비상정지장치는 좌우 양쪽 다같이 균등하게 작용하고, 카 바닥의 수평도의 변화는 어느 부분에서나 1/30 이내이어야 한다.

34 카내에서 행하는 검사에 해당되지 않는 것은?

① 카 시브의 안전상태
② 카내의 조명상태
③ 비상통화장치
④ 운전반 버튼의 동작상태

 기계실에서 행하는 검사
주로프·조속기로프 및 층상선택기의 스틸테이프 등은 기계실 바닥의 관통부분과 접촉되지 않아야 하고, 엘리베이터 관련 설비 이외의 것이 기계실 바닥을 관통하여서는 아니 된다.

35 엘리베이터의 도어 슈의 점검을 위해 실시하여야 할 점검사항이 아닌 것은?

① 도어 슈의 마모상태 점검
② 가이드 롤러의 고무 탄력상태 점검
③ 슈 고정볼트의 조임상태 점검
④ 도어 개폐 시 실과의 간섭상태 점검

 ① 도어이탈 방지장치는 승강장문을 카 위에서 흔들었을 때 이탈하지 않아야 한다.
② 개폐시의 마찰소음을 저감할 수 있는 테플론코팅 제품을 사용한다.
③ 스테인리스 6각볼트로 고정하여 충분한 체결강도를 유지하여야 한다.

36 유압식 승강기의 하중시험시, 110%의 하중을 적재하고 상승할 때는 전동기 정격전류 값의 몇 % 이하로 작동하여야 하는가?

① 120
② 130
③ 140
④ 150

적재하중	정격하중의 100%	정격하중의 110%
속도	정격속도의 90% 이상 105% 이하	정격속도의 85% 이상 110% 이하
전류	전동기 정격전류치의 135% 이하	전동기 정격전류치의 140% 이하
작동압력	상용압력의 115% 이하	상용압력의 120% 이하

37 조속기 스위치를 설명한 것으로 옳은 것은?

① 일단 작동하면 자동으로 복귀되지 않는다.
② 작동 후 속도가 정상으로 복귀되면 스위치도 복구된다.
③ 일단 작동하면 교체하여야 한다.
④ 자동복귀 되어도 작동하지 않는다.

 조속기 스위치(Governor switch, Overspeed switch)
① 조속기 기능의 하나이며, 과속도를 검출하여 신호를 주기 위한 스위치(과도스위치)
② 조속기는 기계실에서 행하는 검사 중 하나
③ 동작되면 자동복귀 되지 않지만 자동복귀 되어도 엘리베이터는 운행되지 않는다.

Answer
33 ③ 34 ① 35 ② 36 ③ 37 ①

38 다음 중 카 실내에서 검사하는 사항이 아닌 것은?

① 전동기 주회로의 절연저항
② 승강장 출입구 바닥 앞부분과 카 바닥 앞부분과의 틈의 너비
③ 도어 스위치의 작동상태
④ 외부와 연결하는 통화장치의 작동상태

해설 전동기 주회로의 절연저항은 기계실 내(수전반 및 제어반)에서 행하는 검사

공칭회로전압[V]	시험전압(직류)[V]	절연저항[MΩ]
SELV	250	0.25 이상
≤ 500	500	0.5 이상
〉500	1000	1.0 이상

39 전자접촉기 등의 조작회로를 접지하였을 경우, 당해 전자접촉기 등이 폐로될 염려가 있는 것의 접속방법으로 옳은 것은?

① 코일의 일단을 접지하지 않는 쪽의 전선에 접속할 것
② 코일의 일단을 접지측 전선에 접속할 것
③ 코일과 접지측 전선 사이에 반드시 개폐기가 있을 것
④ 코일과 접지측 전선 사이에 반드시 퓨즈를 설치할 것

해설 제36조(전자접촉기 등)
제어회로에서 전자접촉기 등의 조작회로를 접지하였을 때에 전자접촉기 등이 폐로될 우려가 있는 것은 다음 각호에 정하는 바에 따라 전로에 접속되어야 한다.
① 코일의 한 끝은 접지측의 전선에 접속할 것
② 코일과 접지측 전선과의 사이에는 개폐기가 없을 것

40 승강기 과부하 감지장치의 용도가 아닌 것은?

① 탑승인원 또는 적재하중 감지용
② 정격하중의 105~110%의 범위로 설정
③ 과부하 경보 및 도어 닫힘 저지용
④ 이상적인 속도 제어용

해설 과부하 방지장치
① 카 내에 정격적재하중 초과 시 바닥에 설치한 장치가 작동으로 경보와 도어 열림
② 정격적재하중의 105~110% 범위에 설정

41 피트내 청결상태의 점검 방법은?

① 기능점검
② 육안점검
③ 특별점검
④ 성능점검

해설 피트 내에서 육안점검
① 승강로 내 설치되는 돌출물은 엘리베이터의 운행 및 안전상 지장이 없어야 한다.
② 승강로 내에는 각층을 나타내는 표기가 되어 있어야 한다.
③ 피트에 설치된 스위치류·인장장치류 및 완충기 등이 누수·습기 또는 먼지 등으로 기능을 상실하지 않도록 누수가 없이 청결하여야 한다.
④ 피트에는 물이 담기지 않도록 배수구 또는 배수펌프 등의 배수시설이 설치되어 있어야 하고, 피트 내에는 물에 뜨는 것이 없어야 한다.

Answer
38 ① 39 ② 40 ④ 41 ②

42 에스컬레이터 난간과 핸드레일의 점검사항이 아닌 것은?

① 접촉기와 계전기의 이상 유무를 확인한다.
② 가이드에서 핸드레일의 이탈 가능성을 확인한다.
③ 표면의 균열 및 진동여부를 확인한다.
④ 주행 중 소음 및 진동여부를 확인한다.

해설 ① 핸드레일
- 주 구동장치와 핸드레일을 구동시키는 장치의 연동되어 있어 구동 시 속도가 같을 것
- 각 난간 상부에는 디딤판, 팔레트 또는 벨트 속도의 0~2%의 허용오차에서 동일한 방향으로 움직이는 핸드레일 설치
- 핸드레일은 스텝면에서 수직으로 높이 600mm의 위치에 설치하고, 핸드레일 내측거리는 1.2m 이하로 하며, 하강 중 약 15kgf의 힘으로 가하여 잡아도 멈추지 않을 것

② 난간
- 난간에는 사람이 정상적으로서 서 있을 수 있는 부분이 없어야 함
- 난간은 50mm 길이의 핸드레일 표면에 900N의 분포하중을 가할 때 영구변형, 파손 또는 변위가 없어야 함

③ 접촉기와 계전기의 이상 유무의 확인은 제어반 점검사항

43 에스컬레이터의 하중시험을 하고자 할 때 옳은 방법은?

① 적재하중 50%의 하중을 싣고 운행
② 적재하중 100%의 하중을 싣고 운행
③ 적재하중 110%의 하중을 싣고 운행
④ 적재하중을 싣지 않고 운행

해설 하중시험
3가지 경우에 각기 정격전압 및 정격주파수에서 속도 및 전류를 측정
① 하중을 싣지 않은 경우
② 정격하중의 100%의 하중을 실은 경우
③ 정격하중의 110%의 하중을 실은 경우

44 에스컬레이터의 상·하 승강장 및 디딤판에서 점검할 사항이 아닌 것은?

① 이동용 손잡이
② 구동기 브레이크
③ 스커트 가드
④ 안전방책

해설 기계실에서 행하는 검사
① 구동체인 절단시의 역행방지장치 또는 제동장치가 작동하는 경우 정지스위치에 의해 전기적으로 전동기의 전원을 차단하여야 한다.
② 제동기는 제동기회로 전원 및 제동기전원이 차단된 경우에 작동되어야 한다.

45 승강기 카 상부에서 점검 및 작업을 할 때 주의하여야 할 사항이 아닌 것은?

① 장애물 등에 주의한다.
② 승강장 측 신호 계통을 분리시킨다.
③ 승객을 탑승시킬 때 주의시킨다.
④ 올라설 곳은 견고한지 확인한다.

해설 카 상부에서 행하는 검사
① 주로프의 공칭직경은 12mm 이상으로 하여야 한다. 다만, 주로프의 안전율이 10 이상이 되도록 여러 가닥의 로프를 사용하는 경우에 공칭직경은 8mm 이상으로 할 수 있다.
② 2가닥 이상으로 하여야 한다.
③ 주로프 끝부분은 1가닥마다 로프소켓에 바빗트 채움을 하거나 체결식 로프소켓을 사용하여 고정하여야 한다.(고정하는 경우의 연결은 주로프 최소파단하중의 80% 이상)
④ 주로프를 걸어 맨 고정부위는 2종 너트로 견고하게 조이고, 풀림방지를 위한 분할 핀이 꽂혀 있어야 한다.
⑤ 로프의 단말부에는 장력을 균등하게 유지하는 스프링 등의 장치는 정격하중의 110%에서도 완전히 압축되지 않는 등의 정상적인 기능이 유지되어야 한다.
⑥ 카 위의 출입구를 제외한 전 둘레에는 카 위 바닥면에서 60cm 이상인 보호난간이 견고하게 설치되어 있어야 한다.

Answer
42 ① 43 ④ 44 ② 45 ③

46 승용승강기의 카 내에는 램프 중심으로부터 2[m] 떨어진 수직 면상에서 몇 [lx] 이상의 조도를 확보할 수 있는 예비조명 장치가 있어야 하는가?

① 0.5[lx]   ② 1[lx]
③ 2[lx]   ④ 3[lx]

해설 **카 내에서 행하는 검사**
정전 시에 램프중심부로부터 2m 떨어진 수직면상에서 1lx 이상의 조도로 비출 수 있어야 한다.

47 카가 최하층에 정지하였을 때 균형추 상단과 기계실 하부와의 거리는 카 하부와 완충기와의 거리보다 어떤 상태이어야 하는가?

① 작아야 한다.
② 커야 한다.
③ 같아야 한다.
④ 크거나 작거나 관계없다.

해설 **피트 내에서 행하는 검사**
카가 최하층에 수평으로 정지되어 있는 경우에 카와 완충기의 거리에 완충기의 충격정도를 더한 수치는 균형추의 꼭대기틈새보다 작아야 한다.

48 카 및 승강장 문의 유효 출입구의 높이(m) 얼마 이상이어야 하는가?

① 1.8   ② 1.9
③ 2.0   ④ 2.1

해설 **승강장에서 행하는 검사**
① 개문출발방지기능은 카가 승강장에서 1,200mm를 이동하기 전에 통제 불능한 이동을 감지하여 카를 완전히 정지시켜야 한다.
② 카문 및 승강장문에는 2개 이상의 출입구를 설치할 수 있으나, 2개의 문이 동시에 열려 통로로 사용되는 구조이어서는 아니 된다.
③ 카문 및 승강장문의 유효 출입구의 높이는 2.0m 이상이어야 한다.
④ 상하개폐문 및 중앙개폐문의 경우에는 5cm 이내까지 닫혔을 때 기동하고, 승강장에서는 5cm 이상 열여지지 않아야 한다.
⑤ 기타의 문의 경우에는 2cm 이내까지 닫혀졌을 때 기동하고, 승강장에서는 2cm 이상 열여지지 않아야 한다.

49 에스컬레이터 승강장의 주의표지판에 대한 설명 중 옳은 것은?

① 주의표지판은 충격을 흡수하는 재질로 만들어야 한다.
② 주의표지판은 영문으로 읽기 쉽게 표기되어야 한다.
③ 주의표지판의 크기는 80mm×80mm 이하의 그림으로 표시되어야 한다.
④ 주의표지판의 바탕은 흰색, 도안은 흑색, 사선은 적색이다.

해설 **에스컬레이터 또는 무빙워크의 출입구 근처의 주의표시**
① 주의표시를 위한 표시판 또는 표지는 견고한 재질로 만들어야 한다.
② 승강장에서 잘 보이는 곳에 확실히 부착되어야 한다.
③ 주의표시는 80mm×100mm 이상의 크기로 한다.

구분		기준규격(mm)	색상
최소 크기		80×100	–
바탕		–	흰색
	원	40×40	–
	바탕	–	황색
	사선	–	적색
	도안	–	흑색

Answer
46 ②   47 ②   48 ③   49 ④

전기식 엘리베이터 주요 부품의 수리 및 조정에 관한 사항

제1절 조속기 점검 및 조정

01 점검항목

① 작동 중 소음 및 진동 확인
② 조속기 풀리는 미끄러짐 정도의 마모상태 확인
③ 조속기 안전장치 접점 및 작동 확인
④ 조속기 작동속도 시험 확인
⑤ 각 부위별 볼트, 너트 등의 이완상태 확인
⑥ 조속기 로프의 인장장치 작동상태 확인
⑦ 조속기 캣치의 접점 및 작동 확인
⑧ 비상정지장치 작동 후 조속기로프 손상 확인
⑨ 청결상태 확인

02 점검방법

① 비상정지장치의 작동을 감지하는 안전스위치는 확실히 작동하는 위치에 풀림이나 손상, 균열 등 없이 견고하게 고정되어야 한다.
② 비상정지장치를 인위적으로 작동시켜 수동운전 또는 수권조작으로 동작시켰을 때 도르래의 겉돌음, 로프의 이완 등을 확인한다.
③ 조속기, 조속기인장장치 및 조속기로프의 설치상태는 풀림이나 손상, 균열 등이 없이 견고하여야 한다.
④ 조속기는 작동 후에도 조속기의 정상적인 사용이 불가한 파손이 발생하지 않아야 한다.
⑤ 조속기 인장장치는 피트 바닥 등에 접촉하는 처짐이 발생하지 않아야 한다.
⑥ 조속기로프의 인장장치 및 기타의 인장장치의 작동상태는 양호하여야 한다.

예상문제

조속기의 보수점검 등에 관한 사항과 거리가 먼 것은?
① 층간 정지 시, 수동으로 돌려 구출하기 위한 수동핸들의 작동검사 및 보수
② 볼트, 너트, 핀의 이완 유무
③ 조속기 시브와 로프 사이의 미끄럼 유무
④ 과속스위치 점검 및 작동

해설
① 각부 마모가 진행하여 미끄럼 및 진동 소음이 현저한 것
② 베어링에 눌러 붙음이 생길 염려가 있는 것
③ 캣치가 작동하지 않는 것
④ 스위치가 불량한 것
⑤ 비상정지장치를 작동시키지 못하는 것
⑥ 볼트, 너트, 핀의 이완 유무

정답 >>> ①

제2절 가이드 레일 점검 및 조정

01 점검항목

① 가이드 레일 청결상태 확인
② 카의 주행 중 가이드 레일에서 금속음 유무 확인
③ 가이드 레일 수동점검 시 파손, 마모 상태 확인
④ 가이드 레일 볼트, 너트 등의 이완상태 확인
⑤ 가이드 레일의 이음부분 균열상태 확인
⑥ 승강로 벽과 가이드 레일의 고정상태 확인

예상문제

가이드 레일의 보수 점검 항목이 아닌 것은?
① 레일의 급유상태
② 레일 및 브래킷의 오염상태
③ 브래킷 취부의 앵커 볼트 이완상태
④ 레일길이의 신축상태

해설 가이드 레일 점검 및 조정
① 가이드 레일 청결상태 확인
② 카의 주행 중 가이드 레일에서 금속음 유무 확인
③ 가이드 레일 수동점검 시 파손, 마모 상태 확인
④ 가이드 레일 볼트, 너트 등의 이완상태 확인
⑤ 가이드 레일의 이음부분 균열상태 확인
⑥ 승강로 벽과 가이드 레일의 고정상태 확인
⑦ 레일 브래킷의 조임상태 및 용접부의 균열 상태 확인

정답 >>> ④

제3절 비상정지장치 점검 및 조정

01 점검항목

① 비상정지장치와 연결기구의 풀림 및 손상 확인
② 비상정지장치의 작동 감지하는 안전스위치 작동 확인
③ 수동운전 시 도르래의 겉돌음, 로프의 이완 확인
④ 안전회로를 인위적 조작에 의해 동작상태 확인
⑤ 비상정지장치의 마모 및 변형에 대한 확인
⑥ 비상정지장치 작동 중 기계장치 및 조속기로프 손상 확인
⑦ 청결상태 확인

예상문제

조속기의 보수 점검항목에 해당되지 않는 것은?

① 조속기 스위치의 접점 청결상태
② 세이프티 링크 스위치와 캠의 간격
③ 운전의 윤활성 및 소음 유무
④ 조속기 로프와 클립 체결상태

해설
① 각부 마모가 진행하여 진동 소음이 현저한 것
② 베어링에 눌러 붙음이 생길 염려가 있는 것
③ 캣치가 작동하지 않는 것
④ 스위치가 불량한 것
⑤ 비상정지장치를 작동시키지 못하는 것
⑥ 각부 청결상태

정답 ≫ ①

---

02 점검방법

① 비상정지장치 및 연결기구의 설치상태는 풀림이나 손상, 균열 등이 없이 견고하여야 한다.
② 비상정지장치가 작동된 상태에서 기계장치 및 조속기로프에는 아무런 손상이 없어야 한다.
③ 비상정지장치 시험후 비상정지장치에 손상이 없이 정상으로 복귀되어야 한다.
④ 비상정지장치 및 연결기구는 부식, 노후 등으로 인한 심한 변형이나 파손이 발생하지 않아야 한다.

⑤ 비상정지장치는 좌우 양쪽 다같이 균등하게 작용하고, 카 바닥의 수평도의 변화는 어느 부분에서나 1/30 이내이어야 한다.
⑥ 비상정지장치의 쐐기, 블록 등의 부품은 가이드슈로 사용되지 않아야 한다.
⑦ 비상정지장치는 전기, 유압, 공압으로 작동되는 장치에 의해 작동되지 않아야 한다.

제4절 카와 카틀 점검 및 조정

점검항목

① 카 실내의 주벽·천정 및 바닥 청결상태 확인
② 문닫힘 안전장치 작동상태 확인
③ 카 조작반 및 표시기 확인
④ 비상통화장치 동작상태 확인
⑤ 용도, 적재하중, 정원 등의 표시 확인
⑥ 정상조명 및 예비조명 상태 확인
⑦ 카 바닥 앞과 승강로 벽과의 수평거리 확인
⑧ 비상구출구 이상유무 확인
⑨ 문의 개폐장치 동작상태 확인
⑩ 상부도르래, 풀리 또는 스프라켓 상태 확인
⑪ 비상정지스위치 확인
⑫ 조속기로프, 균형추, 주 로프 및 부착부 상태 확인
⑬ 승강장의 문 및 문턱 이상 여부 확인
⑭ 도어잠금 스위치 작동 확인
⑮ 점검문 및 비상문 확인
⑯ 에이프런 이상 유무 확인
⑰ 상부 화이널리미트스위치 동작상태 확인
⑱ 도어클로저 확인
⑲ 이동케이블 및 부착부 확인

예상문제

승강기가 고장이 났을 경우 기계실에서 점검해야 할 사항이 아닌 것은?
① 전원공급상태 여부　　　　　　　　② 케이지가 서 있는 위치 체크
③ 조속기스위치 및 조속기 작동의 유무　④ 카의 하중 및 로프의 하중 체크

카와 카틀 점검 항목
① 카 실내의 주벽·천정 및 바닥 청결상태 확인
② 문닫힘 안전장치 작동상태 확인
③ 카 조작반 및 표시기 확인
④ 비상통화장치 동작상태 확인
⑤ 용도, 적재하중, 정원 등의 표시 확인
⑥ 정상조명 및 예비조명 상태 확인
⑦ 카 바닥 앞과 승강로 벽과의 수평거리 확인
⑧ 비상구출구 이상유무 확인

정답 ≫≫ ④

02 점검방법

① 카문이 완전히 닫혔을 때 카문틀과 카문은 최소한 겹쳐져 있어야 한다.
② 카문 및 승강장문은 부식, 마모, 파손 등으로 인하여 승강로 밖의 사람이나 물건이 카 또는 균형추에 닿을 염려가 없어야 한다.
③ 카 도어록이 설치되어 있는 경우 카 안에서 열수 없는 구조이여야 한다.
④ 카 도어스위치 설치상태는 풀림이나 파손 등이 없이 견고하여야 한다.
⑤ 윗부분 및 아랫부분 화이널리미트스위치 및 디랙션리미트스위치의 설치상태는 풀림이나 손상, 균열 등 없이 견고하여야 한다.
⑥ 카도어스위치는 카문이 5cm 이내까지 닫히기 전에 카가 기동하지 않도록 하여야 한다.
⑦ 카도어스위치 접점은 카문을 흔들었을 때 접점개방이 발생하지 않아야 한다.
⑧ 승강장 위치표시기의 표시상태는 양호하여야 한다.
⑨ 층 위치를 숫자로 표시하는 방식의 위치표시기는 카가 승강장에 도착하였을 때 해당층을 정확하게 표시하여야 한다.
⑩ 비상구출작업을 위하여 수권조작 등을 할 경우에는 카가 유도하는 승강장에 정확히 도착하였는지를 조작자가 확인할 수 있는 조치가 되어 있어야 한다.
⑪ 용도 또는 승강기 종류, 정격하중 또는 최대정원, 이용자안전수칙, 비상연락전화번호 등의 표시가 보기 쉬운 위치에 있고, 그 기재내용이 적정하여야 한다.
⑫ 카 위의 안전스위치 및 수동운전스위치의 작동상태는 양호하여야 한다.
⑬ 수동운전스위치는 양방향성이어야 하고 힘을 가하였을 때만 작동하여야 한다.

⑭ 카 바닥 앞부분의 아랫방향으로 출입구의 전폭에 걸쳐 수직높이가 540mm 이상인 보호판이 견고하게 설치되어 있어야 한다.

예상문제

엘리베이터의 도어 슈의 점검을 위해 실시하여야 할 점검사항이 아닌 것은?
① 도어 슈의 마모상태 점검
② 가이드 롤러의 고무 탄력상태 점검
③ 슈 고정볼트의 조임상태 점검
④ 도어 개폐 시 실과의 간섭상태 점검

해설
① 도어이탈 방지장치는 승강장문을 카 위에서 흔들었을 때 이탈하지 않아야 한다.
② 개폐시의 마찰소음을 저감할 수 있는 테플론코팅 제품을 사용한다.
③ 스테인리스 6각볼트로 고정하여 충분한 체결강도를 유지하여야 한다.

정답 ▶▶▶ ②

제5절 피트 점검 및 조정

01 점검항목

① 완충기 취부상태 확인
② 조속기로프 및 기타의 당김 도르래 확인
③ 피트바닥 청결상태 확인(사다리 고정 유무)
④ 하부 화이널리미트스위치 동작상태 확인
⑤ 카 비상정지장치 및 스위치 동작상태 확인
⑥ 하부 도르래 동작상태 확인
⑦ 균형추 밑부분 틈새 확인
⑧ 이동케이블 및 부착부 확인

02 점검방법

① 피트에 설치된 스위치류·인장장치류 및 완충기 등이 누수·습기 또는 먼지 등으로 기능을 상실하지 않도록 누수가 없이 청결하여야 한다.

② 피트작업등 및 피트 정지스위치의 설치상태는 확실하고, 작동상태는 양호하여야 한다.
③ 이동케이블은 손상 또는 손상의 염려가 없어야 한다.
④ 균형로프 또는 균형체인이 있는 경우에 설치상태는 견고하여야 한다.
⑤ 완충기의 설치상태는 풀림이나 손상, 균열 등 없이 견고하고, 그 기능은 양호하게 유지되어야 한다.
⑥ 완충기는 심한 녹 또는 부식 등이 없어야 하고, 유입 완충기의 경우에는 유량이 적절하여야 한다.
⑦ 카가 최하층에 수평으로 정지되어 있는 경우에 카와 완충기의 거리에 완충기의 충격정도를 더한 수치는 균형추의 꼭대기틈새보다 작아야 한다.
⑧ 아랫부분 화이날리미트스위치(카가 종단층을 지나치면 작동하여 카의 승강을 자동적으로 제어하여 정지시키는 리미트스위치)는 카가 완충기에 도달하기 이전에 작동하여야 한다. 다만, 스프링복귀식 유입 완충기의 경우에는 카가 최하층에 수평으로 정지했을 때 행정의 1/4 이내까지는 압축되어도 되나, 완충기 행정의 1/2 이전에 아랫부분 화이날리미트스위치의 작동이 가능하여야 한다.
⑨ 균형추 프레임 및 추의 고정상태는 양호하여야 한다.
⑩ 레일 및 브라켓은 녹·변형 또는 심한 마모가 없어야 하고, 레일클립의 조임상태는 양호하여야 한다.

예상문제

엘리베이터의 피트에서 행하는 점검사항이 아닌 것은?
① 화이날 리미트스위치 점검 ② 이동케이블 점검
③ 배수구 점검 ④ 도어로크 점검

① 완충기 취부상태 확인
② 조속기로프 및 기타의 당김 도르래 확인
③ 피트바닥 청결상태 확인(사다리 고정 유무, 배수구점검)
④ 하부 화이널리미트스위치 동작상태 확인
⑤ 카 비상정지장치 및 스위치 동작상태 확인
⑥ 하부 도르래 동작상태 확인
⑦ 균형추 밑부분 틈새 확인
⑧ 이동케이블 및 부착부 확인

정답 ≫≫ ④

제6절 제어 패널, 캐비닛접촉기, 릴레이제어 기판

01 점검항목

① 접촉기, 릴레이 등 손모가 확인
② 잠금장치 불량 확인
③ 기구들의 고정상태 확인
④ 발열, 진동 상태 확인
⑤ 계전기 동작상태 확인
⑥ 제어 계통의 오류 및 결함 확인
⑦ 전기설비의 절연저항 측정

예상문제

제어반에서 점검할 수 없는 것은?
① 결선 단자의 조임 상태
② 전동기회로 절연상태
③ 스위치접점 및 작동상태
④ 조속기 스위치 작동상태

해설 조속기 스위치(Governor switch, Overspeed switch)
① 조속기 기능의 하나이며, 과속도를 검출하여 신호를 주기 위한 스위치(과도스위치)
② 조속기는 기계실에서 행하는 검사 중 하나

정답 ④

예상문제

승강기용 제어반에 사용되는 릴레이의 교체기준으로 부적합한 것은?
① 릴레이 접점표면에 부식이 심한 경우
② 릴레이 접점이 마모, 전이 및 열화된 경우
③ 채터링이 발생된 경우
④ 리미트 스위치 레버가 심하게 손상된 경우

해설 릴레이 작동점검
접점의 마모상태, 코일의 절연 소손상태, 스프링상태 등

정답 ④

02 점검방법

① 코일의 일단을 접지측의 전선에 접속하여야 한다. 다만, 코일과 접지측 사이에 반도체를 이용하는 전자접촉기 드라이브방식일 경우에는 그러하지 아니하다.
② 코일과 접지측의 전선 사이에는 계전기 접점이 없어야 한다. 다만, 코일과 접지측 사이에 반도체를 이용하는 전자접촉기 드라이브방식일 경우에는 그러하지 아니하다.
③ 과전류 또는 과부하시 동력을 차단시키는 과전류방지기능을 구비하여야 하고 그 작동은 양호하여야 한다.
④ 카와 승강장 및 기타 모든 장치에는 누전이 발생하지 않아야 한다.
⑤ 절연저항은 개폐기 또는 과전류차단기로 구획할 수 있는 전로마다 검사할 수 있다.
⑥ 수전반 및 주개폐기는 원칙적으로 기계실 출입구 내부 가까이 설치하고, 안전하고 용이하게 조작되도록 하여야 한다.
⑦ 제어반 기타의 제어장치의 설치상태는 견고하고, 지진 기타의 진동에 의해 움직이거나 넘어지지 않는 조치가 되어 있어야 한다.

예상문제

스위치 및 릴레이 작동상태를 점검하는 것이 아닌 것은?

① 저항의 파손상태 확인
② 융착된 금속접점 유무 확인
③ 코일의 절연물 소손상태 확인
④ 접점의 마모상태 확인

해설
① 릴레이 작동점검 : 접점의 마모상태, 코일의 절연 소손상태, 스프링상태 등
② 스위치 작동점검 : 융착된 금속접점 유무 상태 등

정답 ≫ ①

전기식 엘리베이터 주요 부품의 수리 및 조정에 관한 사항
출제예상문제

01 승강기가 고장이 났을 경우 기계실에서 점검해야 할 사항이 아닌 것은?

① 전원공급상태 여부
② 케이지가 서 있는 위치 체크
③ 조속기스위치 및 조속기 작동의 유무
④ 카의 하중 및 로프의 하중 체크

해설 **카와 카틀 점검 항목**
① 카 실내의 주벽·천정 및 바닥 청결상태 확인
② 문닫힘 안전장치 작동상태 확인
③ 카 조작반 및 표시기 확인
④ 비상통화장치 동작상태 확인
⑤ 용도, 적재하중, 정원 등의 표시 확인
⑥ 정상조명 및 예비조명 상태 확인
⑦ 카 바닥 앞과 승강로 벽과의 수평거리 확인
⑧ 비상구출구 이상유무 확인

02 엘리베이터의 피트에서 행하는 점검사항이 아닌 것은?

① 화이날 리미트스위치 점검
② 이동케이블 점검
③ 배수구 점검
④ 도어로크 점검

해설
① 완충기 취부상태 확인
② 조속기로프 및 기타의 당김 도르래 확인
③ 피트바닥 청결상태 확인(사다리 고정 유무, 배수구점검)
④ 하부 화이널리미트스위치 동작상태 확인
⑤ 카 비상정지장치 및 스위치 동작상태 확인
⑥ 하부 도르래 동작상태 확인
⑦ 균형추 밑부분 틈새 확인
⑧ 이동케이블 및 부착부 확인

03 엘리베이터 로프의 점검사항으로 적절하지 않은 것은?

① 녹의 유무
② 마모의 정도
③ 절연저항
④ 모래, 먼지 등의 부착

해설 **절연저항**
대지와 전로사이의 절연상태(개폐기 또는 과전류차단기로 구획할 수 있는 전로마다 검사할 수 있다.)

04 엘리베이터의 도어 슈의 점검을 위해 실시하여야 할 점검사항이 아닌 것은?

① 도어 슈의 마모상태 점검
② 가이드 롤러의 고무 탄력상태 점검
③ 슈 고정볼트의 조임상태 점검
④ 도어 개폐 시 실과의 간섭상태 점검

해설
① 도어이탈 방지장치는 승강장문을 카 위에서 흔들었을 때 이탈하지 않아야 한다.
② 개폐시의 마찰소음을 저감할 수 있는 테플론코팅 제품을 사용한다.
③ 스테인리스 6각볼트로 고정하여 충분한 체결강도를 유지하여야 한다.

Answer
01 ④ 02 ④ 03 ③ 04 ②

05 가이드 레일의 보수 점검 항목이 아닌 것은?

① 레일의 급유상태
② 레일 및 브래킷의 오염상태
③ 브래킷 취부의 앵커 볼트 이완상태
④ 레일길이의 신축상태

해설 　가이드 레일 점검 및 조정
① 가이드 레일 청결상태 확인
② 카의 주행 중 가이드 레일에서 금속음 유무 확인
③ 가이드 레일 수동점검 시 파손, 마모 상태 확인
④ 가이드 레일 볼트, 너트 등의 이완상태 확인
⑤ 가이드 레일의 이음부분 균열상태 확인
⑥ 승강로 벽과 가이드 레일의 고정상태 확인
⑦ 레일 브래킷의 조임상태 및 용접부의 균열 상태 확인

06 제어반에서 점검할 수 없는 것은?

① 결선 단자의 조임 상태
② 전동기회로 절연상태
③ 스위치접점 및 작동상태
④ 조속기 스위치 작동상태

해설 　조속기 스위치(Governor switch, Overspeed switch)
① 조속기 기능의 하나이며, 과속도를 검출하여 신호를 주기 위한 스위치(과도스위치)
② 조속기는 기계실에서 행하는 검사 중 하나

07 엘리베이터의 트랙션 머신의 점검과 관계없는 것은?

① 머신 오일량의 상태를 확인한다.
② 머신 오일의 점도상태를 확인한다.
③ 시브풀리홈의 마모상태를 확인한다.
④ 커플링축의 색깔의 변화 여부를 확인한다.

해설 　트랙션 머신(권상기)
전동기축의 회전력을 로프차에 전달하는 기구
① 기어드(geared) 방식 : 전동기회전 감속을 위해 기어 부착(웜 기어, 헬리컬 기어)
② 기어레스(gearless) 방식 : 선동기 회전축에 시브(sheave : 도르래)를 고정 부착
③ 기어식 권상기 : 감속기를 사용(105 m/min 이하)
④ 무기어식 권상기 : 구동모터의 축에 직접 구동 도르래와 브레이크 부착(120 m/min 이상)

08 스위치 및 릴레이 작동상태를 점검하는 것이 아닌 것은?

① 저항의 파손상태 확인
② 융착된 금속접점 유무 확인
③ 코일의 절연물 소손상태 확인
④ 접점의 마모상태 확인

해설 　① 릴레이 작동점검 : 접점의 마모상태, 코일의 절연 소손상태, 스프링상태 등
② 스위치 작동점검 : 융착된 금속접점 유무 상태 등

Answer
05 ④　06 ④　07 ④　08 ①

09 기계실에 권상기, 전동기 및 제어반 등을 설치하려고 한다. 벽으로부터 최소 몇 cm 이상 떨어져야 점검등이 용이한가?

① 20　　② 25
③ 30　　④ 50

해설 기계실의 구조
기계실은 다음 각항의 구조로 하여야 한다.
① 주요한 기기로부터 기둥이나 벽까지의 수평거리는 30cm 이상으로 하여야 한다.
② 바닥면적은 승강로 수평투영면적의 2배 이상으로 하여야 한다.
③ 바닥면부터 천장 또는 보의 하부까지의 수직거리는 2m 이상으로 하여야 한다.

10 승강기용 제어반에 사용되는 릴레이의 교체 기준으로 부적합한 것은?

① 릴레이 접점표면에 부식이 심한 경우
② 릴레이 접점이 마모, 전이 및 열화된 경우
③ 채터링이 발생된 경우
④ 리미트 스위치 레버가 심하게 손상된 경우

해설 릴레이 작동점검
접점의 마모상태, 코일의 절연 소손상태, 스프링상태 등

11 조속기의 보수점검 등에 관한 사항과 거리가 먼 것은?

① 층간 정지 시, 수동으로 돌려 구출하기 위한 수동핸들의 작동검사 및 보수
② 볼트, 너트, 핀의 이완 유무
③ 조속기 시브와 로프 사이의 미끄럼 유무
④ 과속스위치 점검 및 작동

해설
① 각부 마모가 진행하여 미끄럼 및 진동 소음이 현저한 것
② 베어링에 눌러 붙음이 생길 염려가 있는 것
③ 캣치가 작동하지 않는 것
④ 스위치가 불량한 것
⑤ 비상정지장치를 작동시키지 못하는 것
⑥ 볼트, 너트, 핀의 이완 유무

12 조속기의 보수 점검항목에 해당되지 않는 것은?

① 조속기 스위치의 접점 청결상태
② 세이프티 링크 스위치와 캠의 간격
③ 운전의 윤활성 및 소음 유무
④ 조속기 로프와 클립 체결상태

해설
① 각부 마모가 진행하여 진동 소음이 현저한 것
② 베어링에 눌러 붙음이 생길 염려가 있는 것
③ 캣치가 작동하지 않는 것
④ 스위치가 불량한 것
⑤ 비상정지장치를 작동시키지 못하는 것
⑥ 각부 청결상태

Answer
09 ③　10 ④　11 ①　12 ①

CHAPTER 04 유압식 엘리베이터 주요 부품의 수리 및 조정에 관한 사항

제1절 펌프와 밸브 점검 및 조정

01 점검 항목

① 전동기 펌프 발열, 진동, 소음 유무 상태 확인
② 전동기와 펌프의 연결구 상태 확인
③ 압력계 누유 및 유리 등 파손 확인
④ 압력 릴리프밸브 부식, 누유 확인
⑤ 압력 릴리프밸브 전부하 압력의 140% 초과 여부 확인
⑥ 체크밸브로 동력이 끊어질 때 카의 위치유지 확인
⑦ 수동하강밸브의 부식, 누유 상태 확인
⑧ 방향제어 밸브 개회로 상태 유지여부 확인
⑨ 탱크 부식 및 누유, 고정 상태 확인
⑩ 필터 불순물로 유압유 흐름 원활 확인

예상문제

유압 승강기의 안전밸브에 관한 설명으로 옳지 않은 것은?
① 사용압력의 1.25배를 초과하기 전에 작동하여 1.5배를 초과하지 않는다.
② 점검은 수동정지밸브를 차단하고 펌프를 강제 가동시켜 점검한다.
③ 체크밸브는 펌프가 정지되었을 때 카가 자연 상승하는 것을 점검한다.
④ 카의 상승 시 유입이 증대되었을 때 자동적으로 작동되어 회로를 보호한다.

해설
체크밸브(check vale)
① 어느 한쪽에서 유체가 공급되어 흐르도록 하는 밸브로 역방향은 유체가 차단됨
② 체크밸브기능은 로프식 승강기의 전자 브레이크기능과 흡사 함

정답 ③

02 점검 방법

① 지진 기타의 진동에 의해 움직이거나 넘어지지 않도록 유압파워유니트의 설치상태는 확실하고, 운전상태는 양호하여야 한다.
② 유압파워유니트는 엘리베이터의 카 마다 설치되어 있어야 한다.
③ 펌프용 전동기의 공전을 방지하는 장치의 작동상태는 양호하여야 한다.
④ 공회전 방지장치는 정격하중으로 카가 최하층에서 최상층까지 직행하여 운행하는데 걸리는 시간을 초과하고, 20초를 더한 시간 이전에 작동하여야 한다.
⑤ 카의 상승시 유압이 이상하게 증대한 경우에 작동압력이 상용압력의 125%를 초과하지 않을 때 자동적으로 작동을 개시하고, 작동압력이 상용압력의 150%를 초과하지 않아야 한다.
⑥ 릴리프밸브는 펌프와 체크밸브사이에 설치되어야 한다.
⑦ 릴리프밸브의 작동에 따른 유압 작동유는 탱크로 복귀하여야 한다.
⑧ 유압파워유니트의 체크밸브의 작동상태는 양호하여야 한다.
⑨ 공급 압력이 최소 작동 압력 아래로 떨어질 때, 체크밸브는 어떤 지점에서도 정격하중을 가진 엘리베이터 카를 잡을 수 있어야 한다.
⑩ 체크밸브의 닫힘은 잭으로부터의 유압, 압축 스프링 또는 중력에 의해 이루어져야 한다.
⑪ 직압력배관이 파손되었을 때 기름의 누설에 의한 카의 하강을 제지하는 장치의 작동상태는 양호하여야 한다.

예상문제

유압식 엘리베이터의 유압파워유니트(Power Unit)의 구성 요소가 아닌 것은?

① 펌프　　　　　　　　　② 유압실린더
③ 유량제어밸브　　　　　④ 체크밸브

 유압파워유니트
펌프, 전동기, 안전밸브, 상승용 유량제어밸브, 체크밸브, 하강용 유량제어밸브, 유량탱크, 스트레이너, 스톱밸브, 사일렌서, 보온장치 등으로 구성
• 실린더 : 유체에너지를 이용하여 기계적 에너지로 변환 시 직선운동 하는 장치

정답 ▶▶▶ ②

제2절 실린더와 플렌저 점검 및 조정

01 점검항목

① 실린더 패킹에 녹, 누유 상태 확인
② 실린더 구성품, 재료의 부착에 늘어짐 상태 확인
③ 실린더 하부 도르래의 로프 홈의 마모 상태 확인
④ 실린디 하부 도르래의 회전 원할 상태 확인
⑤ 플런저 상부 도르래의 로프 등 마모 상태 확인
⑥ 플런저 상부 도르래 회전이 원할 상태 확인
⑦ 플런저 누유 상태 확인
⑧ 플런저 구성부품 재료의 부착에 늘어짐 상태 확인

예상문제

실린더를 검사하는 것 중 해당하지 않는 것은?
① 패킹으로부터 누유된 기름을 제거하는 장치
② 공기 또는 가스의 배출구
③ 더스트 와이퍼의 상태
④ 압력배관의 고무호스는 여유가 있는지의 상태

해설

유압 실린더(cylinder)상태
① 유체에너지를 이용하여 기계적 에너지로 변환 시 직선운동 하는 장치이다.
② 실린더는 상부에 먼지를 방지하는 더스트 와이퍼, 플런저와 접동하면서 오일을 밀봉하는 패킹, 플런저를 접동하면서 지지하는 그랜드 메탈이 부착되어 있어야 한다.
③ 실린더 패킹에서 기름누설은 적절하게 처리될 수 있어야 한다.
④ 유압실린더는 비정상적인 누유 및 전도의 위험 없이 설치상태는 양호하여야 한다.
⑤ 실린더측 가이드슈의 설치상태는 풀림이나 손상, 균열 등이 없이 확실하고, 지진 기타의 진동에 의해 레일로부터 이탈되지 않는 조치가 되어 있어야 한다.

압력배관 상태
① 압력배관에는 지진 기타의 진동 및 충격을 완화하는 장치가 설치되어 있고, 벽 등을 관통하는 부분에는 슬리브 등이 설치되어 있어야 한다.
② 유압고무호스의 이음접속은 확실하고, 기름 누설 및 심각한 손상이 없어야 하며, 벽 등을 관통하는 부분에는 슬리브 등이 설치되어 있어야 한다.
③ 압력배관 및 고압고무호스에는 1개 이상의 압력계가 설치되어 있어야 한다.
④ 압력배관은 유효한 부식방지를 위한 조치가 강구되어 있어야 하고, 확실히 지지되어 있어야 한다.

정답 ≫≫ ④

02 점검방법

① 유압실린더는 비정상적인 누유 및 전도의 위험 없이 설치상태는 양호하여야 한다.
② 실린더 패킹에서 기름누설은 적절하게 처리될 수 있어야 한다.
③ 실린더측 가이드슈의 설치상태는 풀림이나 손상, 균열 등이 없이 확실하고, 지진 기타의 진동에 의해 레일로부터 이탈되지 않는 조치가 되어 있어야 한다.
④ 간접식 유압 엘리베이터의 잭에는 플런저 이탈방지장치가 닿기 전에 작동하는 정지스위치가 설치되어 있고, 설치 및 작동상태는 양호하여야 한다.
⑤ 플런저의 이탈을 기계적으로 방지하기 위하여 플런저 외부에 기계적정지장치를 설치한 경우 합성력이 잭의 중심부에 가해지도록 설치되어야 한다.

예상문제

유압엘리베이터의 플런저에 대한 설명으로 옳은 것은?

① 플런저에 걸리는 하중이 클수록 그 단면적은 커지므로, 재료는 두꺼운 강관이 사용된다.
② 플런저에 작용하는 총 하중이 크면 클수록 그 단면은 작아진다.
③ 플런저의 표면은 연마를 하는 경우의 표면 거칠기는 10~30(μm)정도이다.
④ 탄소강 강관의 이음매가 없는 것이 사용되며 두께는 50~60cm 정도이다.

해설
플런저(plunger)
① 플런저에 도르래를 설치하여 로프 또는 체인을 이용한(roping) 카를 승강함
② 기계적 이탈방지를 위해 외부에 기계적 정지장치를 설치한 경우 합성력이 잭의 중심부에 가해지도록 설치
③ 플런저에 걸리는 하중이 클수록 그 단면적은 커지므로, 재료는 두꺼운 강관이 사용

정답 ≫ ①

제3절 압력배관 점검 및 조정

01 점검항목

① 압력배관의 누유 및 부식 상태 확인
② 압력배관의 이음접합 기름누설 및 뒤틀림 확인
③ 압력계 누유 및 유리파손 상태 확인
④ 고압 고무호스의 연결 상태(누유) 확인

02 점검방법

① 압력배관은 유효한 부식방지를 위한 조치가 강구되어 있어야 하고, 확실히 지지되어 있어야 한다.
② 압력배관 및 이음접속부에는 기름누설이 없어야 하고, 고정, 뒤틀림, 진동에 의한 비정상적인 응력을 피하는 방법으로 설치되어야 한다.
③ 압력배관에는 지진 기타의 진동 및 충격을 완화하는 장치가 설치되어 있고, 벽 등을 관통하는 부분에는 슬리이브 등이 설치되어 있어야 한다.
④ 유압고무호스의 이음접속은 확실하고, 기름 누설 및 심각한 손상이 없어야 하며, 벽 등을 관통하는 부분에는 슬리이브 등이 설치되어 있어야 한다.

예상문제

유압 승강기 압력배관에 관한 설명 중 옳지 않은 것은?
① 압력배관은 펌프 출구에서 안전밸브까지를 말한다.
② 지진 또는 진동 및 충격을 완화하기 위한 조치가 필요하다.
③ 압력배관으로 탄소강 강관이나 고압 고무호스를 사용한다.
④ 압력배관이 파손되었을 때 카의 하강을 제지하는 장치가 필요하다.

해설 유압배관은 유압파워유니트 출구에서 실린더 입·출구까지를 말한다.

정답 》》》 ①

제4절 안전장치류

01 점검항목

① 카 비상정지장치 녹 발생 및 부식 상태 확인
② 비상정지장치 스위치 작동상태 확인
③ 하부 화이널리미트 스위치 부착 및 늘어짐 확인
④ 스위치의 작동위치 상태 확인
⑤ 스위치 기능 상태 확인

02 점검방법

① 비상정지장치 및 연결기구의 설치상태는 풀림이나 손상, 균열 등이 없이 견고하여야 한다.
② 비상정지장치가 작동된 상태에서 기계장치 및 조속기로프에는 아무런 손상이 없어야 한다.
③ 비상정지장치가 작동하였을 때는 전기적안전장치에 의해 구동기로 공급되는 전류를 차단하여야 한다.
④ 카를 일단 정지시키고 조속기의 캣치를 작동시킨 다음 다시 카가 하강하게끔 유압파워유니트를 조작한다. 플런저가 하강하여도 카가 하강하지 않게 됨으로써 비상정지장치가 작동한 것을 확인한다.
⑤ 비상정지장치는 좌우 양쪽 다같이 균등하게 작용하고, 카 바닥의 수평도의 변화는 어느 부분에서나 1/30 이내이어야 한다.
⑥ 윗부분 및 아랫부분 화이널리미트스위치 및 디렉션리미트스위치의 설치상태는 풀림이나 손상, 균열 등 없이 견고하여야 한다.
⑦ 리미트스위치가 스프링에 의해 복귀되는 경우 이물질의 끼임, 오염 등으로 인한 불완전한 동작이 없어야 한다.

예상문제

유압 엘리베이터의 안전장치에 대한 설명으로 틀린 것은?
① 상승 시 유압은 상용압력의 125%가 넘지 않도록 조절하는 릴리프 밸브장치가 필요하다.
② 전동기의 공회전 방지장치를 설치하여야 한다.
③ 오일의 온도를 65℃~80℃로 유지하기 위한 장치를 설치하여야 한다.
④ 전원 차단 시 실린더내의 오일의 역류로 인한 카의 하강을 자동 저지하는 장치를 설치하여야 한다.

해설 유체의 온도를 5~60℃ 이하로 유지

정답 ③

제5절 제어장치 점검 및 조정

01 점검항목

① 접촉기, 릴레이 등 손모가 확인
② 잠금장치 불량 확인

③ 기구들의 고정상태 확인
④ 발열, 진동 상태 확인
⑤ 계전기 동작상태 확인
⑥ 제어 계통의 오류 및 결함 확인
⑦ 전기설비의 절연저항 측정

02 점검방법

① 코일의 일단을 접지측의 전선에 접속하여야 한다. 다만, 코일과 접시측 사이에 반도체를 이용하는 전자접촉기 드라이브방식일 경우에는 그러하지 아니하다.
② 코일과 접지측의 전선 사이에는 계전기 접점이 없어야 한다. 다만, 코일과 접지측 사이에 반도체를 이용하는 전자접촉기 드라이브방식일 경우에는 그러하지 아니하다.
③ 과전류 또는 과부하시 동력을 차단시키는 과전류방지기능을 구비하여야 하고 그 작동은 양호하여야 한다.
④ 카와 승강장 및 기타 모든 장치에는 누전이 발생하지 않아야 한다.
⑤ 절연저항은 개폐기 또는 과전류차단기로 구획할 수 있는 전로마다 검사할 수 있다.
⑥ 수전반 및 주개폐기는 원칙적으로 기계실 출입구 내부 가까이 설치하고, 안전하고 용이하게 조작되도록 하여야 한다.
⑦ 제어반 기타의 제어장치의 설치상태는 견고하고, 지진 기타의 진동에 의해 움직이거나 넘어지지 않는 조치가 되어 있어야 한다.

예상문제

유압 엘리베이터 제어반에서 할 수 없는 것은?
① 작동시의 유압 측정
② 전동기의 전류 측정
③ 절연저항의 측정
④ 과전류계전기의 작동

해설 유압 엘리베이터는 유압 파워유닛(펌프, 전동기 등 포함)에서 압력을 가해 유체를 실린더로 보내는 기능으로 작동 시 유압측정이 가능

정답 ≫> ①

출제예상문제

유압식 엘리베이터 주요 부품의 수리 및 조정에 관한 사항

01 유압식 엘리베이터의 유압파워유니트(Power Unit)의 구성 요소가 아닌 것은?

① 펌프 ② 유압실린더
③ 유량제어밸브 ④ 체크밸브

해설 유압파워유니트
펌프, 전동기, 안전밸브, 상승용 유량제어밸브, 체크밸브, 하강용 유량제어밸브, 유량탱크, 스트레이너, 스톱밸브, 사일렌서, 보온장치 등으로 구성
• 실린더 : 유체에너지를 이용하여 기계적 에너지로 변환 시 직선운동 하는 장치

02 유압 엘리베이터의 안전장치에 대한 설명으로 틀린 것은?

① 상승 시 유압은 상용압력의 125%가 넘지 않도록 조절하는 릴리프 밸브장치가 필요하다.
② 전동기의 공회전 방지장치를 설치하여야 한다.
③ 오일의 온도를 65℃~80℃로 유지하기 위한 장치를 설치하여야 한다.
④ 전원 차단 시 실린더내의 오일의 역류로 인한 카의 하강을 자동 저지하는 장치를 설치하여야 한다.

해설 유체의 온도를 5~60℃ 이하로 유지

03 유압 승강기의 안전밸브에 관한 설명으로 옳지 않은 것은?

① 사용압력의 1.25배를 초과하기 전에 작동하여 1.5배를 초과하지 않는다.
② 점검은 수동정지밸브를 차단하고 펌프를 강제 가동시켜 점검한다.
③ 체크밸브는 펌프가 정지되었을 때 카가 자연 상승하는 것을 점검한다.
④ 카의 상승 시 유입이 증대되었을 때 자동적으로 작동되어 회로를 보호한다.

해설 체크밸브(check vale)
① 어느 한쪽에서 유체가 공급되어 흐르도록 하는 밸브로 역방향은 유체가 차단됨
② 체크밸브기능은 로프식 승강기의 전자 브레이크 기능과 흡사 함

04 유압 엘리베이터의 전동기 구동기간은?

① 상승 시에만 구동된다.
② 하강 시에만 구동된다.
③ 상승 시와 하강 시 모두 구동된다.
④ 부하의 조건에 따라 상승 시 또는 하강 시에 구동된다.

해설 유압 엘리베이터의 구조와 원리
유압 승강기는 유압 파워유닛(펌프, 전동기 등 포함)에서 입력을 가해 유체를 실린더로 보내 플런저를 상승시켜 카를 올리고, 실린더 내의 유체를 유압 탱크로 보내 플런저를 하강 시켜 카를 내림

Answer
01 ② 02 ③ 03 ③ 04 ①

05 유압 엘리베이터에 관한 설명 중 옳지 않은 것은?

① 기계실의 배치가 자유롭다.
② 건물 꼭대기 부분에 하중이 걸리지 않는다.
③ 실린더를 사용하므로 행정거리와 속도에 한계가 있다.
④ 승강로 상부틈새가 커야만 한다.

해설 / 유압 승강기의 특징
① 건물 하층부에 기계실을 설치하여 상층부의 하중이 걸리지 않음
② 타방식에 기계실 배치보다 자유롭게 설치 운영 가능
③ 유체를 이용한 실린더와 플런저를 사용하므로 속도 및 행정거리에 한계가 있음
④ 균형추가 없어 오로지 동력만을 이용하므로 전력소비가 많음
⑤ 저층 및 60m/min 이하에 적용하며, 대용량 화물용으로 적합
⑥ 유체의 온도를 5~60℃ 이하로 유지
⑦ 공회전 방지장치가 필요함
⑧ 카의 상승 시 압력의 125% 초과하지 않도록 안전밸브 설치

06 유압 승강기에서 파워 유니트의 보수, 점검 또는 수리를 위해 실린더로 통하는 기름을 수동으로 차단시켜야 하는 것은?

① 역지밸브　　② 스트레이너
③ 스톱밸브　　④ 레벨링밸브

해설
① 체크밸브 : 한 방향 유체 공급(로프식 승강기의 전자 브레이크기능과 흡사)
② 릴리프밸브 : 작동압력이 125%를 초과하지 않을 때 자동개시하고, 작동압력이 상용압력의 150%를 초과하지 않아야 한다.
③ 다운밸브 : 카의 하강 시 실린더에서 오일탱크로 귀환하는 유체를 제어
④ 스톱밸브 : 유압파워 유니트에서 액추에이터 사이 설치하는 수동조작

07 유압 승강기 압력배관에 관한 설명 중 옳지 않은 것은?

① 압력배관은 펌프 출구에서 안전밸브까지를 말한다.
② 지진 또는 진동 및 충격을 완화하기 위한 조치가 필요하다.
③ 압력배관으로 탄소강 강관이나 고압고무호스를 사용한다.
④ 압력배관이 파손되었을 때 카의 하강을 제지하는 장치가 필요하다.

해설 / 유압배관은 유압파워유니트 출구에서 실린더 입·출구까지를 말한다.

08 유압엘리베이터의 플런저에 대한 설명으로 옳은 것은?

① 플런저에 걸리는 하중이 클수록 그 단면적은 커지므로, 재료는 두꺼운 강관이 사용된다.
② 플런저에 작용하는 총 하중이 크면 클수록 그 단면은 작아진다.
③ 플런저의 표면은 연마를 하는 경우의 표면 거칠기는 10~30(μm)정도이다.
④ 탄소강 강관의 이음매가 없는 것이 사용되며 두께는 50~60cm 정도이다.

해설 / 플런저(plunger)
① 플런저에 도르래를 설치하여 로프 또는 체인을 이용한(roping) 카를 승강함
② 기계적 이탈방지를 위해 외부에 기계적 정지장치를 설치한 경우 합성력이 잭의 중심부에 가해지도록 설치
③ 플런저에 걸리는 하중이 클수록 그 단면적은 커지므로, 재료는 두꺼운 강관이 사용

Answer
05 ④　06 ③　07 ①　08 ①

09 유압잭에 대한 설명으로 옳지 않은 것은?

① 유압잭은 단단식과 다단식으로 구분된다.
② 유압잭은 실린더부와 플런저부로 구성된다.
③ 유압잭에서 플런저는 실린더에 비해 하중분담이 적으므로 좌굴은 검토 대상이 아니다.
④ 유압잭에서 작동유의 압력은 실린더 내측과 플런저 외측에 균등하게 작용한다.

해설 좌굴현상
① 하중의 크기가 일정치를 넘으면 변형 현상이 그 전까지의 형상과 다른형태로 변화해, 하중을 견디는 능력이 감소하는 현상
② 좌굴 발생 시 피해가 매우 크다.(다리 붕괴 등)
• 유압잭에서 플런저는 실린더에 비해 하중분담이 크다.

10 유압 엘리베이터 제어반에서 할 수 없는 것은?

① 작동시의 유압 측정
② 전동기의 전류 측정
③ 절연저항의 측정
④ 과전류계전기의 작동

해설 유압 엘리베이터는 유압 파워유닛(펌프, 전동기 등 포함)에서 압력을 가해 유체를 실린더로 보내는 기능으로 작동 시 유압측정이 가능

11 유압식 엘리베이터의 부품 및 특징에 대한 설명으로 옳지 않은 것은?

① 역저지밸브 : 정전이나 그 외의 원인으로 펌프의 토출 압력이 떨어져 실린더의 기름이 역류하여 카가 자유 낙하하는 것을 방지하는 역할을 한다.
② 스톱밸브 : 유압파워유닛와 실린더 사이의 압력배관에 설치되며 이것을 닫으면 실린더의 기름이 파워 유니트로 역류하는 것을 방지한다.

③ 스트레이너 : 역할은 필터와 같으나 일반적으로 펌프 출구 쪽에 붙인 것을 말한다.
④ 사이렌서 : 자동차의 머플러와 같이 작동유의 압력맥동을 흡수하여 진동, 소음을 감소시키는 역할을 한다.

해설 스트레이너(흡입필터)는 비교적 눈이 거친 필터로 작동유의 통과저항이 작아 일반적으로 펌프의 흡입측에 이용된다.

12 실린더를 검사하는 것 중 해당하지 않는 것은?

① 패킹으로부터 누유된 기름을 제거하는 장치
② 공기 또는 가스의 배출구
③ 더스트 와이퍼의 상태
④ 압력배관의 고무호스는 여유가 있는지의 상태

해설 유압 실린더(cylinder)상태
① 유체에너지를 이용하여 기계적 에너지로 변환 시 직선운동 하는 장치이다.
② 실린더는 상부에 먼지를 방지하는 더스트 와이퍼, 플런저와 접동하면서 오일을 밀봉하는 패킹, 플런저를 접동하면서 지지하는 그랜드 메탈이 부착되어 있어야 한다.
③ 실린더 패킹에서 기름누설은 적절하게 처리될 수 있어야 한다.
④ 유압실린더는 비정상적인 누유 및 전도의 위험 없이 설치상태는 양호하여야 한다.
⑤ 실린더측 가이드슈의 설치상태는 풀림이나 손상, 균열 등이 없이 확실하고, 지진 기타의 진동에 의해 레일로부터 이탈되지 않는 조치가 되어 있어야 한다.

압력배관 상태
① 압력배관에는 지진 기타의 진동 및 충격을 완화하는 장치가 설치되어 있고, 벽 등을 관통하는 부분에는 슬리이브 등이 설치되어 있어야 한다.
② 유압고무호스의 이음접속은 확실하고, 기름 누설 및 심각한 손상이 없어야 하며, 벽 등을 관통하는 부분에는 슬리이브 등이 설치되어 있어야 한다.
③ 압력배관 및 고압고무호스에는 1개 이상의 압력계가 설치되어 있어야 한다.
④ 압력배관은 유효한 부식방지를 위한 조치가 강구되어 있어야 하고, 확실히 지지되어 있어야 한다.

Answer
09 ③ 10 ① 11 ③ 12 ④

CHAPTER 05 에스컬레이터의 수리 및 조정에 관한 사항

제1절 구동장치 점검 및 조정

01 점검항목

① 전동기 고정상태 확인
② 전동기, 베어링 발열 및 소음 발생 확인
③ 전동기 회전자의 늘어짐 상태 확인
④ 감속기어 누유상태 확인
⑤ 감속기어 윤활유 부족 및 노화 상태 확인
⑥ 구동기 공칭 속도 상태 확인
⑦ 감속기어의 마모상태 확인

02 점검방법

① 제동기의 설치상태는 견고하고, 작동상태는 양호하여야 한다.
② 전동기는 운전 중 이상 소음이나 진동이 발생하지 않는 등의 운전상태가 양호하여야 한다.
③ 전동기는 운행에 지장을 주는 이상 발열이 없어야 한다.
④ 제동기 패드의 접촉상태는 양호하고, 편마모 등 심한 마모가 없어야 한다.
⑤ 제동기는 제동기회로 전원 및 제동기전원이 차단된 경우에 작동되어야 한다.

예상문제

에스컬레이터의 난간 및 발판에 대한 점검사항이 아닌 것은?
① 난간조명 또는 발판 조명이 있을 때 조명 램프의 점등 상태와 보호 덮개의 파손여부
② 3각부 안전보호판의 취부상태
③ 연동용 체인의 늘어짐 및 마모여부
④ 발판과 스커트 가드 사이의 간격

해설
기계실 구동부
① 구동체인 안전장치(D.C.S) : 구동체인이 늘어짐 또는 절단되었을 때 동력을 차단
② 스텝 체인 안전장치(T.C.S) : 스텝 체인의 심하게 늘어남과 파단으로 인한 전동기의 전원을 차단

정답 ③

제2절 스텝 및 스텝체인 점검 및 조정

01 점검항목

① 스텝 트레드의 마모상태 확인
② 스텝과 팔레트 틈새 균일 여부 확인
③ 스텝체인의 일부 결함 또는 균열 여부 확인
④ 스텝체인의 운전 중 스텝의 동여 여부 확인
⑤ 스텝체인의 늘어짐 상태 확인

예상문제

에스컬레이터의 스텝(디딤판)체인의 안전장치에 관한 설명 중 옳은 것은?
① 일종의 롤러 체인이다.
② 에스컬레이터의 폭이 넓을수록 체인의 강도는 높아야 한다.
③ 에스컬레이터의 양정(계고)이 높을수록 체인의 강도는 높아야 한다.
④ 체인의 안전장치는 길이의 1/2되는 지점에 설치해야 한다.

해설
① 체인 재료의 강도는 에스컬레이터 폭이 넓고, 운행길이가 길수록 기계적 강도가 클 것
② 스텝체인(롤러체인)의 일정한 결합간격을 위하여 일정한 간격으로 스텝측에 연결하고, 스텝측 좌·우단에 각 1개씩 스텝의 전류에 부착
③ 안전율은 에스컬레이터가 승객하중과 인장장치의 인장력을 더한 하중을 운반할 때 체인이 받는 정적인 힘 사이의 비율로 결정
④ 스텝 체인의 안전율을 10 이상으로 규정

정답 ④

스텝 체인 절단 검출장치의 점검항목이 아닌 것은?
① 검출스위치의 동작여부
② 검출스위치 및 캠의 취부상태
③ 암, 레버장치의 취부상태
④ 종동장치 텐션스프링의 올바른 치수여부

해설 스텝 체인 안전장치(T.C.S)
① 스텝 체인의 심하게 늘어남과 파단으로 인한 전동기의 전원을 차단하고 기계적인 브레이크를 작동시켜 운행정지를 시키는 장치
② 이 장치의 스위치는 수동으로 재설정하는 방식일 것

정답 ③

 **점검 방법**

① 디딤판 상호간의 틈새는 승강로의 총길이에 걸쳐서 6mm 이하이어야 한다. 다만, 무빙워크의 천이구간은 8mm 이하로 할 수 있다.
② 팔레트와 디딤판과의 틈새는 승강로의 총길이에 걸쳐서 한쪽이 4mm 이하이어야 한다.
③ 에스컬레이터의 경사부에서 수평부로 전환될 때 상호 간섭으로 인하여 디딤판이 들려 올려지는 현상이 발생하지 않아야 한다.
④ 스텝은 두께 25mm 이상이고 크기 0.2m×0.3m의 강판 위에 트레드 표면의 중앙에 수직으로 3,000N(강판무게 포함)의 단일 힘을 가하여 휨에 대해 시험되어야 한다.
⑤ 영구적인 변형이 없어야 한다.(최초 설정 공차는 허용된다.)
⑥ 스텝 체인은 일반적으로 무한 피로수명으로 설계되어야 한다.
⑦ 체인은 지속적으로 인장되어야 한다.
⑧ 에스컬레이터 인장장치는 ± 20mm를 초과하여 움직이기 전에 자동으로 정지되어야 한다.

예상문제

에스컬레이터의 안전장치에 관한 설명으로 틀린 것은?
① 승강장에서 디딤판의 승강을 정지시키는 것이 가능한 장치이다.
② 사람이나 물건이 핸드레일 인입구에 꼈을 때 디딤판의 승강을 자동적으로 정지시키는 장치이다.
③ 상하 승강장에서 디딤판과 콤플레이트 사이에 사람이나 물건이 끼이지 않도록 하는 장치이다.
④ 디딤판체인이 절단 되었을 때 디딤판의 승강을 수동으로 정지시키는 장치이다.

해설
스텝 체인 안전장치(T.C.S)
① 스텝 체인의 심하게 늘어남과 파단으로 인한 전동기의 전원을 차단하고 기계적인 브레이크를 작동시켜 운행정지를 시키는 장치
② 이 장치의 스위치는 수동으로 재설정하는 방식일 것

정답 ▶▶▶ ④

예상문제

에스컬레이터의 상하 승강장 및 디딤판에서 점검할 사항이 아닌 것은?
① 이동용 손잡이
② 구동기 브레이크
③ 스커트 가드
④ 안전방책

해설
기계실에서 행하는 검사
① 구동체인 절단시의 역행방지장치 또는 제동장치가 작동하는 경우 정지스위치에 의해 전기적으로 전동기의 전원을 차단하여야 한다.
② 제동기는 제동기회로 전원 및 제동기전원이 차단된 경우에 작동되어야 한다.

정답 ▶▶▶ ②

제3절 난간과 핸드레일 점검 및 조정

01 점검항목

① 난간 고정상태 불량여부 확인
② 표면 및 외관에 균열, 파손 등 확인
③ 운행 중 이상음, 진동 상태 확인
④ 핸드레일과 스텝의 속도상태 확인
⑤ 핸드레일 속도감시장치 작동상태 확인
⑥ 핸드레일이 가이드로부터 이탈여부 확인

예상문제

에스컬레이터의 구조로서 적당하지 않은 것은?
① 사람이 3각부에 충돌하는 것을 경고하기 위하여 비고정식 안전보호판을 부착한다.
② 경사도는 일반적인 경우 30도 이하로 하여야 한다.
③ 디딤판은 이동손잡이의 속도에 반비례하도록 한다.
④ 디딤면의 폭은 560mm 이상, 1020mm 이하이어야 한다.

해설 핸드레일
구동장치는 스텝을 구동시키는 주 구동장치와 핸드레일을 구동시키는 장치가 있으며, 같이 연동되어 같은 속도로 구동이 됨

정답 ③

02 점검방법

① 난간의 내측은 사람이나 물건이 끼이거나 부딪치는 일이 없도록 파손이나 균열이 없어야 한다.
② 난간의 설치상태는 견고하고 양호하여야 한다.
③ 난간 위의 핸드레일 측면 및 핸드레일 측면의 가이드는 손가락 또는 손이 끼일 가능성을 줄일 수 있는 방법으로 이루어지거나 둘러싸여야 한다.
④ 핸드레일의 경우에 난간과 손잡이의 설치상태는 안전하고 견고하여야 한다.
⑤ 핸드레일의 외피 및 내피는 파단이나 핸드레일구동롤러 등에 의해 마찰 시 미끄러짐이 발생하는 정도의 손상이 없어야 한다.
⑥ 핸드레일 인입구안전장치의 감지부는 상하, 좌우 방향으로 약하게 흔들었을 때 오작동이 발생하지 않아야 한다.
⑦ 핸드레일 속도감시장치는 운행하는 동안 핸드레일 속도가 15초 이상 동안 실제 속도보다 -15% 이상 차이가 발생하면 정지시켜야 한다.
⑧ 핸드레일이 핸드레일의 가이드로부터 이탈되지 않는 방법으로 안내되고 인장되어야 한다.

예상문제

에스컬레이터 난간과 핸드레일의 점검사항이 아닌 것은?
① 접촉기와 계전기의 이상 유무를 확인한다.
② 가이드에서 핸드레일의 이탈 가능성을 확인한다.
③ 표면의 균열 및 진동여부를 확인한다.
④ 주행 중 소음 및 진동여부를 확인한다.

> **해설**
> ① 핸드레일
>   - 주 구동장치와 핸드레일을 구동시키는 장치의 연동되어 있어 구동 시 속도가 같을 것
>   - 각 난간 상부에는 디딤판, 팔레트 또는 벨트 속도의 0~2%의 허용오차에서 동일한 방향으로 움직이는 핸드레일 설치
>   - 핸드레일은 스텝면에서 수직으로 높이 600mm의 위치에 설치하고, 핸드레일 내측거리는 1.2m 이하로 하며, 하강 중 약 15kgf의 힘으로 가하여 잡아도 멈추지 않을 것
> ② 난간
>   - 난간에는 사람이 정상적으로서 서 있을 수 있는 부분이 없어야 함
>   - 난간은 50mm 길이의 핸드레일 표면에 900N의 분포하중을 가할 때 영구변형, 파손 또는 변위가 없어야 함
> ③ 접촉기와 계전기의 이상 유무를 확인은 제어반 점검사항
>
> **정답 》》①**

제4절 제어장치 점검 및 조정

01 점검항목

① 접촉기, 릴레이 등 손모가 확인
② 잠금장치 불량 확인
③ 기구들의 고정상태 확인
④ 발열, 진동 상태 확인
⑤ 계전기 동작상태 확인
⑥ 제어 계통의 오류 및 결함 확인
⑦ 전기설비의 절연저항 측정

> **예상문제**
>
> **에스컬레이터의 제어장치에 관한 설명 중 옳지 않은 것은?**
> ① 방화셔터가 핸드레일 반환부의 선단에서 2m 이내에 있는 에스컬레이터는 그 셔터와 연동하여 작동해야 한다.
> ② 전원의 상이 바뀌면 주행을 멈출 수 있는 장치가 필요하다.
> ③ 제어반의 각종 단자나 부품의 상태가 양호한지 확인한다.
> ④ 감속기의 오일 온도가 60℃를 넘을 경우 정지장치가 필요하다.
>
> **해설** 오일 온도 규정이 없음
>
> **정답 》》④**

02 점검방법

① 코일의 일단을 접지측의 전선에 접속하여야 한다. 다만, 코일과 접지측 사이에 반도체를 이용하는 전자접촉기 드라이브방식일 경우에는 그러하지 아니하다.
② 코일과 접지측의 전선 사이에는 계전기 접점이 없어야 한다. 다만, 코일과 접지측 사이에 반도체를 이용하는 전자접촉기 드라이브방식일 경우에는 그러하지 아니하다.
③ 과전류 또는 과부하시 동력을 차단시키는 과전류방지기능을 구비하여야 하고 그 작동은 양호하여야 한다.
④ 카와 승강장 및 기타 모든 장치에는 누전이 발생하지 않아야 한다.
⑤ 절연저항은 개폐기 또는 과전류차단기로 구획할 수 있는 전로마다 검사할 수 있다.
⑥ 수전반 및 주개폐기는 원칙적으로 기계실 출입구 내부 가까이 설치하고, 안전하고 용이하게 조작되도록 하여야 한다.
⑦ 제어반 기타의 제어장치의 설치상태는 견고하고, 지진 기타의 진동에 의해 움직이거나 넘어지지 않는 조치가 되어 있어야 한다.

예상문제

에스컬레이터(무빙워크 포함) 점검항목 및 방법 중 제어 패널, 캐비닛, 접촉기, 릴레이, 제어기판에서 "B로 하여야 할 것"에 해당하지 않는 것은?

① 잠금 장치가 불량한 것
② 환경상태(먼지, 이물)가 불량한 것
③ 퓨즈 등에 규격외의 것이 사용되고 있는 것
④ 접촉기, 릴레이-접촉기 등의 손모가 현저한 것

해설
제어 패널, 캐비닛, 접촉기, 릴레이, 제어 기판에서 "B로 하여야 할 것"
① 접촉기, 릴레이-접촉기 등의 손모가 현저한 것
② 잠금 장치가 불량한 것
③ 고정이 불량한 것
④ 발열, 진동 등이 현저한 것
⑤ 동작이 불안정 한 것
⑥ 환경상태(먼지,이물)가 불량한 것
⑦ 제어 계통에서 안전에 지장이 없는 경미한 결함 또는 오류가 발행한 것
⑧ 전기설비의 절연저항이 규정값을 초과하는 것
• 퓨즈 등에 규격외의 것이 사용되고 있는 것은 "C로 하여야 할 것"

정답 ③

CHAPTER 05 에스컬레이터의 수리 및 조정에 관한 사항
출제예상문제

01 에스컬레이터의 난간 및 발판에 대한 점검사항이 아닌 것은?

① 난간조명 또는 발판 조명이 있을 때 조명 램프의 점등 상태와 보호 덮개의 파손여부
② 3각부 안전보호판의 취부상태
③ 연동용 체인의 늘어짐 및 마모여부
④ 발판과 스커트 가드 사이의 간격

해설 기계실 구동부
① 구동체인 안전장치(D.C.S) : 구동체인이 늘어짐 또는 절단되었을 때 동력을 차단
② 스텝 체인 안전장치(T.C.S) : 스텝 체인의 심하게 늘어남과 파단으로 인한 전동기의 전원을 차단

02 에스컬레이터의 제어장치에 관한 설명 중 옳지 않은 것은?

① 방화셔터가 핸드레일 반환부의 선단에서 2m 이내에 있는 에스컬레이터는 그 셔터와 연동하여 작동해야 한다.
② 전원의 상이 바뀌면 주행을 멈출 수 있는 장치가 필요하다.
③ 제어반의 각종 단자나 부품의 상태가 양호한지 확인한다.
④ 감속기의 오일 온도가 60℃를 넘을 경우 정지장치가 필요하다.

해설 오일 온도 규정이 없음

03 에스컬레이터의 안전장치에 관한 설명으로 틀린 것은?

① 승강장에서 디딤판의 승강을 정지시키는 것이 가능한 장치이다.
② 사람이나 물건이 핸드레일 인입구에 꼈을 때 디딤판의 승강을 자동적으로 정지시키는 장치이다.
③ 상하 승강장에서 디딤판과 콤플레이트 사이에 사람이나 물건이 끼이지 않도록 하는 장치이다.
④ 디딤판체인이 절단 되었을 때 디딤판의 승강을 수동으로 정지시키는 장치이다.

해설 스텝 체인 안전장치(T.C.S)
① 스텝 체인의 심하게 늘어남과 파단으로 인한 전동기의 전원을 차단하고 기계적인 브레이크를 작동시켜 운행정지를 시키는 장치
② 이 장치의 스위치는 수동으로 재설정하는 방식일 것

Answer
01 ③ 02 ④ 03 ④

04 에스컬레이터의 구조로서 적당하지 않은 것은?

① 사람이 3각부에 충돌하는 것을 경고하기 위하여 비고정식 안전보호판을 부착한다.
② 경사도는 일반적인 경우 30도 이하로 하여야 한다.
③ 디딤판은 이동손잡이의 속도에 반비례하도록 한다.
④ 디딤면의 폭은 560mm 이상, 1020mm 이하이어야 한다.

해설 핸드레일
구동장치는 스텝을 구동시키는 주 구동장치와 핸드레일을 구동시키는 장치가 있으며, 같이 연동되어 같은 속도로 구동이 됨

05 에스컬레이터의 상·하 승강장 및 디딤판에서 점검할 사항이 아닌 것은?

① 이동용 손잡이 ② 구동기 브레이크
③ 스커트 가드   ④ 안전방책

해설 기계실에서 행하는 검사
① 구동체인 절단시의 역행방지장치 또는 제동장치가 작동하는 경우 정지스위치에 의해 전기적으로 전동기의 전원을 차단하여야 한다.
② 제동기는 제동기회로 전원 및 제동기전원이 차단된 경우에 작동되어야 한다.

06 에스컬레이터 난간과 핸드레일의 점검사항이 아닌 것은?

① 접촉기와 계전기의 이상 유무를 확인한다.
② 가이드에서 핸드레일의 이탈 가능성을 확인한다.
③ 표면의 균열 및 진동여부를 확인한다.
④ 주행 중 소음 및 진동여부를 확인한다.

해설 ① 핸드레일
  • 주 구동장치와 핸드레일을 구동시키는 장치의 연동되어 있어 구동 시 속도가 같을 것
  • 각 난간 상부에는 디딤판, 팔레트 또는 벨트 속도의 0~2%의 허용오차에서 동일한 방향으로 움직이는 핸드레일 설치
  • 핸드레일은 스텝면에서 수직으로 높이 600mm의 위치에 설치하고, 핸드레일 내측거리는 1.2m 이하로 하며, 하강 중 약 15kg의 힘으로 가하여 잡아도 멈추지 않을 것
② 난간
  • 난간에는 사람이 정상적으로서 서 있을 수 있는 부분이 없어야 함
  • 난간은 50mm 길이의 핸드레일 표면에 900N의 분포하중을 가할 때 영구변형, 파손 또는 변위가 없어야 함
③ 접촉기와 계전기의 이상 유무를 확인은 제어반 점검사항

07 에스컬레이터의 스텝(디딤판)체인의 안전장치에 관한 설명 중 옳은 것은?

① 일종의 롤러 체인이다.
② 에스컬레이터의 폭이 넓을수록 체인의 강도는 높아야 한다.
③ 에스컬레이터의 양정(계고)이 높을수록 체인의 강도는 높아야 한다.
④ 체인의 안전장치는 길이의 1/2되는 지점에 설치해야 한다.

해설 ① 체인 재료의 강도는 에스컬레이터 폭이 넓고, 운행길이가 길수록 기계적 강도가 클 것
② 스텝체인(롤러체인)의 일정한 결합간격을 위하여 일정한 간격으로 스텝측에 연결하고, 스텝측 좌·우단에 각 1개씩 스텝의 전륜에 부착
③ 안전율은 에스컬레이터가 승객하중과 인장장치의 인장력을 더한 하중을 운반할 때 체인이 받는 정적인 힘 사이의 비율로 결정
④ 스텝 체인의 안전율을 10 이상으로 규정

Answer
04 ③ 05 ② 06 ① 07 ④

08
에스컬레이터의 이동식 핸드레일은 하강운전 중 상부 승강장에서 사람이 수평으로 약 몇 N정도의 힘으로 당겨도 정지하지 않아야 하는가?

① 127 ② 137
③ 147 ④ 157

해설
① 이동식 핸드레일의 경우, 운행 전구간에서 디딤판과 핸드레일의 속도차는 0~2% 이하이어야 한다.
② 이동식 핸드레일은 하강운전중 상부 승강장에서 수평으로 약 147N 정도의 사람의 힘으로 당겨도 정지하지 않아야 한다.
③ 고정식 핸드레일의 경우에 난간과 손잡이의 설치 상태는 안전하고 견고하여야 한다.
④ 핸드레일의 외피 및 내피는 파단이나 핸드레일구동롤러 등에 의해 마찰 시 미끄러짐이 발생하는 정도의 손상이 없어야 한다.
⑤ 승강장에서는 물체가 쉽게 끼어 들어가지 않도록 디딤판과 콤(Comb)의 물림량은 6mm 이상(벨트방식의 경우에는 4mm 이상)이어야 하고, 맞물리는 부분의 틈새는 4mm 이하이어야 한다.
⑥ 디딤판 상호간의 틈새는 승강로의 총길이에 걸쳐서 6mm 이하이어야 한다.
⑦ 스커트가드와 디딤판과의 틈새는 승강로의 총길이에 걸쳐서 한쪽이 4mm 이하이어야 한다.
⑧ 승강장의 폭은 핸드레일 중심선간의 거리 이상이어야 한다.
⑨ 승강장의 길이는 난간 끝단에서 진행방향으로 2.5m 이상이어야 한다.

09
스텝 체인 절단 검출장치의 점검항목이 아닌 것은?

① 검출스위치의 동작여부
② 검출스위치 및 캠의 취부상태
③ 암, 레버장치의 취부상태
④ 종동장치 텐션스프링의 올바른 치수 여부

해설
스텝 체인 안전장치(T.C.S)
① 스텝 체인의 심하게 늘어남과 파단으로 인한 전동기의 전원을 차단하고 기계적인 브레이크를 작동시켜 운행정지를 시키는 장치
② 이 장치의 스위치는 수동으로 재설정하는 방식일 것

10
에스컬레이터(무빙워크 포함) 점검항목 및 방법 중 제어 패널, 캐비닛, 접촉기, 릴레이, 제어기판에서 "B로 하여야 할 것"에 해당하지 않는 것은?

① 잠금 장치가 불량한 것
② 환경상태(먼지, 이물)가 불량한 것
③ 퓨즈 등에 규격외의 것이 사용되고 있는 것
④ 접촉기, 릴레이-접촉기 등의 손모가 현저한 것

해설
제어 패널, 캐비닛, 접촉기, 릴레이, 제어 기판에서 "B로 하여야 할 것"
① 접촉기, 릴레이-접촉기 등의 손모가 현저한 것
② 잠금 장치가 불량한 것
③ 고정이 불량한 것
④ 발열, 진동 등이 현저한 것
⑤ 동작이 불안정 한 것
⑥ 환경상태(먼지,이물)가 불량한 것
⑦ 제어 계통에서 안전에 지장이 없는 경미한 결함 또는 오류가 발행한 것
⑧ 전기설비의 절연저항이 규정값을 초과하는 것
• 퓨즈 등에 규격외의 것이 사용되고 있는 것은 "C로 하여야 할 것"

Answer
08 ③ 09 ④ 10 ③

11 에스컬레이터(무빙워크 포함) 자체점검 중 구동기 및 순환 공간에서 하는 점검에서 B (요주의)로 하여야 할 것이 아닌 것은?

① 전기안전장치의 기능을 상실한 것
② 운전, 유지보수 및 점검에 필요한 설비 이외의 것이 있는 것
③ 상부 덮개와 바닥면과의 이음부분에 현저한 차이가 있는 것
④ 구동기 고정 볼트 등의 상태가 불량한 것

해설 구동기 및 순환 공간에서 하는 점검
① B로 하여야 할 것
 • 운전, 유지보수 및 점검에 필요한 설비 이외의 것이 있는 것
 • 상부 덮개와 바닥면과의 이음부분에 현저한 차이가 있는 것
 • 상부덮개 및 상부덮개 부착부의 마모, 손상 및 부식이 현저하고 감도가 저하하고 있는 것
 • 구동기 고정 볼트 등의 상태가 불량한 것
② C로 하여야 할 것
 • 전기안전장치의 기능을 상실한 것
 • 열쇠 또는 도구로 열수 없는 것
 • 유지보수를 위한 들어 올리는 장치의 기능이 상실된 것
 • 구동기가 전도될 우려가 있는 것

12 콤에 대한 설명으로 옳은 것은?

① 홈에 맞물리는 각 승강장의 갈라진 부분
② 전기안전장치로 구성된 전기적인 안전시스템의 부분
③ 에스컬레이터 또는 무빙워크를 둘러싸고 있는 외부 측 부분
④ 스텝, 팔레트 또는 벨트와 연결되는 난간의 수직 부분

해설 승강장에서는 물체가 쉽게 끼어 들어가지 않도록 디딤판과 콤(Comb)의 물림량은 6mm 이상(벨트방식의 경우에는 4mm 이상)이어야 하고, 맞물리는 부분의 틈새는 4mm 이하이어야 한다.

Answer
11 ① 12 ①

특수승강기의 수리 및 조정에 관한 사항

제1절 입체 주차설비 점검 및 조정

01 작동상태 확인 항목

① 승강장문 및 입·출구 안전장치
② 입·출구 통로
③ 운반기의 크기
④ 승강로 확인
⑤ 와이어로프 및 체인
⑥ 안전장치
⑦ 방향전환장치

02 점검방법

① 주차자의 출입문은 운반기가 동작할 때에는 자동차 또는 사람이 출입할 수 없는 구조로 되어 있어야 한다.
② 출입구 크기 중 중형 기계식 주차장치는 폭 2.3m 이상, 높이 1.6m 이상 되어야한다.
③ 출입구 크기 중 대형 기계식 주차장치는 폭 24m 이상, 높이 16m 이상 되어야한다.
④ 입·출구에 사람이 출입 시 통로의 폭이 50cm 이상, 높이 1.8m 이상 되어야한다.
⑤ 승강식 주차장치와 슬라이드식 주차장치의 승강로 최하부 또는 그 주위에 운반기가 피트에 충돌할 경우 점검원이 대피할 수 있는 폭 0.5m, 길이 1.8m, 높이 0.6m 이상 설치한다.
⑥ 운반기가 상하 또는 좌우로 이동 시 정해진 위치를 이탈할 때에는 즉시 운행 작동을 정지하도록 하는 안전장치를 설치하여야 한다.

⑦ 2단식 주차장치 또는 다단식 주차장치에 있어서 주차장의 아래층에 자동차가 있는 경우 위층의 운반기가 아래층으로 하강할 수 없게 하는 안전장치를 설치해야 한다.
⑧ 승강기식 주차장치 또는 슬라이드식 주차장치에 있어서 운반기를 지지하는 체인과 로프는 2본 이상으로 하여야 한다.
⑨ 체인 또는 로프가 장력이완으로 늘어나거나 끊어질 시 즉시 감지하여 운행 작동을 정지하는 안전장치를 설치하여야 한다.

예상문제

2단으로 배열된 운반기 중 임의의 상단의 자동차를 출고시키고자 하는 경우 하단의 운반기를 수평 이동시켜 상단의 운반기가 하강기 가능하도록 한 입체 주차설비는?

① 평면 왕복식 주차장치 ② 승강기식 주차장치
③ 2단식 주차장치 ④ 수직 순환식 주차장치

해설
2단식 주차장치
① 운반기(파레트)를 상하 2층으로 배열하여 두 층간의 운반기를 좌우 횡행과 승하강 이동시키는 동작으로 자동차를 입·출고하도록 하는 방식이다.
② 2단식 주차장치 또는 다단식 주차장치에 있어서 주차장의 아래층에 자동차가 있는 경우 위층의 운반기가 아래층으로 하강할 수 없게 하는 안전장시를 설치해야 한다.

정답 >>> ③

제2절 덤 웨이터 점검 및 조정

01 작동상태 확인 항목

① 문닫힘안전장치
② 승강장문 잠금장치
③ 완충기
④ 화이널 리미트 스위치
⑤ 구동기 정지 및 정지상태 확인
⑥ 유압 제어 및 안전장치
⑦ 비상운전
⑧ 전동기 구동시간 제한장치

⑨ 온도감지장치
⑩ 정상운전 제어
⑪ 문이 개방된 상태의 착상 및 재-착상의 제어
⑫ 전기적 크리핑 방지시스템
⑬ 정지장치
⑭ 우선순위 제어
⑮ 전기안전장치
⑯ 경고 및 표시

예상문제

전동 덤웨이터의 안전장치에 대한 설명 중 옳은 것은?
① 출입구 문에 사람의 탑승금지 등의 주의사항은 부착하지 않아도 된다.
② 도어 인터록 장치는 설치하지 않아도 된다.
③ 로프는 일반 승강기와 같이 와이어로프 소켓을 이용한 체결을 하여야만 한다.
④ 승강로의 모든 출입구 문이 닫혀야만 카를 승강시킬 수 있다.

해설 덤 웨이터의 안전장치
① 승강로에 전체 출입구의 도어가 닫혀야 카를 승강할 수 있는 구조
② 조작방식에 있어 일반적인 다수 단추방식을 대다수 적용
③ 출입구 문의 안전장치 또는 적재하중, 사람의 탑승 금지 등 명시한 표시판 취부

정답 ④

02 계측장비를 사용한 측정 항목

① 기계실 조도
② 승강장 조도
③ 현수부품(로프, 체인 또는 케이블) 및 그 부속품
④ 조속기
⑤ 비상운전 속도
⑥ 전기설비의 절연저항
⑦ 덤웨이터의 부품 사이의 전기적 연속성
⑧ 제어회로 및 안전회로의 경우 전도체간의 사이 또는 전도체와 접지 사이의 직류 전압 평균값 및 교류 전압 실효값

03 하중시험 항목

① 권상능력
② 브레이크 시스템
③ 속도
④ 압력 릴리프 밸브
⑤ 기타 현장에서 하중시험이 필요한 구조 및 설비

04 점검방법

① 카의 각부분은 화물을 싣거나 내리거나 또는 화물의 쓰러짐에 의한 충격에 대해서 부서지거나 고장이 나지 않도록 견고하여야 한다.
② 가이드슈는 카 또는 균형추를 좌우로 흔들었을 때 금속음이 발생하는 정도의 파손, 마모 등이 없어야 하고, 가이드롤러는 주행에 영향을 미치는 심각한 파손, 마모가 없어야 한다.
③ 승강로 밖의 사람이나 물건이 카 또는 균형추에 닿을 염려가 없는 구조로 된 견고한 벽 또는 울 및 출입문을 설치하여야 한다.
④ 출입구 바닥 앞부분과 카 바닥 앞부분과의 틈의 너비는 4cm 이하로 하여야 한다.
⑤ 카가 상승할 수 있는 최상위치에 정지했을 때의 꼭대기틈새 및 카가 하강할 수 있는 최하위치에 정지했을 때의 카 하부틈새는 5cm 이상으로 하여야 한다.
⑥ 승강로 및 피트는 누수가 없이 청결하여야 한다.
⑦ 통행에 지장이 없도록 기계실 출입문의 폭과 높이에 해당하는 크기의 통로를 확보하여야 한다.
⑧ 기계실 출입구의 소재가 명확하지 않을 경우에는 출입구의 위치와 기계실로 가는 경로를 최상층 출입구 부근에 명시하여야 한다.

예상문제

전동 덤 웨이터에 대한 설명으로 틀린 것은?
① 구조상 경미한 부분을 제외하고는 불연재료로 만들거나 씌워야 한다.
② 점검용 콘센트는 소방설비용 비상콘센트를 겸용하여 사용한다.
③ 일반적으로 기계실 천장의 높이는 1m 이상을 유지하여야 한다.
④ 서적, 음식물 등 소형화물의 운반에 적합하게 제작된 엘리베이터이다.

> **해설**
> ① 덤 웨이터(dumb waiter) : 건물 내에서 소형화물(음식물, 서적 등) 운반전용으로 제작
> ② 승강기 구동방식과 같은 트랙션 또는 권상식이 일반적으로 많이 쓰임
> ③ 테이블 타입 : 출입문이 승강장 바닥보다 높음(바닥면에서 75cm 위치)
> ④ 기계실 천장의 높이는 1m 이상을 유지
> • 점검용 콘센트는 소방설비용 비상콘센트를 겸용해서는 안 된다.
>
> 정답 ≫ ②

제3절 소형엘리베이터 점검 및 조정

01 작동상태 확인 항목

① 비상 및 작동시험을 위한 운전 및 내부통화시스템
② 문닫힘안전장치
③ 승강장문 잠금장치
④ 상승과속방지수단
⑤ 완충기
⑥ 화이널 리미트 스위치
⑦ 전동기 구동시간 제한장치
⑧ 전기안전장치
⑨ 비상전화장치
⑩ 구동기 정지 및 정지상태
⑪ 유압 제어 및 안전장치
⑫ 경고 및 표시
⑬ 정상운전 제어
⑭ 문이 개방된 상태의 착상 및 재-착상의 제어
⑮ 점검운전
⑯ 전기적 크리핑 방지시스템

02 계측장비를 사용한 측정 항목

① 승강로 조도
② 기계실 조도

③ 승강로 내부에 있는 구동기 승강로 외부 작업구역의 조도
④ 승강로 외부에 있는 구동기 캐비닛의 조도
⑤ 비상운전 및 작동시험을 위한 패널의 조도
⑥ 승강장 조도
⑦ 승강장문 및 카문의 운동에너지
⑧ 카내 조도
⑨ 현수부품(로프, 체인 또는 케이블) 및 그 부속품
⑩ 조속기 및 비상정지장치
⑪ 개문출발방지수단
⑫ 카의 착상 정확도 및 재-착상
⑬ 전기 배선
　㉠ 절연저항
　㉡ 소형 엘리베이터의 부품 사이의 전기적 연속성
　㉢ 전도체간 또는 전도체와 접지 사이의 직류 전압 평균값 및 교류 전압 실효값

03 하중시험 항목

① 권상능력
② 브레이크 시스템
③ 속도
④ 압력 릴리프 밸브
⑤ 럽쳐밸브
⑥ 기타 현장에서 하중시험이 필요한 구조 및 설비

04 점검방법

① 기계실에는 소요설비 이외의 것이 없도록 유지되어 있어야 한다.
② 유지관리에 지장이 없도록 기계실의 조도는 기기가 배치된 바닥면에서 200LX 이상이어야 하고, 환기는 적절하여야 하며, 실온은 원칙적으로 40℃ 이하를 유지하도록 하여야 한다.
③ 출입구의 자물쇠의 잠금장치는 양호하여야 한다.
④ 기계실로 가는 복도·계단 및 출입문 등은 유지관리상 지장이 없어야 한다.

⑤ 기계실은 누수가 없이 청결하여야 한다.
⑥ 주로프·조속기로프 및 층상선택기의 스티일테이프 등은 기계실 바닥의 관통부분과 접촉되지 않아야 하고, 엘리베이터 관련 설비 이외의 것이 기계실 바닥을 관통하여서는 아니된다.
⑦ 승강로 내에는 엘리베이터와 관계없는 배관 또는 배선 등이 없도록 유지되어 있어야 한다.
⑧ 승강로는 누수가 없이 청결하여야 한다.
⑨ 카의 프레임 조립상태는 견고하여야 한다.
⑩ 카 위 및 피트에는 점검 및 보수관리에 지장이 없도록 작업등의 설치상태는 견고하고, 작동상태는 양호하여야 한다.

예상문제

소형 화물 등의 운반에 적합하게 제작된 덤웨이터의 적재용량은?
① 0.5톤 미만　　　　　　　② 0.8톤 미만
③ 1.0톤 미만　　　　　　　④ 1.2톤 미만

 사람이 탑승하지 않으면서 적재용량 1톤 미만의 소형화물(서적, 음식물 등) 운반(바닥면적이 0.5제곱미터 이하이고, 높이가 0.6미터 이하인 것은 제외한다.)

정답 ③

제4절 수직형 휠체어리프트 점검 및 조정

01 작동상태 확인 항목

① 기계적 정지장치
② 비상운전 및 수동운전
　㉠ 수권조작 비상운전 또는 비상전원에 의한 비상운전
　㉡ 유압식 수직형 휠체어리프트인 경우 수동펌프장치
③ 유압제어 및 안전장치
④ 동력회로 및 조명회로 개폐기
⑤ 전기 안전장치
⑥ 운전장치
⑦ 무선제어

⑧ 비상통화장치
⑨ 경고 및 표시

02 계측장비를 사용한 측정 항목

① 조속기
② 조속기 회전감시장치
③ 착상 정확도
④ 현수부품(로프 또는 체인) 및 그 부속품
⑤ 절연전항
⑥ 동력 작동 개폐식 승강장문의 운동에너지
⑦ 카 조도
⑧ 구동기 운전전압

03 하중시험 항목

① 비상정지장치
② 브레이크
③ 압력 릴리프 밸브
④ 럽처밸브
⑤ 유량제한장치
⑥ 기타 현장에서 하중시험이 필요한 구조 및 설비

04 점검방법

① 천공재료가 사용되지 않아야 한다.
② 자동으로 닫히는 구조이나 열린 위치에서 안정하게 있어야 한다.
③ 승강로 내부로 열리지 않아야 한다.
④ 손잡이로 열 때 40N 이하의 힘으로 열 수 있어야 한다.
⑤ 불투명재료로 만들어진 문에는 유리창이 설치되어야 하고 높이는 1.1m 이상이어야 하며, 다음 사항을 만족하여야 한다.
　㉠ 폭은 60mm 이상

ⓒ 유리창 하단은 바닥에서부터 300mm에서 900mm 사이에 위치
ⓒ 승강장문 당 유리창 면적이 $0.015m^2$ 이상, 유리창 한 개당 $0.01m^2$ 이상이어야 한다.
ⓔ 유리문은 바닥에서부터 1.4m에서 1.6m 높이 사이에 시각적으로 표시되어야 한다.

[예상문제]

기계식 주차장치의 종류에서 순환방식에 속하지 않는 것은?

① 멀티순환방식 ② 수평순환방식
③ 수직순환방식 ④ 다층순환방식

[해설] 주차방식
① 수직 순환식   ② 수평 순환식
③ 다층 순환식   ④ 승강기식(엘리베이터)
⑤ 평면 왕복식   ⑥ 승강기 슬라이드식

정답 》》 ①

제5절 경사형 휠체어리프트 점검 및 조정

01 작동상태 확인 항목

① 기계적 종단 정지장치
② 안전너트
  ㉠ 비상운전 및 수동운전
  ㉡ 수권조작 비상운전 또는 비상전원에 의한 비상운전
③ 유압식 경사형 휠체어리프트인 경우 수동펌프장치
④ 유압제어 및 안전장치
⑤ 동력회로 주개폐기
⑥ 전기안전장치
⑦ 무선제어
⑧ 조작장치
⑨ 종점스위치 및 화이널 리미트 스위치
⑩ 비상통화장치
⑪ 경고 및 표시

02 계측장비를 사용한 측정 항목

① 조속기
② 조속기 회전감시장치
③ 현수부품(로프 또는 체인) 및 그 부속품
④ 크리핑 방지
⑤ 전동기 운전전압
⑥ 절연전항

예상문제

전동기에 대한 점검을 하고자 할 때, 계측기를 사용하지 않으면 측정이 불가능한 것은?
① 전동기의 회전속도
② 이상음 발생 유무
③ 전동기 본체의 파손
④ 이상발열 유무

해설 스트로보스코프(stroboscope)
전동기(motor) 회전 RPM 측정 계측기 사용

정답 ① ①

---

03 하중시험 항목

① 비상정지장치
② 브레이크
③ 압력 릴리프 밸브
④ 럽처밸브
⑤ 기타 현장에서 하중시험이 필요한 구조 및 설비

특수승강기의 수리 및 조정에 관한 사항 출제예상문제

01 장애인용 엘리베이터에서 비접촉식 문 닫힘 안전장치를 설치할 경우, 바닥면 위 몇 [m] 높이의 물체를 감지할 수 있어야 하는가?

① 0.3[m] 이하 ② 0.3~1.4[m]
③ 1.4~1.7[m] ④ 1.7[m] 이상

해설 문닫힘 안전장치(세이프티슈)를 비접촉식으로 설치한 경우 바닥면에서 0.3m~1.4m사이의 물체를 감지할 수 있도록 설치해야 한다.

02 전동 덤웨이터의 안전장치에 대한 설명 중 옳은 것은?

① 출입구 문에 사람의 탑승금지 등의 주의사항은 부착하지 않아도 된다.
② 도어 인터록 장치는 설치하지 않아도 된다.
③ 로프는 일반 승강기와 같이 와이어로프 소켓을 이용한 체결을 하여야만 한다.
④ 승강로의 모든 출입구 문이 닫혀야만 카를 승강시킬 수 있다.

해설 덤 웨이터의 안전장치
① 승강로에 전체 출입구의 도어가 닫혀야 카를 승강할 수 있는 구조
② 조작방식에 있어 일반적인 다수 단추방식을 대다수 적용
③ 출입구 문의 안전장치 또는 적재하중, 사람의 탑승 금지 등 명시한 표시판 취부

03 기계식 주차장치의 종류에서 순환방식에 속하지 않는 것은?

① 멀티순환방식 ② 수평순환방식
③ 수직순환방식 ④ 다층순환방식

해설 주차방식
① 수직 순환
② 수평 순환
③ 다층 순환
④ 승강기식(엘리베이터)
⑤ 평면 왕복식
⑥ 승강기 슬라이드식

04 전동기에 대한 점검을 하고자 할 때, 계측기를 사용하지 않으면 측정이 불가능한 것은?

① 전동기의 회전속도
② 이상음 발생 유무
③ 전동기 본체의 파손
④ 이상발열 유무

해설 스트로보스코프(stroboscope)
전동기(motor) 회전 RPM 측정 계측기 사용

Answer
01 ② 02 ④ 03 ① 04 ①

05 주차설비 중 자동차를 운반하는 운반기의 일반적인 호칭으로 사용되지 않는 것은?

① 카고, 리프트
② 케이지, 카트
③ 트레이, 파레트
④ 리프트, 호이스트

해설
① 리프트 : 사람은 탑승하지 않고 소하물을 위 아래로 이송하는 장치
② 호이스트 : 원동기·기어감속장치·감기통 등을 한 조로 하고 권상용(捲上用) 로프 끝에 훅(hook)을 장치하여 화물을 들어올린다. (체인, 공기, 전기 호이스트 등)

06 비상용승강기는 화재발생시 화재 진압용으로 사용하기 위하여 고층빌딩에 많이 설치하고 있다. 비상용승강기에 반드시 갖추지 않아도 되는 조건은?

① 비상용 소화기
② 예비전원
③ 전용 승강장 이외의 부분과 방화구획
④ 비상운전 표시등

해설
① 평상 시 승객용 또는 승객·화물용으로 사용. 화재 시 인명구조 및 소방 활동으로 사용하도록 제작
② 건물의 높이가 31m 이상, 각층마다 면적이 1,500m² 초과하는 경우 설치
③ 상시전원의 정전 시 카가 층 중간에 멈출 경우 비상전원 배터리로 안전한 층까지 저속으로 운전하는 장치
④ 카 이송 및 정지의 운전지령은 중앙관리실에 장치를 설치
⑤ 카 내부에 설치, 정전 시 램프중심부로부터 2m 떨어진 수직면상에서 밝기를 1lx 이상으로 30분 이상유지

07 자동차용 엘리베이터에서 운전자가 항상 전진방향으로 차량을 입·출고할 수 있도록 해주는 방향전환 장치는?

① 턴 테이블
② 카 리프트
③ 차량 감지기
④ 출차 주의등

해설 제12조(방향전환장치의 구조)
① 방향전환장치에는 점검 및 수리등을 할 수 있도록 점검구 및 점검공간을 두어야 하며, 자동차가 출발·정지할 때에 탑재면이 공전하여 이동하지 아니하도록 하는 장치를 설치하여야 한다.
② 주차장치 내부에 설치된 방향전환장치의 회전여유직경은 5.38미터 이상으로 하여야 하고, 방향전환장치자체(파레트포함)의 크기는 4미터 이상으로 하여야 한다.
③ 방향전환장치의 끝단과 바닥 끝단과의 거리는 수평거리는 4센티미터 이하로, 수직거리는 5센티미터 이하로 하여야 한다

08 2단으로 배열된 운반기 중 임의의 상단의 자동차를 출고시키고자 하는 경우 하단의 운반기를 수평 이동시켜 상단의 운반기가 하강기 가능하도록 한 입체 주차설비는?

① 평면 왕복식 주차장치
② 승강기식 주차장치
③ 2단식 주차장치
④ 수직 순환식 주차장치

해설 2단식 주차장치
① 운반기(파레트)를 상하 2층으로 배열하여 두 층간의 운반기를 좌우 횡행과 승하강 이동시키는 동작으로 자동차를 입·출고하도록 하는 방식이다.
② 2단식 주차장치 또는 다단식 주차장치에 있어서 주차장의 아래층에 자동차가 있는 경우 위층의 운반기가 아래층으로 하강할 수 없게 하는 안전장시를 설치해야 한다.

Answer
05 ④ 06 ① 07 ① 08 ③

09 전동 덤 웨이터에 대한 설명으로 틀린 것은?

① 구조상 경미한 부분을 제외하고는 불연재료로 만들거나 씌워야 한다.
② 점검용 콘센트는 소방설비용 비상콘센트를 겸용하여 사용한다.
③ 일반적으로 기계실 천장의 높이는 1m 이상을 유지하여야 한다.
④ 서적, 음식물 등 소형화물의 운반에 적합하게 제작된 엘리베이터이다.

해설
① 덤 웨이터(dumb waiter) : 건물 내에서 소형화물(음식물, 서적 등) 운반전용으로 제작
② 승강기 구동방식과 같은 트랙션 또는 권상식이 일반적으로 많이 쓰임
③ 테이블 타입 : 출입문이 승강장 바닥보다 높음(바닥면에서 75cm 위치)
④ 기계실 천장의 높이는 1m 이상 유지
• 점검용 콘센트는 소방설비용 비상콘센트를 겸용해서는 안 된다.

10 소형 화물 등의 운반에 적합하게 제작된 덤 웨이터의 적재용량은?

① 0.5톤 미만
② 0.8톤 미만
③ 1.0톤 미만
④ 1.2톤 미만

해설 사람이 탑승하지 않으면서 적재용량 1톤 미만의 소형화물(서적, 음식물 등) 운반(바닥면적이 0.5제곱미터 이하이고, 높이가 0.6미터 이하인 것은 제외한다.).

Answer
09 ② 10 ③

기계, 전기기초이론

Craftsman Elevator

- **CHPTER 01** : 승강기 재료의 역학적 성질에 관한 기초
- **CHPTER 02** : 승강기 주요 기계요소별 구조와 원리
- **CHPTER 03** : 승강기 요소측정 및 시험
- **CHPTER 04** : 승강기 동력원의 기초 전기
- **CHPTER 05** : 승강기 구동 기계기구 작동 및 원리
- **CHPTER 06** : 승강기 제어 및 제어시스템의 원리 및 구성

CHAPTER 01 승강기 재료의 역학적 성질에 관한 기초

제1절 하중

01 하중의 종류 및 계산

(1) 하중의 작용 상태에 따른 분류

① 인장 하중(tensile load)
② 압축 하중(compressive load)
③ 전단 하중(shearing load)
④ 굽힘 하중(bending load)
⑤ 비틀림 하중(twisting load)

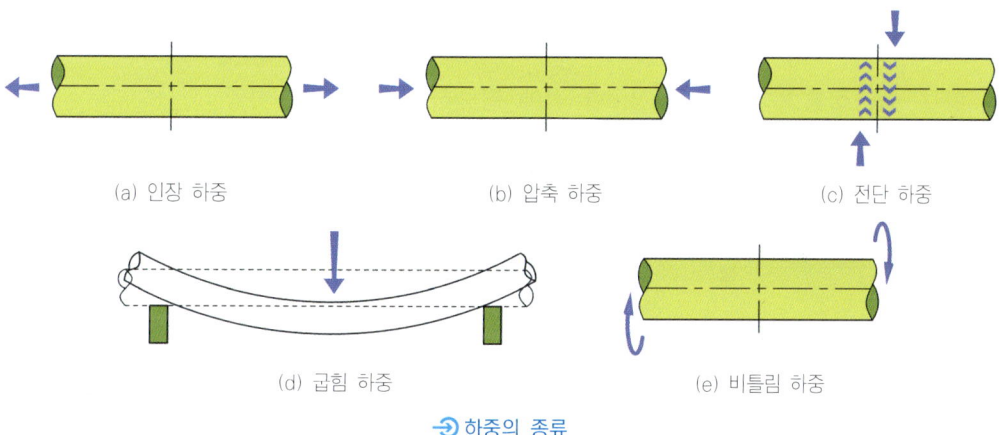

→ 하중의 종류

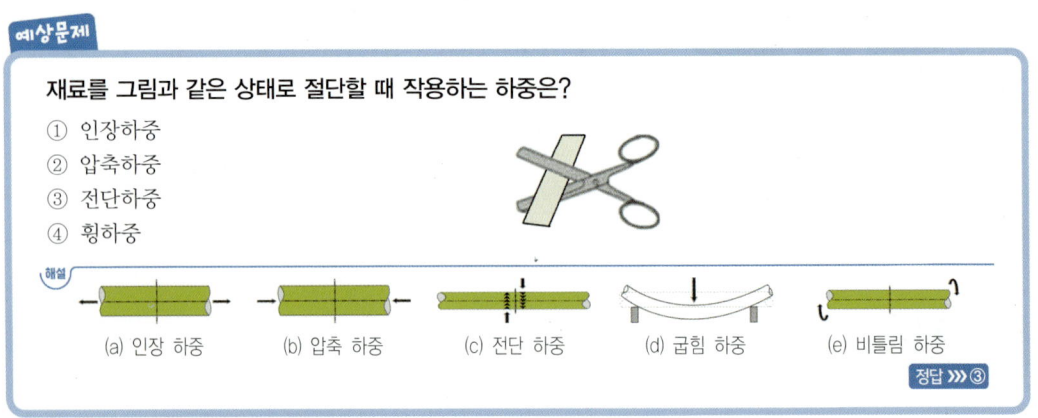

(2) 하중의 작용 속도에 따른 분류
  ① 정하중(static load) : 크기와 방향이 시간에 따라 변화하지 않거나, 매우 느리게 변화하는 하중
  ② 동하중(dynamic load)
    ㉠ 반복하중
    ㉡ 교번하중
    ㉢ 충격하중
    ㉣ 이동하중

(3) 하중의 분포 상태에 의한 분류
  ① 집중하중 : 좁은 범위 및 한 점에 집중하여 작용하는 하중
  ② 분포하중 : 균일 분포하중과 불 균일 분포하중으로 구분

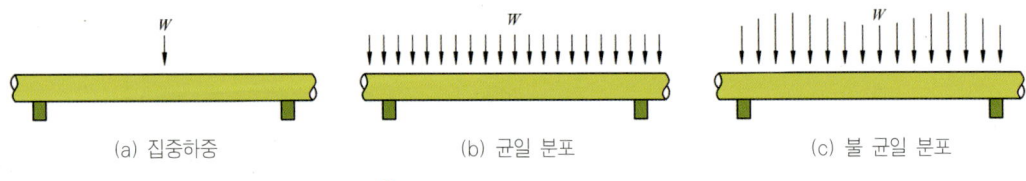

→ 하중의 분포상태에 의한 분류

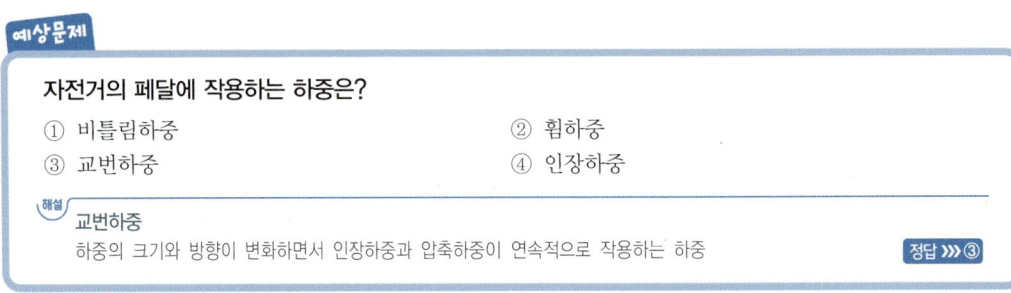

제2절 응력

01 응력의 종류 및 계산

(1) 응력

① 물체에 하중이 작용하였을 때, 그 하중에 저항하여 단위 면적당 발생한 내력

② $\delta = \dfrac{N}{m^2} = \dfrac{W}{A}$ [N/m²]

여기서, δ : 응력, W : 하중, A : 단면적

(2) 응력 종류

① 수직응력(normal stress)

㉠ 인장응력(tensile stress)

$\sigma_t = \dfrac{W_t}{A}$

여기서, σ_t : 인장응력, W_t : 인장하중, A : 단면적

㉡ 압축응력(compressive stress)

$\sigma_c = \dfrac{W_c}{A}$

여기서, σ_c : 압축응력
W_c : 압축하중
A : 단면적

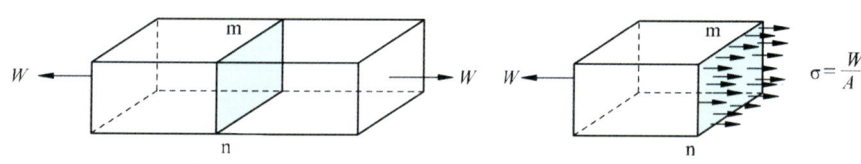

▶ 수직응력

② 전단응력(shearing stress)

㉠ $\tau = \dfrac{W}{A}$

여기서, τ : 전단응력
W : 전단하중
A : 임의의 단면적

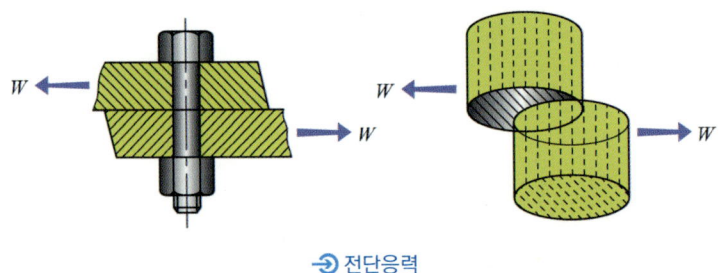

➲ 전단응력

예상문제

물체에 하중이 작용할 때, 그 재료 내부에 생기는 저항력을 내력이라 하고 단위면적당 내력의 크기를 응력이라 하는데 이 응력을 나타내는 식은?

① $\dfrac{단면적}{하중}$ ② $\dfrac{하중}{단면적}$ ③ 단면적×하중   ④ 하중-단면적

해설 응력
① 물체에 하중이 작용하였을 때, 그 하중에 저항하여 단위 면적당 발생한 내력
② $\delta = \dfrac{N}{m^2} = \dfrac{W}{A} [\text{N/m}^2]$
    여기서, δ : 응력, W : 하중, A : 단면적

정답 ≫≫ ②

제3절 변형률

01 변형률의 종류 및 계산

① 변형률

$$변형률 = \dfrac{변형량}{원래의 길이}$$

② 세로 변형률

$$\varepsilon = \dfrac{\lambda}{l}$$

여기서, λ : 변형량, l : 세로 방향의 처음 길이

③ 가로 변형률

$$\varepsilon_c = \dfrac{\delta}{d}$$

여기서, δ : 변형량, d : 가로방향의 처음 지름

④ 체적 변형률

$$\varepsilon_v = \frac{\Delta V}{V}$$

여기서, ΔV : 체적 변화량
V : 처음체적

예상문제

길이 50[mm]의 원통형의 봉이 압축되어 0.0002의 변형률이 생겼을 때, 변형 후의 길이는 몇 [mm]인가?

① 49.98[mm]　　② 49.99[mm]　　③ 50.01[mm]　　④ 50.02[mm]

해설 변형률

변형률 = $\dfrac{\text{변형량}}{\text{원래의 길이}}$　 $0.002 = \dfrac{\text{변형량}}{50}$

변형량 = $0.0002 \times 50 = 0.01$

∴ 변형 후 길이 = $50 - 0.01 = 49.99$[mm]

정답 ≫ ②

제4절　탄성계수

01 후크의 법칙과 탄성계수

(1) 후크(Hooke)의 법칙

① 재료의 비례한도 내에서는 응력(σ)과 변형률(ε)이 비례한다.
$\sigma \propto \varepsilon$

② 비례식은 비례상수(E)라 하고 항등식으로 표시하면
$\sigma = E\varepsilon$

(2) 탄성계수

① 단위 변형률당의 응력을 탄성계수(modulus of elasticity)

탄성계수(E) = $\dfrac{\text{응력}(\sigma)}{\text{변형률}(\varepsilon)}$

② 세로탄성계수
   ㉠ 탄성한계 내에서 응력과 변형률의 비례관계
   $\sigma = E\varepsilon$

   ∴ 탄성계수$(E) = \dfrac{응력(\sigma)}{변형률(\varepsilon)}$

   ㉡ 탄성한도 내에서 길이(l), 단면적(A), 하중(W)을 받아 인장(λ)되었다면
   [응력$(\sigma) = \dfrac{W}{A}$, 변형률$(\varepsilon) = \dfrac{\lambda}{l}$]

   $E = \dfrac{\sigma}{\varepsilon} = \dfrac{\dfrac{W}{A}}{\dfrac{\lambda}{l}} = \dfrac{Wl}{A\lambda}$

   $\lambda = \dfrac{Wl}{AE} = \dfrac{\sigma l}{E}$

③ 가로 탄성계수
   ㉠ 전단의 경우 전단응력(τ), 전단변형률(γ)은 탄성한도 내에서 비례관계
   $\tau = G\gamma$

   ∴ 가로탄성계수$(G)\tau = \dfrac{W}{A} \dfrac{전단응력(\tau)}{전단변형률(\gamma)}$

   ㉡ 전단응력(τ), 단면적(A), 하중(W) [$\tau = \dfrac{W}{A}$]

   $\gamma = \dfrac{\tau}{G} = \dfrac{W}{AG}$

예상문제

다음 중 탄성률이 가장 큰 것은?
① 스프링　　　　　　　　　② 섬유질
③ 금강석　　　　　　　　　④ 진흙

해설 탄성률
탄성체가 탄성 한계 내에서 가지는 응력과 변형의 비
① 철사나 막대의 신장(伸長)·수축 정도를 나타내는 것을 늘어나기 탄성률이라 한다.
② 철사의 단위단면적에 걸리는 힘 F와, 철사의 신축률(단위길이당 신축량) A라고 하면, F/A로 표시한다.

정답 ▶▶▶ ③

제5절 안전율

01 응력과 안전율

(1) 허용응력

① 사용응력(working stress)
   운전 중 구조물이나 기계부품에 발생되는 응력
② 허용응력(allowable stress)
   중량에 의한 휘거나 깨짐 없이 사용할 수 있는 응력의 최대값
③ 극한응력(ultimate stress)
   재료에 가해진 최대응력
④ 항복응력(yield stress)
   재료의 항복점에 이르는 응력
⑤ 허용응력 식

$$\sigma_a = \frac{\sigma_u}{S}, \ \sigma_a = \frac{\sigma_y}{S}$$

여기서, σ_a : 허용응력
σ_u : 극한응력
σ_y : 항복응력
S : 안전계수

(2) 안전율

① 안전계수 결정 시 고려사항
   ㉠ 하중의 형태
   ㉡ 가공방법
   ㉢ 재료, 재질의 다양성
   ㉣ 부재의 형상
   ㉤ 사용환경
② 안전율

$$S(안전율) = \frac{\sigma_s(기준강도)}{\sigma_a(허용응력)}$$

(3) 로프의 안전율

$$S = \frac{K \cdot P \cdot N}{W + W_c + W_r}$$

여기서, S : 안전율
K : 로핑계수
P : 로프 1본당 절단하중[kg]
W : 적재하중[kg]
W_c : 카 자중[kg]
W_r : 로프자중[kg]

예상문제

승강기의 카 프레임의 단면적 30cm²에 걸리는 무게가 2400kgf이고 사용재료의 인장강도가 4000 kgf/cm² 일 때 안전율은 얼마인가?

① 16　　② 50　　③ 80　　④ 133

해설

안전율 = 인장강도/허용응력, 허용응력 = 하중/단면적

정답 ≫≫ ②

CHAPTER 01

승강기 재료의 역학적 성질에 관한 기초
출제예상문제

01 재료를 그림과 같은 상태로 절단할 때 작용하는 하중은?

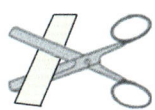

① 인장하중 ② 압축하중
③ 전단하중 ④ 횡하중

해설

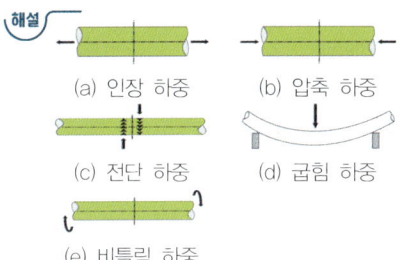

(a) 인장 하중   (b) 압축 하중
(c) 전단 하중   (d) 굽힘 하중
(e) 비틀림 하중

02 승강기의 카 프레임의 단면적 30cm²에 걸리는 무게가 2400kgf이고 사용재료의 인장강도가 4000kgf/cm² 일 때 안전율은 얼마인가?

① 16   ② 50
③ 80   ④ 133

해설

안전율 = $\dfrac{\text{인장강도}}{\text{허용응력}}$, 허용응력 = $\dfrac{\text{하중}}{\text{단면적}}$

03 자전거의 페달에 작용하는 하중은?

① 비틀림하중
② 휨하중
③ 교번하중
④ 인장하중

해설 교번하중
하중의 크기와 방향이 변화하면서 인장하중과 압축하중이 연속적으로 작용하는 하중

04 어떤 물체의 영률(Young's modulus)이 작다는 것은?

① 안전하다는 것이다.
② 불안전하다는 것이다.
③ 늘어나기 쉽다는 것이다.
④ 늘어나기 어렵다는 것이다.

해설 영률(Young's modulus)
탄성영역에서 스트레스와 변형 사이의 비례관계
① 세로탄성계수 : 탄성한계 내에서 응력과 변형률의 비례관계
  • $\sigma = E\varepsilon$
  ∴ 탄성계수(E) = $\dfrac{\text{응력}(\sigma)}{\text{변형률}(\varepsilon)}$
② 세로변형률이 크다는 것은 늘어나기 쉽다는 의미

Answer
01 ③ 02 ② 03 ③ 04 ③

05 포아송 비에 해당하는 식은?

① 가로변형률 / 세로변형률
② 세로변형률 / 가로변형률
③ 가로변형률 / 부피변형률
④ 세로변형률 / 부피변형률

해설 포아송 비(Poisson's ratio)
① 재료가 인장력의 작용에 따라 늘어날 때 신장 방향에서의 변형도와 신장 방향에서의 변형도 사이의 비율
② 가로변형률 / 세로변형률

06 다음 중 탄성률이 가장 큰 것은?

① 스프링   ② 섬유질
③ 금강석   ④ 진흙

해설 탄성률
탄성체가 탄성 한계 내에서 가지는 응력과 변형의 비
① 철사나 막대의 신장(伸長)·수축 정도를 나타내는 것을 늘어나기 탄성률이라 한다.
② 철사의 단위단면에 걸리는 힘 F와, 철사의 신축률(단위길이당 신축량) A라고 하면, F/A로 표시한다.

07 재료를 축 방향으로 눌러 수축하도록 작용하는 하중은?

① 연장하중   ② 압축하중
③ 전단하중   ④ 휨하중

해설 하중의 작용 상태에 따른 분류
① 인장 하중(tensile load)
② 압축 하중(compressive load)
③ 전단 하중(shearing load)
④ 굽힘 하중(bending load)
⑤ 비틀림 하중(twisting load)

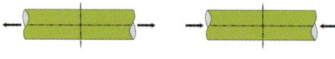

(a) 인장 하중   (b) 압축 하중

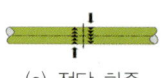 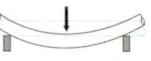

(c) 전단 하중   (d) 굽힘 하중

(e) 비틀림 하중

08 물체에 하중이 작용할 때, 그 재료 내부에 생기는 저항력을 내력이라 하고 단위면적당 내력의 크기를 응력이라 하는데 이 응력을 나타내는 식은?

① $\dfrac{단면적}{하중}$ ② $\dfrac{하중}{단면적}$

③ 단면적 × 하중   ④ 하중 - 단면적

해설 응력
① 물체에 하중이 작용하였을 때, 그 하중에 저항하여 단위 면적당 발생한 내력
② $\delta = \dfrac{N}{m^2} = \dfrac{W}{A}(N/m^2)$

여기서, δ : 응력
W : 하중
A : 단면적

09 길이 50[mm]의 원통형의 봉이 압축되어 0.0002의 변형률이 생겼을 때, 변형 후의 길이는 몇 [mm]인가?

① 49.98[mm]   ② 49.99[mm]
③ 50.01[mm]   ④ 50.02[mm]

해설 변형률

변형률 = $\dfrac{변형량}{원래의 길이}$ $0.002 = \dfrac{변형량}{50}$

변형량 = 0.0002 × 50 = 0.01
∴ 변형 후 길이 = 50−0.01 = 49.99[mm]

Answer
05 ① 06 ③ 07 ② 08 ② 09 ②

CHAPTER 02 승강기 주요 기계요소별 구조와 원리

제1절 링크기구

01 링크기구의 종류와 특성

(1) 링크기구의 개요

　① **링크기구(link mechanism)** : 가늘고 긴 막대를 조합시킨 기구
　　㉠ 운동의 마찰손실 적음
　　㉡ 구조가 간단
　　㉢ 복잡한 운동을 얻을 수 있음
　② **사용기계 종류**
　　㉠ 내연기관의 엔진
　　㉡ 공기압축기
　　㉢ 방직기계

(2) 링크기구의 구성

　① **크랭크(Crank)** : 고정링크의 주위를 360도 회전하는 링크
　② **연결봉(Connecting rod)** : crank 와 lever를 연결
　③ **레버(Lever)** : 고정링크의 주위를 왕복각운동하는 링크
　④ **슬라이더(Slider)** : 왕복 직선 운동하는 링크
　⑤ **프레임(Frame)** : 상대운동이 없는 고정된 링크

(3) 링크기구의 종류

　① 4절 회전 연쇄기구
　② 슬라이더 크랭크 연쇄기구
　③ 2중 슬라이더 크랭크 기구
　④ 구면운동기구

예상문제

다음 중 4절 링크 기구를 구성하고 있는 요소로 알맞은 것은?

① 고정 링크, 크랭크, 레버, 슬라이더
② 가변 링크, 크랭크, 기어, 클러치
③ 고정 링크, 크랭크, 고정레버, 클러치
④ 가변 링크, 크랭크, 기어, 슬라이더

해설
① 크랭크(Crank) : 고정링크의 주위를 360도 회전하는 링크
② 연결봉(Connecting rod) : crank 와 lever를 연결
③ 레버(Lever) : 고정링크의 주위를 왕복각운동하는 링크
④ 슬라이더(Slider) : 왕복 직선 운동하는 링크
⑤ 프레임(Frame) : 상대운동이 없는 고정된 링크

정답 ≫≫ ①

제2절 운동기구와 캠

01 운동기구의 원리와 캠의 역할

(1) 캠의 종류

① 평면 캠(plane cam)
  ㉠ 판 캠(plate cam)
  ㉡ 직동 캠(translation cam)
  ㉢ 정면 캠(face cam)
  ㉣ 역 캠(inverse cam)

② 입체 캠(solid cam)
  ㉠ 원통 캠(cylindrical cam)
  ㉡ 원추 캠(conical cam)
  ㉢ 구면 캠(spherical cam)
  ㉣ 단면 캠(end cam)
  ㉤ 경사판 캠(swash plate cam)

③ 확동 캠(positive motion cam)
  ㉠ 확동 캠(positive motion cam)
  ㉡ 소극 캠

예상문제

입체 캠에 해당하는 것은?
① 단면캠　　② 정면캠　　③ 직동캠　　④ 판캠

해설 캠의 종류
① 평면 캠(plane cam)
　• 판 캠(plate cam)　　　• 직동 캠(translation cam)
　• 정면 캠(face cam)　　• 역 캠(inverse cam)
② 입체 캠(solid cam)
　• 원통 캠(cylindrical cam)　• 원추 캠(conical cam)
　• 구면 캠(spherical cam)　• 단면 캠(end cam)
　• 경사판 캠(swash plate cam)
③ 확동 캠(positive motion cam)
　• 확동 캠(positive motion cam)　• 소극 캠

정답 ≫≫ ①

제3절　도르래(활차)장치

01　도르래(활차)의 종류와 특성

(1) 단활차

① **정활차** : 힘의 방향만 변환
② **동활차** : 하중을 올릴 시 힘의 1/2로 저감

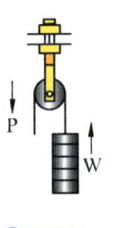
➡ 정활차

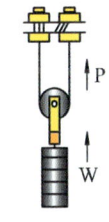
➡ 동활차

(2) 복활차

① 정활차와 동활차를 조합한 활차로 같은 힘으로 큰 하중을 운행시킬 수 있다.
② $W = 2^n \times P$
　여기서, W : 하중, P : 올리는 힘
　　　　　n : 동활차의 수

(3) 차동활차

① 동활차의 장점과 단활차의 장점을 활용하여 만든 것
② 차동호이스트에 실용화

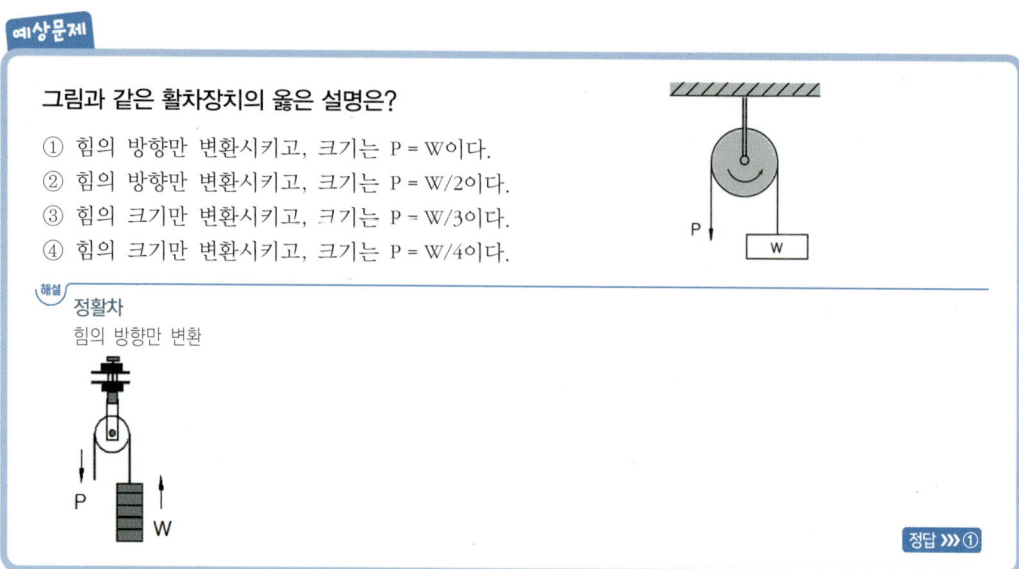

예상문제

그림과 같은 활차장치의 옳은 설명은?

① 힘의 방향만 변환시키고, 크기는 P = W이다.
② 힘의 방향만 변환시키고, 크기는 P = W/2이다.
③ 힘의 크기만 변환시키고, 크기는 P = W/3이다.
④ 힘의 크기만 변환시키고, 크기는 P = W/4이다.

해설 정활차
힘의 방향만 변환

정답 ≫≫ ①

제4절 베어링

01 베어링의 종류와 특성

(1) 축과 베어링의 접촉에 따른 베어링 분류

① 미끄럼 베어링(sliding bearing)
저널과 베어링이 서로 미끄럼에 의해서 접촉하는 것
② 구름 베어링(rolling bearing)
볼, 롤러에 의해서 구름 접촉하는 것

(2) 작용하중의 방향에 따른 베어링 분류

① 레이디얼 베어링(radial bearing)
축선에 직각으로 작용하는 하중을 받쳐준다.
② 스러스트 베어링(thrust bearing)
축선과 같은 방향으로 작용하는 하중을 받쳐준다.
③ 테이퍼 베어링(taper bearing)
레이디얼 하중과 스러스트 하중이 동시에 작용하는 하중을 받쳐준다.

(3) 미끄럼 베어링과 구름 베어링의 비교

▶ 미끄럼 베어링과 구름 베어링의 비교

	미끄럼 베어링(sliding bearing)	구름 베어링(rolling bearing)
구조	간단하다	복잡하다
고속회전	유리하다	불리하다
저속회전	불리하다	유리하다
기동토크	크다	작다
베어링 강성	축심의 변동가능성이 있다	축심의 변동은 적다
소음	소음이 적다	소음이 크다

예상문제

베어링의 구비 조건이 아닌 것은?
① 마찰 저항이 적을 것
② 강도가 클 것
③ 가공수리가 쉬울 것
④ 열전도도가 적을 것

해설 베어링의 구비조건
① 마모가 적고 내구성 클 것
② 내부식성이 좋을 것
③ 가공이 쉬울 것
④ 충격하중에 강할 것
⑤ 열변형이 적을 것
⑥ 강도와 강성이 클 것
⑦ 마찰열의 소산(消散)을 위해 열전도율이 좋을 것
⑧ 마찰계수가 작을 것

정답 ≫≫ ④

제5절 로프(벨트포함)

01 권상에 의한 소선의 응력

(1) 와이어로프

로프의 공칭직경은 12mm 이상 되어야 하고, 제3본 이상(권동식은 2본 이상)의 와이어로프를 사용하며, 안전율은 10 이상이다.

(2) 필러와이어

필러형 로프를 꼬울 때 상층의 소선과 하층의 소선 틈 사이로 채워지는 소선

(3) 스트랜드

소선을 한층 혹은 여러층 꼬아 합친 로프

(4) 상연소선

스트랜드의 최외층 소선

(5) 하연소선

스트랜드의 내부층(최외층 제외) 소선

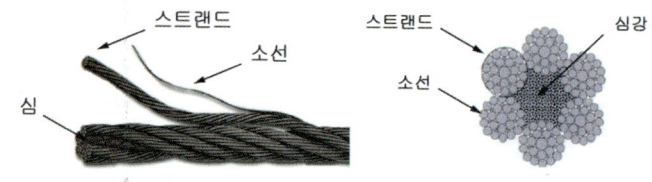

➥ 와이어로프 구성 및 단면

 예상문제

스트랜드의 내층·외층소선을 같은 직경으로 구성하고 소선간의 틈새에 가는 소선을 넣은 와이어로프는?

① 실형 ② 필러형 ③ 워링톤형 ④ 헬테레스형

해설
- 필러 와이어 : 필러형 로프를 꼬울 때 상층의 소선과 하층의 소선 틈 사이로 채워지는 소선
- 와이어로프 : 주로프의 공칭직경은 12mm 이상 되어야 하고, 제3본 이상(권동식은 2본 이상)의 와이어로프를 사용하며, 안전율은 10 이상이다.

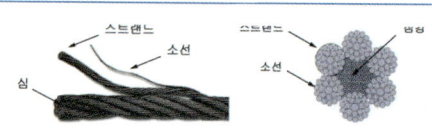

정답 ②

(6) 와이어로프 지름 측정

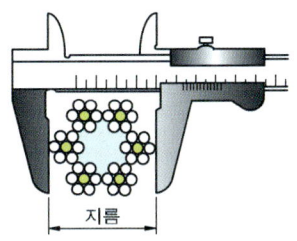

→ 와이어로프의 지름 측정

02 탄성에 의한 연신율

(1) 승강기용 권상기 로프의 특징
  ① 로프의 피치는 직경의 6배를 표준으로 한다.
  ② Sheave의 직경은 로프 지름의 40배 이상으로 한다.
  ③ 안전율은 10 이상으로 한다.

$$S = \frac{K \cdot N \cdot F}{W + W_c + W_r} \text{ (2 : 1 로핑} \rightarrow K=2,\ 1 : 1 \text{ 로핑} \rightarrow K=1)$$

여기서, N : 로프 가닥수
  F : 로프 1가닥의 절단하중[kg]
  W : 카의 중량[kg]
  W_c : 카의 정격 적재 하중[kg]
  W_r : 로프의 중량[kg]

(2) 로프의 응력
  ① 인장응력(σ_t)

$$\sigma_t = \frac{T_1}{n \frac{\pi d^2}{4}}$$

여기서, d : 소선의 지름[mm]
  n : 소선의 개수
  T_1 : 로프에 작용하는 인장력[N]

  ② 굽힘응력(σ_b)
  ㉠ 굽힘 모멘트 $M = \dfrac{EI}{R} = \dfrac{EZd}{D} = \sigma_b Z$

ⓛ 굽힘응력 $\sigma_b = \dfrac{Ed}{2R} = \dfrac{Ed}{D}$

여기서, I : 단면2차 모멘트
Z : 단면계수
D : 로프 폴리의 피치원 지름[mm]
d : 로프 소선의 직경[cm]
E : 로프 소선의 탄성계수

ⓒ $\sigma_b = C \dfrac{Ed}{D} = \dfrac{3}{8} \cdot \dfrac{Ed}{D}$

여기서, C : 수징계수(로프의 재료 및 꼬는 방법에 의해 다름) 평균 값

③ **원심응력**(σ_f)

㉠ 로프에 작용하는 원심력 $F = \dfrac{wv^2}{g} = m'v^2 = \rho v^2 A$

ⓛ 로프의 단면적 $A = n \dfrac{\pi d^2}{4}$

∴ $\sigma_f = \dfrac{F}{A^2} = \dfrac{m'v^2}{\dfrac{n\pi d^2}{4}} = \rho v^2 \, [\text{N/mm}^2]$

여기서, ρ : 비중
v : 속도

제6절 기어

01 기어의 종류와 특징

(1) 기어의 분류

① 평행 축
② 교차 축
③ 어긋난 축

(2) 기어의 종류 및 특징

① **평행 축** : 두 축이 서로 평행할 때 사용하는 기어

기어종류	특징	모양
평 기어	• 직선 치형을 가지며 잇줄이 축에 평행 • 제작 용이하며, 가장 많이 사용	
랙 기어	• 회전운동을 직선운동으로 전환 • 작은 평 기어와 맞물리고 잇줄이 축 방향과 일치	
인터널 기어	• 평 기어와 맞물리며 원통의 안쪽에 이가 있음 • 유성기어 장치, 형축이음에 사용	
헬리컬 기어	• 잇줄이 축 방향과 일치하지 않는 기어 • 소음이 적음 • 축 방향 하중이 발생되는 단점이 있음	
헬리컬 랙	• 헬리컬 기어와 맞물리고 잇줄이 축 방향과 일치하지 않음 • 피치원의 반지름이 무한대인 기어	
이중 헬리컬 기어	• 비틀림 각 방향이 서로 반대인 한 쌍의 헬리컬 기어를 조합 • 축 방향의 힘이 발생하지 않음	

② 교차 축 : 교차하는 두 축의 운동을 원추형으로 만든 기어

기어종류	특징	모양
직선베벨 기어	• 잇줄이 피치원뿔의 모직선과 일치 • 제작이 가장 간단하며, 많이 사용	
스파이럴베벨 기어	• 잇줄이 곡선이고 모직선에 대하여 비틀려 있음 • 제작이 어려우나, 소음이 적음	
제롤베벨 기어	• 이너비의 중앙에서 비틀림 각이 "0"인 기어 • 치면에 가해지는 힘은 직선베벨 기어와 비슷	
크라운베벨 기어	• 피치면이 평면으로 된 기어	

③ 어긋난 축 : 두 축이 평행 또는 만나지 않는 축 사이의 동력을 전달하는 기어

기어종류	특징	모양
원통 웜 기어	• 두 축이 직각을 이루는 경우 적용 • 큰 감속을 얻을 수 있으나 효율이 낮음	
나사 기어	• 교차와 평행하지 않는 두 축 사이의 운동을 전달 • 소음이 작고, 경부하에 사용	
장고형 웜 기어	• 원통 웜 기어의 개선 형 • 제작이 어려우나, 큰 동력을 전달할 수 있음	
하이포이드 기어	• 교차와 평행하지 않는 두 축 사이의 운동을 전달하는 스파이럴베벨 기어	

예상문제

엘리베이터의 권상기에서 일반적으로 저속용에는 적은용량의 전동기를 사용하여 큰 힘을 내도록 하는 동력전달 방식은?

① 웜 및 웜기어
② 헬리컬기어
③ 스퍼 기어
④ 피니언과 랙 기어

해설

① 웜 기어
• 두 축이 직각을 이루는 경우 적용
• 큰 감속을 얻을 수 있으나 효율이 낮음

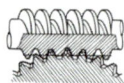

② 헬리컬기어
• 잇줄이 축 방향과 일치하지 않는 기어
• 소음이 적음
• 축 방향 하중이 발생되는 단점이 있음

③ 스퍼 기어(평 기어)
• 직선 치형을 가지며 잇줄이 축에 평행
• 제작 용이하며, 가장 많이 사용

④ 피니언과 랙 기어
• 회전운동을 직선운동으로 전환
• 작은 평 기어와 맞물리고 잇줄이 축 방향과 일치

정답 ≫ ①

02 각부의 명칭

(1) 피치원
　① 기어가 맞물리는 위치를 정하는 기준이 되는 원
　② 기어의 중심과 피치점과의 거리를 반지름으로 한 두 기어 가상의 원

(2) 이 끝 높이
　피치원에서 이 끝 원까지의 거리(이 끝 원은 이 끝을 연결한 원)

(3) 이뿌리 높이
　피치원에서 이뿌리원까지의 거리

(4) 이 끝 틈새
　이 끝 틈새는 이 끝 원에서부터 이것과 맞물리고 있는 기어의 이뿌리원까지 거리

(5) 총 이 높이
　총 이 높이는 이 끝 높이와 이뿌리 높이를 합한 거리

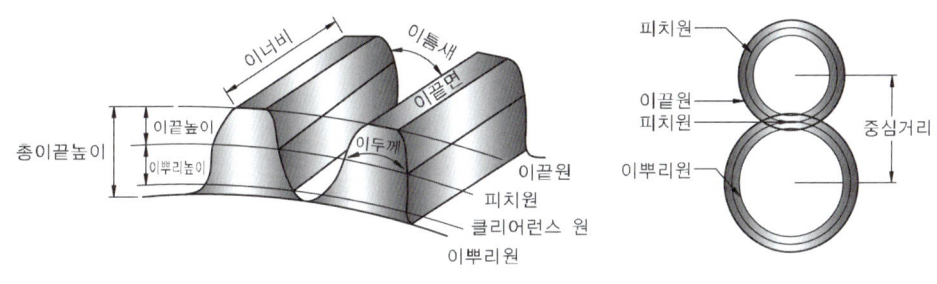

➔ 기어의 각부 명칭

03 이의 크기 표시방법

(1) 원주 피치
　① 피치원의 둘레를 잇 수로 나눈 값
　② $P = \dfrac{\pi D}{Z}$ [mm]
　　여기서, D : 피치원의 지름, Z : 잇 수

(2) 모듈

　① 피치원의 지름을 잇 수로 나눈 값(이끝 높이, 이뿌리높이 등을 결정)

　② $m = \dfrac{D}{Z} = \dfrac{P}{\pi}$ [mm]

　　여기서, D : 피치원의 지름
　　　　　　Z : 잇 수

(3) 지름 피치

　① 잇 수를 피치원의 지름으로 나눈 값(모듈의 역수)

　② $P_d = \dfrac{Z}{D}$ [mm]

　　여기서, D : 피치원의 지름
　　　　　　Z : 잇 수

예상문제

기어 장치에서 지름피치의 값이 커질수록 이의 크기는?
① 같다.　　　　　　　　　② 커진다.
③ 작아진다.　　　　　　　④ 무관하다.

해설
① 지름 피치 $P_d = \dfrac{Z}{D}$ [mm]
　여기서, D : 피치원의 지름, Z : 잇 수
② 이의 크기 $P = \dfrac{\pi D}{Z}$ [mm]
　여기서, D : 피치원의 지름, Z : 잇 수
∴ 지름 피치가 커질수록 잇 수가 커지고, 잇 수가 커지면 이는 작아진다.

정답 ▶▶▶ ③

---

04 치형간섭 및 언더컷

(1) 이의 간섭

　① 원인 : 기어의 한쪽 끝이 다른 기어의 이 뿌리에 닿아 회전이 방해되는 것
　② 방지방법
　　㉠ 이의 높이(어덴덤)를 낮춘다.
　　㉡ 압력 각을 20° 이상 크게 한다.
　　㉢ 치형의 이 끝 면을 깎아 낸다.
　　㉣ 피니언의 반지름 방향의 이뿌리 면을 파낸다.

(2) 언더컷

① 원인

㉠ 이의 간섭으로 이 끝부분이 이뿌리 부분에 파고 들어갈 때 깎여지는 현상

㉡ 접촉면이 작아 회전력이 떨어진다.

② 방지방법

㉠ 압력 각을 크게 한다.

㉡ 이 끝 높이를 낮게 한다.(표준보다 낮게)

㉢ 전위 기어사용

05 기어의 주요공식

(1) 바깥지름(D_0)

① 표준 기어에서 이 끝 높이의 2배를 피치원의 지름에 합한 것

② $D_0 = m(2+Z) = D + 2m$

(2) 모듈(m)

① 피치원의 지름을 잇 수로 나눈 값(이끝 높이, 이뿌리높이 등을 결정)

② $m = \dfrac{D}{Z} = \dfrac{P}{\pi}$ [mm]

여기서, D : 피치원의 지름

Z : 잇 수

예상문제

모듈이 2, 잇수가 각각 38, 72인 두 개의 표준 평기어가 맞물려 있을 때 축간거리는 몇 [mm]인가?

① 110　　　　　　　　　　② 150

③ 165　　　　　　　　　　④ 250

해설
① 모듈(m)

$m = \dfrac{D}{Z} = \dfrac{P}{\pi}$ [mm]

여기서, D : 피치원의 지름, Z : 잇 수 ⇒ $m = 2$

② 축간거리(C)

$C = \dfrac{D_1 + D_2}{2} = \dfrac{m(Z_1+Z_2)}{2}$ ⇒ $C = \dfrac{m(Z_1+Z_2)}{2} = \dfrac{2(38+72)}{2} = 110$[mm]

정답 ≫≫ ①

(3) 중심거리(C)

$$C = \frac{D_1 + D_2}{2} = \frac{m(Z_1 + Z_2)}{2}$$

(4) 피치원 지름(D)

① 기어가 맞물리는 위치를 정하기 위한 기준이 되는 원

② $D = mZ = \dfrac{PZ}{\pi} = \dfrac{D_0 Z}{Z + 2}$

(5) 원주 피치(P)

① 피치원의 둘레를 잇 수로 나눈 값

② $P = m\pi = \dfrac{\pi D}{Z} = \dfrac{\pi D_0}{Z + 2}$

여기서, D : 피치원의 지름
Z : 잇 수

CHAPTER 02

승강기 주요 기계요소별 구조와 원리
출제예상문제

01 모듈이 2, 잇수가 각각 38, 72인 두 개의 표준 평기어가 맞물려 있을 때 축간거리는 몇 [mm]인가?

① 110   ② 150
③ 165   ④ 250

해설
① 모듈(m)
$$m = \frac{D}{Z} = \frac{P}{\pi}[mm]$$
여기서, D : 피치원의 지름
Z : 잇 수 $\Rightarrow m = 2$
② 축간거리(C)
$$C = \frac{D_1 + D_2}{2} = \frac{m(Z_1 + Z_2)}{2}$$
$$\Rightarrow C = \frac{m(Z_1 + Z_2)}{2} = \frac{2(38 + 72)}{2}$$
$$= 110[mm]$$

02 다음 중 4절 링크 기구를 구성하고 있는 요소로 알맞은 것은?

① 고정 링크, 크랭크, 레버, 슬라이더
② 가변 링크, 크랭크, 기어, 클러치
③ 고정 링크, 크랭크, 고정레버, 클러치
④ 가변 링크, 크랭크, 기어, 슬라이더

해설
① 크랭크(Crank) : 고정링크의 주위를 360도 회전하는 링크
② 연결봉(Connecting rod) : crank 와 lever를 연결
③ 레버(Lever) : 고정링크의 주위를 왕복각운동하는 링크
④ 슬라이더(Slider) : 왕복 직선 운동하는 링크
⑤ 프레임(Frame) : 상대운동이 없는 고정된 링크

03 다음 중 기계적 접합방법이 아닌 것은?

① 볼트(bolt)접합
② 리벳(rivet)접합
③ 고주파 용접접합
④ 키이(key)접합

해설
① 기계적 접합 : 볼트와 너트, 리벳, 키이, 접어잇기, 확관법
② 야금적 접합 : 융접(아크, 가스, 특수), 압접(초음파 등), 납땜 등

04 기어 장치에서 지름피치의 값이 커질수록 이의 크기는?

① 같다.   ② 커진다.
③ 작아진다.   ④ 무관하다.

해설
① 지름 피치
$$P_d = \frac{Z}{D}[mm]$$
여기서, D : 피치원의 지름
Z : 잇 수
② 이의 크기
$$P = \frac{\pi D}{Z}[mm]$$
여기서, D : 피치원의 지름
Z : 잇 수
∴ 지름 피치가 커질수록 잇 수가 커지고, 잇 수가 커지면 이는 작아진다.

Answer
01 ① 02 ① 03 ③ 04 ③

05 벨트식 전동장치에서 작은 풀리 지름이 200[mm], 큰 풀리 지름이 500[mm]이다. 작은 풀리가 500[rpm] 회전할 때 큰 풀리의 회전수는?

① 200[rpm] ② 350[rpm]
③ 500[rpm] ④ 1000[rpm]

해설 속도비(ε)

$$\varepsilon = \frac{N_B}{N_A} = \frac{D_A}{D_B}$$

여기서, N_A, N_B : 구동 및 종동 회전수[rpm]
D_A, D_B : 각 피치원의 지름[mm]
N_A : X(큰 풀리 [rpm])
N_B : 500(작은 풀리 [rpm])
D_A : 500(큰 풀리 지름)
D_B : 200(작은 풀리 지름)

$$\therefore \varepsilon = \frac{N_B}{N_A} = \frac{D_A}{D_B} \Leftrightarrow \frac{500}{X} = \frac{500}{200}$$

$$\Leftrightarrow X = \frac{500 \times 200}{500} = 200[rpm]$$

06 베어링의 수명을 옳게 설명한 것은?

① 베어링의 내륜, 외륜에 최초의 손상이 일어날 때까지의 마모각
② 베어링의 내륜, 회륜 또는 회전체에 최초의 손상이 일어날 때까지의 회전수나 시간
③ 베어링의 회전체에 최초의 손상이 일어날 때까지의 마모각
④ 베어링의 내륜, 외륜에 3회 이상의 손상이 일어날 때까지의 회전수나 시간

해설 베어링 수명
정상적인 조건에서 음향, 진동의 증가, 마모에 의한 정밀도저하, 그리이스의 열화, 궤도면 또는 전동체에 반복된 응력이 가해짐으로써 사용 불가능하게 될 때까지의 총 회전수나 기간

07 마찰차의 종류가 아닌 것은?

① 원뿔 마찰차
② 변속 마찰차
③ 홈붙이 마찰차
④ 이붙이 마찰차

해설 마찰차(friction wheel)의 종류
① 평 마찰차(spur friction wheel)
② 홈 마찰차(grooved friction wheel)
③ 원추 마찰차(bevel friction wheel)
④ 무단변속 마찰차(infinite variable speed friction whcel)

08 몇 개의 막대가 서로 연결되어 회전, 요동, 왕복운동 등을 하도록 구성한 것은?

① 캠장치 ② 커플링장치
③ 기어장치 ④ 링크장치

해설 링크기구의 구성
① 크랭크(Crank) : 고정링크의 주위를 360도 회전하는 링크
② 연결봉(Connecting rod) : crank 와 lever를 연결
③ 레버(Lever) : 고정링크의 주위를 왕복각운동하는 링크
④ 슬라이더(Slider) : 왕복 직선 운동하는 링크
⑤ 프레임(Frame) : 상대운동이 없는 고정된 링크

09 입체 캠에 해당하는 것은?

① 단면캠 ② 정면캠
③ 직동캠 ④ 판캠

해설 캠의 종류
① 평면 캠(plane cam)
 • 판 캠(plate cam)
 • 직동 캠(translation cam)
 • 정면 캠(face cam)
 • 역 캠(inverse cam)
② 입체 캠(solid cam)
 • 원통 캠(cylindrical cam)
 • 원추 캠(conical cam)
 • 구면 캠(spherical cam)
 • 단면 캠(end cam)
 • 경사판 캠(swash plate cam)

Answer
05 ① 06 ② 07 ④ 08 ④ 09 ①

③ 확동 캠(positive motion cam)
- 확동 캠(positive motion cam)
- 소극 캠

10 회전운동을 직선운동으로 바꾸어 주는 기구는?

① 폴리   ② 캠
③ 체인   ④ 기어

해설 캠
동력장치의 회전운동을 직선이나 왕복 운동으로 바꾸는 기계요소

11 무게 W[N]가 움직이는 도르래에 매달려 있다. 물체를 끌어 올리는 힘 F[N]는? (단, 도르래와 로프의 무게는 없다고 본다.)

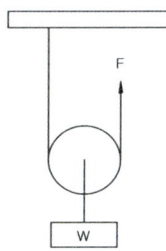

① $F = \frac{1}{4}W$ ② $F = \frac{1}{3}W$
③ $F = \frac{1}{2}W$ ④ $F = W$

해설  동활차
하중을 올릴 시 힘의 1/2로 저감

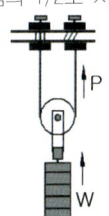

12 그림과 같은 활차장치의 옳은 설명은?

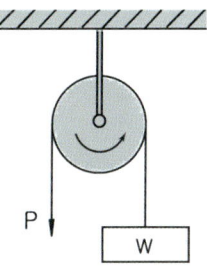

① 힘의 방향만 변환시키고, 크기는 P = W이다.
② 힘의 방향만 변환시키고, 크기는 P = W/2이다.
③ 힘의 크기만 변환시키고, 크기는 P = W/3이다.
④ 힘의 크기만 변환시키고, 크기는 P = W/4이다.

해설  정활차
힘의 방향만 변환

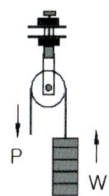

13 무기어식 엘리베이터의 종합효율은?

① 0.3~0.5
② 0.5~0.7
③ 0.7~0.85
④ 0.85~0.90

해설 로프식 엘리베이터의 종합효율
① 웜기어 방식 : 50~70%
② 헬리컬기어 방식 : 80~85%
③ 무기어 방식 : 85~90%

Answer
10 ②   11 ③   12 ①   13 ④

14 엘리베이터의 권상기에서 일반적으로 저속용에는 적은용량의 전동기를 사용하여 큰 힘을 내도록 하는 동력전달 방식은?

① 웜 및 웜기어
② 헬리컬기어
③ 스퍼 기어
④ 피니언과 랙 기어

해설 ① 웜 기어
  • 두 축이 직각을 이루는 경우 적용
  • 큰 감속을 얻을 수 있으나 효율이 낮음

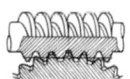

② 헬리컬기어
  • 잇줄이 축 방향과 일치하지 않는 기어
  • 소음이 적음
  • 축 방향 하중이 발생되는 단점이 있음

③ 스퍼 기어(평 기어)
  • 직선 치형을 가지며 잇줄이 축에 평행
  • 제작 용이하며, 가장 많이 사용

④ 피니언과 랙 기어
  • 회전운동을 직선운동으로 전환
  • 작은 평 기어와 맞물리고 잇줄이 축 방향과 일치

15 베어링의 구비 조건이 아닌 것은?

① 마찰 저항이 적을 것
② 강도가 클 것
③ 가공수리가 쉬울 것
④ 열전도도가 적을 것

해설 베어링의 구비조건
① 마모가 적고 내구성 클 것
② 내부식성이 좋을 것
③ 가공이 쉬울 것
④ 충격하중에 강할 것
⑤ 열변형이 적을 것
⑥ 강도와 강성이 클 것
⑦ 마찰열의 소산(消散)을 위해 열전도율이 좋을 것
⑧ 마찰계수가 작을 것

16 스트랜드의 내층·외층소선을 같은 직경으로 구성하고 소선간의 틈새에 가는 소선을 넣은 와이어로프는?

① 실형   ② 필러형
③ 워링톤형 ④ 헬테레스형

해설 필러 와이어
필러형 로프를 꼬울 때 상층의 소선과 하층의 소선 틈 사이로 채워지는 소선

와이어로프
주로프의 공칭직경은 12mm 이상 되어야 하고, 제3본 이상(권동식은 2본 이상)의 와이어로프를 사용하며, 안전율은 10 이상이다.

Answer
14 ①   15 ④   16 ②

승강기 요소측정 및 시험

제1절 측정기기 및 측정장비의 사용방법과 원리

01 측정의 3요소 및 측정의 방법

(1) 측정기의 종류

① 도기(standard)
  ㉠ 선도기(line standard) : 눈금의 간격을 구체화
     ex) 강철자, 눈금자
  ㉡ 단도기(end standard) : 양단면의 간격을 구체화
     ex) 게이지블록, 플러그게이지
② 지시측정기 : 측정 중에 표점이 눈금에 따라 이동
   ex) 버니어캘리퍼스, 마이크로미터, 다이얼 인디케이터 등
③ 시준기 : 기계적인 접촉이 없이 광학적인 방법을 이용
   ex) 투영기, 오토콜리메이터, 현미경 등
④ 게이지 : 측정 중 가동 부분을 갖지 않는 측정
   ex) 드릴게이지, 원호게이지, 피치게이지, 와이어 게이지 등

(2) 측정 방법

① 길이 측정 : 영위법, 편위법 사용
② 비교 측정 : 영위법, 보상법, 치환법 등 복합되어 사용
③ 영위법이 제일 많이 사용

(3) 측정기 선정 시 고려사항

① 측정대상 : 측정량의 종류나 상태
② 측정환경 : 측정의 장소나 조건
③ 측정수량 : 소량인가, 다량인가

④ 측정방법 : 원격측정, 자동측정, 지시나 기록 등
⑤ 측정기의 성능 : 측정범위, 정밀도, 감도, 내구성 등
⑥ 경제적 상황 : 가격, 유지비 등

(4) 측정의 종류
① 직접측정(direct measurement)
㉠ 측정범위가 비교적 넓고 피측정물의 실체치수를 읽을 수 있다.
㉡ 수량이 적고 종류가 많은 제품의 측정에 적합하다.
㉢ 측정하는데 시간이 많이 걸리고 정확한 측정을 위해서는 숙련이 필요하다.
② 비교측정(relative measurement)
㉠ 측정기를 적합하게 설치하고 운용하면 높은 정도의 측정을 쉽게 할 수 있다.
㉡ 치수 편차의 파악이 용이하고 원격제어에 활용될 수 있다.
㉢ 길이 외에 표면의 형상정도 등의 사용범위가 넓다.
㉣ 측정 범위가 좁고 제품의 치수 파악에는 계산이 필요하다.
㉤ 기준게이지가 필요하다.
③ 간접측정(indirect measurement)
㉠ 피측정물의 기하학적 관계를 이용하여 측정하는 방법
㉡ 사인바에 의한 각도측정
㉢ 삼침법에 의한 나사의 유효지름측정
㉣ 롤러와 블록게이지를 이용한 테이퍼 측정

예상문제

기계 부품 측정 시 각도를 측정할 수 있는 기기는?
① 사인바　　② 옵티컬플렛　　③ 다이얼게이지　　④ 마이크로미터

해설
간접측정(indirect measurement)
① 피측정물의 기하학적 관계를 이용하여 측정하는 방법
② 사인바에 의한 각도측정
③ 삼침법에 의한 나사의 유효지름측정
④ 롤러와 블록게이지를 이용한 테이퍼 측정

정답 ≫≫ ①

02 측정 시 고려사항

(1) 측정기 선정 방법
① 측정범위

② 정확도
③ 안정도
④ 주위환경
⑤ 동작
⑥ 신뢰성

(2) 측정 시 고려사항
① 시차(parallax) : 측정자의 눈의 위치에 따라 눈금의 읽음 값에 생기는 오차
② 온도변화 : 모든 물체는 온도가 변하면 길이가 늘어나거나 줄어든다.(온도 : 20°, 기압 : 760mmHg, 습도 : 58% 규정)
③ 긴 물체의 휨에 의한 영향
㉠ 에어리점(airy point) : 양 끝면의 측선과 수직 및 평행선을 그을 수 있다.(단도기)
㉡ 베셀점(bessel point) : 중립축에 미치는 영향을 가장 적게 지지할 수 있다.(눈금자)

제2절 기계요소 계측 및 원리

01 버니어캘리퍼스의 사용법

(1) 버니어캘리퍼스의 종류
① MI형 버니어캘리퍼스
② 깊이 버니어캘리퍼스
③ 디짓매틱 버니어캘리퍼스
④ 다이알 버니어캘리퍼스

(2) 버니어캘리퍼스의 사용
① 본척(어미자), 부척(아들자) 이용하여 1/20mm, 1/50mm 길이 측정
② 외경, 내경, 깊이, 계단측정이 가능
③ 가격이 저렴하고, 측정방법이 편리하여 많이 사용

(3) 버니어캘리퍼스 각부의 명칭

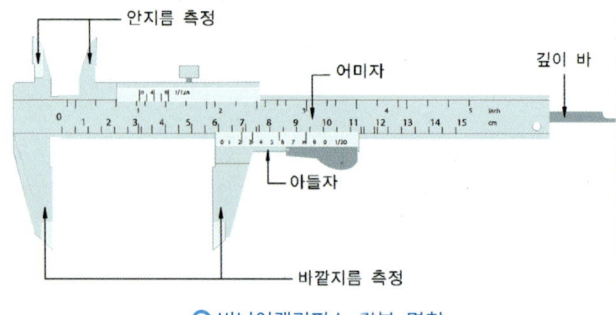

➔ 버니어캘리퍼스 각부 명칭

예상문제

일감의 평행도, 원통의 진원도, 회전체의 흔들림 정도 등을 측정할 때 사용하는 측정기기는?

① 버니어 캘리퍼스 ② 하이트 게이지
③ 마이크로 미터 ④ 다이얼 게이지

 해설

① 버니어캘리퍼스
  • 본척(어미자), 부척(아들자) 이용하여 1/20mm, 1/50mm 길이 측정
  • 외경, 내경, 깊이, 계단측정이 가능

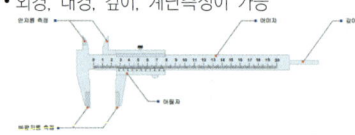

② 마이크로미터
  • 길이 변화를 나사의 회전각과 지름에 의해 원주면에 확대하여 눈금을 새김
  • 최소 측정값이 0.01mm 또는 0.001mm가 있음

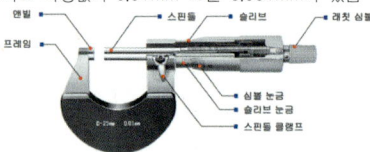

③ 하이트 게이지
  • 복잡한 모양의 부품 등을 정반 위에 올려놓고 정반면을 기준으로 높이를 측정
  • 호칭치수는 300mm, 600mm, 1,000mm

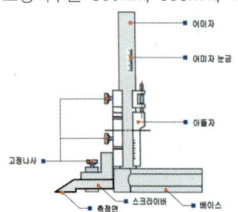

정답 ≫≫ ④

02 마이크로미터의 사용법

(1) 마이크로미터의 구조
    ① 길이 변화를 나사의 회전각과 지름에 의해 원주면에 확대하여 눈금을 새김
    ② 작은 길이의 변화를 읽을 수 있도록 한 측정기
    ③ 외측, 내측, 기어이, 깊이, 나사, 유니, 포인트 마이크로미터 등이 있음
    ④ 최소 측정값이 0.01mm 또는 0.001mm가 있음

(2) 마이크로미터의 각부 명칭

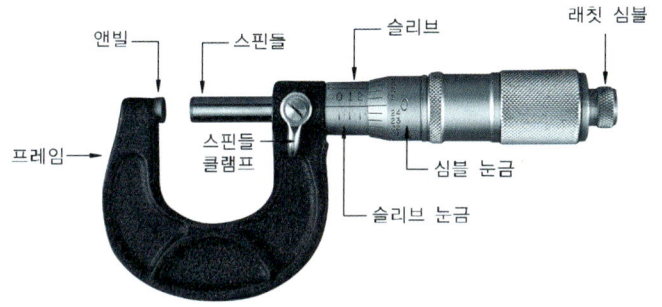

▶ 마이크로미터 각부 명칭

예상문제

다음 중 판의 두께를 가장 정밀하게 측정할 수 있는 것은?
① 줄자　　　　　　　　　　② 직각자
③ R 게이지　　　　　　　　④ 마이크로미터

해설 마이크로미터
① 길이 변화를 나사의 회전각과 지름에 의해 원주면에 확대하여 눈금을 새김
② 작은 길이의 변화를 읽을 수 있도록 한 측정기
③ 최소 측정값이 0.01mm 또는 0.001mm가 있음

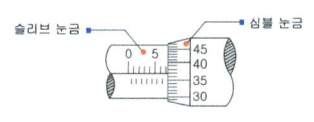

정답 ▶▶▶ ④

---

(3) 하이트 게이지의 사용법
    ① 하이트 게이지의 종류
        ㉠ 버니어 하이트 게이지
        ㉡ 디짓매틱 하이트 게이지
        ㉢ 다이얼 하이트 게이지

② 하이트 게이지 사용
  ㉠ 복잡한 모양의 부품 등을 정반 위에 올려놓고 정반면을 기준으로 높이를 측정
  ㉡ 초경합금 스크라이버로 금긋기 작업
  ㉢ 눈금 기입방법은 버니어캘리퍼스와 동일
  ㉣ 호칭치수는 300mm, 600mm, 1,000mm
③ 하이트 게이지 각부 명칭

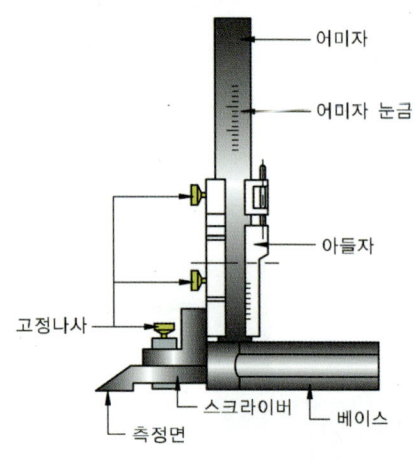

▶ 하이트 게이지 각부 명칭

예상문제

높이를 측정할 수 있는 측정기기는?
① 다이얼 게이지　　　　　② 하이트 게이지
③ 마이크로미터　　　　　　④ 오토콜리미터

해설
하이트 게이지 사용
① 복잡한 모양의 부품 등을 정반 위에 올려놓고 정반면을 기준으로 높이를 측정
② 초경합금 스크라이버로 금긋기 작업
③ 눈금 기입방법은 버니어캘리퍼스와 동일
④ 호칭치수는 300mm, 600mm, 1,000mm

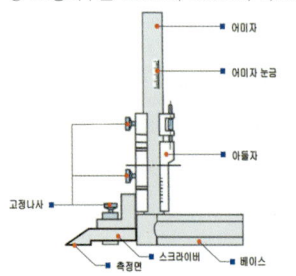

정답 ▶▶▶ ②

(4) 한계게이지의 사용법

① 표준게이지 종류
  ㉠ 화환성 생산 방식에 필요한 게이지
  ㉡ 드릴게이지, 와이어게이지, 틈새게이지, 피치게이지, 센터게이지, 반지름게이지 등

② 표준게이지 사용
  ㉠ 드릴게이지 : 드릴의 지름측정
  ㉡ 와이어게이지 : 각종 선재의 지름이나 판재의 두께 측정
  ㉢ 틈새게이지 : 두께가 다른 얇은 강판을 조합한 것으로 미소한 틈새 측정
  ㉣ 피치게이지 : 나사의 피치나 산수를 측정
  ㉤ 센터게이지 : 나사 바이트의 각도측정
  ㉥ 반지름게이지 : 곡면의 둥글기를 측정

③ 한계게이지 사용
  ㉠ 제품의 최대허용한계치수와 최소허용한계치수를 측정하는데 사용
  ㉡ 각각 통과(GO)측 또는 정지(NO GO)측으로 매우 능률적으로 측정
  ㉢ 측정된 제품의 호환성을 갖게 할 수 있는 측정기

제3절 전기요소 계측 및 원리

01 전압계 및 전류계 사용법

(1) 교류전압 측정

① 전압의 종류
  ㉠ 저압 : 교류 600V 이하, 직류 750V 이하
  ㉡ 고압 : 저압의 한도를 넘고 7000V 이하
  ㉢ 특고압 : 7000V 초과
② 전압계는 회로에 병렬로 접속
③ 측정 전압을 모르는 경우 전압계의 측정범위를 크게 선택
④ 측정한 전압값이 눈금 범위의 1/3~2/3 사이에 위치하도록 범위를 적당히 조정
⑤ 계기용 변압기를 사용할 경우는 2차측에 병렬로 접속하고 2차측의 한 단지에 접지

⑥ 전압계의 결선

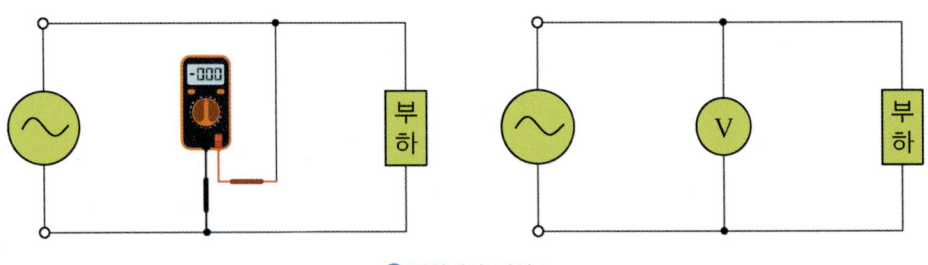

➡ 전압계의 결선도

예상문제

교류에서 저압이란?
① 200[V] 이하
② 380[V] 이하
③ 440[V] 이하
④ 600[V] 이하

해설 전압의 종류
① 저압 : 교류 600V이하, 직류 750V이하
② 고압 : 저압의 한도를 넘고 7000V이하
③ 특고압 : 7000V초과

정답 ▶▶▶ ④

(2) 교류전류 측정

① 전류계
　㉠ 전류계는 전류측정에 사용되는 시험기
　㉡ 전류계의 결선도

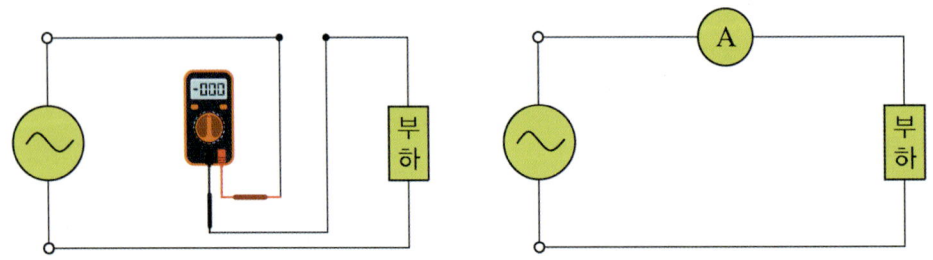

➡ 전류계의 결선도

② 전류계의 사용법
　㉠ 전류계는 회로에 직렬로 접속
　㉡ 직류전류 측정 시 극성에 맞도록 회로에 연결
　㉢ 극성이 맞지 않으면 계기는 반대의 극성표시
　㉣ 가동 코일형의 경우에 지침이 반대 방향으로 이동할 경우 고장의 원인
　㉤ 교류전류는 극성과 관계없음

예상문제

교류 전류를 측정 할 때 전류계의 연결 방법이 맞는 것은?
① 부하와 직렬로 연결한다.
② 부하와 직·병렬로 연결한다.
③ 부하와 병렬로 연결한다.
④ 회로에 따라 달라진다.

해설
① 전류계의 결선도　　　　　　　② 전압계의 결선도

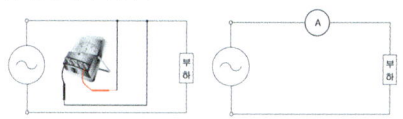
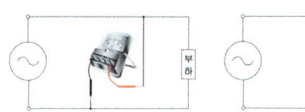

정답 ≫ ①

02 절연저항계 및 절연내력계 사용법

(1) 절연저항

① 절연된 두 물체 사이에 전압을 가했을 때 절연물을 통해 누설전류가 흐를 시 전압과 전류의 비
② 회로마다 각각의 절연저항 값

▶ 절연저항 값

공칭회로전압[V]	시험전압(직류)[V]	절연저항[MΩ]
SELV	250	0.25 이상
≤ 500	500	0.5 이상
〉500	1000	1.0 이상

예상문제

전기기기의 충전부와 외함 사이의 저항은?
① 절연저항　　　　　　　② 접지저항
③ 고유저항　　　　　　　④ 브리지저항

해설
• 절연저항 : 대지와 전로사이의 절연상태(개폐기 또는 과전류차단기로 구획할 수 있는 전로마다 검사할 수 있다.)

회로의 용도	회로의 사용전압	절연저항
전동기 주회로	300V 이하의 것	0.2 이상
	300V를 초과 400V 이하의 것	0.3 이상
	400V를 초과하는 것	0.4 이상
승강로내 안전회로 신호회로 조명회로	150V 이하의 것	0.1 이상
	150V를 초과 300V 이하의 것	0.2 이상

공칭회로전압[V]	시험전압(직류)[V]	절연저항[MΩ]
SELV	250	0.25 이상
≤ 500	500	0.5 이상
〉500	1000	1.0 이상

• 메가 : 절연저항 측정

정답 ≫ ①

(2) 절연저항계

① 절연저항 = $\dfrac{\text{인가전압[V]}}{\text{총전류 + 누설전류[V]}}$ (직류전원을 사용)

② **절연저항** : 대지와 전로사이의 절연저항을 측정
③ **전압측정** : 선로전압을 측정하는 기능
④ **배터리 잔량측정** : 배터리를 사용하므로 그 남은 양을 측정하는 기능
⑤ **부저 기능** : 회로 도통 시험 기능

(3) 절연저항 측정 방법

① 측정개소에 적합한 정격 사용
  ㉠ 특별고압회로 : 2,000V
  ㉡ 고압회로 : 1,000V
  ㉢ 저압회로 : 500V

예상문제

절연저항을 측정하는 계기는?
① 훅온미터 ② 휘트스톤브리지
③ 회로시험기 ④ 메거

해설
① 훅온미터 : 전류, 전압, 저항 등 측정(직류, 교류)
② 회로시험기 : 전압, 저항 등 측정(직류, 교류)
③ 휘트스톤 브리지 : 저항체의 저항값 측정
④ 메거 : 절연저항 측정

정답 ≫ ④

---

② 측정 중에 사람이 피측정 회로에 접촉하지 않도록 충분히 확인
③ 테스터가 이상 유무 확인
④ 측정회로에 반도체가 있는 경우 반도체의 각 단자를 도선으로 단락
⑤ 측정회로에 프린트 기판 있는 경우 프린트 기판을 뺀다.
⑥ 통전부와 접지간의 절연물 표면을 깨끗이 청소
⑦ 측정
  ㉠ 선로단자(Line)를 측정개소에 접지단자(Earth)를 접지 연결
  ㉡ 절연저항 측정

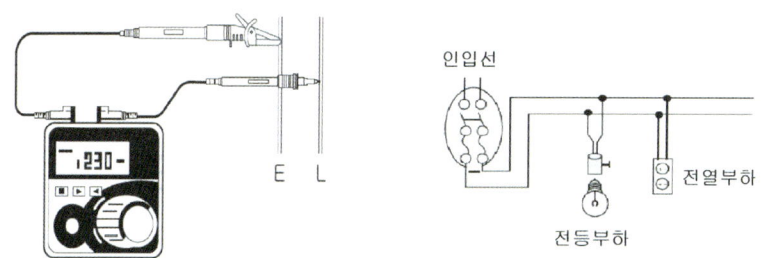

→ 옥내전기회로 절연저항 측정

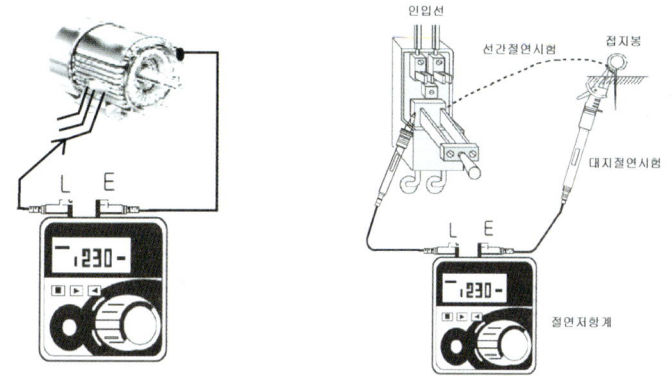

→ 전동기 및 대지간 절연저항 측정

⑧ 측정결과의 판정

　　㉠ 변압기류 : 10MΩ 이상

　　㉡ 콘덴서류 : 1,000MΩ 이상

　　㉢ 케이블 : 150MΩ/km 이상

　　㉣ 회전기류 : $\dfrac{정격전압[V]}{정격출력[kW]}$ or kVA + 1,000MΩ

03 전력계 사용법

(1) 전력 측정법

① **직접측정법**

　㉠ 직접 측정법은 전류력계형 전력계를 이용

　㉡ 전력계의 고정코일에 부하 전류를 흘리고 가동코일을 전압코일로 한다.

　㉢ $P = W - I^2 r_i$ [W]

　　여기서, r_i : 전류계 자체저항

㉣ $P = W - \dfrac{E^2}{r_e}$ [W]

여기서, r_e : 전압계 자체저항

② **간접측정법** : 전압계, 전류계 또는 전위차계 등으로 전력을 측정하는 방법

㉠ $P = \dfrac{V^2}{R}$ [W](전압계에 의한 측정)

㉡ $P = I^2 R$ [W](전류계에 의한 측정)

㉢ $P = EI - \dfrac{E^2}{r_e}$ [W](저전압 대전류 측정에 적합)

㉣ $P = EI - r_i I^2$ [W](고전압 소전류 측정에 적합)

예상문제

200[V] 전압에서 소비전력 100[W]인 전구의 저항은?

① 100[Ω]   ② 200[Ω]   ③ 300[Ω]   ④ 400[Ω]

해설 단상전력

$P = V \cdot I = \dfrac{V^2}{R} = I^2 \cdot R$ [W]

$\therefore P = \dfrac{V^2}{R} \Leftrightarrow 100 = \dfrac{200^2}{R} \Leftrightarrow R = \dfrac{40000}{100} = 400[\Omega]$

정답 ≫≫ ④

---

(2) **전력의 표현**

① **유효전력(평균전력)** : 교류회로에서 부하에 유효하게 작용하는 전력(실수부)

㉠ $P = VI\cos\theta = I^2 R = \dfrac{V^2}{R}$ [W]

② **무효전력** : 교류회로에서 부하에 무효하게 작용하는 전력(허수부)

㉠ $P_r = VI\sin\theta = I^2 X = \dfrac{V^2}{X}$ [Var]

③ **피상전력** : 교류회로에 위상차 고려 없이 전압과 전류의 크기

㉠ $P_a = VI = I^2 Z = \dfrac{V^2}{Z}$ [VA]

㉡ 크기 : $P_a = \sqrt{P^2 + P_r^2}$ [VA]

㉢ 위상 : $\theta = \tan^{-1}\dfrac{P_r}{P}$

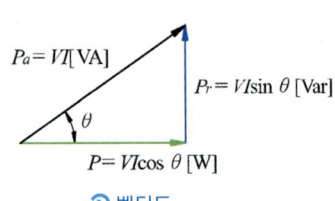

벡터도

④ **역률** : 교류회로에서 공급된 전력이 부하에서 유효하게 작용되는 비율

　㉠ $\cos\theta = \dfrac{P}{P_a} = \dfrac{R}{Z} = \dfrac{P}{VI} \times 100$

⑤ **무효율**

　㉠ $\sin\theta = \dfrac{P_r}{P_a} = \dfrac{X}{Z} = \dfrac{P_r}{VI} \times 100 = \sqrt{1-\cos^2\theta}$

예상문제

전동기의 역률을 개선하기 위하여 사용되는 것은?

① 저항기　　　　　　　　　　② 전력용 콘덴서
③ 직렬 리액터　　　　　　　　④ 트립코일

해설 　역률
교류회로에서 공급된 전력이 부하에서 유효하게 작용되는 비율
- $\cos\theta = \dfrac{P}{P_a} = \dfrac{R}{Z} = \dfrac{P}{VI} \times 100$
- 역률보상을 위해 전력용콘덴서 사용

**정답 ② **

예상문제

교류회로에서 유효전력이 P[W]이고 피상전력이 Pa[VA]일 때 역률은?

① $\sqrt{P+P_a}$　　　　　　　　② $\dfrac{P}{P_a}$

③ $\dfrac{P_a}{P}$　　　　　　　　　④ $\dfrac{P}{P+P_a}$

해설
- 유효전력(평균전력) : 교류회로에서 부하에 유효하게 작용하는 전력(실수부)
  $P = VI\cos\theta = I^2R = \dfrac{V^2}{R}$ [W]
- 무효전력 : 교류회로에서 부하에 무효하게 작용하는 전력(허수부)
  $P_r = VI\sin\theta = I^2X = \dfrac{V^2}{X}$ [Var]
- 피상전력 : 교류회로에 위상차 고려 없이 전압과 전류의 크기
  − $P_a = VI = I^2Z = \dfrac{V^2}{Z}$ [VA]
  − 크기 : $P_a = \sqrt{P^2+P_r^2}$ [VA]
  − 위상 : $\theta = \tan^{-1}\dfrac{P_r}{P}$

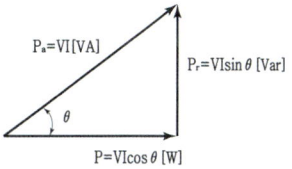

- 역률 : 교류회로에서 공급된 전력이 부하에서 유효하게 작용되는 비율
  $\cos\theta = \dfrac{P}{P_a} = \dfrac{R}{Z} = \dfrac{P}{VI} \times 100$
- 무효율 : $\sin\theta = \dfrac{P_r}{P_a} = \dfrac{X}{Z} = \dfrac{P_r}{VI} \times 100 = \sqrt{1-\cos^2\theta}$

**정답 ② **

(3) 3전류계법

① $I_3^2 = I_1^2 + I_2^2 + 2I_1 I_2 \cos\theta [A]$

② $P = EI_1 \cos\theta = I_2 r I_1 \cos\theta [W]$

③ $P = \dfrac{2}{r}(I_3^2 - I_1^2 - I_2^2)[W]$

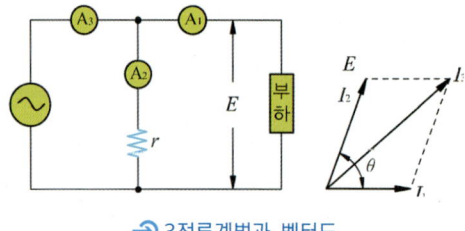

→ 3전류계법과 벡터도

(4) 3전압계법

① $E_3^2 = E_1^2 + E_2^2 + 2E_1 E_2 \cos\theta [V]$

② $P = E_1 I \cos\theta = \dfrac{E_1 E_2 \cos\theta}{r}[W]$

③ $P = \dfrac{1}{2r}(E_3^2 - E_1^2 - E_2^2)[W]$

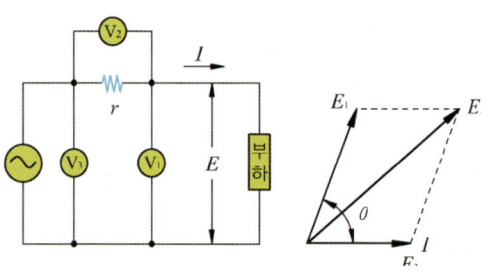

→ 3전압계법과 벡터도

04 멀티테스터 사용법

(1) 회로시험기의 외형

① 영점조정나사
② 0Ω 조절 볼륨(0Ω ADJ)
③ 선택스위치(전압, 전류, 저항 등)
④ 리드선

(a) 아날로그 회로시험기

(b) 디지털 회로시험기

회로시험기

(2) 회로 시험기의 구성 및 용도
① 저항계
  ㉠ 저항측정
  ㉡ 통전시험
  ㉢ 절연시험
② 전압계
  ㉠ 직류 전압계(DCV)
  ㉡ 교류 전압계(ACV)
③ 전류계
  ㉠ 직류 전류측정 : 회로의 측정점을 끊고 전류계가 반드시 부하와 직렬로 측정한다.
  ㉡ 회로 시험기의 재부 구조상 교류 전류는 측정할 수 없도록 되어있다.

예상문제

주전원이 380V인 엘리베이터에서 110V전원을 사용하고자 강압 트랜스를 사용하던 중 트랜스가 소손되었다. 원인 규명을 위해 회로시험기를 사용하여 전압을 확인하고자 할 경우 회로시험기의 전압 측정범위선 택스위치의 최초선택스위치로 옳은 것은?

① 회로시험기의 110V 미만
② 회로시험기의 110V 이상 220V 미만
③ 회로시험기의 220V 이상 380V 미만
④ 회로시험기의 가장 큰 범위

해설
- 전압계는 회로에 병렬로 접속
- 측정 전압을 모르는 경우 전압계의 측정범위를 크게 선택

정답 ≫≫ ④

05 접지저항계 사용법

(1) 접지저항 측정법

    ① 코올라쉬 브리지법
    ② 접지저항계 측정법

(2) 접지저항계 구성

    ① 전자식접지저항계
    ② 접지극과 보조전극 리드선
    ③ 보조전극

(a) 전자식접지저항계   (b) 리드선   (c) 보조전극

➲ 접지저항계 구성

(3) 접지저항의 측정 방법

    ① 측정하고자 하는 접지극(E)과 일직선으로 10m 간격에 P, C보조전극을 지면에 설치
    ② 리드선을 접지저항계의 접지극단자(E)와 보조전극(P, C)에 접속
    ③ 접지저항계의 스위치 조작으로 지전압을 10V미만인지 확인
    ④ 스위치를 저항값으로 한 후 검류계의 지시값이 "0"일 때 눈금판 값을 직독

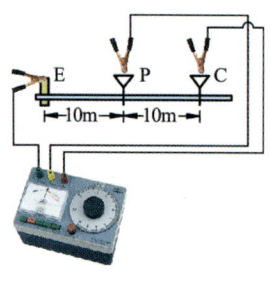

➲ 접지저항계의 간이 측정법

예상문제

에스컬레이터 회로의 사용전압이 400[V]이하인 것의 접지저항은 몇 [Ω]이하이어야 하는가?

① 10   ② 100   ③ 300   ④ 500

해설

종류	적용장소	접지저항 값[Ω]
제1종	고압 및 특고압	10
제2종	고(특)압/저압 혼촉 시 저압측	150/1선지락전류
제3종	저압(400V 미만)	100

정답 ▶▶▶ ②

예상문제

접지저항계를 이용한 접지저항 측정 방법으로 틀린 것은?

① 전환 스위치를 이용하여 내장 전지의 양부(+, -)를 확인한다.
② 전환 스위치를 이용하여 E, P간의 전압을 측정한다.
③ 전환 스위치를 저항 값에 두고 검류계의 밸런스를 잡는다.
④ 전환 스위치를 이용하여 절연저항과 접지저항을 비교한다.

해설 접지저항의 측정 방법
① 측정하고자 하는 접지극(E)과 일직선으로 10m 간격에 P, C보조전극을 지면에 설치
② 리드선을 접지저항계의 접지극단자(E)와 보조전극(P, C)에 접속
③ 접지저항계의 스위치 조작으로 지전압을 10V미만인지 확인
④ 스위치를 저항값으로 한 후 검류계의 지시값이 "0"일 때 눈금판 값을 직독

정답 ▶▶▶ ④

CHAPTER 03 승강기 요소측정 및 시험 출제예상문제

01 버니어캘리퍼스를 사용하여 와이어 로프의 직경 측정방법으로 알맞은 것은?

해설 버니어캘리퍼스의 사용
① 본척(어미자), 부척(아들자) 이용하여 1/20mm, 1/50mm 길이 측정
② 외경, 내경, 깊이, 계단측정이 가능
③ 가격이 저렴하고, 측정방법이 편리하여 많이 사용
• 와이어로프 지름 측정

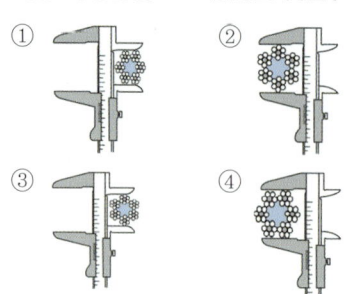

02 높이를 측정할 수 있는 측정기기는?

① 다이얼 게이지　② 하이트 게이지
③ 마이크로미터　④ 오토콜리미터

해설 하이트 게이지 사용
① 복잡한 모양의 부품 등을 정반 위에 올려놓고 정반면을 기준으로 높이를 측정
② 초경합금 스크라이버로 금긋기 작업
③ 눈금 기입방법은 버니어캘리퍼스와 동일
④ 호칭치수는 300mm, 600mm, 1,000mm

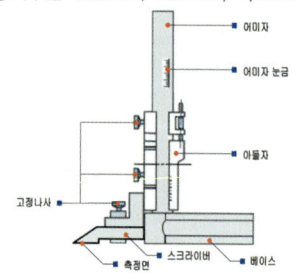

03 절연저항계로 측정 할 수 없는 것은?

① 선로와 대지간의 절연측정
② 선간절연의 측정
③ 도통시험
④ 주파수 측정

해설
① 절연저항 = $\dfrac{\text{인가전압[V]}}{\text{총전류+누설전류[A]}}$ (직류전원을 사용)
② 절연저항 : 대지와 전로사이의 절연저항을 측정
③ 전압측정 : 선로전압을 측정하는 기능
④ 배터리 잔량측정 : 배터리를 사용하므로 그 남은 양을 측정하는 기능
⑤ 부저 기능 : 회로 도통 시험 기능

Answer　01 ②　02 ②　03 ④

04 에스컬레이터 회로의 사용전압이 400[V] 이하인 것의 접지저항은 몇 [Ω]이하이어야 하는가?

① 10　　② 100
③ 300　　④ 500

해설

종류	적용장소	접지저항 값[Ω]
제1종	고압 및 특고압	10
제2종	고(특)압/저압 혼촉 시 저압측	150/1선지락전류
제3종	저압(400V 미만)	100

05 버니어 캘리퍼스의 종류에 속하는 것은?

① HB형　　② HM형
③ HT형　　④ CM형

해설 버니어캘리퍼스의 종류
① M형
② CM형
③ CB형

06 절연저항을 측정하는 계기는?

① 훅온미터
② 휘트스톤브리지
③ 회로시험기
④ 메거

해설 ① 훅온미터 : 전류, 전압, 저항 등 측정(직류, 교류)
② 회로시험기 : 전압, 저항 등 측정(직류, 교류)
③ 휘트스톤 브리지 : 저항체의 저항값 측정
④ 메거 : 절연저항 측정

07 길이 측정에 사용되는 측정기의 설명 중 옳지 않은 것은?

① 다이얼 게이지 : 기어를 이용
② 옵티미터 : 광학 확대장치 이용
③ 미니미터 : 전기용량의 변화를 이용
④ 마이크로미터 : 나사를 이용

해설 미니미터
지레나 톱니바퀴의 원리를 이용하여 길이나 위치의 변화를 마이크로미터(μm) 단위로 정밀하게 재는 계기

08 원동부분의 축심과 기준축심의 오차의 크기이며, 표시기호 ◎로 나타내는 측정법은?

① 원통도　　② 진원도
③ 위치도　　④ 동심도

해설

09 다음 측정기 중 각도측정기로 알맞은 것은?

① 버니어캘리퍼스
② 사인 바
③ 수준기
④ 마이크로미터

해설 ① 버니어캘리퍼스 : 본척(어미자), 부척(아들자) 이용하여 1/20mm, 1/50mm 길이 측정
② 마이크로미터 : 길이 변화를 나사의 회전각과 지름에 의해 원주면에 확대하여 눈금을 새김
③ 수준기 : 특정 물체의 땅에 대한 수평면 및 기울기를 확인하는 기구

Answer
04 ②　05 ④　06 ④　07 ③　08 ④　09 ②

10. 피측정물의 치수와 표준치수와의 차를 측정하는 것은?

① 버니어켈리퍼스
② 마이크로미터
③ 하이트 게이지
④ 다이얼 게이지

해설 • 하이트 게이지
복잡한 모양의 부품 등을 정반 위에 올려놓고 정반면을 기준으로 높이를 측정

11. 교류에서 저압이란?

① 200[V] 이하
② 380[V] 이하
③ 440[V] 이하
④ 600[V] 이하

해설 • 전압의 종류
① 저압 : 교류 600V이하, 직류 750V이하
② 고압 : 저압의 한도를 넘고 7000V이하
③ 특고압 : 7000V초과

12. 전기기기의 충전부와 외함 사이의 저항은?

① 절연저항
② 접지저항
③ 고유저항
④ 브리지저항

해설 • 절연저항 : 대지와 전로사이의 절연상태(개폐기 또는 과전류차단기로 구획할 수 있는 전로마다 검사할 수 있다.)

회로의 용도	회로의 사용전압	절연저항
전동기 주회로	300V 이하의 것	0.2 이상
	300V를 초과 400V 이하의 것	0.3 이상
	400V를 초과하는 것	0.4 이상
승강로내 안전회로 신호회로 조명회로	150V 이하의 것	0.1 이상
	150V를 초과 300V 이하의 것	0.2 이상

공칭회로전압[V]	시험전압(직류)[V]	절연저항[MΩ]
SELV	250	0.25 이상
≤ 500	500	0.5 이상
〉500	1000	1.0 이상

• 메가 : 절연저항 측정

13. 계측기의 오차 중 측정기 자체 결함과 측정장치나 사용자에 대한 환경의 영향 등에 의한 오차는?

① 절대오차
② 과실오차
③ 계통오차
④ 우연오차

해설
① 절대오차 : 계산의 결과에서 나온 직접적인 오차의 절대값
② 과실오차 : 부주의에 의해 생긴 오차로서 눈금의 오독, 기록의 잘못 등이 이에 속한다.
③ 계통오차 : 측정기나 측정자에 기인되는 오차로서 그 크기와 부호를 추정할 수 있고 보정할 수 있는 오차이다.
④ 우연오차 : 측정이 불균일해지고 완전히 제거할 수 없다.(계통오차 등을 보정해도 남는 원인을 찾아볼 수 없는 오차)

14. 접지저항계를 이용한 접지저항 측정 방법으로 틀린 것은?

① 전환 스위치를 이용하여 내장 전지의 양부(+, -)를 확인한다.
② 전환 스위치를 이용하여 E, P간의 전압을 측정한다.
③ 전환 스위치를 저항 값에 두고 검류계의 밸런스를 잡는다.
④ 전환 스위치를 이용하여 절연저항과 접지저항을 비교한다.

해설 • 접지저항의 측정 방법
① 측정하고자 하는 접지극(E)과 일직선으로 10m 간격에 P, C보조전극을 지면에 설치
② 리드선을 접지저항계의 접지극단자(E)와 보조전극(P, C)에 접속
③ 접지저항계의 스위치 조작으로 지전압을 10V미만인지 확인
④ 스위치를 저항값으로 한 후 검류계의 지시값이 "0"일 때 눈금판 값을 직독

Answer
10 ④ 11 ④ 12 ① 13 ③ 14 ④

15 다음 중 판의 두께를 가장 정밀하게 측정할 수 있는 것은?

① 줄자　　② 직각자
③ R 게이지　　④ 마이크로미터

해설 마이크로미터
① 길이 변화를 나사의 회전각과 지름에 의해 원주면에 확대하여 눈금을 새김
② 작은 길이의 변화를 읽을 수 있도록 한 측정기
③ 최소 측정값이 0.01mm 또는 0.001mm가 있음

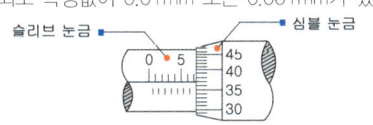

16 교류 전류를 측정 할 때 전류계의 연결 방법이 맞는 것은?

① 부하와 직렬로 연결한다.
② 부하와 직·병렬로 연결한다.
③ 부하와 병렬로 연결한다.
④ 회로에 따라 달라진다.

해설 ① 전류계의 결선도

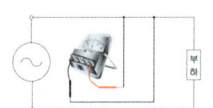　

② 전압계의 결선도

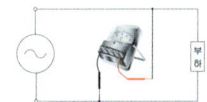　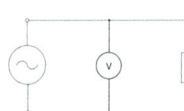

17 일감의 평행도, 원통의 진원도, 회전체의 흔들림 정도 등을 측정할 때 사용하는 측정기기는?

① 버니어 캘리퍼스
② 하이트 게이지
③ 마이크로 미터
④ 다이얼 게이지

해설 ① 버니어캘리퍼스
 • 본척(어미자), 부척(아들자) 이용하여 1/20mm, 1/50mm 길이 측정
 • 외경, 내경, 깊이, 계단측정이 기능

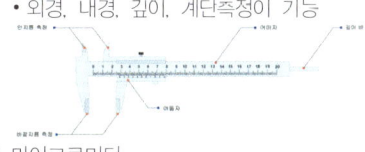

② 마이크로미터
 • 길이 변화를 나사의 회전각과 지름에 의해 원주면에 확대하여 눈금을 새김
 • 최소 측정값이 0.01mm 또는 0.001mm가 있음

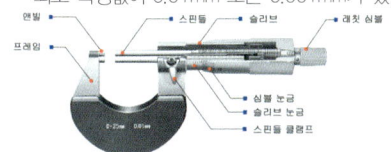

③ 하이트 게이지
 • 복잡한 모양의 부품 등을 정반 위에 올려놓고 정반면을 기준으로 높이를 측정
 • 호칭치수는 300mm, 600mm, 1,000mm

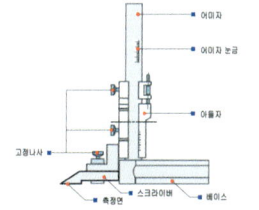

Answer
15 ④　16 ①　17 ④

18 기계 부품 측정 시 각도를 측정할 수 있는 기기는?

① 사인바 ② 옵티컬플렛
③ 다이얼게이지 ④ 마이크로미터

해설 간접측정(indirect measurement)
① 피측정물의 기하학적 관계를 이용하여 측정하는 방법
② 사인바에 의한 각도측정
③ 삼침법에 의한 나사의 유효지름측정
④ 롤러와 블록게이지를 이용한 테이퍼 측정

19 전동기의 역률을 개선하기 위하여 사용되는 것은?

① 저항기 ② 전력용 콘덴서
③ 직렬 리액터 ④ 트립코일

해설 역률
교류회로에서 공급된 전력이 부하에서 유효하게 작용되는 비율
- $\cos\theta = \dfrac{P}{P_a} = \dfrac{R}{Z} = \dfrac{P}{VI} \times 100$
- 역률보상을 위해 전력용콘덴서 사용

20 주전원이 380V인 엘리베이터에서 110V전원을 사용하고자 강압 트랜스를 사용하던 중 트랜스가 소손되었다. 원인 규명을 위해 회로시험기를 사용하여 전압을 확인하고자 할 경우 회로시험기의 전압 측정범위선택스위치의 최초선택스위치로 옳은 것은?

① 회로시험기의 110V 미만
② 회로시험기의 110V 이상 220V 미만
③ 회로시험기의 220V 이상 380V 미만
④ 회로시험기의 가장 큰 범위

해설
- 전압계는 회로에 병렬로 접속
- 측정 전압을 모르는 경우 전압계의 측정범위를 크게 선택

Answer
18 ① 19 ② 20 ④

CHAPTER 04 승강기 동력원의 기초 전기

제1절 정전기와 콘덴서

01 정전기의 성질

(1) 정전기의 발생
 ① **대전** : 다른 물체 간 마찰로 전자의 이동에 의한 전기적 성질을 띠는 현상
 ② **마찰 전기** : 물질의 마찰에 의해 생긴 전기

(2) 정전기력
 ① 대전된 두 전하 사이에 작용하는 힘
 ② **반발력** : 힘의 방향이 같은 종류의 전하
 ③ **흡인력** : 힘의 방향이 다른 종류의 전하

(3) 쿨롱의 법칙
 ① 두 점전하 사이에 작용하는 정전기력의 크기는 두 전하의 곱에 비례하고, 전하 사이의 거리의 제곱에 반비례 한다.

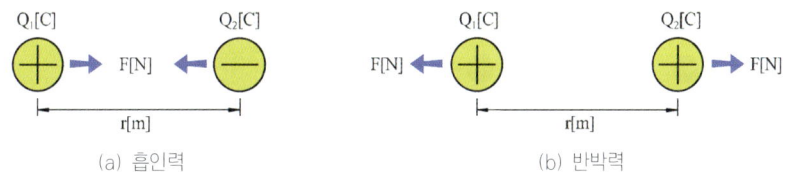

(a) 흡인력　　　(b) 반박력

→ 쿨롱의 법칙

 ② 유전율 ε인 유전체 중에서의 정전기력(F) 식

$$F = \frac{1}{4\pi\varepsilon} \times \frac{Q_1 Q_2}{r^2} [\text{N}]$$

여기서, Q : 전하, r : 두 전하의 거리, ε : 유전율

③ 유전율(ε) 식

$\varepsilon = \varepsilon_0 \varepsilon_s [\text{F/m}]$

여기서, ε_0 : 진공중의 유전율, ε_s : 비유전율

▶ 물질의 비유전율

물질	ε_s	ε_0
공기	1.00059	$8.85 \times 10^{12}[\text{F/m}]$
유리	3.8~10	
종이	2~2.5	
절연유	2.2~2.4	

④ 진공 중에서의 정전기력(F)

$F = \dfrac{1}{4\pi\varepsilon_0} \times \dfrac{Q_1 Q_2}{r^2} = 9 \times 10^9 \times \dfrac{Q_1 Q_2}{r^2} [\text{N}]$

여기서, Q : 전하, r : 두 전하의 거리, ε_0 : 진공중의 유전율

※ $\varepsilon_0 : 8.85 \times 10^{-12}[\text{F/m}]$

∴ $\dfrac{1}{4\pi\varepsilon_0} \fallingdotseq 9 \times 10^9$ (공기중 비유전율 $\varepsilon_s \fallingdotseq 1$)

예상문제

두 전하 사이에서 작용하는 힘(쿨롱의 법칙)을 설명한 것은?
① 두 전하의 곱에 반비례하고 거리에 비례한다.
② 두 전하의 곱에 반비례하고 거리의 제곱에 비례한다.
③ 두 전하의 곱에 비례하고 거리에 반비례한다.
④ 두 전하의 곱에 비례하고 거리의 제곱에 반비례한다.

해설 쿨롱의 법칙
① 두 점전하 사이에 작용하는 정전기력의 크기는 두 전하의 곱에 비례하고, 전하 사이의 거리의 제곱에 반비례 한다.

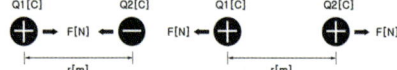

② 유전율 ε인 유전체 중에서의 정전기력(F) 식
$F = \dfrac{1}{4\pi\varepsilon} \times \dfrac{Q_1 Q_2}{r^2} [\text{N}]$
여기서, Q : 전하, r : 두 전하의 거리, ε : 유전율
③ 유전율(ε) 식
$\varepsilon = \varepsilon_0 \varepsilon_s [\text{F/m}]$
여기서, ε_0 : 진공중의 유전율

정답 ≫≫ ④

02 전기장(전계)

(1) 전기장

대전체 주위에 전하를 놓으면 전기력이 작용하는 공간

(2) 전기장의 세기

① 전기장 내에 전하에는 전기장에 의한 힘의 작용을 크기와 방향으로 표시한 것
② 전기장의 세기에 기호와 단위
  ㉠ 기호 : E
  ㉡ 단위 : [V/m]

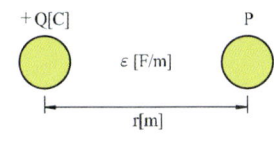

➔ 전기장의 세기

  ㉢ $E = \dfrac{1}{4\pi\varepsilon} \times \dfrac{Q}{r^2}$ [V/m]

  ※ 점 P에 q[C]의 점전하를 놓고 그 값을 1[C]일 때 전기장의 세기

③ 전기장의 세기가 E [V/m]인 점에서 점전하 q[C]의 전하를 놓으면 다음과 같다.
  $F = qE$ [N]

(3) 전기장의 세기와 전기력선

① 전기장 내에 수직인 단면적 A[m²]를 통과하는 전기력선 수 N은 전기장의 세기 E [N/C]와 단면적 A[m²]가 클수록 많아진다.
  $N = E \cdot A$ [N·m²/C]
  여기서, N : 전기력선 수
  　　　 A : 단면적

② 전기력선 수는 전기장의 세기와 전기력선이 통과하는 단면적에 비례한다.
  $E = \dfrac{N}{A}$ [V/m]
  ∴ 전기장의 세기는 단위면적당 통과하는 전기력선 수로 나타낸다.

> **예상문제**
>
> 전기력선이 작용하는 공간은?
> ① 자기 모멘트(magnetic moment) ② 전자석(electromagnet)
> ③ 전기장(electric field) ④ 전위(electric potential)
>
> **해설** 전기력선 수는 전기장의 세기와 전기력선이 통과하는 단면적에 비례한다.
> $E = \dfrac{N}{A}$ [V/m]
> ∴ 전기장의 세기는 단위면적당 통과하는 전기력선 수로 나타낸다.
>
> **정답 ③**

(4) 전기장의 계산

① **가우스의 정리** : 임의의 폐곡면 내의 전체 전하량 Q[C]가 있을 때 이 폐곡면을 통해서 나오는 전기력선의 총수는 $\dfrac{Q}{\varepsilon}$개다.

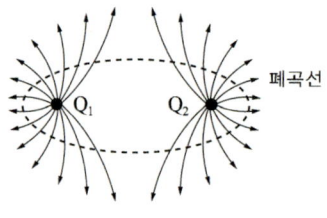

→ 가우스의 정리

② 구의 전 표면적 $4\pi r^2$[m²]에서 전기력선의 총수

$$N = 4\pi r^2 \times E = \dfrac{Q}{\varepsilon} \text{[개]}$$

(5) 전속과 전속밀도

① 전속은 양전하에서 나와 음전하에 끝난다.
② Q[C]의 전하에서 Q개의 역선이 나오는 것을 전속이라 한다.
③ 전속은 도체에 출입하는 경우 그 표면에 수직 한다.
④ 구 표면의 전속 밀도 D

$$D = \dfrac{Q}{4\pi r^2} \text{[C/m}^2\text{]}$$

03 정전용량

(1) 정전용량
① 도체에 전위가 인가되면 도체 면에 전하가 축적된다.
② 축적된 전하량은 도체에 인가한 전위에 반비례하여 증가한다.

$$Q = CV [C], \quad C = \frac{Q}{V} [F]$$

여기서, Q : 전하량[C], V : 전위[V]
C : 커패시턴스[F]

(2) 평행판 도체의 정전용량
① 평행한 두 금속판을 일정한 간격과 면적이 같은 두 금속 사이에 전압을 가하면, $+Q$[C]와 $-Q$[C]의 전하가 축적된다.(절연물의 유전율은 ε[F/m])

$$C = \frac{Q}{V} = \frac{\varepsilon A}{\ell} [F]$$

여기서, A : 단면적[m²], ℓ : 두 금속 사이[m]
ε : 유전율[F/m]

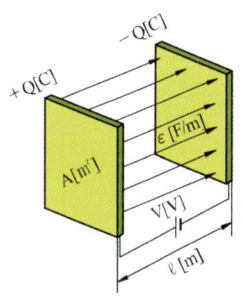

▶ 평행판 도체의 정전용량

예상문제

콘덴서의 정전용량이 증가 되는 경우를 모두 나열한 것은?

ⓐ	전극의 면적을 증가시킨다.
ⓑ	비유전율이 큰 유전체를 사용한다.
ⓒ	전극사이의 간격을 증가시킨다.
ⓓ	콘덴서에 가하는 전압을 증가시킨다.

① ⓐ
② ⓐ, ⓑ
③ ⓐ, ⓑ, ⓒ
④ ⓐ, ⓑ, ⓒ, ⓓ

해설 평행판 도체의 정전용량
평행한 두 금속판을 일정한 간격과 면적이 같은 두 금속사이에 전압을 가하면, $+Q$[C]와 $-Q$[C]의 전하가 축적된다.
(절연물의 유전율은 ε[F/m])

$$C = \frac{Q}{V} = \frac{\varepsilon A}{\ell} [F]$$

여기서, A[m²] : 단면적
ℓ[m] : 두 금속 사이
ε[F/m] : 유전율

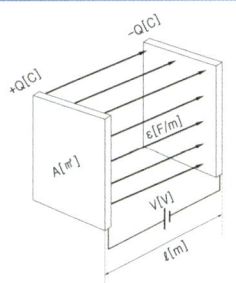

정답 ≫ ②

② **정전 에너지** : 정전장내에 임의의 전하를 전위가 낮은 곳에서 높은 곳으로 이동하기 위해서는 외부에서 일을 가해 주어야 하는 것

$$W = \frac{1}{2}QV = \frac{1}{2}CV^2 \text{[J]}$$

04 콘덴서

(1) 콘덴서 구조

① 두 도체의 사이에 유전체를 넣어 정전용량, 커패시턴스 작용을 하도록 만든 장치를 동일한 의미로 콘덴서라고 사용한다.

② 전극의 단면적을 A[m²], 극판간의 거리를 ℓ[m], 유전율 ε[F/m]이면, 콘덴서의 용량C[F]을 나타낼 수 있다.

③ 콘덴서 용량 C[F]

$$C = \frac{\varepsilon A}{\ell} \text{[F]}$$

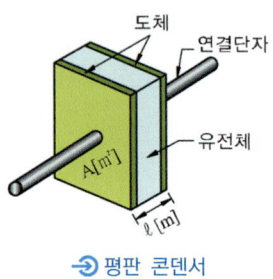

→ 평판 콘덴서

(2) 콘덴서의 접속

① 직렬접속

㉠ 콘덴서를 2개 이상 직렬로 접속 시 합성정전용량의 역수는 각각의 콘덴서의 정전용량에 역수의 합과 같다.

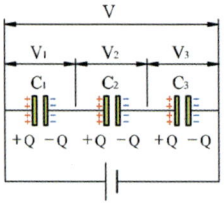

→ 콘덴서의 직렬접속

㉡ 합성정전용량 C[F]

$$C = \frac{1}{\frac{1}{C_1} + \frac{1}{C_2} + \frac{1}{C_3}} \text{[F]}$$

ⓒ 전압의 분배

- $V_1 = \dfrac{C_2}{C_1 + C_2} V$ [V]
- $V_2 = \dfrac{C_1}{C_1 + C_2} V$ [V]

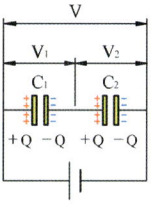
➔ 콘덴서 분배

② 병렬접속

㉠ 콘덴서를 2개 이상 병렬로 접속 시 합성정전용량의 역수는 각각의 콘덴서의 정전용량에 합과 같다.

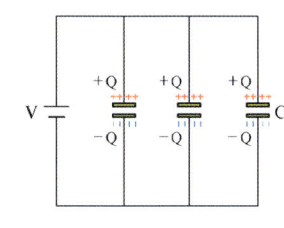
➔ 콘덴서 병렬접속

㉡ 합성정전용량 C [F]

$C = C_1 + C_2 + C_3$ [F]

㉢ 전기량 분배

- $Q_1 = \dfrac{C_1}{C_1 + C_2} Q$ [C]
- $Q_2 = \dfrac{C_2}{C_1 + C_2} Q$ [C]

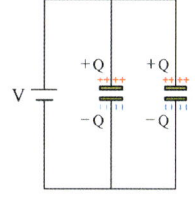
➔ 콘덴서 분배

예상문제

동일 규격의 축전지 2개를 병렬로 접속하면 전압과 용량의 관계는 어떻게 되는가?

① 전압과 용량이 모두 반으로 줄어든다.
② 전압과 용량이 모두 2배가 된다.
③ 전압은 2배가 되고 용량은 변하지 않는다.
④ 전압은 변하지 않고 용량은 2배가 된다.

해설
콘덴서 병렬접속
① 콘덴서를 2개 이상 병렬로 접속 시 합성정전용량의 역수는 각각의 콘덴서의 정전용량에 합과 같고, 전압은 변하지 않는다.
② 합성용량
- $C = C_1 + C_2$ [F]
③ 전기량 분해
- $Q_1 = \dfrac{C_1}{C_1 + C_2} Q$ [C]
- $Q_2 = \dfrac{C_2}{C_1 + C_2} Q$ [C]

정답 ▶▶▶ ④

제2절 직류회로

01 전기의 본질

① 전자나 양성자 1개가 갖는 전기량 : 1.60219×10^{-19}[C]
② 전자 1개의 질량 : 9.10955×10^{-31}[kg]
③ 양성자 1개의 질량 : 1.67261×10^{-27}[kg](전자의 1,840배)
④ 전하 : 대전된 전기
⑤ 전기량 : 전하가 가지고 있는 전기의 양
   기호 : Q, 단위 : 쿨롱[C]

02 전압(Voltage)

① 전하를 흐르게 하는 전기적인 에너지의 차이(높은 쪽에서 낮은 쪽으로)
② $V = \dfrac{W}{Q}$[V], $W = Q \cdot V$[J]
   여기서, V : 전압[V], Q : 전하량[C]
          W : 일[J]

03 전류(Current)

① 어떤 단면을 t[sec] 동안에 Q[C]의 전하가 이동할 때 전하의 양(전하의 이동)
② $I = \dfrac{Q}{t}$[A], $Q = I \cdot t$[C]
   여기서, I : 전류[A], Q : 전하량[C]
          t : 시간[sec]

04 저항(Resistance)

① 전류의 흐름을 방해하는 특성을 가진 회로 소자

② $R = \rho\dfrac{\ell}{A}[\Omega]$ (저항의 기호 : R, 단위 : Ohm[Ω])

여기서, 저항[Ω], ρ : 고유저항 [$\Omega \cdot m$],
ℓ : 도체의 길이[m], A : 도체의 단면적[m^2]

③ $G = \dfrac{1}{R}[\mho]$ (콘덕턴스의 기호 : G, 단위 : mho[$\mho$])

예상문제

전선의 길이를 고르게 2배로 늘리면 단면적은 1/2로 된다. 이때의 저항은 처음의 몇 배가 되는가?

① 4배 ② 2배 ③ 0.5배 ④ 0.25배

해설 저항(Resistance)
$R = \rho\dfrac{\ell}{A}[\Omega]$
여기서, R : 저항 [Ω] ρ : 고유저항 [$\Omega \cdot m$]
ℓ : 도체의 길이[m] A : 도체의 단면적[m^2]
$\therefore R = \rho\dfrac{\ell}{A} = \rho\dfrac{2\ell}{\frac{1}{2}A} = 4 \times \rho\dfrac{\ell}{A}[\Omega]$

정답 ▶▶▶ ①

05 옴의 법칙(Ohm's law)

① 전압 : $V = I \cdot R$[V]

② 전류 : $I = \dfrac{V}{R}$[A]

③ 저항 : $R = \dfrac{V}{I}$[Ω]

예상문제

저항 100Ω에 5A의 전류가 흐르게 하는데 필요한 전압은?

① 220V ② 300V ③ 400V ④ 500V

해설 옴의 법칙(Ohm's law)
① 전압 : $V = I \cdot R$[V]
② 전류 : $I = \dfrac{V}{R}$[A]
③ 저항 : $R = \dfrac{V}{I}$[Ω]
$\therefore V = I \cdot R = 100 \cdot 5 = 500$[V]

정답 ▶▶▶ ④

06 저항의 접속

(1) 직렬접속

① 합성저항 : $R_0 = R_1 + R_2 + \cdots + R_n [\Omega]$

② 전압의 분배

㉠ $V_1 = \dfrac{R_1}{R_0} \cdot V = \dfrac{R_1}{R_1 + R_2} \cdot V [V]$

㉡ $V_2 = \dfrac{R_2}{R_0} \cdot V = \dfrac{R_2}{R_1 + R_2} \cdot V [V]$

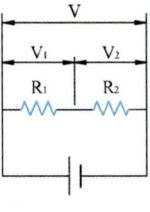
▶ 저항직렬

(2) 병렬접속

① 합성저항 : $R_0 = \dfrac{1}{\dfrac{1}{R_1} + \dfrac{1}{R_2} \cdots \dfrac{1}{R_n}} [\Omega]$

② 전류의 분배

㉠ $I_1 = \dfrac{R_2}{R_1 + R_2} \cdot I [A]$

㉡ $I_2 = \dfrac{R_1}{R_1 + R_2} \cdot I [A]$

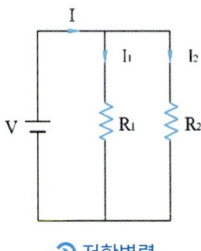
▶ 저항병렬

예상문제

120[Ω]의 저항 4개를 접속하여 얻을 수 있는 가장 작은 저항 값은?

① 10[Ω]   ② 20[Ω]
③ 30[Ω]   ④ 40[Ω]

해설
저항 값이 가장 작은 방법은 병렬접속의 합성저항

• 합성저항 : $R_0 = \dfrac{1}{\dfrac{1}{R_1} + \dfrac{1}{R_2} \cdots \dfrac{1}{R_n}} [\Omega]$

∴ $R_0 = \dfrac{1}{\dfrac{1}{120} + \dfrac{1}{120} + \dfrac{1}{120} + \dfrac{1}{120}} = \dfrac{1}{\dfrac{4}{120}} = \dfrac{120}{4} = 30 [\Omega]$

정답 ▶▶▶ ③

07 키르히호프의 법칙

(1) 키르히호프의 제1법칙(전류 법칙)

① 회로 내에서 어느 한 접속점에서 유입되는 전류와 유출되는 전류의 대수합은 '0'이다.
② $\sum I = 0 (\sum 유입전류 = \sum 유출전류)$
③ $I_1 + I_2 = I_3 + I_4 + I_5$, $I_1 + I_2 - I_3 - I_4 - I_5 = 0$

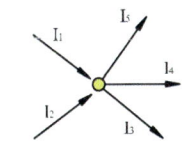

→ 키르히호르의 전류법칙

(2) 키르히호프의 제2법칙(전압 법칙)

① 회로 내 임의의 폐회로에 공급되는 기전력과 전압강하의 대수합은 같다.
② $\sum V = \sum IR (\sum 기전력 = \sum 전압강하)$
③ $V_1 + V_2 - V_3 = IR_1 + IR_2 + IR_3$

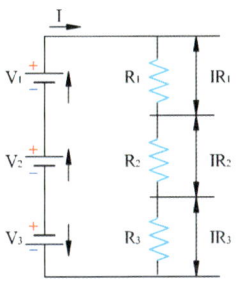

→ 키르히호프의 전압법칙

08 전력과 전력량

(1) 전력

① 단위시간 즉 1[sec] 동안에 전기에너지가 하는 일의 양
② $P = \dfrac{W}{t} [\text{W}]$

여기서, P : 전력[W], W : 일[J], t : 시간[sec]

③ $P = \dfrac{W}{t} = V \cdot I = \dfrac{V^2}{R} = I^2 \cdot R \text{[W]}$

(2) 전력량

① 어느 일정시간 동안 전기에너지가 한 일의 양

② $W = P \cdot t \text{[J]}, \text{[W} \cdot \text{sec]}$

③ $W = V \cdot I \cdot t = \dfrac{V^2}{R} \cdot t = I^2 \cdot R \cdot t \text{[Wh]}$

예상문제

200[V] 전압에서 소비전력 100[W]인 전구의 저항은?
① 100[Ω]   ② 200[Ω]   ③ 300[Ω]   ④ 400[Ω]

 단상전력

$P = V \cdot I = \dfrac{V^2}{R} = I^2 \cdot R \text{[W]}$

$\therefore P = \dfrac{V^2}{R} \Leftrightarrow 100 = \dfrac{200^2}{R} \Leftrightarrow R = \dfrac{40000}{100} = 400[\Omega]$

정답 ④

---

09 줄의 법칙

① 도체에 흐르는 전류에 의해 단위 시간 내에 발생하는 열량(줄열)

② $H = I^2 \cdot R \cdot t = P \cdot t \text{[J]}$

여기서, H : 열량[J], I : 전류[A], R : 저항[Ω], t : 시간[sec]

③ $H = \dfrac{1}{4.18} I^2 \cdot R \cdot t = 0.24 I^2 \cdot R \cdot t \text{[cal]}$

예상문제

전류의 열작용과 관계있는 법칙은?
① 옴의 법칙   ② 줄의 법칙
③ 플레밍의 법칙   ④ 키르히호프의 법칙

 줄의 법칙

① 도체에 흐르는 전류에 의해 단위 시간 내에 발생하는 열량(줄열)

② $H = \dfrac{1}{4.18} I^2 \cdot R \cdot t = 0.24 I^2 \cdot R \cdot t \text{[cal]}$

③ $P = V I = I^2 R = \dfrac{V^2}{R} \text{[kW]}$

정답 ②

제3절 교류회로

01 교류회로의 기초

(1) 정현파의 교류

① 크기와 방향이 시간에 따라 주기적으로 변화는 사인파(정현파 교류)

② 교류 파형의 종류

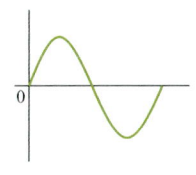
(a) 정현파

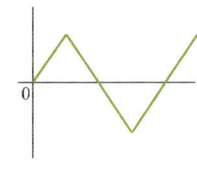
(b) 삼각파

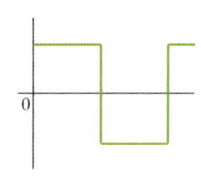
(c) 구형파

→ 교류 파형의 종류

③ 각도표시(호도법)

▶ 호도법 표시

도수법	호도법[rad]	도수법	호도법[rad]
0°	0	180°	π
45°	$\pi/4$	270°	$3\pi/2$
90°	$\pi/2$	360°	2π

④ 각속도 : 어떤 회전체가 1[sec] 동안 회전한 각도

$\omega = 2\pi n [\text{rad/sec}]$

여기서, ω : 오메가(omega)[rad/sec]

2π : 360회전

n : 회전횟수

⑤ 주기

$T = \dfrac{1}{f} = \dfrac{2\pi}{\omega}[\text{sec}]$, $\omega = 2\pi f[\text{rad/sec}]$(주파수일 경우)

여기서, f : 주파수[Hz]

ω : 각속도[rad/sec]

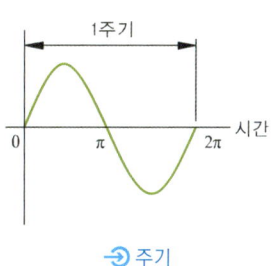
→ 주기

⑥ **위상차** : 두 개 이상의 주파수 파형 간의 시간적인 차이
  ㉠ $v_a = V_m \sin\omega t [V]$
  ㉡ $v_b = V_m \sin(\omega t - \theta)[V]$
  ㉢ 두 개 주파수 위상차 표현
    - v_b는 v_a보다 위상이 θ만큼 뒤진다.
    - v_a는 v_b보다 위상이 θ만큼 앞선다.
    - 두 개 주파수의 시간적 차가 없으면 동상이다.

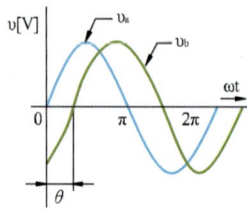

▶ 파형의 위상차

02 정현파 교류 표시

(1) 순시 값

① 교류 전압 또는 전류는 시간에 따라 계속 변하고 있어 어느 순간 교류의 값
② 교류전압의 순시 값 : $v = V_m \sin\omega t [V]$
③ 교류전류의 순시 값 : $i = I_m \sin\omega t [A]$
  여기서, V_m : 최대전압
        I_m : 최대전류

(2) 평균 값

① 교류 순시 값의 한 주기 동안의 평균한 값
② 교류전압의 평균 값 : $V_0 = \dfrac{2}{\pi} V_m \fallingdotseq 0.637 V_m [V]$
③ 교류전류의 평균 값 : $I_0 = \dfrac{2}{\pi} I_m \fallingdotseq 0.637 I_m [A]$
  여기서, V_m : 최대전압
        I_m : 최대전류

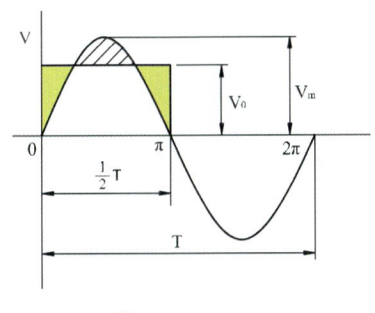

→ 정현파 평균 값

예상문제

그림은 정류회로의 전압파형이다. 입력 전압은 사인파로 실효값이 100[V]일 때 출력파형의 평균값 Va[V]는?

① 약 45[V]
② 약 70[V]
③ 약 90[V]
④ 약 110[V]

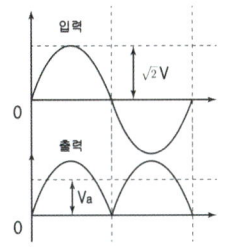

해설 평균값(Va)

$V_a = \dfrac{2 V_m}{\pi}$[V]

여기서, V_m : 교류최대 값 $V_m = \sqrt{2}\ V$(실효값)

∴ $V_a = \dfrac{2 V_m}{\pi} = \dfrac{2 \times \sqrt{2}\ V}{\pi} = \dfrac{2 \times \sqrt{2} \times 100}{3.14} = 90.077$[V]

정답 ▶▶▶ ③

(3) 실효 값

① 교류의 크기를 교류와 동일한 일을 하는 직류의 크기로 바꿔 나타냈을 때의 값

② 교류전압의 실효 값 : $V = \dfrac{1}{\sqrt{2}} V_m ≒ 0.707 V_m$[V]

③ 교류전류의 실효 값 : $I = \dfrac{1}{\sqrt{2}} I_m ≒ 0.707 I_m$[A]

여기서, V_m : 최대전압
I_m : 최대전류

예상문제

정현파 교류에서 시간의 변화에 따라 시시각각 다르게 나타나는 값은?

① 최대값 ② 실효값
③ 순시값 ④ 파고값

해설 순시 값
① 교류 전압 또는 전류는 시간에 따라 계속 변하고 있어 어느 순간 교류의 값
② 교류전압의 순시 값 : $v = V_m \sin \omega t$ [V]
③ 교류전류의 순시 값 : $i = I_m \sin \omega t$ [A]
- V_m : 최대전압
- I_m : 최대전류

정답 ③

03 교류 전류에 대한 RLC의 작용

(1) 저항(R)만의 회로

① 전압과 전류의 위상차가 없는 동상이다.
② 전압과 전류의 관계

$$I = \frac{V}{R} [A]$$

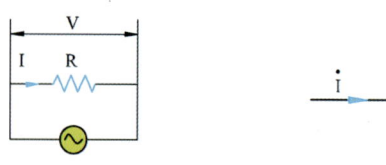

(a) 저항(R)만의 회로   (b) 벡터도

▶ 저항(R)만의 회로와 벡터도

(2) 인덕턴스(L)만의 회로

① 전압이 전류보다 위상차가 90°($\frac{\pi}{2}$[rad]) 앞선다.
② 전압과 전류의 관계

㉠ $I = \frac{V}{\omega L}$ [A]

㉡ $X_L = \omega L = 2\pi f L$ [Ω]

여기서, ω : 각속도[rad/s], X_L : 유도리액턴스[Ω]
L : 인덕턴스[H], f : 주파수[Hz]

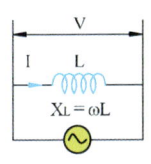
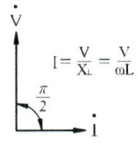

(a) 인덕턴스(L)만의 회로　　　(b) 벡터도

🔎 인덕턴스(L)만의 회로와 벡터도

예상문제

RLC 소자의 교류회로에 대한 설명 중 틀린 것은?
① R 만의 회로에서 전압과 전류의 위상이 동상이다.
② L만의 회로에서 저항성분을 유도성 리액턴스 XL이라 한다.
③ C만의 회로에서 전류는 전압보다 위상이 90° 앞선다.
④ 유도성 리액턴스 XL = 1/wL 이다.

해설 인덕턴스(L)만의 회로
① 전압이 전류보다 위상차가 90°($\frac{\pi}{2}$[rad]) 앞선다.
② 전압과 전류의 관계
　・ $I = \frac{V}{\omega L}$ [A]
　・ $X_L = \omega L = 2\pi f L$ [Ω]
여기서, ω[rad/s] : 각속도, XL[Ω] : 유도리액턴스, L[H] : 인덕턴스, f[Hz] : 주파수

정답 ≫≫ ④

(3) 정전용량(C)만의 회로

① 전압이 전류보다 위상차가 90°($\frac{\pi}{2}$[rad]) 뒤진다.

② 전압과 전류의 관계

㉠ $I = \omega C \cdot V = \dfrac{V}{\dfrac{1}{\omega C}}$ [A]

㉡ $X_C = \dfrac{1}{\omega C} = \dfrac{1}{2\pi f C}$ [Ω]

여기서, ω : 각속도[rad/s], X_C : 용량리액턴스[Ω]
　　　 C : 정전용량[F], f : 주파수[Hz]

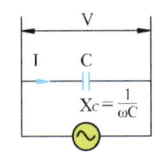
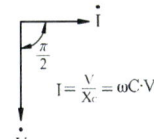

(a) 정전용량(C)만의 회로　　　(b) 벡터도

🔎 정전용량(C)만의 회로와 벡터도

04 RLC의 직병렬회로

(1) RL직렬회로

① 저항 $R[\Omega]$과 자체 인덕턴스 $L[H]$를 직렬 접속한 회로

② **임피던스** : 회로에 가한 전압과 전류의 비
$$Z = \sqrt{R^2 + X_L^2} = \sqrt{R^2 + (\omega L)^2} = \sqrt{R^2 + (2\pi f L)^2} \, [\Omega]$$

③ **전전류**
$$I = \frac{V}{Z} = \frac{V}{\sqrt{R^2 + X_L^2}} = \frac{V}{\sqrt{R^2 + (\omega L)^2}} = \frac{V}{\sqrt{R^2 + (2\pi f L)^2}} \, [A]$$

④ **역률**
$$\cos\theta = \frac{R}{Z} = \frac{R}{\sqrt{R^2 + X_L^2}} = \frac{R}{\sqrt{R^2 + (\omega L)^2}} = \frac{R}{\sqrt{R^2 + (2\pi f L)^2}}$$

⑤ **전압과 전류의 위상 차이**

㉠ $\tan\theta = \dfrac{V_L}{V_R} = \dfrac{X_L I}{RI} = \dfrac{\omega L I}{RI} = \dfrac{\omega L}{R} = \dfrac{2\pi f L}{R}$

∴ $\theta = \tan^{-1}\dfrac{\omega L}{R} = \tan^{-1}\dfrac{2\pi f L}{R}$ [rad]

㉡ 위상차이 : 전압(V)의 위상은 전류(I)보다 θ[rad]만큼 앞선다.

㉢ 크기 : R과 ωL의 크기

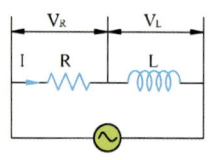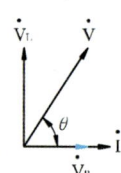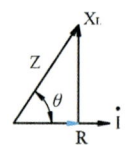

(a) RL직렬회로　　(b) 전압벡터도　　(c) 임피던스 벡터도

▶ RL직렬회로도 및 벡터도

(2) RC직렬회로

① 저항 $R[\Omega]$과 정전용량 $C[F]$을 직렬 접속한 회로

② **임피던스** : 회로에 가한 전압과 전류의 비
$$Z = \sqrt{R^2 + X_C^2} = \sqrt{R^2 + \left(\frac{1}{\omega C}\right)^2} = \sqrt{R^2 + \left(\frac{1}{2\pi f C}\right)^2} \, [\Omega]$$

③ 전전류

$$I = \frac{V}{Z} = \frac{V}{\sqrt{R^2 + X_C^2}} = \frac{V}{\sqrt{R^2 + (\frac{1}{\omega C})^2}} = \frac{V}{\sqrt{R^2 + (\frac{1}{2\pi f C})^2}} [A]$$

④ 역률

$$\cos\theta = \frac{R}{Z} = \frac{R}{\sqrt{R^2 + X_C^2}} = \frac{R}{\sqrt{R^2 + (\frac{1}{\omega C})^2}} = \frac{R}{\sqrt{R^2 + (\frac{1}{2\pi f C})^2}}$$

⑤ 전압과 전류의 위상 차이

㉠ $\tan\theta = \dfrac{V_C}{V_R} = \dfrac{X_C I}{R I} = \dfrac{\frac{1}{\omega C} I}{R I} = \dfrac{\frac{1}{\omega C}}{R} = \dfrac{\frac{1}{2\pi f C}}{R}$

∴ $\theta = \tan^{-1}\dfrac{\frac{1}{\omega C}}{R} = \tan^{-1}\dfrac{\frac{1}{2\pi f C}}{R} = \tan^{-1}\dfrac{1}{R\,2\pi f C}$ [rad]

㉡ 위상차이 : 전압(V)의 위상은 전류(I)보다 θ[rad]만큼 뒤진다.

㉢ 크기 : R과 $\dfrac{1}{\omega C}$의 크기

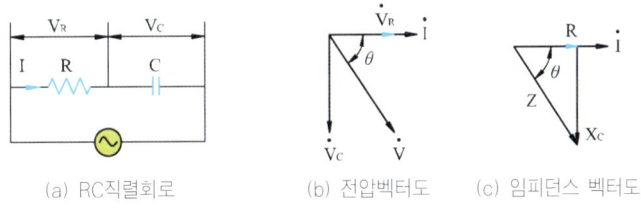

(a) RC직렬회로   (b) 전압벡터도   (c) 임피던스 벡터도

▶ RC직렬회로도 및 벡터도

(3) RLC직렬회로

① 저항 R[Ω]과 자체 인덕턴스 L[H], 정전용량 C[F]을 직렬 접속한 회로

② **임피던스** : 회로에 가한 전압과 전류의 비

$$Z = \sqrt{R^2 + (X_L - X_C)^2} = \sqrt{R^2 + (\omega L - \frac{1}{\omega C})^2}\,[\Omega]$$

③ 전전류

$$I = \frac{V}{Z} = \frac{V}{\sqrt{R^2 + (X_L - X_C)^2}} = \frac{V}{\sqrt{R^2 + (\omega L - \frac{1}{\omega C})^2}}[A]$$

④ 역률

$$\cos\theta = \frac{R}{Z} = \frac{R}{\sqrt{R^2+(X_L-X_C)^2}} = \frac{R}{\sqrt{R^2+(\omega L-\frac{1}{\omega C})^2}}$$

⑤ 전압과 전류의 위상 차이

㉠ $\tan\theta = \dfrac{V_L-V_C}{V_R} = \dfrac{X_L-X_C I}{RI} = \dfrac{(\omega L-\frac{1}{\omega C})I}{RI} = \dfrac{(\omega L-\frac{1}{\omega C})}{R}$

$$\therefore \theta = \tan^{-1}\frac{X_L-X_C}{R} = \tan^{-1}\frac{(\omega L-\frac{1}{\omega C})}{R}[\text{rad}]$$

㉡ 위상차이 : 전압(V)과 전류(I)는 리액턴스 성분에 따라 θ[rad]만큼 앞서거나 뒤진다.

예상문제

그림과 같은 회로의 역률은 약 얼마인가?

① 0.74
② 0.80
③ 0.86
④ 0.98

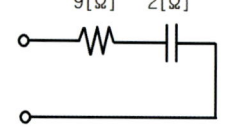
9[Ω] 2[Ω]

해설

RC직렬회로
① 저항 R[Ω]과 정전용량 C[F]을 직렬 접속한 회로
② 임피던스 : 회로에 가한 전압과 전류의 비
- $Z = \sqrt{R^2+X_C^2} = \sqrt{R^2+(\frac{1}{\omega C})^2} = \sqrt{R^2+(\frac{1}{2\pi f C})^2}[\Omega]$

③ 역률
- $\cos\theta = \dfrac{R}{Z} = \dfrac{R}{\sqrt{R^2+X_C^2}} = \dfrac{R}{\sqrt{R^2+(\frac{1}{\omega C})^2}} = \dfrac{R}{\sqrt{R^2+(\frac{1}{2\pi f C})^2}}$

- 위상차이 : 전압(V)의 위상은 전류(I)보다 θ[rad]만큼 뒤진다.

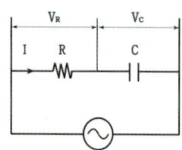 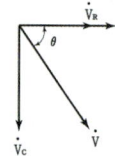 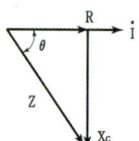

(a) RC직렬회로   (b) 전압벡터도   (c) 임피던스 벡터도

$$\therefore \cos\theta = \frac{R}{Z} = \frac{R}{\sqrt{R^2+X_C^2}} = \frac{9}{\sqrt{9^2+2^2}} = \frac{9}{\sqrt{85}} = \frac{9}{9.22} \approx 0.98$$

정답 ④

(4) 직렬공진

① $X_L = X_C$ 경우 Z(임피던스)의 허수부는 '0'된다.
② 저항만 있는 회로(전압과 전류의 위상차가 동상)
③ Z(임피던스) : 최소, I(전류) : 최대
④ 역률 : $\cos\theta = \dfrac{R}{Z} = \dfrac{R}{R} = 1$
⑤ 공진주파수 : $f_0 = \dfrac{1}{2\pi\sqrt{LC}}$[Hz](조건 : $\omega L = \dfrac{1}{\omega C}$)

예상문제

RLC직렬회로에서 직렬 공진시 최대가 되는 것은?
① 전압　　　　　　　　② 전류
③ 저항　　　　　　　　④ 주파수

해설 직렬공진
① $X_L = X_C$ 경우 Z(임피던스)의 허수부는 '0'된다.
② 저항만 있는 회로(전압과 전류의 위상차가 동상)
③ Z(임피던스) : 최소, I(전류) : 최대
④ 역률 : $\cos\theta = \dfrac{R}{Z} = \dfrac{R}{R} = 1$
⑤ 공진주파수 : $f_0 = \dfrac{1}{2\pi\sqrt{LC}}$[Hz] (조건 : $\omega L = \dfrac{1}{\omega C}$)

정답 ≫≫ ②

---

05. RLC병렬회로

(1) RL병렬회로

① 저항 $R[\Omega]$과 자체 인덕턴스 L[H]를 병렬 접속한 회로

② 임피던스 : 회로에 가한 전압과 전류의 비

$$Z = \dfrac{1}{\sqrt{(\dfrac{1}{R})^2 + (\dfrac{1}{X_L})^2}} = \dfrac{1}{\sqrt{(\dfrac{1}{R})^2 + (\dfrac{1}{\omega L})^2}}[\Omega]$$

③ 전전류

$$I = \sqrt{I_R^2 + I_L^2} = \sqrt{(\dfrac{V}{R})^2 + (\dfrac{V}{X_L})^2} = V\sqrt{(\dfrac{1}{R})^2 + (\dfrac{1}{\omega L})^2}\,[A]$$

④ 역률

$$\cos\theta = \frac{X_L}{Z} = \frac{X_L}{\sqrt{R^2 + X_L^2}}$$

⑤ 전압과 전류의 위상 차이

㉠ $\tan\theta = \dfrac{I_L}{I_R} = \dfrac{\frac{V}{X_L}}{\frac{V}{R}} = \dfrac{R}{X_L} = \dfrac{R}{\omega L} = \dfrac{R}{2\pi f L}$

∴ $\theta = \tan^{-1}\dfrac{R}{\omega L} = \tan^{-1}\dfrac{R}{2\pi f L}$ [rad]

㉡ 위상차이 : 전류(I)의 위상은 전압(V)보다 θ[rad]만큼 뒤진다.

㉢ 크기 : R과 ωL의 크기

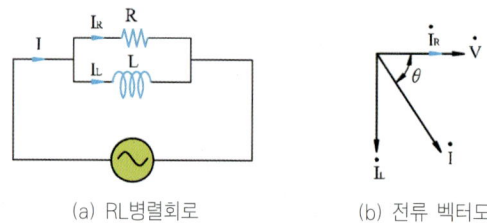

(a) RL병렬회로   (b) 전류 벡터도

▶ RL병렬회로도 및 벡터도

(2) RC병렬회로

① 저항 $R[\Omega]$과 정전용량 $C[F]$을 병렬 접속한 회로

② **임피던스** : 회로에 가한 전압과 전류의 비

$$Z = \frac{1}{\sqrt{(\frac{1}{R})^2 + (\frac{1}{X_C})^2}} = \frac{1}{\sqrt{(\frac{1}{R})^2 + (\omega C)^2}} [\Omega]$$

③ 전전류

$$I = \sqrt{I_R^2 + I_C^2} = \sqrt{(\frac{V}{R})^2 + (\frac{V}{X_C})^2} = V\sqrt{(\frac{1}{R})^2 + (\omega C)^2} \text{ [A]}$$

④ 역률

$$\cos\theta = \cos\frac{X_C}{Z} = \frac{1}{\sqrt{1 + (\omega CR)^2}}$$

⑤ 전압과 전류의 위상 차이

㉠ $\tan\theta = \dfrac{I_C}{I_R} = \dfrac{\dfrac{V}{X_C}}{\dfrac{V}{R}} = \dfrac{R}{X_C} = \omega CR = 2\pi f CR$

∴ $\theta = \tan^{-1}\dfrac{R}{X_C} = \tan^{-1}\dfrac{R}{\dfrac{1}{\omega C}} = \tan^{-1}\omega CR \tan^{-1}2\pi f CR [\text{rad}]$

㉡ 위상차이 : 전류(I)의 위상은 전압(V)보다 θ[rad]만큼 앞선다.

㉢ 크기 : R과 $\dfrac{1}{\omega C}$의 크기

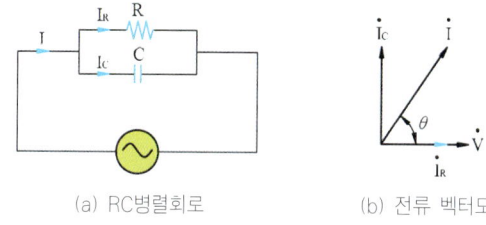

(a) RC병렬회로   (b) 전류 벡터도

➡ RC병렬회로도 및 벡터도

(3) RLC병렬회로

① 저항 $R[\Omega]$과 자체 인덕턴스 L[F], 정전용량 C[F]을 병렬 접속한 회로

② **임피던스** : 회로에 가한 전압과 전류의 비

$$Z = \dfrac{1}{\sqrt{(\dfrac{1}{R})^2 + (\dfrac{1}{X_C} - \dfrac{1}{X_L})^2}} = \dfrac{1}{\sqrt{(\dfrac{1}{R})^2 + (\omega C - \dfrac{1}{\omega L})^2}} [\Omega]$$

③ 전전류

$$I = \sqrt{I_R^2 + (I_C - I_L)^2} = V\sqrt{(\dfrac{1}{R})^2 + (\omega C - \dfrac{1}{\omega L})^2} [\text{A}]$$

④ 역률

$$\cos\theta = \dfrac{\dfrac{1}{R}}{\sqrt{(\dfrac{1}{R})^2 + (\omega C - \dfrac{1}{\omega L})^2}}$$

⑤ 전압과 전류의 위상 차이

㉠ $\tan\theta = \dfrac{I_C - I_L}{I_R} = \dfrac{\dfrac{V}{X_C} - \dfrac{V}{X_L}}{\dfrac{V}{R}} = \left(\dfrac{1}{X_C} - \dfrac{1}{X_L}\right) \cdot R$

∴ $\theta = \tan^{-1}\left(\dfrac{1}{X_C} - \dfrac{1}{X_L}\right) \cdot R = \tan^{-1}\left(\omega C - \dfrac{1}{\omega L}\right) \cdot R [\text{rad}]$

㉡ 위상차이 : 전류(I)와 전압(V)은 리액턴스 성분에 따라 $\theta[\text{rad}]$만큼 앞서거나 뒤진다.

06 교류전력 및 교류회로계산

(1) 단상 교류전력과 피상전력

① **유효전력(평균전력)** : 교류회로에서 부하에 유효하게 작용하는 전력(실수부)

$$P = VI\cos\theta = I^2 R = \dfrac{V^2}{R}[\text{W}]$$

② **무효전력** : 교류회로에서 부하에 무효하게 작용하는 전력(허수부)

$$P_r = VI\sin\theta = I^2 X = \dfrac{V^2}{X}[\text{Var}]$$

③ **피상전력** : 교류회로에 위상차 고려 없이 전압과 전류의 크기

㉠ $P_a = VI = I^2 Z = \dfrac{V^2}{Z}[\text{VA}]$

㉡ 크기 : $P_a = \sqrt{P^2 + P_r^2}\,[\text{VA}]$

㉢ 위상 : $\theta = \tan^{-1}\dfrac{P_r}{P}$

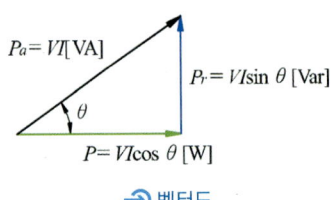

▶ 벡터도

③ **역률** : 교류회로에서 공급된 전력이 부하에서 유효하게 작용되는 비율

$$\cos\theta = \dfrac{P}{P_a} = \dfrac{R}{Z} = \dfrac{P}{VI} \times 100$$

④ 무효율

$$\sin\theta = \frac{P_r}{P_a} = \frac{X}{Z} = \frac{P_r}{VI} \times 100 = \sqrt{1-\cos^2\theta}$$

예상문제

교류회로에서 유효전력이 P[W]이고 피상전력이 Pa[VA]일 때 역률은?

① $\sqrt{P+P_a}$ ② $\frac{P}{P_a}$ ③ $\frac{P_a}{P}$ ④ $\frac{P}{P+P_a}$

해설

- 유효전력(평균전력) : 교류회로에서 부하에 유효하게 작용하는 전력(실수부)

  $P = VI\cos\theta = I^2R = \frac{V^2}{R}$ [W]

- 무효전력 : 교류회로에서 부하에 무효하게 작용하는 전력(허수부)

  $P_r = VI\sin\theta = I^2X = \frac{V^2}{X}$ [Var]

- 피상전력 : 교류회로에 위상차 고려 없이 전압과 전류의 크기
  - $P_a = VI = I^2Z = \frac{V^2}{Z}$ [VA]
  - 크기 : $P_a = \sqrt{P^2+P_r^2}$ [VA
  - 위상 : $\theta = \tan^{-1}\frac{P_r}{P}$

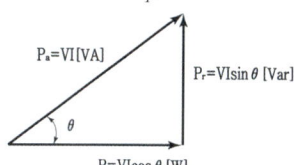

- 역률 : 교류회로에서 공급된 전력이 부하에서 유효하게 작용되는 비율

  $\cos\theta = \frac{P}{P_a} = \frac{R}{Z} = \frac{P}{VI} \times 100$

- 무효율 : $\sin\theta = \frac{P_r}{P_a} = \frac{X}{Z} = \frac{P_r}{VI} \times 100 = \sqrt{1-\cos^2\theta}$

정답 ≫ ②

(2) 3상 교류회로

① 3상 교류 실효값이 같으며, $\frac{2\pi}{3}$ [rad]만큼의 위상차를 가지는 대칭3상교류

㉠ $v_a = \sqrt{2}\,V\sin\theta\,\omega t$ [V]

㉡ $v_b = \sqrt{2}\,V\sin\theta\,(\omega t - \frac{2\pi}{3})$ [V]

㉢ $v_c = \sqrt{2}\,V\sin\theta\,(\omega t - \frac{4\pi}{3})$ [V]

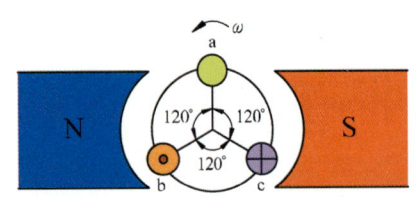
(a) 도체의 배치

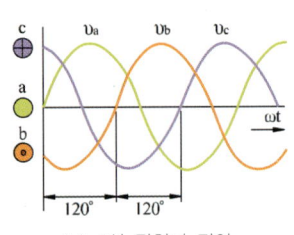
(b) 3상 정현파 전압

▶ 3상 교류 발생

② Y(성형)결선과 전압, 전류
  ㉠ 전원과 부하를 Y형으로 접속하는 방법
  ㉡ 전압 : $V\ell = \sqrt{3}\,VP \angle \dfrac{\pi}{6}$ [V]
  ㉢ 전류 : $I\ell = IP$ [A]
  ㉣ 위상차이 : 선간전압이 상전압보다 $\dfrac{\pi}{6}$[rad](30°)만큼 앞선다.(선간전류와 상전류는 같다)

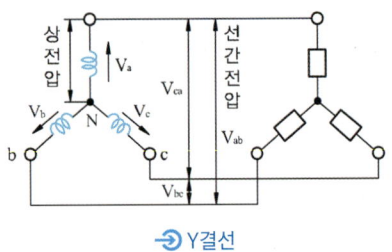
▶ Y결선

③ △ 결선과 전압, 전류
  ㉠ 전원과 부하를 △형으로 접속하는 방법
  ㉡ 전압 : $V\ell = VP$ [V]
  ㉢ 전류 : $I\ell = \sqrt{3}\,IP \angle -\dfrac{\pi}{6}$ [A]
  ㉣ 위상차이 : 선간전류가 상전류보다 $\dfrac{\pi}{6}$[rad](30°)만큼 뒤진다.(선간전압과 상전압은 같다)

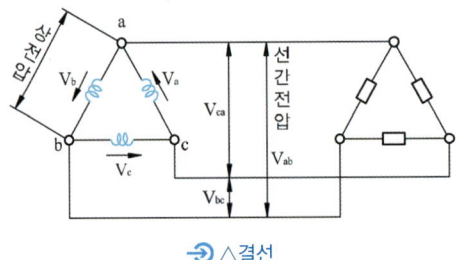
▶ △결선

④ V 결선
  ㉠ 출력 : $P_V = \sqrt{3}\, V_\ell I_\ell \cos\theta = \sqrt{3}\, V_P I_P \cos\theta [\text{W}]$
  ㉡ 출력비 : $\dfrac{P_V}{P_\Delta} = \dfrac{\sqrt{3}\,P}{3P} = \dfrac{1}{\sqrt{3}} = 0.577$
  ㉢ 이용율 : $\dfrac{P_V}{2\text{대}} = \dfrac{\sqrt{3}\,P}{2P} = \dfrac{\sqrt{3}}{2} = 0.866$

예상문제

Y 결선의 상전압이 V[V]이다. 선간전압은?
① 3V   ② $\sqrt{3}\,V$ ③ V/3   ④ $V^2/3$

해설
Y(성형)결선과 전압, 전류
① 전원과 부하를 Y형으로 접속하는 방법
② 전압 : $V_\ell = \sqrt{3}\, V_P \angle \dfrac{\pi}{6}[\text{V}]$
③ 전류 : $I_\ell = I_P [\text{A}]$
④ 위상차이 : 선간전압이 상전압보다 $\dfrac{\pi}{6}[\text{rad}](30°)$만큼 앞선다.(선간전류와 상전류는 같다)

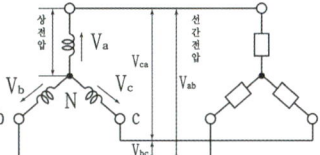

정답 ≫ ②

(3) 3상 교류전력
① 유효전력(P[W])
   $P = \sqrt{3}\, V_\ell I_\ell \cos\theta [\text{W}]$
② 무효전력(P_r[Var])
   $P_r = \sqrt{3}\, V_\ell I_\ell \sin\theta [\text{Var}]$
③ 피상전력(P_a[VA])
   $P_a = \sqrt{3}\, V_\ell I_\ell = \sqrt{P^2 + P_r^2}\,[\text{VA}]$

예상문제

전압 220[V], 전류 20[A], 역률 0.6인 3상 회로의 전력은 약 몇 [kW]인가?
① 4.6   ② 4.8   ③ 5.0   ④ 5.2

해설
3상 교류전력 : 유효전력(P[W])
$P = \sqrt{3}\, V_\ell I_\ell \cos\theta [\text{W}]$
$\therefore P = \sqrt{3}\, V_\ell I_\ell \cos\theta = \sqrt{3} \times 220 \times 20 \times 0.6 = 4572.48[\text{W}] ≒ 4.6[\text{kW}]$

정답 ≫ ①

제4절 자기회로

01 자기와 전류

(1) 자석의 자기 작용

① 자석의 성질
  ㉠ 자기 : 자성의 근원(자성 : 쇠를 끌어당기는 힘)
  ㉡ 자극 : 자기를 띠는 물체의 양 끝(자석의 양 끝)
  ㉢ 자하 : 자석이 가지는 자기량
  ㉣ 흡인력 : 자석의 서로 다른 두 극(N ↦ ↤S) 사이에 잡아당기는 힘
  ㉤ 반발력 : 자석의 같은 두 극(N↔S) 사이에 밀어 내는 힘
  ㉥ 자기력 : 자석의 두 극 사이에 작용하는 힘
  ㉦ 자기장 : 자력이 미치는 공간
  ㉧ 자력선 : 자기장의 세기와 방향을 선을 나타낸 것

② 자기 유도와 자성체
  ㉠ 강자성체($\mu_S \gg 1$) : 자기유도에 의해 강하게 자화되어 쉽게 자석이 되는 물질
    • 철(Fe), 코발트(Co), 니켈(Ni) 및 합금 등
  ㉡ 상자성체($\mu_S > 1$) : 강자성체와 같은 방향으로 자화되는 물질
    • 알루미늄(Al), 망간(Mn), 백금(Pt), 주석(Sn), 이리듐(Ir), 산소(O_2) 등
  ㉢ 반자성체($\mu_S < 1$) : 강자성체와 반대로 자화되는 물질
    • 비스무트(Bi), 탄소(C), 규소(Si), 은(Ag), 납(Pb), 아연(Zn), 구리(Cu) 등

③ 쿨롱의 법칙
  ㉠ 두 자극 사이에 작용하는 힘의 크기는 두 점자극의 곱에 비례하고 두 점자극 사이의 거리의 제곱에 반비례 한다.

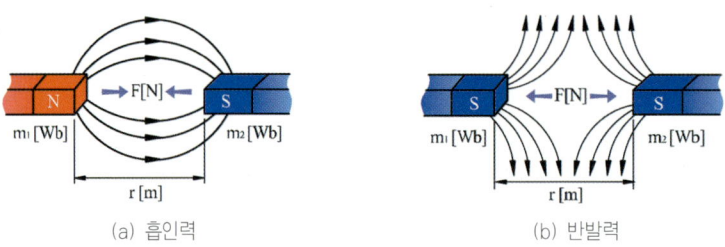

(a) 흡인력   (b) 반발력

▶ 쿨롱의 법칙

ⓒ $F = \dfrac{1}{4\pi\mu} \times \dfrac{m_1 m_2}{r^2}$ [N]

  $\mu = \mu_0 \mu_S = 4\pi \times 10^{-7} \mu_S$ [H/m]

  여기서, μ : 투자율[H/m]

  μ_0 : 진공의 투자율

  μ_S : 비투자율

  ⓒ 진공 중에서의 자기력

  $F = \dfrac{1}{4\pi\mu_0} \times \dfrac{m_1 m_2}{r^2} = 6.33 \times 10^4 \dfrac{m_1 m_2}{r^2}$ [N]

④ 자기장의 세기

  ㉠ 자기장 내에 임의의 점자하에 작용하는 힘의 크기와 방향을 표시

  ㉡ $H = \dfrac{1}{4\pi\mu} \times \dfrac{m_1}{r^2}$ [A T/m] $= H = \dfrac{1}{4\pi\mu} \times \dfrac{m_1}{r^2}$ [A T/m][AT/m]

⑤ 자속과 자속밀도

  ㉠ 자속 : 자성체 내에서 매질의 종류(투자율 : μ)에 관계없이 1[Wb]의 자하에서 1[Wb]개의 역선이 나오는 것(기호 : Φ, 자속의 단위 [Wb])

  ㉡ 자속밀도 : 단위 면적을 지나는 자속

  • $B = \dfrac{\Phi}{A}$ [Wb/m^2]

  • $B = \dfrac{m}{4\pi r^2}$ [Wb/m^2]

  • $B = \mu H = \mu_0 \mu_S H$ [Wb/m^2]

예상문제

진공 중에서 1Wb인 같은 크기의 두 자극을 1m 거리에 놓았을 때 작용하는 힘은 몇 N 인가?

① 6.33×10^3
② 6.33×10^4
③ 6.33×10^5
④ 6.33×10^8

해설 자기에 대한 쿨롱의 법칙

$F = \dfrac{1}{4\pi\mu_0} \cdot \dfrac{m_1 m_2}{r^2}$ [N]

(진공 중 $\mu_0 = 4\pi \times 10^{-7}$[H/m], $\mu_s = 1$)

∴ $F = 6.33 \times 10^4 \cdot \dfrac{m_1 m_2}{r^2} = 6.33 \times 10^4 \cdot \dfrac{1 \times 1}{1^2} = 6.33 \times 10^4$[N]

정답 》》 ②

(2) 전류의 자기 작용

① 직선 전류에 의한 자기장

㉠ 도선에 흐르는 전류에 의하여 도선의 주위에 자기장이 발생한다.

➡ 직선 전류에 의한 자력선

㉡ 무한장 직선 전류에 의한 자장의 세기

$$H = \frac{I}{2\pi r} [\text{AT/m}]$$

➡ 무한장 직선 전류에 의한 자기장 세기

㉢ 환상 솔레노이드에 의한 자기장의 세기

$$H = \frac{NI}{2\pi r} [\text{AT/m}]$$

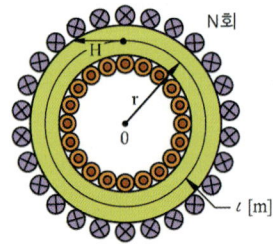

➡ 환상 솔레노이드에 의한 자기장의 세기

㉣ 비오-사바르의 법칙

$$\Delta H = \frac{I\Delta \ell}{4\pi r^2} \sin \theta [\text{AT/m}]$$

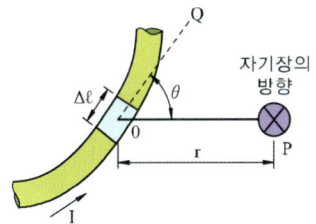

→ 비오-사바르의 법칙

㉤ 원형코일 중심의 자장의 세기

$$H = \frac{NI}{2r}[\text{AT/m}]$$

예상문제

그림과 같이 코일에 전류를 흘리면 자력선은 A, B, C, D중 어느 방향인가?

① A
② B
③ C
④ D

앙페르의 오른나사 법칙
도선에 흐르는 전류에 의하여 도선의 주위에 자기장이 발생한다.

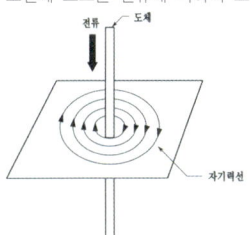

정답 》》 ①

02 자기회로

(1) 자기회로

① **기자력** : 자속을 만드는 근원
   $F = NI[\text{AT}]$

② **자기회로** : 자속이 통과하는 폐회로
③ **자기장의 세기**(H) : 단위 길이당 기자력

$$H = \frac{NI}{\ell}[\text{AT/m}]$$

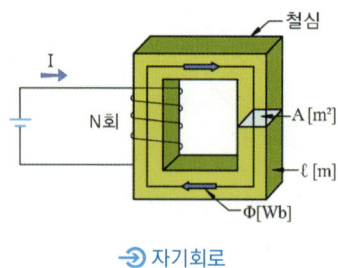

⊙ 자기회로

④ **자기저항**

$$R = \frac{NI}{\Phi}[\text{AT/Wb}]$$

(2) 자기포화 및 자화력

① **자기포화** : 자화력을 증가하면 자속(Φ)이 서서히 증가하지만 어느 점 이상이 되면 자화력을 증가하여도 자속이 더 이상 증가하지 않는 현상
② **자화력** : 자화하기 위한 근원이 되는 힘

$$H = \frac{F}{\ell} = \frac{NI}{\ell}[\text{AT/m}]$$

제5절 전자력과 전자유도

01 전자력의 방향과 크기

(1) 전자력의 방향

① 플레밍의 왼손법칙(전동기 회전원리)
② **엄지** : $F[\text{N}]$(힘)
③ **검지** : $B[\text{Wb/m}^2]$(자기장)
④ **중지** : $I[\text{A}]$(전류)

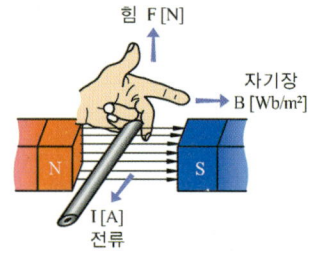

⊙ 플레밍의 왼손법칙

(2) 전자력 크기

$$F = BI\ell \sin\theta [N]$$

전자력 F = BI(N)과 관계가 깊은 것은?

① 렌쯔의 법칙 　　　　　② 플레밍의 오른손법칙
③ 오른나사법칙　　　　　 ④ 플레밍의 왼손법칙

 플레밍의 왼손법칙(전동기 회전원리)
① 엄지 : F[N](힘)
② 검지 : B[Wb/m²](자기장)
③ 중지 : I[A](전류)

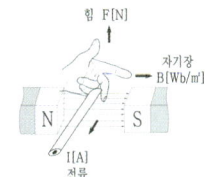

정답 ≫ ④

02 평행 도체 사이에 작용하는 힘

(1) 힘의 방향

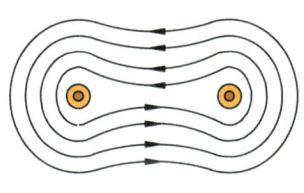
(a) 흡인력

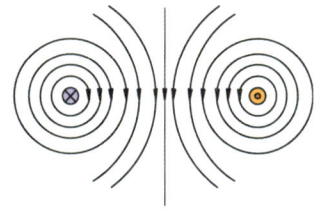
(b) 반발력

→ 힘의 방향

① **흡인력** : 전류의 흐름이 같은 방향
② **반발력** : 전류의 흐름이 반대 방향

(2) 힘의 크기

$$F = \frac{2I_1 I_2}{r^2} \times 10^{-7} [N/m]$$

03 전자유도 및 인덕턴스

(1) 전자유도

① **전자유도** : 자속의 변화로 도체에 기전력 발생
② **유도기전력** : 전자유도에 의해 발생된 전압
③ **유도전류** : 전자유도에 의해 흐르는 전류
④ **렌쯔의 법칙** : 유도기전력은 자속의 변화를 방해하려는 방향으로 발생
⑤ **패러데이 법칙** : 단위시간동안에 코일을 쇄교하는 자속의 변화량과 코일의 권수에 비례
⑥ $e = -N\dfrac{\Delta \Phi}{\Delta t}$ [V]

여기서, e : 유기기전력 , N : 코일의 권수
$\Delta \Phi$: 자속의 변화량 , Δt : 단위시간[sec]
$-$: 역방향[렌쯔의 법칙]

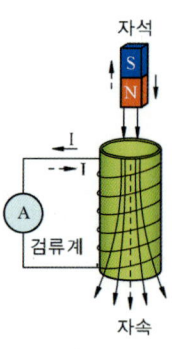
전자유도

예상문제

코일에 전류가 흘러 그 말단에 역기전력을 일으킬 때의 전류의 방향과 유도 기전력의 방향에 관계되는 법칙은?

① 렌쯔의 법칙
② 플레밍의 왼손법칙
③ 키르히호프의 법칙
④ 패러데이의 법칙

해설 전자유도
① 전자유도 : 자속의 변화로 도체에 기전력 발생
② 유도기전력 : 전자유도에 의해 발생된 전압
③ 유도전류 : 전자유도에 의해 흐르는 전류
④ 렌쯔의 법칙 : 유도기전력은 자속의 변화를 방해하려는 방향으로 발생
⑤ 패러데이 법칙 : 단위시간동안에 코일을 쇄교하는 자속의 변화량과 코일의 권수에 비례
⑥ $e = -N\dfrac{\Delta \Phi}{\Delta t}$ [V]

여기서, e : 유기기전력 N : 코일의 권수
$\Delta \Phi$: 자속의 변화량 Δt : 단위시간(sec)
$-$: 역방향(렌쯔의 법칙)

정답 ≫ ①

(2) 플레밍의 오른손 법칙(발전기 원리)
　① **엄지** : 도체의 운동방향
　② **검지** : 자기장 방향
　③ **중지** : 유도기전력
　④ $e = B\ell v \sin\theta [\text{V}]$
　　여기서, B : 자기장[Wb/m²]
　　　　　ℓ : 도체길이[m]
　　　　　$v\sin$: 속도[mm/sec]
　　　　　θ : 자기장 내에서 도체와의 각

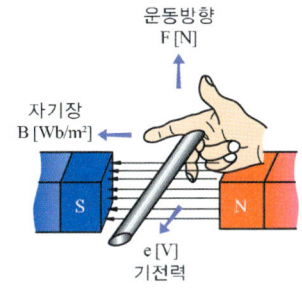

▶ 플레밍의 오른손 법칙

(3) 인덕턴스
　① **자체인덕턴스**
　　㉠ 코일의 자체 유도 능력의 정도를 나타내는 코일 고유의 값
　　㉡ $L = \dfrac{N\Phi}{I}$[H](단위 : 헨리[H])
　　　여기서, N : 코일 권수[회]
　　　　　　Φ : 자속[Wb]
　　　　　　I : 전류[A]

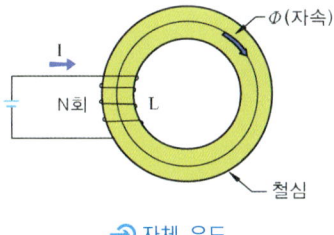

▶ 자체 유도

ⓒ 환상 솔레노이드의 자체 인덕턴스

$$\Phi = BA = \mu HA = \frac{\mu NA}{\ell}[\text{Wb}] \left(H = \frac{NI}{\ell}[\text{AT/m}], \text{ 자기장의 세기}\right)$$

ⓓ $L = \frac{N\Phi}{I} = \frac{\mu N^2 A}{\ell} = \frac{\mu_0 \mu_S N^2 A}{\ell}[\text{H}]$

여기서, L : 환상 솔레노이드 자체 인덕턴스[H]
N : 코일 권수
ℓ : 자기회로의 길이[m]
A : 단면적[m²]
$\mu = \mu_0 \mu_S$: 투자율

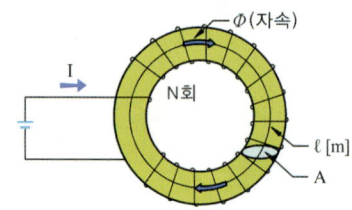

→ 환상 솔레노이드 자체 인덕턴스

예상문제

권수 N의 코일에 I[A]의 전류가 흘러 권선 1회의 코일에서 자속 Φ[Wb]가 생겼다면 자기인덕턴스(L)는 몇 [H]인가?

① $L = \frac{\Phi}{N}$　　　　② $L = IN\Phi$

③ $L = \frac{N\Phi}{I}$　　　　④ $L = \frac{IN}{\Phi}$

해설 자기인덕턴스(L)
전류의 변화에 의해 생기는 쇄교 자속의 비율
$L = \frac{N\Phi}{I}$[H]

정답 ≫≫ ③

② 상호 인덕턴스

ⓐ 상호 유도 : 1차코일 한쪽의 전류 값을 변화하면 2차 코일에 유도 기전력이 발생

ⓑ $e_2 = -M\frac{\Delta I_1}{\Delta t}$[V]

ⓒ $e_2 = -N_2\frac{\Delta \Phi}{\Delta t}$[V]

㉣ $M = \dfrac{N_2 \Phi}{I_1}$ [H]

여기서, M : 상호 인덕턴스[H]

N_2 : 2차 코일 권수

Φ : 자속[Wb]

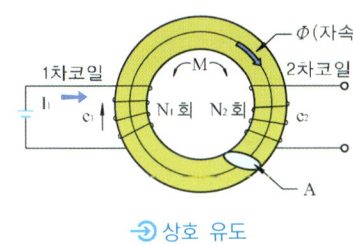

➔ 상호 유도

③ 자체 인덕턴스와 상호 인덕턴스의 관계

$M = k\sqrt{L_1 L_2}$ [H]

여기서, M : 상호 인덕턴스[H]

$L_1,\ L_2$: 자체 인덕턴스

k : 결합계수

- 결합계수 : 1차 코일과 2차 코일의 자속에 의한 결합의 정도
- 범위 : $0 < k < 1$

(4) 인덕턴스의 접속

① 가동 접속(자속이 같은 방향)

㉠ 두 코일에 발생한 자속이 같은 방향으로 접속(가동 접속)

㉡ $L_{ab} = L_1 + L_2 + 2M$ [H]

여기서, M : 상호 인덕턴스[H]

$L_1,\ L_2$: 자체 인덕턴스

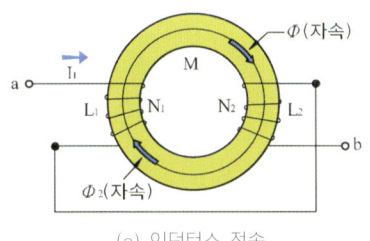
(a) 인덕턴스 접속

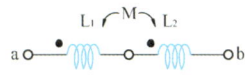
(b) 인덕턴스 기호

➔ 가동 접속

② 차동 접속(자속이 역방향)
　㉠ 두 코일에 발생한 자속이 역 방향으로 접속(차동 접속)
　㉡ $L_{ab} = L_1 + L_2 - 2M$ [H]
　　　여기서, M : 상호 인덕턴스[H]
　　　　　　L_1, L_2 : 자체 인덕턴스

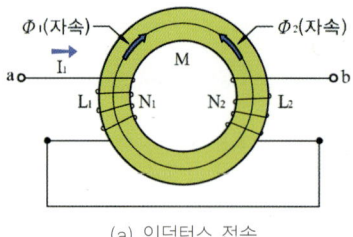
(a) 인덕턴스 접속

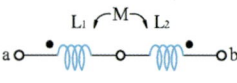
(b) 인덕턴스 기호

▶ 차동 접속

(5) 전자 에너지

① 자체 인덕턴스에 축적되는 전자 에너지
　㉠ 전류가 코일에 흐르면 코일 주위에 자기장이 발생되어 전자 에너지를 저장
　㉡ $W = \dfrac{1}{2} L I^2$ [J]
　　　여기서, L : 자체 인덕턴스[H]
　　　　　　I : 코일에 흐르는 전류[A]
　　　　　　W : 코일 내에 축적된 에너지[J]

② 단위 체적에 축적되는 에너지
　㉠ $W = \dfrac{1}{2} L I^2 = \dfrac{1}{2} \dfrac{\mu A N^2 I^2}{\ell} \dfrac{1}{2} \mu \left(\dfrac{NI}{\ell}\right)^2 A \ell$ [J]
　㉡ $W_0 = \dfrac{1}{2} BH = \dfrac{1}{2} \mu H^2 = \dfrac{1}{2} \dfrac{B^2}{\mu}$ [J/m³]
　　　여기서, W_0 : 단위 체적에 축적되는 에너지[J/m³]
　　　　　　B : 자속밀도[Wb/m²]
　　　　　　H : 자기장의 세기[AT/m]

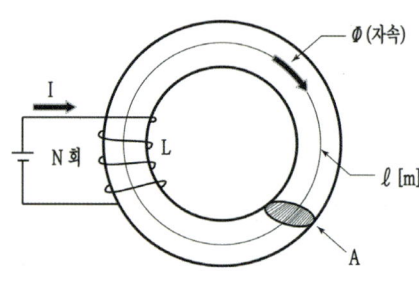

▶ 단위 부피에 축적되는 에너지

제6절 전기보호기기

01 개폐장치의 종류 및 역할

(1) 퓨즈(Fuse)
　① 퓨즈의 종류
　　㉠ 실 퓨즈 : 정격전류 5A 이하에서 사용
　　㉡ 판 퓨즈 : 경금속제로 그 양끝이 고리 모양
　　㉢ 통형 퓨즈 : 퓨즈가 통속에 포함
　② 플러그 퓨즈
　　㉠ 자동제어 배전반용으로 가장 많이 사용
　　㉡ 정격전류는 색상으로 구별
　③ 사용상 주의사항
　　㉠ 정격 용량에 적합한 것을 사용
　　㉡ 개방형 설치 시 인장력을 받지 않도록 확실한 고정할 것

(2) 배선용 차단기(MCCB : Molded case circuit breaker)
　① 배선용 차단기 종류
　　㉠ 배선보호용, 전동기 보호용
　　㉡ 표면형, 이면형, 삽입형
　　㉢ 단극 1소자, 2극 2소자, 3극 3소자, 4극 3소자
　　㉣ 트립소자가 없는 것, 순시차단식, 직류회로용
　② 배선용 차단기 구조
　　㉠ Mold case
　　㉡ 접촉자
　　㉢ 개폐기구
　　㉣ 과전류 트립 장치
　　㉤ 단자

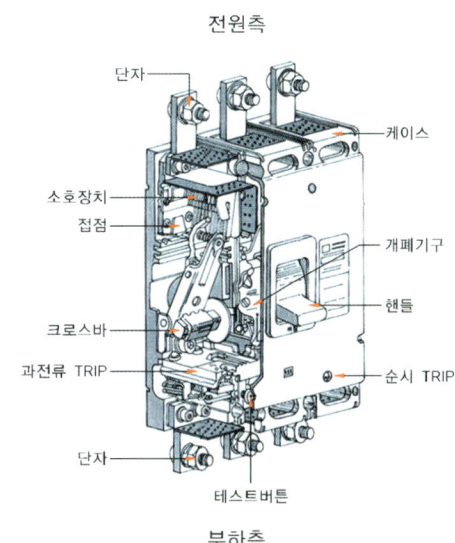

➔ 배선용 차단기 구조

③ 배선용 차단기 사용 예
- ㉠ 조명회로
- ㉡ 콘센트회로
- ㉢ 대형기기 콘센트회로

(3) 누전 차단기(ELB : Earth leakage breaker)
① 누전 차단기 용도
- ㉠ 전기 시설에 누전으로 감전의 우려 시 자동 회로 차단
- ㉡ 누전 전류가 30mA에 0.03초 이내 차단
② 누전 차단기 작동여부 점검
- ㉠ 분전반 개폐기(NFB) 차단
- ㉡ 누전 차단기 시험용 버튼 작동
③ 누전 차단기 구조
- ㉠ 기구부
- ㉡ 전자장치
- ㉢ 구동부(회로)
- ㉣ 영상변류기(ZCT)
- ㉤ 증폭기
④ 누전 차단기 원리
- ㉠ 자기장 발생
- ㉡ 자기장 상쇄
- ㉢ 힘의 불균형
- ㉣ 증폭
- ㉤ 동작

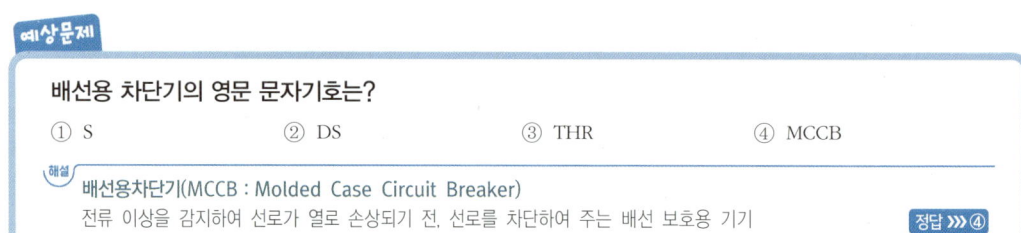

배선용 차단기의 영문 문자기호는?
① S   ② DS   ③ THR   ④ MCCB

해설
배선용차단기(MCCB : Molded Case Circuit Breaker)
전류 이상을 감지하여 선로가 열로 손상되기 전, 선로를 차단하여 주는 배선 보호용 기기

정답 ≫≫ ④

승강기 동력원의 기초 전기
출제예상문제

01 배선용 차단기의 영문 문자기호는?
① S ② DS
③ THR ④ MCCB

해설 배선용차단기(MCCB : Molded Case Circuit Breaker)
전류 이상을 감지하여 선로가 열로 손상되기 전, 선로를 차단하여 주는 배선 보호용 기기

02 직렬로 접속되어 있는 2개 코일의 자기 인덕턴스가 각각 L_1, L_2이며, 상호 인덕턴스가 M, 2개의 코일이 만드는 자속의 방향이 동일 할 경우 합성 인덕턴스 L은?

① $L = L_1 + L^2 + M$
② $L = L_1 + L^2 + 2M$
③ $L = L_1 + L^2 - M$
④ $L = L_1 + L^2 - 2M$

해설 가동 접속(자속이 같은 방향)
① 두 코일에 발생한 자속이 같은 방향으로 접속(가동 접속)
② $L_{ab} = L_1 + L_2 + 2M$ [H]
여기서, M[H] : 상호 인덕턴스
L_1, L_2 : 자체 인덕턴스

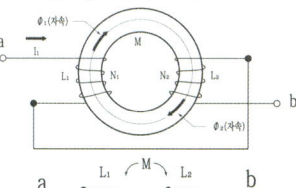

03 그림과 같이 코일에 전류를 흘리면 자력선은 A, B, C, D중 어느 방향인가?

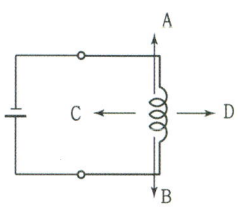

① A ② B
③ C ④ D

해설 아페르의 오른나사 법칙
도선에 흐르는 전류에 의하여 도선의 주위에 자기장이 발생한다.

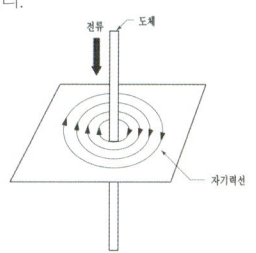

Answer
01 ④ 02 ② 03 ①

04 동일 규격의 축전지 2개를 병렬로 접속하면 전압과 용량의 관계는 어떻게 되는가?

① 전압과 용량이 모두 반으로 줄어든다.
② 전압과 용량이 모두 2배가 된다.
③ 전압은 2배가 되고 용량은 변하지 않는다.
④ 전압은 변하지 않고 용량은 2배가 된다.

해설 콘덴서 병렬접속
① 콘덴서를 2개 이상 병렬로 접속 시 합성정전용량의 역수는 각각의 콘덴서의 정전용량에 합과 같고, 전압은 변하지 않는다.
② 합성용량
  - $C = C_1 + C_2 [F]$
③ 전기량 분해
  - $Q_1 = \dfrac{C_1}{C_1 + C_2} Q [C]$
  - $Q_2 = \dfrac{C_2}{C_1 + C_2} Q [C]$

05 전류의 열작용과 관계있는 법칙은?

① 옴의 법칙
② 줄의 법칙
③ 플레밍의 법칙
④ 키르히호프의 법칙

해설 줄의 법칙
① 도체에 흐르는 전류에 의해 단위 시간 내에 발생하는 열량(줄열)
② $H = I^2 \cdot R \cdot t = P \cdot t [J]$
  여기서, H : 열량[J]
  I : 전류[A]
  R : 저항[Ω]
  t : 시간[sec]
③ $H = \dfrac{1}{4.18} I^2 \cdot R \cdot t = 0.24 I^2 \cdot R \cdot t [cal]$

06 회로에서 합성저항 R은 몇 [Ω]인가?

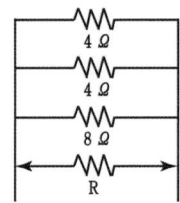

① 1.6Ω
② 4.5Ω
③ 6.0Ω
④ 8.0Ω

해설 저항 병렬접속

합성저항 : $R_0 = \dfrac{1}{\dfrac{1}{R_1} + \dfrac{1}{R_2} \cdots \dfrac{1}{R_n}} [\Omega]$

$\therefore R_0 = \dfrac{1}{\dfrac{1}{4} + \dfrac{1}{4} + \dfrac{1}{8}} = \dfrac{1}{\dfrac{1}{2} + \dfrac{1}{8}} = \dfrac{2 \times 8}{2 + 8} = 1.6 [\Omega]$

07 저항 100Ω에 5A의 전류가 흐르게 하는데 필요한 전압은?

① 220V
② 300V
③ 400V
④ 500V

해설 옴의 법칙(Ohm's law)
① 전압 : $V = I \cdot R [V]$
② 전류 : $I = \dfrac{V}{R} [A]$
③ 저항 : $R = \dfrac{V}{I} [\Omega]$

$\therefore V = I \cdot R = 100 \cdot 5 = 500 [V]$

Answer
04 ④ 05 ② 06 ① 07 ④

08 용량이 1[kW]인 전열기를 2시간 동안 사용하였을 때 발생한 열량은?

① 430kcal ② 860kcal
③ 1720kcal ④ 2000kcal

 줄의 법칙
① 도체에 흐르는 전류에 의해 단위 시간 내에 발생하는 열량(줄열)
② $H = I^2 \cdot R \cdot t = P \cdot t [J]$
여기서, H : 열량[J]
I : 전류[A]
R : 저항[Ω]
t : 시간[sec]
③ $H = \dfrac{1}{4.18} I^2 \cdot R \cdot t = 0.24 I^2 \cdot R \cdot t$ [cal]
∴ $H = 0.24 I^2 \cdot R \cdot t$
$= 0.24 \times 1000 \times 2 \times 3600 = 1728$[kcal]

09 전기력선이 작용하는 공간은?

① 자기 모멘트(magnetic moment)
② 전자석(electromagnet)
③ 전기장(electric field)
④ 전위(electric potential)

 전기력선 수는 전기장의 세기와 전기력선이 통과하는 단면적에 비례한다.
$E = \dfrac{N}{A}$ [V/m]
∴ 전기장의 세기는 단위면적당 통과하는 전기력선 수로 나타낸다.

10 전자력 F = BI(N)과 관계가 깊은 것은?

① 렌쯔의 법칙
② 플레밍의 오른손법칙
③ 오른나사법칙
④ 플레밍의 왼손법칙

 플레밍의 왼손법칙(전동기 회전원리)
① 엄지 : F[N](힘)
② 검지 : B[Wb/m²](자기장)
③ 중지 : I[A](전류)

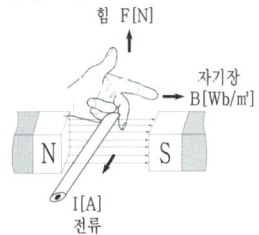

11 200[V] 전압에서 소비전력 100[W]인 전구의 저항은?

① 100[Ω] ② 200[Ω]
③ 300[Ω] ④ 400[Ω]

단상전력
$P = V \cdot I = \dfrac{V^2}{R} = I^2 \cdot R$ [W]
∴ $P = \dfrac{V^2}{R} \Leftrightarrow 100 = \dfrac{200^2}{R}$
$\Leftrightarrow R = \dfrac{40000}{100} = 400$ [Ω]

Answer
08 ③ 09 ③ 10 ④ 11 ④

12 다음 회로에서 전류는?

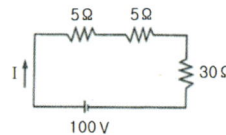

① 1.5[A] ② 2.5[A]
③ 3.5[A] ④ 4[A]

해설 옴의 법칙(Ohm's law)
① 전압 : $V = I \cdot R$ [V]
② 전류 : $I = \dfrac{V}{R}$ [A]
③ 저항 : $R = \dfrac{V}{I}$ [Ω]

- $I = \dfrac{V}{R} = \dfrac{100}{5+5+30} = \dfrac{100}{40} = 2.5$ [A]

13 코일에 전류가 흘러 그 말단에 역기전력을 일으킬 때의 전류의 방향과 유도 기전력의 방향에 관계되는 법칙은?

① 렌쯔의 법칙
② 플레밍의 왼손법칙
③ 키르히호프의 법칙
④ 패러데이의 법칙

해설 전자유도
① 전자유도 : 자속의 변화로 도체에 기전력 발생
② 유도기전력 : 전자유도에 의해 발생된 전압
③ 유도전류 : 전자유도에 의해 흐르는 전류
④ 렌쯔의 법칙 : 유도기전력은 자속의 변화를 방해하려는 방향으로 발생
⑤ 패러데이 법칙 : 단위시간동안에 코일을 쇄교하는 자속의 변화량과 코일의 권수에 비례
⑥ $e = -N \dfrac{\Delta \Phi}{\Delta t}$ [V]

여기서, e : 유기기전력
N : 코일의 권수
$\Delta \Phi$: 자속의 변화량
Δt : 단위시간(sec)
- : 역방향(렌쯔의 법칙)

14 120[Ω]의 저항 4개를 접속하여 얻을 수 있는 가장 작은 저항 값은?

① 10[Ω] ② 20[Ω]
③ 30[Ω] ④ 40[Ω]

해설 저항 값이 가장 작은 방법은 병렬접속의 합성저항

- 합성저항 : $R_0 = \dfrac{1}{\dfrac{1}{R_1} + \dfrac{1}{R_2} \cdots \dfrac{1}{R_n}}$ [Ω]

$\therefore R_0 = \dfrac{1}{\dfrac{1}{120} + \dfrac{1}{120} + \dfrac{1}{120} + \dfrac{1}{120}} = \dfrac{1}{\dfrac{4}{120}}$

$= \dfrac{120}{4} = 30$ [Ω]

15 1HP(마력)을 W(와트)로 환산하면?

① 746[W] ② 756[W]
③ 765[W] ④ 860[W]

해설 1마력 = 0.75kW
1마력 = 0.746kW = 745W

16 1kWh를 줄[joule]로 환산하면?

① 3.6×10^3 [J] ② 3.6×10^4 [J]
③ 3.6×10^5 [J] ④ 3.6×10^6 [J]

해설
- 1[W] = 1[J/s] = 0.24[cal/s]
- 1[kW] = 0.24[kcal/s]
- 1[kWh] = 1000 × 3600[W·s]
  = 1000 × 3600[J] = 3.6×10^6 [J]
  = 0.24 × 1000 × 3600[kcal]
  ≒ 860[kcal]

Answer
12 ② 13 ① 14 ③ 15 ① 16 ④

17 두 전하 사이에서 작용하는 힘(쿨롱의 법칙)을 설명한 것은?

① 두 전하의 곱에 반비례하고 거리에 비례한다.
② 두 전하의 곱에 반비례하고 거리의 제곱에 비례한다.
③ 두 전하의 곱에 비례하고 거리에 반비례한다.
④ 두 전하의 곱에 비례하고 거리의 제곱에 반비례한다.

해설 쿨롱의 법칙
① 두 점전하 사이에 작용하는 정전기력의 크기는 두 전하의 곱에 비례하고, 전하 사이의 거리의 제곱에 반비례 한다.

② 유전율 ε인 유전체 중에서의 정전기력(F) 식
$$F = \frac{1}{4\pi\varepsilon} \times \frac{Q_1 Q_2}{r^2} [N]$$
여기서, Q : 전하
r : 두 전하의 거리
ε : 유전율
③ 유전율(ε) 식
$\varepsilon = \varepsilon_0 \varepsilon_s [F/m]$
여기서, ε_0 : 진공중의 유전율
ε_s : 비유전율

18 전선의 길이를 고르게 2배로 늘리면 단면적은 1/2로 된다. 이때의 저항은 처음의 몇 배가 되는가?

① 4배   ② 2배
③ 0.5배 ④ 0.25배

해설 저항(Resistance)
$R = \rho \frac{\ell}{A} [\Omega]$
여기서, R : 저항 $[\Omega]$
ρ : 고유저항 $[\Omega \cdot m]$
ℓ : 도체의 길이[m]
A : 도체의 단면적[m^2]
$\therefore R = \rho \frac{\ell}{A} = \rho \frac{2\ell}{\frac{1}{2}A} = 4 \times \rho \frac{\ell}{A} [\Omega]$

19 용량이 1[kW]인 전열기를 2시간 동안 사용하였을 때 발생한 열량은?

① 430kcal   ② 860kcal
③ 1720kcal ④ 2000kcal

해설 줄의 법칙
① 도체에 흐르는 전류에 의해 단위 시간 내에 발생하는 열량(줄열)
② $H = \frac{1}{4.18} I^2 \cdot R \cdot t = 0.24 I^2 \cdot R \cdot t [cal]$
③ $P = VI = I^2 R = \frac{V^2}{R} [kW]$
$\therefore H = 0.24 I^2 \cdot R \cdot t = 0.24 \times P \times 2h$
$= 0.24 \times 1000 \times 3600 = 864 [kcal]$
- 1[kWh] = 1000 × 3600[W·s]
  = 1000 × 3600[J] = 3.6 × 10^6[J]
  = 0.24 × 1000 × 3600[kcal]
  = 864[kcal]

20 자기저항에 관한 설명 중 옳은 것은? (단, 자기회로 = ℓ, 자로의 단면적 = A, 투자율 = μ이다.)

① 자기회로의 ℓ에 반비례하고 A와 μ의 곱에 비례한다.
② 자기회로의 ℓ에 비례하고 A와 μ의 곱에 비례한다.
③ 자기회로의 ℓ에 반비례하고 A와 μ의 곱에 반비례한다.
④ 자기회로의 ℓ에 비례하고 A와 μ의 곱에 반비례한다.

해설 자기 저항 R_m [A/Wb]
① 도선 길이 ℓ에 비례
② 자속 쇄교 면적 A, 투자율 μ이 클수록 자기저항이 작아짐
③ $R_m = \frac{\ell}{\mu A}$ [AT/Wb]

Answer
17 ④   18 ①   19 ②   20 ④

21 동일 규격의 축전지 2개를 병렬로 접속하면 전압과 용량의 관계는 어떻게 되는가?

① 전압과 용량이 모두 반으로 줄어든다.
② 전압과 용량이 모두 2배가 된다.
③ 전압은 2배가 되고 용량은 변하지 않는다.
④ 전압은 변하지 않고 용량은 2배가 된다.

해설
① 병렬접속 시
   전압 ⇒ 전압의 크기는 1개와 같고, 용량은 2배이다.
② 직렬접속 시
   전압 ⇒ 전압의 크기는 2배이고, 용량은 1개와 같다.

22 전류의 열작용과 관계있는 법칙은?

① 옴의 법칙
② 줄의 법칙
③ 플레밍의 법칙
④ 키르히호프의 법칙

해설
① 도체에 흐르는 전류에 의해 단위 시간 내에 발생하는 열량(줄열)
② $H = \dfrac{1}{4.18} I^2 \cdot R \cdot t = 0.24 I^2 \cdot R \cdot t$ [cal]
③ $P = VI = I^2 R = \dfrac{V^2}{R}$ [kW]

23 Y 결선의 상전압이 V[V]이다. 선간전압은?

① 3V
② $\sqrt{3}$ V
③ V/3
④ V²/3

해설 Y(성형)결선과 전압, 전류
① 전원과 부하를 Y형으로 접속하는 방법
② 전압 : $Vℓ = \sqrt{3} VP \angle \dfrac{\pi}{6}$[V]
③ 전류 : $Iℓ = IP$[A]
④ 위상차이 : 선간전압이 상전압보다 $\dfrac{\pi}{6}$[rad](30°) 만큼 앞선다.(선간전류와 상전류는 같다)

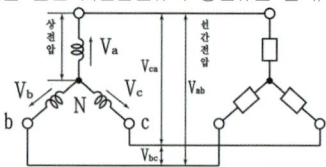

24 다음 회로에서 A, B 간의 합성용량은 몇 μF 인가?

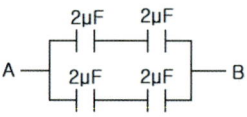

① 1
② 2
③ 4
④ 8

해설 직렬접속 시

• 합성정전용량 C[F]
  ⇒ $C = \dfrac{C_1 \cdot C_2}{C_1 + C_2} = \dfrac{2 \cdot 2}{2+2} = 1$[μF]

병렬접속 시

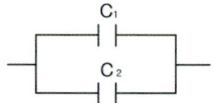

• 합성정전용량 C[F]
  ⇒ $C = C_1 + C_2 = 1 + 1 = 2$[μF]

Answer
21 ④ 22 ② 23 ② 24 ②

25 진공 중에서 1Wb인 같은 크기의 두 자극을 1m 거리에 놓았을 때 작용하는 힘은 몇 N 인가?

① 6.33×10^3　② 6.33×10^4
③ 6.33×10^5　④ 6.33×10^8

해설 자기에 대한 쿨롱의 법칙
$$F = \frac{1}{4\pi\mu_0} \cdot \frac{m_1 m_2}{r^2} [\text{N}]$$
(진공 중 $\mu_0 = 4\pi \times 10^{-7}$ [H/m], $\mu_s = 1$)
$$\therefore F = 6.33 \times 10^4 \cdot \frac{m_1 m_2}{r^2} = 6.33 \times 10^4 \cdot \frac{1 \times 1}{1^2}$$
$$= 6.33 \times 10^4 [\text{N}]$$

26 RLC직렬회로에서 직렬 공진시 최대가 되는 것은?

① 전압
② 전류
③ 저항
④ 주파수

해설 직렬공진
① $X_L = X_C$ 경우 Z(임피던스)의 허수부는 '0'이 된다.
② 저항만 있는 회로(전압과 전류의 위상차가 동상)
③ Z(임피던스) : 최소, I(전류) : 최대
④ 역률 : $\cos\theta = \frac{R}{Z} = \frac{R}{R} = 1$
⑤ 공진주파수 : $f_0 = \frac{1}{2\pi\sqrt{LC}}$ [Hz]
　　(조건 : $\omega L = \frac{1}{\omega C}$)

27 콘덴서의 정전용량이 증가 되는 경우를 모두 나열한 것은?

ⓐ 전극의 면적을 증가시킨다.
ⓑ 비유전율이 큰 유전체를 사용한다.
ⓒ 전극사이의 간격을 증가시킨다.
ⓓ 콘덴서에 가하는 전압을 증가시킨다.

① ⓐ　② ⓐ, ⓑ
③ ⓐ, ⓑ, ⓒ　④ ⓐ, ⓑ, ⓒ, ⓓ

해설 평행판 도체의 정전용량
평행한 두 금속판을 일정한 간격과 면적이 같은 두 금속사이에 전압을 가하면, $+Q[\text{C}]$와 $-Q[\text{C}]$의 전하가 축적된다.(절연물의 유전율은 ε [F/m])
$$C = \frac{Q}{V} = \frac{\varepsilon A}{\ell} [\text{F}]$$
여기서, $A[\text{m}^2]$: 단면적
　　　　$\ell[\text{m}]$: 두 금속 사이
　　　　$\varepsilon[\text{F/m}]$: 유전율

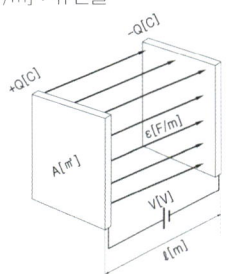

Answer
25 ②　26 ②　27 ②

28 최대눈금이 200[V], 내부저항이 20000[Ω]인 직류 전압계가 있다. 이 전압계로 최대 600[V]까지 측정하려면 외부에 직렬로 접속할 저항은 몇 [KΩ]인가?

① 20   ② 40
③ 60   ④ 80

해설 배율기(m)

$$m = 1 + \frac{R_m}{R_s}$$

여기서, R_m : 전압계 저항
R_s : 배율기 저항

∴ $R_m = (m-1) \cdot R_s = (\frac{600}{200} - 1) \cdot 20000$
$= 2 \cdot 20000 = 40[kΩ]$

29 2[V]의 기전력으로 20[J]의 일을 할 때 이동한 전기량은 몇 [C]인가?

① 0.1   ② 10
③ 40   ④ 24000

해설 1[V]

두점 사이를 1[C]의 전하가 이동하는데 소요되는 에너지가 1[J]일 때 두점 사이의 전위차를 말한다.

$$E = \frac{W}{Q}[V]$$

여기서, $Q[C]$: 전하
$W[J]$: 일
$E[V]$: 기전력

∴ $Q = \frac{W}{E} = \frac{20}{2} = 10[C]$

30 그림은 정류회로의 전압파형이다. 입력 전압은 사인파로 실효값이 100[V]일 때 출력 파형의 평균값 Va[V]는?

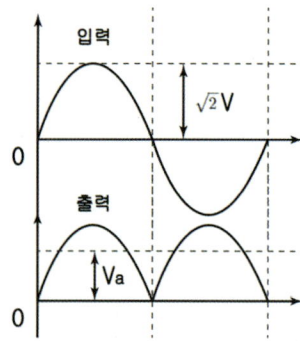

① 약 45[V]   ② 약 70[V]
③ 약 90[V]   ④ 약 110[V]

해설 평균값(Va)

$$V_a = \frac{2V_m}{\pi}[V]$$

여기서, V_m : 교류최대 값 $V_m = \sqrt{2}\,V$(실효값)

∴ $V_a = \frac{2V_m}{\pi} = \frac{2 \times \sqrt{2}\,V}{\pi} = \frac{2 \times \sqrt{2} \times 100}{3.14}$
$= 90.077[V]$

31 자기인덕턴스 L[H]의 코일에 전류 I[A]를 흘렸을 때 여기에 축적되는 에너지 W는 몇 [J]인가?

① $W = L \cdot I^2$ ② $W = \frac{1}{2}L \cdot I^2$
③ $W = 2L \cdot I^2$ ④ $W = (2I^2)/L$

해설 축적된 에너지(W)

$$W = \frac{1}{2}L \cdot I^2 [J]$$

Answer
28 ②   29 ②   30 ③   31 ②

32 전압 220[V], 전류 20[A], 역률 0.6인 3상 회로의 전력은 약 몇 [kW]인가?

① 4.6　　② 4.8
③ 5.0　　④ 5.2

 3상 교류전력 : 유효전력(P[W])
$P = \sqrt{3}\,V_\ell I_\ell \cos\theta$ [W]
∴ $P = \sqrt{3}\,V_\ell I_\ell \cos\theta = \sqrt{3} \times 220 \times 20 \times 0.6$
　 $= 4572.48$[W] ≒ 4.6[kW]

33 진공 중에서 m[Wb]의 자극으로부터 나오는 총 자력선의 수는 어떻게 표현되는가?

① $\dfrac{m}{4\pi\mu_0}$　　② $\dfrac{m}{\mu_0}$

③ $\mu_0 m$　　④ $\mu_0 m^2$

 자력선
자기장의 세기와 방향을 선으로 나타낸 것의 전위차를 말한다.
- 자기장 내에 임의의 점자하에 작용하는 힘의 크기와 방향을 표시

※ $H = \dfrac{1}{4\pi\mu} \times \dfrac{m_1}{r^2}$ [AT/m]

∴ 진공 중 ⇒ $H = \dfrac{1}{4\pi\mu_0} \times \dfrac{m_1}{r^2}$ [AT/m]

⇒ $\dfrac{m}{\mu_0}$ (자력선 수)

34 직류전위차계에 대한 설명으로 옳은 것은?

① 전압계를 회로에 병렬로 접속하여 측정한다.
② 3[V] 이상의 직류전압을 정밀하게 측정한다.
③ 배율기를 사용하여 고전압을 측정한다.
④ 1[V] 이하의 직류전압을 정밀하게 측정한다.

 직류 전위차계
① 전류를 흘리지 않고 전위차를 표준전지의 기전력과 비교하여 정밀한 전압을 측정하는 계기. 분압기의 원리를 이용
② 분압기 : 전압을 저항에 의해 분압하는 것.
③ 전압을 측정하고자 할 때 정확한 기전력을 알려면 전류를 흘리지 않고 측정

35 정현파 교류에서 시간의 변화에 따라 시시각각 다르게 나타나는 값은?

① 최대값　　② 실효값
③ 순시값　　④ 파고값

해설 순시 값
① 교류 전압 또는 전류는 시간에 따라 계속 변하고 있어 어느 순간 교류의 값
② 교류전압의 순시 값 : $v = V_m \sin\omega t$ [V]
③ 교류전류의 순시 값 : $i = I_m \sin\omega t$ [A]
- V_m : 최대전압
- I_m : 최대전류

Answer
32 ①　33 ②　34 ④　35 ③

36 권수 N의 코일에 I[A]의 전류가 흘러 권선 1회의 코일에서 자속 Φ[Wb]가 생겼다면 자기인덕턴스(L)는 몇 [H]인가?

① $L = \dfrac{\Phi}{N}$ ② $L = IN\Phi$

③ $L = \dfrac{N\Phi}{I}$ ④ $L = \dfrac{IN}{\Phi}$

해설 자기인덕턴스(L)
전류의 변화에 의해 생기는 쇄교 자속의 비율
$L = \dfrac{N\Phi}{I}$ [H]

37 정전용량이 같은 두 개의 콘덴서를 병렬로 접속하였을 때의 합성용량은 직렬로 접속하였을 때의 몇 배인가?

① 2 ② 4
③ 1/2 ④ 1/4

해설 병렬접속
① 콘덴서를 2개 이상 병렬로 접속 시 합성정전용량의 역수는 각각의 콘덴서의 정전용량에 합과 같다.
② 합성정전용량 C[F]
 $C = C_1 + C_2 = 1 + 1 = 2$[F] ($C = 1$[F])

직렬접속
① 콘덴서를 2개 이상 직렬로 접속 시 합성정전용량의 역수는 각각의 콘덴서의 정전용량에 역수의 합과 같다.
② 합성정전용량 C[F]
 $C = \dfrac{1}{\dfrac{1}{C_1} + \dfrac{1}{C_2}} = \dfrac{1}{2} = 0.5$[F] ($C = 1$[F])

∴ 병렬접속 시 : 2 직렬접속 시 : 0.5 합성용량은 4배 차이가 된다.

38 그림과 같은 회로의 역률은 약 얼마인가?

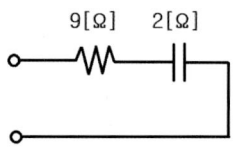

① 0.74 ② 0.80
③ 0.86 ④ 0.98

해설 RC직렬회로
① 저항 R[Ω]과 정전용량 C[F]을 직렬 접속한 회로
② 임피던스 : 회로에 가한 전압과 전류의 비
• $Z = \sqrt{R^2 + X_C^2} = \sqrt{R^2 + \left(\dfrac{1}{\omega C}\right)^2}$
  $= \sqrt{R^2 + \left(\dfrac{1}{2\pi f C}\right)^2}$ [Ω]

③ 역률
• $\cos\theta = \dfrac{R}{Z} = \dfrac{R}{\sqrt{R^2 + X_C^2}} = \dfrac{R}{\sqrt{R^2 + \left(\dfrac{1}{\omega C}\right)^2}}$
  $= \dfrac{R}{\sqrt{R^2 + \left(\dfrac{1}{2\pi f C}\right)^2}}$

• 위상차이 : 전압(V)의 위상은 전류(I)보다 θ [rad]만큼 뒤진다.

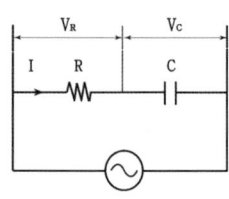
(a) RC직렬회로

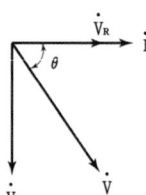
(b) 전압벡터도

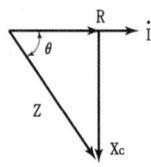
(c) 임피던스 벡터도

∴ $\cos\theta = \dfrac{R}{Z} = \dfrac{R}{\sqrt{R^2 + X_C^2}} = \dfrac{9}{\sqrt{9^2 + 2^2}}$
$= \dfrac{9}{\sqrt{85}} = \dfrac{9}{9.22} \fallingdotseq 0.98$

Answer
36 ③ 37 ② 38 ④

39 RLC 소자의 교류회로에 대한 설명 중 틀린 것은?

① R 만의 회로에서 전압과 전류의 위상이 동상이다.
② L만의 회로에서 저항성분을 유도성 리액턴스 XL이라 한다.
③ C만의 회로에서 전류는 전압보다 위상이 90° 앞선다.
④ 유도성 리액턴스 XL = 1/wL 이다.

해설 인덕턴스(L)만의 회로
① 전압이 전류보다 위상차가 90°($\frac{\pi}{2}$[rad]) 앞선다.
② 전압과 전류의 관계
 • $I = \frac{V}{\omega L}[A]$
 • $X_L = \omega L = 2\pi f L[\Omega]$
 여기서, ω[rad/s] : 각속도
  $XL[\Omega]$: 유도리액턴스
  L[H] : 인덕턴스
  f[Hz] : 주파수

40 교류회로에서 유효전력이 P[W]이고 피상전력이 Pa[VA]일 때 역률은?

① $\sqrt{P+P_a}$ ② $\frac{P}{P_a}$
③ $\frac{P_a}{P}$ ④ $\frac{P}{P+P_a}$

해설
• 유효전력(평균전력) : 교류회로에서 부하에 유효하게 작용하는 전력(실수부)
 $P = VI\cos\theta = I^2R = \frac{V^2}{R}$[W]
• 무효전력 : 교류회로에서 부하에 무효하게 작용하는 전력(허수부)
 $P_r = VI\sin\theta = I^2X = \frac{V^2}{X}$[Var]
• 피상전력 : 교류회로에 위상차 고려 없이 전압과 전류의 크기
 – $P_a = VI = I^2Z = \frac{V^2}{Z}$[VA]
 – 크기 : $P_a = \sqrt{P^2 + P_r^2}$[VA]

– 위상 : $\theta = \tan^{-1}\frac{P_r}{P}$

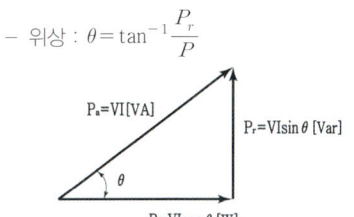

• 역률 : 교류회로에서 공급된 전력이 부하에서 유효하게 작용되는 비율
 $\cos\theta = \frac{P}{P_a} = \frac{R}{Z} = \frac{P}{VI}\times 100$
• 무효율
 $\sin\theta = \frac{P_r}{P_a} = \frac{X}{Z} = \frac{P_r}{VI}\times 100 = \sqrt{1-\cos^2\theta}$

41 그림은 정류회로의 전압파형이다. 입력 전압은 사인파로 실효값이 100[V]일 때 출력파형의 평균값 Va[V]는?

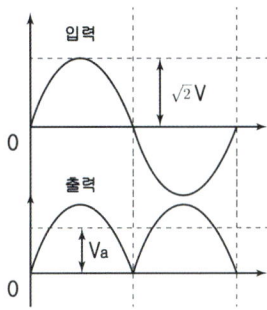

① 약 45[V] ② 약 70[V]
③ 약 90[V] ④ 약 110[V]

해설 평균값(Va)
 $V_a = \frac{2V_m}{\pi}$[V]
 (V_m : 교류최대 값 $V_m = \sqrt{2}\,V$(실효값))
 ∴ $V_a = \frac{2V_m}{\pi} = \frac{2\times\sqrt{2}\,V}{\pi} = \frac{2\times\sqrt{2}\times 100}{3.14}$
  $= 90.077$[V]

Answer
39 ④ 40 ② 41 ③

42 3상 농형 유도전동기 기동 시 공급전압을 낮추어 기동하는 방식이 아닌 것은?

① 전전압 기동법
② Y-Δ 기동법
③ 리액터 기동법
④ 기동보상기 기동법

해설 전전압 기동
① 정격전압을 직접 유도전동기에 가해 기동
② 기동전류가 5~7배 정도가 흐르게 되어 큰 전원설비 필요
③ 5[kW] 이하의 전원설비에 사용

Y-Δ 기동
① 5[kW]~15[kW], 전원설비에 사용
② 기동전류 1/3배 감소(전부하의 50~200%)
③ 기동토크 1/3배 감소(전부하의 40~50%)
• 기동 보상기에 의한 기동

Answer
42 ①

CHAPTER 05 승강기 구동 기계기구 작동 및 원리

제1절 직류전동기

01 직류기의 기본

(1) 직류기의 개요

① **직류 발전기** : 기계에너지를 전기에너지로 변환 시키는 동력장치(직류 전압)
② **직류 전동기** : 전기에너지를 기계에너지로 변환 시키는 회전 기계장치
③ **직류 기전력의 발생**
  ㉠ 플레밍의 오른손 법칙에 따라 자기장 중에 놓여 있는 도체를 운동시켜서 도체 양단에 유도 기전력을 발생
  ㉡ $e = B\ell v$[V]
    여기서, B : 자속밀도[Wb/m²]
        ℓ : 도체의 길이[m]
        v : 도체의 회전속도[m/s]

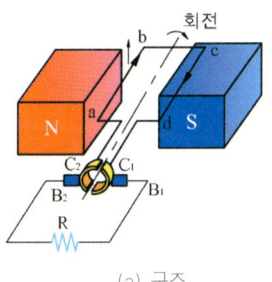

(a) 구조   (b) 파형

직류 발전기의 원리

(2) 직류기의 구조

　① 직류기의 구성

　　㉠ 계자(field)

　　㉡ 전기자(armature)

　　㉢ 정류자(commutator)

　　㉣ 브러시(brush)

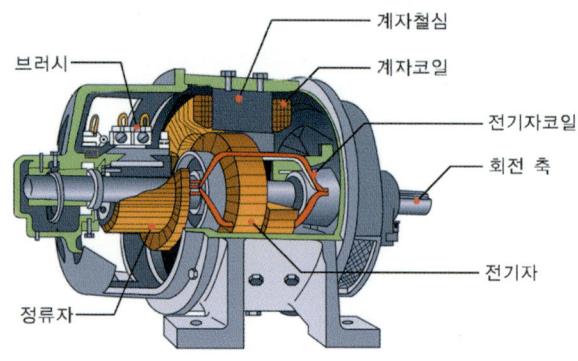

➡ 직류발전기의 구조

　② 계자(field)

　　㉠ 계자권선에 전류가 흐르면 전기자를 통하는 자속이 발생

　　㉡ 계자권선, 철심, 자극 및 계철로 구성

　　㉢ 계자철심의 두께는 0.8~1.6mm 연강판

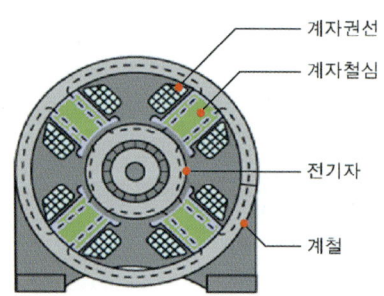

➡ 4극 발전기 자극 배치

　③ 전기자(armature)

　　㉠ 계자에서 만든 자속을 끊어서 기전력을 유도

　　㉡ 전기자철심, 전기자권선, 정류자 및 축으로 구성

　　㉢ 중권과 파권의 전기자 권선법 비교

▶▶ 피권과 중권의 비교

비교항목	파권(직렬)	중권(병렬)
병렬회로수	2	P(극수)
브러시 수	2	P(극수)
용도	소전류, 고전압	대전류, 저전압

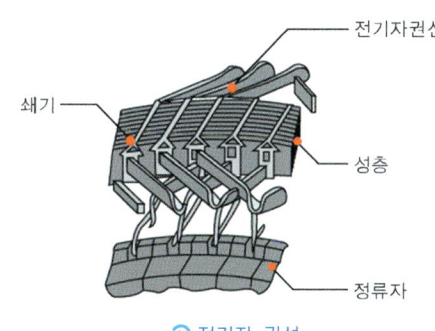

→ 전기자 권선

④ 정류자(commutator)
  ㉠ 전기자 권선에서 유기된 교류를 직류로 바꾸어 주는 장치
  ㉡ 운전 중 항상 브러시와 접촉(마찰로 인한 불꽃발생)

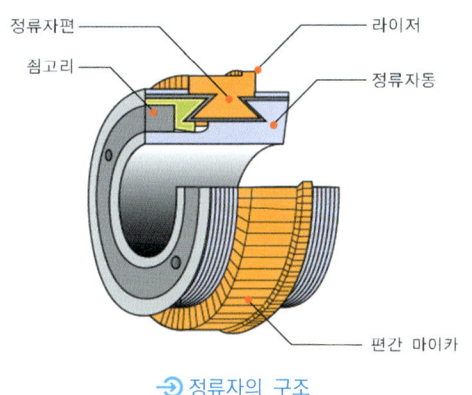

→ 정류자의 구조

예상문제

직류기의 3요소가 아닌 것은?
① 계자   ② 전기자   ③ 보극   ④ 정류자

해설
직류기 구성
① 계자(field)
② 전기자(armature)
③ 정류자(commutator)
④ 브러시(brush)
• 보극 : 전기자 반작용에 대한 대책

정답 ≫≫ ③

제5장 승강기 구동 기계기구 작동 및 원리 | 393

⑤ 브러시
  ㉠ 정류자면에 접촉하여 전기자 권선과 외부 회로를 연결
  ㉡ 탄소브러시, 흑연브러시, 전기 흑연브러시, 금속 흑연브러시 등
  ㉢ 접촉저항과 마모성이 적고, 기계적 강도가 클 것

02 직류 발전기의 이론

(1) 유도 기전력

① 전기자 도체 1개에 유도되는 기전력

$$e = B\ell v = B\ell \frac{2\pi r N}{60} [\text{V}]$$

여기서, B : 평균자속밀도[Wb/m²]
  ℓ : 코일변의 유효길이[m]
  v : 전기자 권선의 주변속도[m/s]
  N : 회전수[rpm]

② 전체 유도 기전력 E

$$E = e \times \frac{Z}{a} = P\Phi n \frac{Z}{a} = \frac{PZ\Phi n}{a} = \frac{PZ\Phi N}{60a}$$

여기서, Φ : 자속
  a : 병렬회로수
  P : 극수
  Z : 도체수
  N : 회전수

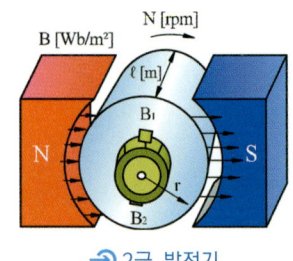

▶ 2극 발전기

(2) 전기자 반작용

① 전기자 반작용 현상
  ㉠ 코일이 자극의 중성축에 있을 때 도 전압을 유기시켜 브러시 사이에 불꽃을 발생한다.
  ㉡ 주자속의 분포를 찌그러 뜨려 중성축을 이동시킨다.
  ㉢ 주자속을 감소시켜 유도 전압을 감소시킨다.

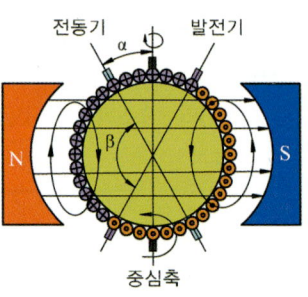

▶ 자속분포 및 중성축 위치

② 전기자 반작용에 대한 대책
  ㉠ 브러시 위치를 전기적 중성점으로 이동
  ㉡ 보상 권선을 설치
  ㉢ 보극을 설치

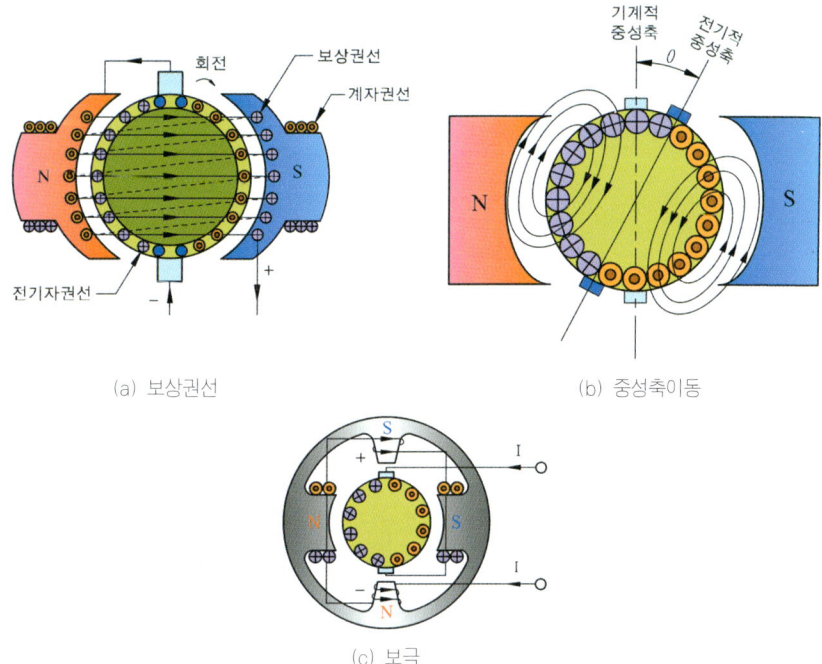

→ 전기자 반작용 대책

예상문제

직류기에서 전기자 반작용의 영향이 아닌 것은?
① 주자속이 감소한다.   ② 전기적 중성축이 이동한다.
③ 브러시와 정류자편에 불꽃이 발생한다.   ④ 기계적인 효율이 좋다.

해설 전기자 반작용 현상
① 코일이 자극의 중성축에 있을 때 도 전압을 유기시켜 브러시 사이에 불꽃을 발생한다.
② 주자속의 분포를 찌그러 뜨려 중성축을 이동시킨다.
③ 주자속을 감소시켜 유도 전압을 감소시킨다.

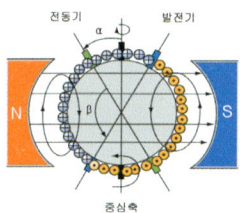

정답 ≫≫ ④

03 직류 전동기의 이론

(1) 직류 전동기의 원리

① 자기장 안에 코일이 회전하도록 설치하고 직류 전류를 흘리면 전자력이 작용한다.

② 직류 전동기의 구조

㉠ 계자, 전기자, 정류자, 브러시

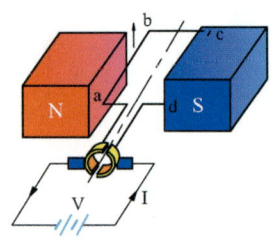

→ 직류 전동기 원리

③ 직류 전동기의 역기전력과 전기자 전류

㉠ 역기전력 $E_0 = \dfrac{PZ}{a}\Phi n = \dfrac{PZ}{a}\Phi \dfrac{N}{60} = K\Phi N$ [V]

$K = \dfrac{PZ}{60a}$ 발전기의 유기 기전력과 크기가 같다.

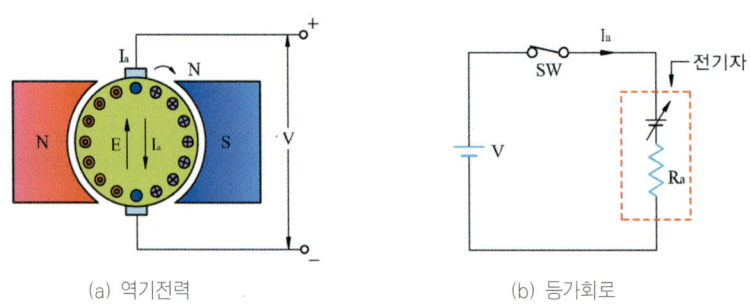

(a) 역기전력   (b) 등가회로

→ 직류 전동기 역기전력 및 등가회로

㉡ 전기자 전류 $I_a = \dfrac{V-E}{R_a} = \dfrac{V-K\Phi N}{R_a}$ [A]

단자전압 $V = E + R_a I_a$

04 직류 전동기의 출력 및 토크

(1) 직류 전동기 토크(회전력)

① $\tau = \dfrac{EI_a}{2\pi n} = \dfrac{PZ}{2\pi a}\Phi I_a = K_T \Phi I_a [\text{N}\cdot\text{m}]$

② $\tau = \dfrac{EI_a}{\omega} = \dfrac{P_m}{\omega}[\text{kg}\cdot\text{m}] = \dfrac{1}{9.8}K_2\Phi I_a$

$(\omega = 2\pi n = 2\pi \dfrac{N}{60}[\text{kg}\cdot\text{m}])$

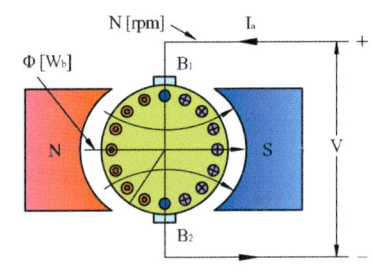

▶ 직류 전동기 토크

(2) 기계적 출력

$P_m = \omega\tau = 2\pi n\tau = EI_a[\text{W}]$

(3) 출력(회전자 출력)

$P = P_m - 손실 = P_m - (철손 + 기계손)[\text{W}]$

예상문제

토크 10[kg·m], 회전수 500rpm인 전동기의 축 동력은?

① 약 2kW   ② 약 5kW
③ 약 10kW   ④ 약 20kW

해설

$P = \omega\tau = \dfrac{2\pi N}{60}\tau[\text{W}]$

$\therefore P = \dfrac{2\pi N}{60}\tau = \dfrac{2 \times 3.14 \times 500 \times 10 \times 9.8}{60} = 5128.66[\text{W}] ≒ 5[\text{W}](1[\text{kg}\cdot\text{m}] \rightarrow 9.8[\text{N}\cdot\text{m}])$

정답 ▶▶▶ ②

05 직류 전동기의 종류 및 특성

(1) 타여자 전동기

① 속도 특성

$$N = k\frac{E_0}{\Phi} = k\frac{V - I_a R_a}{\Phi} [\text{rpm}] (\text{속도는 전류의 증가에 따라 저하 한다.})$$

여기서, $k = \dfrac{60 \cdot a}{PZ}$

E_0 : 역기전력, R_a : 전기자 저항

Φ : 자속, a : 병렬회로수

P : 극수, Z : 도체수

예상문제

직류전동기에서 자속이 감소되면 회전수는 어떻게 되는가?
① 정지 ② 감소 ③ 불변 ④ 상승

해설
$N = K\dfrac{V - I_a R_a}{\Phi} \text{rpm}$
① 자속이 감소하면 회전 속도는 증가
② 공급 전압이 감소하면 회전속도 감소
③ 전기자 저항이 증가하면 회전속도 감소

정답 ▶▶▶ ④

---

② 토크 특성

$T = k_2 \Phi I_a [\text{N} \cdot \text{m}]$

여기서, $k_2 = \dfrac{PZ}{2\pi a}$

a : 병렬회로수, P : 극수

Z : 도체수

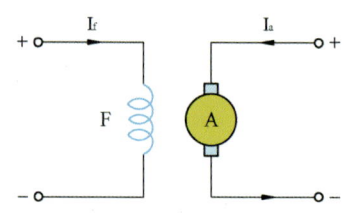

→ 타여자 전동기

여기서, F : 계자코일, A : 전기자

I_f : 계자 전류, I_a : 전기자 전류

(2) 자여자 전동기

　① 직권 전동기

　　㉠ 속도특성

$$N = k\frac{V-(R_a+R_s)I_a}{\varPhi}[\text{rpm}]$$

　　　여기서, $k = \dfrac{60 \cdot za}{PZ}$

　　　　R_s : 계자저항
　　　　$\varPhi$: 자속
　　　　a : 병렬회로수
　　　　P : 극수
　　　　Z : 도체수

　　㉡ 토크특성

$$\tau \propto I^2,\ \tau = \frac{1}{N^2}$$

　② 분권 전동기

　　㉠ 속도특성

$$N = k\frac{E}{\varPhi} = k\frac{V-I_aR_a}{\varPhi}[\text{rpm}]$$

　　　여기서, $k = \dfrac{60 \cdot a}{PZ}$

　　　　R_a : 전기자 저항
　　　　$\varPhi$: 자속
　　　　a : 병렬회로수
　　　　P : 극수
　　　　Z : 도체수

　　㉡ 토크특성

$$\tau \propto I,\ \tau = \frac{1}{N}$$

　③ 복권 전동기
　　• 가동 복권 전동기
　　• 차동 복권 전동기

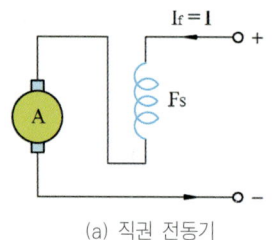
(a) 직권 전동기

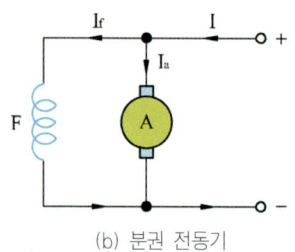
(b) 분권 전동기

→ 직류 전동기의 종류

여기서, F : 계자코일, F_S : 직권 계자코일
A : 전기자, I : 전동기 전류
I_f : 계자 전류, I_a : 전기자 전류

예상문제

정속도 전동기에 속하는 것은?
① 타여자 전동기 ② 직권 전동기
③ 분권 전동기 ④ 가동복권 전동기

해설
타여자 전동기
① 타여자 전동기는 계자 권선에 공급되는 전류가 전기자 전류와 다른 전원을 사용
② 자속이 일정하여 정속도 특성을 갖는다.

분권 전동기(shunt motor)
① 부하변동에 따른 속도변화가 적다.(정속도 특성)
② 계자극 권선과 전기자 권선이 병렬로 연결된 직류전동기이다.
③ 컨베이어벨트, 공작기계 등에 사용된다.

정답 ≫≫ ①,③

---

06 직류 전동기 속도제어법

(1) 계자 제어법

　① 계자 전류를 조정하여 계자속 φ를 변화시켜 속도를 제어하는 방법이다.
　② 제어하는 전류가 작아, 손실이 작다.
　③ 광범위하게 속도 조정을 할 수 있다.
　④ 정출력 가변속도의 용도에 적합하다.

(2) 저항 제어법

　① 회로에 저항을 가감하여 속도를 제어하는 방법이다.
　② 계자전류보다 훨씬 큰 전기자전류가 흐른다.

③ 전력손실이 크고, 효율이 나쁘다.
④ 속도 변동률이 크게 되어 특성이 나쁘다.

(3) 전압 제어법

① 전기자에 단자 전압을 변화하여 속도를 조정하는 방법이다.
② 광범위한 속도 조정이 가능하다.
③ 정토크 가변 속도의 용도에 적합하다.
   ㉠ 워드 레오나드 방식
   ㉡ 일그너방식

07 전기 제동법

(1) 발전제동

운전 중 전동기를 전원으로부터 분리시켜 발전기로 작용, 발전된 전기에너지를 저항에서 열에너지로 소비시키며 제동하는 방법

(2) 회생제동

운전 중 전동기를 전원으로부터 분리시켜 발전시켜 변환된 전기에너지를 전원으로 반환하여 제동하는 방법

(3) 역상제동

운전 중 2선의 접속을 반대로 바꾸어 회전 방향의 역방향으로 토크를 발생시켜서 급 정지 또는 역전시켜 제동하는 방법

예상문제

직류 전동기의 제동법이 아닌 것은?
① 저항제동　　　　　　② 발전제동
③ 역전제동　　　　　　④ 회생제동

해설
① 발전제동 : 운전 중 전동기를 전원으로부터 분리시켜 발전기로 작용, 발전된 전기에너지를 저항에서 열에너지로 소비시키며 제동하는 방법
② 회생제동 : 운전 중 전동기를 전원으로부터 분리시켜 발전시켜 변환된 전기에너지를 전원으로 반환하여 제동하는 방법
③ 역상제동 : 운전 중 2선의 접속을 반대로 바꾸어 회전 방향의 역방향으로 토크를 발생시켜서 급 정지 또는 역전시켜 제동하는 방법

정답 》》① ①

제2절 유도전동기

01 유도전동기의 기본 이론

(1) 유도 전동기의 원리 및 구조

① **기본원리** : 회전 가능한 도체(알루미늄 등) 원판 위에 강한 자석(N극)을 놓고 시계방향으로 회전하면 자석보다 느린 속도로 같은 방향으로 회전하는 아라고(Arago)의 원판 실험

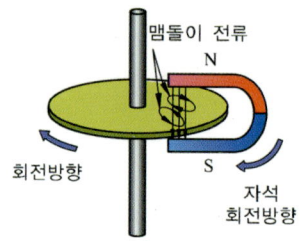

➡ 아라고의 회전원판

② **플레밍의 왼손법칙**
    ㉠ 자기장 안에 있는 도체에 전류가 흐르면, 도체의 중심에는 자속밀도가 달라지므로 강한 자기장과 약한 자기장이 만들어진다.
    ㉡ 강한자기장이 약한 자기장을 밀어내는 힘이 작용하는데 플레밍의 왼손법칙에 의해 결정된다.
    $F = BI\ell\sin\theta[\text{N}]$

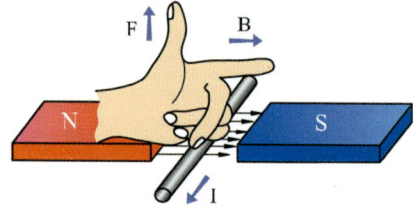

➡ 플레밍의 왼손법칙

여기서, F(엄지) : 힘의 방향[N]
B(검지) : 자기장의 방향[Wb/m^2]
I(중지) : 전류의 방향[A]

③ 구조
  ㉠ 3상 농형 유도전동기는 고정자, 회전자로 구성
  ㉡ 고정자에서 발생한 회전자기장에 의해 회전자에 토크가 발생하여 회전한다.

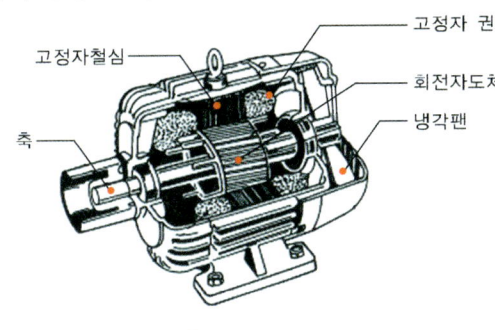

→ 유도전동기 구조

(2) 3상 유도전동기의 이론
  ① 회전수
    ㉠ 동기속도(N_S) : 유도전류와 회전 자속의 곱에 비례하는 토크가 발생
    ㉡ $N_S = \dfrac{120f}{P}$[rpm]

    여기서, N_S : 동기속도, P : 극수, f : 주파수

예상문제

어떤 교류 전동기의 회전속도가 1200rpm이라고 할 때 전원주파수를 10% 증가시키면 회전속도는 몇 [rpm]이 되는가?

① 1080 ② 1200 ③ 1320 ④ 1440

 유도전동기 동기속도(NS)

$N_s = \dfrac{120f}{P}$[rpm], ($N_s = f$ 비례관계)
전원주파수(f) 10%증가로 동기속도(NS)에 1.1배
∴ N_s = 1200×1.1 = 320[rpm]

정답 ▶▶▶ ③

② 슬립
  ㉠ 3상 유도전동기에는 동기속도(N_S), 회전자속도(N) 사이에 속도차이가 생긴다.
  ㉡ $S = \dfrac{N_S - N}{N_S}$

    • S가 커지면 회전자의 속도는 감소, S가 작아지면 회전자 속도는 증가한다.
    • $S=1$: 유도전동기 회전자 정지
    • $S=0$: 동기속도로 회전
    ∴ $0 < S < 1$

예상문제

유도전동기의 동기속도가 n_s, 회전수가 n이라면 슬립(s)은?

① $\dfrac{n_s - n}{n} \times 100$ ② $\dfrac{n_s - n}{n_s} \times 100$

③ $\dfrac{n_s}{n_s - n} \times 100$ ④ $\dfrac{n_s}{n_s + n} \times 100$

해설 슬립
① 3상 유도전동기에는 동기속도(Ns), 회전자속도(N) 사이에 속도차이가 생긴다.
② $S = \dfrac{N_s - N}{N_s}$
- S가 커지면 회전자의 속도는 감소, S가 작아지면 회전자 속도는 증가한다.
  $S = 1$: 유도전동기 회전자 정지
  $S = 0$: 동기속도로 회전
  $\therefore 0 < S < 1$

정답 ▶▶ ②

③ 유도 기전력
　㉠ 정지 시
　　• 1차 유도 기전력 : $E_1 = 4.44 f_1 N_1 \Phi K\omega_1 [\text{V}]$
　　• 2차 유도 기전력 : $E_2 = 4.44 f_2 N_2 \Phi K\omega_2 [\text{V}]$ (정지시 $f_1 = f_2$)
　㉡ 회전 시
　　• 회전자가 회전 시 슬립(S)만큼 주파수 감소로 2차 유도기전력을 E_{2S}라 하면
　　 $E_{2S} = 4.44 S f_1 N_1 \Phi K\omega_1 [\text{V}]$가 된다.
　　 $\therefore E_{2S} = SE_2$

④ 손실
　㉠ 고정 손(철손, 여자 전류에 의한 동손)
　㉡ 직접 부하손(동손)

⑤ 효율
　㉠ $\eta = \dfrac{출력}{입력} \times 100 = \dfrac{입력 - 손실}{입력} \times 100 = \dfrac{P}{\sqrt{3}\, V_n I_1 \cos\theta} \times 100$

　　여기서, V_n : 정격전압
　　　　　　I_1 : 1차전류
　　　　　　P : 출력

　㉡ 2차 효율 : $\eta_2 = \dfrac{P_0}{P_2} \times 100 = (1 - S) \times 100 = \dfrac{N}{N_S} \times 100$

02 유도전동기의 출력, 토크 특성

(1) 3상 유도전동기의 속도 특성
  ① 정속도 특성(무부하 속도와 정격속도 차이이 매우 적음)
  ② 1차 전압을 일정하게 하고 슬립을 변화시킬 때 특성

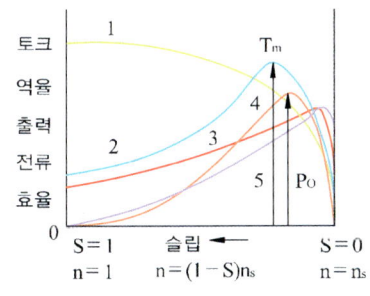

➡ 속도 특성 곡선

여기서, 1 : 1차전류(I_1)
2 : 토크(I_1)
3 : 역률($\cos\theta$)
4 : 출력(P_0)
5 : 효율(η)

(2) 3상 유도전동기의 토크 특성
  ① 3상 유도전동기의 토크
  $$P_0 = \omega\tau = \frac{2\pi N}{60}\tau [\text{W}]$$
  $$\therefore \tau = \frac{60}{2\pi N}P_0 = 9.55\frac{P_0}{N}[\text{N}\cdot\text{m}]$$

  ② 3상 유도전동기의 2차 출력(기계적 출력)
  $$P_2 = \frac{P_0}{1-S} = 2\pi\frac{N_S}{60}\tau[\text{W}]$$
  $$\therefore \tau = \frac{60}{2\pi N_S}P_2 = 9.55\frac{P_2}{N_S}[\text{N}\cdot\text{m}]$$

  ③ 토크와 공급전압
  $$\tau \propto E_2^2$$

예상문제

교류 엘리베이터의 전동기 특성으로 적당하지 않은 것은?
① 고빈도로 단속 사용하는데 적합한 것이어야 한다.
② 기동토크가 커야 한다.
③ 기동전류가 적어야 한다.
④ 회전부분의 관성모멘트가 커야 한다.

해설 교류 엘리베이터 전동기(유도전동기) 특성
① 토크와 공급전압 : 기동토크는 커야 한다.
- $\tau \propto E_2^2 s$

② 구조적으로 간단한 유도 전동기를 사용
③ 정속도 특성(무부하 속두와 정격속도 치아기 매우 적음)
④ 관성모멘트(회전 운동을 변화시키기 어려운 정도를 나타내는 물리량)는 작을 것
⑤ 기동전류가 작을 것

정답 ▶▶▶ ④

03 유도전동기 기동 및 속도제어법

(1) 농형 유도전동기의 기동법

① 전전압 기동
  ㉠ 정격전압을 직접 유도전동기에 가해 기동
  ㉡ 기동전류가 5~7배 정도가 흐르게 되어 큰 전원설비 필요
  ㉢ 5kW 이하의 전원설비에 사용

② Y-△ 기동
  ㉠ 5kW~15kW, 전원설비에 사용
  ㉡ 기동전류 1/3배 감소(전부하의 50~200%)
  ㉢ 기동토크 1/3배 감소(전부하의 40~50%)

③ 기동 보상기에 의한 기동
  ㉠ 15kW 이상 전원설비에 사용
  ㉡ 단권 변압기를 사용 공급전원을 낮추어 기동

예상문제

3상 농형 유도전동기 기동 시 공급전압을 낮추어 기동하는 방식이 아닌 것은?
① 전전압 기동법 ② Y-△ 기동법
③ 리액터 기동법 ④ 기동보상기 기동법

 해설
① 전전압 기동법
  • 정격전압을 직접 유도전동기에 가해 기동
  • 기동전류가 5~7배 정도가 흐르게 되어 큰 전원설비 필요
  • 5[kW] 이하의 전원설비에 사용
② Y-△ 기동법
  • 5[kW]~15[kW], 전원설비에 사용
  • 기동전류 1/3배 감소(전부하의 50~200%)
  • 기동토크 1/3배 감소(전부하의 40~50%)
③ 리액터 기동법
  • 전동기의 1차측에 리액터를 넣어 기동시의 전동기의 전압을 리액터의 전압 강하분만큼 낮추어서 기동
  • 탭 절환에 따라 최내 기동 전류 최소 기동 토크 조정가능 전동기의 회전수가 높아짐에 따라 가속 토크의 증가가 심하다.
  • 토크의 증가가 매우 큰 원활한 가속
④ 기동보상기 기동법
  • 15[kW] 이상 전원설비에 사용
  • 단권 변압기를 사용 공급전원을 낮추어 기동

정답 》》》 ①

(2) 농형 유도전동기 속도제어법

$$N = (1-S)N_S = (1-S)\frac{120f}{P} \text{[rpm]}$$

• 슬립(S), 주파수(f), 극수(P) 변화시켜 속도제어 가능

① 극수 변환법
  ㉠ 같은 홈 속에 극수가 다른 2개의 독립된 권선을 넣어는 방법이다.
  ㉡ 하나 뿐인 권선의 접속을 바꾸어주면서 극수를 변환시키는 방법이다.
  ㉢ 위 두가지를 함께 사용하면 4단계의 속도 변환을 할 수 있다.

② 주파수 제어법
  ㉠ 가변 주파수를 공급하기 위해 주파수 변환기 사용(인버터 : inverter)
  ㉡ 선박 추진용 전동기, 인견 공장의 포트 모터에 사용

③ 종속 접속법
  ㉠ 직렬 종속법 : $N = \dfrac{120f}{P_1 + P_2} \text{[rpm]}$

  ㉡ 직렬 차동 종속법 : $N = \dfrac{120f}{P_1 - P_2} \text{[rpm]}$

  ㉢ 병렬 종속법 : $N = \dfrac{2 \times 120f}{P_1 + P_2} \text{[rpm]}$

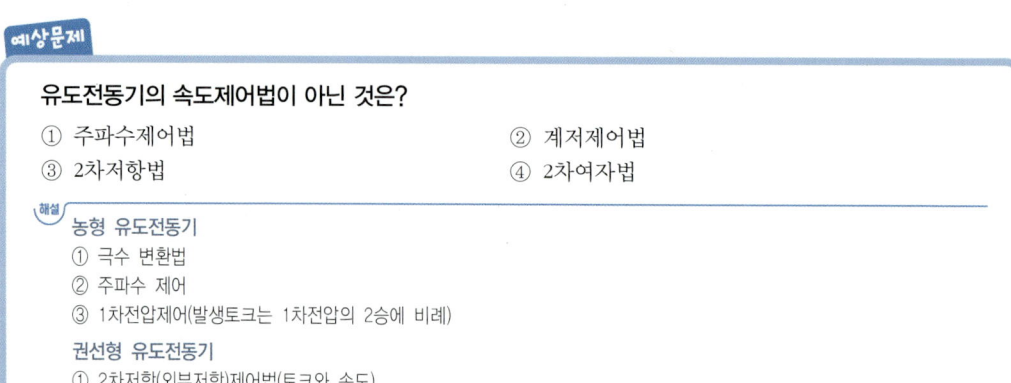

제3절 동기전동기

01 동기전동기의 기본 이론 및 특성

(1) 동기전동기의 원리

① 자속의 합성 자기장은 시간이 변화함(t_1, t_2, t_3)에 따라 시계방향으로 이동하는 회전자기장이 만들어지며, 이 회전 자기장의 속도는 동기속도이다.

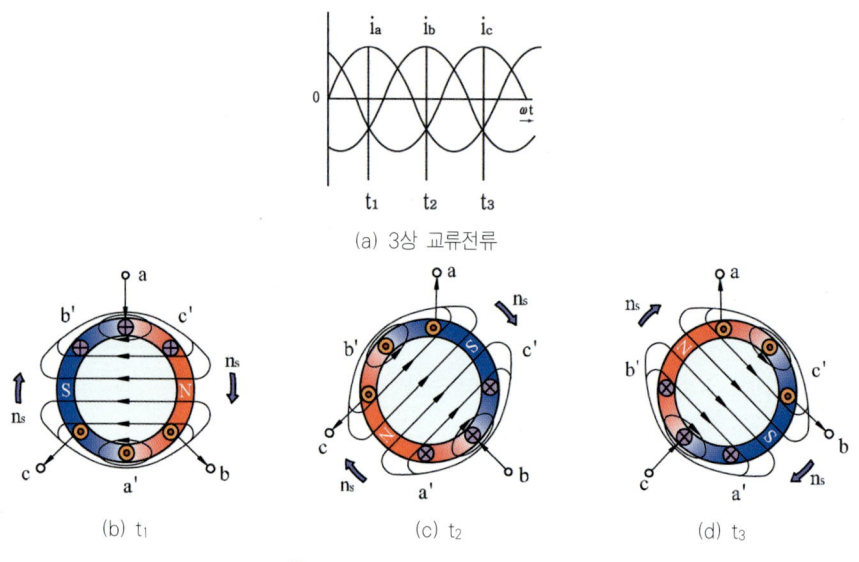

3상 동기전동기의 회전 자기장

② 회전속도

$$N_S = \frac{120f}{P}[\text{rpm}]$$

여기서, N_S : 전동기회전수[rpm], f : 주파수[Hz], P : 계자극수

예상문제

유도전동기에서 동기속도 N_S와 극수 P와의 관계로 옳은 것은?

① $N_S \propto P$　　　　② $N_S \propto \frac{1}{P}$

③ $N_S \propto P^2$　　　　④ $N_S \propto \frac{1}{P^2}$

해설 동기전동기 회전속도
① 동기속도(Ns) : 유도전류와 회전 자속의 곱에 비례하는 토크가 발생
② $N_S = \frac{120f}{P}$[rpm]
　여기서, N_S : 동기속도, P : 극수, f : 주파수

정답 ▶▶▶ ②

(2) 동기전동기의 특성

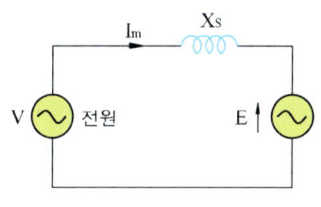

(a) 등가회로

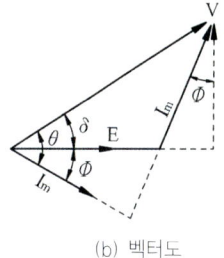

(b) 벡터도

→ 등가회로 및 벡터도

① **입력** : 3상 동기전동기의 1상 입력 P_1[W]

$$P_1 = VI_m \cos\theta [\text{W}]$$

② **출력** : 3상 동기전동기의 1상 출력 P_2[W]

$$P_2 = EI_m \cos\theta = \frac{EV\sin\delta}{x_S}[\text{W}]$$

③ **토크** : 3상 동기전동기 출력은 속도와 토크의 곱으로 나타냄

$$T = 3P_2 \times \frac{60}{2\pi N_S} = \frac{60}{2\pi N_S} \times \frac{3EV\sin\delta}{x_S}[\text{N} \cdot \text{m}]$$

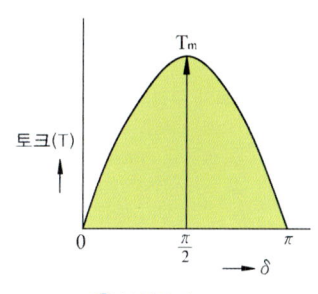

→ 부하각의 토크

CHAPTER 05

승강기 구동 기계기구 작동 및 원리
출제예상문제

01 엘리베이터의 소요전력이 가장 큰 때는?

① 기동할 때
② 감속할 때
③ 주행속도로 무부하 상승할 때
④ 주행속도로 무부하 하강할 때

해설 유도전동기 기동 시
기동전류가 5~7배 정도가 흐르게 되어 큰 전원설비 필요

02 어떤 교류 전동기의 회전속도가 1200rpm 이라고 할 때 전원주파수를 10% 증가시키면 회전속도는 몇 [rpm]이 되는가?

① 1080　　② 1200
③ 1320　　④ 1440

해설 유도전동기 동기속도(NS)
$N_s = \dfrac{120f}{P}[\text{rpm}]$. ($N_s = f$ 비례관계)
전원주파수(f) 10%증가로 동기속도(NS)에 1.1배
∴ $N_s = 1200 \times 1.1 = 320[\text{rpm}]$

03 직류기의 3요소가 아닌 것은?

① 계자　　② 전기자
③ 보극　　④ 정류자

해설 직류기 구성
① 계자(field)
② 전기자(armature)
③ 정류자(commutator)
④ 브러시(brush)
• 보극 : 전기자 반작용에 대한 대책

04 3상유도전동기의 회전방향을 바꾸기 위한 방법은?

① 3상에 연결된 3선을 순차적으로 전부 바꾸어 주어야 한다.
② 2차 저항을 증가시켜 준다.
③ 1상에 SCR을 연결하여 SCR에 전류를 흐르게 한다.
④ 3상에 연결된 임의의 2선을 바꾸어 결선한다.

해설 3상유도전동기는 회전자계로 3상유도전동기에 연결된 임의 2상을 교체 접속하면 회전방향이 바뀐다.

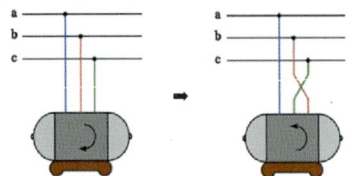

05 3상 유도 전동기가 역상제동(plugging)이란?

① 플러그를 사용하여 전원에 연결하는 방법
② 운전 중 2선의 접속을 바꾸어 접속함으로써 상 회전을 바꾸어 제동하는 법
③ 단상 상태로 기동 할 때 일어나는 현상
④ 고정자와 회전자의 상수가 일치하지 않을 때 일어나는 현상

해설 역상제동
• 운전 중 2선의 접속을 반대로 바꾸어 회전 방향의 역방향으로 토크를 발생시켜서 급 정지 또는 역전시켜 제동하는 방법

Answer
01 ①　02 ③　03 ③　04 ④　05 ②

06. 직류기에서 전기자 반작용의 영향이 아닌 것은?

① 주자속이 감소한다.
② 전기적 중성축이 이동한다.
③ 브러시와 정류자편에 불꽃이 발생한다.
④ 기계적인 효율이 좋다.

해설 전기자 반작용 현상
① 코일이 자극의 중성축에 있을 때 도 전압을 유기시켜 브러시 사이에 불꽃을 발생한다.
② 주자속의 분포를 찌그려 뜨려 중성축을 이동 시킨다.
③ 주자속을 감소시켜 유도 전압을 감소시킨다.

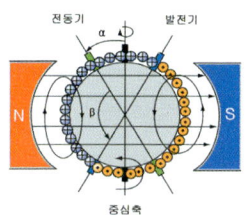

07. 4극인 유도 전동기의 동기속도가 1800[rpm]일 때 전원 주파수는?

① 50[Hz]   ② 60[Hz]
③ 70[Hz]   ④ 80[Hz]

해설 동기속도(Ns)
유도전류와 회전 자속의 곱에 비례하는 토크가 발생
- $N_S = \dfrac{120f}{P}$ [rpm]

∴ $f = \dfrac{N_S \times P}{120}$ [Hz] ⇔ $f = \dfrac{1800 \times 4}{120} = 60$ [Hz]

08. 발전기 및 변압기를 보호하기 위하여 사용되는 차동계전기는 어느 고장 부분을 검출하는 것인가?

① 내부 고장보호
② 권선의 층간단락
③ 선로의 접지
④ 권선의 온도상승

해설 비율차동계전기는 보호구간에 유입하는 전류와 유출하는 전류의 벡터차와 출입하는 전류의 관계비로 동작하는 것으로 발전기,변압기 보호에 사용

09. 정속도 전동기에 속하는 것은?

① 타여자 전동기   ② 직권 전동기
③ 분권 전동기   ④ 가동복권 전동기

해설 타여자 전동기
① 타여자 전동기는 계자 권선에 공급되는 전류가 선기사 전류와 다른 전원을 사용
② 자속이 일정하여 정속도 특성을 갖는다.

분권 전동기(shunt motor)
① 부하변동에 따른 속도변화가 적다.(정속도 특성)
② 계자극 권선과 전기자 권선이 병렬로 연결된 직류전동기이다.
③ 컨베이어벨트, 공작기계 등에 사용된다.

10. 변류기(CT) 2차측 회로의 수리 및 점검 시 반드시 시행해야 할 사항은?

① 1차, 2차측을 모두 개방한다.
② 1차측을 단락한다.
③ 2차측을 개방한다.
④ 2차측을 단락한다.

해설 ①계기용변류기(CT) 2차측 단락
②계기용변압기(PT) 2차측 개방

11. 직류 전동기의 제동법이 아닌 것은?

① 저항제동   ② 발전제동
③ 역전제동   ④ 회생제동

해설 ① 발전제동 : 운전 중 전동기를 전원으로부터 분리시켜 발전기로 작용, 발전된 전기에너지를 저항에서 열에너지로 소비시키며 제동하는 방법
② 회생제동 : 운전 중 전동기를 전원으로부터 분리시켜 발전시켜 변환된 전기에너지를 전원으로 반환하여 제동하는 방법
③ 역상제동 : 운전 중 2선의 접속을 반대로 바꾸어 회전 방향의 역방향으로 토크를 발생시켜서 급정지 또는 역전시켜 제동하는 방법

Answer
06 ④ 07 ② 08 ① 09 ①, ③ 10 ④ 11 ①

12 유도전동기의 속도제어법이 아닌 것은?

① 주파수제어법　② 계저제어법
③ 2차저항법　④ 2차여자법

 농형 유도전동기
① 극수 변환법
② 주파수 제어
③ 1차전압제어(발생토크는 1차전압의 2승에 비례)
권선형 유도전동기
① 2차저항(외부저항)제어법(토크와 속도)
② 2차여자제어
③ 종속 접속법

13 직류기에 사용되는 브러시가 갖추어야 할 성질 중 틀린 것은?

① 접촉저항이 적당할 것
② 마모성이 적을 것
③ 스프링에 의한 적당한 압력을 가질 것
④ 기계적으로 튼튼할 것

해설
① 적당한 접촉저항을 가질 것(양호한 저항 정류)
② 전기저항이 적을 것(저항이 적어야 손실이 적다)
③ 정류자에 닿아서 잘 미끄러질 것(마찰저항 및 마모성 적을 것)
④ 기계적으로 튼튼할 것(마찰과 진동에 견딜 것)
⑤ 내열성이 커야 할 것

14 직류기의 구조에서 계자에 해당하는 것은?

① 자극편　② 정류자
③ 전기자　④ 공극

 계자(field)
① 계자권선에 전류가 흐르면 전기자를 통하는 자속이 발생
② 계자권선, 철심, 자극 및 계철로 구성
③ 계자철심의 두께는 0.8~1.6[mm] 연강판

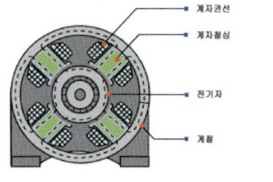

15 3상 유도전동기에 전류가 전혀 흐르지 않을 때의 고장 원인으로 볼 수 있는 것은?

① 1차측 전선 또는 접속선 중 한선이 단선되었다.
② 1차측 전선 또는 접속선 중 2선 또는 3선이 단선되었다.
③ 1차측 또는 2차측 전선이 접지되었다.
④ 전자접촉기의 접점이 한 개 마모되었다.

해설 1차측 전원 중 2선 이상 단선 시 유도전동기 기동되지 않는다.

16 유도전동기의 동기속도가 n_s, 회전수가 n이라면 슬립(s)은?

① $\dfrac{n_s - n}{n} \times 100$　② $\dfrac{n_s - n}{n_s} \times 100$

③ $\dfrac{n_s}{n_s - n} \times 100$　④ $\dfrac{n_s}{n_s + n} \times 100$

 슬립
① 3상 유도전동기에는 동기속도(Ns), 회전자속도(N) 사이에 속도차이가 생긴다.
② $S = \dfrac{N_S - N}{N_S}$

- S가 커지면 회전자의 속도는 감소, S가 작아지면 회전자 속도는 증가한다.
$S = 1$: 유도전동기 회전자 정지
$S = 0$: 동기속도로 회전
∴ $0 < S < 1$

Answer
12 ②　13 ③　14 ①　15 ②　16 ②

17 토크 10[kg·m], 회전수 500rpm인 전동기의 축 동력은?

① 약 2kW   ② 약 5kW
③ 약 10kW ④ 약 20kW

해설
$P = \omega\tau = \dfrac{2\pi N}{60}\tau [W]$

$\therefore P = \dfrac{2\pi N}{60}\tau = \dfrac{2 \times 3.14 \times 500 \times 10 \times 9.8}{60}$

$= 5128.66[W] = 5[W]$

(1[kg·m] → 9.8[N·m])

18 직류전동기에서 자속이 감소되면 회전수는 어떻게 되는가?

① 정지   ② 감소
③ 불변   ④ 상승

해설
$N = K\dfrac{V - I_a R_a}{\Phi}[rpm]$

① 자속이 감소하면 회전 속도는 증가
② 공급 전압이 감소하면 회전속도 감소
③ 전기자 저항이 증가하면 회전속도 감소

19 교류 엘리베이터의 전동기 특성으로 적당하지 않은 것은?

① 고빈도로 단속 사용하는데 적합한 것이어야 한다.
② 기동토크가 커야 한다.
③ 기동전류가 적어야 한다.
④ 회전부분의 관성모멘트가 커야 한다.

해설 교류 엘리베이터 전동기(유도전동기) 특성
① 토크와 공급전압 : 기동토크는 커야 한다.
 • $\tau \propto E_2^2 s$
② 구조적으로 간단한 유도 전동기를 사용
③ 정속도 특성(무부하 속도와 정격속도 치아가 매우 적음)
④ 관성모멘트(회전 운동을 변화시키기 어려운 정도를 나타내는 물리량)는 작을 것
⑤ 기동전류가 작을 것

20 3상 농형 유도전동기 기동 시 공급전압을 낮추어 기동하는 방식이 아닌 것은?

① 전전압 기동법
② Y-△ 기동법
③ 리액터 기동법
④ 기동보상기 기동법

해설
① 전전압 기동법
 • 정격전압을 직접 유도전동기에 가해 기동
 • 기동전류가 5~7배 정도가 흐르게 되어 큰 전원설비 필요
 • 5[kW] 이하의 전원설비에 사용
② Y-△ 기동법
 • 5[kW]~15[kW], 전원설비에 사용
 • 기동전류 1/3배 감소(전부하의 50~200%)
 • 기동토크 1/3배 감소(전부하의 40~50%)
③ 리액터 기동법
 • 전동기의 1차측에 리액터를 넣어 기동시의 전동기의 전압을 리액터의 전압 강하분만큼 낮추어서 기동
 • 탭 절환에 따라 최대 기동 전류 최소 기동 토크가 조정가능 전동기의 회전수가 높아짐에 따라 가속 토크의 증가가 심하다.
 • 토크의 증가가 매우 큼 원활한 가속
④ 기동보상기 기동법
 • 15[kW] 이상 전원설비에 사용
 • 단권 변압기를 사용 공급전원을 낮추어 기동

21 유도전동기에서 동기속도 N_S와 극수 P와의 관계로 옳은 것은?

① $N_S \propto P$ ② $N_S \propto \dfrac{1}{P}$
③ $N_S \propto P^2$ ④ $N_S \propto \dfrac{1}{P^2}$

해설 동기전동기 회전속도
① 동기속도(Ns) : 유도전류와 회전 자속의 곱에 비례하는 토크가 발생
② $N_S = \dfrac{120f}{P}[rpm]$

여기서, N_S : 동기속도
P : 극수
f : 주파수

Answer
17 ② 18 ④ 19 ④ 20 ① 21 ②

CHAPTER 06 승강기 제어 및 제어 시스템의 원리 및 구성

제1절 제어의 개념

01 제어와 자동제어의 기초

(1) 제어의 개요
  ① 어떤 대상물(전기, 기계, 설비 등)이 목적에 접합하도록 제어대상에 필요한 조작을 하는 것
  ② 제어대상에 조합되어 제어를 행하는 장치
  ③ 제어장치와 제어대상과의 계통적인 조합을 제어계

(2) 제어명령 분류
  ① 정성적 제어(qualitative control)
    ㉠ 제어명령의 최종 값이 상태(개폐)로 나타남
    ㉡ 시퀀스제어(Sequence control : Open loop control)
  ② 정량적 제어(quantitative control)
    ㉠ 제어명령의 최종 값이 제어량(크기, 양)으로 나타남
    ㉡ 피드백제어(Feed back control : Closed loop control)

02 제어의 필요성 및 제어의 종류

(1) 제어의 필요성
  ① 생산량 증대   ② 품질의 균일화
  ③ 생산원가 절감   ④ 생산설비 수명 연장
  ⑤ 작업환경 향상   ⑥ 인건비 감축

(2) 제어시스템의 종류
  ① 개회로 제어 시스템(Open loop control system)
    ㉠ 구조간단
    ㉡ 설계용이
    ㉢ 단순, 경제적
    ㉣ 소규모 시스템에 적합

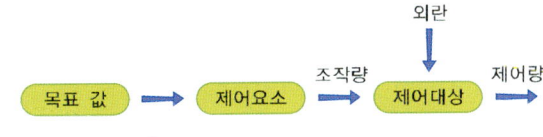

↪ 개회로 제어 시스템 블록선도

  ② 폐회로 제어 시스템(Closed loop control system)
    ㉠ 정확성 및 신뢰성
    ㉡ 공정제어(온도, 습도, 압력, 유량, 수위 제어 등)
    ㉢ 서보 기구(유도 추적기, 선박의 조타 장치 등)
    ㉣ 매우 광범위하게 이용

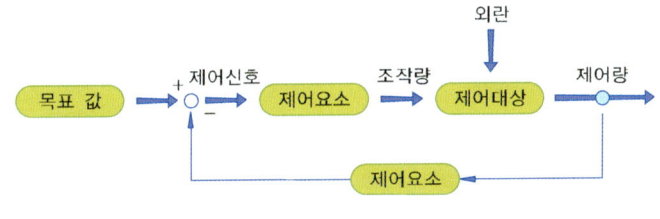

↪ 폐회로 제어 시스템 블록선도

예상문제

시퀀스제어에 있어서 기억과 판단기구 및 검출기를 가진 제어방식은?
① 시한제어
② 순서 프로그램제어
③ 조건제어
④ 피드백제어

해설 피드백제어(feedback control)라고도 하는 것인데, 시스템의 출력과 기준 입력을 비교

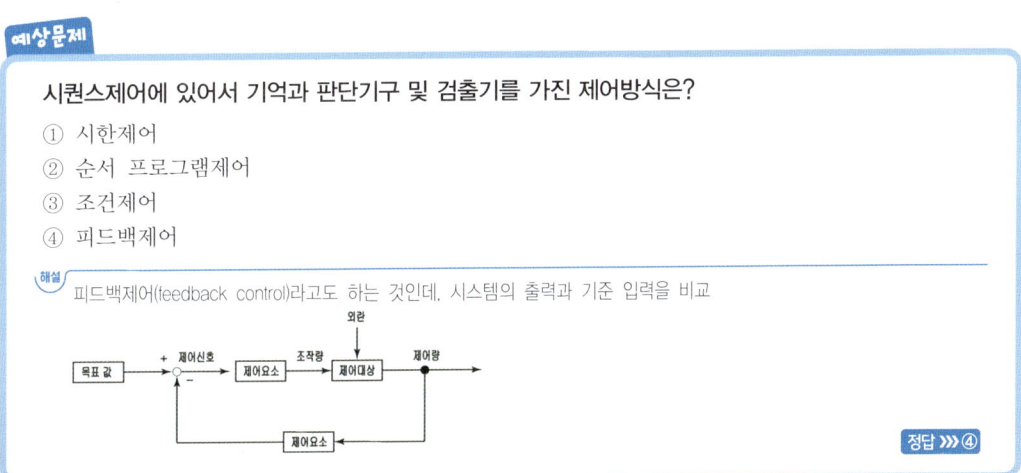

정답 ▶▶▶ ④

제2절 제어계의 요소 및 구성

01 제어계의 구성요소

(1) 입력요소

① 어떤 출력 결과를 얻기 위한 조작 신호를 발생 시켜주는 것
② 텀블러 스위치
③ 누름버튼 스위치
④ 리밋 스위치
⑤ 광전스위치
⑥ 스트레인 게이지
⑦ 열전대

예상문제

제어계에 사용하는 비 접촉식 입력요소로만 짝지어진 것은?
① 누름 버튼 스위치, 광전 스위치
② 근접 스위치, 리밋 스위치
③ 리밋 스위치, 광전 스위치
④ 근접 스위치, 광전 스위치

해설
- 근접 스위치 : 대상 물체와 무접촉으로 검출하는 정지형 스위치로서 반도체 소자를 응용하여 기계적인 힘이 전혀 불필요하다.
- 광전 스위치 : 광(光)을 이용하여 물체의 유·무를 검출하는 센서로써 자동화 설비, 주차설비, 물류시스템, 콘베이어 이송라인 엘리베이터 등 산업전반에 폭넓게 사용되고 있다.

정답 ④

---

(2) 제어요소
① 하드웨어 시스템
  ㉠ 기계기구 및 디지털 회로
  ㉡ 전자회로, 논리회로
② 프로그래머블 제어기
  ㉠ 출력요소의 제어 및 변경이 가능한 제어기
  ㉡ 컴퓨터, PLC 등

(3) 출력요소
① 입력요소의 신호 조건에 따라 목적하는 행위가 이루어지는 장치
② 전자계전기

③ 전동기
④ 솔레노이드 밸브
⑤ 히터
⑥ 실린더

제3절 자동제어

01 자동제어의 종류 및 특성

(1) 신호처리 방식에 의한 분류

    ① 동기 제어(synchronous control)
    ② 비동기 제어(asynchronous control)
    ③ 논리 제어(logic control)
    ④ 시퀀스 제어(sequence control)

(2) 제어정보 표시 형태에 따른 분류

    ① 아날로그 제어(analog control)
    ② 디지털 제어(digital control)
    ③ 2진 제어(binary control)

(3) 제어량의 종류에 의한 분류

    ① 프로세서 제어(process control)
    ② 서보기구(servo mechanism)
    ③ 자동조정(automatic regulation)

(4) 목표 값의 시간적 성질에 의한 분류

    ① 정치제어(constant value control)
    ② 추치제어(value control)
        ㉠ 추종제어(follow up control)
        ㉡ 프로그램 제어(program control)
        ㉢ 비율제어(proportion control)

(5) 블록 선도와 신호 흐름 선도

▶ 신호 흐름 선도의 등가 변환

변환사항	블록선도	전달함수
직렬접속	R(s) → G₁ → G₂ → C(s)	$G(s) = \dfrac{C(s)}{R(s)} = G_1(s) \cdot G_2(s)$
병렬접속	R(s) → G₁, G₂ → ± → C(s)	$G(s) = \dfrac{C(s)}{R(s)} = G_1(s) \pm G_2(s)$
피드백접속	R(s) → ± → G(s) → C(s), H(s) 피드백	$G(s) = \dfrac{C(s)}{R(s)} = \dfrac{G(s)}{1 \mp G(s)H(s)}$
	R(s) → ± → G(s) → C(s) 피드백	$G(s) = \dfrac{C(s)}{R(s)} = \dfrac{G(s)}{1 \mp G(s)}$

예상문제

다음 그림과 같은 제어계의 전체 전달함수는? (단, H(s) = 1이다.)

① $\dfrac{1}{G(s)}$
② $\dfrac{1}{1+G(s)}$
③ $\dfrac{G(s)}{1+G(s)}$
④ $\dfrac{G(s)}{1-G(s)}$

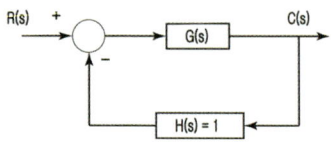

해설 신호 흐름 선도의 등가 변환 표

• 직렬접속

블록선도	전달함수
R(s) → G₁ → G₂ → C(s)	$G(s) = \dfrac{C(s)}{R(s)} = G_1(s) \cdot G_2(s)$

• 병렬접속

블록선도	전달함수
R(s) → G₁, G₂ → ± → C(s)	$G(s) = \dfrac{C(s)}{R(s)} = G_1(s) \pm G_2(s)$

• 피드백접속

블록선도	전달함수
R(s) → ± → G(s) → C(s), H(s) 피드백	$G(s) = \dfrac{C(s)}{R(s)} = \dfrac{G(s)}{1 \mp G(s)H(s)}$
R(s) → ± → G(s) → C(s) 피드백	$G(s) = \dfrac{C(s)}{R(s)} = \dfrac{G(s)}{1 \mp G(s)}$

피드백 접속

$G(s) = \dfrac{C(s)}{R(s)} = \dfrac{G(s)}{1 \mp G(s)H(s)} \Rightarrow G(s) = \dfrac{C(s)}{R(s)} = \dfrac{G(s)}{1 \mp G(s)}$

$[H(s) = 1]$

$\therefore G(s) = \dfrac{C(s)}{R(s)} = \dfrac{G(s)}{1 + G(s)}$

정답 ③

제4절 시퀀스제어

01 시퀀스제어의 개요

일정한 논리 및 미리 정해진 순서에 의해서 단계를 순차적으로 진행하는 제어

(1) 시퀀스제어의 필요성
   ① 생산 능률이 향상
   ② 경제성이 향상
   ③ 작업 환경 향상
   ④ 생산속도 증가
   ⑤ 생산설비의 수명이 연장

(2) 시퀀스제어 구성
   ① **조작부** : 푸시버튼 스위치와 같이 조작자가 조작할 수 있는 곳
   ② **검출부** : 구동부가 행한 일이 정해진 조건을 만족한 경우, 그것을 검출하여 제어부에 신호를 보내는 것으로서 기계적 변위와 전기적 변위를 리밋 스위치 등으로 검출
   ③ **제어부** : 전자릴레이, 전자접촉기, 타이머 등으로 구성
   ④ **구동부** : 모터, 전자클러치, 솔레노이드 등으로 제어부로부터의 신호에 따라 실제의 동작을 행하는 부분
   ⑤ **표시부** : 표시램프와 카운터 등으로 제어의 진행 상태를 나타내는 부분

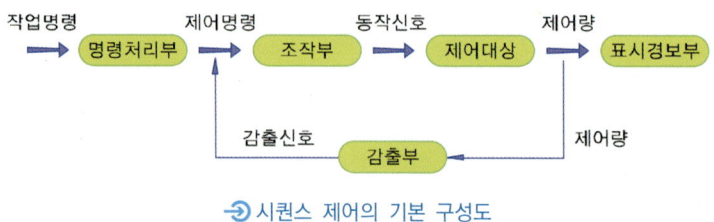

➔ 시퀀스 제어의 기본 구성도

(3) 시퀀스제어의 분류

① 명령 처리에 따른 분류
  ㉠ 순서제어 : 제어의 순서에 의한 순차적 진행
  ㉡ 시한제어 : 정해진 순서를 시간에 행하는 제어
  ㉢ 조건제어 : 검출한 결과를 종합하여 제어 명령을 결정하는 제어(승강기제어)
② 제어장치에 의한 분류
  ㉠ 와이어드 로직형
    • 유접점 회로 구성 시퀀스
    • 무접점 회로 구성 시퀀스
  ㉡ 프로그램형 : 산업용 컴퓨터의 CPU에 프로그램만 변경하여 시스템 구현
    • PLC(program logic controller)

02 시퀀스제어의 제어 요소

(1) 조작용 스위치 접점의 종류

접점(Contact)이란 회로가 연결되거나 떨어지는 동작을 행하는 곳으로서 동작상태에 따라 a접점, b접점, c접점이 있다.

① a접점(arbeit contact) : a접점이란 스위치를 조작하기 전에는 열려 있다가 조작하면 닫히는 접점으로 「일하는 접점」이라는 뜻으로 메이크 접점(make contact), 또는 상시개 접점 (NO접점 : normally open contact)이라고도 한다. 일반적으로 영어의 머리글자를 따서 "a"로 표시한다.

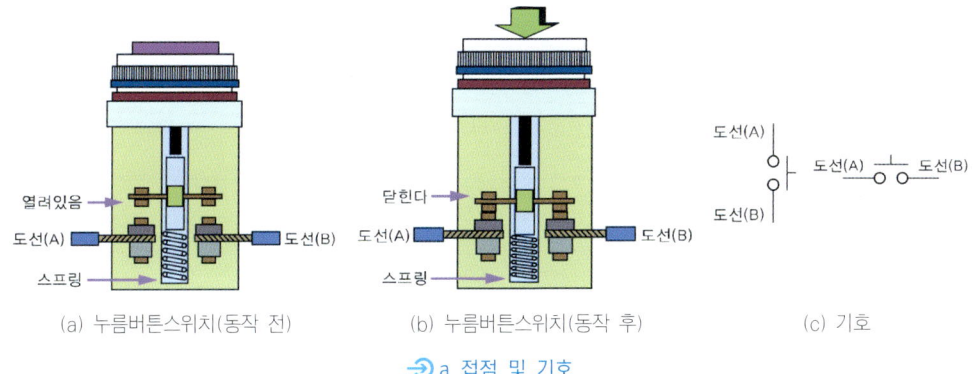

▶ a 접점 및 기호

② b접점(break contact) : b접점이란 스위치를 조작하기 전에는 닫혀 있다가 조작하면 「열리는 접점」을 말하며, 브레이크 접점 또는 상시 폐접점(NC접점 : normally closed contact)이라고도 한다. 일반적으로 영어의 머리글자를 따서 "b"로 표시한다.

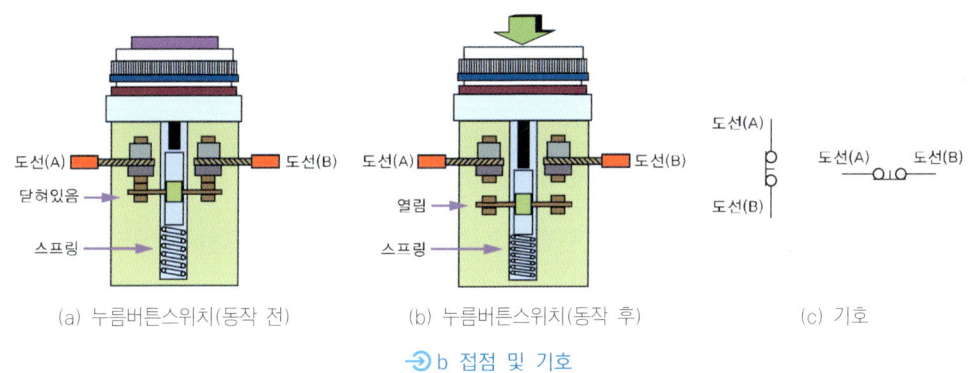

▶ b 접점 및 기호

③ c접점(change-over contact) : 환(전환)접점이라는 뜻으로 a접점과 b접점을 공유하고 있으며 조작 전 b접점에 가 동부가 접촉되어 있다가 누르면 a접점으로 이동하는 접점을 말하며 트랜스퍼 접점(transfer contact)이라고도 한다.

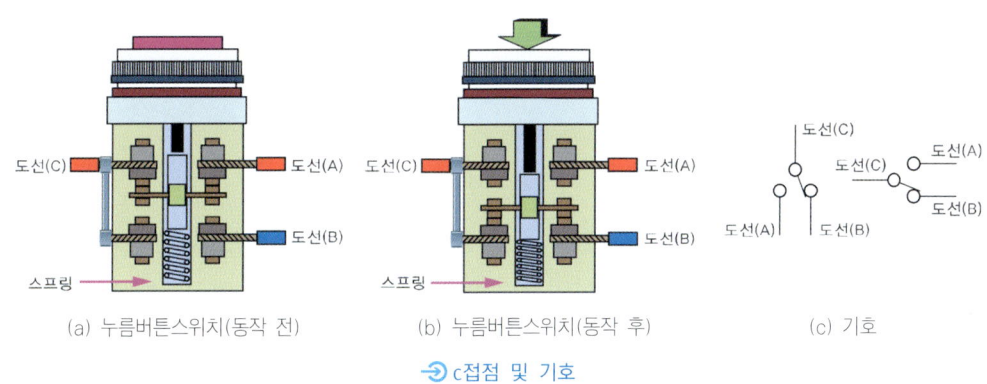

▶ c접점 및 기호

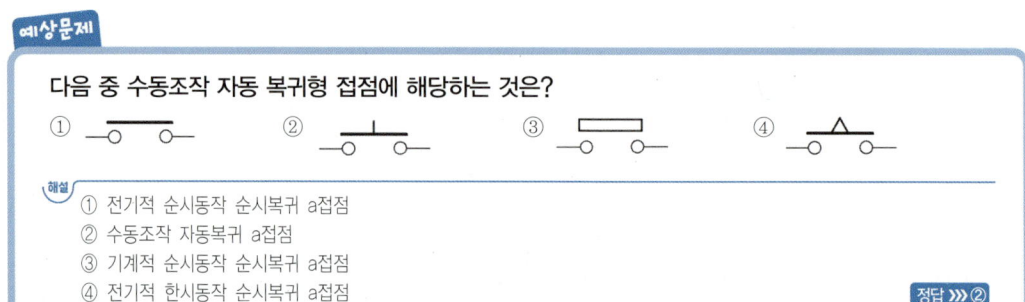

④ **리미트 스위치** : 제어대상의 위치 및 동직의 상태 또는 변화를 검출하는 스위치로서 공작기계 등 모든 산업현장에서 검출용 스위치로 널리 사용되고 있다.

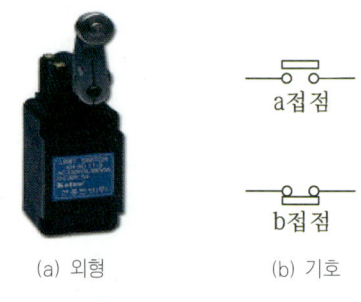

→ 리미트 스위치 기호

⑤ **근접스위치** : 2대상 물체와 무접촉으로 검출하는 정지형 스위치로서 반도체 소자를 응용하여 기계적인 힘이 전혀 불필요하다.

⑥ **정전 용량형** : 전계를 발생하는 전계 중에 존재하는 물체내의 전하의 이동, 분리에 따른 정전용량의 변화를 검출하는 것(플라스틱, 유리, 물, 기름, 약품 등 액체의 검출도 가능)

⑦ **광전스위치** : 광(光)을 이용하여 물체의 유·무를 검출하는 센서로써 자동화 설비, 주차설비, 물류시스템, 콘베이어 이송라인 엘레베이터등 산업전반에 폭넓게 사용되고 있다.

(2) 릴레이 제어

① 원리 및 특징

㉠ 철심에 감겨진 코일(coil)에 전류가 흐를 때, 전자석이 되어 철편을 끌어당기는 힘인 전자기력에 의하여 기계적인 접점(contact)을 열고 닫도록 만들어진 소자

ⓒ 전자계전기에서 코일에 전류가 흘러 가동철편을 끌어당기는 상태를 여자라 한다.
ⓒ 전류가 흐르지 않아 가동철편이 원래의 위치로 되돌아 온 상태를 소자라 한다.

② **구조 및 성능**
  ㉠ 전달기능 : 회로의 차단, 접속, 전환 등을 할 수 있다.
  ㉡ 증폭기능 : 작은 입력으로 큰 출력을 얻을 수 있다.
  ㉢ 변환기능 : 전자코일은 직류, 접점은 교류로 직류, 교류 모두 사용할 수 있다.
  ㉣ 연산기능 : 접점을 직·병렬로 접속하여 논리 판단과 연산기능을 한다.
  ㉤ 코일의 정격 전압은 교류용은 6~200V, 직류용은 6~100V 사용한다.
  ㉥ 여자 전류는 3~150mA 정도이고 접점용량은 약 1A이다.

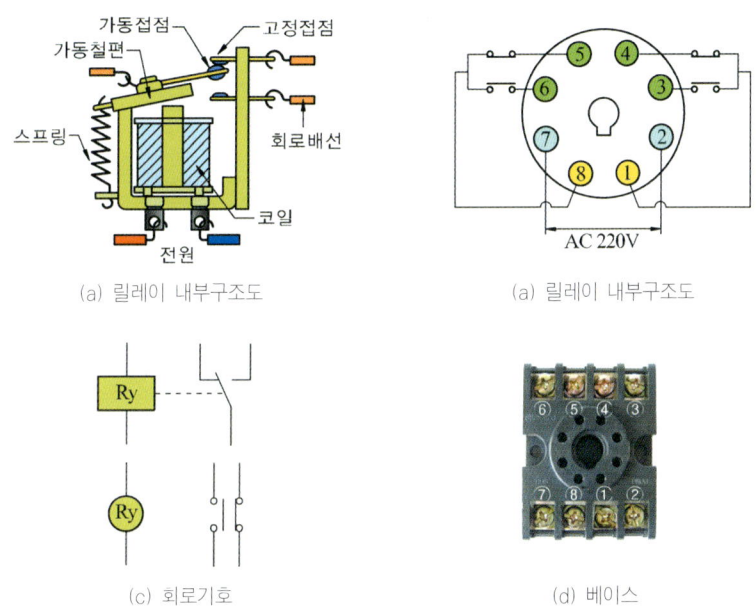

릴레이 작동원리 및 구조도

(3) **타이머**

① 전기적 또는 기계적 신호가 입력되고, 정해진 시간이 경과한 후에 접점을 개폐하는 릴레이이다.

② **타이머 종류**
  ㉠ 한시동작 순시복귀형(on delay timer) : 코일에 여자전류가 흐르면 설정시간이 지난 후 접점이 동작하며 전원이 소자되면 접점이 순시 복귀되는 형태

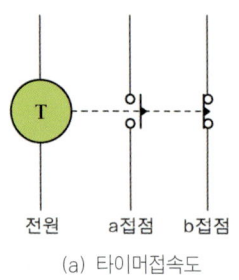 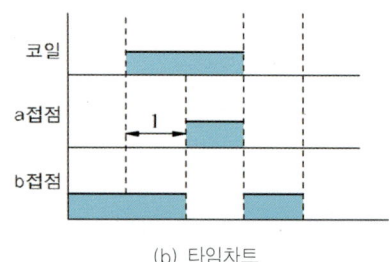

(a) 타이머접속도   (b) 타임차트

→ 한시동작 순시복귀형

ⓛ 순시동작 한시복귀형(off delay timer) : 코일에 여자전류가 흐르면 순간적 접점이 동작하며 전원이 소자되면 접점이 설정시간 후 동작되는 형태

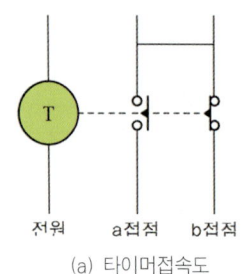 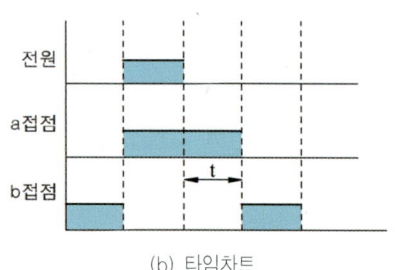

(a) 타이머접속도   (b) 타임차트

→ 순시동작 한시복귀형

ⓒ 한시동작 한시복귀형 : 코일에 여자전류가 흐르면 한시동작 순시복귀형과 순시동작 한시복귀형의 특성을 같이 가지고 있는 형태

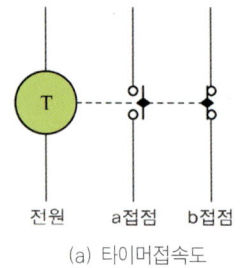 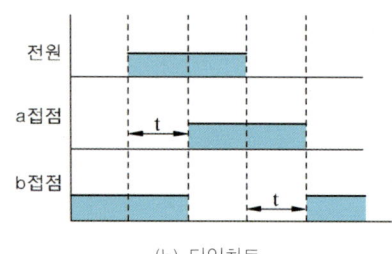

(a) 타이머접속도   (b) 타임차트

→ 한시동작 한시복귀형

예상문제

다음의 접점 기호는 무엇을 나타내는가?

① 한시동작 순시복귀의 a접점
② 한시동작 순시복귀의 b접점
③ 순시동작 한시복귀의 a접점
④ 순시동작 한시복귀의 b접점

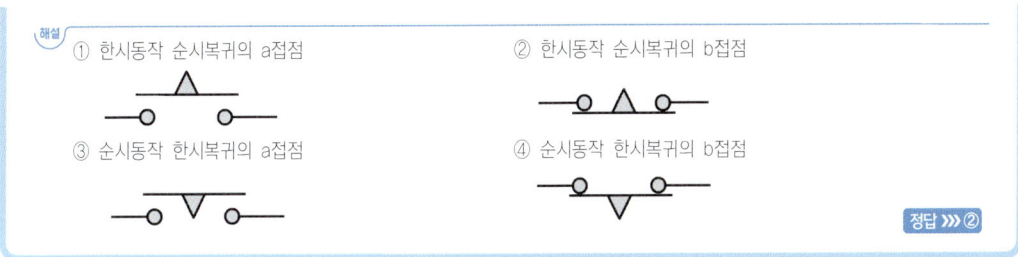

해설
① 한시동작 순시복귀의 a접점
② 한시동작 순시복귀의 b접점
③ 순시동작 한시복귀의 a접점
④ 순시동작 한시복귀의 b접점

정답 >>> ②

(4) 전자접촉기

① 원리 및 특징
  ㉠ 코일에 여자전류가 흐르면 전자석의 동작에 의하여 플런저(plunger type : 가동철심)가 전자코일의 내부를 상하 운동하여 많은 접점기구를 개폐하는 것
  ㉡ 전자접촉기 : 전동기 등 비교적 중대형의 전력을 개폐
  ㉢ 전자계폐기 : 전자접촉기와 전동기 보호 장치(EOCR, THR)를 조합하여 전력을 개폐

② 전자접촉기 구조 및 구성
  ㉠ 주 접점과 보조 접점으로 구성되어 있다.
  ㉡ 주 접점은 전동기를 기동하는 접점으로 접점이 용량이 크고 a접점만으로 구성되어 있다.
  ㉢ 보조접점은 보조계전기와 같이 작은 전류 및 제어 회로에 사용하며, a접점과 b접점으로 구성되어 있다.

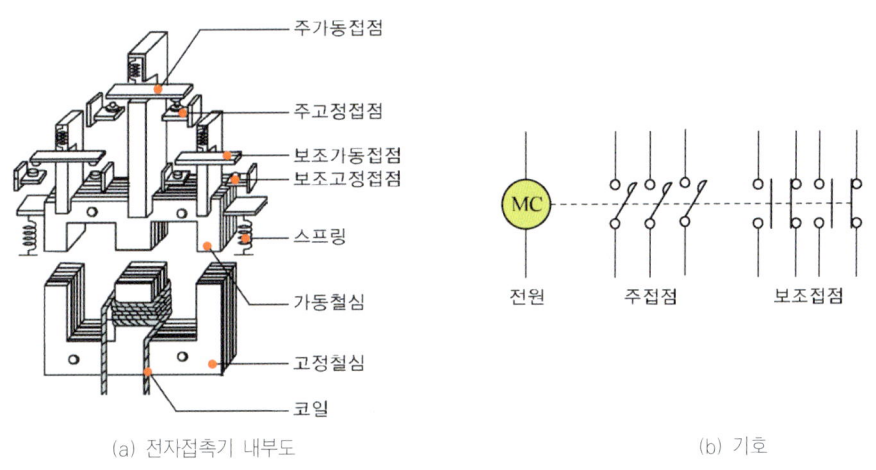

(a) 전자접촉기 내부도   (b) 기호

→ 전자접촉기 구조

03 시퀀스제어계 기본회로

(1) 접속도에 따른 분류

　① 배선도
　② 전개 접속도
　③ 단선 접속도
　④ 복선 접속도

(2) 자동제어기구 번호

전력용 설비에서 전기계통의 기기, 장치 및 성능을 나타내는 기호로 조합하여 사용

▶ 기구번호

기구번호	기구명	용도
3	조작개폐기	기기를 조작하는 것
27	교류부족전압계전기	교류전압이 부족할 때 동작하는 것
49	회전기의 온도계전기	회전기의 온도가 예정보다 높거나 낮을 때 동작하는 것
52	교류차단기, 접촉기	교류회로를 차단하는 것
88	보조기계용 접촉기, 개폐기	보조기계의 운전용 접촉기, 개폐기

04 신호 변환의 기본회로

(1) 불 대수의 공리와 연산

　① 공리 1
　　㉠ A=1 아니면 A=0(회로 접점이 폐로 아니면 개로 상태)
　　㉡ A=0 아니면 A=1(회로 접점이 개로 아니면 폐로 상태)
　② 공리 2
　　㉠ 1+1=1(두 개의 입력 신호를 동시에 주므로 출력이 있음)
　　㉡ 0·0=0(두 개의 입력 신호가 동시에 없으므로 출력이 없음)
　③ 공리 3
　　㉠ 0+0=0(입력 신호를 하나도 안주므로 출력이 없음)
　　㉡ 1·1=1(두 개의 입력 신호를 동시에 주므로 출력이 있음)

④ 공리 4
  ㉠ 0+1=1(입력 신호를 하나만 주어도 출력이 있음)
  ㉡ 1·0=0(두 개의 입력 신호를 동시에 안주므로 출력이 없음)

(2) 불 대수의 정리
  ① 교환법칙
  ② 결합법칙
  ③ 분배법칙

▶ 불 대수 법칙

법칙	논리식	접점회로
교환법칙	A+B=B+A	
	A·B=B·A	
결합법칙	(A+B)+C=A+(B+C)	
	(A·B)·C=A·(B·C)	
분배법칙	A·(B+C)=A·B+A·C	

예상문제

논리식의 불 대수에 관한 법칙 중 틀린 것은?
① A·A = A　　　　　　　② 0·A = 1
③ A+A = A　　　　　　　④ 1+A = 1

해설 불 대수의 공리
① 공리 1 : A=1 아니면 A=0
② 공리 2 : 1+1=1, 0·0=0
③ 공리 3 : 0+0=0, 1·1=1
④ 공리 4 : 0+1=1, 1·0=0

정답 ≫≫ ②

> **예상문제**
>
> 불 대수식 Y = ABC + AC를 간소화 시키면?
> ① ABC ② AC ③ BC ④ AB
>
> **해설** 불 대수의 공리
> ① 공리 1 : A = 1 아니면 A = 0
> ② 공리 2 : 1+1 = 1, 0·0 = 0
> ③ 공리 3 : 0+0 = 0, 1·1 = 1
> ④ 공리 4 : 0+1 = 1, 1·0 = 0
> Y = ABC + AC = AC(B+1) = AC
>
> 정답 》》 ②

(3) 논리소자

① AND 소자

㉠ 출력신호 값은 2개의 입력 신호 값의 논리곱으로 표현

㉡ 회로 및 기호

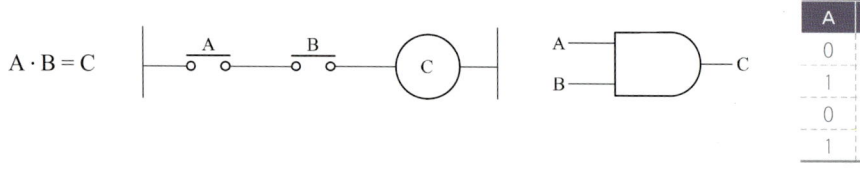 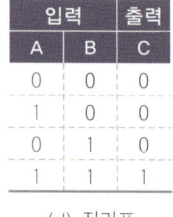

(a) 논리식　　(b) 회로　　(c) 논리기호　　(d) 진리표

→ AND 소자

② OR 소자

㉠ 출력신호 값은 2개의 입력 신호 값의 논리합으로 표현

㉡ 회로 및 기호

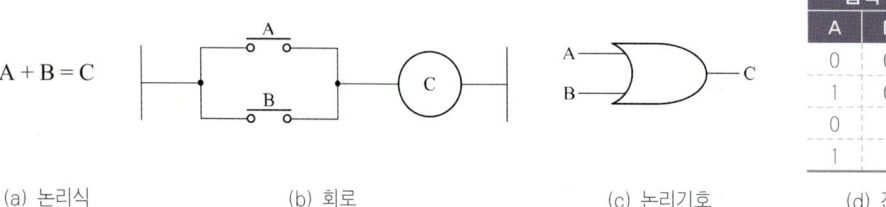

(a) 논리식　　(b) 회로　　(c) 논리기호　　(d) 진리표

→ OR 소자

③ NOT 소자

㉠ 출력신호는 입력 신호의 부정으로 표현

㉡ 회로 및 기호

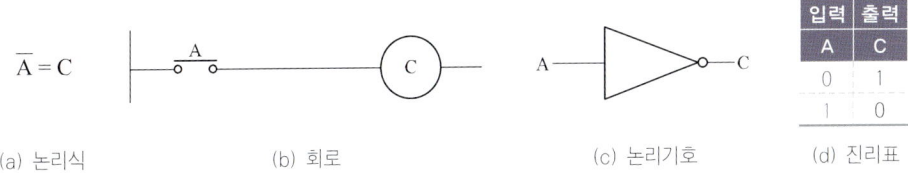

> NOT 소자

④ NAND 소자
  ㉠ AND회로와 NOT회로를 조합하여 표현
  ㉡ 회로 및 기호

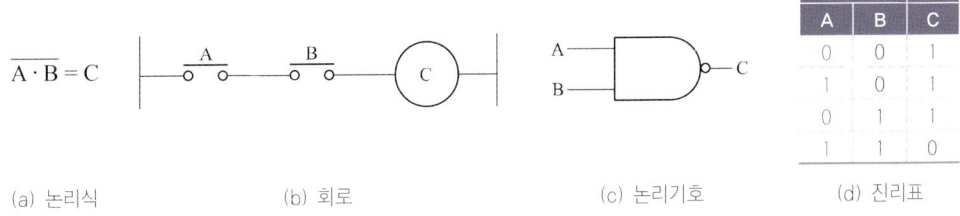

> NAND 소자

⑤ NOR 소자
  ㉠ OR회로와 NOT회로를 조합하여 표현
  ㉡ 회로 및 기호

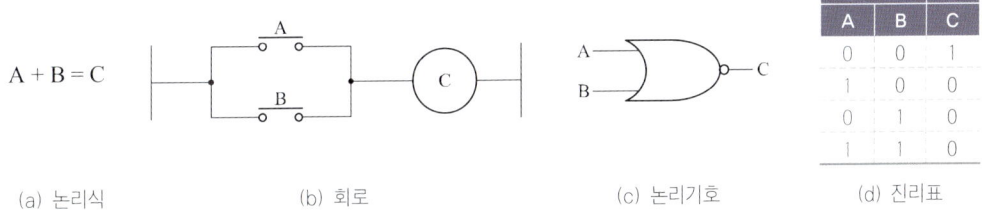

> NOR 소자

예상문제

NAND게이트 3개로 구성된 다음 논리회로의 출력값 E는?

① $A \cdot B + C \cdot D$
② $(A + B) \cdot (C + D)$
③ $\overline{A \cdot B} + \overline{C \cdot D}$
④ $A \cdot B \cdot C$

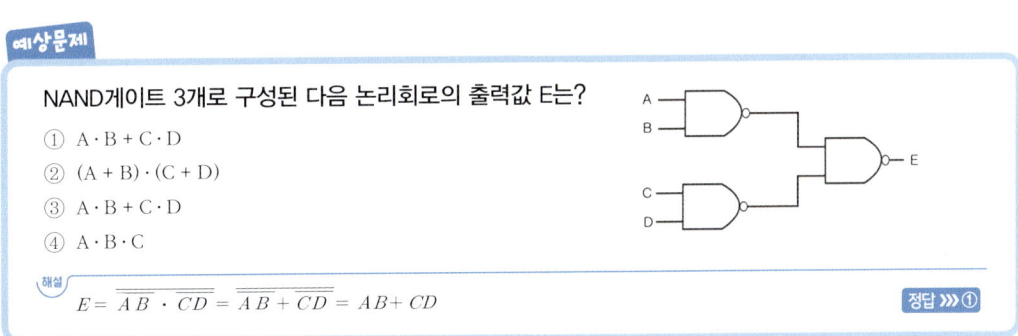

해설 $E = \overline{\overline{AB} \cdot \overline{CD}} = \overline{\overline{AB}} + \overline{\overline{CD}} = AB + CD$

정답 »» ①

제6장 승강기 제어 및 제어시스템의 원리 및 구성

예상문제

다음 회로와 원리가 같은 논리기호는?

①  ②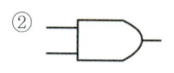

③  ④

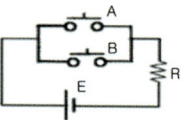

해설 OR 소자
① 출력신호 값은 2개의 입력 신호 값의 논리합으로 표현
② 회로 및 기호
- 논리식 : $A + B = X$
- 회로

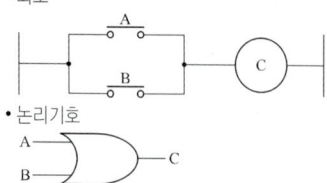

- 논리기호

• 진리표

입력		출력
A	B	C
0	0	0
1	0	1
0	1	1
1	1	1

정답 ≫≫ ①

05 시퀀스응용회로

(1) 자기유지회로

① 정지우선회로
- $(Sta + R) \cdot \overline{Sto} = R$

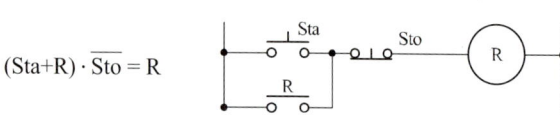

(a) 논리식 (b) 회로 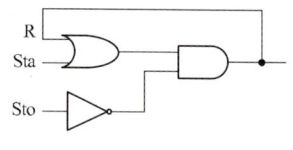 (c) 논리기호

 정지우선회로

② 기동 우선 기억회로
- $Sta + (R \cdot \overline{Sto}) = R$

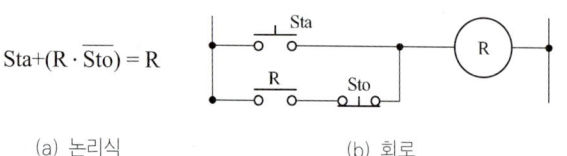

(a) 논리식 (b) 회로 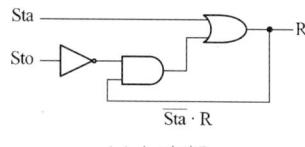 (c) 논리기호

기동 우선 기억회로

> **예상문제**
>
> 시퀀스 회로에서 일종의 기억회로라고 할 수 있는 것은?
>
> ① AND회로 ② OR회로
> ③ 자기유지회로 ④ NOT회로
>
> **해설** 자기유지회로
> ① 정지우선회로
> • $(Sta+R) \cdot \overline{Sto} = R$
>   – 논리식 : $(Sta+R) \cdot \overline{Sto} = R$
>   – 회로
>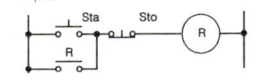
>   – 논리기호
>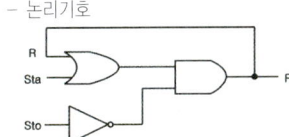
> ② 기동 우선 기억회로
> • $(Sta+(R \cdot \overline{Sto})) = R$
>   – 논리식 : $Sta(R \cdot \overline{Sto}) = R$
>   – 회로
>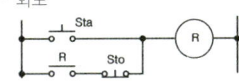
>   – 논리기호
>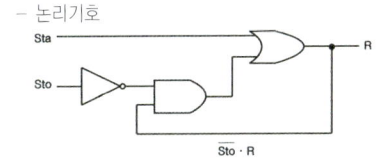
>
> 정답 ≫≫ ③

(2) 인터록회로

① 선입력 인터록회로

• $A \cdot \overline{R_2} = R_1$, $B \cdot \overline{R_1} = R_2$

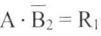

$A \cdot \overline{B_2} = R_1$

$B \cdot \overline{R_1} = R_2$

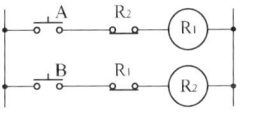
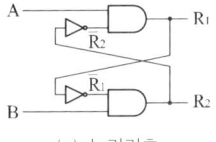

(a) 논리식   (b) 회로   (c) 논리기호

➡ 선입력 인터록회로

② 후입력 인터록회로

• $A \cdot \overline{R_2} = R_1$, $B \cdot \overline{R_1} = R_2$

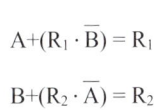

$A + (R_1 \cdot \overline{B}) = R_1$

$B + (R_2 \cdot \overline{A}) = R_2$

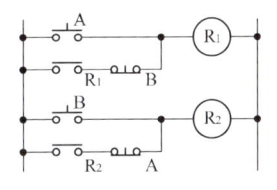

(a) 논리식   (b) 회로   (c) 논리기호

➡ 후입력 인터록회로

제5절 전자회로

01 정류회로 및 증폭회로

(1) 정류회로

　① 교류전압을 직류전압으로 변환하는 회로
　② 변압회로, 정류회로, 평활회로 구성
　③ 정류변환 구성

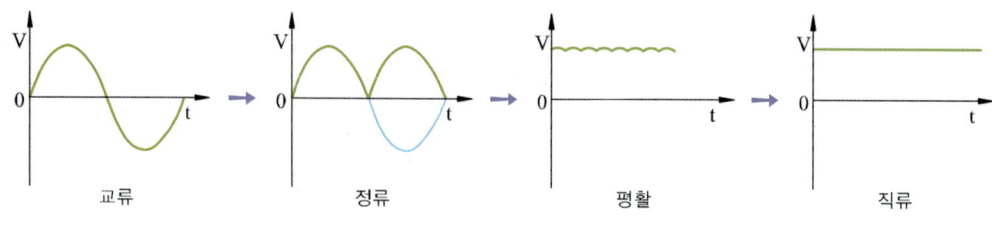

▶ 정류변환 구성

(2) 단상 반파 정류회로

　① 직류의 평균 전압 값

$$Ed_0 = \frac{1}{2\pi}\int_0^\pi \sqrt{2}\,E\sin\theta\,d\theta = \frac{\sqrt{2}}{\pi}E = 0.45E\ [\text{V}]$$

　② 직류의 평균 전류 값

$$I_d = \frac{Ed_0}{R} = \sqrt{2}\,\frac{E}{\pi R} = 0.45\frac{E}{R}\,[\text{A}]$$

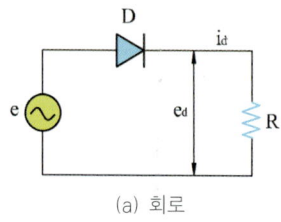

(a) 회로

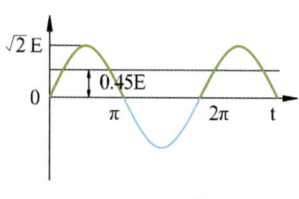

(b) 파형

▶ 단상 반파 정류회로

(3) 단상 전파 정류회로

① 직류의 평균 전압 값

$$Ed_0 = \frac{1}{\pi}\int_0^\pi \sqrt{2}\,E\sin\theta\,d\theta = \frac{2\sqrt{2}}{\pi}E = 0.9E\,[\text{V}]$$

② 직류의 평균 전류 값

$$I_d = \frac{Ed_0}{R} = 0.9\frac{E}{R}\,[\text{A}]$$

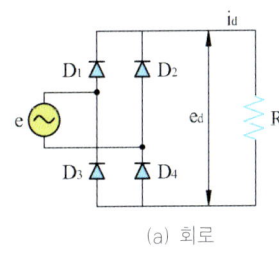

(a) 회로

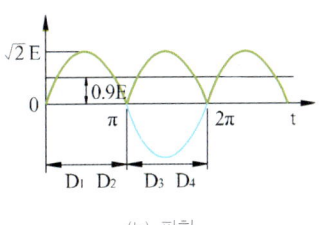

(b) 파형

➔ 전파 정류회로

(4) 3상 반파 정류회로

① 직류의 평균 전압 값

$$Ed_0 = \frac{1}{\frac{2}{3}\pi}\int_{-\frac{\pi}{3}}^{+\frac{\pi}{3}} \sqrt{2}\,E\sin\theta\,d\theta = 1.17E\,[\text{V}]$$

② 직류의 평균 전류 값

$$I_d = \frac{Ed_0}{R} = 1.17\frac{E}{R}\,[\text{A}]$$

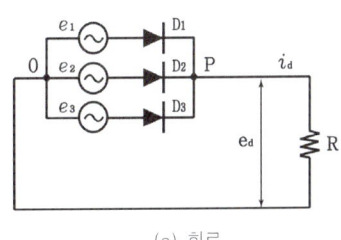

(a) 회로

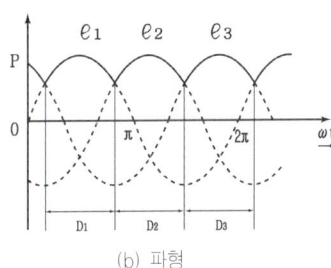

(b) 파형

➔ 3상 반파 정류회로

(5) 3상 전파 정류회로

① 직류의 평균 전압 값

$$Ed_0 = \frac{1}{\frac{2}{6}\pi} \int_{-\frac{\pi}{6}}^{+\frac{\pi}{6}} \sqrt{2}\,E\sin\theta\,d\theta = 1.35E\,[\text{V}]$$

② 직류의 평균 전류 값

$$I_d = \frac{Ed_0}{R} = 1.35\frac{E}{R}\,[\text{A}]$$

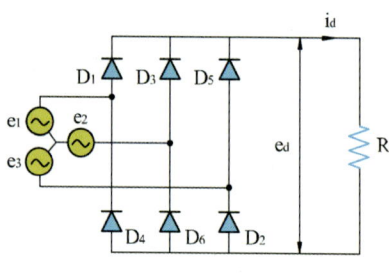

→ 3상 전파 정류회로

예상문제

그림은 단상 교류전압을 전파정류한 파형이다. 이에 대한 설명 중 틀린 것은?

① 다이오드 4개로 이와 같은 출력을 얻을 수 있다.
② 평활회로를 사용하지 않더라도 이 전압 그대로 계전기를 동작시킬 수 있다.
③ 이 전압파형은 DC전압이므로 회로구성 시 +, -극성을 고려하여야 한다.
④ 콘덴서를 사용하여 다시 교류전원으로 환원시킬 수 있다.

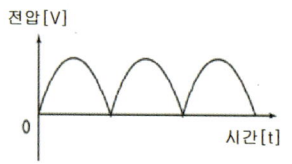

해설 전파정류회로

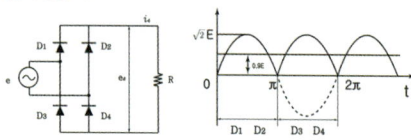

정답 ≫≫ ④

제6절 반도체

01 반도체의 성질

(1) 반도체
① 도체와 절연체의 중간성질을 갖는 원자
② 실리콘(Si), 게르마늄(Ge), 셀렌(Se) 등
③ 범위 : $10^{-4} \sim 10^4 [\Omega \cdot cm]$

(2) 진성반도체
① 공유 결합을 하고 있는 4가 원소
② 실리콘(Si), 게르마늄(Ge)

(3) 불순물 반도체

① P형 반도체
㉠ 알루미늄(Al), 인듐(In), 갈륨(Ga)
㉡ 4가 실리콘 원자에 3가 원자가 공유 결합
㉢ 정공(positive hole)
㉣ 불순물(3가 원자)을 억셉터(accepter)

② N형 반도체
㉠ 인(P), 비소(As), 안티몬(Sb)
㉡ 4가 실리콘 원자에 5가 원자가 공유 결합
㉢ 음의(negative) 전하를 가지는 전자
㉣ 불순물(5가 원자)을 도너(donor)

예상문제

반도체에서 공유결합을 할 때 과잉전자를 발생시키는 반도체는?
① P형 반도체　　　　　② N형 반도체
③ 진성 반도체　　　　　④ 불순물 반도체

해설 N형 반도체
① 인(P), 비소(As), 안티몬(Sb)　　② 4가 실리콘 원자에 5가 원자가 공유 결합
③ 음의(negative) 전하를 가지는 전자　　④ 불순물(5가 원자)을 도너(donor)

**정답 》》② **

02 다이오드의 종류 및 특성

(1) 다이오드 특성 및 구조

① P형 반도체와 N형 반도체를 결합하여 구성한다.
② 전류를 한쪽 방향으로 흐르게 한다.
③ 에노드(A), (+)극성과 캐소드(K), (−)극성을 갖는다.
④ 임계전압을 초과 시 순방향 전류가 흐른다.
　㉠ 실리콘 임계전압 : 0.7[V]
　㉡ 게르마늄 임계전압 : 0.3[V]
⑤ 역방향에서 전류가 흐르는 전압을 항복전압이라 한다.

→ 다이오드 기호 및 외형

⑥ 순방향 바이어스
　㉠ P형 반도체에 (+)극 연결, N형 반도체 (−)극 연결 한다.
　㉡ P형 영역에서 N형 영역으로 순전류가 흐른다.

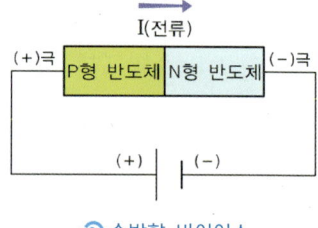

→ 순방향 바이어스

예상문제

P형 반도체와 N형 반도체 또는 반도체와 금속을 접합시키면 전류가 한쪽 방향으로는 잘 흐르나 반대 방향으로는 잘 흐르지 않는 정류작용을 한다. 이와 같은 원리를 이용한 것은?

① 다이오드　　　　② CdS
③ 서미스터　　　　④ 트라이액

해설 다이오드 특성 및 구조
① P형 반도체와 N형 반도체를 결합하여 구성한다.
② 전류를 한쪽 방향으로 흐르게 한다.
③ 에노드(A), (+)극성과 캐소드(K), (−)극성을 갖는다.
④ 임계전압을 초과 시 순방향 전류가 흐른다.
　• 실리콘 임계전압 : 0.7[V]
　• 게르마늄 임계전압 : 0.3[V]
⑤ 역방향에서 전류가 흐르는 전압을 항복전압이라 한다.

정답 ≫ ①

⑦ 역방향 바이어스
   ㉠ P형 반도체에 (−)극 연결, N형 반도체 (+)극 연결 한다.
   ㉡ P형 영역에서 N형 영역으로 전류가 흐르지 않는다.

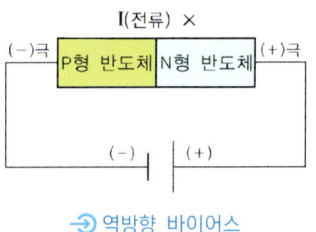
➔ 역방향 바이어스

(2) 다이오드 종류
   ① 정류 다이오드
   ② 정전압 다이오드
   ③ 발광 다이오드
   ④ 포토 다이오드
   ⑤ 쇼트키 다이오드

03 트랜지스터의 종류 및 특성

(1) 트랜지스터의 특성 및 구조
   ① 신호처리의 증폭기로 사용할 수 있다.
   ② 전압, 전류의 스위치로 사용할 수 있다.
   ③ P형, N형의 3층 구조로 되어 있다.
   ④ C(collector) : 증폭된 신호
   ⑤ B(base) : 전류흐름 제어
   ⑥ E(emitter) : 전체 전류가 흐름

(2) 트랜지스터 종류
   ① PNP형 트랜지스터

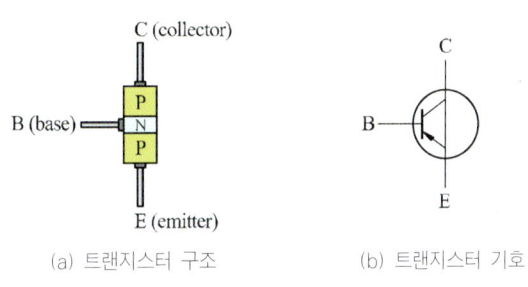

(a) 트랜지스터 구조   (b) 트랜지스터 기호

➔ PNP형 트랜지스터 구조 및 기호

② NPN형 트랜지스터

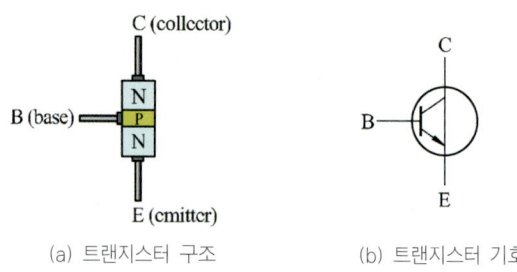

(a) 트랜지스터 구조　　(b) 트랜지스터 기호

➡ NPN형 트랜지스터 구조 및 기호

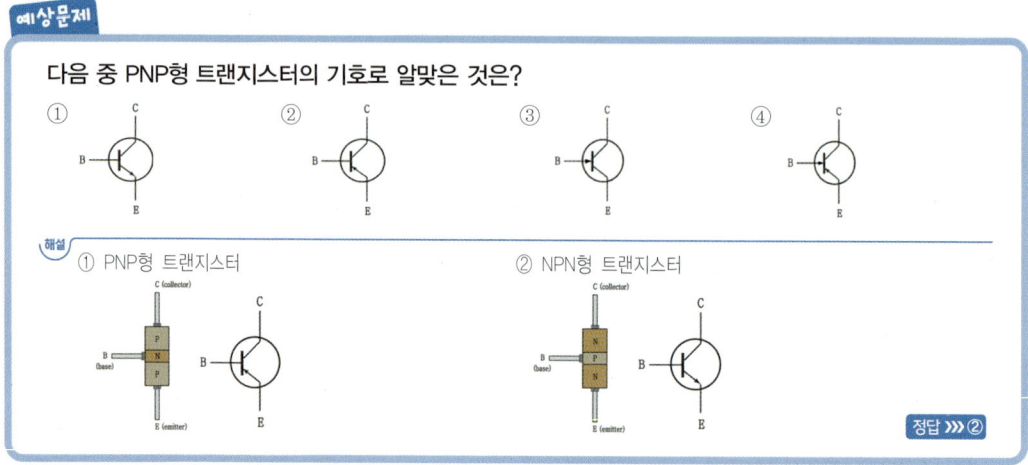

(3) 특수반도체 소자의 종류 및 특징

① 사이리스터
　㉠ 기본이 PNPN 4층 구조로 하는 반도체소자
　㉡ SCR(silicon controlled rectifier)
　㉢ 3극 단방향 사이리스터
　㉣ 직류 및 교류 제어용 소자

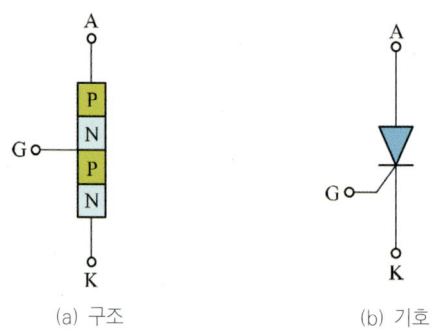

(a) 구조　　(b) 기호

➡ SCR 구조 및 기호

예상문제

그림과 같은 심벌이 명칭은?
① TRIAC
② SCR
③ DIODE
④ DIAC

A ○—▶|—○ K
           |
           G

해설 사이리스터
① 기본이 PNPN 4층 구조로 하는 반도체소자
② SCR(silicon controlled rectifier)
③ 3극 단방향 사이리스터
④ 직류 및 교류 제어용 소자
⑤ 게이트에 (+)전압 인가 A → K 도통 ⇒ 턴 온(Turn-ON) 점호

정답 ≫≫ ②

② 트라이액
  ㉠ 3극 쌍방향 사이리스터
  ㉡ 교류 위상제어에 사용
  ㉢ 양방향소자로 애노드, 캐소드 구분 없음
  ㉣ 공통 게이트로 역 병렬 접속

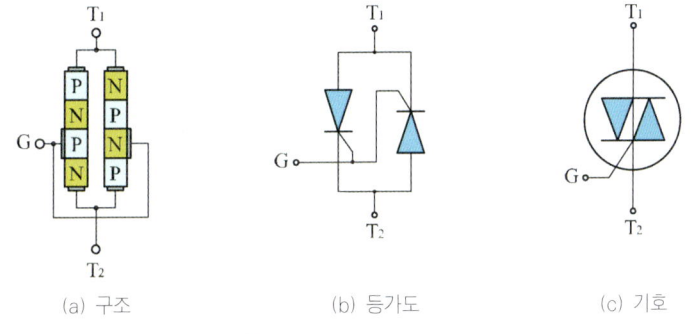

(a) 구조 (b) 등가도 (c) 기호

▶ 트라이액 구조 및 기호

③ 전력용 반도체 소자 종류
  ㉠ SSS(사이닥) : 양방향성 대칭형 스위치, 교류제어용
  ㉡ SUS : 단방향성 3단자 스위치, 타이머 및 트리거회로에 사용
  ㉢ SBS : 양방향성 3단자 스위치, 트리거 회로 및 과전압보호 회로 사용
  ㉣ GTO : 게이트 턴오프 스위치, 직류 및 교류 제어용 소자
  ㉤ UJT : 유닛 정션, 트리거 발생 소자
  ㉥ DIAC : 대칭형 3층 다이오드, 트리거 펄스 발생소자
  ㉦ MOSFET : 공전회로 전력공급 및 제어
  ㉧ IGBT : 고속 고전압 대전류 제어

제7절 제어기기 및 제어회로

01 제어용기기의 종류 및 특징

(1) 제어계의 요소

① 전기적 요소
  ㉠ 회전증폭기
  ㉡ 자기증폭기
  ㉢ 차동변압기
  ㉣ 싱크로
  ㉤ 서보모터

② 기계적 요소
  ㉠ 스프링
  ㉡ 피스톤
  ㉢ 다이어프램
  ㉣ 벨로스
  ㉤ 노즐 플래퍼
  ㉥ 분사관
  ㉦ 공압식 파일럿밸브
  ㉧ 유압식 파일럿밸브

(2) 조절기의 종류 및 특징

① 조절기 종류
  ㉠ 공압식, ㉡ 유압식, ㉢ 전기식

② 조절기 특징

▶ 조절기 특징

구분	공압식	유압식	전기식
장점	화재의 위험이 적다	조작력이 크다	신호전송이 빠르다
단점	신호전송이 늦다	기름유출로 오염 및 화재 위험이 있다.	불꽃에 대한 방폭에 유의해야 한다
동작실현성	쉽다	어렵다	쉽다
증폭요소	노즐, 플래퍼	밸브, 분사관	전자관, 트랜지스터

02 프로그램형 제어기의 종류와 특징

(1) 프로그램 제어 특징

① 제어의 신뢰성
② 제어 내용의 가변성
③ 다량의 범용성
④ 장치의 확장성
⑤ 유지보수가 용이

(2) 프로그램 제어의 성능

① 프로그램으로 복잡 다양한 제어회로에 용이
② 프로그램의 변경이 쉬워 즉각적인 제어 수정
③ 유니트 교환만으로 수리 가능
④ 프로그램(논리식 무접점)으로 제어의 신뢰성 높음

03 유접점 회로 및 무접점 회로

(1) 유접점 제어회로 방식 장·단점

유접점 제어회로 방식은 전자계전기를 이용한 접점으로 동작

① 유접점 제어회로 장점
  ㉠ 과부하에 견디는 능력이 좋다.
  ㉡ 부하 개폐용량이 크다.
  ㉢ 전기적 노이즈에 대하여 안정적이다.
  ㉣ 입력과 출력을 분리 사용이 가능하다.
  ㉤ 온도에 대한 특성이 좋다.
  ㉥ 원격제어가 가능하다.

② 유접점 제어회로 단점
  ㉠ 동작속도가 늦다.
  ㉡ 기계적 충격 및 진동에 약하다.
  ㉢ 소형화로 크기에 한계가 있다.
  ㉣ 고빈도 동작에 인한 수명에 한계가 있다.
  ㉤ 소비전력이 크다.

(2) 무접점 제어회로 방식 장·단점

무접점 제어회로 방식은 트랜지스터와 IC 등 반도체를 이용한 동작

① 무접점 제어회로 장점
  ㉠ 응답속도가 빠르다.
  ㉡ 소형화로 공간의 제약조건에 유리하다.
  ㉢ 고빈도 동작에 인한 수명이 길다.
  ㉣ 고정밀도로 동작시간, 감도에 분산이 적다.
  ㉤ 충격 및 진동에도 동작에 신뢰성이 크다.

② 무접점 제어회로 단점
  ㉠ 온도 특성에 대해 약하다.
  ㉡ 노이즈 및 서지에 대해 약하다.
  ㉢ 독립적인 전원을 별도로 공급해야 한다.

예상문제

트랜지스터, IC 등의 반도체를 사용한 논리소자를 스위치로 이용하여 제어하는 시퀀스 제어방식은?
① 전자개폐기제어   ② 유접점제어
③ 무접점제어   ④ 과전류계전기제어

해설 무접점 제어회로 방식은 트랜지스터와 IC 등 반도체를 이용한 동작   **정답 ③**

제8절 제어의 응용

01 전압의 자동조정

(1) 정전압 장치
  ① 전압이 변동하는 교류 전원으로부터 일정한 직류전압이나 교류전압을 얻는 장치
  ② **직렬형** : 전압제어소자와 부하를 직렬연결
  ③ **병렬형** : 전압제어소자와 부하를 병렬연결

(2) 발전기의 자동전압조정
① 계자 제어법을 이용한 직류발전기의 자동전압조정법
② 앰플리다인을 이용한 직류발전기의 자동전압조정법
③ 계자 제어법을 이용한 3상 교류발전기의 자동전압조정법
④ 티릴 조정기를 이용한 교류발전기의 자동전압조정법

> **예상문제**
>
> 전압, 전류, 주파수, 회전속도 등 전기적, 기계적 양을 주로 제어하는 것으로서 응답속도가 대단히 빨라야 하는 것이 특징인 제어는?
> ① 프로세스제어 ② 서보기구
> ③ 프로그램제어 ④ 자동조정
>
> **해설** 자동조정
> ① 전압 : 정전압(직렬, 병렬), 발전기(계자, 앰플리다인, 티릴 조정기)
> ② 속도 : 조속기(전기식, 기계식)
> ③ 주파수 : 전력계통(발전기, 송배전선, 변압기, 보호장치 부하), 양질의 전력
>
> **정답 ④**

02 속도의 자동조정

(1) 조속기
① 조속기의 구성
㉠ 스피더
㉡ 배압밸브
㉢ 복원기구
㉣ 서보모터
㉤ 압유장치
㉥ 액추에이터

② 조속기의 종류
㉠ 전기식 조속기
㉡ 기계식 조속기

03 주파수의 자동조정

(1) 전력계통의 주파수 자동조정

    ① 전력계통 구성

        ㉠ 발전기

        ㉡ 송배전선

        ㉢ 변압기

        ㉣ 보호장치

        ㉤ 부하

    ② 양질의 전력(전압 220[V], 주파수 60[Hz] 유지) 공급

04 서보기구

(1) 추적 레이더

    ① 레이더의 구성

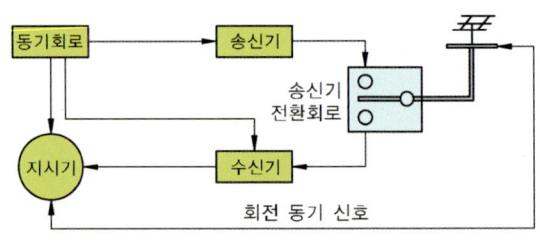

➡ 레이더의 구성

    ② 원뿔 주사 : 비행기와 같이 움직이는 목표물의 위치를 추적 위치 검출

    ③ 수신 신호

(2) 공작기계의 제어

    ① 공작기계의 위치제어

    ② 공작기계의 모방장치

(3) 수치제어

    ① 디지털 방식

    ② 아날로그 방식

CHAPTER 06

승강기 제어 및 제어시스템의 원리 및 구성
출제예상문제

01 다음 중 PNP형 트랜지스터의 기호로 알맞은 것은?

해설
① PNP형 트랜지스터
② NPN형 트랜지스터
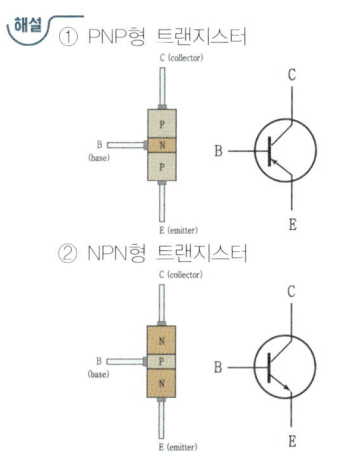

02 다음 그림과 같은 제어계의 전체 전달함수는? (단, H(s) = 1이다.)

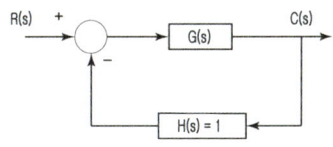

① $\dfrac{1}{G(s)}$ ② $\dfrac{1}{1+G(s)}$
③ $\dfrac{G(s)}{1+G(s)}$ ④ $\dfrac{G(s)}{1-G(s)}$

해설 신호 흐름 선도의 등가 변환 표
- 직렬접속

블록선도

전달함수
$G(s) = \dfrac{C(s)}{R(s)} = G_1(s) \cdot G_2(s)$

- 병렬접속

블록선도
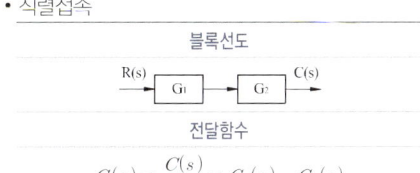
전달함수
$G(s) = \dfrac{C(s)}{R(s)} = G_1(s) \pm G_2(s)$

- 피드백접속

블록선도
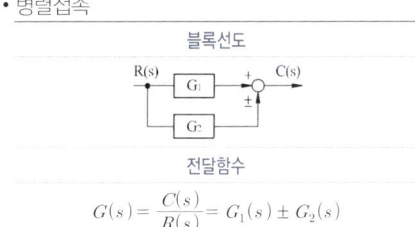
전달함수
$G(s) = \dfrac{C(s)}{R(s)} = \dfrac{G(s)}{1 \mp G(s)H(s)}$

블록선도
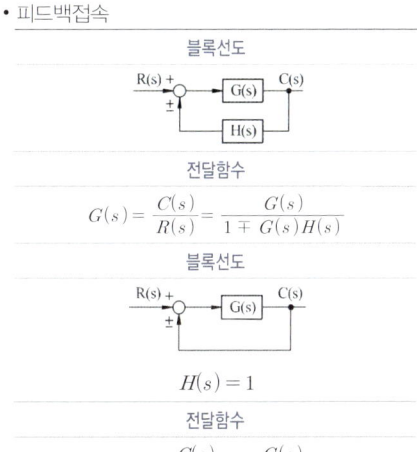
$H(s) = 1$
전달함수
$G(s) = \dfrac{C(s)}{R(s)} = \dfrac{G(s)}{1 \mp G(s)}$

Answer
01 ② 02 ③

피드백 접속

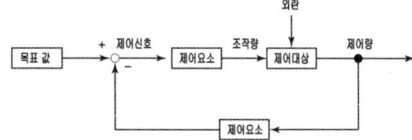

$$G(s) = \frac{C(s)}{R(s)} = \frac{G(s)}{1 \mp G(s)H(s)}$$
$$\Rightarrow G(s) = \frac{C(s)}{R(s)} = \frac{G(s)}{1 \mp G(s)}$$
$$\therefore G(s) = \frac{C(s)}{R(s)} = \frac{G(s)}{1 + G(s)}$$

03 시퀀스제어에 있어서 기억과 판단기구 및 검출기를 가진 제어방식은?

① 시한제어
② 순서 프로그램제어
③ 조건제어
④ 피드백제어

해설) 피드백 제어(feedback control)라고도 하는 것인데, 시스템의 출력과 기준 입력을 비교

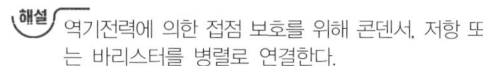

04 트랜지스터, IC 등의 반도체를 사용한 논리소자를 스위치로 이용하여 제어하는 시퀀스 제어방식은?

① 전자개폐기제어
② 유접점제어
③ 무접점제어
④ 과전류계전기제어

해설) 무접점 제어회로 방식은 트랜지스터와 IC 등 반도체를 이용한 동작

05 다음 중 수동조작 자동 복귀형 접점에 해당하는 것은?

해설) ① 전기적 순시동작 순시복귀 a접점
② 수동조작 자동복귀 a접점
③ 기계적 순시동작 순시복귀 a접점
④ 전기적 한시동작 순시복귀 a접점

06 다음 중 직류계전기의 접점을 보호하기 위한 방법으로 가장 알맞은 것은?

① 접점의 용량을 정격의 3배 이상으로 해준다.
② 접점에 병렬로 코일을 연결한다.
③ 접점 또는 조작코일에 병렬로 콘덴서, 저항 또는 바리스터를 연결한다.
④ 접점 또는 조작코일에 병렬로 다이오드를 연결한다.

해설) 역기전력에 의한 접점 보호를 위해 콘덴서, 저항 또는 바리스터를 병렬로 연결한다.

07 다음 회로와 원리가 같은 논리기호는?

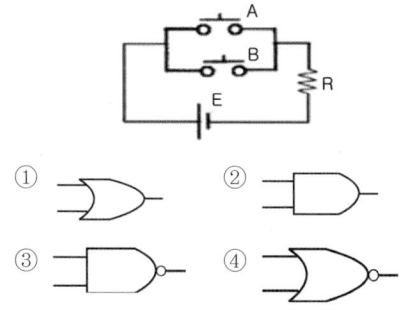

해설) OR 소자
① 출력신호 값은 2개의 입력 신호 값의 논리합으로 표현

Answer
03 ④ 04 ③ 05 ② 06 ③ 07 ①

② 회로 및 기호
- 논리식 : $A+B=X$
- 회로

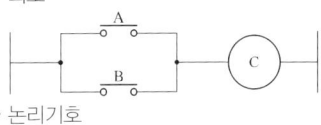

- 논리기호

- 진리표

입력		출력
A	B	C
0	0	0
1	0	1
0	1	1
1	1	1

08 주로 많이 사용하는 전력제어용 사이리스터 소자는?

① TR
② THR
③ SCR
④ SBR

해설 SCR(silicon controlled rectifier)
① 점호능력은 있으나 소호능력이 없다.(20mA 이하)
② 양극, 음극간에 역전압을 인가한다.(10~20μsec 이상)
③ 기본이 PNPN 4층 구조로 하는 반도체소자
④ 3극 단방향 사이리스터
⑤ 전력제어용 소자

09 불 대수식 Y = ABC + AC를 간소화 시키면?

① ABC
② AC
③ BC
④ AB

해설 불 대수의 공리
① 공리 1 : A = 1 아니면 A = 0
② 공리 2 : 1+1 = 1, 0·0 = 0
③ 공리 3 : 0+0 = 0, 1·1 = 1
④ 공리 4 : 0+1 = 1, 1·0 = 0
Y = ABC + AC = AC(B+1) = AC

10 시퀀스 회로에서 일종의 기억회로라고 할 수 있는 것은?

① AND회로
② OR회로
③ 자기유지회로
④ NOT회로

해설 자기유지회로
① 정지우선회로
- (Sta+R)·Sto = R
 - 논리식 : (Sta+R)·$\overline{Sto}$ = R
 - 회로

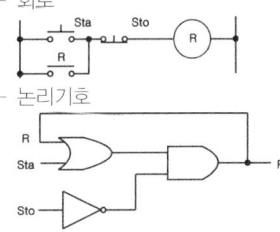

 - 논리기호

② 기동 우선 기억회로
- Sta+(R·Sto) = R
 - 논리식 : Sta(R·$\overline{Sto}$) = R
 - 회로

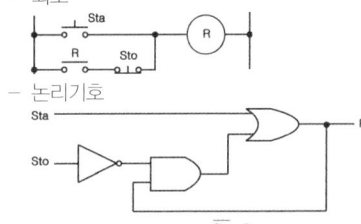

 - 논리기호

Answer
08 ③ 09 ② 10 ③

11 그림은 단상 교류전압을 전파정류한 파형이다. 이에 대한 설명 중 틀린 것은?

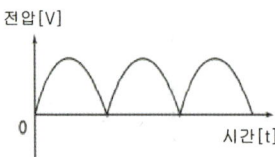

① 다이오드 4개로 이와 같은 출력을 얻을 수 있다.
② 평활회로를 사용하지 않더라도 이 전압 그대로 계전기를 동작시킬 수 있다.
③ 이 전압파형은 DC전압이므로 회로구성 시 +, -극성을 고려하여야 한다.
④ 콘덴서를 사용하여 다시 교류전원으로 환원시킬 수 있다.

해설 전파정류회로

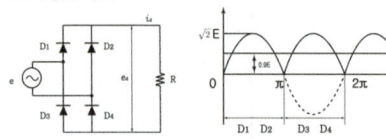

12 SCR의 게이트 작용은?

① 소자의 ON-OFF 작용
② 소자의 도통 제어 작용
③ 소자의 브레이크 다운 작용
④ 소자의 브레이크 오버 작용

해설
① 기본이 PNPN 4층 구조로 하는 반도체소자
② SCR(silicon controlled rectifier)
③ 3극 단방향 사이리스터
④ 직류 및 교류 제어용 소자

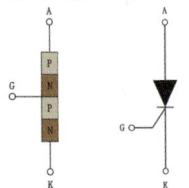

13 아래 그림은 트랜지스터를 사용한 무접점 스위치이다. 부하의 저항값이 10Ω, 트랜지스터 전류이득 $\beta = 100$일 때 부하에 흐르는 전류는? (단, Vin은 트랜지스터가 포화되는 전압을 가하고 다른 조건은 무시한다.)

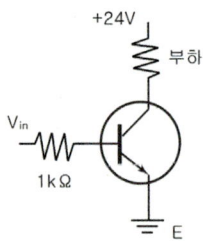

① 0.024[A]   ② 0.24[A]
③ 2.4[A]   ④ 24[A]

해설
$\beta = \dfrac{I_C}{I_B}$ $I_B = \dfrac{V}{R_B} = \dfrac{24}{1k\Omega} = 0.024[A]$
$\therefore I_C = \beta \times I_B = 100 \times 0.024 = 2.4[A]$

14 반도체에서 공유결합을 할 때 과잉전자를 발생시키는 반도체는?

① P형 반도체   ② N형 반도체
③ 진성 반도체 ④ 불순물 반도체

해설 N형 반도체
① 인(P), 비소(As), 안티몬(Sb)
② 4가 실리콘 원자에 5가 원자가 공유 결합
③ 음의(negative) 전하를 가지는 전자
④ 불순물(5가 원자)을 도너(donor)

15 논리식의 불 대수에 관한 법칙 중 틀린 것은?

① A·A = A   ② 0·A = 1
③ A+A = A   ④ 1+A = 1

해설 불 대수의 공리
① 공리 1 : A = 1 아니면 A = 0
② 공리 2 : 1+1 = 1, 0·0 = 0
③ 공리 3 : 0+0 = 0, 1·1 = 1
④ 공리 4 : 0+1 = 1, 1·0 = 0

Answer
11 ④ 12 ② 13 ③ 14 ② 15 ②

16 P형 반도체와 N형 반도체 또는 반도체와 금속을 접합시키면 전류가 한쪽 방향으로는 잘 흐르나 반대 방향으로는 잘 흐르지 않는 정류작용을 한다. 이와 같은 원리를 이용한 것은?

① 다이오드　② CdS
③ 서미스터　④ 트라이액

해설) 다이오드 특성 및 구조
① P형 반도체와 N형 반도체를 결합하여 구성한다.
② 전류를 한쪽 방향으로 흐르게 한다.
③ 에노드(A), (+)극성과 캐소드(K), (-)극성을 갖는다.
④ 임계전압을 초과 시 순방향 전류가 흐른다.
　• 실리콘 임계전압 : 0.7[V]
　• 게르마늄 임계전압 : 0.3[V]
⑤ 역방향에서 전류가 흐르는 전압을 항복전압이라 한다.

17 2단자 반도체 소자로 서지 전압에 대한 회로 보호용으로 사용되는 것은?

① 터널 다이오드　② 서미스터
③ 바리스터　　　④ 바렉터 다이오드

해설) 바리스터(varistor)
부품이나 회로에 병렬로 연결하여 과도전압이 증가하면 낮은 저항 회로를 형성하여 과도전압이 더 이상 상승하는 것을 막아준다.

18 NAND게이트 3개로 구성된 다음 논리회로의 출력값 E는?

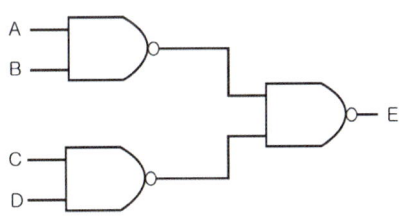

① $A \cdot B + C \cdot D$　② $(A + B) \cdot (C + D)$
③ $\overline{A \cdot B + C \cdot D}$　④ $A \cdot B \cdot C$

해설) $E = \overline{\overline{AB} \cdot \overline{CD}} = \overline{\overline{AB} + \overline{CD}} = AB + CD$

19 다음의 접점 기호는 무엇을 나타내는가?

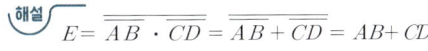

① 한시동작 순시복귀의 a접점
② 한시동작 순시복귀의 b접점
③ 순시동작 한시복귀의 a접점
④ 순시동작 한시복귀의 b접점

해설) ① 한시동작 순시복귀의 a접점
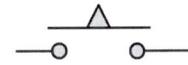
② 한시동작 순시복귀의 b접점

③ 순시동작 한시복귀의 a접점
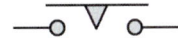
④ 순시동작 한시복귀의 b접점

20 그림과 같은 심벌의 명칭은?

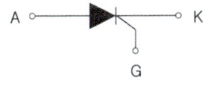

① TRIAC　② SCR
③ DIODE　④ DIAC

해설) 사이리스터
① 기본이 PNPN 4층 구조로 하는 반도체소자
② SCR(silicon controlled rectifier)
③ 3극 단방향 사이리스터
④ 직류 및 교류 제어용 소자
⑤ 게이트에 (+)전압 인가 A → K 도통
　⇒ 턴 온(Turn-ON) 점호

Answer
16 ①　17 ③　18 ①　19 ②　20 ②

21 제어계에 사용하는 비 접촉식 입력요소로만 짝지어진 것은?

① 누름 버튼 스위치, 광전 스위치
② 근접 스위치, 리밋 스위치
③ 리밋 스위치, 광전 스위치
④ 근접 스위치, 광전 스위치

해설
- 근접 스위치 : 대상 물체와 무접촉으로 검출하는 정지형 스위치로서 반도체 소자를 응용하여 기계적인 힘이 전혀 불필요하다.
- 광전 스위치 : 광(光)을 이용하여 물체의 유·무를 검출하는 센서로써 자동화 설비, 주차설비, 물류시스템, 콘베이어 이송라인 엘리베이터 등 산업전반에 폭넓게 사용되고 있다.

22 전압, 전류, 주파수, 회전속도 등 전기적, 기계적 양을 주로 제어하는 것으로서 응답속도가 대단히 빨라야 하는 것이 특징인 제어는?

① 프로세스제어
② 서보기구
③ 프로그램제어
④ 자동조정

해설 자동조정
① 전압 : 정전압(직렬, 병렬), 발전기(계자, 앰플리디인, 티릴 조정기)
② 속도 : 조속기(전기식, 기계식)
③ 주파수 : 전력계통(발전기, 송배전선, 변압기, 보호장치 부하), 양질의 전력

Answer
21 ④ 22 ④

Appendix

부록 Ⅰ

실기 작업형 문제수록

1. 와이어로프
2. 행가로라

와이어로프

1 와이어로프의 소켓 처리

① 준비물(장갑, 색펜, 자, 펜치, 니퍼 비닐테이프 등)

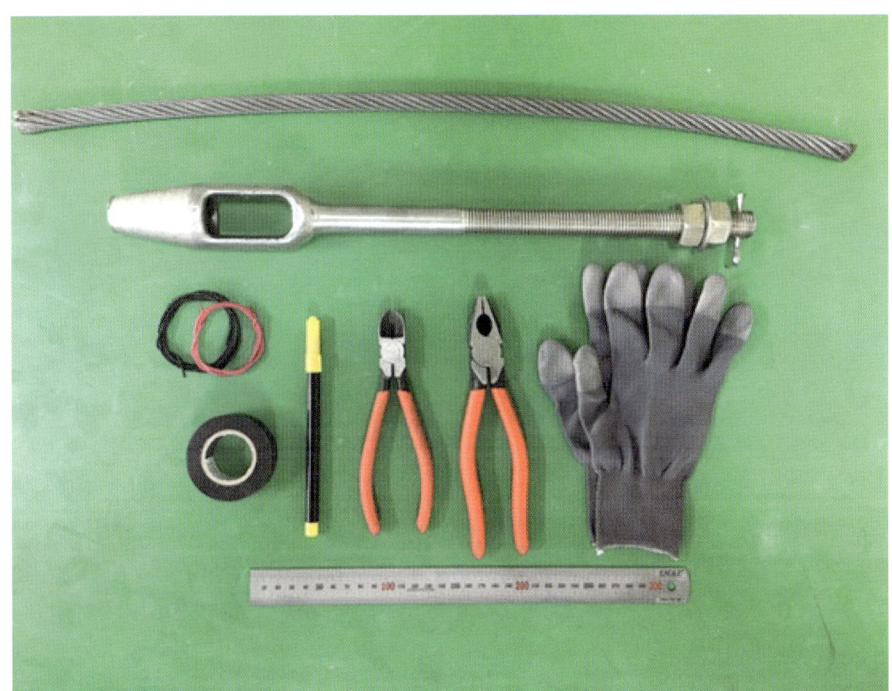

② 9~10cm에 사인펜으로 둥글게 표시한다.

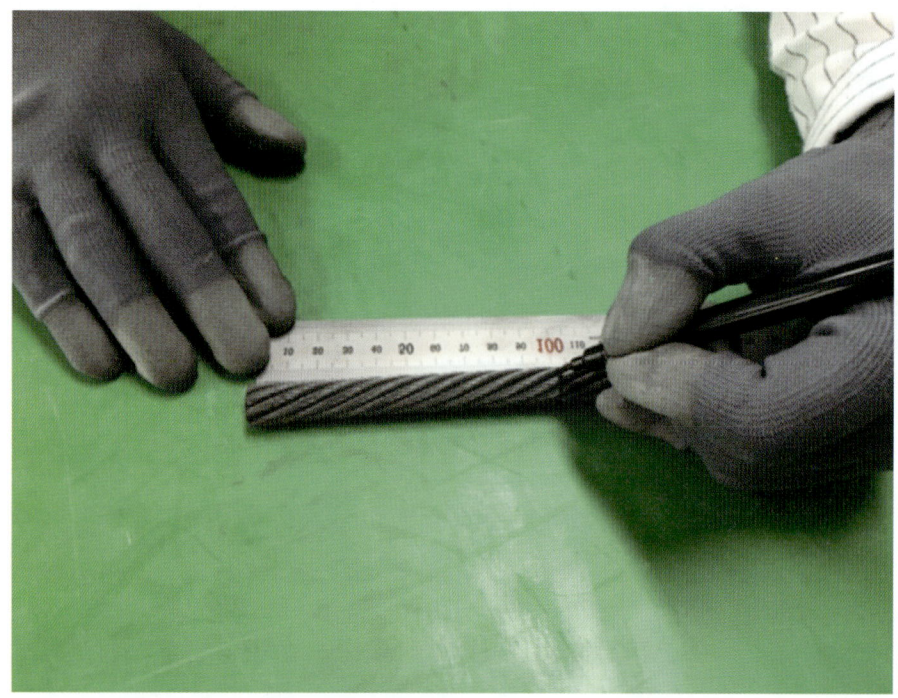

③ 9~10cm에 바인드선(테이프)으로 3~4회 묶는다.

④ 꼬여있는 로프를 하나씩 바인드선까지 풀어준다.

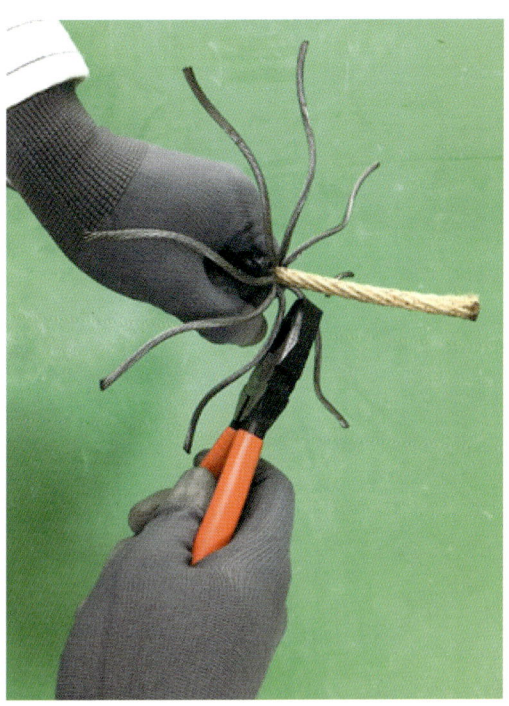

⑤ 섬유심선을 니퍼로 잘라낸다.

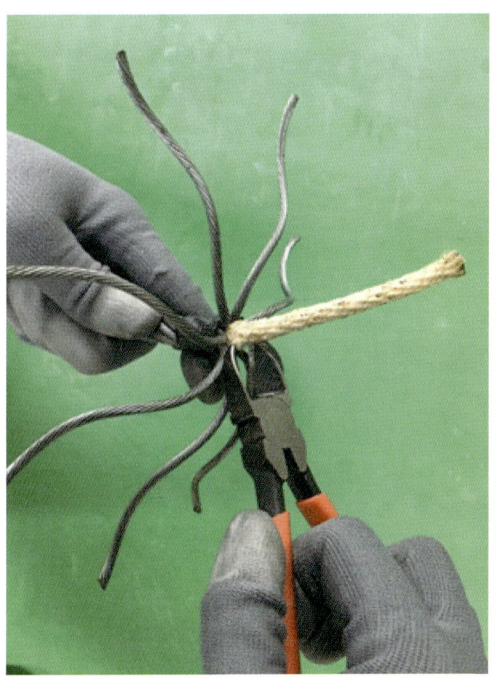

⑥ 킹크를 만든다.(8자모양)

　※ 한번에 구부린다. (여러 번 반복하면 속선이 풀린다.)

⑦ 와이어소켓에 밀어 넣는다.

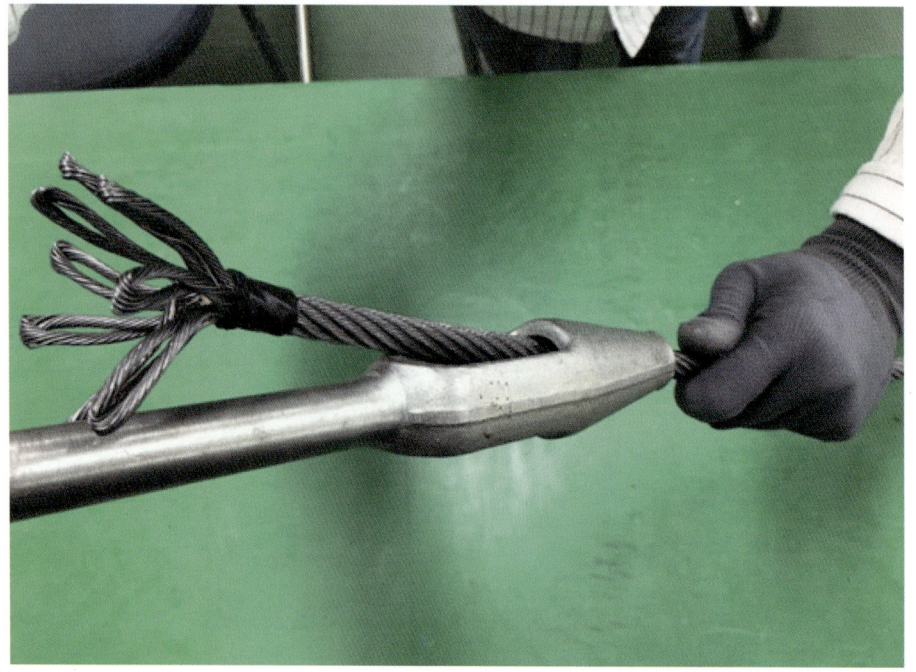

⑧ 와이어소켓과 와이어를 잡아당긴다.

⑨ 완성(속선이 풀리면 안되며, 꼬임이 일정해야 한다.)

⑩ 유의사항
  ㉠ 소켓에 와이어로프를 꽂아서 넣었을 때 끝부분이 소켓 양 옆 개방된 곳보다 5mm 이상~10mm 이하 올라가야 한다.
  ㉡ 꼬임이 국화꽃 모양으로 되어 있어야 한다.
  ㉢ 바빗트 용액을 부었을 때 용액이 골고루 회전할 수 있어야 한다.

행가로라

1. 행가로라 재료 및 공구

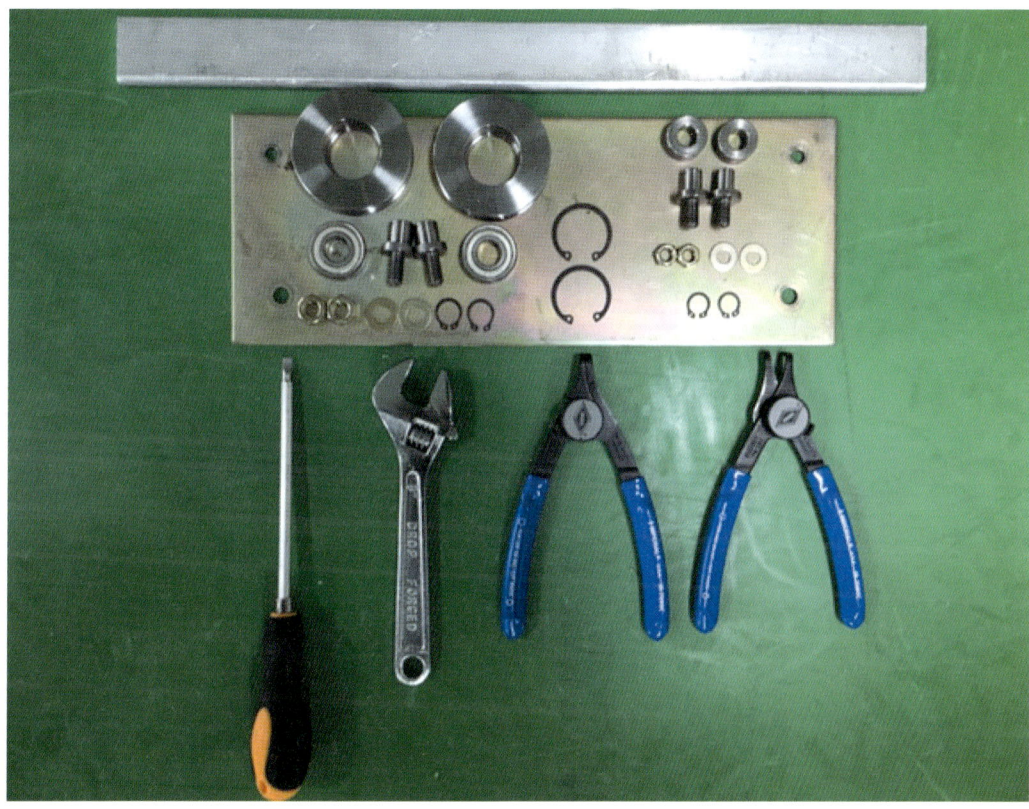

1. 행가 로라 조립순서

a. 로라　　　b. 베어링　　　c. 축　　　d. 스냅링(외경용)　　　e. 스냅링(내경용)

f. 로라와 베어링 조립 스냅링고정　　　g. 로라에 축을 스냅링 고정 완료

2. 엎트러스트 로라 조립순서

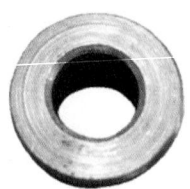  

a. 엎트러스트로라　　　b. 엎트러스트 축　　　c. 스냅링(외경용)

d. 엎트러스트 로라 조립 완료

3. 행가로라 취부요령

① 행가로라를 큰 홀에 삽입하여 드라이버로 높이 조절을 한다.

② 엎트러스트로라는 작은 홀에 삽입한다.

③ 행가로라와 엎트러스트로라를 와샤와 너트로 고정한다.

④ 행가로라와 엎트러스트로라 고정한 취부판 앞면

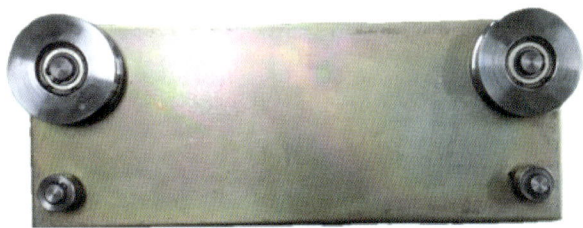

4. 행가로라 간격조정

① 드라이버로 행가로라의 높이를 조절한다.

※ 취부판에서 행가로라의 보이는 부분이 최소화될 수 있도록 조정한다.

② 조정완료 후 스페너로 너트를 고정한다.

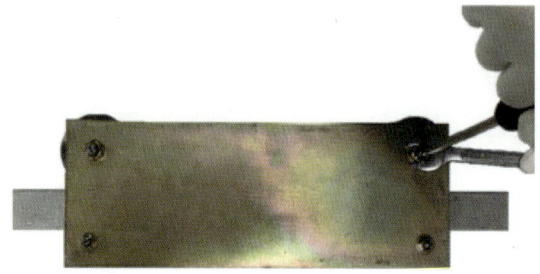

5. 엎트러스트로라 간격조정

① 드라이버로 엎트러스트로라의 높이를 조절한다.

※ 엎트러스트로라 높이 조정
　㉠ 도어레일 이탈이 없을 것
　㉡ 도어레일 좌우로 움직일 것

② 조정완료 후 스패너로 너트를 고정한다.

6. 행가로라 완성 조건

① 도어레일이 로라사이에서 이탈이 없을 것

② 도어레일를 좌우로 이송할 시 움직임에 큰 저항이 없을 것

부록 Ⅱ
필기 과년도 기출문제

Craftsman Elevator

2013년 제1회 (2013.01.27 시행)
제2회 (2013.04.14 시행)
제5회 (2013.10.12 시행)

2014년 제1회 (2014.01.26 시행)
제2회 (2014.04.06 시행)
제5회 (2014.10.11 시행)

2015년 제1회 (2015.01.25 시행)
제2회 (2015.04.04 시행)
제4회 (2015.07.19 시행)
제5회 (2015.10.10 시행)

2016년 제1회 (2016.01.24 시행)
제2회 (2016.04.02 시행)
제4회 (2016.07.10 시행)

CBT 기출복원문제

제1회 (2013.01.27 시행) 과년도기출문제

01 유압식 엘리베이터를 구조에 따라 분류할 때 해당되지 않는 것은?

① 펌프식 ② 간접식
③ 팬터 그래프식 ④ 직접식

해설 유압식 엘리베이터
① 직접식 엘리베이터
② 간접식 엘리베이터
③ 팬터 그래프식 엘리베이터

02 교류 엘리베이터 제어방식에 관한 설명 중 옳지 않은 것은?

① 교류 일단속도제어는 30m/min 이하에 적용한다.
② VVVF 제어는 전압과 주파수를 동시에 제어하는 방식이다.
③ 교류 궤환제어는 사이리스터의 점호각을 바꾸어 유도전동기의 속도를 제어하는 방식이다.
④ 교류 이단속도제어방식은 교류 일단속도제어보다 착상 오차가 큰 것이 단점이다.

해설
① 교류 1단 속도제어 : 30m/min의 저속용 엘리베이터에 적용하며, 가장 간단
② 교류이단 속도제어 : 30~60m/min 중속의 화물용 엘리베이터에 적용(주행 → 고속권선, 감속 → 저속권선 방식)
③ 교류귀환제어 : 45~105m/min 승객용 엘리베이터에 적용(카의 실제속도와 지령속도를 비교, 사이리스터의 점호각을 바꾸는 방식)
④ 가변전압 가변주파수제어(VVVF) : 저속도에서 고속 범위까지 적용(전압과 주파수 변화 방식)

03 유압식 완충기는 정격속도가 몇 m/min 초과 시에 주로 사용하는가?

① 30 ② 45
③ 50 ④ 60

해설
① 스프링완충기
• 정격속도 60m/min 이하 승강기에 적용
• 행정은 최소한 정격속도의 115%에 상응하는 중력 정지거리의 2배
• 적용중량은 최대 압축하중의 1/4배~1/2.5배의 범위로 적용
② 유입완충기
• 정격속도 60m/min 초과에 적용
• 적용중량 : 최소적용중량(카 자중+65), 최대적용중량(카 자중+적재하중)

04 과부하 감지장치는(Overload Switch)의 작동범위로 맞는 것은?

① 정격하중의 95~100%
② 정격하중의 100~105%
③ 정격하중의 105~110%
④ 정격하중의 110~115%

해설 과부하 경보장치
① 카 내에 정격적재하중 초과 시 바닥에 설치한 장치가 작동으로 경보와 도어 열림
② 정격적재하중의 105~110% 범위에 설정

Answer
01 ① 02 ④ 03 ④ 04 ③

05 정격속도 30m/min인 화물용 엘리베이터의 비상정지장치 작동 시 카의 최대 속도 [m/min]는?

① 42　　　　② 39
③ 63　　　　④ 68

해설
① 1단계 과속검출 스위치 : 카(car)의 속도가 정격속도의 1.3배 이하에서 동작(정격속도 45m/min 이하의 경우 63m/min 이하에서 동작)
② 2단계 캣치 : 카의 속도가 정격속도의 1.4배를 넘기 전에 동작(정격속도 45m/min 이하의 경우 68m/min 넘기 전에 동작)

06 일반 승객용 엘리베이터의 도어머신에 요구되는 구비조건이 아닌 것은?

① 작동이 원활하고 조용할 것
② 방수 및 내화구조일 것
③ 카 상부에 설치하기 위해 소형 경량일 것
④ 작동이 확실해야할 것

해설
① 동작이 원활하며, 잡음이 없을 것
② 소형 경량일 것
③ 내구성이 좋을 것
④ 보수가 쉽고, 가격이 저렴할 것

07 일반적으로 기계실의 바닥면적은 승강로 수평투영면적의 몇 배 이상으로 하여야 하는가?

① 1.5　　　　② 2.0
③ 2.5　　　　④ 3.0

해설 기계실 구조
① 기계실의 면적은 승강로 투영면적의 2배 이상
② 기계실의 바닥·벽 및 천장은 내화구조 또는 방화구조로 양호하게 유지
③ 기계실 온도는 5℃에서 +40℃ 이하를 유지(기준 온도이상 시 제어장치 오작동)
④ 기계실에는 바닥 면에서 200LX 이상을 비출 수 있는 영구적으로 설치된 전기 조명

08 엘리베이터 권상기의 구성 요소가 아닌 것은?

① 감속기　　　② 브레이크
③ 비상정지장치　④ 전동기

해설
① 권상기 구성 : 감속기(기어), 전동기(motor), 제동기(brake)
② 조속기
- 카의 속도를 검출하는 장치로 카의 속도와 같은 회전
- 기계적 과속 제어장치(카의 정격속도 이상 과속을 캐치 카를 정지시키는 장치)

09 승강로 내에서 카를 상하로 주행 안내하고 주행 중 카에 전달되는 진동을 감소시켜 주는 역할을 하는 것은?

① 가이드 슈　　② 완충기
③ 중간 스톱퍼　④ 가이드 레일

해설
① 카, 균형추 및 유압실린더 가이드슈의 설치상태는 견고하고, 지진 기타의 진동에 의해 레일로부터 이탈되지 않는 조치가 되어 있어야 한다.
② 가이드슈는 카 또는 균형추를 좌우로 흔들었을 때 금속음이 발생하는 정도의 파손, 마모 등이 없어야 하고, 가이드롤러는 주행에 영향을 미치는 심각한 파손, 마모가 없어야 한다.

10 승객용 엘리베이터에 작용할 수 있는 도어 방식 중 승강로 공간이 동일한 조건에서 열림 폭을 가장 크게 할 수 있는 것은?

① 2짝 상하개폐방식
② 2짝 중앙개폐방식
③ 2짝 측면개폐방식
④ 3짝 측면개폐방식

해설 측면개폐방식이 승강로 공간이 동일한 조건에서는 열림 폭이 가장 큰 방식
① 가로 열기식 문 : 승객용, 침대용 또는 화물용으로 사용(1SO, 2SO) - 측면개폐방식
② 중앙 열기식 문 : 승객용 또는 침대용으로 사용(2CO, 4CO)

Answer
05 ④　06 ②　07 ②　08 ③　09 ①　10 ④

③ 상승 열기식 문 : 대형 화물 또는 자동차용으로 사용(1UP, 2UP)
④ 상하 열기식 문 : 주로 덤 웨이터 사용(2UD, 4UD)

11 정격속도 60m/min인 기계실 있는 엘리베이터에서 조속기 1차 과속스위치가 작동하는 속도[m/min]는?

① 60
② 63
③ 68
④ 78

해설 1단계 과속검출 : 카(car)의 속도가 정격속도의 1.3배 이하에서 동작(정격속도 45m/min 이하의 경우 63m/min 이하에서 동작)

12 여러 층으로 배치되어 있는 고정된 주차구획에 상하로 이동할 수 있는 운반기에 의해 자동차를 운반 이동하여 주차하도록 설계된 주차장치는?

① 승강기식 주차장치
② 평면왕복식 주차장치
③ 수평순환식 주차장치
④ 승강기 슬라이드식 주차장치

해설 승강기식 주차 방식 : 여러 층으로 배열되어 고정된 주차구획에 상하로 운반할 수 있는 운반기로 자동차를 주차시키는 방식

13 에스컬레이터 스텝체인의 안전율은 얼마 이상이어야 하는가?

① 5
② 10
③ 15
④ 20

해설

에스컬레이터부분	안전율
트러스 및 빔	5
디딤판(스텝) 체인 및 구동체인	10
벨트식 디딤판 및 연결부재	7

14 소형 화물 등의 운반에 적합하게 제작된 덤웨이터의 적재용량은?

① 0.5톤 미만
② 0.8톤 미만
③ 1.0톤 미만
④ 1.2톤 미만

해설 사람이 탑승하지 않으면서 적재용량 1톤미만의 소형 화물(서적, 음식물 등) 운반(바닥면적이 0.5제곱미터 이하이고, 높이가 0.6미터 이하인 것은 제외한다.)

15 엘리베이터의 도어인터록에 대한 설명 중 옳지 않은 것은?

① 카가 정지하고 있지 않은 층계의 문은 반드시 전용열쇠로만 열려져야 한다.
② 문이 닫혀있지 않으면 운전이 불가능하도록 하는 도어스위치가 있어야 한다.
③ 시건장치 후에 도어스위치가 ON되고, 도어스위치가 OFF후에 시건장치가 빠지는 구조로 되어야 한다.
④ 승강장에서는 비상시에 대비하여 자물쇠가 일반 공구로도 열려지게 설계되어야 한다.

해설
① 도어가 닫힐 때 도어록의 장치가 확실히 걸린 후 도어 스위치가 ON된다.
② 중력이나 압축스프링에 의해서 확실한 연결장치로 도어를 잠긴 상태로 유지하여야 한다.
③ 도어가 열릴 때 도어스위치가 OFF 후에 도어록이 열려야 한다.
④ 운행 중 카가 정지하지 않은 층에서는 승강장문 전용 열쇠로 열리는 장치
⑤ 모든 승강장문에는 전용열쇠를 사용하지 않으면 열리지 않도록 하여야 한다.

Answer
11 ④ 12 ① 13 ② 14 ③ 15 ④

16 로프식 엘리베이터의 정격속도가 240m/min을 초과할 때 꼭대기 틈새와 피트 깊이로 가장 적합한 것은?

① 꼭대기 틈새 3.3m 이상, 피트 깊이 3.3m 이상
② 꼭대기 틈새 3.3m 이상, 피트 깊이 3.8m 이상
③ 꼭대기 틈새 4.0m 이상, 피트 깊이 4.0m 이상
④ 꼭대기 틈새 4.0m 이상, 피트 깊이 4.3m 이상

해설

정격속도(m/min)	상부 틈(m)	피트깊이(m)
45 이하	1.2	1.2
45 초과~60 이하	1.4	1.5
60 초과~90 이하	1.6	1.8
90 초과~120 이하	1.8	2.1
120 초과~150 이하	2.0	2.4
150 초과~180 이하	2.3	2.7
180 초과~210 이하	2.7	3.2
201 초과~240 이하	3.3	3.8
240 초과	4.0	4.0

17 균형추(counter weight)의 중량을 구하는 식은? (단, 오버밸런스율은 0.45로 한다.)

① 카 무게 + 정격하중 × 0.45
② 카 무게 × 0.45
③ 카 무게 + 정격 하중
④ 카 무게

해설 균형추 중량
균형추의 중량 = 카 자체하중 $L \times F$(0.35~0.55)
여기서, L : 정격 적재량[kg]
F : 오버밸런스(0.35~0.55)율

18 1200형 에스컬레이터의 시간당 수송능력은?

① 3000명   ② 6000명
③ 9000명   ④ 12000명

해설
① 800형 : 시간당 수송능력 6000명(전동기 용량 : 7.5kW)
② 1200형 : 시간당 수송능력 9000명(층고 4.7m 이하 : 7.5kW, 층고 4.7~7m 이하 : 11kW)

19 재해 원인분석의 개별분석방법에 관한 설명으로 옳지 않은 것은?

① 이 방법은 재해 건수가 적은 사업장에 적용된다.
② 특수하거나 중대한 재해의 분석에 적합하다.
③ 청취에 의하여 공통 재해의 원인을 알 수 있다.
④ 개개의 재해 특유의 조사항목을 사용할 수 있다.

해설 개별적 원인 분석
① 재해원인을 상세하게 규명(실시 중에 안전대책의 결함을 발견가능)
② 특별재해 또는 중대재해의 원인분석으로 적합
③ 재해 건수가 적은 중소규모의 기업에 적합
④ 통계적 원인부석의 기초자료에 활용

Answer
16 ③ 17 ① 18 ③ 19 ③

20 안전을 위한 작업의 중지조건이 될 수 없는 것은?

① 안개가 짙게 끼었을 때
② 퇴근시간이 되었을 때
③ 우천, 강풍 등이 생겼을 때
④ 작업원의 신체에 장애가 생겼을 때

해설 산업안전보건기준에 관한 규칙
① 제37조(악천후 및 강풍 시 작업 중지) : 사업주는 비·눈·바람 또는 그 밖의 기상상태의 불안정으로 인하여 근로자가 위험해질 우려가 있는 경우
② 제349조(작업중지 및 피난) : 사업주는 벼락이 떨어질 우려가 있는 경우
③ 제384조(작업중지) : 사업주는 비, 눈, 그 밖의 기상상태의 불안정으로 날씨가 몹시 나쁜 경우

21 로프식 엘리베이터용 주로프의 안전율은?

① 4 이상   ② 6 이상
③ 10 이상   ④ 15 이상

해설 카 상부에서 행하는 검사
① 주로프의 공칭직경은 12mm 이상으로 하여야 한다. 다만, 주로프의 안전율이 10 이상이 되도록 여러 가닥의 로프를 사용하는 경우에 공칭직경은 8mm 이상으로 할 수 있다.
② 3가닥(권동식은 2가닥) 이상으로 하여야 한다.
③ 끝부분은 1가닥마다 로프소켓에 바빗트 채움을 하거나 체결식 로프소켓을 사용하여 고정하여야 한다.(고정하는 경우의 연결은 주로프 최소파단 하중의 80% 이상)

22 엘리베이터의 속도가 비정상적으로 증대한 경우에는 정격 속도의 1.4배를 넘지 않는 범위 내에서 카의 하강을 자동적으로 제지시키는 장치는?

① 비상정지장치
② 인터록장치
③ 로프처짐 감지장치
④ 제동장치

해설 비상정지장치
① 정격속도(1.4배)를 넘을 경우에 가이드레일을 잡아 안전하게 강제 정지시키는 장치
② 점진적 비상정지장치(F·G·C, F·W·C), 순간식 비상정지장치
③ 비상정지장치 시험후 비상정지장치에 손상이 없이 정상으로 복귀되어야 한다.
④ 안전회로를 인위적 조작에 의해 동작상태 확인

23 사고 예방 대책 기본 원리 5단계 중 3E를 적용하는 단계는?

① 1단계   ② 2단계
③ 3단계   ④ 5단계

해설
① 1단계 : 안전관리조직(Organization)
② 2단계 : 사실의 발견(Fact Finding)
③ 3단계 : 분석(Analysis 사고기록, 원인 등)
④ 4단계 : 대책의 선정(Selection of Remedy)
⑤ 5단계 : 3E(교육 : education, 기술 : engineering, 독려 : enforcement)

24 승강기 관리주체는 해당 승강기에 대하여 행정안전부장관이 실시하는 검사를 받아야 한다. 다음 중 해당되는 검사가 아닌 것은?

① 완성검사   ② 정기검사
③ 수시검사   ④ 특별검사

해설
① 승강기의 설계 구조상 완성검사 또는 수시검사 시 현장확인
② 정기검사와 운행, 설비개조에 따른 시험에 대하여 구매자에게 지침서가 제공되어야 한다.

Answer
20 ② 21 ③ 22 ① 23 ④ 24 ④

25 재해원인의 분석방법 중 개별적 원인분석은?

① 각각의 재해원인을 규명하면서 하나하나 분석하는 것이다.
② 사고의 유형, 기인물 등을 분류하여 큰 순서대로 도표화하는 것이다.
③ 특성과 요인관계를 도표로 하여 물고기 모양으로 세분화 하는 것이다.
④ 월별 재해 발생수를 그래프화하여 관리선을 선정하여 관리하는 것이다.

해설 개별적 원인 분석
① 재해원인을 상세하게(각각의) 규명(실시 중에 안전대책의 결함을 발견가능)
② 특별재해 또는 중대재해의 원인분석으로 적합
③ 재해 건수가 적은 중소규모의 기업에 적합
④ 통계적 원인분석의 기초자료에 활용

26 엘리베이터 이상 발견 시 조치순서로 옳은 것은?

① 발견 – 조치 – 점검 – 수리 – 확인
② 발견 – 조치 – 확인 – 수리 – 점검
③ 발견 – 점검 – 조치 – 수리 – 확인
④ 발견 – 점검 – 조치 – 확인 – 수리

해설 엘리베이터 이상 발견 시
발견 – 점검 – 조치 – 수리 – 확인

27 감전사고로 의식을 잃은 환자에게 가장 먼저 취하여야할 조치로 옳은 것은?

① 인공호흡을 시킨다.
② 음료수를 흡입시킨다.
③ 의복을 벗긴다.
④ 몸에서 피가 나오도록 유도한다.

해설 사고 발생 시 응급처리
① 관찰을 한다.
② 구명에 필요한 처치를 한다.
③ 의식이 없으면 바로 기도확보(입안 이물질제거, 머리 뒤로)를 한다.
④ 호흡확인 후 없으면 인공호흡을 즉시 실시한다. (호흡이 있으면 옆으로 눕힘)
⑤ 맥박을 확인하면서 없으면 심폐소생을 실시한다.(맥박이 있으면 인공호흡)

28 재해 누발자의 유형이 아닌 것은?

① 미숙성 누발자　② 상황성 누발자
③ 습관성 누발자　④ 자발성 누발자

해설 재해 누발자의 유형
① 미숙성 누발자(기능, 환경에 익숙하지 못한 자)
② 상황성 누발자
③ 습관성 누발자
④ 소질성 누발자

29 간접식 유압 엘리베이터의 체인은 몇 본 이상으로 설치하여야 하는가?

① 1　　　　② 2
③ 3　　　　④ 4

해설 로프 또는 체인의 최소 가닥은 다음과 같아야 한다.
① 간접식 엘리베이터의 경우 : 잭 당 2가닥
② 카와 평형추 사이의 연결의 경우 : 잭 당 2가닥
로프 또는 체인은 독립적이어야 한다.

Answer
25 ① 26 ③ 27 ① 28 ④ 29 ②

30 에스컬레이터 제동기는 적재하중을 싣지 않고 디딤판이 상승할 때의 정지거리는?

① 0.1m 이상 0.6m 이하
② 0.6m 이상 1.0m 이하
③ 1.0m 이상 1.4m 이하
④ 1.5m 이상 1.8m 이하

해설 **기계실에서 행하는 검사**
① 상하승강장의 기동스위치·정지스위치·비상정지버튼스위치 등의 작동상태는 양호하여야 한다.
② 적재하중을 작용시키지 않고 디딤판이 상승할 때의 정지거리가 0.1m 이상 0.6m 이하이어야 한다.
③ 정지거리는 상하부의 스커트가드스위치의 작용점으로부터 콤까지의 거리 미만이어야 한다.
④ 제동기는 제동기회로 전원 및 제동기전원이 차단된 경우에 작동되어야 한다.
⑤ 하중을 싣지 않은 상태에서 속도 및 전류를 측정하여 [표]의 규정에 적합하여야 한다.

[속도 및 전류]

속도	설계도면 및 시방서에 기재된 속도의 125% 이하
전류	전동기 정격전류치의 120% 이하

31 조속기에 의한 비상정지장치가 작동하여 카 바닥의 수평도를 수준기를 사용하여 측정하였을 때 오차의 범위는 최대 얼마이내이어야 하는가?

① 1/10   ② 1/20
③ 1/30   ④ 1/40

해설 ① 수준기 : 특정 물체의 땅에 대한 수평면 및 기울기를 확인하는 기구
② 비상정지장치는 좌우 양쪽 다같이 균등하게 작용하고, 카 바닥의 수평도의 변화는 어느 부분에서나 1/30 이내이어야 한다.

32 승객용 엘리베이터의 제동기는 승차감을 저해하지 않고 로프 슬립을 일으킬 수 있는 위험을 방지하기 위하여 감속도를 어느 정도로 하고 있는가?

① 0.1G   ② 0.2G
③ 0.3G   ④ 0.4G

해설 ① 운행방향에서 하강방향으로 움직이는 에스컬레이터에서 측정된 감속도는 브레이크 시스템이 작동하는 동안 $1m/s^2$ 이하이어야 한다.
② 제동기 최대정지거리는 정격하중을 싣고 하강과 상승시 0.05g~1.0g 감속도(G) 상당거리 [(1.15V)2/2G)] 범위 이내일 것

33 엘리베이터용 유압회로에서 실린더와 유량제어밸브사이에 들어갈 수 없는 것은?

① 스트레이너   ② 스톱밸브
③ 사이렌서   ④ 라인필터

해설 스트레이너 : 흡입필터는 비교적 눈이 거친 필터로 작동유의 통과저항이 작아 일반적으로 펌프의 흡입측에 이용된다.

34 조속기에 관한 설명 중 틀린 것은?

① 과속 스위치는 반드시 수동으로 복귀해야 한다.
② 속도 90m/min인 승강기의 과속 스위치는 정격속도 1.3배 이하에서 작동해야 한다.
③ 과속 스위치는 상승 및 하강의 양 방향에서 작동해야한다.
④ 균형추측에 조속기가 있는 경우 카 측보다 먼저 작동해야 한다.

해설 균형추측에 조속기가 있는 경우 카 측보다 나중에 작동해야 한다.

Answer
30 ① 31 ③ 32 ① 33 ① 34 ④

35 가이드 레일의 규격(호칭)에 해당되지 않는 것은?

① 8K
② 13K
③ 15K
④ 18K

해설 가이드 레일의 규격
① 레일 호칭은 마무리 가공 전 소재의 1m당 중량으로 한다.
② 보통 T형 레일 공칭은 8K, 13K, 18K, 24K(대용량 엘리베이터에서는 37K, 50K)
③ 레일의 표준길이는 5m이다.
④ 가이드 레일의 허용응력은 2400kg/cm²이다.

36 피트에서 하는 검사에 관한 사항 중 옳지 않은 것은?

① 비상용 엘리베이터의 경우에는 최하층 바닥면 아래에 설치되는 스위치류는 비상용으로 쓰여 질 때는 분리 되어서는 안 된다.
② 아랫부분 리미트 스위치류의 설치상태는 견고하고, 작동상태는 양호하여야 한다.
③ 스프링 완충기는 녹 또는 부식 등이 없어야 하고, 유입 완충기의 경우에는 유량이 적절하여야 한다.
④ 이동케이블은 손상의 염려가 없어야 한다

해설
① 완충기 취부상태 확인
② 조속기로프 및 기타의 당김 도르래 확인
③ 피트바닥 청결상태 확인(사다리 고정 유무, 배수구점검)
④ 하부 화이널리미트스위치 동작상태 확인
⑤ 카 비상정지장치 및 스위치 동작상태 확인
⑥ 하부 도르래 동작상태 확인
⑦ 균형추 밑부분 틈새 확인
⑧ 이동케이블 및 부착부 확인

37 승강장 도어에 대한 설명 중 옳지 않은 것은?

① 승강장 도어와 문틀사이의 여유간격은 6mm 이하이어야 한다.
② 중앙개폐식 도어는 서로 맞부딪치는 도어의 끝부분이 평활하고 뾰족한 돌출부분이 없어야 한다.
③ 승강장 도어에는 비상해제장치를 설치할 필요가 없다.
④ 도어는 위와 양쪽옆, 상호간에 서로 겹쳐야 하며, 다중속도 도어의 경우는 12mm 이상 겹쳐야 한다.

해설 비상해제성능
① 모든 승강장에는 비상해제장치를 설치하여야 하고 그 설치상태 및 기능은 양호하여야 한다.
② 비상해제장치의 특수한 키에는 사용상의 위험과 승강장문이 닫힌 후 문의 잠금여부를 확인해야 하는 등의 주의사항이 표시되어야 한다.
③ 카가 정지하고 있지 않은 층에서는 특수한 키를 사용하지 않으면 문을 열 수 없어야 한다.

38 엘리베이터의 비상정지장치에 대한 보수점검 사항이 아닌 것은?

① 세이프티 링크 기구에 이완이나 용접이 벗겨지는 일은 없는지 점검
② 세이프티 링크 스위치와 캠의 간격 점검
③ 마찰 댐퍼의 스프링 및 볼트 변형 등 점검
④ 과속스위치의 접점 및 작동 점검

해설 과속스위치의 접점 및 작동 점검은 조속기 스위치의 접점 청결상태로 조속기의 보수 점검항목

Answer
35 ③ 36 ① 37 ③ 38 ④

39 로프식 엘리베이터의 과부하방지장치에 대한 설명으로 틀린 것은?

① 엘리베이터 주행 중에는 오동작을 방지하기 위해 과부하방지장치 작동은 유효화 되어 있어야 한다.
② 과부하방지장치의 작동치는 정격 적재하중의 110%를 초과하지 않아야 한다.
③ 과부하방지장치의 작동상태는 초과하중이 해소되기까지 계속 유지되어야 한다.
④ 적재하중 초과 시 경보가 울리고 출입문의 닫힘이 자동적으로 제지되어야 한다.

해설
① 카 내에 정격적재하중 초과 시 바닥에 설치한 장치가 작동으로 경보와 도어 열림
② 정격적재하중의 105~110% 범위에 설정
③ 카의 출발을 정지시킨다.

40 수평보행기의 경사도는 특수한 경우를 제외하고 몇도 이하로 하여야 하는가?

① 12   ② 18
③ 25   ④ 30

해설 수평보행기의 구조
① 일반적인 내측판간 거리는 0.8~1.2m, 핸드레일 간격은 1.25m 이하
② 경사각은 12° 이하(디딤판의 고무 및 가공으로 미끄러지기 어려운 재질 : 15° 이하)
③ 경사각에 따른 속도는 8° 이하 50m/min 이하 (단 8° 초과 시 40m/min 이하)
④ 인·출입표시를 반드시 할 것(수평 보행기라 오판으로 인한 사고 유발)

41 카 실내에서 행하는 검사가 아닌 것은?

① 조작스위치의 작동상태
② 비상연락장치의 작동상태
③ 조명등의 점등상태
④ 비상구출구 개방의 적정성 여부

해설 비상구출구
① 비상구출운전으로서 특별히 규정된 경우, 카내에 있는 승객에 대한 구출활동은 항상 카 밖에서 이루어져야 한다.
② 승객의 구출 및 구조를 위해 카 천장에 비상구출구가 있는 경우, 크기는 0.35m×0.50m 이상으로 하여야 한다.
③ 카 밖에서 간단한 조작으로 열 수 있어야 하고, 카 내부에서는 규정된 삼각키를 사용하지 않으면 열 수 없는 구조로 하여야 한다.

42 기계실에서 점검할 항목이 아닌 것은?

① 수전반 및 주개폐기
② 가이드 롤러
③ 절연저항
④ 제동기

해설 가이드 롤러
① 카 및 균형추 가이드슈 또는 가이드롤러의 설치 상태는 견고하고, 지진 기타의 진동에 의해 레일로부터 이탈되지 않는 조치가 되어 있어야 한다.
② 가이드롤러는 주행에 영향을 미치는 심각한 파손, 마모가 없어야 한다.

Answer
39 ① 40 ① 41 ④ 42 ②

43 승객용 엘리베이터에서 자동으로 동력에 의해 문을 닫는 방식에서의 문닫힘 안전장치의 기준에 부적합한 것은?

① 문닫힘 동작 시 사람 또는 물건이 끼일 때 문이 반전하여 열려야 한다.
② 문닫힘안전장치 연결전선이 끊어지면 문이 반전하여 닫혀야 한다.
③ 문닫힘안전장치의 종류에는 세이프티 슈, 광전장치, 초음파장치 등이 있다.
④ 문닫힘안전장치는 카 문이나 승강장 문에 설치되어야한다.

해설 도어 시스템의 안전장치
① 도어 클로저 : 승강기 출입문이 열려있으면, 자동으로 닫게 하는 안전장치
② 도어 보호장치
 • 세이프티 슈(safety shoe) : 물체가 접촉이 되면 도어가 열리는 보호장치
 • 세이프티 레이(safety ray) : 광이 물체에 반사, 변화된 파장을 검출
 • 초음파 장치 : 초음파로 물체를 검출
③ 도어 스위치 : 도어가 완전 닫히지 않으면 카의 운행할 수 없는 장치
④ 도어 인터록 : 운행 중 카가 정지하지 않은 층에서는 승강장문 전용 열쇠로 열리는 장치
⑤ 문닫힘안전장치 연결전선이 끊어지면 문이 반전하여 열려야 한다.

44 대지전압이 150V를 넘고 300V 이하인 경우 절연저항은 몇 MΩ 이상 이어야 하는가?

① 0.1   ② 0.2
③ 0.3   ④ 0.4

해설
• 절연저항 : 대지와 전로사이의 절연상태(개폐기 또는 과전류차단기로 구획할 수 있는 전로마다 검사할 수 있다.)

회로의 용도	회로의 사용전압	절연저항
전동기 주회로	300V 이하의 것	0.2 이상
	300V를 초과 400V 이하의 것	0.3 이상
	400V를 초과하는 것	0.4 이상
승강로내 안전회로 신호회로 조명회로	150V 이하의 것	0.1 이상
	150V를 초과 300V 이하의 것	0.2 이상

공칭회로전압[V]	시험전압(직류)[V]	절연저항[MΩ]
SELV	250	0.25 이상
≤ 500	500	0.5 이상
> 500	1000	1.0 이상

• 메가 : 절연저항 측정

45 균형체인과 균형로프의 점검사항이 아닌 것은?

① 연결부위의 이상 마모가 있는지를 점검
② 이완상태가 있는지를 점검
③ 이상소음이 있는지를 점검
④ 양쪽 끝단은 카의 양측에 균등하게 연결되어 있는지를 점검

해설
① 로프가 서로 엉키는 것을 방지하기 위하여 인장 시브를 설치
② 균형 로프는 고속 승강기에 적용
③ 보상의 효과는 100%
④ 소음진동 보상
⑤ 카의 밸런스 및 와이어로프 무게 보상
⑥ 연결부위의 이상 마모, 이완상태, 이상소음 등 점검

Answer
43 ②   44 ②   45 ④

46 에스컬레이터의 이동식 핸드레일의 경우, 운행 전 구간에서 디딤판과 핸드레일 속도차의 범위는?

① 0~1% 이하   ② 0~2% 이하
③ 0~3% 이하   ④ 0~4% 이하

해설 핸드레일 : 이동식 핸드레일의 경우, 운행 전구간에서 디딤판과 핸드레일의 속도차는 0~2% 이하이어야 한다.

47 엘리베이터의 상승 전자접촉기와 하강 전자접촉기 상호간에 구성하여할 회로로 가장 옳은 것은?

① 인터록회로   ② 병렬회로
③ 직병렬회로   ④ 합성회로

해설 인터록회로 : 엘리베이터의 정·역회로에서 기기의 보호와 조작자의 안전을 목적으로 상호관련된 기기 간의 동작을 구속하는 회로

48 그림과 같이 마이크로미터에 나타난 측정값[mm]은?

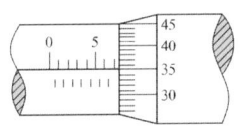

① 0.85   ② 5.35
③ 7.85   ④ 8.35

해설 ① 슬리브 눈금 값 : 7.5mm
② 심블 눈금 값 : 0.35mm
∴ 7.5+0.35 = 7.85mm

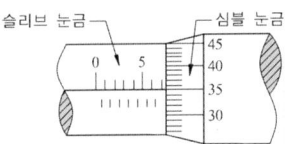

49 다음 응력에 대한 설명 중 옳은 것은?

① 단면적이 일정한 상태에서 외력이 증가하면 응력은 작아진다.
② 단면적이 일정한 상태에서 하중이 증가하면 응력은 증가한다.
③ 외력이 일정한 상태에서 단면적이 작아지면 응력은 작아진다.
④ 외력이 증가하고 단면적이 커지면 응력은 증가한다.

해설 응력
① 물체에 하중이 작용하였을 때, 그 하중에 저항하여 단위 면적당 발생한 내력
② $\delta = \dfrac{N}{m^2} = \dfrac{W}{A}$ [N/m²]
여기서, δ : 응력, W : 하중, A : 단면적

50 2V의 기전력으로 80J의 일을 할 때 이동한 전기량[C]은?

① 0.4   ② 4
③ 40   ④ 160

해설 1V : 두점 사이를 1C의 전하가 이동하는데 소요되는 에너지가 1J일 때 두점 사이의 전위차를 말한다.
• $E = \dfrac{W}{Q}$ [V]
여기서, Q : 전하[C], W : 일[J], E : 기전력[V]
∴ $Q = \dfrac{W}{E} = \dfrac{80}{2} = 40$[C]

51 자기저항의 단위로 맞는 것은?

① Ω   ② AT/Wb
③ Φ   ④ Wb

해설 ① Ω : 저항
② AT/Wb : 자기저항
③ Φ : 자속
④ Wb : 자극세기

Answer
46 ② 47 ① 48 ③ 49 ② 50 ③ 51 ②

52 지름 5cm, 길이 30cm인 환봉이 있다. $P = 24\text{ton}$인 장력을 작용시킬 때 0.1mm가 신장된다면 이 재료의 탄성계수[kg/cm²]는?

① 3.66×10^6 ② 3.66×10^5
③ 4.22×10^6 ④ 4.22×10^5

해설 탄성계수

① 탄성계수$(E) = \dfrac{\text{응력}(\sigma)}{\text{변형률}(\varepsilon)}$

② 탄성한도 내에서 길이(l), 단면적(A), 하중(W)을 받아 인장(λ)되었다면

응력$(\sigma) = \dfrac{W}{A}$, 변형률$(\varepsilon) = \dfrac{\lambda}{l}$

③ $E = \dfrac{\sigma}{\varepsilon} = \dfrac{\dfrac{W}{A}}{\dfrac{\lambda}{l}} = \dfrac{Wl}{A\lambda} = \dfrac{\text{하중} \times \text{길이}}{\text{단면적} \times \text{인장}}$

∴ $E = \dfrac{\text{하중} \times \text{길이}}{\text{단면적} \times \text{인장}} = \dfrac{2400 \times 30}{19.625 \times 0.01}$
$= 3668789.80 ≒ 3.66 \times 10^6 \text{kg/cm}^2$

※ 단면적(A) : 지름 5cm인 환봉
$A = \dfrac{\pi D^2}{4} = \dfrac{3.14 \times 5^2}{4} = 19.625 \text{cm}^2$

53 회전축에서 베어링과 접촉하고 있는 부분은?

① 핀 ② 체인
③ 베어링 ④ 저널

해설 미끄럼 베어링(sliding bearing) : 저널과 베어링이 서로 미끄럼에 의해서 접촉

54 직류발전기에서 무부하 전압 V_o[V], 정격전압 V_n[V] 일 때 전압변동률은?

① $\dfrac{V_0 - V_n}{V_0} \times 100$ ② $\dfrac{V_n - V_0}{V_n} \times 100$
③ $\dfrac{V_n - V_0}{V_0} \times 100$ ④ $\dfrac{V_0 - V_n}{V_n} \times 100$

해설 전압변동률 $= \dfrac{\text{무부하전압} - \text{정격전압}}{\text{정격전압}} \times 100$

55 되먹임제어에서 꼭 필요한 장치는?

① 응답속도를 느리게 하는 장치
② 응답속도를 빠르게 하는 장치
③ 안정도를 좋게 하는 장치
④ 입력과 출력을 비교하는 장치

해설 피드백 제어(feedback control)라고도 하는 것인데, 시스템의 출력과 기준 입력을 비교

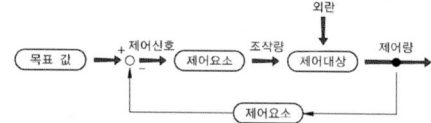

56 다음 중 직류 직권전동기의 용도로 가장 적합한 것은?

① 엘리베이터 ② 컨베이어
③ 크레인 ④ 에스컬레이터

해설 직권 전동기
① 계자와 전기자가 직렬로 연결
② 부하에 따라 달라지는 전류가 그대로 계자 권선을 통과한다.
③ 전류가 작아지면 속도는 매우 커지게 되는 변속도 특성을 갖는다.
④ 무부하 상태에서의 운전은 속도가 증가하여 회전자가 원심력에 의해 이탈될 수도 있다.
⑤ 직권 전동기는 주로 직접 연결 또는 기어 결합을 하는 것이 바람직하다.
⑥ 기동시 전기자 전류와 자속이 동시에 증가하므로 기동 토크가 크고 가속이 빠르다.
⑦ 효율이 좋다.(빈번한 기동횟수가 많은 곳에 사용 : 전철, 크레인, 믹서 등)

Answer
52 ① 53 ④ 54 ④ 55 ④ 56 ③

57 전기의 본질에 대한 설명으로 틀린 것은?

① 전자는 음(-)의 전기를 띤 입자이다.
② 양성자는 양(+)의 전기를 띤 입자이다.
③ 중성자는 전기를 띠지 않지만 질량은 전자와 거의 같다.
④ 전기량의 크기는 양성자와 같다.

해설
① 중성자는 그 질량이 1.675×10^{-24}g으로 양성자보다 약간 무겁다.
② 중성자와 양성자는 전자의 질량에 비해 1800배 이상 무겁고
③ 양성자의 질량을 1이라고 하면 중성자의 질량도 1, 전자의 질량은 1/1800 정도로 생각한다.

58 직류발전기의 구조에서 공극을 통하여 전기자에 계자자속을 적당히 분포시키는 역할을 하는 것은?

① 계철   ② 브러쉬
③ 공극   ④ 자극편

해설 계자(field)
① 계자권선에 전류가 흐르면 전기자를 통하는 자속이 발생
② 계자권선, 철심, 자극 및 계철로 구성
③ 계자철심의 두께는 0.8~1.6mm 연강판

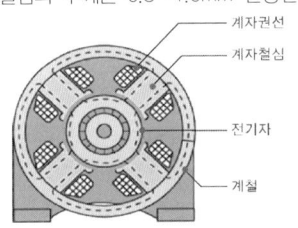

59 전동용 기계요소에서 마찰차의 적용 범위에 해당되지 않는 것은?

① 무단 변속을 하는 경우
② 전달하는 힘이 커서 속도비가 중요시되지 않는 경우
③ 회전속도가 커서 보통의 기어를 사용할 수 없는 경우
④ 두 축 사이를 자주 단속할 필요가 있는 경우

해설 마찰사의 적용 범위
① 마찰력에 의하여 전동을 하기 때문에 큰 동력 전달에는 부적합
② 속도비가 매우 커서 기어로 전동하기 어려운 경우에 사용함.
③ 두 축 사이의 동력을 전동 중에 빈번히 연결하거나 차단 시킬 필요가 있는 경우에 사용함.
④ 무단 변속이 필요한 경우에 사용함.

60 다음 중 길이를 측정하는 측정기가 아닌 것은?

① 버니어캘리퍼스
② 마이크로미터
③ 서피스게이지
④ 내경퍼스

해설
① 버니어캘리퍼스 : 본척(어미자), 부척(아들자) 이용하여 1/20mm, 1/50mm 길이 측정
② 마이크로미터 : 길이 변화를 나사의 회전각과 지름에 의해 원주면에 확대하여 눈금을 새김
③ 서피스게이지 : 공작물에 금을 긋거나 둥근 막대의 중심을 구할 때에 쓰는 공구
④ 내경퍼스 : 구경의 지름, 홈, 폭을 측정할 때 사용

Answer
57 ③ 58 ④ 59 ② 60 ③

제2회 (2013.04.14 시행) 과년도 기출문제

01 승강장의 문이 열린 상태에서 모든 제약이 해제되면 자동적으로 닫히게 하여 문의 개방에서 생기는 2차 재해를 방지하는 것은?
① 도어 인터록 ② 도어 클로저
③ 도어 머신 ④ 도어 행거

해설) 도어 클로저
① 승강기 출입문이 열려있으면, 자동으로 닫게 하는 안전장치
② 스프링 방식 또는 중력 방식

02 도어 사이에 이물질이 있는 경우 도어를 반전시키는 안전장치가 아닌 것은?
① 세이프티 슈
② 세이프티 디바이스
③ 세이프티 레이
④ 초음파 장치

해설)
① 세이프티 슈(safety shoe) : 물체가 접촉이 되면 도어가 열리는 보호장치
② 세이프티 레이(safety ray) : 광이 물체에 반산, 변화된 파장을 검출
③ 초음파 장치 : 초음파로 물체를 검출

03 카의 하강하는 속도가 과속스위치의 작동 속도를 넘었을 때에 비상정지장치는 매 분의 속도가 정격속도의 몇 배를 넘지 않는 범위 내에서 카의 하강을 자동적으로 제지하여야 하는가?
① 1.3배 ② 1.4배
③ 1.5배 ④ 1.6배

해설) 2단계 캣치 : 카의 속도가 정격속도의 1.4배를 넘기 전에 동작(정격속도 45m/min 이하의 경우 68m/min 넘기 전에 동작)

04 승강기의 카 상부에서 행할 수 없는 점검은?
① 카 천정 조명등의 상태
② 비상 구출구의 상태
③ 카 도어 스위치 설치상태
④ 상부의 리미트 스위치 설치상태

해설) 카 천정 조명등은 카 내에서 행하는 점검

05 승강기가 어떤 원인으로 피트에 떨어졌을 때 충격을 완화하기 위하여 설치하는 것은?
① 조속기 ② 비상정지장치
③ 완충기 ④ 제동기

해설) 카 또는 균형추가 승강로 바닥에 충돌하였을 때 카 내의 사람이 안전하도록 충격을 완화시키는 장치
① 스프링 완충기(spring buffer) : 카가 하강 또는 균형추의 충격을 완화하기 위해 1개 이상 스프링을 사용
 • 정격속도 60m/min 이하 승강기에 적용
 • 행정은 최소한 정격속도의 115%에 상응하는 중력 정지 거리의 2배
 • 적용중량은 최대 압축하중의 1/4배~1/2.5배의 범위로 적용
② 유입완충기 : 카 또는 균형추의 하강 운동에너지를 흡수 및 분산을 위한 매체로 오일 사용
 • 정격속도 60m/min 초과에 적용
 • 적용중량 : 최소적용중량(카 자중+65), 최대적용중량(카 자중+적재하중)

Answer
01 ② 02 ② 03 ② 04 ① 05 ③

06 엘리베이터용 권상기 브레이크에 대한 설명으로 옳은 것은?

① 전동기나 균형추 등의 관성은 제지할 필요가 없다.
② 관성에 의한 원동기의 회전을 제지할 수 있어야 한다.
③ 승객용 엘리베이터는 110%의 부하로 하강 중 감속·정지할 수 있어야 한다.
④ 화물용 엘리베이터는 130%의 부하로 하강 중 감속·정지할 수 있어야 한다.

해설
① 제동기의 능력
  - 승객용 엘리베이터는 125%의 부하, 화물용 엘리베이터는 120%의 부하로 전속 하강 중 카를 안전하게 감속 또는 정지시킬 수 있어야 한다.
  - 브레이크는 전동기, 카, 균형추 등 모든 장치의 관성을 제지하는 역할을 해야 한다.
  - 정지 후에는 부하에 의한 불균형 역구동이 되어 움직이는 일이 없어야 한다.
② 브레이크 구조 : 제동기의 솔레노이드 코일이 소자(전자석 소멸)되면 강력한 스프링에 의해 즉시 제동이 걸린다.

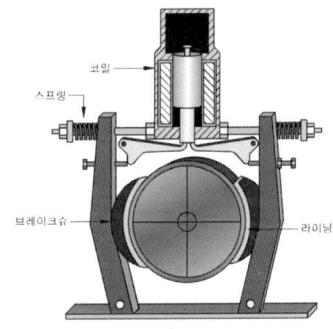

07 에스컬레이터의 수평주행구간 디딤판의 수가 3개 이상이고, 층고가 6m 이하인 경우에는 정격속도를 얼마까지 할 수 있는가?

① 30m/min 이하
② 40m/min 이하
③ 50m/min 이하
④ 60m/min 이하

해설
- 경사도는 30°를 초과하지 않아야 한다.(높이 6m 이하, 공칭속도 0.5m/s 이하에서는 경사도 35°까지)
- 디딤판 속도 40m/min

08 에스컬레이터와 건물의 빔 또는 에스컬레이터를 교차승계형 배열로 설치했을 경우에 생기는 협각부에 끼는 것을 방지하기 위해서 설치하는 것은?

① 역결상 검출장치
② 스커트가드 판넬
③ 리미트스위치
④ 삼각부 보호판

해설
3각부 틈새의 수직거리가 30cm 되는 곳까지 막는 등의 조치를 하되 디딤판의 진행속도로 부딪쳤을 때 신체에 상해를 주지 않는 탄력성이 있는 재료
① 사람이 3각부에 충돌하는 것을 경고하기 위하여 25~35cm 전방에 신체상해의 우려가 없는 재질의 비고정식 안전보호판 등이 설치되어 있어야 한다.
② 건축물 천장부 또는 측면부가 핸드레일 외측 끝단에서 50cm 이상 떨어져 있는 경우
③ 교차각이 60°를 초과하는 경우에는 그러하지 아니하다.

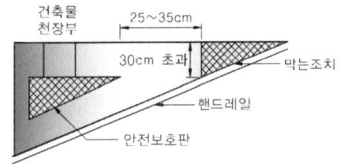

09 기계실의 바닥면적은 일반적으로 승강로 수평투영면적의 몇 배 이상으로 하여야 하는가?

① 2배
② 3배
③ 4배
④ 5배

해설
기계실 구조
① 기계실의 면적은 승강로 투영면적의 2배 이상
② 기계실의 바닥·벽 및 천장은 내화구조 또는 방화구조로 양호하게 유지
③ 기계실 온도는 5℃에서 +40℃ 이하를 유지(기준 온도 이상 시 제어장치 오작동)
④ 기계실에는 바닥 면에서 200LX 이상을 비출 수 있는 영구적으로 설치된 전기 조명
⑤ 수전반 및 제어반
⑥ 제동기, 조속기, 전동기 및 권상기

Answer
06 ② 07 ② 08 ④ 09 ①

10 엘리베이터 전원이 정전이 될 경우 카내 예비 조명장치에 관한 설명 중 타당하지 않은 것은?

① 조도는 램프로부터 2m 떨어진 거리에서 측정한다.
② 조도는 1Lux 미만이어야 한다.
③ 자동차용 엘리베이터는 설치하지 않아도 된다.
④ 카내 조작반이 없는 화물용 엘리베이터는 설치하지 않아도 된다.

해설
① 평상 시 승객용 또는 승객·화물용으로 사용, 화재 시 인명구조 및 소방 활동으로 사용하도록 제작
② 건물의 높이가 31m 이상, 각층마다 면적이 1,500m² 초과하는 경우 설치
③ 60초 이내 전력 용량을 자동적으로 발생(수동으로 전원을 작동할 수 있을 것)
④ 2시간 이상 작동 할 수 있을 것
⑤ 승강기의 운행속도는 60m/min 이상
⑥ 카 내부에 설치, 정전 시 램프중심부로부터 2m 떨어진 수직면상에서 밝기를 1LX 이상으로 30분 이상유지

11 수직면내에 배열된 다수의 주차구획이 순환 이동하는 방식의 주차설비는 무엇인가?

① 다층순환식   ② 수평순환식
③ 승강기식   ④ 수직순환식

해설 수직 순환식 주차 방식
① 주차 구획을 수직으로 순환 이동하여 수직면에 배열된 곳에 운반하는 방식
② 주차방식의 종류(입출구의 위치에 의한 구분)
 • 상부 승입식
 • 중간 승입식
 • 하부 승입식

12 엘리베이터의 로프 거는 방법에서 1:1에 비하여 3:1, 4:1 또는 6:1로 하였을 때 나타나는 현상으로 옳지 않은 것은?

① 로프의 수명이 짧아진다.
② 로프의 길이가 길어진다.
③ 속도가 빨라진다.
④ 종합적인 효율이 저하된다.

해설 로핑방식
① 승용엘리베이터는 1:1 로핑방식을 사용한다.
② 2:1 로핑방식의 엘리베이터는 기어식 30m/min 미만에 사용한다.
③ 3:1, 4:1, 6:1 로핑방식의 엘리베이터는 대용량의 저속화물용 엘리베이터에 사용된다. 단점으로는 로프의 길이가 매우 길어지며, 로프의 수명이 짧아지고, 조합 효율이 저하된다.

13 엘리베이터의 완충기에 대한 설명 중 옳지 않은 것은?

① 스프링 완충기와 유입 완충기가 있다.
② 정격속도 60[m/min] 이하는 스프링 완충기가 사용된다.
③ 정격속도 60[m/min] 초과 시는 유입완충기가 사용된다.
④ 스프링 완충기의 작용은 유체저항에 의한다.

해설
① 스프링완충기
 • 정격속도 60m/min 이하 승강기에 적용
 • 행정은 최소한 정격속도의 115%에 상응하는 중력 정지거리의 2배
 • 적용중량은 최대 압축하중의 1/4배~1/2.5배의 범위로 적용
② 유입완충기
 • 정격속도 60m/min 초과에 적용
 • 적용중량 : 최소적용중량(카 자중+65), 최대적용중량(카 자중+적재하중)

Answer
10 ② 11 ④ 12 ③ 13 ④

14 직접식 엘리베이터의 특징으로 옳지 않은 것은?

① 승강로의 소요 평면 치수가 작고, 구조가 간단하다.
② 비상정지장치가 필요하다.
③ 부하에 의한 바닥 침하가 적다.
④ 실린더 보호관을 땅속에 설치할 필요가 있다.

해설 직접식 유압 엘리베이터 특징
① 플런저에 카를 직접 설치로 비상정지장치를 추가로 설치하지 않아도 됨
② 지중에 실린더(cylinder)를 설치하기 위해 보호판을 지중에 설치
③ 승강로의 면적이 작아도 되며, 구조가 매우 간단
④ 실린더는 카의 승강행정의 길이와 동일(약간의 여유)
⑤ 공회전 방지장치가 필요함

15 로프식 엘리베이터에서 주로프가 절단되었을 때 일어나는 현상이 아닌 것은?

① 조속기(governor)의 과속 스위치가 작동된다.
② 비상정지장치(safety device)가 작동된다.
③ 조속기 로프에 카(car)가 매달린다.
④ 조속기의 켓치가 작동한다.

해설
① 비상정지장치(safety device) : 조속기 로프와 연결되어 있어 카 또는 균형추의 정격속도(1.4배)를 넘을 경우에 가이드레일을 잡아 안전하게 강제 정지시키는 장치
② 조속기(governor)
  • 카의 속도를 검출하는 장치로 카의 속도와 같은 회전
  • 기계적 과속 제어장치(카의 정격속도 이상 과속을 캐치 카를 정지시키는 장치)
③ 1단계 과속검출 스위치 : 카(car)의 속도가 정격속도의 1.3배 이하에서 동작(정격속도 45m/min 이하의 경우 63m/min 이하에서 동작)
④ 2단계 캣치 : 카의 속도가 정격속도의 1.4배를 넘기 전에 동작(정격속도 45m/min 이하의 경우 68m/min 넘기 전에 동작)

16 에스컬레이터의 경사각은 일반적으로 몇 도[°] 이하로 하여야 하는가?

① 10   ② 20
③ 30   ④ 40

해설
① 디딤판의 정격속도 30m/min 이하
② 경사도 30° 이하 수평에서는 0.75m/s 이하, 35° 이하 수평에서는 0.5m/s 이하
③ 경사도가 8° 이하의 속도는 50m/min

17 에스컬레이터의 계단(디딤판)에 대한 설명 중 옳지 않은 것은?

① 디딤판 윗면은 수평으로 설치되어야 한다.
② 디딤판의 주행방향의 길이는 400mm 이상이다.
③ 발판사이의 높이는 215mm 이하이다.
④ 디딤판 상호간 틈새는 8mm 이하이다.

해설 디딤판 상호간의 틈새는 승강로의 총길이에 걸쳐서 6mm 이하이어야 한다.(다만, 수평보행기의 천이구간은 8mm 이하로 할 수 있다.)

18 사이리스터의 점호각을 바꿔 유도전동기의 속도를 제어하는 방식은?

① 교류 1단제어   ② 교류 2단제어
③ 교류 궤환제어   ④ VVVF제어

해설
① 교류 1단 속도제어 : 30m/min의 저속용 엘리베이터에 적용하며, 가장 간단
② 교류이단 속도제어 : 30~60m/min 중속의 화물용 엘리베이터에 적용(주행 → 고속권선, 감속 → 저속권선 방식)
③ 교류귀환제어 : 45~105m/min 승객용 엘리베이터에 적용(카의 실제속도와 지령속도를 비교, 사이리스터의 점호각을 바꾸는 방식)
④ 가변전압 가변주파수제어(VVVF) : 저속도에서 고속 범위까지 적용(전압과 주파수 변화 방식)

Answer
14 ② 15 ③ 16 ③ 17 ④ 18 ③

19 승강기의 자체검사 항목이 아닌 것은?

① 브레이크 ② 가이드레일
③ 권과방지장치 ④ 비상정지장치

해설) 엘리베이터 자체검사 항목
① 기계실, 구동기 및 풀리 공간에서 하는 점검
② 카 실내에서 하는 점검
③ 카 위에서 하는 점검
④ 승강장에서 하는 점검
⑤ 피트에서 하는 점검
⑥ 비상용 엘리베이터 점검
⑦ 장애인용 엘리베이터 점검

20 안전점검 및 진단순서가 맞는 것은?

① 실태파악 → 결함발견 → 대책결정 → 대책실시
② 실태파악 → 대책결정 → 결함발견 → 대책실시
③ 결함발견 → 실태파악 → 대책실시 → 대책결정
④ 결함발견 → 실태파악 → 대책결정 → 대책실시

해설) 안전점검의 순환과정
① 실태 파악
② 결함의 발견
③ 대책의 결정
④ 실시

21 중량물을 달아 올릴 때 와이어로프에 가장 힘이 크게 걸리는 각도는?

① 45° ② 55°
③ 65° ④ 90°

해설) 와이어로프에 힘이 가장 크게 걸리는 각도는 중량물이 직각일 때 가장 크다.

22 물건에 끼여진 상태나 말려든 상태는 어떤 재해인가?

① 추락 ② 전도
③ 협착 ④ 낙하

해설) 재해의 발생 형태
① 협착 : 물건에 끼워진 상태, 말려든 상태
② 전도 : 사람이 평면상에서 넘어졌을 경우(과속/미그러짐 포함)
③ 감전 : 전기 접촉이나 방전에 의해서 충격을 받은 경우
④ 파열 : 용기 도는 장치가 물리적 압력에 의해 찢어지는 경우
⑤ 추락 : 사람이 건축물, 비계, 기계, 사다리, 경사면 등에서 떨어짐
⑥ 낙하 : 물건이 주체가 되어 사람이 맞은 경우(비래)

23 재해원인에 대한 설명으로 옳지 않은 것은?

① 불안전한 행동과 불안전한 상태는 재해의 간접원인이다.
② 불안전한 상태는 물적 원인에 해당된다.
③ 위험장소의 접근은 재해의 불안전한 행동에 해당된다.
④ 부적당한 조명, 온도 등 작업환경의 결함도 재해원인에 해당된다.

해설) ① 직접원인 : 불안전한 행동(인적원인), 불안전한 상태(물적 원인)
② 간접원인 : 기술적, 교육적, 신체적, 정신적, 관리적

Answer
19 ③ 20 ① 21 ④ 22 ③ 23 ①

24 재해 원인을 분류할 때 인적 요인에 해당되는 것은?

① 방호장치의 결함
② 안전장치의 결함
③ 보호구의 결함
④ 지식의 부족

해설 직접원인 중 불안전한 행동
① 지식의 부족(기술적인 지식)
② 경험부족(미숙련)
③ 의욕의 결여(감독자의 무관심)
④ 피로(근무시간과다, 수면부족, 작업강도의 과대, 정신적 스트레스 과다, 연령 등)
⑤ 작업환경의 부적응
⑥ 심적갈등

25 산업재해(사고)조사 항목이 아닌 것은?

① 재해원인 물체
② 재해발생 날짜, 시간, 장소
③ 재해책임자 경력
④ 피해자 상해정도 및 부위

해설 산업재해 발생 시 사고조사 내용
① 가해물
② 발생 연월일, 시, 분, 장소
③ 피재자의 작업내용, 직종
④ 피재자의 성명, 성별, 연령, 경험
⑤ 피재자의 상병의 정도, 부위, 종류
⑥ 피재자의 불안전항 행동
⑦ 피재자의 불안전한 인적요소
⑧ 기인물의 불안전한 상태
⑨ 관리적 요소의 결격
⑩ 사고의 형태
⑪ 기인물

26 기계 설비의 기계적 위험에 해당되지 않는 것은?

① 직선운동과 미끄럼운동
② 회전운동과 기계 부품의 튀어나옴
③ 재료의 튀어나옴과 진동 운동체의 끼임
④ 감전, 누전 등 오통전에 의한 기계의 오작동

해설 전기에 의한 위험 : 감전, 누전, 전기화재, 통전에 의한 영향 등

27 재해가 발생되었을 때의 조치순서로서 가장 알맞은 것은?

① 긴급처리 → 재해조사 → 원인강구 → 대책수립 → 실시 → 평가
② 긴급처리 → 원인강구 → 대책수립 → 실시 → 평가 → 재해조사
③ 긴급처리 → 재해조사 → 대책수립 → 실시 → 원인강구 → 평가
④ 긴급처리 → 재해조사 → 평가 → 대책수립 → 원인강구 → 실시

해설 재해발생시 긴급조치의 순서
① 긴급처리
② 재해조사(6하 원칙)
③ 원인강구
④ 대책수립(유사재해의 예방대책)
⑤ 대책실시계획(6하 원칙)
⑥ 실시
⑦ 평가(평가 후 후속조치)

Answer
24 ④ 25 ③ 26 ④ 27 ①

28. 안전점검의 종류가 아닌 것은?

① 정기점검　② 특별점검
③ 순회점검　④ 수시점검

해설

종류	시행시기	점검사항
일상점검	• 매일 • 작업 전, 후(수시)	• 기계 공구 및 설비 등 • 해당 작업
정기점검	• 매주, 매월 • 분기별(정기적)	• 기계, 기구 설비의 주요 부분 • 파손, 마모 등 세밀한 부분
특별점검	• 설비의 신설 및 변경 시 • 천재지변 후(부정기적)	• 기계, 기구 설비의 신설 및 변경 • 고장 및 수리 등

29. 승강기를 보수 점검할 경우 보수점검의 내용이 틀린 것은?

① 메인 로프와 시브의 마모를 줄이기 위해 그리스를 주기적으로 충분하게 주입한다.
② 권동기의 기어오일을 확인하고 부족 시 주유한다.
③ 레일 가이드 슈의 오일을 확인하여 부족 시 보충하고 구동 체인에는 그리스를 주입한다.
④ 도어슈, 도어클로저, 체인 등에서 소음이 발생할 때 링크부위를 그리스로 주입하고 볼트와 너트가 풀린 곳을 확인하고 조인다.

해설
메인 로프와 시브에 그리스를 주기적으로 충분하게 주입하면 마찰력이 떨어져 미끄러짐이 발생하므로, 마모를 줄이기 위해서는 와이어로프의 이완 및 장력을 점검할 것

30. 유압식 엘리베이터의 유압 파워유니트(Power unit)의 구성 요소가 아닌 것은?

① 펌프　② 유압실린더
③ 유량제어밸브　④ 체크밸브

해설
① 유압파워유니트 : 펌프, 전동기, 안전밸브, 상승용 유량제어밸브, 체크밸브, 하강용 유량제어밸브, 유량탱크, 스트레이너, 스톱밸브, 사일렌서, 보온장치 등으로 구성
② 실린더 : 유체에너지를 이용하여 기계적 에너지로 변환 시 직선운동 하는 장치

31. 에스컬레이터의 800형, 1200형이라 부르는 것은 무엇을 기준으로 한 것인가?

① 난간폭　② 계단의 폭
③ 속도　④ 양정

해설
난간폭에 의한 분류
① 800형 : 시간당 수송능력 6000명(전동기 용량 : 7.5kW)
② 1200형 : 시간당 수송능력 9000명(층고 4.7m 이하 : 7.5kW, 층고 4.7~7m 이하 : 11kW)

32. 균형추를 구성하고 있는 구조재 및 연결재의 안전율은 균형추가 승강로의 꼭대기에 있고, 엘리베이터가 정지한 상태에서 얼마 이상으로 하는 것이 바람직한가?

① 3　② 5
③ 7　④ 9

해설
① 엘리베이터 카의 자중에 적재용량의 약 40%~50%를 더한 중량을 보상시키기 위하여 엘리베이터 카와 연결된 권상로프의 반대편에 연결된 중량물
② 균형추가 승강로의 꼭대기에 위치해 있고 엘리베이터가 정지하여 있는 상태에서 5 이상으로 하며 프레임은 완충기에 안전율을 가질 수 있도록 설계하는 것이 바람직하다.

Answer
28 ③　29 ①　30 ②　31 ①　32 ②

33 회로의 사용전압이 300V 초과 400V 이하인 경우 전동기 주회로의 절연저항은 몇 MΩ 이상이어야 하는가?

① 0.2 ② 0.3
③ 0.4 ④ 0.5

해설
• 절연저항 : 대지와 전로사이의 절연상태(개폐기 또는 과전류차단기로 구획할 수 있는 전로마다 검사할 수 있다.)

회로의 용도	회로의 사용전압	절연저항
전동기 주회로	300V 이하의 것	0.2 이상
	300V를 초과 400V 이하의 것	0.3 이상
	400V를 초과하는 것	0.4 이상
승강로내 안전회로 신호회로 조명회로	150V 이하의 것	0.1 이상
	150V를 초과 300V 이하의 것	0.2 이상

공칭회로전압[V]	시험전압(직류)[V]	절연저항[MΩ]
SELV	250	0.25 이상
≤ 500	500	0.5 이상
〉500	1000	1.0 이상

• 메가 : 절연저항 측정

34 유압식 엘리베이터에 대한 설명으로 옳지 않은 것은?

① 실린더를 사용하기 때문에 행정거리와 속도에 한계가 있다.
② 균형추를 사용하지 않으므로 전동기의 소요동력이 커진다.
③ 건물 꼭대기 부분에 하중이 많이 걸린다.
④ 승강로의 꼭대기 틈새가 작아도 좋다.

해설 유압 승강기의 특징
① 건물 하층부에 기계실을 설치하여 상층부의 하중이 걸리지 않음
② 타방식에 기계실 배치보다 자유롭게 설치 운영 가능
③ 유체를 이용한 실린더와 플런저를 사용하므로 속도 및 행정거리에 한계가 있음
④ 균형추가 없어 오로지 동력만을 이용하므로 전력소비가 많음
⑤ 저층 및 60m/min 이하에 적용하며, 대용량 화물용으로 적합
⑥ 유체의 온도를 5~60℃ 이하로 유지
⑦ 공회전 방지장치가 필요함
⑧ 카의 상승 시 압력의 125% 초과하지 않도록 안전밸브 설치

35 유압 엘리베이터의 안전장치에 대한 설명으로 틀린 것은?

① 상승 시 유압은 상용압력의 125%가 넘지 않도록 조절하는 릴리프 밸브장치가 필요하다.
② 오일의 온도를 65℃~80℃로 유지하기 위한 장치를 설치하여야 한다.
③ 전동기의 공회전 방지장치를 설치하여야 한다.
④ 전원 차단 시 실린더내의 오일의 역류로 인한 카의 하강을 자동 저지하는 장치를 설치하여야 한다.

해설 유압 승강기의 특징
① 건물 하층부에 기계실을 설치하여 상층부의 하중이 걸리지 않음
② 타방식에 기계실 배치보다 자유롭게 설치 운영 가능
③ 유체를 이용한 실린더와 플런저를 사용하므로 속도 및 행정거리에 한계가 있음
④ 균형추가 없어 오로지 동력만을 이용하므로 전력소비가 많음
⑤ 저층 및 60m/min 이하에 적용하며, 대용량 화물용으로 적합
⑥ 유체의 온도를 5~60℃ 이하로 유지
⑦ 공회전 방지장치가 필요함
⑧ 카의 상승 시 압력의 125% 초과하지 않도록 안전밸브 설치

Answer
33 ② 34 ③ 35 ②

36 교류 엘리베이터 제어 방식이 아닌 것은?

① VVVF 제어방식
② 정지 레오나드 제어방식
③ 교류 귀환 제어방식
④ 교류 2단 속도 제어방식

해설
① 교류 1단 속도제어 : 30m/min의 저속용 엘리베이터에 적용하며, 가장 간단
② 교류이단 속도제어 : 30~60m/min 중속의 화물용 엘리베이터에 적용(주행 → 고속권선, 감속 → 저속권선 방식)
③ 교류귀환제어 : 45~105m/min 승객용 엘리베이터에 적용(카의 실제속도와 지령속도를 비교, 사이리스터의 점호각을 바꾸는 방식)
④ 가변전압 가변주파수제어(VVVF) : 저속도에서 고속 범위까지 적용(전압과 주파수 변화 방식)

37 회전운동을 하는 유희시설에 해당되지 않는 것은?

① 코스터   ② 문로켓트
③ 오토퍼스   ④ 해적선

해설
① 회전운동을 하는 유희시설
 • 회전목마
 • 회전그네
 • 회전탑
 • 관람기차
 • 옥토퍼스
 • 해적선
 • 문로켓트
② 고가의 유희시설
 • 모노레일
 • 어린이 기차
 • 코스터
 • 매트 마우스

38 엘리베이터 카의 속도를 검출하는 장치는?

① 배선용차단기   ② 전자접촉기
③ 제어용릴레이   ④ 조속기

해설
① 1단계 과속검출 : 카(car)의 속도가 정격속도의 1.3배 이하에서 동작(정격속도 45m/min 이하의 경우 63m/min 이하에서 동작)
② 2단계 캣치 : 카의 속도가 정격속도의 1.4배를 넘기 전에 동작(정격속도 45m/min 이하의 경우 68m/min 넘기 전에 동작)

39 엘리베이터 카 내부에서 실시하는 검사가 아닌 것은?

① 외부와 연결하는 통화장치의 작동상태
② 정전 시 예비조명장치의 작동상태
③ 리미트스위치의 작동상태
④ 도어스위치의 작동상태

해설
리미트 스위치(limit switch)
① 카(car)의 층간표시 또는 충돌(최상층·최하층)과 감속 정지할 수 있도록 스위치 용도
② 피트 내에서 행하는 검사

40 로프식 엘리베이터에서 권상기 도르래 홈의 언더컷의 잔여량은 몇 mm 미만일 때 도르래를 교체하여야 하는가?

① 4   ② 3
③ 2   ④ 1

해설
• 권상기의 도르래는 몸체에 균열이 없어야 하고, 자동정지때 주로프와의 사이에 심한 미끄러움 및 마모가 없어야 한다.
• 권상기 도르래홈의 언더컷의 잔여량은 1mm 이상이어야 하고, 권상기 도르래에 감긴 주로프 가닥끼리의 높이차는 2mm 이내이어야 한다.

41 엘리베이터 카 도어머신에 요구되는 성능이 아닌 것은?

① 작동이 원활하고 정숙할 것
② 카 상부에 설치하기 위해 소형 경량일 것
③ 동작회수가 엘리베이터 기동회수의 2배이므로 보수가 용이할 것
④ 어떠한 경우라도 수동으로 카 도어가 열려서는 안 될 것

해설
① 동직이 원활하며, 잡음이 없을 것
② 소형 경량일 것
③ 내구성이 좋을 것
④ 보수가 쉽고, 가격이 저렴할 것

42 엘리베이터의 안정된 사용 및 정지를 위하여 승강장·중앙관리실 또는 경비실 등에 설치되어 카 이외의 장소에서 엘리베이터 운행의 정지조작과 재개조작이 가능한 안전장치는?

① 자동/수동 전환스위치
② 도어 안전장치
③ 파킹스위치
④ 카 운행정지스위치

해설 파킹스위치
① 파킹스위치(키 스위치)는 승강장·중앙관리실 또는 경비실 등에 설치되어 엘리베이터 운행의 휴지조작과 재개조작이 가능하여야 한다.(다만 공동주택, 숙박시설, 의료시설은 제외할 수 있다.)
② 파킹스위치를 휴지상태로 작동시키면 자동으로 지정층에 도착하고, 카가 지정층에 도착하면 모든 카 등록과 승강장 호출은 취소되고 휴지되어야 한다.

43 카 출입구 또는 천장 구출구에 대한 설명 중 옳지 않은 것은?

① 카 출입구 이외에 카 천장 구출구를 반드시 설치하여야 한다.
② 출입구에는 정전기 방지를 위한 방전코일을 반드시 설치하여야 한다.
③ 카의 천장 구출구는 카 외측에서 열게 되어 있다.
④ 2대 이상의 카가 동일 승강로에 병설되었을 경우 카측벽에도 구출구를 설치할 수 있다.

해설 카 실(cage)의 구조
① 카 바닥, 카틀, 카 벽, 천장 및 도어 등으로 구성
② 천정에는 조명, 환기, 비상구시설 등 설치
③ 카 천장에 설치된 비상구출구는 카 위에서는 공구 등을 사용하지 않고 간단한 조작에 의해 쉽게 열 수 있어야 한다.
④ 카 내에서는 열 수 없도록 잠금장치를 갖추어야 한다.
⑤ 2대 이상의 카가 동일 승강로에 병설되었을 경우 카측벽에도 구출구를 설치한다.
⑥ 크기는 작은쪽 변의 길이가 0.4m 이상, 면적은 $0.2m^2$ 이상으로 하여야 한다.

44 가이드 레일의 보수점검 사항 중 틀린 것은?

① 녹이나 이물질이 있을 경우 제거한다.
② 레일 브래킷의 조임상태를 점검한다.
③ 레일 클립의 변형 유무를 체크한다.
④ 조속기 로프의 미끄럼 유무를 점검한다.

해설 가이드 레일 점검 및 조정
① 가이드 레일 청결상태 확인
② 카의 주행 중 가이드 레일에서 금속음 유무 확인
③ 가이드 레일 수동점검 시 파손, 마모 상태 확인
④ 가이드 레일 볼트, 너트 등의 이완상태 확인
⑤ 가이드 레일의 이음부분 균열상태 확인
⑥ 승강로 벽과 가이드 레일의 고정상태 확인
⑦ 레일 브래킷의 조임상태 및 용접부의 균열 상태 확인

Answer
41 ④ 42 ③ 43 ② 44 ④

45 엘리베이터 동력전원이 380V인 제어반의 외함 및 금속제 프레임(Frame)은 몇 종 접지공사에 해당하는가?

① 제1종 접지공사
② 제2종 접지공사
③ 제3종 접지공사
④ 특별 제3종 접지공사

해설

종류	적용장소	접지저항 값[Ω]
제1종	고압 및 특고압	10
제2종	고(특)압/저압 혼촉 시 저압측	150/1선지락전류
제3종	저압(400V 미만)	100
특별제3종	저압(400V 이상)	10

46 로프식 엘리베이터의 가이드 레일 설치에서 패킹(보강재)이 설치된 경우는?

① 가이드 레일이 짧게 설치되어 보강할 경우
② 가이드 레일 양 폭의 너비를 조정 작업할 경우
③ 레일브래킷의 간격이 필요이상 한계를 초과할 경우 레일의 뒷면에 강재를 붙여서 보강하는 경우
④ 레일브래킷의 간격이 필요이상 한계를 초과할 경우 레일의 앞면에 강재를 붙여서 보강하는 경우

해설 레일 브래킷(Rail bracket)
① 엘리베이터 레일을 승강로에 고정하기 위한 지지대로 승강로의 벽, 철골, 중간 빔 등에 설치된다.
② 레일브래킷의 간격이 필요이상 한계를 초과할 경우 레일의 뒷면에 패킹을 보강

47 그림의 회로에서 전체의 저항값 R을 구하는 공식은?

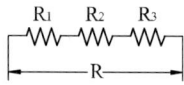

① $R = R_1 + R_2 + R_3$
② $R = \dfrac{1}{R_1} + \dfrac{1}{R_2} + \dfrac{1}{R_3}$
③ $R = \dfrac{R_1 + R_2 + R_3}{2}$
④ $R = R_1 \times R_2 \times R_3$

해설 직렬접속
① 합성저항 : $R_0 = R_1 + R_2 + \cdots + R_n [\Omega]$
② 전압의 분배
- $V_1 = \dfrac{R_1}{R_0} \cdot V = \dfrac{R_1}{R_1 + R_2} \cdot V [V]$
- $V_2 = \dfrac{R_2}{R_0} \cdot V = \dfrac{R_2}{R_1 + R_2} \cdot V [V]$

48 길이 1m의 봉이 인장력을 받고 0.2mm만큼 늘어났다. 인장변형률을 얼마인가?

① 0.0001   ② 0.0002
③ 0.0004   ④ 0.0005

해설
변형률$(\varepsilon) = \dfrac{\lambda}{l}$
여기서, l : 길이, λ : 인장
∴ 변형률$(\varepsilon) = \dfrac{0.2}{1000} = 0.0002$

Answer
45 ③ 46 ③ 47 ① 48 ②

49 체인의 종류가 아닌 것은?

① 링크 체인 ② 롤러 체인
③ 리프 체인 ④ 베어링 체인

해설
① 전동용 체인
  • 사일런트 체인
  • 롤러 체인
  • 블록 체인
② 하중용 체인
  • 코일 체인
  • 링크 체인
  • 리프 체인

50 부하 1상의 임피던스가 3+j4[Ω]인 △결선 회로에 100[V]의 전압을 가할 때 선전류를 몇 [A]인가?

① 10   ② $10\sqrt{3}$
③ 20   ④ $20\sqrt{3}$

해설
△ 결선과 전압, 전류
① 전압: $V_\ell = V_P$[V]
② 전류: $I_\ell = \sqrt{3} I_P \angle -\dfrac{\pi}{6}$[A]
③ 위상차: 선간전류가 상전류보다 $\dfrac{\pi}{6}$[rad](30°) 만큼 뒤진다.(선간전압과 상전압은 같다)
  • 임피던스(Z)
    $Z = 3 + j4 = \sqrt{실수^2 + 허수^2} = \sqrt{3^2 + 4^2}$
    $= 5[\Omega]$
  이때 상전류(I_P) $I_P = \dfrac{V_P}{Z} = \dfrac{100}{5} = 20$[A]
  ∴ 선전류(I_ℓ) $I_\ell = \sqrt{3} \cdot I_P = \sqrt{3} \times 20$
  $= 20\sqrt{3}$[A]

51 전환 스위치가 있는 접지저항계를 이용한 접지저항 측정 방법으로 틀린 것은?

① 전환 스위치를 이용하여 절연저항과 접지저항을 비교한다.
② 전환 스위치를 이용하여 E, P간의 전압을 측정한다.
③ 전환 스위치를 저항 값에 두고 검류계의 밸런스를 잡는다.
④ 전환 스위치를 이용하여 내장 전지의 양부(+, -)를 확인한다.

해설
접지저항의 측정 방법
① 측정하고자 하는 접지극(E)과 일직선으로 10m 간격에 P, C보조전극을 지면에 설치
② 리드선을 접지저항계의 접지극단자(E)와 보조전극(P, C)에 접속
③ 접지저항계의 스위치 조작으로 지전압을 10V미만인지 확인
④ 스위치를 저항값으로 한 후 검류계의 지시값이 "0"일 때 눈금판 값을 직독

52 로프 소선의 파단강도에 따라 구분되는 로프 중에서 파단강도가 높기 때문에 초고층용 엘리베이터나 로프가닥 수를 작게 하고자 하는 경우에 쓰이는 것은?

① A종   ② B종
③ E종   ④ G종

해설
① A종: 165kg/mm² 급의 강도를 가진 소선으로 구성된 로프로 파단강도가 높으므로 초고층용 엘리베이터나 로프본수를 적게 하고 싶을 경우 사용한다.
② B종: 180kg/mm² 강도, 경도가 A종보다 높아 엘리베이터에서는 거의 사용하지 않는다.
③ E종: 135kg/mm² 강도, 엘리베이터에서의 사용조건을 고려하여 제조한 것으로 엘리베이터용으로 사용한다.
④ G종: 150kg/mm² 강도, 소선의 표면에 아연도금을 실시한 로프, 녹이 발생하기 어려우므로 다습한 환경에 설치하여 사용한다.

Answer
49 ④ 50 ④ 51 ① 52 ①

53 3상 유도전동기에서 슬립(slip) S 의 범위는?

① $0 < S < 1$ ② $0 > S > -1$
③ $2 > S > 1$ ④ $-1 < S < 1$

해설 슬립
① 3상 유도전동기에는 동기속도(N_S), 회전자속도(N) 사이에 속도차이가 생긴다.
② $S = \dfrac{N_S - N}{N_S}$
- S 가 커지면 회전자의 속도는 감소, S 가 작아지면 회전자 속도는 증가한다.
- $S = 1$: 유도전동기 회전자 정지
- $S = 0$: 동기속도로 회전
∴ $0 < S < 1$

54 엘리베이터 제어반에 설치되는 기기가 아닌 것은?

① 배선용차단기 ② 전자접촉기
③ 리미트스위치 ④ 제어용 계전기

해설 리미트 스위치(limit switch)
① 카(car)의 층간표시 또는 충돌(최상층·최하층)과 감속 정지할 수 있도록 스위치 용도
② 피트 내에서 행하는 검사

55 2축이 만나는(교차하는) 기어는?

① 나사(SCREW)기어
② 베벨기어
③ 웜기어
④ 하이포이드기어

해설 ① 나사 기어
- 교차와 평행하지 않는 두 축 사이의 운동을 전달
- 소음이 작고, 경부하에 사용

② 원통 웜기어
- 두 축이 직각을 이루는 경우 적용
- 큰 감속을 얻을 수 있으나 효율이 낮음

③ 하이포이드기어 : 교차와 평행하지 않는 두 축 사이의 운동을 전달하는 스파이럴베벨 기어

④ 직선 베벨기어
- 교차하는 두 축의 운동을 원추형으로 만든 기어
- 잇줄이 피치원뿔의 모직선과 일치
- 제작이 가장 간단하며, 많이 사용

56 NAND 게이트 3개로 구성된 논리회로의 출력 값 E는?

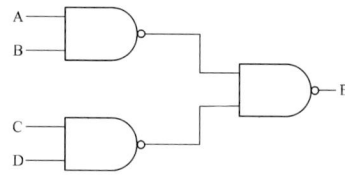

① $A \cdot B + C \cdot D$
② $(A + B) \cdot (C + D)$
③ $\overline{A \cdot B + C \cdot D}$
④ $A \cdot B \cdot C$

해설
$E = \overline{\overline{AB} \cdot \overline{CD}} = \overline{\overline{AB}} + \overline{\overline{CD}} = AB + CD$

57 정현파 교류의 실효치는 최대치의 몇 배인가?

① π배
② $\frac{2}{\pi}$배
③ $\sqrt{2}$배
④ $\frac{1}{\sqrt{2}}$배

해설 실효 값
① 교류의 크기를 교류와 동일한 일을 하는 직류의 크기로 바꿔 나타냈을 때의 값
② 교류전압의 실효 값
$V = \frac{1}{\sqrt{2}} V_m ≒ 0.707 V_m [V]$
③ 교류전류의 실효 값
$I = \frac{1}{\sqrt{2}} I_m ≒ 0.707 I_m [A]$
여기서, V_m : 최대전압
I_m : 최대전류

58 입체(실체) 캠이 아닌 것은?

① 원통 캠
② 경사판 캠
③ 판 캠
④ 구면 캠

해설 캠의 종류
① 평면 캠(plane cam)
 • 판 캠(plate cam)
 • 직동 캠(translation cam)
 • 정면 캠(face cam)
 • 역 캠(inverse cam)
② 입체 캠(solid cam)
 • 원통 캠(cylindrical cam)
 • 원추 캠(conical cam)
 • 구면 캠(spherical cam)
 • 단면 캠(end cam)
 • 경사판 캠(swash plate cam)
③ 확동 캠(positive motion cam)
 • 확동 캠(positive motion cam)
 • 소극 캠

59 일반적으로 유도전동기의 공극은 약 몇 mm인가?

① 0.3~2.5
② 3~4
③ 5~6
④ 7~8

해설 공극
① 고정자에서 발생한 회전자계에 의해 회전자가 회전하기 때문에 고정자와 회전자 사이에 Gap이 필요하며 이 Gap을 공극이라고 한다.
② 공극의 길이가 증가하면 공극에 많은 기자력이 필요하고 여자전류가 증가하며, 전류의 위상은 공급전압보다 늦기 때문에 모터 운전시 역률이 나빠진다.
③ 길이를 줄이면 가공상 어려움이 많고, 자기소음의 원인이 되고 누설 리액턴스가 증가하여 Teeth 표면의 손실증가로 철손이 많아진다.
④ 일반적으로, 유도 전동기의 공극은 0.3~ 2.5mm 정도로 한다.

60 직류 전위차계에 대한 설명으로 옳은 것은?

① 미소한 전류나 전압의 유무 검출 시 사용
② 직류 고전압 측정기로 45kV까지 측정 시 사용
③ 가동코일형으로 20mV~1000V 까지 측정 시 사용
④ 1V 이하의 직류전압을 정밀하게 측정할 때 사용

해설 직류 전위차계
① 전류를 흘리지 않고 전위차를 표준전지의 기전력과 비교하여 정확한 전압을 측정하는 계기. 분압기의 원리를 이용
② 분압기 : 전압을 저항에 의해 분압하는 것
③ 전압을 측정하고자 할 때 정확한 기전력을 알려면 전류를 흘리지 않고 측정

Answer
57 ④　58 ③　59 ①　60 ④

제5회 (2013.10.12 시행) 과년도기출문제

01 유압엘리베이터의 작동유의 적정온도의 범위는?

① 30℃ 이상 70℃ 이하
② 30℃ 이상 80℃ 이하
③ 30℃ 이상 90℃ 이하
④ 30℃ 이상 60℃ 이하

해설 유체의 온도를 5~60℃ 이하로 유지

02 레일의 규격은 어떻게 표시하는가?

① 1m당 중량
② 1m당 레일이 견디는 하중
③ 레일의 높이
④ 레일 1개의 길이

해설 가이드 레일의 규격
① 레일 호칭은 마무리 가공 전 소재의 1m당 중량으로 한다.
② 보통 T형 레일 공칭은 8K, 13K, 18K, 24K(대용량 엘리베이터에서는 37K, 50K)
③ 레일의 표준길이는 5m이다.
④ 가이드 레일의 허용응력은 2400kg/cm²이다.

03 상·하 승강장 및 디딤판에서 하는 검사가 아닌 것은?

① 구동체인 안전장치
② 디딤판과 핸드레일 속도차
③ 핸드레일 인입구 안전장치
④ 스커트 가드 스위치 작동상태

해설 ① 구동체인 안전장치(D.C.S)
• 구동체인이 늘어짐 또는 절단되었을 때 동력을 차단하고 역회전을 기계적 방지하는 장치
• 안전스위치의 설치로 안전장치의 동작과 동시에 전기적으로 전원을 차단(수동복귀형)
• 구동체인은 하중 및 충격에 견딜 수 있는 강도로 안전율을 10 이상 규정
② 기계실에서 행하는 검사 : 구동체인 절단시의 역행방지장치 또는 제동장치가 작동하는 경우 정지스위치에 의해 전기적으로 전동기의 전원을 차단하여야 한다.

04 엘리베이터 구조물의 진동이 카로 전달되지 않도록 하는 것은?

① 과부하 검출장치
② 방진고무
③ 맞대임 고무
④ 도어 인터록

해설 카 틀(Car Frame)
① 카 또는 카 프레임은 방진고무와 말굽 스프링으로 분리되어 진동 흡수
② 카 프레임은 상부, 하부, 측부로 구성
③ 브레이스 로드는 카 바닥면의 분산된 하중을 균등하게 측부 틀에 전달

Answer
01 ④ 02 ① 03 ① 04 ②

05 기계실에 설치되지 않는 것은?

① 조속기 ② 권상기
③ 제어반 ④ 완충기

해설
카 또는 균형추가 승강로 바닥에 충돌하였을 때 카 내의 사람이 안전하도록 충격을 완화시키는 장치
① **스프링 완충기**(spring buffer) : 카가 하강 또는 균형추의 충격을 완화하기 위해 1개 이상 스프링을 사용
  - 정격속도 60m/min 이하 승강기에 적용
  - 행정은 최소한 정격속도의 115%에 상응하는 중력 정지 거리의 2배
  - 적용중량은 최대 압축하중의 1/4배~1/2.5배의 범위로 적용
② **유입완충기** : 카 또는 균형추의 하강 운동에너지를 흡수 및 분산을 위한 매체로 오일 사용
  - 정격속도 60m/min 초과에 적용
  - 적용중량 : 최소적용중량(카 자중+65), 최대적용중량(카 자중+적재하중)

06 1,200형 엘리베이터의 시간당 수송능력(명/시간)은?

① 1,200 ② 4,500
③ 6,000 ④ 9,000

해설 난간폭에 의한 분류
① 800형 : 시간당 수송능력 6000명(전동기 용량 : 7.5kW)
② 1200형 : 시간당 수송능력 9000명(층고 4.7m 이하 : 7.5kW, 층고 4.7~7m 이하 : 11kW)

07 발전기의 계자전류를 조절하여 발전기의 발생 전압을 임의로 연속적으로 변화시켜 직류모터의 속도를 연속적으로 광범위하게 제어하는 방식은?

① 사이리스터 제어방식
② 여자기 제어방식
③ 워드-레오나드 방식
④ 피드백 제어방식

해설
① **워드 레오나드 방식** : 직류엘리베이터 속도제어에 널리 사용되는 방식이며, 발전기의 자계를 조절하고 따라서 발전기의 직류전압을 제어
② **정지 레오나드 방식** : 사이리스터와 같은 정지형 반도체 소자로 교류를 직류로 변환과 동시에 점호각 제어

08 고속엘리베이터의 일반적인 속도 m/min 범위는?

① 40~60 ② 60~105
③ 120~300 ④ 360 이상

해설 엘리베이터 속도별 분류

분류	속도	사용
저속	45 이하 [m/min]	소형빌딩 등
중속	60~105 [m/min]	아파트 및 병원, 중형빌딩 등
고속	120~240(300) [m/min]	대형빌딩, 백화점 등 (무기어제어 시)
초고속	360 초과 [m/min]	초고층 빌딩

Answer
05 ④ 06 ④ 07 ③ 08 ④

09 카의 정격속도가 45m/min 이하인 경우 꼭대기 틈새 및 피트 깊이는 각각 몇 m로 규정하고 있는가?

① 꼭대기 틈새 : 1.2m 이상,
　피트 깊이 : 1.2m 이상
② 꼭대기 틈새 : 1.4m 이상,
　피트 깊이 : 1.5m 이상
③ 꼭대기 틈새 : 1.6m 이상,
　피트 깊이 : 1.8m 이상
④ 꼭대기 틈새 : 1.8m 이상,
　피트 깊이 : 2.1m 이상

해설

정격속도(m/min)	상부 틈(m)	피트깊이(m)
45 이하	1.2	1.2
45 초과~60 이하	1.4	1.5
60 초과~90 이하	1.6	1.8
90 초과~120 이하	1.8	2.1
120 초과~150 이하	2.0	2.4
150 초과~180 이하	2.3	2.7
180 초과~210 이하	2.7	3.2
201 초과~240 이하	3.3	3.8
240 초과	4.0	4.0

10 도어관련 부품 중 안전장치가 아닌 것은?

① 도어머신　② 도어 스위치
③ 도어 인터록　④ 도어 클로저

해설
① 도어머신의 구비조건
　• 동작이 원활하며, 잡음이 없을 것
　• 소형 경량일 것
　• 내구성이 좋을 것
　• 보수가 쉽고, 가격이 저렴할 것
② 도어머신의 특징
　• 주행 중 어린이의 장난으로 문을 여는 것을 막기 위해, 손으로 문을 여는데 필요한 힘을 20kg$_f$ 이상으로 규정
　• 카 도어의 닫힘은 중간에 서지 못하도록 방지하는데 필요한 힘이 13kg$_f$ 하중이하 규정

11 수평보행기에서 경사각이 몇 도[°] 이하인 경우, 디딤판을 광폭형으로 설치할 수 있는가?

① 6°　② 8°
③ 10°　④ 12°

해설 수평보행기 디딤판(팰릿)의 디딤면의 주행방향 길이는 제한하지 않으며, 디딤면의 폭은 560mm 이상, 1,020mm 이하이어야 한다.(경사각이 6° 이하인 수평보행기의 경우에는 광폭형을 설치할 수 있다.)

12 자동차용 엘리베이터나 대형 화물용 엘리베이터에 주로 사용하는 도어 개폐방식은?

① CO　② SO
③ UD　④ UP

해설
① 가로 열기식 문 : 승객용, 침대용 또는 화물용으로 사용(1SO, 2SO)
② 중앙 열기식 문 : 승객용 또는 침대용으로 사용(2CO, 4CO)
③ 상승 열기식 문 : 대형 화물 또는 자동차용으로 사용(1UP, 2UP)
④ 상하 열기식 문 : 주로 덤 웨이터 사용(2UD, 4UD)
⑤ 스윙식 문 : 여닫이(1S, 2S)

13 기계실로 가는 계단의 폭은 얼마 이상으로 해야 하는가?

① 0.5m　② 0.7m
③ 0.9m　④ 1.1m

해설 기계실로 가는 복도·계단 및 출입문 등은 다음 각항의 기준에 적합하여야 한다.
① 유지관리상 통행에 지장이 없도록 기계실 출입구의 폭과 높이에 해당하는 크기 이상의 통로를 확보하여야 한다.
② 계단은 불연재료로 설치하여야 하고, 발판·난간 및 경사가 있어야 하며, 계단의 폭은 0.7m 이상이여야 한다.
③ 출입문은 보수관리 및 방재를 고려하여 잠금장치가 있는 금속제 문을 설치하여야 하고, 유효 개구부의 폭 0.7m 이상, 유효 개구부의 높이 1.8m 이상이여야 한다.

Answer
09 ①　10 ①　11 ①　12 ④　13 ②

14 엘리베이터의 속도가 규정치 이상이 되었을 때 작동하여 동력을 차단하고 비상정지를 작동시키는 기계장치는?

① 구동기 ② 조속기
③ 완충기 ④ 도어스위치

해설 ① 조속기(governor)
- 카의 속도를 검출하는 장치로 카의 속도와 같은 회전
- 기계적 과속 제어장치(카의 정격속도 이상 과속을 캐치 카를 정지시키는 장치)
② 1단계 과속검출 스위치 : 카(car)의 속도가 정격속도의 1.3배 이하에서 동작(정격속도 45m/min 이하의 경우 63m/min 이하에서 동작)
③ 2단계 캣치 : 카의 속도가 정격속도의 1.4배를 넘기 전에 동작(정격속도 45m/min 이하의 경우 68m/min 넘기 전에 동작)

15 교류 귀환제어방식에 관한 설명으로 옳은 것은?

① 카의 실속도와 지력속도를 비교하여 다이오드의 점호각을 바꿔 유도전동기의 속도를 제어한다.
② 유도전동기의 1차측 각 상에서 사이리스터와 다이오드를 병렬로 접속하여 토크를 변화시킨다.
③ 미리 정해진 지령속도에 따라 제어되므로 승차감 및 착상도가 좋다.
④ 교류 이단속도와 같은 저속주행시간이 없으므로 운전 시간이 길다.

해설 교류 귀환제어 : 45~105m/min 승객용 엘리베이터에 적용(카의 실제속도와 지령속도를 비교, 사이리스터의 점호각을 바꾸는 방식)

16 기계실이 있는 엘리베이터의 정격속도가 90m/min인 경우 비상정지장치의 작동속도는?

① 108m/min 이하 ② 112.5m/min 이하
③ 117m/min 이하 ④ 126m/min 이하

해설 비상정지장치
① 정격속도(1.4배)를 넘을 경우에 가이드레일을 잡아 안전하게 강제 정지시키는 장치
② 점진적 비상정지장치(F·G·C, F·W·C), 순간식 비상정지장치
③ 비상정지장치 시험 후 비상정지장치에 손상이 없이 정상으로 복귀되어야 한나.
④ 안전회로를 인위적 조작에 의해 동작상태 확인

17 균형추 쪽에도 비상정지장치를 설치해야 하는 경우는?

① 정격속도가 360m/min 이상인 승객용
② 정격속도가 400m/min 이상인 승객용
③ 피트 바닥부하를 거실 등으로 사용할 경우
④ 가이드 레일의 길이가 짧은 경우

해설 ① 카 또는 균형추의 정격속도(1.4배)를 넘을 경우
② 피트 바닥하부를 거실 또는 통로 등으로 사용할 경우
- 피트 바닥을 2중슬래브, 균형추 쪽에도 비상정지장치를 설치
- 균형추 쪽 직하부에 두꺼운 벽을 설치

Answer
14 ② 15 ③ 16 ④ 17 ③

18 엘리베이터 정전 시 카 내를 조명하여 승객의 불안을 줄여주는 조명에 대한 설명으로 옳은 것은?

① 램프 중심부에서 2m 떨어진 수직면에서 3LX 이상의 밝기가 필요하다.
② 램프 중심부에서 1m 떨어진 수직면에서 2LX 이상의 밝기가 필요하다.
③ 램프 중심부에서 2m 떨어진 수직면에서 1LX 이상의 밝기가 필요하다.
④ 램프 중심부에서 1m 떨어진 수직면에서 3LX 이상의 밝기가 필요하다.

해설
① 평상 시 승객용 또는 승객·화물용으로 사용, 화재 시 인명구조 및 소방 활동으로 사용하도록 제작
② 건물의 높이가 31m 이상, 각층마다 면적이 1,500m² 초과하는 경우 설치
③ 60초 이내 전력 용량을 자동적으로 발생(수동으로 전원을 작동할 수 있을 것)
④ 2시간 이상 작동 할 수 있을 것
⑤ 승강기의 운행속도는 60m/min 이상
⑥ 카 내부에 설치, 정전시에 램프중심부로부터 2m 떨어진 수직면상의 조도를 1Lux 이상으로 30분 이상유지

19 승강로 작업 시 착용하는 보호구로 알맞지 않은 것은?

① 안전모 ② 안전대
③ 핫스틱 ④ 안전화

해설 보호구
① 안전장갑 : 감전의 위험이 있는 작업
② 방열복 : 고열에 의한 화상 등의 위험이 있는 작업
③ 안전화 : 물체의 낙하, 물체의 끼임 등이 있는 작업
④ 안전모 : 작업장 바닥, 천장, 도로, 등에서 낙하물의 위험이 있는 작업
⑤ 안전대 : 높이가 2m 이상인 장소에서 작업 시 추락방지를 위한 작업 발판설치 곤란한 작업

20 문 닫힘 안전장치의 동작 중 부적합한 것은?

① 사람이나 물건이 도어 사이에 끼이게 되면 도어의 닫힘 동작이 중단되고 열림 동작으로 바뀌게 되는 장치이다.
② 문 닫힘 안전장치는 엘리베이터의 중요한 안전장치로 동작이 확실해야 된다.
③ 정지를 작동시키면 즉시 도어의 열림 동작이 멈추어야 한다.
④ 닫힘 동작이 멈춘 후에는 즉시 열림 동작에 의하여 도어가 열려야 한다.

해설 도어 시스템의 안전장치
① 도어 클로저 : 승강기 출입문이 열려있으면, 자동으로 닫게 하는 안전장치
② 도어 보호장치
  • 세이프티 슈(safety shoe) : 물체가 접촉이 되면 도어가 열리는 보호장치
  • 세이프티 레이(safety ray) : 광이 물체에 반사, 변화된 파장을 검출
  • 초음파 장치 : 초음파로 물체를 검출
③ 도어 스위치 : 도어가 완전 닫히지 않으면 카의 운행할 수 없는 장치
④ 도어 인터록 : 운행 중 카가 정지하지 않은 층에서는 승강장문 전용 열쇠로 열리는 장치
⑤ 문 닫힘 안전장치 연결전선이 끊어지면 문이 반전하여 열려야 한다.

Answer
18 ③ 19 ③ 20 ③

21 카 상부 작업 시의 안전수칙으로 옳지 않은 것은?

① 작업개시 전에 작업등을 켠다.
② 이동 중에 로프를 손으로 잡아서는 안 된다.
③ 운전 선택스위치는 자동으로 설치한다.
④ 안전스위치를 작동시켜 안전회로를 차단시킨다.

해설
① 카 위에는 점검 및 보수 관리에 지장이 없도록 작업등의 설치상태는 견고하고, 작동상태는 양호하여야 한다.
② 카 위의 안전스위치 및 수동운전스위치의 작동상태는 양호하여야 한다.
③ 수동운전으로 전환하였을 때 자동개폐방식문의 작동, 자동운전 및 전기적 비상운전이 무효화되어야 한다.
④ 카 위에서 운전조작하는 경우에 있어서 꼭대기 부분 안전거리를 1.2m 이상을 확보하고, 그 이상의 카의 상승을 자동적으로 제어하여 정지시키는 장치의 작동상태는 양호하여야 한다.
⑤ 카 상부에 탑승하기 전에 작업등을 점등한다.

22 안전검사 시의 유의사항으로 옳지 않은 것은?

① 여러 가지의 점검방법을 병용하여 점검한다.
② 과거의 재해 발생 부분은 고려할 필요 없이 점검한다.
③ 불량부분이 발견되면 다른 동종의 설비도 점검한다.
④ 발견된 불량부분은 원인을 조사하고 필요한 대책을 강구한다.

해설 안전점검 시 유의 사항
① 불량부분 발견 시 동종설비 점검 실시
② 점검방법을 여러 가지로 병용
③ 불량부분 발견 시 원인조사 후 대책 강구
④ 관계자의 의견을 청취하며, 점검자의 주관적 판단은 안됨
⑤ 점검자의 복장 및 동작이 모범적 일 것
⑥ 재해발생부분이 이전 재해요인이 배제되었는지 확인
⑦ 점검자 능력에 맞는 점검을 실시

23 전기적 문제로 볼 때 감전사고의 원인으로 볼 수 없는 것은?

① 전기기구나 공구의 절연파괴
② 장시간 계속 운전
③ 정전작업 시 접지를 안 한 경우
④ 방전코일이 없는 콘덴서를 사용

해설 감전사고 원인
① 전기 기기 및 배선 등의 모든 충전부의 노출
② 전기 기기에 접지 미설치 상태에서 누설전류 발생
③ 누전 차단기 미설치로 감전사고 시의 재해발생
④ 젓은 손으로 전기 기기를 접촉
⑤ 콘덴서는 전하를 충전하는데 방전하기 전 접촉
⑥ 불량하거나 고장난 전기제품의 절연파괴로 감전

24 재해의 발생 순서로 옳은 것은?

① 이상상태 – 불안전 행동 및 상태 – 사고 – 재해
② 이상상태 – 사고 – 불안전 행동 및 상태 – 재해
③ 이상상태 – 재해 – 사고 – 불안전 행동 및 상태
④ 재해 – 이상상태 – 사고 – 불안전 행동 및 상태

해설 재해의 발생 과정
① 간접원인 : 안전관리 결함(기술적, 교육적, 관리적)
② 직접원인 : 불안전한 상태, 불안전한 행동
③ 물적요인 : 가해물, 인적요인(사고)
④ 발생형태 : 사람, 사고현상(재해)

Answer
21 ③ 22 ② 23 ② 24 ①

25 엘리베이터의 안전장치에 관한 설명으로 틀린 것은?

① 작업 형편상 경우에 따라 일시 제거해도 좋다.
② 카의 출입문이 열려 있을 경우 움직이지 않는다.
③ 불량할 때는 즉시 보수한 다음 작업한다.
④ 반드시 작업 전에 점검한다.

해설 승강기의 안전장치는 일시 제거해서는 절대 안 된다.

26 이상 시 재해원인 중 통계적 재해 분류에 속하지 않는 것은?

① 중상해
② 경상해
③ 중미상해
④ 경미상해

해설 재해 통계를 위한 인체상해의 통계적 분류
① 사망 : 업무상 목숨을 잃게 되는 경우(노동 손실 일수 7,500일)
② 중상해 : 부상으로 인하여 8일 이상의 노동 상실을 가져온 상해 정도
③ 경상해 : 부상으로 1일 이상 7일 이하의 노동 상실을 가져온 상해 정도
④ 무상해 : 사고로 응급 처치 이하의 상처로 작업에 종사하면서 치료를 받는 상해 정도(통원치료). 한국과 일본에서는 4일 이상의 요양을 요하는 재해를 다루고 있다.

27 에스컬레이터 사고 발생 중 가장 많이 발생하는 원인은?

① 과부하
② 기계불량
③ 이용자의 부주의
④ 작업자의 부주의

해설 에스컬레이터 이용자 준수 사항
① 옷이나 물건 등이 틈새에 끼이지 않도록 주의하여야 한다.
② 손잡이를 잡고 있어야 한다.
③ 디딤판 가장자리에 표시된 황색안전선의 밖으로 발이 벗어나지 않도록 하여야 한다.
④ 유아나 애완동물은 보호자가 안고 타야하며, 어린이나 노약자는 보호자가 잡고 타야 한다.
⑤ 디딤판 위에서 뛰거나 장난을 치지 말아야 한다.
⑥ 디딤판 위에 앉거나 맨발로 탑승하지 말아야 한다.
⑦ 유모차등은 접어서 지니고 타야하며, 수레 등은 싣지 말아야 한다. 다만, 에스컬레이터에 탑재 가능하도록 특수한 구조로 안전하게 설치된 경우에는 그러하지 아니한다.
⑧ 화물을 디딤판 위에 올려놓지 말아야 한다.
⑨ 담배를 피우거나 담배꽁초, 껌 등 쓰레기를 버리지 말아야 한다.
⑩ 비상정지버튼을 장난으로 조작하지 말아야 한다.
⑪ 손잡이 밖으로 몸을 내밀지 말아야 한다.

28 전기화재의 원인이 아닌 것은?

① 누전
② 단락
③ 과전류
④ 케이블 연피

해설 전기화재 발생 형태
① 전열기/조명기구 등의 과열로 주위 가연물을 착화시키는 경우
② 배선의 과열로 전선피복을 착화시키는 경우
③ 전동기/변압기 등 전기기기의 과열
④ 선간 단락/누전/과전류/정전기

Answer
25 ① 26 ③ 27 ③ 28 ④

29 엘리베이터에 많이 사용하는 가이드 레일의 허용응력은 보통 몇 kgf/cm²인가?

① 1,000　　② 1,450
③ 2,100　　④ 2,400

해설 가이드 레일의 규격
① 레일 호칭은 마무리 가공 전 소재의 1m당 중량으로 한다.
② 보통 T형 레일 공칭은 8K, 13K, 18K, 24K(대용량 엘리베이터에서는 37K, 50K)
③ 레일의 표준길이는 5m이다.
④ 가이드 레일의 허용응력은 2400kg/cm²이다.

30 비상정지장치에 대한 설명 중 옳지 않은 것은?

① 승강로 피트 하부가 통로로 사용된 경우는 카측에만 설치하여야 한다.
② 속도 45m/min 이하에는 순간적으로 정지시키는 즉시 작동형이 사용된다.
③ 정격속도 90m/min인 경우 126m/min에서 작동하였다.
④ 45m/min 초과의 승강기는 정격속도의 1.4배를 넘지 않는 범위에서 작동하여야 한다.

해설
① 순간식 비상정지장치
　• 저속도 엘리베이터 속도가 45m/min 이하 사용한다.
　• 순간식 비상정지장치에는 조속기를 사용하지 않고 롤러의 장력이 없어지는 것을 검출하여 작동하는 방식이 있으며, 슬랙로프 세이프티라고 부른다.
② 1단계 과속검출 스위치 : 카(car)의 속도가 정격속도의 1.3배 이하에서 동작(정격속도 45m/min 이하의 경우 63m/min 이하에서 동작)
③ 2단계 캣치 : 카의 속도가 정격속도의 1.4배를 넘기 전에 동작(정격속도 45m/min 이하의 경우 68m/min 넘기 전에 동작)

31 이동식 핸드레일은 운행 전 구간에서 디딤판과 핸드레일의 속도 차는 몇 %인가?

① 0~2　　② 3~4
③ 5~6　　④ 7~8

해설 이동식 핸드레일의 경우, 운행 전구간에서 디딤판과 핸드레일의 속도차는 0~2% 이하이어야 한다.

32 에스컬레이터의 구조로서 옳지 않은 것은?

① 디딤판과 콤(Comb)이 맞물리는 지점에 물체가 끼었을 때 승강을 자동적으로 정지시키는 장치가 있어야 한다.
② 디딤판 디딤면의 주행방향 길이는 400mm 이상, 폭은 560mm 이상이어야 한다.
③ 경사도는 30° 이하로 하며 다만 층고가 6m 이하일 때는 35° 이하로 할 수 있다.
④ 디딤판과 디딤판과의 높이 차는 200mm 이하이어야 한다.

해설
① 스커트 가드 안전장치(S.G.S) : 디딤판 수평구간에 위치하며, 보통 콤플레이트 앞 곡선부 상하양 측면에 설치하고, 추가 설치 시에는 중간지점의 좌우에 설치 할 것
　• 디딤판의 주행방향의 길이는 400mm 이상, 디딤판 상호간의 틈새는 승강로의 총길이에 걸쳐서 6mm 이하이어야 한다.(다만, 수평보행기의 천이구간은 8mm 이하로 할 수 있다.)
　• 스텝의 깊이는 380mm 이상, 공칭 폭은 580mm 이상~1100mm 이하(경사도 6° 이하 수평보행기에는 폭 1650mm 까지 허용)
② 속도에 의한 분류
　• 디딤판의 정격속도 30m/min 이하
　• 경사도 30° 이하 수평에서는 0.75m/s 이하, 35° 이하 수평에서는 0.5m/s 이하
　• 에스컬레이터의 경사도가 30° 이하이고, 층고가 6m 이하이며, 수평주행구간 디딤판의 수가 3개 이상인 경우에 디딤판의 속도는 몇 40m/min 이하

Answer
29 ④　30 ①　31 ①　32 ④

33 비상용 엘리베이터는 정전 시 몇 초 이내에 엘리베이터 운행에 필요한 전력용량이 자동적으로 발생되어야 하는가?

① 60　　② 90
③ 120　④ 150

해설
① 평상 시 승객용 또는 승객·화물용으로 사용, 화재 시 인명구조 및 소방 활동으로 사용하도록 제작
② 건물의 높이가 31m 이상, 각층마다 면적이 1,500m^2 초과하는 경우 설치
③ 60초 이내 전력 용량을 자동적으로 발생(수동으로 전원을 작동할 수 있을 것)
④ 2시간 이상 작동 할 수 있을 것
⑤ 승강기의 운행속도는 60m/min 이상
⑥ 카 내부에 설치, 정전 시 램프중심부로부터 2m 떨어진 수직면상에서 밝기를 1LX 이상으로 30분 이상유지

34 카가 최하층에 정지하였을 때 균형추 상단과 기계실 하부와의 거리는 카 하부와 완충기와의 거리보다 어떤 상태이어야 하는가?

① 작아야 한다.
② 커야 한다.
③ 같아야 한다.
④ 크거나 작거나 관계없다.

해설
피트 내에서 행하는 검사 : 카가 최하층에 수평으로 정지되어 있는 경우에 카와 완충기의 거리에 완충기의 충격정도를 더한 수치는 균형추의 꼭대기틈새보다 작아야 한다.

35 엘리베이터의 파킹 스위치를 설치해야 하는 곳은?

① 오피스 빌딩　② 공동주택
③ 숙박시설　　 ④ 의료시설

해설 파킹스위치
① 파킹스위치(키 스위치)는 승강장·중앙관리실 또는 경비실 등에 설치되어 엘리베이터 운행의 휴지조작과 재개조작이 가능하여야 한다.(다만 공동주택, 숙박시설, 의료시설은 제외할 수 있다.)
② 파킹스위치를 휴지상태로 작동시키면 자동으로 지정층에 도착하고, 카가 지정층에 도착하면 모든 카 등록과 승강장 호출은 취소되고 휴지되어야 한다.

36 엘리베이터의 운행속도를 기계적이고 전기적인 방법으로 동시에 검출하고 작동하는 안전장치는?

① 제동기　　　② 비상정지장치
③ 조속기　　　④ 브레이크

해설
① 조속기(govemor)
  • 카의 속도를 검출하는 장치로 카의 속도와 같은 회전
  • 속도 : 조속기(전기식, 기계식)
  • 기계적 과속 제어장치(카의 정격속도 이상 과속을 캐치 카를 정지시키는 장치)
② 1단계 과속검출 스위치
  • 카(car)의 속도가 정격속도의 1.3배 이하에서 동작(정격속도 45m/min 이하의 경우 63m/min 이하에서 동작)
  • 양방향(상·하)의 경우 모두 검출
③ 2단계 캣치
  • 카의 속도가 정격속도의 1.4배를 넘기 전에 동작(정격속도 45m/min 이하의 경우 68m/min 넘기 전에 동작)
  • 과속스위치가 작동한 다음 하강 방향에서만 작동

Answer
33 ①　34 ②　35 ①　36 ③

37 압력배관 작업에 사용되는 배관이음방식에 해당되지 않는 것은?

① 관용나사를 사용한 나사이음
② 일반나사를 사용한 나사이음
③ 플랜지 이음
④ 빅토리 타입 이음

해설 압력배관 상태 : 압력배관 및 이음접속부에는 기름 누설이 없어야 하고, 고정, 뒤틀림, 진동에 의한 비정상적인 응력을 피하는 방법으로 설치되어야 한다.
• 나사이음은 배관의 접속공사가 용이한 장점이 있으며 압력 $10kg/cm^2$ 이하의 저압부분에 많이 사용된다.

38 엘리베이터 제어장치의 보수점검 및 조정방법으로 틀린 것은?

① 절연저항 측정
② 전동기의 진동 및 소음
③ 저항기의 불량 유무 확인
④ 각 접점의 마모 및 작동상태

해설 수전반 및 제어반
① 수전반 및 주개폐기는 원칙적으로 기계실 출입구 내부 가까이 설치하고, 안전하고 용이하게 조작되도록 하여야 한다.
② 제어반 기타의 제어장치의 설치상태는(기기 및 접점) 견고하고, 지진 기타의 진동에 의해 움직이거나 넘어지지 않는 조치가 되어 있어야 한다.
③ 절연저항은 각 회로마다 각각 규정에 합격하여야 한다.

공칭회로전압[V]	시험전압(직류)[V]	절연저항[MΩ]
SELV	250	0.25 이상
≤ 500	500	0.5 이상
> 500	1000	1.0 이상

• 전동기의 진동 및 소음(전동기 구비해야 할 특성)

39 레일은 5m 단위로 제조되는데 T형 가이드 레일에서 13K, 18K, 24K, 30K를 바르게 설명한 것은?

① 가이드 레일 형상
② 가이드 레일 길이
③ 가이드 레일 1m의 무게
④ 가이드 레일 5m의 무게

해설 가이드 레일의 규격
① 레일 호칭은 마무리 가공 전 소재의 1m당 중량으로 한다.
② 보통 T형 레일 공칭은 8K, 13K, 18K, 24K(대용량 엘리베이터에서는 37K, 50K)
③ 레일의 표준길이는 5m이다.
④ 가이드 레일의 허용응력은 $2400kg/cm^2$이다.

40 유압엘리베이터의 역저지(체크)밸브에 대한 설명으로 옳은 것은?

① 작동유의 압력이 150[%]를 넘지 않도록 하는 밸브이다.
② 수동으로 카를 하강시키기 위한 밸브이다.
③ 카의 정지 중이나 운행 중 작동유의 압력이 떨어져 카가 역행하는 것을 방지하는 밸브이다.
④ 안전밸브와 역저지 밸브 사이에 설치

해설 체크 밸브(check vale)
① 어느 한쪽에서 유체가 공급되어 흐르도록 하는 밸브로 역방향은 유체가 차단됨
② 체크 밸브기능은 로프식 승강기의 전자 브레크기능과 흡사 함

Answer
37 ② 38 ② 39 ③ 40 ③

41 비상정지장치의 작동으로 카가 정지할 때까지 레일이 죄는 힘이 처음에는 약하게 그리고 하강함에 따라 강해지다가 얼마 후 일정치로 도달하는 방식은?

① 순간식 비상정지장치
② 슬랙로프 세이프티
③ 플렉시블 가이드 클램프 방식
④ 플렉시블 웨지 클램프 방식

해설
① 점진적(점차 작동형) 비상정지장치
 • F·G·C(flexible guide clamp)형
  - 구조가 간단하여 많이 사용되며, 복구가 용이 하다.
  - 정격속도 60 m/min 이상인 중·고속엘리베이터에 사용
 • F·W·C(flexible wedge clamp)형
  - 레일을 죄는 힘이 동작 시점에는 약하나 하강함에 점점 강해진 후 일정치 도달한다.
  - 구조가 복잡하여 많이 사용하지 않는다.
② 순간식 비상정지장치
 • 저속도 엘리베이터 속도가 45m/min 이하 사용한다.
 • 순간식 비상정지장치에는 조속기를 사용하지 않고 롤러의 장력이 없어지는 것을 검출하여 작동하는 방식도 있으며, 슬랙로프 세이프티라고 부른다.

42 로프식 승객용 엘리베이터에서 자동 착상장치가 고장 났을 때의 현상으로 볼 수 없는 것은?

① 고속으로 저속으로 전환되지 않는다.
② 최하층으로 직행 감속되지 않고 완충기에 충돌하였다.
③ 어느 한쪽 방향의 착상오차가 100mm 이상 일어난다.
④ 호출된 층에 정지하지 않고 통과한다.

해설
최소한 카가 미리 설정한 속도에 도달하였을 때 또는 그 이전에 제어불능운행을 하는 것을 감지하여야 하며, 카 또는 카운터웨이트가 완충기에 충돌하기 전에 카를 정지시키도록 하거나 또는 최소한 카 속도를 완충기의 설계속도 이하로 낮추어야 한다.

43 다음 중 치수가 가장 큰 것은?

① 이동케이블과 레일 브래킷 사이의 간격
② 테일코드와 카의 간격
③ 테일코드와 테일코드 사이의 간격
④ 카 도어 열림 시 출입구 기둥과 도어단자 사이의 간격

44 유압엘리베이터에서 도르래의 직경은 보통 주로프 직경의 몇 배 이상인가?

① 10   ② 20
③ 30   ④ 40

해설
승강기용 권상기 로프의 특징
① 로프의 피치는 직경의 6배를 표준으로 한다.
② Sheave의 직경은 로프 지름의 40배 이상으로 한다.
③ 안전율은 10 이상으로 한다.

45 강도가 다소 낮으나 유연성을 좋게 하여 소선이 파단 되기 어렵고 도르래의 마모가 적게 제조되어 엘리베이터에 사용되는 소선은?

① E종   ② A종
③ G종   ④ D종

해설
① A종 : 165kg/mm^{2}급의 강도를 가진 소선으로 구성된 로프로 파단강도가 높으므로 초고층용 엘리베이터나 로프본수를 적게 하고 싶을 경우 사용한다.
② B종 : 180kg/mm^2 강도, 경도가 A종보다 높아 엘리베이터에서는 거의 사용하지 않는다.
③ E종 : 135kg/mm^2 강도, 엘리베이터에서의 사용조건을 고려하여 제조한 것으로 엘리베이터용으로 사용한다.
④ G종 : 150kg/mm^2 강도, 소선의 표면에 아연도금을 실시한 로프, 녹이 발생하기 어려우므로 다습한 환경에 설치하여 사용한다.

Answer
41 ④ 42 ② 43 ③ 44 ④ 45 ①

46 유압엘리베이터의 카가 최하층에 정지하였을 때 완충기와의 거리는 최대 몇 mm 이하인가?

① 300 ② 400
③ 500 ④ 600

해설

정격속도(m/min)	최소거리(mm)		최대거리(mm)	
	교류1단속도 제어방식 또는 저항제어방식	그 외의 제어방식	카측	균형추측
스프링 완충기	7.5 이하	75	150	600	900
	7.5 초과 15 이하	150			
	15 초과 30 이하	225			
	30 초과	300			
유입완충기	규정하지 않음				

47 회전측에서 베어링과 접촉하고 있는 부분을 무엇이라고 하는가?

① 저널 ② 체인
③ 베어링 ④ 핀

해설 미끄럼 베어링(sliding bearing) : 저널과 베어링이 서로 미끄럼에 의해서 접촉

48 베어링의 구비 조건이 아닌 것은?

① 마찰 저항이 적을 것
② 강도가 클 것
③ 가공수리가 쉬울 것
④ 열전도도가 적을 것

해설 베어링의 구비조건
① 마모가 적고 내구성 클 것
② 내부식성이 좋을 것
③ 가공이 쉬울 것
④ 충격하중에 강할 것
⑤ 열변형이 적을 것
⑥ 강도와 강성이 클 것
⑦ 마찰열의 소산(消散)을 위해 열전도율이 좋을 것
⑧ 마찰계수가 작을 것

49 SCR의 게이트 작용은?

① 소자의 ON-OFF 작용
② 소자의 Turn-on 작용
③ 소자의 브레이크다운 작용
④ 소자의 브레이크 오버 작용

해설 사이리스터
① 기본이 PNPN 4층 구조로 하는 반도체소자
② SCR(silicon controlled rectifier)
③ 3극 단방향 사이리스터
④ 직류 및 교류 제어용 소자
⑤ 게이트에 (+)전압 인가 A → K 도통
⇒ 턴 온(Turn-ON) 점호

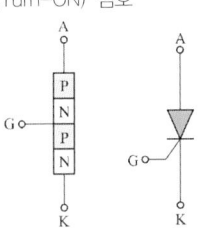

50 전동기 주회로의 전압이 400V를 초과할 때 절연저항은 몇 MΩ 이상이어야 하는가?

① 0.2 ② 0.4
③ 0.6 ④ 1.0

해설
• 절연저항 : 대지와 전로사이의 절연상태(개폐기 또는 과전류차단기로 구획할 수 있는 전로마다 검사할 수 있다.)

회로의 용도	회로의 사용전압	절연저항
전동기 주회로	300V 이하의 것	0.2 이상
	300V를 초과 400V 이하의 것	0.3 이상
	400V를 초과하는 것	0.4 이상
승강로내 안전회로 신호회로 조명회로	150V 이하의 것	0.1 이상
	150V를 초과 300V 이하의 것	0.2 이상

공칭회로전압[V]	시험전압(직류)[V]	절연저항[MΩ]
SELV	250	0.25 이상
≤ 500	500	0.5 이상
> 500	1000	1.0 이상

• 메가 : 절연저항 측정

Answer
46 ④ 47 ① 48 ④ 49 ② 50 ②

51 제어시스템의 과도응답 해석에 가장 많이 쓰이는 입력 모양은? (단, 가로축은 시간이다.)

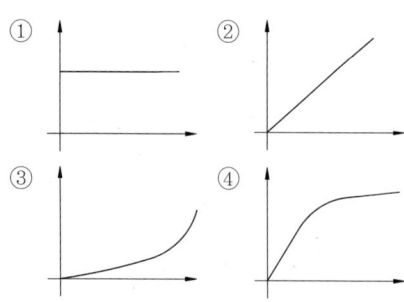

해설 과도응답
① 초기상태로부터 시스템의 상태변수가 변화되지 않는 정상상태에 도달할 때까지의 응답
② 정상상태에서 작동조건 변화(기준입력이나 외란의 변화)에 의하여 상태변수가 변화되기 시작한 후 다시 정상상태에 도달할 때까지의 응답이다
③ 시스템의 동특성으로 다양한 시험신호를 입력하였을 때 출력신호의 시간응답으로 나타내거나 주파수응답으로 기술된다.

52 전자유도현상에 의한 유도기전력의 방향을 정하는 것은?

① 플레밍의 오른손법칙
② 옴의 법칙
③ 플레밍의 왼손법칙
④ 렌츠의 법칙

해설 전자유도
① 전자유도 : 자속의 변화로 도체에 기전력 발생
② 유도기전력 : 전자유도에 의해 발생된 전압
③ 유도전류 : 전자유도에 의해 흐르는 전류
④ 렌쯔의 법칙 : 유도기전력은 자속의 변화를 방해하려는 방향으로 발생
⑤ 패러데이 법칙 : 단위시간동안에 코일을 쇄교하는 자속의 변화량과 코일의 권수에 비례
⑥ $e = -N\dfrac{\Delta \Phi}{\Delta t}$ [V]
  • e : 유기기전력
  • N : 코일의 권수
  • $\Delta \Phi$: 자속의 변화량
  • Δt : 단위시간[sec]
  • $-$: 역방향(렌쯔의 법칙)

53 와이어로프의 사용 하중의 파단강도의 어느 정도로 하면 되는가?

① 1/2~1/5   ② 1/5~1/10
③ 2/3~3/5   ④ 1/10~1/15

해설 안전하중
① 로프는 하중이 증가 할수록 늘어나다가 탄성한계를 넘어서면 마침내 절단 된다. 로프에 걸 하중은 취부방법, 굴곡 마찰, 충격 등을 고려하여 그 사용하는 정도에 따라 가감할 필요가 있다.
② 자주 사용하는 것은 규격 절단하중의 1/10을 넘지 않도록 하고 사용회수가 매우 적은 것이라도 1/5 이하로 하는 것

54 인장(파단)강도가 400kg/cm²인 재료를 사용응력 100kg/cm²로 사용하면 안전계수는?

① 1   ② 2
③ 3   ④ 4

해설 안전율

$S(\text{안전율}) = \dfrac{\sigma_s(\text{기준강도})}{\sigma_a(\text{허용응력})}$

$\therefore S(\text{안전율}) = \dfrac{400}{100} = 4$

55 변형량과 원래 치수와의 비를 변형률이라 하는데 다음중 변형률의 종류가 아닌 것은?

① 가로 변형률   ② 세로 변형률
③ 전단 변형률   ④ 전체 변형률

해설 변형률 $= \dfrac{\text{변형량}}{\text{원래의 길이}}$

① 세로 변형률 : $\varepsilon = \dfrac{\lambda}{l}$
  여기서, λ : 변형량, l : 세로 방향의 처음 길이
② 가로 변형률 : $\varepsilon_c = \dfrac{\delta}{d}$
  여기서, δ : 변형량, d : 가로방향의 처음 지름
③ 체적 변형률 : $\varepsilon_v = \dfrac{\Delta V}{V}$
  여기서, ΔV : 체적 변화량, V : 처음체적
④ 전단변형률(γ) $= \dfrac{\text{전단응력}(\tau)}{\text{가로탄성계수}(G)}$

Answer
51 ①   52 ④   53 ②   54 ④   55 ④

56 그림과 같은 회로의 합성저항 R은 몇 Ω인가?

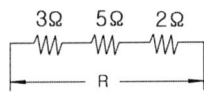

① $\dfrac{3}{10}$ ② $\dfrac{10}{3}$
③ 3 ④ 10

해설 직렬접속
- 합성저항 : $R_0 = R_1 + R_2 + \cdots + R_n [\Omega]$
∴ $R_0 = 3 + 5 + 2 = 10 [\Omega]$

57 3상 교류 전원을 받아서 직류전동기를 구동시키기 위해 DC전원을 만드는 장치는?

① 권상기 ② 정전압장치
③ 전동발전기 ④ 브리지회로

해설 전동발전기 : 전동기를 발전기에 기계적으로 연결한 기기. 교류의 직류 변환이나 주파수 변환 따위의 전력의 종류를 바꿀 때 사용한다.

58 접지저항을 측정하는데 적합하지 않은 것은?

① 절연저항계
② Wenner 4전극법
③ 어스 테스터
④ 콜라우시 브리지법

해설 ① 접지저항 측정법
- Wenner의 4전극법 : 측정하고자 하는 대지에 4개의 전극을 일렬로 일정간격, 일정깊이로 매설하고, 전극에 교류전류를 인가하여 그 전류치(I)를 측정하고, 측정되는 전압(V)으로 저항(R)을 구한다.
- 콜라우시 브리지법 : 3개의 전극을 삼각형으로 배치하고 각 전극간의 저항을 측정하여 구한다.
- 전자식접지저항계(어스 테스터)
  - 측정하고자 하는 접지극(E)과 일직선으로 10m 간격에 P, C보조전극을 지면에 설치
  - 리드선을 접지저항계의 접지극단자(E)와 보조전극(P, C)에 접속
  - 접지저항계의 스위치 조작으로 지전압을 10V미만인지 확인
  - 스위치를 저항값으로 한 후 검류계의 지시값이 "0" 일 때 눈금판 값을 직독
② 절연저항 : 대지와 전로사이의 절연상태(개폐기 또는 과전류차단기로 구획할 수 있는 전로마다 검사할 수 있다.)

59 동일 규격의 축전지 2개를 병렬로 접속하면 전압과 용량의 관계는 어떻게 되는가?

① 전압과 용량이 모두 반으로 줄어든다.
② 전압과 용량이 모두 2배가 된다.
③ 전압은 반으로 줄고 용량은 2배가 된다.
④ 전압은 변하지 않고 용량은 2배가 된다.

해설 ① 병렬접속 시 : 전압 ⇒ 전압의 크기는 1개와 같고, 용량은 2배이다.
② 직렬접속 시 : 전압 ⇒ 전압의 크기는 2배이고, 용량은 1개와 같다

60 다음 중 속도를 제어하는 제어법이 아닌 것은?

① 계자 제어법 ② 전류 제어법
③ 저항 제어법 ④ 전압 제어법

해설 ① 계자 제어법
- 계자 전류를 조정하여 계자속 ϕ를 변화시켜 속도를 제어하는 방법
- 제어하는 전류가 작아, 손실이 작다.
- 광범위하게 속도 조정을 할 수 있다.
- 정출력 가변속도의 용도에 적합하다.
② 저항 제어법
- 회로에 저항을 가감하여 속도를 제어하는 방법
- 계자전류보다 훨씬 큰 전기자전류가 흐른다.
- 전력손실이 크고, 효율이 나쁘다.
- 속도 변동률이 크게 되어 특성이 나쁘다.
③ 전압 제어법
- 전기자에 단자 전압을 변화하여 속도를 조정하는 방법
- 광범위한 속도 조정이 가능하다.
- 정토크 가변 속도의 용도에 적합하다.

Answer
56 ④ 57 ③ 58 ① 59 ④ 60 ②

제1회 (2014.01.26 시행) 과년도 기출문제

01 카의 실속도와 지령속도를 비교하여 사이리스터의 점호각을 바꿔 유도전동기의 속도를 제어하는 방식은?

① 교류 일단 속도제어
② 교류 이단 속도제어
③ 교류 궤환 전압제어
④ 가변전압 가변주파수방식

해설
① 교류 1단 속도제어 : 30m/min의 저속용 엘리베이터에 적용하며, 가장 간단
② 교류이단 속도제어 : 30~60m/min 중속의 화물용 엘리베이터에 적용(주행 → 고속권선, 감속 → 저속권선 방식)
③ 교류귀환제어 : 45~105m/min 승객용 엘리베이터에 적용(카의 실제속도와 지령속도를 비교, 사이리스터의 점호각을 바꾸는 방식)
④ 가변전압 가변주파수제어(VVVF) : 저속도에서 고속 범위까지 적용(전압과 주파수 변화 방식)

02 균형로프의 주된 사용 목적은?

① 카의 소음진동을 보상
② 카의 위치변화에 따른 주로프 무게를 보상
③ 카의 밸런스 보상
④ 카의 적재하중 변화를 보상

해설
① 로프가 서로 엉키는 것을 방지하기 위하여 인장 시브를 설치
② 균형 로프는 고속 승강기에 적용
③ 보상의 효과는 100%
④ 소음진동 보상
⑤ 카의 밸런스 및 와이어로프 무게 보상

03 엘리베이터의 도어시스템에 관한 설명 중 틀린 것은?

① 승강장 도어 록킹장치와는 별도로 카 도어 록킹장치를 설치하는 것도 허용된다.
② 승강장 도어는 비상시를 대비하여 일반 공구로 쉽게 열리도록 한다.
③ 승강기 도어용 모터로 직류 모터뿐만 아니라 교류 모터도 사용된다.
④ 자동차용이나 대형 화물용 엘리베이터는 상승(상하)개폐방식이 많이 사용된다.

해설
비상해제성능
① 모든 승강장에는 비상해제장치를 설치하여야 하고 그 설치상태 및 기능은 양호하여야 한다.
② 비상해제장치의 특수한 키에는 사용상의 위험과 승강장문이 닫힌 후 문의 잠금여부를 확인해야 하는 등의 주의사항이 표시되어야 한다.
③ 카가 정지하고 있지 않은 층에서는 특수한 키를 사용하지 않으면 문을 열 수 없어야 한다.

04 피트에 설치되지 않는 것은?

① 인장 도르래   ② 조속기
③ 완충기   ④ 균형추

해설
균형추(counter weight) : 카의 자중에 적재용량의 약 40, 50%를 더한 중량을 보상시키기 위하여 카와 연결된 권상로프의 반대편에 연결된 중량물

Answer
01 ③ 02 ② 03 ② 04 ④

05 무빙워크의 공칭속도 m/s는 얼마 이하로 하여야 하는가?

① 0.55
② 0.65
③ 0.75
④ 0.95

해설
① 디딤판의 정격속도 30m/min 이하
② 경사도 30° 이하 수평에서는 0.75m/s 이하, 35° 이하 수평에서는 0.5m/s 이하
③ 경사도가 8° 이하의 속도는 50m/min

06 조속기의 캐치가 작동되었을 때 로프의 인장력에 대한 설명으로 적합한 것은?

① 300N 이상과 비상정지장치를 거는 데 필요한 힘의 1.5배를 비교하여 큰 값 이상
② 300N 이상과 비상정지장치를 거는 데 필요한 힘의 2배를 비교하여 큰 값 이상
③ 400N 이상과 비상정지장치를 거는 데 필요한 힘의 1.5배를 비교하여 큰 값 이상
④ 400N 이상과 비상정지장치를 거는 데 필요한 힘의 2배를 비교하여 큰 값 이상

해설
조속기가 작동할 때, 조속기에 의해 생성되는 조속기 로프의 인장력은 적어도 다음의 2개 값보다는 커야 한다.
• 비상정지장치가 물리는 데 필요한 것의 2배, 또는 300N 이상

07 에스컬레이터의 비상정지스위치의 설치 위치를 바르게 설명한 것은?

① 디딤판과 콤(comb)이 맞물리는 지점에 설치한다.
② 리미트 스위치에 설치한다.
③ 상·하부의 승강구에 설치한다.
④ 승강로의 중간부에 설치한다.

해설 비상정지버튼(emergency stop button)
① 승강장에서 비상 시 또는 점검할 때 디딤판의 승강을 강제로 정지시킬 수 있는 장치
② 비상정지버튼을 설치하는 위치는 비상 시 쉽게 작동할 수 있는 상하 승강장의 이입구
③ 층고가 12m 초과 시 비상정지버튼 추가설치(비상정지버튼의 간격은 15m 초과할 수 없음)
④ 비상정지버튼의 색상은 "적색", 부근에는 "정지" 표시 할 것
⑤ 어린이 등 장난에 의한 오조작을 방지하기 위한 덮개를 설치하며, 비상 시 쉽게 열수 있는 구조로 할 것

08 엘리베이터의 완충기에 대한 설명으로 중 옳지 않은 것은?

① 엘리베이터 피트부분에 설치한다.
② 케이지나 균형추의 자유낙하를 완충한다.
③ 스프링 완충기와 유입 완충기가 가장 많이 사용된다.
④ 스프링 완충기는 엘리베이터의 속도가 낮은 경우에 주로 사용된다.

해설 ① 엘리베이터의 완충기
• 4주행의 종점에서 완충적인 정지, 그리고 유체 또는 스프링(또는 유사한 수단)을 사용한 것을 포함한 제동수단
• 카가 하강 또는 균형추의 충격을 완화하기 위해 1개 이상 스프링을 사용
• 피트 바닥면에 설치
② **스프링 완충기(spring buffer)** : 카가 하강 또는 균형추의 충격을 완화하기 위해 1개 이상 스프링을 사용
• 정격속도 60m/min 이하 승강기에 적용
• 행정은 최소한 정격속도의 115%에 상응하는 중력 정지 거리의 2배
• 적용중량은 최대 압축하중의 1/4배~1/2.5배의 범위로 적용
③ **유입완충기** : 카 또는 균형추의 하강 운동에너지를 흡수 및 분산을 위한 매체로 오일 사용
• 정격속도 60m/min 초과에 적용
• 적용중량 : 최소적용중량(카 자중+65), 최대적용중량(카 자중+적재하중)

Answer
05 ③ 06 ② 07 ③ 08 ②

09 엘리베이터의 분류법에 해당되지 않은 것은?

① 구동방식에 의한 분류
② 속도에 의한 분류
③ 연도에 의한 분류
④ 용도 및 종류에 의한 분류

해설 승강기 분류
① 구동방식에 의한 분류
② 승강기 속도별 분류
③ 승강기의 용도별 분류
④ 승강기 조작 방법에 의한 분류

10 기계식 주차설비의 설치기준에서 모든 자동차의 입출고 시간으로 맞는 것은?

① 입고시간 60분 이내, 출고시간 60분 이내
② 입고시간 90분 이내, 출고시간 90분 이내
③ 입고시간 120분 이내, 출고시간 120분 이내
④ 입고시간 150분 이내, 출고시간 150분 이내

해설 기계식 주차설비
① 차량을 효율적으로 주차하기 위한 기계식 설비이다.
② 일반적으로 팔레트(주차용 금속바닥판)를 이용하여 적층형 구조로 주차공간의 효율을 높인다.
③ 카-리프트와 턴-테이블을 내장한 주차설비도 보급되고 있다.
④ 주차장치에 수용할 수 있는 자동차를 모두 입고하는데 소요되는 시간과 이를 모두 출고하는데 소요되는 시간은 각각 2시간 이내이어야 한다.

11 조속기의 종류가 아닌 것은?

① 롤세이프티형 조속기
② 디스크형 조속기
③ 플렉시블형 조속기
④ 프라이볼형 조속기

해설 ① 롤 세이프티 조속기(roll safety governor)
• 카의 정격속도 이상시 과속스위치가 검출하여 동력전원회로 차단
• 조속기 도르래의 홈과 로프 사이에 마찰력을 이용 비상정지
② 디스크 조속기(disk governor)
• 카의 정격속도 초과 시 원심력에 의해 진자(振子)가 작동 가속 스위치를 작동시켜 정지
• 추형방식 : 추(錘, weight)형 캐치에 의해 로프를 붙잡아 비상정지 장치 작동
• 슈형방식 : 도르래 홈과 슈사이에 로프를 붙잡아 비상정지장치를 작동
③ 플라이 볼 조속기(fly ball governor)
• 도르래의 회전을 수직축의 회전으로 변환, 링크 기구로 구형의 진자에 원심력으로 작동
• 구조가 매우 복잡하나 정밀도가 높은 검출을 하므로 고속 승강기에 많이 적용

12 정전 시 비상전원장치의 비상조명의 점등 조건은?

① 정전 시에 자동으로 점등
② 고장 시 카가 급정지하면 점등
③ 정전 시 비상등스위치를 켜야 점등
④ 항상 점등

해설 정전 시 비상조명 관련
① 카 내부에 설치, 정전 시 램프중심부로부터 2m 떨어진 수직면상에서 밝기를 1LX 이상으로 30분 이상유지
② 이 장치는 정전이 발생하면 즉시 자동적으로 점등되어야 한다.

Answer
09 ③ 10 ③ 11 ③ 12 ①

13 전망용 엘리베이터의 카에 주로 사용하는 유리의 기준으로 옳은 것은?

① 반사유리　② 거울유리
③ 강화유리　④ 방음유리

해설 3.1.2(2)에는 "구조상 경미한 부분(인테리어 목적으로 사용되는 카 내장재를 포함)을 제외하고는 불연재료로 만들거나 씌워야 한다. 다만, 유리를 사용할 경우에는(비상용 엘리베이터는 제외) 한국산업규격의 망유리·강화유리·접합유리와 동등 이상의 것을 사용하여야 한다."

14 다음 중 회전운동을 하는 유희시설이 아닌 것은?

① 해적선　② 로터
③ 비행탑　④ 워터슈트

해설
① 회전운동을 하는 유희시설
 • 회전목마
 • 회전그네
 • 회전탑
 • 관람기차
 • 옥토퍼스
 • 해적선
 • 문로켓
 • 로터
② 고가의 유희시설
 • 모노레일
 • 어린이 기차
 • 코스터
 • 매트 마우스

15 엘리베이터 기계실의 구조에 대한 설명으로 적합하지 않은 것은?

① 기계실 내부에 공간이 있어서 옥상 물탱크의 양수설비를 하였다.
② 당해 건축물의 다른 부분과 내화구조로 구획하였다.
③ 바닥면적은 승강로의 수평투영면적의 2배로 하였다.
④ 천장에는 기기를 양정하기 위한 고리를 설치하였다.

해설 기계실 구조
① 기계실의 면적은 승강로 투영면적의 2배 이상
② 기계실의 바닥·벽 및 천장은 내화구조 또는 방화구조로 양호하게 유지
③ 기계실 온도는 5℃에서 +40℃ 이하를 유지(기준 온도이상 시 제어장치 오작동)
④ 기계실에는 바닥 면에서 200LX 이상를 비출 수 있는 영구적으로 설치된 전기 조명
⑤ 천장에는 기기를 양정하기 위한 고리를 설치

16 구조에 따라 분류한 유압엘리베이터의 종류가 아닌 것은?

① 직접식　② 간접식
③ 팬터 그래프　④ VVVF식

해설 유압식 승강기
① 직접식 승강기
② 간접식 승강기
③ 팬터 그래프식 승강기

Answer
13 ③　14 ④　15 ①　16 ④

17 교류 엘리베이터의 제어방법이 아닌 것은?

① 워드 레오나드 방식제어
② 교류 일단 속도제어
③ 교류 이단 속도제어
④ 교류 귀환 제어

해설 교류 엘리베이터 제어방식의 종류
① 교류 1단 속도제어
② 교류이단 속도제어
③ 교류귀환제어
④ VVVF(Variable Voltage Variable Friquency : 가변전압 가변주파수)제어

18 무기어식 엘리베이터의 종합효율은?

① 0.3~0.5
② 0.5~0.7
③ 0.7~0.85
④ 0.85~0.90

해설 로프식 엘리베이터의 종합효율
① 웜기어 방식 : 50~70%
② 헬리컬기어 방식 : 80~85%
③ 무기어 방식 : 85~90%

19 추락 대책 수립의 기본방향에서 인적 측면에서의 안전대책과 관련이 없는 것은?

① 작업 지휘자를 지명하여 집단작업을 통제한다.
② 작업의 방법과 순서를 명확히 하여 작업자에게 주지시킨다.
③ 작업자의 능력과 체력을 감안하여 적정한 배치를 한다.
④ 작업대와 통로 주변에는 보호대를 설치한다.

해설 물적 측면의 대책
① 기계 또는 물품의 품질, 내용, 사용재료, 설계 등을 분석·검토하고 규격에 맞는 표준품인지, 생산처는 어디인가 등을 검토
② 물적 시설은 계속하여 보전·관리·운용에 특별한 주의, 사용 중 또는 사용 후에 이상 여부를 조사하고 노후화에서 오는 여러가지 위험을 방지하기 위하여 수시 또는 정기적으로 점검하여 개보수 필요

20 안전점검 시 에스컬레이터의 운전 중 점검 확인 사항에 해당되지 않는 것은?

① 운전 중 소음과 진동상태
② 스텝에 작용하는 부하의 작용 상태
③ 콤 빗살과 스텝 홈의 물림 상태
④ 핸드레일과 스텝의 속도차이 유무

해설 운전중 점검
① 소음 및 진동
 • 운행 중 평소와 다른 이상 음이 나는지 확인한다.
 • 운행 중 평소와 다른 이상 진동이 있는지 확인한다.
② 핸드레일의 속도 : 핸드레일의 속도가 스텝의 속도와 동일한지 확인한다
③ 스텝의 인입 : 출구에서 스텝의 클리트와 콤의 빗살이 정확히 맞추어 들어가는지 확인한다.

21 안전 작업모를 착용하는 목적에 있어서 안전관리와 관계가 없는 것은?

① 종업원의 표시
② 화상방지
③ 감전의 방지
④ 비산물로 인한 부상방지

해설 안전모
① 작업장 바닥, 천장, 도로, 등에서 낙하물의 위험이 있는 작업
② 바닥으로부터 높이 2m 이상인 작업장에서 추락의 위험이 있는 작업
③ 활선작업에 있어 감전의 위험이 있는 작업

Answer
17 ① 18 ④ 19 ④ 20 ② 21 ①

22 그림과 같은 경고표지는?

① 낙하물 경고
② 고온 경고
③ 방사성 물질 경고
④ 고압 전기 경고

해설 전기장치로 인한 감전위험이 있는 곳에는 경고표지를 부착하여야 한다.
① 낙하물 경고 : 돌 또는 물체가 떨어질 위험이 있다.

② 고온 경고 : 고온에 의한 화상위험이 있다.

③ 방사성 물질 경고 : 방사성물질이 저장되어 있다.

23 휠체어리프트 이용자가 승강기의 안전운행과 사고방지를 위하여 준수해야 할 사항과 거리가 먼 것은?

① 전동휠체어 등을 이용할 경우에는 운전자가 직접 이용할 수 있다.
② 정원 및 적재하중의 초과는 고장이나 사고의 원인이 되므로 엄수하여야 한다.
③ 휠체어 사용자 전용이므로 보조자 이외의 일반인은 탑승하여서는 안 된다.
④ 조작반의 비상정지스위치 등을 불필요하게 조작하지 말아야 한다.

해설 휠체어리프트 이용자는 승강기의 안전운행과 사고방지를 위하여 다음 각 호의 사항을 준수하여야 한다.
① 전동휠체어 등을 이용할 경우에는 보호자의 협조를 받아야 한다.
② 정원 및 적재하중의 초과는 고장이나 사고의 원인이 되므로 엄수하여야 한다.
③ 휠체어 사용자 전용이므로 보조자 이외의 일반인은 절대 탑승하여서는 안 되며, 화물 등의 운반에 사용하지 않아야 한다.
④ 각 승강장 및 카에 설치되는 조작 장치를 장난으로 누르거나 난폭하게 취급하지 않아야 한다.
⑤ 조작반의 비상정지스위치 등을 장난으로 조작하지 말아야 한다.
⑥ 휠체어리프트 내에서 뛰거나 구르는 등 난폭한 행동을 하지 말아야 한다.
⑦ 휠체어리프트의 출입문 또는 보호대를 흔들거나 밀지 말아야 하며 출입문에 기대지 말아야 한다.
⑧ 휠체어리프트를 이용하는 도중 정전 등을 이유로 운행이 정지되더라도 당황하지 말고 비상경보장치를 동작시켜 경보를 발하거나 도움을 요청하여야 한다.
⑨ 휠체어리프트가 운행 중 갑자기 정지하면 임의로 판단해서 탈출을 시도하지 말아야 한다.
⑩ 경사형 리프트에 진입 시에는 탈착 가능한 보호대를 고정한 후 진입하여야 한다.
⑪ 휠체어리프트에 부착되어있는 동작설명서에 따라 운행을 하여야 한다.
⑫ 휠체어리프트의 출입문 또는 보호대를 강제로 개방하는 행위 등을 하지 말아야 한다.

24 승강기 안전관리자의 임무가 아닌 것은?

① 승강기 비상열쇠 관리
② 자체점검자 선임
③ 운행관리규정의 작성 및 유지관리
④ 승강기 사고 시 사고보고 관리

해설 승강기 안전관리자의 직무 범위
① 승강기 운행관리 규정의 작성 및 유지·관리에 관한 사항
② 승강기의 고장·수리 등에 관한 기록 유지에 관한 사항
③ 승강기 사고 발생에 대비한 비상연락망의 작성 및 관리에 관한 사항
④ 승강기 인명사고 시 긴급조치를 위한 구급체제의 구성 및 관리에 관한 사항
⑤ 승강기의 중대한 사고 및 중대한 고장 시 사고 및 고장 보고에 관한 사항
⑥ 승강기 표준부착물의 관리에 관한 사항
⑦ 승강기 비상열쇠의 관리에 관한 사항

Answer
22 ④ 23 ① 24 ②

25 현장 내에 안전표지판을 부착하는 이유로 가장 적합한 것은?

① 작업방법을 표준화하기 위하여
② 작업환경을 표준화하기 위하여
③ 기계나 설비를 통제하기 위하여
④ 비능률적인 작업을 통제하기 위하여

해설 안전의식을 고취시켜 작업자로 하여금 예상되는 재해를 사전에 방지함을 목적으로 작업환경을 표준화하기 위함

26 감전이나 전기화상을 입을 위험이 있는 작업에 반드시 갖추어야 할 것은?

① 보호구   ② 구급요구
③ 위험신호장치 ④ 구명구

해설 보호구
① 안전장갑 : 감전의 위험이 있는 작업
② 방열복 : 고열에 의한 화상 등의 위험이 있는 작업
③ 안전화 : 물체의 낙하, 물체의 끼임 등이 있는 작업
④ 안전모 : 작업장 바닥, 천장, 도로 등에서 낙하물의 위험이 있는 작업
⑤ 안전대 : 높이가 2m 이상인 장소에서 작업 시 추락방지를 위한 작업 발판설치 곤란한 작업

27 안전점검 중 어떤 일정기간을 정해 두고 행하는 점검은?

① 수시점검   ② 정기점검
③ 임시점검   ④ 특별점검

해설 안전점검 종류

종류	시행시기	점검사항
일상 점검	• 매일 • 작업 전, 후(수시)	• 기계 공구 및 설비 등 • 해당 작업
정기 점검	• 매주, 매월 • 분기별(정기적)	• 기계, 기구 설비의 주요 부분 • 파손 마모 등 세밀한 부분
특별 점검	• 설비의 신설 및 변경 시 • 천재지변 후(부정기적)	• 기계, 기구 설비의 신설 및 변경 • 고장 및 수리 등

28 재해 발생 과정의 요건이 아닌 것은?

① 사회적 환경과 유전적인 요소
② 개인적 결함
③ 사고
④ 안전한 행동

해설 재해사고 발생의 5단계
① 사회적 환경 및 유전적 요소(신체적 결함)
② 개인적 결함(인간의 결함)
③ 불안전한 행동 및 상태(물리적, 기계적 위험)
④ 사고
⑤ 재해

29 스텝 체인 안전장치에 대한 설명으로 알맞은 것은?

① 스커트 가드 판과 스텝 사이에 이물질의 끼임을 감지하여 안전스위치를 작동시키는 장치이다.
② 스텝과 레일 사이에 이물질의 끼임을 감지하는 장치이다.
③ 스텝체인이 절단되거나 늘어남을 감지하는 장치이다.
④ 상부 기계실 내 작업 시에 전원이 투입되지 않도록 하는 장치이다.

해설 스텝 체인 안전장치(T.C.S) : 스텝 체인의 심하게 늘어남과 파단으로 인한 전동기의 전원을 차단

30 간접식 유압엘리베이터의 주로프 본수는 카 1대에 대하여 몇 본 이상인가?

① 1   ② 2
③ 3   ④ 4

해설 로프 또는 체인의 최소 가닥은 다음과 같아야 한다.
① 간접식 엘리베이터의 경우 : 잭 당 2가닥
② 카와 평형추 사이의 연결의 경우 : 잭 당 2가닥
로프 또는 체인은 독립적이어야 한다.

Answer
25 ② 26 ① 27 ② 28 ④ 29 ③ 30 ②

31 스크루(Screw) 펌프에 대한 설명으로 옳은 것은?

① 나사로 된 로터가 서로 맞물려 돌 때 축 방향으로 기름을 밀어내는 펌프
② 2개의 기어가 회전하면서 기름을 밀어내는 펌프
③ 케이싱의 캠링 속에 편심한 로터에 수개의 베인이 회전하면서 밀어내는 토크
④ 2개의 플런저를 동작시켜서 밀어내는 펌프

해설 펌프(pump)와 모터(motor)
① 유압회로 펌프는 압력의 맥동, 소음, 진동이 적은 스크류(screw) 펌프를 적용
② 펌프의 토출량이 클수록 속도가 빠르다(50~1500ℓ/min)
③ 유압 펌프로 초고압력 250kg/cm² 까지 실용화 되고 있음
④ 모터(motor)로는 3상유도전동기를 일반적으로 적용
⑤ 축방향과 회전방향에 대하여 구속하여 이탈을 방지하는 구조

32 엘리베이터용 모터에 부착되어 있는 로터리 엔코더의 역할은?

① 모터의 소음 측정
② 모터의 진동 측정
③ 모터의 토크 측정
④ 모터의 속도 측정

해설 로터리 엔코더 : 엔코더는 회전하는 물체의 회전속도(각속도 등)을 측정하기 위해 사용되는 기기로서 엔코더의 회전축에 측정하고자 하는 회전체의 축을 서로 연결하여 돌아가는 방향과 횟수를 정밀하게 측정하는 것

33 비상정지장치가 작동된 후 승강기 카 바닥면의 수평도의 기준은 얼마인가?

① 1/10 이내   ② 1/15 이내
③ 1/25 이내   ④ 1/30 이내

해설 비상정지장치는 좌우 양쪽 다같이 균등하게 작용하고, 카 바닥의 수평도의 변화는 어느 부분에서나 1/30 이내이어야 한다.

34 정격속도가 분당 120m인 승객용 엘리베이터 조속기의 과속스위치 작동속도는 정격속도의 몇 배 이하에서 작동하도록 조정되어야 하는가?

① 1.2배   ② 1.3배
③ 1.4배   ④ 1.5배

해설 1단계 과속검출 스위치
① 카(car)의 속도가 정격속도의 1.3배 이하에서 동작(정격속도 45m/min 이하의 경우 63m/min 이하에서 동작)
② 양방향(상·하)의 경우 모두 검출

35 스프링 완충기를 사용한 경우 카가 최상층에 수평으로 정지되어 있을 때 균형추와 완충기와의 최대거리는?

① 300mm   ② 600mm
③ 900mm   ④ 1,200mm

해설

정격속도(m/min)		최소거리(mm)		최대거리(mm)	
		교류1단도 제어방식 또는 저항제어방식	그 외의 제어방식	카측	균형추측
스프링 완충기	7.5 이하	75	150	600	900
	7.5 초과 15 이하	150			
	15 초과 30 이하	225			
	30 초과	300			
유입완충기		규정하지 않음			

Answer
31 ① 32 ④ 33 ④ 34 ② 35 ③

36 압력배관에 대한 설명으로 옳지 않은 것은?

① 건물벽관통부에는 가급적 사용하지 않는다.
② 파워 유닛에서 실린더까지는 압력배관으로 연결하도록 한다.
③ 진동이 건물에 전달되지 않도록 방진고무를 넣어서 건물에 고정시킨다.
④ 압력 고무호스는 여유가 없어야 하며 일직선으로 연결되어 있어야 한다.

해설 압력배관 상태
① 압력배관 및 이음접속부에는 기름누설이 없어야 하고, 고정, 뒤틀림, 진동에 의한 비정상적인 응력을 피하는 방법으로 설치되어야 한다.
② 지진 또는 진동 및 충격을 완화하기 위한 조치가 필요하다.
③ 유압배관은 유압파워유니트 출구에서 실린더 입·출구까지를 말한다.
④ 압력배관으로 탄소강 강관이나 고압 고무호스를 사용한다.
⑤ 압력배관이 파손되었을 때 카의 하강을 제지하는 장치가 필요하다.

37 피트 내에서 행하는 검사가 아닌 것은?

① 피트 스위치 동작 여부
② 하부 파이널스위치 동작 여부
③ 완충기 취부상태 양호 여부
④ 상부 파이널 스위치 동작 여부

해설 피트 내에서 행하는 검사
① 완충기 취부상태 확인
② 조속기로프 및 기타의 당김 도르래 확인
③ 피트바닥 청결상태 확인(사다리 고정 유무, 배수구점검)
④ 하부 화이널리미트스위치 동작상태 확인
⑤ 카 비상정지장치 및 스위치 동작상태 확인
⑥ 하부 도르래 동작상태 확인
⑦ 균형추 밑부분 틈새 확인
⑧ 이동케이블 및 부착부 확인

38 카가 최하층에 수평으로 정지되어 있는 경우 카와 완충기의 거리에 완충기의 행정을 더한 수치는?

① 균형추의 꼭대기 틈새보다 작아야 한다.
② 균형추의 꼭대기 틈새의 2배이어야 한다.
③ 균형추의 꼭대기 틈새와 같아야 한다.
④ 균형추의 꼭대기 틈새의 3배이어야 한다.

해설 피트 내에서 행하는 검사 : 카가 최하층에 수평으로 정지되어 있는 경우에 카와 완충기의 거리에 완충기의 충격정도를 더한 수치는 균형추의 꼭대기틈새보다 작아야 한다.

정격속도(m/min)	상부 틈(m)	피트깊이(m)
45 이하	1.2	1.2
45 초과~60 이하	1.4	1.5
60 초과~90 이하	1.6	1.8
90 초과~120 이하	1.8	2.1
120 초과~150 이하	2.0	2.4
150 초과~180 이하	2.3	2.7
180 초과~210 이하	2.7	3.2
201 초과~240 이하	3.3	3.8
240 초과	4.0	4.0

39 에스컬레이터의 구동전동기의 용량을 결정하는 요소로 거리가 가장 먼 것은?

① 속도   ② 경사각도
③ 적재하중   ④ 디딤판의 높이

해설
$$P = \frac{1분간\ 수송인원 \times 1인중량 \times 층\ 높이}{6120 \times 전체효율(\eta)} [kW]$$

Answer
36 ④ 37 ④ 38 ① 39 ④

40 스텝 체인 절단 검출장치의 점검항목이 아닌 것은?

① 검출스위치의 동작여부
② 검출스위치 및 캠의 취부상태
③ 암, 레버장치의 취부상태
④ 종동장치 텐션스프링의 올바른 치수 여부

해설 스텝 체인 안전장치(T.C.S)
① 스텝 체인의 심하게 늘어남과 파단으로 인한 전동기의 전원을 차단하고 기계적인 브레이크를 작동시켜 운행정지를 시키는 장치
② 이 장치의 스위치는 수동으로 재설정하는 방식일 것

41 에스컬레이터에 바르게 타도록 디딤판 위의 황색 또는 적색으로 표시한 안전마크는?

① 스텝체인   ② 데크보드
③ 데마케이션 ④ 스커트 가드

해설 데마케이션 : 사람의 신체일부 및 이물질이 스텝 사이 틈새에 닿지 않게 주의시키는 효과

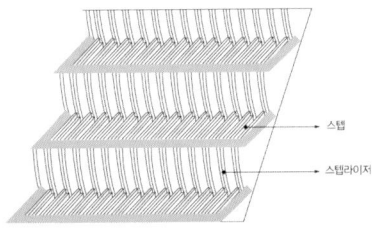

42 주차설비 중 자동차를 운반하는 운반기의 일반적인 호칭으로 사용되지 않는 것은?

① 카고, 리프트
② 케이지, 카트
③ 트레이, 팔레트
④ 리프트, 호이스트

해설
① 리프트 : 사람은 탑승하지 않고 소하물을 위 아래로 이송하는 장치
② 호이스트 : 원동기·기어감속장치·감기통 등을 한 조로 하고 권상용(捲上用) 로프 끝에 훅(hook)을 장치하여 화물을 들어올린다.(체인, 공기, 전기 호이스트 등)

43 엘리베이터가 정격속도를 현저히 초과할 때 모터에 가해지는 전원을 차단하여 카를 정지시키는 장치는?

① 권상기 브레이크   ② 가이드 레일
③ 권상기 드라이버   ④ 조속기

해설
① 조속기(govemor)
  • 카의 속도를 검출하는 장치로 카의 속도와 같은 회전
  • 속도 : 조속기(전기식, 기계식)
  • 기계적 과속 제어장치(카의 정격속도 이상 과속을 캐치 카를 정지시키는 장치)
② 1단계 과속검출 스위치
  • 카(car)의 속도가 정격속도의 1.3배 이하에서 동작(정격속도 45m/min 이하의 경우 63m/min 이하에서 동작)
  • 양방향(상·하)의 경우 모두 검출
③ 2단계 캣치
  • 카의 속도가 정격속도의 1.4배를 넘기 전에 동작(정격속도 45m/min 이하의 경우 68m/min 넘기 전에 동작)
  • 과속스위치가 작동한 다음 하강 방향에서만 작동

44 승강기의 제어반에서 점검할 수 없는 것은?

① 전동기 회로의 절연 상태
② 주 접촉단자의 접촉 상태
③ 결선단자의 조임 상태
④ 조속기 스위치의 작동 상태

해설 조속기 스위치(Governor switch, Overspeed switch)
① 조속기 기능의 하나이며, 과속도를 검출하여 신호를 주기 위한 스위치(과도스위치)
② 조속기는 기계실에서 행하는 검사 중 하나

Answer
40 ③ 41 ③ 42 ④ 43 ④ 44 ④

45 승객용 엘리베이터의 시브가 편마모되었을 때 그 원인을 제거하기 위해 어떤 것을 보수, 조정하여야 하는가?

① 완충기 ② 조속기
③ 균형체인 ④ 로프의 장력

해설
① 완충기 : 주행의 종점에서 완충적인 정지, 그리고 유체 또는 스프링(또는 유사한 수단)을 사용한 것을 포함한 제동수단
② 조속기 : 카의 속도를 검출하는 장치로 카의 속도와 같은 회전
③ 균형체인 : 승강로가 높아져 카의 위치변화에 따른 로프와 이동케이블 자중의 무게 불균형을 보상

46 유압엘리베이터의 파워 유닛(power unit)의 점검사항으로 적당하지 않은 것은?

① 기름의 유출 유무
② 작동 유(oil)의 온도 상승 상태
③ 과전류계전기의 이상 유무
④ 전동기와 펌프의 이상음 발생 유무

해설
유압파워유니트 : 펌프, 전동기, 안전밸브, 상승용 유량제어밸브, 체크밸브, 하강용 유량제어밸브, 유량탱크, 스트레이너, 스톱밸브, 사일렌서, 보온장치 등으로 구성
① 체크밸브 : 한 방향 유체 공급(로프식 승강기의 전자 브레이크기능과 흡사)
② 릴리프밸브 : 작동압력이 125%를 초과하지 않을 때 자동개시하고, 작동압력이 상용압력의 150%를 초과하지 않아야 한다.
③ 다운밸브 : 카의 하강 시 실린더에서 오일탱크로 귀환하는 유체를 제어
④ 스톱밸브 : 유압파워 유니트에서 액추에이터 사이 설치하는 수동조작
• 과전류계전기의 이상 유무는 제어반 점검사항

47 되먹임 제어에서 가장 필요한 장치는?

① 입력과 출력을 비교하는 장치
② 응답속도를 느리게 하는 장치
③ 응답속도를 빠르게 하는 장치
④ 안정도를 좋게 하는 장치

해설
피드백 제어(feedback control)라고도 하는 것인데, 시스템의 출력과 기준 입력을 비교

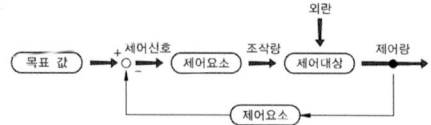

48 엘리베이터 전원공급 배선회로의 절연저항 측정으로 가장 적당한 측정기는?

① 휘트스톤 브리지
② 메거
③ 콜라우시 브리지
④ 켈빈더블 브리지

해설
• 절연저항 : 대지와 전로사이의 절연상태(개폐기 또는 과전류차단기로 구획할 수 있는 전로마다 검사할 수 있다.)

회로의 용도	회로의 사용전압	절연저항
전동기 주회로	300V 이하의 것	0.2 이상
	300V를 초과 400V 이하의 것	0.3 이상
	400V를 초과하는 것	0.4 이상
승강로내 안전회로 신호회로 조명회로	150V 이하의 것	0.1 이상
	150V를 초과 300V 이하의 것	0.2 이상

공칭회로전압[V]	시험전압(직류)[V]	절연저항[MΩ]
SELV	250	0.25 이상
≤ 500	500	0.5 이상
〉500	1000	1.0 이상

• 메가 : 절연저항 측정

Answer
45 ④ 46 ③ 47 ① 48 ②

49 배선용 차단기의 기호(약호)는?

① S ② DS
③ THR ④ MCCB

해설 배선용차단기(MCCB : Molded Case Circuit Breaker) : 전류 이상을 감지하여 선로가 열로 손상되기 전, 선로를 차단하여 주는 배선 보호용 기기

50 회전축에 가해지는 하중이 마찰저항을 작게 받도록 지지하여 주는 기계요소는?

① 클러치 ② 베어링
③ 커플링 ④ 축

해설 베어링의 구비조건
① 마모가 적고 내구성 클 것
② 내부식성이 좋을 것
③ 가공이 쉬울 것
④ 충격하중에 강할 것
⑤ 열변형이 적을 것
⑥ 강도와 강성이 클 것
⑦ 마찰열의 소산(消散)을 위해 열전도율이 좋을 것
⑧ 마찰계수가 작을 것

51 직류전동기의 속도제어법이 아닌 것은?

① 저항제어 ② 전압제어
③ 계자제어 ④ 주파수제어

해설 ① 계자 제어법
- 계자 전류를 조정하여 계자속 ϕ를 변화시켜 속도를 제어하는 방법
- 제어하는 전류가 작아, 손실이 작다.
- 광범위하게 속도 조정을 할 수 있다.
- 정출력 가변속도의 용도에 적합하다.
② 저항 제어법
- 회로에 저항을 가감하여 속도를 제어하는 방법
- 계자전류보다 훨씬 큰 전기자전류가 흐른다.
- 전력손실이 크고, 효율이 나쁘다.
- 속도 변동률이 크게 되어 특성이 나쁘다.
③ 전압 제어법
- 전기자에 단자 전압을 변화하여 속도를 조정하는 방법
- 광범위한 속도 조정이 가능하다.
- 정토크 가변 속도의 용도에 적합하다.

52 R-L-C 직렬회로에서 최대전류가 흐르게 되는 조건은?

① $\omega L^2 - \dfrac{1}{\omega C} = 0$

② $\omega L^2 + \dfrac{1}{\omega C} = 0$

③ $\omega L - \dfrac{1}{\omega C} = 0$

④ $\omega L + \dfrac{1}{\omega C} = 0$

해설 직렬공진[Z(임피던스) : 최소, I(전류) : 최대]
① $X_L = X_C$ 경우 Z(임피던스)의 허수부는 '0' 된다.
② 저항만 있는 회로(전압과 전류의 위상차가 동상)
③ 역률 : $\cos\theta = \dfrac{R}{Z} = \dfrac{R}{R} = 1$
④ 공진주파수 : $f_0 = \dfrac{1}{2\pi\sqrt{LC}}$[Hz]

(조건 : $\omega L = \dfrac{1}{\omega C}$)

53 하중이 작용하는 방향에 따른 분류에 속하지 않는 것은?

① 압축하중
② 인장하중
③ 교번하중
④ 전단하중

해설 교번하중 : 하중의 크기와 방향이 변화하면서 인장하중과 압축하중이 연속적으로 작용하는 하중

Answer
49 ④ 50 ② 51 ④ 52 ③ 53 ③

54 그림과 같은 심벌이 명칭은?

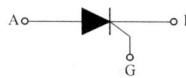

① TRIAC ② SCR
③ DIODE ④ DIAC

해설 사이리스터
① 기본이 PNPN 4층 구조로 하는 반도체소자
② SCR(silicon controlled rectifier)
③ 3극 단방향 사이리스터
④ 직류 및 교류 제어용 소자
⑤ 게이트에 (+)전압 인가 A → K 도통
  ⇒ 턴 온(Turn-ON) 점호

55 3Ω, 4Ω, 6Ω의 저항을 병렬접속할 때 합성저항은 몇 Ω인가?

① $\frac{1}{3}$ ② $\frac{4}{3}$
③ $\frac{5}{6}$ ④ $\frac{3}{4}$

해설 병렬접속
① 합성저항
$$R_0 = \frac{1}{\frac{1}{R_1}+\frac{1}{R_2}\cdots\frac{1}{R_n}} = \frac{1}{\frac{1}{R_1}+\frac{1}{R_2}+\frac{1}{R_3}}$$
$$= \frac{R_1 \cdot R_2 \cdot R_3}{R_1 \cdot R_2 + R_2 \cdot R_3 + R_3 \cdot R_1}[\Omega]$$

② 전류의 분배
• $I_1 = \frac{R_2}{R_1+R_2} \cdot I$ [A]
• $I_2 = \frac{R_1}{R_1+R_2} \cdot I$ [A]

∴ $R_0 = \frac{R_1 \cdot R_2 \cdot R_3}{R_1 \cdot R_2 + R_2 \cdot R_3 + R_3 \cdot R_1}$
$= \frac{3 \cdot 4 \cdot 6}{(3 \cdot 4)+(4 \cdot 6)+(6 \cdot 3)} = \frac{4}{3}[\Omega]$

56 엘리베이터에서 기계적으로 작동시키는 스위치가 아닌 것은?

① 도어 스위치
② 조속기 스위치
③ 인덕터 스위치
④ 승강로 종점 스위치

해설 ① 도어 스위치(door switch)
  카의 도어가 완전히 닫히지 않으면 운행 정지
  • 카 및 승강장 문의 도어스위치는 방적처리 및 2차소방운전시 분리되어야 한다.
  • 도어스위치가 확실히 열린 후가 아니면 로크는 벗겨지지 않아야 한다.
② 조속기 스위치(Governor switch, Overspeed switch) : 조속기 기능의 하나이며, 과속도를 검출하여 신호를 주기 위한 스위치(과도스위치)
③ 리미트 스위치(limit switch)
  • 카(car)의 층간표시 또는 충돌(최상층·최하층)과 감속 정지할 수 있도록 스위치 용도
  • 피트 내에서 행하는 검사

57 3상 농형 유도전동기 기동 시 공급전압을 낮추어 기동하는 방식이 아닌 것은?

① 전전압 기동법
② Y-△ 기동법
③ 리액터 기동법
④ 기동보상기 기동법

해설 ① 전전압 기동
  • 정격전압을 직접 유도전동기에 가해 기동
  • 기동전류가 5~7배 정도가 흐르게 되어 큰 전원설비 필요
  • 5[kW] 이하의 전원설비에 사용
② Y-△ 기동
  • 5[kW]~15[kW], 전원설비에 사용
  • 기동전류 1/3배 감소(전부하의 50~200%)
  • 기동토크 1/3배 감소(전부하의 40~50%)
③ 기동 보상기에 의한 기동
  • 15[kW] 이상 전원설비에 사용
  • 단권 변압기를 사용 공급전원을 낮추어 기동
④ 리액터 기동
  • 전동기의 1차측에 리액터를 넣어 기동시의 전동기의 전압을 리액터의 전압 강하분 만큼 낮추어서 기동

Answer
54 ② 55 ② 56 ③ 57 ①

- 탭 절환에 따라 최대 기동 전류 최소 기동 토크가 조정가능 전동기의 회전수가 높아짐에 따라 가속 토크의 증가가 심하다
- 토크의 증가가 매우 큼 원활한 가속

58 전력량 1kWh는 몇 줄[joule]인가?

① 3.6×10^4 J
② 3.6×10^5 J
③ 3.6×10^6 J
④ 3.6×10^7 J

해설
- 1[W] = 1[J/s] = 0.24[cal/s]
- 1[kW] = 0.24[kcal/s]
- 1[kWh] = 1000 × 3600[W·s]
  = 1000 × 3600[J] = 3.6×10^6[J]
  = 0.24 × 1000 × 3600[kcal] ≒ 860[kcal]

59 권수가 400인 코일에서 0.1초 사이에 0.5Wb의 자속이 변화한다면 유도기전력의 크기는 몇 V인가?

① 100
② 200
③ 1,000
④ 2,000

해설 유도기전력(e)

$e = N \dfrac{d\Phi}{dt}$ [V]

여기서, N : 코일권수, $d\Phi$: 자속, dt : 시간

∴ $e = N \dfrac{d\Phi}{dt} = 400 \times \dfrac{0.5}{0.1} = 2000$[V]

60 입력신호 A, B가 모두 "1"일 때만 출력 값이 "1"이 되고, 그 외에는 "0"이 되는 회로는?

① AND회로
② OR회로
③ NOT회로
④ NOR회로

해설 AND 소자
① 출력신호 값은 2개의 입력 신호 값의 논리곱으로 표현
② 회로 및 기호
- 논리식 : A·B = C
- 회로

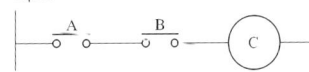

- 논리기호

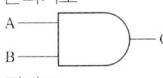

- 진리표

입력		출력
A	B	C
0	0	0
1	0	0
0	1	0
1	1	1

Answer
58 ③ 59 ④ 60 ①

제2회 (2014.04.06 시행) 과년도 기출문제

01 직접식 유압엘리베이터의 장점이 되는 항목은?

① 실린더를 보호하기 위한 보호관을 설치할 필요가 없다.
② 승상로의 소요평면치수가 크다.
③ 부하에 의한 바닥의 빠짐이 크다.
④ 비상정지장치가 필요하지 않다.

해설 직접식 유압 엘리베이터 특징
① 플런저에 카를 직접 설치로 비상정지장치를 추가로 설치하지 않아도 됨
② 지중에 실린더(cylinder)를 설치하기 위해 보호판을 지중에 설치
③ 승강로의 면적이 작아도 되며, 구조가 매우 간단
④ 실린더는 카의 승강행정의 길이와 동일(약간의 여유)
⑤ 공회전 방지장치가 필요함

02 기종·용도를 표시하는 엘리베이터의 기호 연결이 옳지 못한 것은?

① P : 전기식(로프식) 일반 승객용
② R : 전기식(로프식) 주택용
③ B : 전기식(로프식) 침대용
④ S : 전기식(로프식) 비상용

해설
① P : 전기식(로프식) 일반 승객용
② R : 전기식(로프식) 주택용
③ B : 전기식(로프식) 침대용
④ E : 전기식(로프식) 비상용
⑤ F : 화물용
⑥ RT : 로프식 주택용 트렁크 부착
⑦ HP : 유압식 일반 승응
⑧ HR : 유압식 주택용

03 회전운동을 하는 유희시설이 아닌 것은?

① 관람차   ② 비행탑
③ 회전목마 ④ 모노레일

해설 ① 회전운동을 하는 유희시설
• 회전목마
• 회전그네
• 회전탑
• 관람기차
• 옥토퍼스
• 해적선
• 문로켓
• 로터
② 고가의 유희시설
• 모노레일
• 어린이 기차
• 코스터
• 매트 마우스

04 구동체인이 늘어나거나 절단되었을 경우 아래로 미끄러지는 것을 방지하는 안전장치는?

① 스텝체인 안전장치
② 정지스위치
③ 인입구 안전장치
④ 구동체인 안전장치

해설 구동체인 안전장치(D.C.S)
① 구동체인이 늘어짐 또는 절단되었을 때 동력을 차단하고 역회전을 기계적 방지하는 장치
② 안전스위치의 설치로 안전장치의 동작과 동시에 전기적으로 전원을 차단(수동복귀형)
③ 구동체인은 하중 및 충격에 견딜 수 있는 강도로 안전율을 10 이상 규정

Answer
01 ④ 02 ④ 03 ④ 04 ④

05
3상 교류의 단속도 전동기에 전원을 공급하는 것으로 기동과 정속운전을 하고 정지는 전원을 차단한 후 제동기에 의해 기계적으로 브레이크를 거는 제어방식은?

① 교류 1단 속도제어
② 교류 2단 속도제어
③ VVVF제어
④ 교류 귀환 전압제어 귀환

해설
① 교류 1단 속도제어 : 30m/min의 서속용 엘리베이터에 적용하며, 전원차단 후 정지하는 가장 간단
② 교류 2단 속도제어 : 30~60m/min 중속의 화물용 엘리베이터에 적용(주행 → 고속권선, 감속 → 저속권선 방식)
③ 교류귀환제어 : 45~105m/min 승객용 엘리베이터에 적용(카의 실제속도와 지령속도를 비교, 사이리스터의 점호각을 바꾸는 방식)
④ 가변전압 가변주파수제어(VVVF) : 저속도에서 고속 범위까지 적용(전압과 주파수 변화 방식)

06
전기식 엘리베이터 기계실의 조도는 기기가 배치된 바닥면에서 몇 LX 이상이어야 하는가?

① 150
② 200
③ 250
④ 300

해설 기계실 구조
① 기계실의 면적은 승강로 투영면적의 2배 이상
② 기계실의 바닥·벽 및 천장은 내화구조 또는 방화구조로 양호하게 유지
③ 기계실 온도는 5℃에서 +40℃ 이하를 유지(기준 온도이상 시 제어장치 오작동)
④ 기계실에는 바닥 면에서 200LX 이상을 비출 수 있는 영구적으로 설치된 전기 조명

07
승강기 도어의 측면 개폐방식의 기호는?

① A
② CO
③ S
④ T

해설
① 가로 열기식 문 : 승객용, 침대용 또는 화물용으로 사용(1SO, 2SO)
② 중앙 열기식 문 : 승객용 또는 침대용으로 사용(2CO, 4CO)
③ 상승 열기식 문 : 대형 화물 또는 자동차용으로 사용(1UP, 2UP)
④ 상하 열기식 문 : 주로 덤 웨이터 사용(2UD, 4UD)
⑤ 스윙식 문 · 여닫이(1S, 2S)

08
전기식 엘리베이터 기계실의 구비 조건으로 틀린 것은?

① 기계실의 크기는 작업구역에서의 유효 높이는 2.5m 이상이어야 한다.
② 기계실에는 소요설비 이외의 것을 설치하거나 두어서는 안 된다.
③ 유지관리에 지장이 없도록 조명 및 환기 시설은 승강기검사기준에 적합하여야 한다.
④ 출입문은 외부인이 출입을 방지할 수 있도록 잠금장치를 설치하여야 한다.

해설 기계실 구비 조건
① 기계실은 견고한 벽, 천장, 바닥 및 출입문으로 구획되어야 한다.
② 기계실은 엘리베이터 이외의 목적으로 사용되지 않아야 한다.
③ 작업구역에서 유효 높이는 2m 이상이어야 한다.
④ 기계실에는 바닥 면에서 200LX 이상을 비출 수 있는 영구적으로 설치된 전기 조명이 있어야 한다.
⑤ 기계실은 눈·비가 유입되거나 동절기에 실온이 내려가지 않도록 조치되어야 하며 실온은 +5℃에서 +40℃ 사이에서 유지되어야 한다.
⑥ 제어 패널 및 캐비닛 전면의 유효 수평면적은 아래와 같아야 한다.
  • 폭은 0.5m 또는 제어 패널·캐비닛의 전체 폭 중에서 큰 값 이상
  • 깊이는 외함의 표면에서 측정하여 0.7m 이상
⑦ 수동 비상운전이 필요하다면, 움직이는 부품의 유지보수 및 점검을 위한 유효 수평면적은 0.5m×0.6m 이상이어야 한다.

Answer
05 ① 06 ② 07 ③ 08 ①

09 트랙션 머신 시브를 중심으로 카 반대편의 로프에 매달리게 하여 카 중량에 대해 맞추는 것은?

① 조속기 ② 균형체인
③ 완충기 ④ 균형추

해설) 견인비(traction ratio)
① 카측 중량=카 자체하중+적재하중+로프하중
② 균형추측 중량=균형추 중량(카 자체하중+$L \times F$)
※ 전부하시 견인비=$\dfrac{\text{카측중량}}{\text{균형추측 중량}}$
여기서 L : 정격 적재량[kg],
F : 오버밸런스(0.35~0.55)율

10 카가 어떤 원인으로 최하층을 통과하여 피트에 도달했을 때, 카의 충격을 완화시켜주는 장치는?

① 완충기 ② 비상정지장치
③ 조속기 ④ 과부하감지장치

해설) ① 완충기
 • 카가 어떤 원인으로 최하층을 통과하여 피트로 떨어졌을 때 충격을 완화하기 위하여 설치한다.
 • 완충기는 카나 균형추의 자유낙하를 완충하기 위한 것은 아니다.
 • 용수철완충기와 유압완충기가 있다.
② 스프링완충기
 • 정격속도 60m/min 이하 승강기에 적용
 • 행정은 최소한 정격속도의 115%에 상응하는 중력 정지거리의 2배
 • 적용중량은 최대 압축하중의 1/4배~1/2.5배의 범위로 적용
③ 유압완충기
 • 정격속도 60m/min 초과에 적용
 • 적용중량 : 최소적용중량(카 자중+65), 최대적용중량(카 자중+적재하중)

11 승객과 운전자의 마음을 편하게 해주기 위하여 설치하는 장치는?

① 파킹장치 ② 통신장치
③ 조속기장치 ④ B.G.M장치

해설) B.G.M 장치 : 카 내부에 음악이나 방송하기 위한 장치(Back Ground Music)

12 T형 가이드 레일의 공칭규격이 아닌 것은?

① 8K ② 14K
③ 18K ④ 24K

해설) 가이드 레일의 규격
① 레일 호칭은 마무리 가공 전 소재의 1m당 중량으로 한다.
② 보통 T형 레일 공칭은 8K, 13K, 18K, 24K(대용량 엘리베이터에서는 37K, 50K)
③ 레일의 표준길이는 5m이다.
④ 가이드 레일의 허용응력은 2400kg/cm^{2}이다.

13 유입완충기의 부품이 아닌 것은?

① 완충고무 ② 플런저
③ 스프링 ④ 유량조절밸브

해설) 실린더로 공급되는 유량의 일부를 유량조절밸브를 통하여 제어하는 밸브

Answer
09 ④ 10 ① 11 ④ 12 ② 13 ④

14 도어 인터록 장치의 구조로 가장 옳은 것은?

① 도어 스위치가 확실히 걸린 후 도어 인터록이 들어가야 한다.
② 도어 스위치가 확실히 열린 후 도어 인터록이 들어가야 한다.
③ 인터록 장치가 확실히 걸린 후 도어 스위치가 들어가야 한다.
④ 인터록 장치가 확실히 열린 후 도어 스위치가 들어가야 한다.

해설 도어 인터록 : 운행 중 카가 정지하지 않은 층에서는 승강장문 전용 열쇠로 열리는 장치
① 도어가 닫힐 때 도어록의 장치가 확실히 걸린 후 도어 스위치가 ON된다.
② 중력이나 압축스프링에 의해서 확실한 연결장치로 도어를 잠긴 상태로 유지하여야 한다.
③ 도어가 열릴 때 도어스위치가 OFF 후에 도어록이 열려야 한다.

15 조속기에서 과속스위치의 작동원리는 무엇을 이용한 것인가?

① 회전력   ② 원심력
③ 조속기 로프   ④ 승강기의 속도

해설
① 조속기(govemor)
 • 카의 속도를 검출하는 장치로 카의 속도와 같은 회전
 • 기계적 과속 제어장치(카의 정격속도 이상 과속을 캐치 카를 정지시키는 장치)
② 1단계 과속검출 스위치
 • 카(car)의 속도가 정격속도의 1.3배 이하에서 동작(정격속도 45m/min 이하의 경우 63m/min 이하에서 동작)
 • 양방향(상·하)의 경우 모두 검출
③ 2단계 캣치
 • 카의 속도가 정격속도의 1.4배를 넘기 전에 동작(정격속도 45m/min 이하의 경우 68m/min 넘기 전에 동작)
 • 과속스위치가 작동한 다음 하강 방향에서만 작동

16 비상용 엘리베이터에 대한 설명으로 옳지 않은 것은?

① 평상시는 승객용 또는 승객·화물용으로 사용할 수 있다.
② 카는 비상운전 시 반드시 모든 승강장의 출입구마다 정지할 수 있어야 한다.
③ 별도의 비상전원장치가 필요하다.
④ 도어가 열려 있으면 카를 승강시킬 수 없다.

해설 비상용 엘리베이터의 구조
① 카는 비상운전 시 반드시 모든 승강장의 출입구마다 정지할 수 있어야 한다.
② 60초 이내 전력 용량을 자동적으로 발생(수동으로 전원을 작동할 수 있을 것)
③ 2시간 이상 작동 할 수 있을 것
④ 평상 시 승객용 또는 승객·화물용으로 사용, 화재 시 인명구조 및 소방 활동으로 사용하도록 제작
⑤ 건물의 높이가 31m 이상. 각층마다 면적이 1,500m^2 초과하는 경우 설치
⑥ 카 내부에 설치, 정전 시 램프중심부로부터 2m 떨어진 수직면상에서 밝기를 1LX 이상으로 30분 이상유지(별도의 비상전원장치)

17 트랙션 권상기의 설명 중 옳지 않은 것은?

① 기어식과 무기어식 권상기가 있다.
② 행정거리의 제한이 없다.
③ 소요동력이 크다.
④ 지나치게 감기는 현상이 일어나지 않는다.

해설
① 권동식
 • 균형추를 사용하지 않아 소비전력이 크다.
 • 승강행정이 변화할 때마다 다른 권동이 필요하며, 높은 행정에 적용은 어렵다.
② 트랙션 머신(권상기) : 전동기축의 회전력을 로프차에 전달하는 기구
 • 기어드(geared) 방식 : 전동기회전 감속을 위해 기어 부착(웜 기어, 헬리컬 기어)
 • 기어레스(gearless) 방식 : 전동기 회전축에 시브(sheave : 도르래)를 고정 부착
 • 기어식 권상기 : 감속기를 사용(105m/min 이하)
 • 무기어식 권상기 : 구동모터의 축에 직접 구동도르래와 브레이크 부착(120m/min 이상)

Answer
14 ③ 15 ② 16 ④ 17 ③

18 엘리베이터에 반드시 운전자(operator)가 있어야 운행이 가능한 조작 방식은?

① 반자동식(ATT : Attendant)방식
② 단식자동(Single Automatic)방식
③ 승합전자동(Selective Collective)
④ ATT조작방식과 단식자동방식

해설 ① 반자동식(ATT : Attendant)방식 - 운전자 전용 운전
  • 운전자가 탑승하여 직접 조작하여 엘리베이터를 운전하는 방식으로, 운전자의 조작에 의해서만 엘리베이터를 운전할 수 있다.
  • 승장버튼의 부름에 응답하지 않고 운행할 수 있다.
  • 도어는 행선층에 도착하면 자동으로 열리게 되며, 도어를 닫을 때는 도어 닫힘 버튼을 완전히 닫힐 때까지 누르고 있어야 한다.
  • 도어가 닫히는 도중 버튼에서 손을 떼면 자동으로 도어가 다시 열린다. 도어를 닫기 전에는 계속 열린상태로 대기하게 된다.
② 단식자동(Single Automatic)방식
  • 운전중에 일단 호출을 받으면 다른 호출을 받지 않는 운전방식이다.
  • 승객 자신이 자동적으로 시동, 정지를 이루는 조작방식이다.
③ 승합전자동(Selective Collective)
  • 승객 자신이 운전하는 전자동 엘리베이터로 목적 층의 단추나 승강장으로부터의 호출 신호로 시동, 정지를 이루는 조작방식이다.

19 추락에 의하여 근로자에게 위험이 미칠 우려가 있을 때 비계를 조립하는 등의 방법에 의하여 작업발판을 설치하도록 되어 있다. 높이가 몇 m 이상인 장소에서 작업을 하는 경우에 설치되는가?

① 2   ② 3
③ 4   ④ 5

해설 안전기준 제336조(조립 등 작업 시의 준수사항) 제2항2호
작업위치의 높이가 2m 이상일 경우에는 작업발판을 설치하거나 안전대를 착용하게 하는 등 위험방지를 위하여 필요한 조치를 할 것

20 다음 중 불안전한 행동이 아닌 것은?

① 방호조치의 결함
② 안전조치의 불이행
③ 위험한 상태의 조장
④ 안전장치의 무효화

해설 ① 불안전한 상태(물적 원인)
  • 방호조치의 부적절
  • 작업공정 부적절
  • 작업장소의 밀집
  • 절차의 부적절
  • 작업통로 등 장소 불량 및 위험
  • 물체 및 설비 자체의 결함
  • 환경 여건 부적절
  • 보호구 착용 상태 불량
  • 보호구 성능 불량
  • 기계기구 등의 취급상 위험
  • 작업상의 기타 고유위험요인
② 불안전한 행동(인적 원인)
  • 안전조치의 불이행
  • 가동 중인 장비를 정비
  • 개인 보호구를 미사용
  • 잘못된 동작 자세 적용
  • 인위적인 속도조작으로 운전
  • 공동 작업자에게 경고 누락
  • 안전장치가 미가동
  • 구조물 등 위험방치 및 미확인
  • 무모하고, 불필요한 행위 및 동작
  • 인허가 없이 장치 운전
  • 잘못된 절차로 장치를 운전

21 다음 중 정기점검에 해당되는 점검은?

① 일상점검   ② 월간점검
③ 수시점검   ④ 특별점검

해설

종류	시행시기	점검사항
일상 점검	• 매일 • 작업 전, 후(수시)	• 기계 공구 및 설비 등 • 해당 작업
정기 점검	• 매주, 매월 • 분기별(정기적)	• 기계, 기구 설비의 주요 부분 • 파손, 마모 등 세밀한 부분
특별 점검	• 설비의 신설 및 변경 시 • 천재지변 후(부정기적)	• 기계, 기구 설비의 신설 및 변경 • 고장 및 수리 등

Answer
18 ①   19 ①   20 ①   21 ②

22 작업자의 재해 예방에 대한 일반적인 대책으로 맞지 않는 것은?

① 계획의 작성
② 엄격한 작업감독
③ 위험요인의 발굴 대처
④ 작업지시에 대한 위험 예지의 실시

해설 하인리히의 재해예방의 4원칙
① 예방가능의 원칙 : 재해는 원칙적으로 원인만 제거되면 예방이 가능하다.
② 손실우연의 원칙 : 재해 손실은 사고 발생시 사고대상의 조건에 따라 달라지므로 한 사고의 결과로서 생긴 재해손실은 우연성에 의해서 결정된다.
③ 원인계기의 원칙 : 재해 발생은 반드시 원인이 있다. 즉, 사고와 손실과의 관계는 우연적이지만 사고와 원인의 관계는 필연적이다.
④ 대책선정의 원칙 : 재해 예방을 위한 가능한 안전 대책은 반드시 존재한다. 일반적으로 재행방지를 위한 안전 대책은 다음과 같다.
  • 기술적 대책 : 안전설계, 작업행정의 개선, 점검 보조느이 확립 등
  • 교육적 대책 : 안전교육 및 훈련실시(위험요인 발굴 대처)
  • 규제적 대책 : 관리적 대책은 엄격한 규칙에 의해 제도적으로 시행

23 안전사고의 발생요인으로 심리적인 요인에 해당되는 것은?

① 감정
② 극도의 피로감
③ 육체적 능력 초과
④ 신경계통의 이상

해설 안전심리 5대 요소(개인적 불안전요소 5가지)
① 동기 : 능동적인 감각에 의한 자극에서 일어나는 사고(思考)의 결과를 동기라 함. 사람의 마음을 움직이는 원동력을 말함.
② 기질 : 인간의 성격, 능력 등 개인적 특성. 생활 환경에서 영향을 받으며 주위환경에 따라 달라짐.
③ 감정 : 희노애락 등의 의식. 사고를 일으키는 정신적 동기
④ 습성 : 동기, 기질 감정 등과 밀접한 관계를 형성하여 인간의 행동에 영향을 미칠 수 있는 것.
⑤ 습관 : 성장과정을 통해 형성된 특성 등이 자신도 모르게 습관화된 현상

24 인체에 전격의 위험을 결정하는 주된 인자가 아닌 것은?

① 통전전류의 크기
② 통전경로
③ 음파의 크기
④ 통전시간

해설 인체에 전격의 위험을 결정하는 주된 인자
① 통전전류의 크기
② 통전경로(전류가 신체의 어느 부분을 흘렀는가?)
③ 전원의 종류(교류, 직류별)
④ 통전시간과 전격인가위상(심장 맥동주기의 어느 위상에서 통전했는가?)
⑤ 주파수

25 엘리베이터로 인하여 인명사고가 발생했을 경우 안전(운행)관리자의 대처사항으로 부적합한 것은?

① 의약품, 들것, 사다리 등의 구급용품을 준비하고 장소를 명시한다.
② 구급을 위해 의료기관과의 비상연락체계를 확립한다.
③ 전문기술자와의 비상연락체계를 확립한다.
④ 자체검사에 관한 사항을 숙지하고 기술적인 사고요인을 검사하여 고장요인을 제거한다.

해설 승강기 안전관리자의 직무 범위
① 승강기 운행관리 규정의 작성 및 유지·관리에 관한 사항
② 승강기의 고장·수리 등에 관한 기록 유지에 관한 사항
③ 승강기 사고 발생에 대비한 비상연락망의 작성 및 관리에 관한 사항
④ 승강기 인명사고 시 긴급조치를 위한 구급체제의 구성 및 관리에 관한 사항
⑤ 승강기의 중대한 사고 및 중대한 고장 시 사고 및 고장 보고에 관한 사항
⑥ 승강기 표준부착물의 관리에 관한 사항
⑦ 승강기 비상열쇠의 관리에 관한 사항

26 다음 중 방호장치의 기본적인 목적으로 가장 옳은 것은?

① 먼지 흡입 방지
② 기계 위험 부위의 접촉방지
③ 작업자 주변의 사람 접근방지
④ 소음과 진동 방지

해설 **방호장치** : 기계기구 및 설비를 사용할 경우에 작업자에게 상해를 입힐 우려가 있는 부분으로부터 작업자를 보호하기 위한 장치

27 재해의 직접적인 원인에 해당되는 것은?

① 안전지식 부족
② 안전수칙의 오해
③ 작업기준의 불명확
④ 복장, 보호구의 결함

해설 **직접원인 중 불안전한 상태**
① 자체의 결함(설계, 제작, 정비, 재료 등 불량)
② 방호장치의 결함(방호조치 미흡)
③ 작업, 장소 불량(기계, 설비 등의 배치 결함, 작업장소 공간 부족 등)
④ 복장 결함(작업 상황에 적합지 않는 복장 및 복장 불량 등)
⑤ 작업환경 결함(조명불량, 정전기발생 및 위험물질 관리 미흡 등)

28 다음 중 엘리베이터 자체 검사 시의 점검 항목으로 크게 중요하지 않은 사항은?

① 브레이크 장치
② 와이어로프상태
③ 비상정지장치
④ 각종 계전기의 명판 부착 상태

해설 **엘리베이터 자체검사 항목**
① 기계실, 구동기 및 풀리 공간에서 하는 점검
② 카 실내에서 하는 점검
③ 카 위에서 하는 점검
④ 승강장에서 하는 점검
⑤ 피트에서 하는 점검
⑥ 비상용 엘리베이터 점검
⑦ 장애인용 엘리베이터 점검

29 카 실(cage)의 구조에 관한 설명 중 옳지 않은 것은?

① 구조상 경미한 부분을 제외하고는 불연재료를 사용하여야 한다.
② 카 천장에 비상구출구를 설치하여야 한다.
③ 승객용 카의 출입구에는 정전기 장애가 없도록 방전코일을 설치하여야 한다.
④ 승객용은 한 개의 카에 두 개의 출입구를 설치할 수 있는 경우도 있다.

해설 **카 실(cage)의 구조**
① 카 바닥, 카틀, 카 벽, 천장 및 도어 등으로 구성
② 재질은 1.2mm 이상의 강판을 사용, 도장 또는 스테인레스 스틸
③ 천정에는 조명, 환기, 비상구시설 등 설치
④ 카 벽에는 층 버튼, 카 도어, 카 내 위치표시, 명판, 운전 조작반, 외부연락장치 등 설치

30 에스컬레이터의 유지관리에 관한 설명으로 옳은 것은?

① 계단식 체인은 굴곡반경이 작으므로 피로와 마모가 크게 문제시된다.
② 계단식 체인은 주행속도가 크기 때문에 피로와 마모가 크게 문제시 된다.
③ 구동체인은 속도, 전달동력 등을 고려할 때 마모는 발생하지 않는다.
④ 구동체인은 녹이 슬거나 마모가 발생하기 쉬우므로 주의해야 한다.

해설 ① 구동체인과 스프라켓은 하중 및 충격에 견딜 수 있도록 충분한 강도를 가져야 하고, 적정한 유량을 자동공급 할 수 있는 윤활장치를 갖추고 유량을 육안으로 확인하여 쉽게 보충할 수 있어야 한다.
② **구동체인 안전장치(D.C.S)**
• 구동체인이 늘어짐 또는 절단되었을 때 동력을 차단하고 역회전을 기계적 방지하는 장치
• 안전스위치의 설치로 안전장치의 동작과 동시에 전기적으로 전원을 차단(수동복귀형)

Answer
26 ② 27 ④ 28 ④ 29 ③ 30 ④

31 기계실 내 작업구역에서의 유효높이는 몇 m 이상이어야 하는가?

① 2.0 ② 1.8
③ 1.5 ④ 1.2

해설 기계실 구비 조건
① 작업구역에서 유효 높이는 2m 이상이어야 한다.
② 기계실에는 바닥 면에서 200LX 이상을 비출 수 있는 영구적으로 설치된 전기 조명이 있어야 한다.
③ 기계실은 눈·비가 유입되거나 동절기에 실온이 내려가지 않도록 조치되어야 하며 실온은 +5°C에서 +40°C 사이에서 유지되어야 한다.
④ 제어 패널 및 캐비닛 전면의 유효 수평면적은 아래와 같아야 한다.
 • 폭은 0.5m 또는 제어 패널·캐비닛의 전체 폭 중에서 큰 값 이상
 • 깊이는 외함의 표면에서 측정하여 0.7m 이상
⑤ 수동 비상운전이 필요하다면, 움직이는 부품의 유지보수 및 점검을 위한 유효 수평면적은 0.5m×0.6m 이상이어야 한다.

32 승강장 도어 인터록장치의 설정 방법으로 옳은 것은?

① 인터록이 잠기기 전에 스위치 접점이 구성되어야 한다.
② 인터록이 잠김과 동시에 스위치 접점이 구성되어야 한다.
③ 인터록이 잠긴 후 스위치 접점이 구성되어야 한다.
④ 스위치에 관계없이 잠금 역할만 확실히 하면 된다.

해설 도어 인터록 : 운행 중 카가 정지하지 않은 층에서는 승강장문 전용 열쇠로 열리는 장치
① 도어가 닫힐 때 도어록의 장치가 확실히 걸린 후 도어 스위치가 ON된다.
② 중력이나 압축스프링에 의해서 확실한 연결장치로 도어를 잠긴 상태로 유지하여야 한다.
③ 도어가 열릴 때 도어스위치가 OFF 후에 도어록이 열려야 한다.

33 핸드레일 인입구에 손이나 이물질이 끼었을 때 즉시 작동하여 에스컬레이터를 정지 시키는 장치는?

① 핸드레일 안전장치
② 구동체인 안전장치
③ 조속기
④ 핸드레일 인입구 스위치

해설 기계실에서 행하는 검사
① 상하승강장의 인입구에 기동스위치·정지스위치·비상정지버튼스위치 등의 작동상태는 양호하여야 한다.
② 적재하중을 작용시키지 않고 디딤판이 상승할 때의 정지거리가 0.1m 이상 0.6m 이하이어야 한다.
③ 정지거리는 상하부의 스커트가드스위치의 작용점으로부터 콤까지의 거리 미만이어야 한다.

34 다음 중 에스컬레이터를 수리할 때 지켜야 할 사항으로 적절하지 않은 것은?

① 상부 및 하부에 사람이 접근하지 못하도록 단속한다.
② 작업 중 움직일 때는 반드시 상부 및 하부를 확인하고 복명 복창을 한 후 움직인다.
③ 주행하고자 할 때는 작업자가 안전한 위치에 있는지 확인한다.
④ 작동시간을 게시한 후 시간이 되면 작동시킨다.

해설 에스컬레이터를 수리 및 점검 완료 후 작동시킨다.

Answer
31 ① 32 ③ 33 ④ 34 ④

35 유압장치의 보수, 점검, 수리 시에 사용되고, 일명 케이트 밸브라고도 하는 것은?

① 스톱 밸브 ② 사일렌서
③ 체크 밸브 ④ 필터

해설
① 체크 밸브 : 한 방향 유체 공급(로프식 승강기의 전자 브레이크기능과 흡사)
② 스톱 밸브 : 유압파워 유니트에서 액추에이터 사이 설치하는 수동조작
③ 사이렌서 : 자동차의 머플러와 같이 작동유의 압력맥동을 흡수하여 진동, 소음을 감소시키는 역할을 한다.
④ 필터 : 무언가를 걸러내는 도구. 특성 성질을 가진 것은 차단하고, 그렇지 않은 것은 통과시키는 도구이다.

36 승객의 구출 및 구조를 위한 카 상부 비상구출구문의 크기는 얼마 이상이어야 하는가?

① 0.2m×0.2m ② 0.35m×0.5m
③ 0.5m×0.5m ④ 0.25m×0.3m

해설 비상구출구
① 비상구출운전으로서 특별히 규정된 경우, 카내에 있는 승객에 대한 구출활동은 항상 카 밖에서 이루어져야 한다.
② 승객의 구출 및 구조를 위해 카 천장에 비상구출구가 있는 경우, 크기는 0.35m×0.50m 이상으로 하여야 한다.
③ 카 밖에서 간단한 조작으로 열 수 있어야 하고, 카 내부에서는 규정된 삼각키를 사용하지 않으면 열 수 없는 구조로 하여야 한다.

37 전기식 엘리베이터 로프는 공칭직경 몇 mm 이상으로 몇 가닥 이상이어야 하는가?

① 8mm, 2가닥 ② 8mm, 3가닥
③ 12mm, 2가닥 ④ 12mm, 3가닥

해설
① 전기식 엘리베이터 로프
- 로프는 공칭 직경이 8mm 이상이어야 하며 승강기용 강선로프 에 적합하거나 동등 이상이어야 한다.
- 로프는 3가닥 이상이어야 한다.(구동식 엘리베이터의 경우 체인을 2가닥 이상)
- 현수로프의 안전율은 부속서에 따라 계산되어야 한다. 어떠한 경우라도 안전율은 12 이상이어야 한다.
② 와이어로프(주로프) : 주로프의 공칭직경은 12mm 이상 되어야 하고, 제3본 이상(권동식은 2본 이상)의 와이어로프를 사용하며, 안전율은 10 이상이다.

38 유압엘리베이터의 카가 심하게 떨리거나 소음이 발생하는 경우의 조치에 해당되지 않는 것은?

① 실린더 내부의 공기 완전제거
② 실린더 로드면에 굴곡 상태 확인
③ 리미트 스위치의 위치 수정
④ 릴리프 세팅 압력 조정

해설 리미트 스위치(limit switch) : 카(car)의 층간표시 또는 충돌(최상층·최하층)과 감속 정지할 수 있도록 스위치 용도

Answer
35 ① 36 ② 37 ② 38 ③

39 간접식 유압엘리베이터의 특징이 아닌 것은?

① 부하에 의한 카의 빠짐이 비교적 작다.
② 실린더 점검이 용이하다.
③ 승강로는 실린더를 수용할 부분만큼 더 커지게 된다.
④ 비상정지장치가 필요하다.

해설 ① 간접식 유압 엘리베이터 특징
- 플런저에 도르래를 설치하여 로프 또는 체인을 이용한(roping) 카를 승강함
- 로핑(roping)으로 1 : 2, 1 : 4, 2 : 4 방법으로 설치
- 실린더의 행정은 승강행정의 1/2, 1/4배 적어도 되며, 그로인해 실린더 매설이 불필요
- 실린더(cylinder) 매설이 불필요하므로 보호관이 필요 없음
- 일반적으로 실린더(cylinder)의 점검이 간편함
- 별도의 비상정지장치가 필요
② 직접식 유압 엘리베이터 특징
- 플런저에 카를 직접 설치로 비상정지장치를 추가로 설치하지 않아도 됨
- 지중에 실린더(cylinder)를 설치하기 위해 보호판을 지중에 설치
- 승강로의 면적이 작아도 되며, 구조가 매우 간단
- 실린더는 카의 승강행정의 길이와 동일(약간의 여유)
- 공회전 방지장치가 필요함

40 승강기에 균형체인을 설치하는 목적은?

① 균형추의 낙하방지를 위하여
② 주행 중 카의 진동과 소음을 방지하기 위하여
③ 카의 무게 중심을 위하여
④ 이동케이블과 로프의 이동에 따라 변동되는 무게를 보상하기 위하여

균형체인 : 승강로가 높아져 카의 위치변화에 따른 로프와 이동케이블 자중의 무게 불균형을 보상

41 유압용 엘리베이터에서 가장 많이 사용하는 펌프는?

① 기어펌프 ② 스크류펌프
③ 베인펌프 ④ 피스톤펌프

해설 펌프(pump)와 모터(motor)
① 유압회로 펌프는 압력의 맥동, 소음, 진동이 적은 스크류(screw) 펌프를 적용
② 펌프의 토출량이 클수록 속도가 빠르다. (50~1500ℓ/min)
③ 유압 펌프로 초고압력 250kg₁/cm² 까지 실용화되고 있음
④ 모터(motor)로는 3상유도전동기를 일반적으로 적용

42 가이드 레일(guide rail)의 역할이 아닌 것은?

① 카 차체의 기울어짐을 방지
② 비상정지장치가 작동 시 수직하중을 유지
③ 승강로의 기계적 강도를 보강
④ 균형추의 승가로 평면 내의 위치를 규제

해설 ① 가이드 레일의 역할
- 카의 기울어짐을 방지
- 카와 균형추의 승강로내 위치규제
- 비상정지장치 작동 시 수직하중을 유지
② 가이드 레일의 규격
- 레일 호칭은 마무리 가공 전 소재의 1m당 중량으로 한다.
- 보통 T형 레일 공칭은 8K, 13K, 18K, 24K (대용량 엘리베이터에서는 37K, 50K)
- 레일의 표준길이는 5m이다.
- 가이드 레일의 허용응력은 2400kg/cm²이다.

Answer
39 ① 40 ④ 41 ② 42 ③

43 승강기 회로의 사용전압이 440V인 전동기 주회로의 절연저항은 몇 MΩ 이상이어야 하는가?

① 1.5 ② 1.0
③ 0.5 ④ 0.1

해설
- 절연저항 : 대지와 전로사이의 절연상태(개폐기 또는 과전류차단기로 구획할 수 있는 전로마다 검사할 수 있다.)

공칭회로전압[V]	시험전압(직류)[V]	절연저항[MΩ]
SELV	250	0.25 이상
≤ 500	500	0.5 이상
〉500	1000	1.0 이상

- 메가 : 절연저항 측정

44 승강기에 적용하는 가이드 레일의 규격을 결정하는 데 관계가 가장 적은 것은?

① 조속기의 속도
② 지진 발생 시 건물의 수평진동력
③ 비상정지장치 작동 시 적용할 수 있는 좌굴하중
④ 불균형한 큰 하중이 적재될 때 작용하는 회전 모멘트

해설
① 가이드 레일의 역할
 - 카의 기울어짐을 방지
 - 카와 균형추의 승강로내 위치규제
 - 비상정지장치 작동 시 수직하중을 유지
② 가이드 레일의 규격
 - 레일 호칭은 마무리 가공 전 소재의 1m당 중량으로 한다.
 - 보통 T형 레일 공칭은 8K, 13K, 18K, 24K (대용량 엘리베이터에서는 37K, 50K)
 - 레일의 표준길이는 5m이다.
 - 가이드 레일의 허용응력은 2400kg/cm²이다.

45 2대 이상의 엘리베이터가 동일 승강로에 설치되어 인접한 카에서 구출할 경우 서로 카 사이의 수평거리는 몇 m 이하이어야 하는가?

① 0.35 ② 0.5
③ 0.75 ④ 0.9

해설 비상구출문
① 2대 이상의 엘리베이터가 동일 승강로에 설치 시 인접한 카에서 구출할 수 있도록 카 벽에 비상구출문이 설치될 수 있다.
② 서로 다른 카사이의 수평거리는 0.75m 이하이어야 한다.
③ 비상구출문의 크기는 폭 0.35m 이상, 높이 1.8m 이상이어야 한다.

46 카 위의 비상구출구가 개방되었을 때 발생되는 현상 중 옳은 것은?

① 주행 중에 비상구출구가 개방되어도 계속 운전한다.
② 비상구출구가 개방되면 카는 언제든지 중단되는 구조이다.
③ 비상구출구가 개방되면 카 내의 조명이 꺼진다.
④ 비상구출구가 개방 유무에 관계없이 운행에 영향을 주지 않는다.

해설 비상구출구
① 비상구출구는 카 밖에서 손에 의해 간단한 조작으로 열 수 있어야 한다. 또한, 비상구출구의 설치상태는 견고하여야 한다.
② 비상구출구를 열었을 때에는 비상구출스위치가 작동하여 카가 움직이지 않아야 한다.
③ 비상구출 운전 시, 카 내 승객의 구출은 항상 카 밖에서 이루어져야 한다.

Answer
43 ③   44 ①   45 ③   46 ②

47 후크의 법칙을 옳게 설명한 것은?

① 응력과 변형률은 반비례 관계이다.
② 응력과 탄성계수는 반비례 관계이다.
③ 응력과 변형률은 비례 관계이다.
④ 응력과 탄성계수는 비례 관계이다.

해설 후크(Hooke)의 법칙
① 재료의 비례한도 내에서는 응력(σ)과 변형률(ε)이 비례한다.
- $\sigma \propto \varepsilon$
② 비례식을 비례상수(E)라 하고 항등식으로 표시하면
- $\sigma = E\varepsilon$

48 다음 중 저압전로의 사용전압이 150V를 넘고 300V 이하인 경우 절연저항값은 몇 MΩ 이상인가?

① 0.1   ② 0.2
③ 0.3   ④ 0.4

해설 • 절연저항 : 대지와 전로사이의 절연상태(개폐기 또는 과전류차단기로 구획할 수 있는 전로마다 검사할 수 있다.)

회로의 용도	회로의 사용전압	절연저항
전동기 주회로	300V 이하의 것	0.2 이상
	300V를 초과 400V 이하의 것	0.3 이상
	400V를 초과하는 것	0.4 이상
승강로내 안전회로 신호회로 조명회로	150V 이하의 것	0.1 이상
	150V를 초과 300V 이하의 것	0.2 이상

공칭회로전압[V]	시험전압(직류)[V]	절연저항[MΩ]
SELV	250	0.25 이상
≤ 500	500	0.5 이상
〉500	1000	1.0 이상

• 메거 : 절연저항 측정

49 다음 유도전동기의 제동방법이 아닌 것은?

① 극수제동   ② 회생제동
③ 발전제동   ④ 단상제동

해설
① 발전제동 : 운전 중 전동기를 전원으로부터 분리시켜 발전기로 작용. 발전된 전기에너지를 저항에서 열에너지로 소비시키며 제동하는 방법
② 회생제동 : 운전 중 전동기를 전원으로부터 분리시켜 발전시켜 변환된 전기에너지를 전원으로 반환하여 제동하는 방법
③ 역상제동 : 운전 중 2선의 접속을 반대로 바꾸어 회전 방향의 역방향으로 토크를 발생시켜서 급정지 또는 역전시켜 제동하는 방법
④ 단상제동 : 권선형 유도전동기의 1차측을 단상 교류로 여자하고, 2차측에 적당한 크기의 저항 R을 넣으면 전동기의 회전과는 반대 방향의 토크가 발생하여 제동하는 방법

50 전기기기의 충전부와 외함 사이에 저항은 어떤 저항인가?

① 브리지저항   ② 접지저항
③ 접촉저항   ④ 절연저항

해설
① 절연저항 : 대지와 전로사이의 절연상태(개폐기 또는 과전류차단기로 구획할 수 있는 전로마다 검사할 수 있다.)
② 메거 : 절연저항 측정

Answer
47 ③   48 ②   49 ①   50 ④

51 교류회로에서 유효전력이 P [W]이고 피상전력이 P_a [VA]일 때 역률은?

① $\sqrt{P+P_a}$ ② $\dfrac{P}{P_a}$

③ $\dfrac{P_a}{P}$ ④ $\dfrac{P}{P+P_a}$

해설
① 유효전력(평균전력) : 교류회로에서 부하에 유효하게 작용하는 전력(실수부)
- $P = VI\cos\theta = I^2R = \dfrac{V^2}{R}$ [W]

② 무효전력 : 교류회로에서 부하에 무효하게 작용하는 전력(허수부)
- $P_r = VI\sin\theta = I^2X = \dfrac{V^2}{X}$ [Var]

③ 피상전력 : 교류회로에 위상차 고려 없이 전압과 전류의 크기
- $P_a = VI = I^2Z = \dfrac{V^2}{Z}$ [VA]
- 크기 : $P_a = \sqrt{P^2 + P_r^2}$ [VA]
- 위상 : $\theta = \tan^{-1}\dfrac{P_r}{P}$

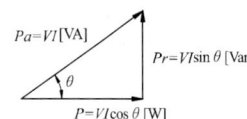

④ 역률 : 교류회로에서 공급된 전력이 부하에서 유효하게 작용되는 비율
- $\cos\theta = \dfrac{P}{P_a} = \dfrac{R}{Z} = \dfrac{P}{VI}\times 100$

⑤ 무효율
- $\sin\theta = \dfrac{P_r}{P_a} = \dfrac{X}{Z} = \dfrac{P_r}{VI}\times 100 = \sqrt{1-\cos^2\theta}$

52 정밀성을 요하는 판의 두께를 측정하는 것은?

① 줄자 ② 직각자
③ R게이지 ④ 마이크로미터

해설 마이크로미터
① 길이 변화를 나사의 회전각과 지름에 의해 원주면에 확대하여 눈금을 새김
② 작은 길이의 변화를 읽을 수 있도록 한 측정기
③ 최소 측정값이 0.01mm 또는 0.001mm가 있음

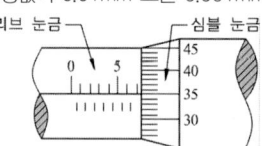

53 회전운동을 직선운동, 왕복운동, 진동 등으로 변환하는 기구는?

① 링크기구 ② 슬라이더
③ 캠 ④ 크랭크

해설
① 캠 : 동력장치의 회전운동을 직선이나 왕복 운동으로 바꾸는 기계요소
② 캠의 종류
- 평면 캠(plane cam)
  - 판 캠(plate cam)
  - 직동 캠(translation cam)
  - 정면 캠(face cam)
  - 역 캠(inverse cam)

Answer
51 ② 52 ④ 53 ③

54 안전상 허용할 수 있는 최대응력을 무엇이라 하는가?

① 안전율   ② 허용응력
③ 사용응력   ④ 탄성한도

해설
① 사용응력(working stress) : 운전 중 구조물이나 기계부품에 발생되는 응력
② 허용응력(allowable stress) : 중량에 의한 휘거나 깨짐 없이 사용할 수 있는 응력의 최대값
③ 극한응력(ultimate stress) : 재료에 가해진 최대응력
④ 항복응력(yield stress) : 재료의 항복점에 이르는 응력

55 RLC 소자의 교류회로에 대한 설명 중 틀린 것은?

① R 만의 회로에서 전압과 전류의 위상이 동상이다.
② L만의 회로에서 저항성분을 유도성 리액턴스 X_L이라 한다.
③ C만의 회로에서 전류는 전압보다 위상이 90° 앞선다.
④ 유도성 리액턴스 $X_L = 1/\omega L$이다.

해설 인덕턴스(L)만의 회로
① 전압이 전류보다 위상차가 $90°(\frac{\pi}{2}[\text{rad}])$ 앞선다.
② 전압과 전류의 관계
- $I = \frac{V}{\omega L}[A]$
- $X_L = \omega L = 2\pi f L[\Omega]$
  여기서, ω : 각속도[rad/s]
  X_L : 유도리액턴스[Ω]
  L : 인덕턴스[H]
  f : 주파수[Hz]

56 엘리베이터의 권상기에서 일반적으로 저속용에는 적은용량의 전동기를 사용하여 큰 힘을 내도록 하는 동력전달 방식은?

① 웜 및 웜기어
② 헬리컬 기어
③ 스퍼 기어
④ 피니언과 랙 기어

해설
① 웜 기어
- 두 축이 직각을 이루는 경우 적용
- 큰 감속을 얻을 수 있으나 효율이 낮음

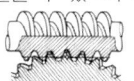

② 헬리컬기어
- 잇줄이 축 방향과 일치하지 않는 기어
- 소음이 적음
- 축 방향 하중이 발생되는 단점이 있음

③ 스퍼 기어(평 기어)
- 직선 치형을 가지며 잇줄이 축에 평행
- 제작 용이하며, 가장 많이 사용

④ 피니언과 랙 기어
- 회전운동을 직선운동으로 전환
- 작은 평 기어와 맞물리고 잇줄이 축 방향과 일치

Answer
54 ② 55 ④ 56 ①

57 동기발전기의 전기자 권선법 중 분포권의 장점이 아닌 것은?

① 기전력 파형 개선
② 누설리액턴스 감소
③ 과열방지
④ 기전력 감소

 ① 분포권(매 극 매상의 코일을 2개 이상의 슬롯에 분산하여 감은 것) 장점
  • 유기 기전력 파형 개선(고조파제거)
  • 권선의 누설 리액턴스 감소
  • 열 방산 효과 좋다(과열방지)
② 유기 기전력 크기 감소는 단점에 해당

58 전지의 내부저항이 0.5Ω, 기전력 1.5[V]인 전지를 부하저항 2.5Ω에 연결할 때, 전지 양단의 전압[V]은?

① 1.25
② 2
③ 2.5
④ 3

 $V = E - rI$ [V]
여기서, r : 내부저항, R : 부하저항, E : 기전력
• $I = \dfrac{E}{R_0} = \dfrac{1.5}{3.0} = 0.5$ [A]
  (합성저항 : $R_0 = r + R = 0.5 + 2.5 = 3.0$ [Ω])
∴ $V = E - rI = 1.5 - (0.5 \times 0.5) = 1.25$ [V]

59 다음 중 절연저항을 측정하는 계기는?

① 회로시험기
② 메거
③ 훅온미터
④ 휘트스톤브리지

 ① 절연저항 : 대지와 전로사이의 절연상태(개폐기 또는 과전류차단기로 구획할 수 있는 전로마다 검사할 수 있다.)
② 메거 : 절연저항 측정

60 물질 내에서 원자핵의 구속력을 벗어나 자유로이 이동 할 수 있는 것은?

① 분자
② 자유전자
③ 양자
④ 중성자

자유전자 : 원자의 외각전자는 어느 원자에도 소속되어 있지 않아 그 금속 내부를 마음대로 움직일 수 있는 입자(질량이 작고 (−)전하를 띤 입자)

Answer
57 ④ 58 ① 59 ② 60 ②

제5회 (2014.10.11 시행) 과년도기출문제

01 기계실에 설치할 설비가 아닌 것은?
① 완충기 ② 권상기
③ 조속기 ④ 제어반

해설) 카 또는 균형추가 승강로 바닥에 충돌하였을 때 카 내의 사람이 안전하도록 충격을 완화 시키는 장치
① 스프링 완충기(spring buffer) : 카가 하강 또는 균형추의 충격을 완화하기 위해 1개 이상 스프링을 사용
  • 정격속도 60m/min 이하 승강기에 적용
  • 행정은 최소한 정격속도의 115%에 상응하는 중력 정지거리의 2배
  • 적용중량은 최대 압축하중의 1/4배~1/2.5배의 범위로 적용
② 유입완충기 : 카 또는 균형추의 하강 운동에너지를 흡수 및 분산을 위한 매체로 오일 사용
  • 정격속도 60m/min 초과에 적용
  • 적용중량 : 최소적용중량(카 자중+65), 최대적용중량(카 자중+적재하중)

02 가변전압 가변주파수 제어방식과 관계가 없는 것은?
① PAM ② VVVF
③ 인버터 ④ MG세트

해설) 가변전압 가변주파수제어(VVVF) : 저속도에서 고속 범위까지 적용(전압과 주파수 변화 방식)
① 컨버터(converter)와 인버터(inverter)로 구성되어 있다.
② 유도 전동기에 공급되는 전압과 주파수를 변환시켜 직류 전동기와 동등한 제어방식
③ PAM 제어방식과 PWM 제어방식이 있다.
④ 중·저속 엘리베이터의 승차감, 성능 향상과 저속영역의 손실저감 시켜 소비전력 절감
⑤ 복잡한 제어방식으로 고성능 마이크로프로세서 적용

03 엘리베이터가 최종단층을 통과하였을 때 엘리베이터를 정지시키며 상승, 하강 양방향 모두 운행이 불가능하게 하는 안전장치는?
① 슬로우다운 스위치
② 파킹 스위치
③ 피트 정지 스위치
④ 파이널 리미트 스위치

해설) 파이널 리미트 스위치(final limit switch) : 파이널 리미트 스위치의 오동작에 대한 대비로, 종단(최상층 또는 최하층) 전에 설치하여 지나치지 않도록 하기 위해 설치

04 일반적인 에스컬레이터 경사도는 몇 도[°]를 초과하지 않아야 하는가?
① 25° ② 30°
③ 35° ④ 40°

해설) ① 경사도는 30°를 초과하지 않아야 한다.(높이 6m 이하, 공칭속도 0.5m/s 이하에서는 경사도 35°까지)
② 디딤판 속도 40m/min

Answer
01 ① 02 ④ 03 ④ 04 ②

05 사람이 출입할 수 없도록 정격하중이 300kg 이하이고 정격속도가 1m/s인 승강기는?

① 덤웨이터
② 비상용 엘리베이터
③ 승객·화물용 엘리베이터
④ 수직형 휠체어리프트

해설
① 구조상 경미한 부분을 제외하고는 불연재료로 만들거나 씌워야 한다.
② 사람이 탑승하지 않으면서 적재용량 1톤미만의 소형화물(서적, 음식물 등) 운반(바닥면적이 0.5제곱미터 이하이고, 높이가 0.6미터 이하인 것은 제외한다.)
③ 일반적으로 기계실 천장의 높이는 1m 이상을 유지하여야 한다.
④ 서적, 음식물 등 소형화물의 운반에 적합하게 제작된 엘리베이터이다.
⑤ 테이블 타입 : 출입문이 승강장 바닥보다 높음 (바닥면에서 75cm 위치)

06 에스컬레이터의 안전율에 대한 기준으로 옳은 것은?

① 트러스와 빔에 대해서는 5 이상
② 트러스와 빔에 대해서는 10 이상
③ 체인류에 대해서는 6 이상
④ 체인류에 대해서는 8 이상

해설

에스컬레이터부분	안전율
트러스 및 빔	5
디딤판(스텝) 체인 및 구동체인	10
벨트식 디딤판 및 연결부재	7

07 고속엘리베이터에 이용되는 경우가 많은 조속기(Governor)는?

① 롤 세이프티형 ② 디스크형
③ 플렉시블형 ④ 플라이 볼형

해설
① 롤 세이프티 조속기(roll safety governor)
 • 카의 정격속도 이상시 과속스위치가 검출하여 동력전원회로 차단
 • 조속기 도르래의 홈과 로프 사이에 마찰력을 이용 비상정지
② 디스크 조속기(disk governor)
 • 카의 정격속도 초과 시 원심력에 의해 진자(振子)가 직동 가속 스위치를 작동시켜 정지
 • 추형방식 : 추(錘, weight)형 캐치에 의해 로프를 붙잡아 비상정지 장치 작동
 • 슈형방식 : 도르래 홈과 슈사이에 로프를 붙잡아 비상정지장치를 작동
③ 플라이 볼 조속기(fly ball governor)
 • 도르래의 회전을 수직축의 회전으로 변환, 링크 기구로 구형의 진자에 원심력으로 작동
 • 구조가 매우 복잡하나 정밀도가 높은 검출을 하므로 고속 승강기에 많이 적용

08 전동기의 회전을 감소시키고 암이나 로프 등을 구동시켜 승강기 문을 개폐시키는 장치는?

① 도어 인터록 ② 도어 머신
③ 도어 스위치 ④ 도어 클로저

해설
① 도어 머신의 특징
 • 주행 중 어린이의 장난으로 문을 여는 것을 막기 위해, 손으로 문을 여는데 필요한 힘을 20kgf 이상으로 규정
 • 카 도어의 닫힘은 중간에 서지 못하도록 방지하는데 필요한 힘이 13kgf 하중이하 규정
 • 승강기의 회전력을 이용한 전동기, 감속기 등을 포함한 도어 개폐장치
② 도어 머신의 요구 조건
 • 동작이 원활하며, 잡음이 없을 것
 • 소형 경량일 것
 • 내구성이 좋을 것
 • 보수가 쉽고, 가격이 저렴할 것

Answer
05 ① 06 ① 07 ④ 08 ②

09 에스컬레이터 또는 수평보행기에 모두 설치하는 것이 아닌 것은?

① 제동기
② 스커트 가드 안전장치
③ 디딤판 체인 안전장치
④ 구동 체인 안전장치

해설) 스커트 가드 안전장치(S.G.S)
① 승강구에서 사람. 이물질이 끼이는 경우 구동 전동기 및 브레이크의 전원을 차단하는 장치
② 디딤판 수평구간에 위치하며, 보통 콤플레이트 앞 곡선부 상하 양 측면에 설치

10 권상기 도르래 홈에 대한 설명 중 옳지 않은 것은?

① 마찰계수의 크기는 U홈 < 언더컷 홈 < V홈 순이다.
② U홈은 로프와의 면압이 작으므로 로프의 수명은 길어진다.
③ 언더컷 홈의 중심각이 작으면 트랙션 능력이 크다.
④ 언더컷 홈은 U홈과 V홈의 중간적 특성을 갖는다.

해설) ① 중심각 값이 클수록 마찰계수와 홈압력이 커진다.(중심각 값이 작을수록 마찰계수가 작아진다.)
② 권상기의 도르래는 몸체에 균열이 없어야 하고, 자동정지때 주로프와의 사이에 심한 미끄러움 및 마모가 없어야 한다.
③ 권상기 도르래홈의 언더컷의 잔여량은 1mm 이상이어야 하고, 권상기 도르래에 감긴 주로프 가닥끼리의 높이차는 2mm 이내이어야 한다.

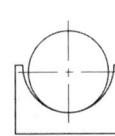
(a) U홈

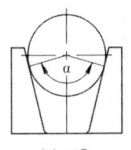
(b) V홈

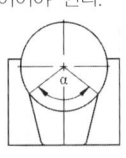
(c) 언더컷홈

11 화재 시 소화 및 구조활동에 적합하게 제작된 엘리베이터는?

① 덤웨이터
② 비상용 엘리베이터
③ 전망용 엘리베이터
④ 승객·화물용 엘리베이터

해설) 비상용 엘리베이터의 구조
① 카는 비상운전 시 반드시 모든 승강장의 출입구마다 정지할 수 있어야 한다.
② 60초 이내 전력 용량을 자동적으로 발생(수동으로 전원을 작동할 수 있을 것)
③ 2시간 이상 작동 할 수 있을 것
④ 평상 시 승객용 또는 승객·화물용으로 사용. 화재 시 인명구조 및 소방 활동으로 사용하도록 제작
⑤ 건물의 높이가 31m 이상, 각층마다 면적이 1,500m² 초과하는 경우 설치
⑥ 카 내부에 설치, 정전 시 램프중심부로부터 2m 떨어진 수직면상에서 밝기를 1LX 이상으로 30분 이상유지(별도의 비상전원장치)

12 승강장문의 유효 출입구 폭은 카 출입구의 폭 이상으로 하되, 양쪽 측면 모두 카 출입구 측면의 폭보다 몇 mm를 초과하지 않아야 하는가?

① 50   ② 60
③ 70   ④ 80

해설) 출입문의 높이 및 폭
① 승강장문의 유효 출입구 높이는 2m 이상이어야 한다. 다만, 자동차용 엘리베이터는 제외한다.
② 승강장문의 유효 출입구 폭은 카 출입구의 폭 이상으로 하되, 양쪽 측면 모두 카 출입구 측면의 폭보다 50mm를 초과하지 않아야 한다.

Answer
09 ② 10 ③ 11 ② 12 ①

13 유압회로의 구성요소 중 역류 저지 밸브(check value)의 설명으로 올바른 것은?

① 압력맥동이 적고 소음과 진동이 적은 스크류 펌프가 많이 사용된다.
② 회로의 압력이 상용압력의 125% 이상 높아지면 바이패스 회로를 열어 압력 상승을 방지한다.
③ 탱크로 되돌려지는 유량을 제어하여 플런저의 상승속도를 간접적으로 처리하는 밸브이다.
④ 한쪽 방향으로만 기름이 흐르도록 히는 밸브로서 기름이 역류하여 카가 낙하하는 것을 방지한다.

해설 체크 밸브(check vale)
① 어느 한쪽에서 유체가 공급되어 흐르도록 하는 밸브로 역방향은 유체가 차단됨
② 체크 밸브기능은 로프식 승강기의 전자 브레이크기능과 흡사 함

14 로프식(전기식) 엘리베이터에서 카에 여러 개의 비상정지장치가 설치된 경우의 비상정지장치는?

① 평시 작동형   ② 즉시 작동형
③ 점차 작동형   ④ 순간 작동형

해설
① 점진적(점차 작동형) 비상정지장치
 • F·G·C(flexible guide clamp)형
  - 구조가 간단하여 많이 사용되며, 복구가 용이 하다.
  - 정격속도 60m/min 이상인 중·고속엘리베이터에 사용
 • F·W·C(flexible wedge clamp)형
  - 레일을 죄는 힘이 동작 시점에는 약하나 하강함에 점점 강해진 후 일정치 도달한다.
  - 구조가 복잡하여 많이 사용하지 않는다.
② 순간식 비상정지장치
 • 저속도 엘리베이터 속도가 45m/min 이하 사용한다.
 • 순간식 비상정지장치에는 조속기를 사용하지 않고 롤러의 장력이 없어지는 것을 검출하여 작동하는 방식도 있으며, 슬랙로프 세이프티라고 부른다.

15 FGC(Flexible Guide Clamp)형 비상정지장치의 장점은?

① 베어링을 사용하기 때문에 접촉이 확실하다.
② 구조가 간단하고 복구가 용이하다.
③ 레일을 죄는 힘이 초기에는 약하나, 하강함에 따라 강해진다.
④ 평균 감속도를 0.5g으로 제한한다.

해설 F·G·C(flexible guide clamp)형
① 구조가 간단하여 많이 사용되며, 복기기 용이하다.
② 레일을 죄는 힘이 동작 시부터 정지 시까지 일정한 것이 F.G.C형이다.
③ 정격속도 60m/min 이상인 중·고속엘리베이터에 사용

16 승강로의 점검문과 비상문에 관한 내용으로 틀린 것은?

① 이용자의 안전과 유지보수 이외에는 사용하지 않는다.
② 비상문은 폭 0.35m 이상, 높이 1.8m 이상이어야 한다.
③ 점검문 및 비상문은 승강로 내부로 열려야 한다.
④ 트랩방식의 점검문일 경우는 폭 0.5m 이하, 높이 0.5m 이하이어야 한다.

해설 비상구출구
① 비상구출운전으로서 특별히 규정된 경우, 카내에 있는 승객에 대한 구출활동은 항상 카 밖에서 이루어져야 한다.
② 승객의 구출 및 구조를 위해 카 천장에 비상구출구가 있는 경우, 크기는 0.35m×0.50m 이상으로 하여야 한다.
③ 카 밖에서 간단한 조작으로 열 수 있어야 하고, 카 내부에서는 규정된 삼각키를 사용하지 않으면 열 수 없는 구조로 하여야 한다.

Answer
13 ④ 14 ③ 15 ② 16 ③

17 정전 시 카 내 예비조명장치에 관한 설명으로 틀린 것은?

① 조도는 2LX 이상이어야 한다.
② 조도는 램프중심에서 2m 지점의 수직면상의 조도이다.
③ 정전 후 60초 이내에 점등되어야 한다.
④ 1시간 동안 전원이 공급되어야 한다.

해설 ① 카 내부에 설치, 정전 시에 램프중심부로부터 2m 떨어진 수직면상의 조도를 1Lux 이상으로 30분 이상 유지(램프는 정전 시 즉시 점등 할 것)
② 정전 시 60초 이내 전력 용량을 자동적으로 발생 (수동으로 전원을 작동할 수 있을 것)

18 엘리베이터의 문 닫힘 안전장치 중에서 카 도어의 끝단에 설치하여 이물체가 접촉되면 도어의 닫힘이 중단되는 안전장치는?

① 광전장치   ② 초음파장치
③ 세이프티 슈   ④ 가이드 슈

해설 도어 보호장치
① 세이프티 슈(safety shoe) : 물체가 접촉이 되면 도어가 열리는 보호장치
② 세이프티 레이(safety ray) : 광이 물체에 반사, 변화된 파장을 검출
③ 초음파 장치 : 초음파로 물체를 검출
④ 가이드 슈 : 카를 상하로 주행 안내하고 주행 중 카에 전달되는 진동을 감소

19 재해 발생의 원인 중 가장 높은 빈도를 차지하는 것은?

① 열량의 과잉 억제
② 설비의 배치 착오
③ 과부하
④ 작업자의 작업행동 부주의

해설 ① 간접원인 : 안전관리 결함(기술적, 교육적, 관리적)
② 직접원인
 • 불안전한 상태(물적원인, 작업환경 결함 등)
 • 불안전한 행동(인적원인, 작업환경의 부적응 등) - 안전사고 발생요인이 가장 높음

20 감전에 영향을 주는 1차적 감전요소가 아닌 것은?

① 통전시간
② 통전전류의 크기
③ 인체의 조건
④ 전원의 종류

해설 ① 전격 위험도 결정 조건 (1차적 위험 요소)
 • 통전전류의 크기
 • 통전시간
 • 통전경로
 • 전원의 종류(직류보다 사용주파수의 교류전원이 더 위험)
② 2차적 감전 위험 요소
 • 인체의 조건 (저항)
 • 전압
 • 계절

21 승강기의 안전점검 시 체크사항과 가장 거리가 먼 것은?

① 각종 안전장치가 유효하게 작동될 수 있도록 조정되어 있는지의 여부
② 정전용량을 초과한 과부하의 적재 여부
③ 소비 전력량의 정도
④ 승강기 운전 및 사용법 숙지 여부

해설 소비 전력량의 체크는 적산전력량계로 사용량 측정

Answer
17 ③ 18 ③ 19 ④ 20 ③ 21 ③

22 엘리베이터의 소유자나 안전(운행)관리자에 대한 교육 내용이 아닌 것은?

① 엘리베이터에 관한 일반 지식
② 엘리베이터에 관한 법령 등의 지식
③ 엘리베이터의 운행 및 취급에 관한 지식
④ 엘리베이터의 구입 및 가격에 관한 지식

해설) 승강기 안전관리자의 직무 범위
① 승강기 운행관리 규정의 작성 및 유지·관리에 관한 사항
② 승강기의 고장·수리 등에 관한 기록 유지에 관한 사항
③ 승강기 사고 발생에 대비한 비상연락망의 작성 및 관리에 관한 사항
④ 승강기 인명사고 시 긴급조치를 위한 구급체제의 구성 및 관리에 관한 사항
⑤ 승강기의 중대한 사고 및 중대한 고장 시 사고 및 고장 보고에 관한 사항
⑥ 승강기 표준부착물의 관리에 관한 사항
⑦ 승강기 비상열쇠의 관리에 관한 사항

23 사고원인이 잘못 설명된 것은?

① 인적 원인 : 불안전한 행동
② 물적 원인 : 불안전한 상태
③ 교육적인 원인 : 안전지식 부족
④ 간접 원인 : 고의에 의한 사고

해설) ① 간접원인 : 안전관리 결함(기술적, 교육적, 관리적)
② 직접원인
 • 불안전한 상태(물적원인, 작업환경 결함 등)
 • 불안전한 행동(인적원인, 작업환경의 부적응 등)

24 다음 중 전기재해에 해당되는 것은?

① 동상   ② 협착
③ 전도   ④ 감전

해설) 재해의 발생 형태
① 협착 : 물건에 끼워진 상태, 말려든 상태
② 전도 : 사람이 평면상에서 넘어졌을 경우(과속/미끄러짐 포함)
③ 감전 : 전기 접촉이나 방전에 의해서 충격을 받은 경우
④ 파열 : 용기 도는 장치가 물리적 압력에 의해 찢어지는 경우
⑤ 추락 : 사람이 건축물, 비계, 기계, 사다리, 경사면 등에서 떨어짐

25 승강기 보수의 자체점검 시 취해야 할 안전조치 사항이 아닌 것은?

① 보수작업 소요시간 표시
② 보수 계약 기간 설치
③ 보수 중이라는 사용금지 표시
④ 작업자명과 연락처의 전화번호

해설) 관리주체는 승강기의 보수점검시 안전조치를 취한 후, 작업하도록 해야 합니다.
① "점검중"이라는 사용금지 표시
② 보수 점검개소 및 소요시간
③ 보수 점검자명 및 보수 점검자 연락처(전화번호 등)

Answer
22 ④   23 ④   24 ④   25 ②

26 작업 시 이상 상태를 발견할 경우 처리 절차가 옳은 것은?

① 작업중단 → 관리자에게 통보 → 이상상태 제거 → 재발방지대책수립
② 관리자에게 통보 → 작업 중단 → 이상상태제거 → 재발방지대책수립
③ 작업중단 → 이상상태 제거 → 관리자에게 통보 → 재발방지대책수립
④ 관리자에게 통보 → 이상상태 제거 → 작업중단 → 재발방지대책수립

해설 작업중단 → 관리자에게 통보 → 이상상태 제거 → 재발방지대책수립

27 기계실에서 승강기를 보수하거나 검사 시의 안전수칙에 어긋나는 것은?

① 전기장치를 점검할 경우는 모든 전원 스위치를 ON시키고 점검한다.
② 규정복장을 착용하고 소매 끝이 회전물체에 말려들어 가지 않도록 주의한다.
③ 가동부분은 필요한 경우를 제외하고는 움직이지 않도록 한다.
④ 브레이크 라이너를 점검할 경우는 전원 스위치를 OFF시킨 상태에서 점검하도록 한다.

해설 전기안전점검 요령
① 장비를 점검하기 전에 회로차단 하고, 플러그가 있는 장비는 플러그를 제거 함
② 전기 설비를 작업할 때 공구나 비품의 손잡이는 부도체로 된 것을 사용
③ 전기 장치의 충전부 전기가 흐르는 부분은 절연할 것
④ 전원에 연결된 회로배선은 임의로 변경하지 않을 것
⑤ 작업공간은 충분히 확보하고 항상 청결하게 유지 할 것
⑥ 젖은 손이나 물건으로 회로에 접촉하지 않을 것
⑦ 전기 설비에 연결된 접지선의 접속을 확인 할 것
⑧ 전기 배전반의 진입로와 스위치 앞에는 장애물이 없도록 할 것

28 기계설비의 위험방지를 위해 보전성을 개선하기 위한 사항과 거리가 먼 것은?

① 안전사고 예방을 위해 주기적인 점검을 해야 한다.
② 고가의 부품인 경우는 고장발생 직후에 교환한다.
③ 가동률을 높이고 신뢰성을 향상시키기 위해 안전 모니터링 시스템을 도입하는 것은 바람직하다.
④ 보전용 통로나 작업장의 안전 확보는 필요하다.

해설 기계설비 운전 시의 기본 안전수칙
① 방호장치는 유효 적절히 사용하며 허가 없이 무단으로 떼어놓지 않음
② 기계설비가 고장이 났을 때는 정지, 고장표시를 반드시 기계에 부착(고장부품 즉시 교환)
③ 기계가 고장이 났을 때에는 정지, 고장표시를 반드시 기계에 부착한다.
④ 공동 작업을 할 경우 시동할 때에는 남에게 위험이 없도록 확실한 신호를 보내고 스위치를 넣는다.

29 전기식 엘리베이터에서 현수로프 안전율은 몇 이상이어야 하는가?

① 8   ② 9
③ 11   ④ 12

해설
① 현수로프의 안전율 12 이상
② 현수체인의 안전율 10 이상
③ 가용성 호스의 안전율 8 이상

Answer
26 ① 27 ① 28 ② 29 ④

30 카 상부에 탑승하여 작업할 때 지켜야 할 사항으로 옳지 않은 것은?

① 정전스위치를 차단한다.
② 카 상부에 탑승하기 전 작업등을 점등한다.
③ 탑승 후에는 외부 문부터 닫는다.
④ 자동스위치를 점검 쪽으로 전환 후 작업한다.

해설
① 카 위에는 점검 및 보수 관리에 지장이 없도록 작업등의 설치상태는 견고하고, 작동상태는 양호하여야 한다.
② 카 위의 안전스위치 및 수동운전스위치의 작동상태는 양호하여야 한다.
③ 수동운전으로 전환하였을 때 자동개폐방식문의 작동, 자동운전 및 전기적 비상운전이 무효화되어야 한다.
④ 카 위에서 운전조작하는 경우에 있어서 꼭대기 부분 안전거리를 1.2m 이상을 확보하고, 그 이상의 카의 상승을 자동적으로 제어하여 정지시키는 장치의 작동상태는 양호하여야 한다.

31 비상용 엘리베이터에 사용되는 권상기의 도르래 교체 기준으로 부적합한 것은?

① 도르래에 균열이 발생한 경우
② 제조사가 권장하는 글리프량을 초과하지 않은 경우
③ 도르래 홈의 마모로 인해 슬립이 발생한 경우
④ 도르래 홈에 로프자국이 심한 경우

해설
① 권상기의 도르래는 몸체에 균열이 없어야 하고, 자동정지때 주로프와의 사이에 심한 미끄러움 및 마모가 없어야 한다.
② 권상기 도르래홈의 언더컷의 잔여량은 1mm 이상이어야 하고, 권상기 도르래에 감긴 주로프 가닥끼리의 높이차는 2mm 이내이어야 한다.

32 기계실이 있는 엘리베이터의 승강로 내에 설치되지 않은 것은?

① 균형추   ② 완충기
③ 이동케이블 ④ 조속기

해설
① 조속기(govemor)
• 카의 속도를 검출하는 장치로 카의 속도와 같은 회전(기계실에서 행하는 검사 중 하나)
• 기계적 과속 제어장치(카의 정격속도 이상 과속을 캐치 카를 정지시키는 장치)
② 1단계 과속검출 스위치
• 카(car)의 속도가 정격속도의 1.3배 이하에서 동작(정격속도 45m/min 이하의 경우 63m/min 이하에서 동작)
• 양방향(상·하)의 경우 모두 검출
③ 2단계 캣치
• 카의 속도가 정격속도의 1.4배를 넘기 전에 동작(정격속도 45m/min 이하의 경우 68m/min 넘기 전에 동작)
• 과속스위치가 작동한 다음 하강 방향에서만 작동

33 시험전압(직류) 250V 전기설비의 절연저항은 몇 $M\Omega$ 이상이어야 하는가?

① 0.15   ② 0.25
③ 0.5   ④ 1

해설
• 절연저항 : 대지와 전로사이의 절연상태(개폐기 또는 과전류차단기로 구획할 수 있는 전로마다 검사할 수 있다.)

공칭회로전압[V]	시험전압(직류)[V]	절연저항[$M\Omega$]
SELV	250	0.25 이상
≤ 500	500	0.5 이상
〉500	1000	1.0 이상

• 메거 : 절연저항 측정

Answer
30 ① 31 ② 32 ④ 33 ②

34 카와 균형추에 대한 로프거는 방법으로 2 : 1 로핑방식을 사용하는 경우 그 목적으로 가장 적절한 것은?

① 로프의 수명을 연장하기 위하여
② 속도를 줄이거나 적재하중을 증가시키기 위하여
③ 로프를 교체하기 쉽도록 하기 위하여
④ 무부하로 운전할 때를 대비하기 위하여

해설 로핑방식
① 승용엘리베이터는 1 : 1 로핑방식을 사용한다.
② 2 : 1 로핑방식은 기어식 30m/min 미만에 사용한다.(속도저하 및 적재하중 증가)
③ 3 : 1, 4 : 1, 6 : 1 로핑방식의 엘리베이터는 대용량의 저속화물용 엘리베이터에 사용된다. 단점으로는 로프의 길이가 매우 길어지며, 로프의 수명이 짧아지고, 조합 효율이 저하된다.

35 에스컬레이터의 핸드레일에 관한 설명 중 틀린 것은?

① 핸드레일은 디딤판과 속도가 일치해야하며 역방향으로 승강하여야 한다.
② 정상운행 동안 핸드레일이 핸드레일 가이드로부터 이탈되지 않아야 한다.
③ 핸드레일 인입구에 적절한 보호장치가 설치되어 있어야 한다.
④ 핸드레일 인입구에 이물질 및 어린이의 손에 끼이지 않도록 안전스위치가 있어야 한다.

해설 핸드레일
① 주 구동장치와 핸드레일을 구동시키는 장치의 연동되어 있어 구동 시 속도가 같을 것
② 각 난간 상부에는 디딤판, 팔레트 또는 벨트 속도의 0~2%의 허용오차에서 동일한 방향으로 움직이는 핸드레일 설치
③ 핸드레일은 스텝면에서 수직으로 높이 600mm의 위치에 설치하고, 핸드레일 내측거리는 1.2m 이하로 하며, 하강 중 약 15kg의 힘으로 가하여 잡아도 멈추지 않을 것

36 카 내에서 행하는 검사에 해당되지 않는 것은?

① 카 시브의 안전상태
② 카 내의 조명상태
③ 비상통화장치
④ 운전반 버튼 동작상태

해설 카 시브의 안전상태는 기계실에서 행하는 검사

37 피트 바닥과 카의 가장 낮은 부품 사이의 수직거리는 몇 m 이상이어야 하는가?

① 2.0 ② 1.5
③ 0.5 ④ 1.0

해설 카가 완전히 압축된 완충기 위에 있을 때
① 피트에는 0.5m×0.6m×1.0m 이상의 장방형 블록을 수용할 수 있는 충분한 공간이 있어야 한다.
② 피트 바닥과 카의 가장 낮은 부품 사이의 수직거리는 0.5m 이상이어야 한다. 이 거리는 아래에 해당되는 수평거리가 0.15m 이내인 경우 최소 0.1m까지 감소될 수 있다.
 • 에이프런 또는 수직 개폐식 카문과 인접한 벽 사이
 • 카의 가장 낮은 부품과 가이드 레일 사이
③ 피트에 고정된 가장 높은 부품[5.7.3.3나)의 1)과 2)에서 설명한 것을 제외한 균형로프 인장장치 등]과 카의 가장 낮은 부품 사이의 수직거리는 0.3m 이상이어야 한다.

Answer
34 ② 35 ① 36 ① 37 ③

38 롤 세이프티형 조속기의 점검방법에 대한 설명으로 틀린 것은?

① 각 지점부의 부착상태, 급유상태 및 조정스프링의 약화 등이 없는지 확인한다.
② 조속기 스위치를 끊어 놓고 안전회로가 차단됨을 확인한다.
③ 카 위에 타고 점검운전을 하면서 조속기 로프의 마모 및 파단상태를 확인하지만, 로프 텐션의 상태는 확인할 필요가 없다.
④ 시브의 홈의 마모상태를 확인한다.

해설 ① 롤 세이프티 조속기(roll safety governor)
  • 카의 정격속도 이상시 과속스위치가 검출하여 동력전원회로 차단
  • 조속기 도르래의 홈과 로프 사이에 마찰력을 이용 비상정지
② 로프의 마모 및 파단상태 그리고 로프 텐션도 같이 확인한다.

39 유압엘리베이터의 전동기는?

① 상승 시에만 구동된다.
② 하강 시에만 구동된다.
③ 상승 시와 하강 시 모두 구동된다.
④ 부하의 조건에 따라 상승 시 또는 하강 시에 구동된다.

해설 유압 엘리베이터의 구조와 원리 : 유압 승강기는 유압 파워유닛(펌프, 전동기 등 포함)에서 압력을 가해 유체를 실린더로 보내 플런저를 상승시켜 카를 올리고, 실린더 내의 유체를 유압 탱크로 보내 플런저를 하강시켜 카를 내림

40 플라이 볼형 조속기의 구성 요소에 해당되지 않는 것은?

① 플라이 웨이트   ② 로프캐치
③ 플라이 볼   ④ 베벨기어

해설 ① 플라이 볼 조속기(fly ball governor)
  • 도르래의 회전을 수직축의 회전으로 변환, 링크 기구로 구형의 진자에 원심력으로 작동
  • 구조가 매우 복잡하나 정밀도가 높은 검출을 하므로 고속 승강기에 많이 적용
② 플라이 웨이트가 로프잡이를 동작시켜 로프잡이는 조속기 로프를 잡고 비상정지장치를 동작시키는 기구로 되어있는 것은 디스크형 조속기이다.

41 승강기용 제어반에 사용되는 릴레이의 교체 기준으로 부적합한 것은?

① 릴레이 접점표면에 부식이 심한 경우
② 릴레이 접점이 마모, 전이 및 열화된 경우
③ 채터링이 발생된 경우
④ 리미트 스위치 레버가 심하게 손상된 경우

해설 릴레이 작동점검 : 접점의 마모상태, 코일의 절연 손상태, 스프링상태 등

42 일종의 압력조정 밸브로 회로의 압력이 상용압력의 125% 이상 높아지게 되면 바이패스 회로를 여는 밸브는?

① 사일렌서   ② 스톱밸브
③ 안전밸브   ④ 체크밸브

해설 ① 안전밸브 : 카의 상승 시 압력의 125% 초과하지 않도록 안전밸브 설치
② 사일렌서 : 동차의 머플러와 같이 작동유의 압력 맥동을 흡수하여 진동, 소음을 감소시키는 역할을 한다.
③ 스톱밸브 : 유압파워 유니트에서 액추에이터 사이 설치하는 수동조작
④ 체크밸브 : 한 방향 유체 공급(로프식 승강기의 전자 브레이크기능과 흡사)

Answer
38 ③ 39 ① 40 ① 41 ④ 42 ③

43 에스컬레이터의 안전장치에 관한 설명으로 틀린 것은?

① 승강장에서 디딤판의 승강을 정지시키는 것이 가능한 장치이다.
② 사람이나 물건이 핸드레일 인입구에 꼈을 때 디딤판의 승강을 자동적으로 정지시키는 장치이다.
③ 상하 승강장에서 디딤판과 콤 플레이트 사이에 사람이나 물건이 끼이지 않도록 하는 장치이다.
④ 디딤판체인이 절단되었을 때 디딤판의 승강을 수동으로 정지시키는 장치이다.

해설 스텝 체인 안전장치(T.C.S)
① 스텝 체인의 심하게 늘어남과 파단으로 인한 전동기의 전원을 차단하고 기계적인 브레이크를 작동시켜 운행정지를 시키는 장치
② 이 장치의 스위치는 수동으로 재설정하는 방식일 것

44 와이어로프 클립(wire rope clip)의 체결 방법으로 가장 적합한 것은?

①
②
③
④

해설 와이어로프 체결 순서
① 클립 1번 가체결

② 딤블쪽 클립 체결

③ 딤블쪽에서 두 번째, 세 번째 클립 체결

45 유압식 엘리베이터의 속도제어에서 주회로에 유량제어 밸브를 삽입하여 유량을 직접 제어하는 회로는?

① 미터오프 회로
② 미터인 회로
③ 블리드오프 회로
④ 블리드인 회로

해설 미터 인(meter-in)회로
① 주회로에 유량 제어 밸브를 직렬로 부착하여, 유량을 직접 제어하는 회로방식
② 직접 제어하는 회로로 속도제어가 확실
③ 안전밸브로 귀환하는 유량으로 효율은 낮은 편

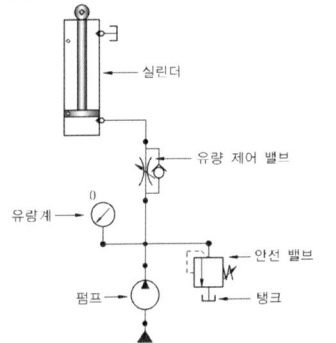

46 에스컬레이터 구동기의 공칭속도는 몇 %를 초과하지 않아야 하는가?

① ±1   ② ±3
③ ±5   ④ ±8

해설 ① 속도 : 공칭속도는 공칭 주파수 및 공칭 전압에서 ±5%를 초과하지 않아야 한다.
② 에스컬레이터의 공칭 속도는 다음과 같아야 한다.
• 경사도 α가 30° 이하인 에스컬레이터는 0.75 m/s 이하이어야 한다.
• 경사도 α가 30°를 초과하고 35° 이하인 에스컬레이터는 0.5m/s 이하이어야 한다.

Answer
43 ④ 44 ② 45 ② 46 ③

47 전기력선의 성질 중 옳지 않은 것은?

① 양전하에서 시작하여 음전하에서 끝난다.
② 전기력선의 접선방향이 전장의 방향이다.
③ 전기력선은 등전위면과 직교한다.
④ 두 전기력선은 서로 교차한다.

해설 전기력선의 성질
① 전기력선은 (+)전하에서 나와 (-)전하로 들어감
② 어떠한 두 전기력선도 서로 교차되지 않음
③ 전기력선 위의 한 점에서 그은 접선의 방향이 그 지점에서의 전기장의 방향임
④ 전기장에 수직한 단위 면적을 지나는 전기력선의 수는 전기장의 세기에 비례함

48 전류 I[A]와 전하 Q[C] 및 시간 t초와의 상관관계를 나타낸 것은?

① $I = \dfrac{Q}{t}$[A]   ② $I = \dfrac{t}{Q}$[A]

③ $I = \dfrac{Q^2}{t}$[A]   ④ $I = \dfrac{Q}{t^2}$[A]

해설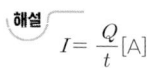

49 크레인, 엘리베이터, 공작기계, 공기압축기 등의 운전에 가장 적합한 전동기는?

① 직권전동기
② 분권전동기
③ 차동복권전동기
④ 가동복권전동기

해설 가동복권전동기 : 특성이 직권 전동기와 비슷하기 때문에 경부하에도 위험한 고속도가 되지 않으므로 권상기, 공작기계, 크레인, 압연용 보조기기용으로 사용된다.

50 끝이 고정된 와이어로프 한쪽을 당길 때 와이어로프에 작용하는 하중은?

① 인장하중   ② 압축하중
③ 반복하중   ④ 충격하중

해설 인장하중
$W_t = \sigma_t \cdot A$
여기서, σ_t : 인장응력, W_t : 인장하중, A : 단면적

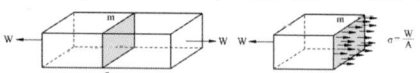

51 응력을 옳게 표현한 것은?

① 단위길이에 대한 늘어남
② 단위체적에 대한 질량
③ 단위면적에 대한 변형률
④ 단위면적에 대한 힘

해설 응력
① 물체에 하중이 작용하였을 때, 그 하중에 저항하여 단위 면적당 발생한 내력
② $\delta = \dfrac{N}{m^2} = \dfrac{W}{A}$[N/m²]
여기서, δ : 응력, W : 하중, A : 단면적

52 그림과 같은 시퀀스도와 같은 논리회로의 기호는? (단, A와 B는 입력, X는 출력이다.)

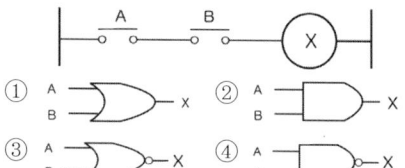

해설 AND 소자
① 출력신호 값은 2개의 입력 신호 값의 논리곱으로 표현
② 회로 및 기호
　• 논리식 : A · B = X

Answer
47 ④　48 ①　49 ④　50 ①　51 ④　52 ②

- 회로

- 논리기호

- 진리표

입력		출력
A	B	C
0	0	0
1	0	0
0	1	0
1	1	1

53 다음과 같은 그림기호는?

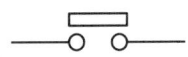

① 플로트레스 스위치
② 리미트 스위치
③ 텀블러 스위치
④ 누름버튼 스위치

해설 리미트 스위치 : 제어대상의 위치 및 동작의 상태 또는 변화를 검출하는 스위치로서 공작기계 등 모든 산업현장에서 검출용 스위치로 널리 사용되고 있다.

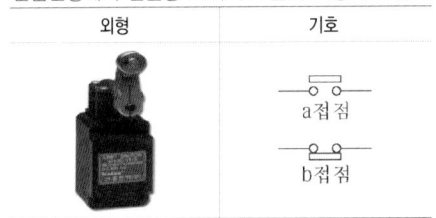

54 기어, 풀리, 플라이휠을 고정시켜 회전력을 전달시키는 기계요소는?

① 키 ② 와셔
③ 베어링 ④ 클러치

해설 키(Key)는 축에 기어, 풀리, 플라이휠, 커플링, 클러치 등을 고정시켜 상대운동을 방지함으로 회전력을 전달시키는 결합용 기계요소이다.
① 회전축과 키를 포함한 평면에 힘이 직각으로 작용하여, 키는 주로 전단력을 받음
② 키는 축 재질보다 단단한 양질의 강(鋼)을 사용

55 푸아송비에 대한 설명으로 옳은 것은?

① 세로변형률을 가로변형률로 나눈 값이다.
② 가로변형률을 세로변형률로 나눈 값이다.
③ 세로변형률을 가로변형률로 나눈 값이다.
④ 세로변형률을 가로변형률로 더한 값이다.

해설 포아송 비(Poisson's ratio)
① 재료가 인장력의 작용에 따라 늘어날 때 신장 방향에서의 변형도와 신장 방향에서의 변형도 사이의 비율
② $\dfrac{가로변형률}{세로변형률}$

56 다음 중 직류전압의 측정범위를 확대하여 측정할 수 있는 계기는?

① 변압기 ② 배율기
③ 분류기 ④ 변류기

해설 배율기(m) : 전압의 측정 범위를 넓히기 위해 전압계에 직렬로 달아주는 저항
$$m = 1 + \dfrac{R_m}{R_s}$$
여기서, R_m : 전압계 저항, R_s : 배율기 저항

Answer
53 ② 54 ① 55 ② 56 ②

57 자기인덕턴스 L[H]의 코일에 전류 I[A]를 흘렸을 때, 여기에 축적되는 에너지 W[J]를 나타내는 공식으로 옳은 것은?

① $W = L \cdot I^2$
② $W = \dfrac{1}{2} L \cdot I^2$
③ $W = L^2 \cdot I$
④ $W = \dfrac{1}{2} L^2 \cdot I$

해설 축적된 에너지(W)
$$W = \dfrac{1}{2} L \cdot I^2 [J]$$

58 다음 중 3상 유도전동기의 회전방향을 바꾸는 방법은?

① 두 선의 접속변환
② 기동보상기를 이용
③ 전원 주파수 변환
④ 전원의 극수변환

해설 3상유도전동기는 회전자계로 3상유도전동기에 연결된 임의의 2상을 교체 접속하면 회전방향이 바뀐다.

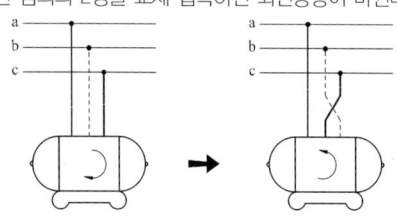

59 자극수 4, 전기자 도체수 400, 각 자극의 유효자속수 0.01Wb, 회전수 600rpm인 직류발전기가 있다. 전기자권수가 파권인 경우 유기기전력[V]은?

① 40
② 70
③ 80
④ 100

해설 직류발전기 유도 기전력(E)
$$E = e \times \dfrac{Z}{a} = P\Phi n \dfrac{Z}{a} = \dfrac{PZ\Phi n}{a} = \dfrac{PZ\Phi N}{60a}[V]$$
여기서, Φ : 자속, a : 병렬회로수, P : 극수
Z : 도체수, N : 회전수
$$\therefore E = \dfrac{PZ\Phi N}{60a} = \dfrac{4 \times 400 \times 0.01 \times 600}{60 \times 2}$$
$$= \dfrac{9600}{120} = 80[V]$$

60 하중의 시간변화에 따른 분류가 아닌 것은?

① 충격하중
② 반복하중
③ 전단하중
④ 교번하중

해설 전단하중 : 재료를 가위로 절단할 때 작용하는 하중

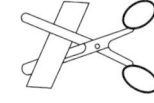 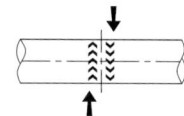

Answer
57 ② 58 ① 59 ③ 60 ③

제1회 (2015.01.25 시행) 과년도기출문제

01 상승하던 에스컬레이터가 갑자기 하강방향으로 움직일 수 있는 상황을 방지하는 안전장치는?

① 스텝 체인
② 핸드레일
③ 구동체인 안전장치
④ 스커트 가드 안전장치

해설 구동체인 안전장치(D.C.S)
① 구동체인 절단시의 역행방지장치 또는 제동장치가 작동하는 경우 정지스위치에 의해 전기적으로 전동기의 전원을 차단하여야 한다.
② 구동체인이 늘어짐 또는 절단되었을 때 동력을 차단
③ 안전레버가 작동하여 안전회로 차단으로 구동되지 않는다.

02 교류 엘리베이터의 제어방식이 아닌 것은?

① 교류 1단 속도 제어방식
② 교류귀환 전압 제어방식
③ 가변전압 가변주파수(VVVF) 제어방식
④ 교류상환 속도 제어방식

해설
① 교류 1단 속도제어 : 30m/min의 저속용 엘리베이터에 적용하며, 가장 간단
② 교류이단 속도제어 : 30~60m/min 중속의 화물용 엘리베이터에 적용
③ 교류귀환제어 : 45~105m/min 승객용 엘리베이터에 적용
④ 가변전압 가변주파수제어(VVVF) : 저속도에서 고속 범위까지 적용

03 승강기에 사용되는 전동기의 소요 동력을 결정하는 요소가 아닌 것은?

① 정격적재하중   ② 정격속도
③ 종합효율   ④ 건물길이

해설 전동기 용량
$$P = \frac{M \cdot V \cdot S}{6120\eta}[\text{kW}]$$
여기서, M : 정격 적재량[kg]
V : 정격속도[m/min]
S : $1-F$(F : 오버밸런스율%)
η : 종합효율
∴ 균형추 중량 : 케이지 자체중량$+M \cdot F$

04 카가 최상층 및 최하층을 지나쳐 주행하는 것을 방지하는 것은?

① 리미트 스위치
② 균형추
③ 인터록 장치
④ 정지스위치

해설 화이널 리미트 스위치(final limit switch) : 화이널 리미트 스위치의 오동작에 대한 대비로, 종단(최상층 또는 최하층) 전에 설치하여 지나치지 않도록 하기 위해 설치

Answer
01 ③   02 ④   03 ④   04 ①

05 승객용 엘리베이터에서 일반적으로 균형체인 대신 균형로프를 사용하는 정격속도의 범위는?

① 120m/min 이상 ② 120m/min 미만
③ 150m/min 이상 ④ 150m/min 미만

해설
① 로프가 서로 엉키는 것을 방지하기 위하여 인장 시브를 설치
② 균형 로프는 고속 승강기에 적용
③ 보상의 효과는 100%
④ 소음진동 보상
⑤ 카의 밸런스 및 와이어로프 무게 보상
⑥ 정격속도의 범위 120m/min 이상

06 전기식 엘리베이터 기계실의 실온 범위는?

① 5~70℃ ② 5~60℃
③ 5~50℃ ④ 5~40℃

해설 기계실 구비 조건
① 작업구역에서 유효 높이는 2m 이상이어야 한다.
② 기계실에는 바닥 면에서 200LX 이상을 비출 수 있는 영구적으로 설치된 전기 조명이 있어야 한다.
③ 기계실은 눈·비가 유입되거나 동절기에 실온이 내려가지 않도록 조치되어야 하며 실온은 +5℃에서 +40℃ 사이에서 유지되어야 한다.
④ 제어 패널 및 캐비닛 전면의 유효 수평면적은 아래와 같아야 한다.
  • 폭은 0.5m 또는 제어 패널·캐비닛의 전체 폭 중에서 큰 값 이상
  • 깊이는 외함의 표면에서 측정하여 0.7m 이상
⑤ 수동 비상운전이 필요하다면, 움직이는 부품의 유지보수 및 점검을 위한 유효 수평면적은 0.5m × 0.6m 이상이어야 한다.

07 무빙워크의 경사도는 몇 도 이하 이어야 하는가?

① 30 ② 20
③ 15 ④ 12

해설 수평보행기의 구조
① 일반적인 내측판간 거리는 0.8~1.2m, 핸드레일 간격은 1.25m 이하
② 경사각은 12° 이하(디딤판의 고무 및 가공으로 미끄러지기 어려운 재질 : 15° 이하)
③ 경사각에 따른 속도는 8° 이하 50m/min 이하 (단 8° 초과 시 40m/min 이하)
④ 인·출입표시를 반드시 할 것(수평 보행기라 오판으로 인한 사고 유발)

08 수직 순환식 주차장치를 승입방식에 따라 분류할 때 해당되지 않는 것은?

① 하부승입식 ② 중간승입식
③ 상부승입식 ④ 원형승입식

해설 수직 순환식 주차 방식
① 주차 구획을 수직으로 순환 이동하여 수직면에 배열된 곳에 운반하는 방식
② 주차방식의 종류(입출구의 위치에 의한 구분)
  • 상부 승입식
  • 중간 승입식
  • 하부 승입식
③ 특징
  • 수직 구조로 승강로 면적이 작고, 그로인해 차량의 입·출고 시간이 짧음
  • 수직 구조의 주차구획이 1개의 라인의 체인에 의해 승강운반으로 기계장치에 부하부담이 크며, 전력사용량이 높고, 전체가 이송되므로 진동, 소음이 큼
  • 체인라인이 파단 시 모든 적재물 또는 장비의 파손

Answer
05 ① 06 ④ 07 ④ 08 ④

09 엘리베이터의 가이드 레일에 대한 치수를 결정할 때 유의해야 할 사항이 아닌 것은?

① 안전장치가 작동할 때 레일에 걸리는 좌굴하중을 고려한다.
② 수평진동에 의한 레일의 휘어짐을 고려한다.
③ 케이지에 회전모멘트가 걸렸을 때 레일이 지지할 수 있는지 여부를 고려한다.
④ 레일에 이물질이 끼었을 때 배출을 고려한다.

해설
① 가이드 레일의 역할
 • 카의 기울어짐을 방지
 • 카와 균형추의 승강로내 위치규제
 • 비상정지장치 작동 시 수직하중을 유지
② 가이드 레일의 허용 응력 및 안전율
 • 허용 응력은 다음 식에 의해 결정되어야 한다.

$$\sigma_{perm} = \frac{R_m}{S_t}$$

 여기서, σ_{perm} : 허용응력[N/mm²]
 R_m : 인장강도[N/mm²]
 S_t : 안전율

 • 안전율 = $\frac{인장강도}{허용응력}$

10 유압 엘리베이터의 동력전달 방법에 따른 종류가 아닌 것은?

① 스크류식   ② 직접식
③ 간접식   ④ 팬터 그래프식

해설 유압식 승강기
① 직접식 승강기
② 간접식 승강기
③ 팬터 그래프식 승강기

11 사람이 탑승하지 않으면서 적재용량 1톤 미만의 소형화물 운반에 적합하게 제작된 엘리베이터는?

① 덤웨이터
② 화물용 엘리베이터
③ 비상용 엘리베이터
④ 승객용 엘리베이터

해설 덤 웨이터
① 구조상 경미한 부분을 제외하고는 불연재료로 만들거나 씌워야 한다.
② 사람이 탑승하지 않으면서 적재용량 1톤미만의 소형화물(서적, 음식물 등) 운반(바닥면적이 0.5 제곱미터 이하이고, 높이가 0.6미터 이하인 것은 제외한다.)
③ 일반적으로 기계실 천장의 높이는 1m 이상을 유지하여야 한다.
④ 서적, 음식물 등 소형화물의 운반에 적합하게 제작된 엘리베이터이다.
⑤ 테이블 타입 : 출입문이 승강장 바닥보다 높음 (바닥면에서 75cm 위치)

12 승강장문의 유효 출입구 높이는 몇 m 이상이어야 하는가?(단, 자동차용 엘리베이터는 제외)

① 1   ② 1.5
③ 2   ④ 2.5

해설 출입문의 높이 및 폭
① 승강장문의 유효 출입구 높이는 2m 이상이어야 한다. 다만, 자동차용 엘리베이터는 제외한다.
② 승강장문의 유효 출입구 폭은 카 출입구의 폭 이상으로 하되, 양쪽 측면 모두 카 출입구 측면의 폭보다 50mm를 초과하지 않아야 한다.

Answer
09 ④   10 ①   11 ①   12 ③

13 카의 실제 속도와 속도지령장치의 지령속도를 비교하여 사이리스터의 점호각을 바꿔 유도전동기의 속도를 제어하는 방식은?

① 사이리스터 레오나드 방식
② 교류귀환 전압제어방식
③ 가변전압 가변주파수 방식
④ 워드 레오나드 방식

해설
① 교류귀환제어 : 45~105m/min 승객용 엘리베이터에 적용(카의 실제속도와 지령속도를 비교, 사이리스터의 점호각을 바꾸는 방식)
② 가변전압 가변주파수제어(VVVF) : 저속도에서 고속 범위까지 적용(전압과 주파수 변화 방식)
③ 워드 레오나드 방식 : 직류엘리베이터 속도제어에 널리 사용되는 방식이며, 발전기의 자계를 조절하고 따라서 발전기의 직류전압을 제어
④ 정지 레오나드 방식 : 사이리스터와 같은 정지형 반도체 소자로 교류를 직류로 변환과 동시에 점호각 제어

14 다음 중 승강기 제동기의 구조에 해당되지 않는 것은?

① 브레이크 슈   ② 라이닝
③ 코일   ④ 워터슈트

해설
① 제동기의 능력
 • 승객용 엘리베이터는 125%의 부하, 화물용 엘리베이터는 120%의 부하로 전속 하강 중 카를 안전하게 감속 또는 정지시킬 수 있어야 한다.
 • 브레이크는 전동기, 카, 균형추 등 모든 장치의 관성을 제지하는 역할을 해야 한다.
 • 정지 후에는 부하에 의한 불균형 역구동이 되어 움직이는 일이 없어야 한다.
② 브레이크 구조 : 제동기의 솔레노이드 코일이 소자(전자석 소멸)되면 강력한 스프링에 의해 즉시 제동이 걸린다.

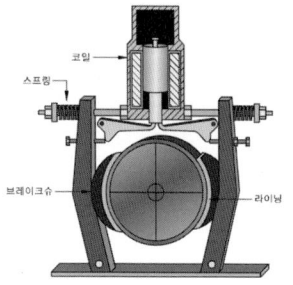

15 전기식 엘리베이터에서 카 비상정지장치의 작동을 위한 조속기는 정격속도 몇 % 이상의 속도에서 작동되어야 하는가? (단, 13년 개정 전 과속스위치는 1.3배 이하에서 작동)

① 220   ② 200
③ 115   ④ 100

해설
카 비상정지장치의 작동을 위한 조속기는 정격속도의 115% 이상의 속도 그리고 다음과 같은 속도 미만에서 작동되어야 한다.
① 고정된 롤러 형식을 제외한 즉시 작동형 비상정지장치 : 0.8m/s
② 고정된 롤러 형식의 비상정지장치 : 1m/s
③ 완충효과가 있는 즉시 작동형 비상정지장치 및 정격속도가 1m/s 이하의 엘리베이터에 사용되는 점차 작동형 비상정지장치 : 1.5m/s
④ 정격속도가 1m/s를 초과하는 엘리베이터에 사용되는 점차 작동형 비상정지장치 : 1.25V+0.25/Vm/s

16 다음 중 승강기 도어시스템과 관계없는 부품은?

① 브레이스 로드
② 연동로프
③ 캠
④ 행거

해설
브레이스 로드 : 카 바닥면의 분산된 하중을 균등하게 측부 틀에 전달

17 유압 엘리베이터의 유압 파워유닛과 압력 배관에 설치되며, 이것을 닫으면 실린더의 기름이 파워유닛으로 역류되는 것을 방지하는 밸브는?

① 스톱 밸브 ② 럽쳐 밸브
③ 체크 밸브 ④ 릴리프 밸브

해설 유압 파워유닛 : 펌프, 전동기, 안전밸브, 상승용 유량제어밸브, 체크밸브, 하강용 유량제어밸브, 유량탱크, 스트레이너, 스톱밸브, 사일렌서, 보온장치 등으로 구성
① 체크 밸브 : 한 방향 유체 공급(로프식 승강기의 전자 브레이크기능과 흡사)
② 릴리프 밸브 : 작동압력이 125%를 초과하지 않을 때 자동개시하고, 작동압력이 상용압력의 150%를 초과하지 않아야 한다.
③ 다운 밸브 : 카의 하강 시 실린더에서 오일탱크로 귀환하는 유체를 제어
④ 스톱 밸브 : 유압파워 유니트에서 액추에이터(실린더) 사이 설치하는 수동조작
⑤ 럽쳐 밸브 : 실린더와 유압 배관사이에 설치하여 배관의 파손 등으로 유압유 작동압력이 설정치 이상이 되었을 때 유압유의 흐름을 차단하여 카(car)의 운행을 정지시키는 기능을 가진 밸브

18 와이어로프의 꼬는 방법 중 보통꼬임에 해당하는 것은?

① 스트랜드의 꼬는 방향과 로프의 꼬는 방향이 반대인 것
② 스트랜드의 꼬는 방향과 로프의 꼬는 방향이 같은 것
③ 스트랜드의 꼬는 방향과 로프의 꼬는 방향이 일정구간 같았다가 반대이었다가 하는 것
④ 스트랜드의 꼬는 방향과 로프의 꼬는 방향이 전체 길이의 반은 같고 반은 반대인 것

해설
① 일반꼬임 : 스트랜드의 꼬임방향과 로프의 꼬임방향이 반대인 것
② 랭 꼬임 : Z꼬임 스트랜드와 S꼬임 스트랜드가 교대로 꼬여 소선의 배열이 흡사 화살날개와 같은 형으로 된 로프
③ Z꼬임 : 스트랜드의 꼬임방향이 Z자형과 일치하는 표준적 꼬임형태
④ S꼬임 : 스태랜드의 꼬임방향이 S자형과 일치하는 꼬임형태

일반 Z꼬임   일반 S꼬임   랭 Z꼬임   랭 S꼬임

19 인체에 통전되는 전류가 더욱 증가되면 전류의 일부가 심장부분을 흐르게 된다. 이때 심장이 정상적인 맥동을 못하며 불규칙적으로 세동을 하게 되어 결국 혈액이 순환에 큰 장애를 일으키게 되는 현상(잔류)을 무엇이라 하는가?

① 심실세동전류 ② 고통한계전류
③ 가수전류   ④ 불수전류

해설 통전전류에 의한 영향
① 최소 감지전류 : 교류(상용주파수 60Hz)에서 이 값은 2mA 이하로서 이 정도의 전류로서는 위험이 없습니다.
② 고통 한계전류 : 전류의 흐름에 따른 고통을 참을 수 있는 한계 전류로서 교류(상용주파수 60Hz)에서 성인남자의 경우 대략 7~8mA입니다.
③ 이탈 전류와 교착 전류(마비 한계전류) : 통전전류가 증가하면 통전경로의 근육 경련이 심해지고 신경이 마비되어 운동이 자유롭지 않게 되는 한계의 전류를 교착 전류. 운동의 자유를 잃지 않는 최대 한도의 전류를 이탈 전류라 하는데 교류(상용주파수 6(Hz)에서 이 값은 대개 10~15mA 입니다.
④ 심실 세동 전류 : 심장의 맥동에 영향을 주어 혈액 순환이 곤란하게 되고 끝내는 심장 기능을 잃게 되는 현상을 일반적으로 심실 세동이라 하며, 심실 세동을 일으킬 때 그대로 방치하면 수분 이내에 사망하게 되므로 즉시 인공호흡을 실시하여야 합니다.

Answer
17 ① 18 ① 19 ①

20 에스컬레이터의 이동용 손잡이에 대한 안전점검 사항이 아닌 것은?

① 균열 및 파손 등의 유무
② 손잡이의 안전마크 유무
③ 디딤판과의 속도차 유지 여부
④ 손잡이가 드나드는 구멍의 보호장치 유무

 ① 이동식 핸드레일의 경우, 운행 전구간에서 디딤판과 핸드레일의 속도차는 0~2% 이하이어야 한다.
② 이동식 핸드레일은 하강운진중 상부 승강장에서 수평으로 약 147N 정도의 사람의 힘으로 당겨도 정지하지 않아야 한다.
③ 고정식 핸드레일의 경우에 난간과 손잡이의 설치상태는 안전하고 견고하여야 한다.
④ 핸드레일의 외피 및 내피는 파단이나 핸드레일 구동롤러 등에 의해 마찰 시 미끄러짐이 발생하는 정도의 손상이 없어야 한다.
⑤ 승강장에서는 물체가 쉽게 끼어 들어가지 않도록 디딤판과 콤(Comb)의 물림량은 6mm 이상(벨트방식의 경우에는 4mm 이상)이어야 하고, 맞물리는 부분의 틈새는 4mm 이하이어야 한다.
⑥ 디딤판 상호간의 틈새는 승강로의 총길이에 걸쳐서 6mm 이하이어야 한다.
⑦ 스커트가드와 디딤판과의 틈새는 승강로의 총길이에 걸쳐서 한쪽이 4mm 이하이어야 한다.
⑧ 승강장의 폭은 핸드레일 중심선간의 거리 이상이어야 한다.
⑨ 승강장의 길이는 난간 끝단에서 진행방향으로 2.5m 이상이어야 한다.

21 감전 사고로 의식불명이 된 환자가 물을 요구할 때의 방법으로 적당한 것은?

① 냉수를 주도록 한다.
② 온수를 주도록 한다.
③ 설탕물을 주도록 한다.
④ 물을 천에 묻혀 입술에 적시어만 준다.

응급처치의 일반적인 유의사항
① 의식불명이거나 희미한 환자에게는 물을 주지 않는다.
② 환자가 의식이 있고 물을 줄 필요가 있을 때는 따뜻한 음료를 조금씩 마시게 하여 체온을 회복하는데 도움이 되도록 한다.

22 다음 중 안전사고 발생 요인이 가장 높은 것은?

① 불안전한 상태와 행동
② 개인의 개성
③ 환경과 유전
④ 개인의 감정

 ① 간접원인 : 안전관리 결함(기술적, 교육적, 관리적)
② 직접원인
 • 불안전한 상태(물적원인, 작업환경 결함 등)
 • 불안전한 행동(인적원인, 작업환경의 부적응 등)-안전사고 발생요인이 가장 높음

23 설비재해의 물적 원인에 속하지 않는 것은?

① 교육적 결함(안전교육의 결함, 표준작업방법의 결여 등)
② 설비나 시설에 위험이 있는 것(방호 불충분 등)
③ 환경의 불량(정리정돈 불량, 조명 불량 등)
④ 작업복, 보호구의 불량

① 간접원인 : 안전관리 결함(기술적, 교육적, 관리적)
② 직접원인
 • 불안전한 상태(물적원인, 작업환경 결함 등)
 • 불안전한 행동(인적원인, 작업환경의 부적응 등)

Answer
20 ② 21 ④ 22 ① 23 ①

24. 작업 감독자의 직무에 관한 사항이 아닌 것은?

① 작업감독 지시
② 사고보고서 작성
③ 작업자 지도 및 교육 실시
④ 산업재해 시 보상금 기준 작성

해설 관리감독자 직무 내용
① 기계·기구 또는 설비의 안전보건점검 및 이상유무의 확인
② 근로자의 작업복·보호구 및 방호장치의 점검과 그 착용·사용에 관한 교육지도
③ 산업재해에 관한 보고 및 응급조치
④ 작업장 정리·정돈 및 통로확보에 대한 확인·감독
⑤ 산업보건의, 안전·보건관리자(대행기관의 해당 사업장 담당자)의 지도·조언에 대한 협조
⑥ 위험방지가 특히 필요한 작업(38종)에 대한 안전·보건업무

25. 승강기 자체점검의 결과 결함이 있는 경우 조치가 옳은 것은?

① 즉시 보수하고, 보수가 끝날 때까지 운행을 중지
② 주의 표지 부착 후 운행
③ 점검결과를 기록하고 운행
④ 제한적으로 운행하고 보수

해설 관리주체는 승강기의 보수점검시 안전조치를 취한 후, 작업하도록 해야 합니다.
① "점검중"이라는 사용금지 표지
② 보수 점검개소 및 소요시간
③ 보수 점검자명 및 보수 점검자 연락처(전화번호 등)
④ 즉시 보수하고, 보수가 끝날 때까지 운행 중지

26. 산업재해 중에서 다음에 해당하는 경우를 재해형태별로 분류하면 무엇인가?

> 전기 접촉이나 방전에 의해 사람이 충격을 받은 경우

① 감전　　② 전도
③ 추락　　④ 화재

해설 재해의 발생 형태
① 협착 : 물건에 끼워진 상태, 말려든 상태
② 전도 : 사람이 평면상에서 넘어졌을 경우(과속/미끄러짐 포함)
③ 감전 : 전기 접촉이나 방전에 의해서 충격을 받은 경우
④ 파열 : 용기 또는 장치가 물리적 압력에 의해 찢어지는 경우
⑤ 추락 : 사람이 건축물, 비계, 기계, 사다리, 경사면 등에서 떨어짐

27. 추락을 방지하기 위한 2종 안전대의 사용법은?

① U자걸이 전용
② 1개걸이 전용
③ 1개걸이, U자걸이 겸용
④ 2개걸이 전용

해설 안전대의 종류 및 등급

종류	등급	사용구분
벨트식(B식) 안전그네식(H식)	1종	U자걸이 전용
	2종	1개걸이 전용
	3종	1개걸이 U자걸이 공용
	4종	안전블록
	5종	추락방지망

Answer
24 ④　25 ①　26 ①　27 ②

28. 전기(로프)식 엘리베이터의 안전장치와 거리가 먼 것은?

① 비상정지장치　② 조속기
③ 도어인터록　　④ 스커드 가드

해설
스커트 가드 안전장치(S.G.S) – 에스컬레이터 안전장치
① 승강구의 가까운 위치에서 사람이나 이물질이 디딤판 측면과 스커트가드와의 사이에 강하게 끼이는 경우 구동 전동기 및 브레이크의 전원을 차단하는 장치
② 스커트 가드는 어느 부분에서나 $25cm^2$의 면적에 1500N(153kg$_f$)의 힘을 직각으로 가했을 때 휨량이 4mm 이내이어야 하고, 시험후 영구변형이 없어야 한다.

29. 공칭속도 0.5m/s 무부하 상태의 에스컬레이터 및 하강방향으로 움직이는 제동부하 상태의 에스컬레이터의 정지거리는?

① 0.1m에서 1.0m 사이
② 0.2m에서 1.0m 사이
③ 0.3m에서 1.3m 사이
④ 0.4m에서 1.5m 사이

해설 에스컬레이터의 정지거리

공칭속도 V	정지거리
0.50m/s	0.20m에서 1.00m 사이
0.65m/s	0.30m에서 1.30m 사이
0.75m/s	0.40m에서 1.50m 사이

30. 로프식(전기식) 엘리베이터용 조속기의 점검사항이 아닌 것은?

① 진동소음상태
② 베어링 마모상태
③ 캣치 작동상태
④ 라이닝 마모상태

해설
① 각부 마모가 진행하여 진동 소음이 현저한 것
② 베어링에 눌러 붙음이 생길 염려가 있는 것
③ 캣치가 작동하지 않는 것
④ 스위치가 불량한 것
⑤ 비상정지장치를 작동시키지 못하는 것
⑥ 각부 청결상태

31. 카 도어록이 설치되어 사람의 힘으로 열 수 없는 경우나 화물용 엘리베이터의 경우를 제외하고 엘리베이터의 카 바닥 앞부분과 승강로 벽과의 수평거리는 일반적인 경우 그 기준을 몇 mm 이하로 하도록 하고 있는가?

① 30mm　② 55mm
③ 100mm　④ 125mm

해설 카 내에서 행하는 검사 : 카 바닥 앞부분과 승강로 벽과의 수평거리는 125mm 이하이어야 한다.

32. 엘리베이터에서 와이어로프를 사용하여 카의 상승과 하강을 전동기를 이용한 동력장치는?

① 권상기　② 조속기
③ 완충기　④ 제어반

해설
권상 구동식 엘리베이터의 경우, 파이널 리미트 스위치는 다음과 같이 작동하여야 한다.
① 승강로 상부 및 하부에서 직접 카에 의해, 또는
② 카에 간접적으로 연결된 장치(로프, 벨트 또는 체인 등)에 의해 이러한 간접 연결이 파손되거나 늘어나면 전기안전장치에 의해 구동기가 정지되어야 한다.

Answer
28 ④　29 ②　30 ④　31 ④　32 ①

33 로프식(전기식)엘리베이터에 있어서 기계실내의 조명, 환기상태 점검 시에 운전을 중지하고 긴급수리를 해야 하는 경우는?

① 천정, 창 등에 우수가 침입하여 기기에 악영향을 미칠 염려가 있는 경우
② 실내에 엘리베이터 관계이외의 물건이 있는 경우
③ 조도, 환기가 부족한 경우
④ 실온 0℃ 이하 또는 40℃ 이상인 경우

해설 전기안전장치의 금속부분이나 회로접지에 지락이 발생하면 다음과 같이 동작하도록 설계되어야 한다.
① 구동기를 즉시 정지시키거나
② 첫 번째 정상 정지 후 구동기의 재-기동을 방지하여야 한다.
③ 정상 운행으로 복귀는 인력을 요하는 재-조정에 의해서만 가능하여야 한다.

34 엘리베이터 전동기에 요구되는 특성으로 옳지 않은 것은?

① 충분한 제동력을 가져야 한다.
② 운전상태가 정숙하고 고진동이어야 한다.
③ 카의 정격속도를 만족하는 회전특성을 가져야 한다.
④ 높은 기종빈도에 의한 발열에 대응하여야 한다.

해설 전동기 구비해야 할 특성
① 기동전류가 작을 것
② 기동빈도가 많아(시간당 180~300회) 발열을 고려할 것
③ 제동력을 가질 것(전동기 회전력 +100~-70% 이상)
④ 승강기 정격속도에 맞는 회전특성을 가질 것(회전속도 오차 +5~-10% 이내)
⑤ 소음이 작고, 저진동 일 것

35 전자접촉기 등의 조작회로를 접지하였을 경우, 당해 전자접촉기 등이 폐로될 염려가 있는 것의 접속방법으로 옳은 것은?

① 코일과 접지측 전선 사이에 반드시 개폐기가 있을 것
② 코일의 일단을 접지측 전선에 접속 할 것
③ 코일의 일단을 접지하지 않는 쪽의 전선에 접속할 것
④ 코일과 접지측 전선 사이에 반드시 퓨즈를 설치할 것

해설 원심기 제작 및 안전기준(제5조 관련)
전자접촉기 등의 조작회로는 접지하였을 때 전자접촉기 등이 폐로 될 우려가 있는 것은 다음과 같이 한다.
① 코일의 한쪽 끝은 접지측 전선에 접속할 것
② 코일의 접지측 전선과의 사이에는 개폐기 등이 없을 것

36 스텝과 스커트 사이에 끼임의 위험을 최소화하기 위한 장치는?

① 콤   ② 뉴얼
③ 스커트   ④ 스커트 디플렉터

해설
① 스커트 디플렉터(skirt deflector) : 스텝과 스커트 사이에 끼임의 위험을 최소화 하기위한 장치
② 스커트 디플렉터의 설치
• 스커트 패널의 수직면 돌출부는 최소 33mm, 최대 50mm이어야 한다.
• 견고한 부분은 18mm와 25mm 사이의 수평 돌출부가 있어야 하고, 규정된 강도를 견뎌야 한다. 유연한 부분의 수평 돌출부는 최소 15mm, 최대 30mm이어야 한다.
• 주행로의 경사진 구간의 전체에 걸쳐 스커트 디플렉터의 견고한 부분의 아래 쪽 가장 낮은 부분과 스텝 돌출부 선상 사이의 수직거리는 25mm와 27mm 사이이어야 한다.
• 천이구간 및 수평구간에서 스커트 디플렉터의 견고한 부분의 아래 쪽 가장 낮은 부분과 스텝 클리트의 꼭대기 사이의 거리는 25mm와 50mm 사이이어야 한다.
• 견고한 부분의 하부표면은 스커트 패널로부터 상승방향으로 25° 이상 경사져야하고 상부표면은 하강방향으로 25° 이상 경사져야 한다.
• 스커트 디플렉터의 말단 끝부분은 콤 교차선에서 최소 50mm 이상, 최대 150mm 앞에서 마감되어야 한다.

Answer
33 ① 34 ② 35 ② 36 ④

37 전기식 엘리베이터의 카내 환기시설에 관한 내용 중 틀린 것은?

① 구멍이 없는 문이 설치된 카에는 카의 위·아랫부분에 환기구를 설치한다.
② 구멍이 없는 문이 설치된 카에는 반드시 카의 윗부분에만 환기구를 설치한다.
③ 카의 윗부분에 위치한 자연 환기구의 유효면적은 카의 허용면적의 1% 이상이어야 한다.
④ 카의 아랫부분에 위치한 자연환기구의 유효면적은 카의 허용면적의 1% 이상이어야 한다.

해설 환기
① 구멍이 없는 문이 설치된 카에는 카의 위·아랫부분에 자연 환기구가 있어야 한다.
② 카 윗부분에 위치한 자연 환기구의 유효면적은 카의 허용면적의 1% 이상이어야 한다. 카 아랫부분의 환기구 또한 동일하게 적용된다.
③ 자연 환기구는 직경 10mm의 곧은 강체 막대 봉이 카 내부에서 카 벽을 통해 통과될 수 없는 구조이어야 한다.

38 승강기의 트랙션비를 설명한 것 중 옳지 않은 것은?

① 카 측 로프가 매달고 있는 중량과 균형추측 로프가 매달고 잇는 중량의 비율
② 트랙션비를 낮게 선택해도 로프의 수명과는 전혀 관계가 없다.
③ 카측과 균형추측에 매달리는 중량의 차를 적게 하면 권상기의 전동기의 전동기 출력을 적게 할 수 있다.
④ 트랙션비는 1.0 이상의 값이 된다.

해설 견인비(traction ratio)
① 카측 중량 = 카 자체하중 + 적재하중 + 로프하중
② 균형추측 중량 = 균형추 중량(카 자체하중 + $L \times F$)
 • 전부하시 견인비 = $\dfrac{\text{카측중량}}{\text{균형추측 중량}}$
 여기서, L : 정격 적재량(kg)
  F : 오버밸런스(0.35~0.55)율

③ 로프와 시브의 마찰계수를 높이기 위한 것이다.
④ 주로 싱글 랩핑(1 : 1로핑)에 사용된다.
⑤ 마찰계수가 크므로 마모율이 심하다.

39 장애인용 엘리베이터의 경우 호출버튼에 의하여 카가 정지하면 몇 초 이상 문이 열린 채로 대기하여야 하는가?

① 8초 이상   ② 10초 이상
③ 12초 이상 ④ 15초 이상

해설 장애인용 엘리베이터에 대한 추가요건 : 장애인용 엘리베이터는 호출버튼 또는 등록버튼에 의하여 카가 정지하면 10초 이상 문이 열린 채로 대기하여야 한다.

40 과부하감지장치에 대한 설명으로 틀린 것은?

① 과부하감지장치가 작동하는 경우 경보음이 울려야한다.
② 엘리베이터 주행 중에는 과부하감지장치의 작동이 무효화되어서는 안 된다.
③ 과부하감지장치가 작동한 경우에는 출입문의 닫힘을 저지하여야 한다.
④ 과부하감지장치는 초과하중이 해소되기 전까지 작동하여야 한다.

해설 과부하 경보장치
① 카 내에 정격적재하중 초과 시 바닥에 설치한 장치가 작동으로 경보와 도어 열림
② 정격적재하중의 105~110% 범위에 설정
③ 카의 출발을 정지시킨다.

Answer
37 ② 38 ② 39 ② 40 ②

41 급유가 필요하지 않은 곳은?

① 호이스트 로프(hoist rope)
② 조속기(governor) 로프
③ 가이드 레일(guide rail)
④ 웜 기어(worm gear)

해설
① 조속기 : 카의 속도를 검출하는 장치로 카의 속도와 같은 회전
② 조속기 로프에 급유로 인해 미끄러짐이 발생되면 카의 속도와 맞지 않는다.

42 T형 레일의 13K 레일 높이는 몇 mm인가?

① 35   ② 40
③ 56   ④ 62

해설

	A	B	C	D	E	계산중량 (kg/m)
8K	56	78	10	26	6	8.55
13K	62	89	16	32	7	13.1
18K	89	114	16	38	8	17.5
24K	89	127	16	50	12	23.7
30K	108	140	19	50	13	29.7

43 유압식 엘리베이터에서 고장수리 할 때 가장 먼저 차단해야 할 밸브는?

① 체크 밸브   ② 스톱 밸브
③ 복합 밸브   ④ 다운 밸브

해설
① 체크 밸브 : 한 방향 유체 공급(로프식 승강기의 전자 브레이크기능과 흡사)
② 릴리프 밸브 : 작동압력이 125%를 초과하지 않을 때 자동개시하고, 작동압력이 상용압력의 150%를 초과하지 않아야 한다.
③ 다운밸브 : 카의 하강 시 실린더에서 오일탱크로 귀환하는 유체를 제어
④ 스톱 밸브 : 유압파워 유니트에서 액추에이터 사이 설치하는 수동조작(고장수리 시 우선 차단)

44 3상 유도전동기에 전류가 전혀 흐르지 않을 때의 고장 원인으로 볼 수 있는 것은?

① 1차측 전선 또는 접속선 중 한선이 단선되었다.
② 1차측 전선 또는 접속선 중 2선 또는 3선이 단선되었다.
③ 1차측 또는 2차측 전선이 접지되었다.
④ 전자접촉기의 접점이 한 개 마모되었다.

해설
1차측 전원 중 2선 이상 단선 시 유도전동기 기동되지 않는다.

45 무빙워크 이용자의 주의표시를 위한 표시판 또는 표지내에 표시되는 내용이 아닌 것은?

① 손잡이를 꼭 잡으세요
② 카트는 탑재하지 마세요
③ 걷거나 뛰지 마세요
④ 안전선 안에 서 주세요

해설 에스컬레이터 이용자 준수 사항
① 옷이나 물건 등이 틈새에 끼이지 않도록 주의하여야 한다.
② 손잡이를 잡고 있어야 한다.(걷거나 뛰지 말아야 한다.)
③ 디딤판 가장자리에 표시된 황색안전선의 밖으로 발이 벗어나지 않도록 하여야 한다.
④ 유아나 애완동물은 보호자가 안고 타야하며, 어린이나 노약자는 보호자가 잡고 타야 한다.
⑤ 디딤판 위에서 뛰거나 장난을 치지 말아야 한다.
⑥ 디딤판 위에 앉거나 맨발로 탑승하지 말아야 한다.
⑦ 유모차등은 접어서 지니고 타야하며, 수레 등은 싣지 말아야 한다. 다만, 에스컬레이터에 탑재 가능하도록 특수한 구조로 안전하게 설치된 경우에는 그러하지 아니한다.
⑧ 화물을 디딤판 위에 올려놓지 말아야 한다.
⑨ 담배를 피우거나 담배꽁초, 껌 등 쓰레기를 버리지 말아야 한다.
⑩ 비상정지버튼을 장난으로 조작하지 말아야 한다.
⑪ 손잡이 밖으로 몸을 내밀지 말아야 한다.

Answer
41 ② 42 ④ 43 ② 44 ② 45 ②

46 유압식 엘리베이터에서 바닥맞춤보정장치는 몇 mm 이내에서 작동상태가 양호하여야 하는가?

① 25　　② 50
③ 75　　④ 90

해설 바닥맞춤 보정장치 : 카의 정지 시 있어서 자연하강을 보정하기 위한 장치(착상면 기준으로 75mm 이내의 위치)

47 직류 분권전동기에서 보극의 역할은?

① 회전수를 일정하게 한다.
② 기동토크를 증가 시킨다.
③ 정류를 양호하게 한다.
④ 회전력을 증가시킨다.

해설 정류시 이상현상에 대한 대책 : 보극에 의한 정류전압의 발생(전기자반작용과 리액턴스전압에 의한 정류불량 대폭 개선)

48 일감의 평행도, 원통의 진원도, 회전체의 흔들림 정도 등을 측정할 때 사용하는 측정기기는?

① 버니어 캘리퍼스
② 하이트 게이지
③ 마이크로 미터
④ 다이얼 게이지

해설
① 버니어캘리퍼스
- 본척(어미자), 부척(아들자) 이용하여 1/20mm, 1/50mm 길이 측정
- 외경, 내경, 깊이, 계단측정이 가능

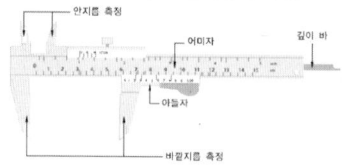

② 마이크로미터
- 길이 변화를 나사의 회전각과 지름에 의해 원주면에 확대하여 눈금을 새김
- 최소 측정값이 0.01mm 또는 0.001mm가 있음

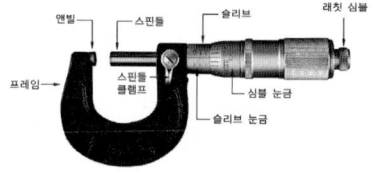

③ 하이트 게이지
- 복잡한 모양의 부품 등을 정반 위에 올려놓고 정반면을 기준으로 높이를 측정
- 호칭치수는 300mm, 600mm, 1,000mm

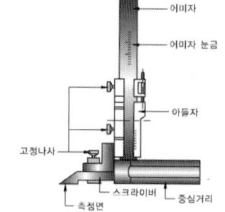

Answer
46 ③　47 ③　48 ④

49 그림과 같은 지침형(아날로그형) 계기로 측정하기에 가장 알맞은 것은? (단, R은 지침의 0점을 조절하기 위한 가변저항이다.)

① 전압 ② 전류
③ 저항 ④ 전력

해설 저항측정 방법
① 회로상에서 저항을 측정하고자 하는 경우는 반드시 전원을 끄고 회로를 개방한 상태에서 저항 양단을 병렬로 연결해야 한다.
② 폐회로 상태에서는 디지털 멀티메타에 외부전압이 인가되어 정확한 측정이 되지 않는다.
③ 멀티메타의 리드선중 붉은 색인 [+]는 [V/Ω]단자에 연결하고 검은 색인 [-]는 [COM]에 연결한다.
④ 멀티메타의 측정 범위는 예상되는 저항값보다 약간 높은 범위의 레인지를 선택하는 것이 좋다. (낮은 레인지를 선택하면 측정이 불가능)
⑤ 측정 레인지를 가변한 경우는 매번 영점 조정을 해야만 한다.

50 엘리베이터의 권상기 시브 직경이 500mm이고 주와이어로프 직경이 12mm이며, 1 : 1 로핑방식을 사용하고 있다면 권상기 시브의 회전속도가 1분당 약 56회일 경우 엘리베이터 운행속도는 약 몇 m/min가 되겠는가?

① 45 ② 60
③ 90 ④ 120

해설 시브의 속도
$V = \dfrac{\pi \cdot D \cdot r}{1000}$ [m/min]
여기서, D : 시브의 직경[mm]
r : 시브의 회전속도[rpm]
$\therefore V = \dfrac{\pi \cdot D \cdot r}{1000} = \dfrac{3.14 \times (500+12) \times 56}{1000}$
$= 90.03 ≒ 90$[m/min]

51 전동기를 동력원으로 많이 사용하는데 그 이유가 될 수 없는 것은?
① 안전도가 비교적 높다.
② 제어조작이 비교적 쉽다.
③ 소손사고가 발생하지 않는다.
④ 부하에 알맞은 것을 쉽게 선택할 수 있다.

해설 전동기 구비해야 할 특성
① 기동전류가 작을 것
② 기동빈도가 많아(시간당 180~300회) 발열을 고려할 것
③ 제동력을 가질 것(전동기 회전력 +100~-70% 이상)
④ 승강기 정격속도에 맞는 회전특성을 가질 것(회전속도 오차 +5~-10% 이내)
⑤ 소음이 작고, 저진동 일 것

52 그림과 같은 활차장치의 옳은 설명은? (단, 그 활차의 직경은 같다.)

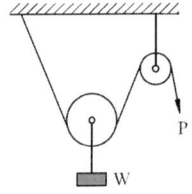

① 힘의 크기는 W = P이고, W의 속도는 P속도의 1/2이다.
② 힘의 크기는 W = P이고, W의 속도는 P속도의 1/4이다.
③ 힘의 크기는 W = 2P이고, W의 속도는 P속도의 1/2이다.
④ 힘의 크기는 W = 2P이고, W의 속도는 P속도의 1/4이다.

해설 ① 정활차 : 힘의 방향만 변환
② 동활차 : 하중을 올릴 시 힘의 1/2로 저감

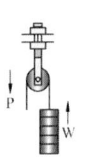　
정활차　　동활차

Answer
49 ③　50 ③　51 ③　52 ③

53 유도전동기의 동기속도가 n_s, 회전수가 n이라면 슬립(s)은?

① $\dfrac{n_s - n}{n} \times 100$ ② $\dfrac{n_s - n}{n_s} \times 100$

③ $\dfrac{n_s}{n_s - n} \times 100$ ④ $\dfrac{n_s}{n_s + n} \times 100$

해설 슬립
① 3상 유도전동기에는 동기속도(N_S), 회전자속도(N) 사이에 속도차이가 생긴다.
② $S = \dfrac{N_S - N}{N_S}$
- S가 커지면 회전자의 속도는 감소, S가 작아지면 회전자 속도는 증가한다.
- $S = 1$: 유도전동기 회전자 정지
- $S = 0$: 동기속도로 회전
∴ $0 < S < 1$

54 다음 강도 중 상대적으로 값이 가장 작은 것은?

① 파괴강도   ② 극한강도
③ 항복응력   ④ 허용응력

해설 허용응력
① 사용응력(working stress) : 운전 중 구조물이나 기계부품에 발생되는 응력
② 허용응력(allowable stress) : 중량에 의한 휘거나 깨짐 없이 사용할 수 있는 응력의 최대값
③ 극한응력(ultimate stress) : 재료에 가해진 최대 응력
④ 항복응력(yield stress) : 재료의 항복점에 이르는 응력

55 권수 N의 코일에 I[A]의 전류가 흘러 권선 1회의 코일에서 자속 Φ[Wb]가 생겼다면 자기인덕턴스(L)는 몇 H인가?

① $L = \dfrac{\Phi}{N}$ ② $L = IN\Phi$

③ $L = \dfrac{N\Phi}{I}$ ④ $L = \dfrac{IN}{\Phi}$

해설 자기인덕턴스(L) : 전류의 변화에 의해 생기는 쇄교자속의 비율
$L = \dfrac{N\Phi}{I}$ [H]

56 저항이 50Ω인 도체에 100V의 전압을 가할 때 그 도체에 흐르는 전류는 몇 A 인가?

① 2   ② 4
③ 8   ④ 10

해설 옴의 법칙(Ohm's law)
① 전압 : $V = I \cdot R$ [V]
② 전류 : $I = \dfrac{V}{R}$ [A]
③ 저항 : $R = \dfrac{V}{I}$ [Ω]
∴ $I = \dfrac{V}{R} = \dfrac{100}{50} = 2$ [A]

Answer
53 ② 54 ④ 55 ③ 56 ①

57 시퀀스 회로에서 일종의 기억회로라고 할 수 있는 것은?

① AND회로　② OR회로
③ NOT회로　④ 자기유지회로

해설 자기유지회로
- (Sta+R)·$\overline{\text{Sto}}$ = R
  - 논리식 : (Sta+R)·$\overline{\text{Sto}}$ = R
  - 회로

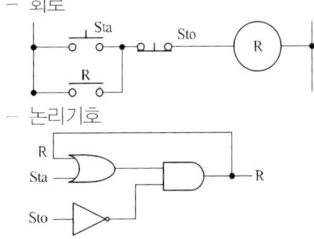

- 논리기호

58 정전용량이 같은 두 개의 콘덴서를 병렬로 접속하였을 때의 합성용량은 직렬로 접속하였을 때의 몇 배인가?

① 2　② 4
③ 1/2　④ 1/4

해설
① 병렬접속
- 콘덴서를 2개 이상 병렬로 접속 시 합성정전용량의 역수는 각각의 콘덴서의 정전용량에 합과 같다.
- 합성정전용량 C[F]
  $C = C_1 + C_2 = 1+1 = 2$[F]($C = 1$[F])
② 직렬접속
- 콘덴서를 2개 이상 직렬로 접속 시 합성정전용량의 역수는 각각의 콘덴서의 정전용량에 역수의 합과 같다.
- 합성정전용량 C[F]
  $C = \dfrac{1}{\dfrac{1}{C_1}+\dfrac{1}{C_2}} = \dfrac{1}{2} = 0.5$[F]($C = 1$[F])

∴ 병렬접속 시 : 2 직렬접속 시 : 0.5 합성용량은 4배 차이가 된다.

59 물체에 외력을 가해서 변형을 일으킬 때 탄성한계 내에서 변형의 크기는 외력에 대해 어떻게 나타나는가?

① 탄성한계 내에서 변형의 크기는 외력에 대하여 반비례 한다.
② 탄성한계 내에서 변형의 크기는 외력에 대하여 비례한다.
③ 탄성한계 내에서 변형의 크기는 외력과 무관하다.
④ 탄성한계 내에서 변형의 크기는 일정하다.

해설 탄성한계 내에서 응력과 변형률의 비례관계
$\sigma = E\varepsilon$
∴ 탄성계수$(E) = \dfrac{\text{응력}(\sigma)}{\text{변형률}(\varepsilon)}$

60 A, B는 압력, X를 출력이라 할 때 OR회로의 논리식은?

① $\overline{A} = X$　② $A \cdot B = X$
③ $A + B = X$　④ $\overline{A \cdot B} = X$

해설 OR 소자
① 출력신호 값은 2개의 입력 신호 값의 논리합으로 표현
② 회로 및 기호
- 논리식 : $A+B=X$
- 회로

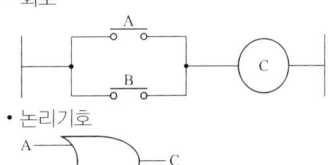

- 논리기호

- 진리표

입력		출력
A	B	C
0	0	0
1	0	1
0	1	1
1	1	1

Answer
57 ④　58 ②　59 ②　60 ③

제2회 (2015.04.04 시행) 과년도기출문제

01 카의 문을 열고 닫는 도어머신에서 성능상 요구되는 조건이 아닌 것은?
① 작동이 원활하고 정숙하여야 한다.
② 카 상부에 설치하기 위하여 소형이며 가벼워야 한다.
③ 어떠한 경우라도 수동조작에 의하여 카 도어가 열려서는 안 된다.
④ 작동 회수가 승강기 기동 회수의 2배 이므로 보수가 쉬워야 한다.

해설
① 동작이 원활하며, 잡음이 없을 것
② 소형 경량일 것
③ 내구성이 좋을 것
④ 보수가 쉽고, 가격이 저렴할 것

02 다음 중 에스컬레이터의 종류를 수송 능력별로 구분한 형태로 옳은 것은?
① 1200형과 900형
② 1200형과 800형
③ 900형과 800형
④ 800형과 600형

해설 난간폭에 의한 분류
① 800형 : 시간당 수송능력 6000명(전동기 용량 : 7.5kW)
② 1200형 : 시간당 수송능력 9000명(층고 4.7m 이하 : 7.5kW, 층고 4.7~7m 이하 : 11kW)

03 승강장 도어가 닫혀 있지 않으면 엘리베이터 운전이 불가능 하도록 하는 것은?
① 승강장 도어스위치
② 승강장 도어행거
③ 승강장 도어인터록
④ 도어슈

해설 도어 스위치(door switch)
① 카의 도어가 완전히 닫히지 않으면 운행 정지
② 카 및 승강장 문의 도어스위치는 방적처리 및 2차소방운전시 분리되어야 한다.
③ 도어스위치가 확실히 열린 후가 아니면 로크는 벗겨지지 않아야 한다.

04 유압장치의 보수, 점검 또는 수리 등을 할 때에 사용되는 것은?
① 안전밸브   ② 유량제어밸브
③ 스톱밸브   ④ 필터

해설
① 릴리프밸브 : 작동압력이 125%를 초과하지 않을 때 자동개시하고, 작동압력이 상용압력의 150%를 초과하지 않아야 한다.
② 스톱밸브 : 유압파워 유니트에서 액추에이터 사이 설치하는 수동조작
③ 유량제어밸브 : 실린더로 공급되는 유량의 일부를 유량 제어
④ 필터 : 무언가를 걸러내는 도구. 특정 성질을 가진 것은 차단하고, 그렇지 않은 것은 통과시키는 도구이다.

Answer
01 ③ 02 ② 03 ① 04 ③

05 로프식 엘리베이터에서 도르래의 구조와 특징에 대한 설명으로 틀린 것은?

① 직경은 주로프의 50배 이상으로 하여야 한다.
② 주로프가 벗겨질 우려가 있는 경우에는 로프이탈방지장치를 설치하여야 한다.
③ 도르래 홈의 형상에 따라 마찰계수의 크기는 U홈 < 언더커트홈 < V홈의 순이다.
④ 마찰계수는 도르래 홈의 형상에 따라 다르다.

해설 도르래 직경비
① 직경은 주로프 직경의 40배 이상으로 하여야 한다.
② 도르래에서 주로프가 접하는 부분의 길이가 그 원둘레의 1/4 이하인 것은 주로프 직경의 36배 이상으로 할 수 있다.

06 단식자동방식(single automatic)에 관한 설명 중 맞는 것은?

① 같은 방향의 호출은 등록된 순서에 따라 응답하면서 운행한다.
② 승강장 버튼은 오름, 내림 공용이다.
③ 주로 승객용에 사용된다.
④ 1개 호출에 의한 운행중 다른 호출 방향이 같으면 응답한다.

해설 단식 자동 방식
① 운전중에 일단 호출을 받으면 다른 호출을 받지 않는 운전방식이다.
② 승객 자신이 자동적으로 시동, 정지를 이루는 조작방식이다.

07 VVVF 제어란?

① 전압을 변환시킨다.
② 주파수를 변환시킨다.
③ 전압과 주파수를 변환시킨다.
④ 전압과 주파수를 일정하게 유지시킨다.

해설 VVVF(Variable Voltage Variable Friquency : 가변전압 가변주파수)제어
① 저속도에서 고속 범위까지 적용
② 유도 전동기에 공급되는 전압과 주파수를 변환시켜 직류 전동기와 동등한 제어방식
③ 제어방식의 향상으로 고속엘리베이터에 유도전동기 적용으로 유지보수가 용이
④ 중·저속 엘리베이터의 승차감, 성능 향상과 저속영역의 손실 저감시켜 소비전력 절감
⑤ 복잡한 제어방식으로 고성능 마이크로프로세서 적용

08 승강장의 문이 열린 상태에서 모든 제약이 해제되면 자동적으로 닫히게 하여 문의 개방상태에서 생기는 2차 재해를 방지하는 문의 안전장치는?

① 시그널 컨트롤 ② 도어 컨트롤
③ 도어 클로저   ④ 도어 인터록

해설 도어 클로저
① 승강기 출입문이 열려있으면, 자동으로 닫게 하는 안전장치
② 스프링 방식 또는 중력 방식
③ 승강장 문의 개방에서 생기는 재해를 막기 위한 장치이다.

Answer
05 ① 06 ② 07 ③ 08 ③

09 카가 어떤 원인으로 최하층을 통과하여 피트에 도달했을 때 카에 충격을 완화시켜 주는 장치는?

① 완충기 ② 비상정지장치
③ 조속기 ④ 리미트 스위치

해설 / 완충기
① 주행의 종점에서 완충적인 정지, 그리고 유체 또는 스프링(또는 유사한 수단)을 사용한 것을 포함한 제동수단
② 카가 하강 또는 균형추의 충격을 완화하기 위해 1개 이상 스프링을 사용
③ 피트 바닥면에 설치

10 카 문턱 끝과 승강로 벽과의 간격으로 알맞은 것은?

① 11.5cm 이하 ② 12.5cm 이하
③ 13.5cm 이하 ④ 14.5cm 이하

해설 / 카 내에서 행하는 검사 : 카 바닥 앞부분과 승강로 벽과의 수평거리는 125mm 이하이어야 한다.(초과 시 금속제 보호판 설치)

11 승강로의 벽 일부에 한국산업표준에 알맞은 유리를 사용할 경우 다음 중 적합하지 않은 것은?

① 망유리 ② 강화유리
③ 접합유리 ④ 감광유리

해설 / ① 사람들이 접근할 수 있는 곳에 평면 또는 성형된 유리판은 접합유리로 만들어져야 한다.
② 한국산업규격의 망유리·강화유리 및 복층유리 (16mm 이상)와 동등 이상의 것을 사용할 수 있다.

12 가이드 레일의 역할에 대한 설명 중 틀린 것은?

① 카와 균형추를 승강로 평면 내에서 일정궤도상에 위치를 규제한다.
② 일반적으로 가이드 레일은 H형이 가장 만이 사용된다.
③ 카의 자중이나 화물에 의한 카의 기울어짐을 방지한다.
④ 비상 멈춤이 작동할 때의 수직하중을 유지한다.

해설 / ① 가이드 레일의 역할
• 카의 기울어짐을 방지
• 카와 균형추의 승강로내 위치규제
• 비상정지장치 작동 시 수직하중을 유지
② 가이드 레일의 규격
• 레일 호칭은 마무리 가공 전 소재의 1m당 중량으로 한다.
• 보통 T형 레일 공칭은 8K, 13K, 18K, 24K(대용량 엘리베이터에서는 37K, 50K)
• 레일의 표준길이는 5m이다.
• 가이드 레일의 허용응력은 2400kg/cm^2이다.

13 에스컬레이터에 관한 설명 중 틀린 것은?

① 1200형 에스컬레이터의 1시간당 수송인원은 9000명이다.
② 정격속도는 30m/min 이하로 되어 있다.
③ 승강 양정(길이)로 고양정은 10m 이상이다.
④ 경사도는 수평으로 25도 이내이어야 한다.

해설 / ① 경사도는 30°를 초과하지 않아야 한다.(높이 6m 이하, 공칭속도 0.5m/s 이하에서는 경사도 35°까지)
② 속도에 의한 분류
• 디딤판의 정격속도 30m/min 이하
• 경사도 30° 이하 수평에서는 0.75m/s 이하, 35° 이하 수평에서는 0.5m/s 이하
• 경사도가 8° 이하의 속도는 50m/min

Answer
09 ① 10 ② 11 ④ 12 ② 13 ④

14 전동 덤웨이터와 구조적으로 가장 유사한 것은?

① 수평보행기 ② 엘리베이터
③ 에스컬레이터 ④ 간이 리프트

해설
① 리프트 : 사람은 탑승하지 않고 소하물을 위 아래로 이송하는 장치
② 덤 웨이터
  • 구조상 경미한 부분을 제외하고는 불연재료로 만들거나 씌워야 한다.
  • 사람이 탑승하지 않으면서 적재용량 1톤미만의 소형화물(서적, 음식물 등) 운반(바닥면적이 0.5제곱미터 이하이고, 높이가 0.6미터 이하인 것은 제외한다.)
  • 일반적으로 기계실 천장의 높이는 1m 이상을 유지하여야 한다.
  • 서적, 음식물 등 소형화물의 운반에 적합하게 제작된 엘리베이터이다.
  • 테이블 타입 : 출입문이 승강장 바닥보다 높음 (바닥면에서 75cm 위치)

15 유압식 엘리베이터의 특징으로 틀린 것은?

① 기계실을 승강로와 떨어져 설치할 수 있다.
② 플런져에 스톱퍼가 설치되어 있기 때문에 오버헤드가 작다.
③ 적재량이 크고 승강행정이 짧은 경우에 유압식이 적당하다.
④ 소비전력이 비교적 작다.

해설
유압 승강기의 특징
① 건물 하층부에 기계실을 설치하여 상층부의 하중이 걸리지 않음
② 타방식에 기계실 배치보다 자유롭게 설치 운영 가능
③ 유체를 이용한 실린더와 플런저를 사용하므로 속도 및 행정거리에 한계가 있음
④ 균형추가 없어 오로지 동력만을 이용하므로 전력소비가 많음
⑤ 저층 및 60m/min 이하에 적용하며, 대용량 화물용으로 적합
⑥ 유체의 온도를 5~60℃ 이하로 유지
⑦ 공회전 방지장치가 필요함
⑧ 카의 상승 시 압력의 125% 초과하지 않도록 안전밸브 설치

16 과부하 감지장치의 용도는?

① 속도 제어용 ② 과하중 경보용
③ 속도 변환용 ④ 종점 확인용

해설
과부하 감지장치
① 카 내에 정격적재하중 초과 시 바닥에 설치한 장치가 작동으로 경보와 도어 열림
② 정격적재하중의 105~110% 범위에 설정
③ 카의 출발을 정지시킨다.

17 중속 엘리베이터의 속도는 몇 m/min인가?

① 20~45 ② 45~65
③ 60~105 ④ 100~230

해설
승강기 속도별 분류

분류	속도	사용
저속	45 이하 [m/min]	소형빌딩 등
중속	60~105 [m/min]	아파트 및 병원, 중형빌딩 등
고속	120~240(300) [m/min]	대형빌딩, 백화점 등 (무기어제어 시)
초고속	360 초과 [m/min]	초고층 빌딩

18 승강기의 조속기란?

① 카의 속도를 검출하는 장치이다.
② 비상정지장치를 뜻한다.
③ 균형추의 속도를 검출한다.
④ 플런져를 뜻한다.

해설
조속기(govemor)
① 카의 속도를 검출하는 장치로 카의 속도와 같은 회전(기계실에서 행하는 검사 중 하나)
② 기계적 과속 제어장치(카의 정격속도 이상 과속을 캐치 카를 정지시키는 장치)

Answer
14 ④ 15 ④ 16 ② 17 ③ 18 ①

19 안전사고의 발생요인으로 볼 수 없는 것은?
① 피로감 ② 임금
③ 감정 ④ 날씨

 직접원인 중 불안전한 행동
① 지식의 부족(기술적인 지식)
② 경험부족(미숙련)
③ 의욕의 결여(감독자의 무관심)
④ 피로(근무시간과다, 수면부족, 작업강도의 과대, 정신적 스트레스 과다 등)
⑤ 작업환경의 부적응
⑥ 심적갈등

20 작업의 특수성으로 인해 발생하는 직업병으로서 작업 조건에 의하지 않은 것은?
① 먼지 ② 유해 가스
③ 소음 ④ 작업 자세

 작업 방법적 위험 : 작업 시 작업방법의 잘못으로 생기는 위험
• 작업자세, 작업속도, 작업강도, 근로시간, 휴식시간, 작업동작, 작업순서 등

21 승강기 설치보수작업에서 발생되는 위험에 해당되지 않는 것은?
① 물리적 위험 ② 접촉적 위험
③ 화학적 위험 ④ 구조적 위험

 ① 기계적 위험 : 기계, 기구 기타의 설비로 인한 위험
• 접촉적 위험(가장 일반적인 위험) : 동력전달부분의 한계 내에 근로자 신체의 일부가 들어가 있는 경우
• 물리적 위험 : 기계작업으로 인한 원재료, 가공물 등의 낙하, 비래 등으로 인한 위험
• 구조적 위험 : 연삭기의 숫돌파괴, 보일러파열 등으로 인한 위험
② 화학적 위험 : 화학물질로 인한 화재, 폭발 위험과 약상, 중독 등의 생리적 위험
• 화재, 폭발 위험 : 폭발성물질, 발화성물질, 산화성물질, 인화성물질, 가연성가스 등으로 인한 위험
• 생리적 위험 : 부식성 액체, 독극물에 의한 약상, 중독 등의 위험

22 안전사고의 통계를 보고 알 수 없는 것은?
① 사고의 경향
② 안전업무의 정도
③ 기업이윤
④ 안전사고 감소 목표 수준

해설 ① 재해통계의 목적 : 재해의 발생경향, 요인, 고통적 유형을 파악하여 재해예방대책을 강구함으로써 동종 재해를 예방하는 것
② 산업재해 통계양식 : 월별, 요일별, 시간별, 근속년수별, 직장별, 연령별, 부상부위별 등이 있고, 분석목적에 따라서도 성별통계, 상해유형별 통계 등 수 많은 양식이 있음

23 승강기 관리주체가 행하여야 할 사항으로 틀린 것은?
① 안전(운행)관리자를 선임하여야 한다.
② 승강기에 관한 전반적인 관리를 하여야 한다.
③ 안전(운행)관리자가 선임되면 관리주체는 별다른 관리를 할 필요가 없다.
④ 승강기의 유지보수에 대한 위임 용역 및 감독을 하여야 한다.

해설 관리주체(사업주)
① 승강기 운행에 대한 지식이 풍부한 자를 안전관리자로 선임하여 당해 승강기를 관리하도록 한다.
② 승강기를 안전하게 관리하도록 안전관리자를 지휘·감독하여야 한다.
③ 이용자의 안전 확보를 위하여 승강기 유지관리에 철저를 기하여야 한다.

Answer
19 ② 20 ④ 21 ③ 22 ③ 23 ③

24 인체의 전기저항에 대한 것으로 피부저항은 피부에 땀이 나 있는 경우는 건조 시에 비해 피부저항이 어떻게 되는가?

① 2배 증가
② 4배 증가
③ 1/12~1/20 감소
④ 1/25~1/30 감소

해설 **환경요인에 따른 인체의 저항치 변화**
① 보통 인체의 전기저항은 약 5,000[Ω]으로 보고 있다.
② 이것은 피부가 젖은 정도, 대지와의 접촉상태, 인가전압 등에 의해 크게 변화하며 인가전압이 커짐에 따라 약 500[Ω] 이하까지 감소하기도 한다.
③ 일반적으로 피부저항은 피부에 땀이 나 있는 경우는 건조시의 약1/12~1/20, 물에 젖어 있을 경우는 1/25로 저하된다.

25 재해 조사의 요령으로 바람직한 방법이 아닌 것은?

① 재해 발생 직후에 행한다.
② 현장의 물리적 증거를 수집한다.
③ 재해 피해자로부터 상황을 듣는다.
④ 의견 충돌을 피하기 위하여 반드시 1인이 조사하도록 한다.

해설 **재해조사의 3단계**
① 현장보존
② 사실의 수집
③ 목격자, 감독자, 피해자 등의 진술

26 전기감전에 의하여 넘어진 사람에 대한 중요관찰사항과 거리가 먼 것은?

① 의식 상태   ② 호흡 상태
③ 맥박 상태   ④ 골절 상태

해설 ① 감전사고시의 응급조치
• 감전재해가 발생하면 우선 전원을 차단하고 피해자를 위험지역에서 신속히 대피
• 구급차나 의사를 부르고, 2차재해가 발생하지 않도록 조치
• 재해상태를 신속·정확하게 관찰
② 감전에 의하여 넘어진 사람에 대한 중요 관찰사항
• 의식상태
• 호흡상태
• 맥박상태
③ 높은 곳에서 추락한 경우
• 출혈의 상태
• 골절의 이상유무 등을 확인

27 사업장에서 승강기의 조립 또는 해체작업을 할 때 조치하여야 할 사항과 거리가 먼 것은?

① 작업을 지휘하는 자를 선임하여 지휘자의 책임 하에 작업을 실시할 것
② 작업 할 구역에는 관계근로자외의 자의 출입을 금지시킬 것
③ 기상상태의 불안정으로 인하여 날씨가 몹시 나쁠 때에는 그 작업을 중지시킬 것
④ 사용자의 편의를 위하여 야간작업을 하도록 할 것

해설 **산업안전보건기준에 관한 규칙 제162조(조립 등의 작업)**
① 사업주는 사업장에 승강기의 설치·조립·수리·점검 또는 해체 작업을 하는 경우 다음 각 호의 조치를 하여야 한다.
1. 작업을 지휘하는 사람을 선임하여 그 사람의 지휘하에 작업을 실할 것
2. 작업을 할 구역에 관계 근로자가 아닌 사람의 출입을 금지하고 그 취지를 보기 쉬운 장소에 표시할 것
3. 비, 눈, 그 밖에 기상상태의 불안정으로 날씨가 몹시 나쁜 경우에는 그 작업을 중지시킬 것

Answer
24 ③ 25 ④ 26 ④ 27 ④

28 재해원인의 분류에서 불안정한 상태(물적 원인)가 아닌 것은?

① 안전방호장치의 결함
② 작업환경의 결함
③ 생산공정의 결함
④ 불안전한 자세 결함

해설 ① 불안전한 상태(물적 원인)
- 방호조치의 부적절
- 작업공정 부적절
- 작업장소의 밀집
- 절차의 부적절
- 작업통로 등 장소 불량 및 위험
- 물체 및 설비 자체의 결함
- 환경 여건 부적절
- 보호구 착용 상태 불량
- 보호구 성능 불량
- 기계기구 등의 취급상 위험
- 작업상의 기타 고유위험요인

② 불안전한 행동(인적 원인)
- 안전조치의 불이행
- 가동 중인 장비를 정비
- 개인 보호구를 미사용
- 잘못된 동작 자세 적용
- 인위적인 속도조작으로 운전
- 공동 작업자에게 경고 누락
- 안전장치가 미가동
- 구조물 등 위험방치 및 미확인
- 무모하고, 불필요한 행위 및 동작
- 인허가 없이 장치 운전
- 잘못된 절차로 장치를 운전

29 간접식 유압엘리베이터의 특징이 아닌 것은?

① 실린더를 설치하기 위한 보호관이 필요하지 않다.
② 실린더 점검이 용이하다.
③ 비상정지장치가 필요하다.
④ 로프의 늘어짐과 작동유의 압축성 때문에 부하에 의한 카 바닥의 빠짐이 비교적 적다.

해설 ① 간접식 유압엘리베이터 특징
- 플런저에 도르래를 설치하여 로프 또는 체인을 이용한(roping) 카를 승강함
- 로핑(roping)으로 1 : 2, 1 : 4, 2 : 4 방법으로 설치
- 실린더의 행정은 승강행정의 1/2, 1/4배 적어도 되며, 그로인해 실린더 매설이 불필요
- 실린더(cylinder) 매설이 불필요하므로 보호관이 필요 없음
- 일반적으로 실린더(cylinder)의 점검이 간편함
- 별도의 비상정지장치가 필요

② 직접식 유압엘리베이터 특징
- 플런저에 카를 직접 설치로 비상정지장치를 추가로 설치하지 않아도 됨
- 지중에 실린더(cylinder)를 설치하기 위해 보호판을 지중에 설치
- 승강로의 면적이 작아도 되며, 구조가 매우 간단
- 실린더는 카의 승강행정의 길이와 동일(약간의 여유)
- 공회전 방지장치가 필요함

Answer
28 ④ 29 ④

30 승강기의 문(Door)에 관한 설명 중 틀린 것은?

① 문 닫힘 도중에도 승강장의 버튼을 동작시키면 다시 열려야 한다.
② 문이 완전히 열린 후 최소 일정 시간 이상 유지되어야 한다.
③ 착상구역 이외의 위치에서는 카내의 문개방버튼을 동작시켜도 절대로 개방되지 않아야 한다.
④ 문이 일정 시간 후 닫히지 않으면 그 상태를 계속 유지하여야 한다.

해설 도어 클로저
① 승강기 출입문이 열려있으면, 자동으로 닫게 하는 안전장치
② 스프링 방식 또는 중력 방식

31 로프식 엘리베이터의 카 틀에서 브레이스로드의 분담 하중은 대략 어느 정도 되는가?

① $\dfrac{1}{8}$ ② $\dfrac{3}{8}$
③ $\dfrac{1}{3}$ ④ $\dfrac{1}{16}$

해설 카 틀(Car Frame) : 카 바닥, 비상정지장치, 메인 로프가 취부 되는 구조물
① 카 또는 카 프레임은 방진고무와 말굽 스프링으로 분리되어 진동 흡수
② 카 프레임은 상부, 하부, 측부로 구성
③ 브레이스 로드는 카 바닥면의 분산된 하중을 균등하게 측부 틀에 전달

32 승강장 도어 문턱과 카 문턱과의 수평거리는 몇 mm 이하여야 하는가?

① 125   ② 120
③ 50   ④ 35

해설 카 문턱과 승강장문 문턱 사이의 수평거리는 35 [mm] 이하이어야 한다.

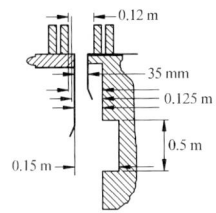

33 에스컬레이터의 디딤판과 스커트 가드와의 틈새는 양쪽 모두 합쳐서 최대 얼마이어야 하는가?

① 5mm 이하   ② 7mm 이하
③ 9mm 이하   ④ 10mm 이하

해설 스커트 가드 안전장치(S.G.S)
① 승강구의 가까운 위치에서 사람이나 이물질이 디딤판 측면과 스커트가드와의 사이에 강하게 끼이는 경우 구동 전동기 및 브레이크의 전원을 차단하는 장치
② 디딤판 수평구간에 위치하며, 보통 콤플레이트 앞 곡선부 상하 양 측면에 설치하고, 추가 설치 시에는 중간지점의 좌우에 설치 할 것
③ 스커트가드와 디딤판과의 틈새는 승강로의 총길이에 걸쳐서 한쪽이 4mm 이하이어야 한다.(양쪽 합쳐서 7mm 이하)

Answer
30 ④ 31 ② 32 ④ 33 ②

34 조속기(GOVERNOR)의 작동상태를 잘못 설명한 것은?

① 카가 하강 과속하는 경우에는 일정 속도를 초과하기 전에 조속기 스위치가 동작해야 한다.
② 조속기의 캣치는 일단 동작하고 난 후 자동으로 복귀되어서는 안 된다.
③ 조속기의 스위치는 작동 후 자동 복귀된다.
④ 조속기 로프가 장력을 잃게 되면 전동기의 주회로를 차단시키는 경우도 있다.

해설 조속기 스위치(Governor switch, Overspeed switch)
① 조속기 기능의 하나이며, 과속도를 검출하여 신호를 주기 위한 스위치(과도스위치)
② 조속기는 기계실에서 행하는 검사 중 하나
③ 동작되면 자동복귀 되지 않지만 자동복귀 되어도 엘리베이터는 운행되지 않는다.

35 다음 중 엘리베이터 감시반에 필요하지 않은 장치는?

① 현재 엘리베이터의 하중 표시장치
② 현재 엘리베이터의 운행방향 표시장치
③ 현재 엘리베이터의 위치 표시장치
④ 엘리베이터의 이상 유무 확인 표시장치

해설 ① 구동기의 방향 감시 또는 표시장치
  • 카의 운행 방향
  • 잠금해제구간의 도착
  • 엘리베이터 카 속도
② 3개 이상의 고장이 결합될 가능성이 있는 경우, 안전회로는 다수의 회로 및 회로의 동등한 상태를 확인하는 감시회로와 함께 설계되어야 한다.

36 조속기의 보수점검 등에 관한 사항과 거리가 먼 것은?

① 층간 정지 시, 수동으로 돌려 구출하기 위한 수동핸들의 작동검사 및 보수
② 볼트, 너트, 핀의 이완 유무
③ 조속기 시브와 로프 사이의 미끄럼 유무
④ 과속스위치 점검 및 작동

해설 ① 각부 마모가 진행하여 미끄럼 및 진동 소음이 현저한 것
② 베어링에 눌러 붙음이 생길 염려가 있는 것
③ 캣치가 작동하지 않는 것
④ 스위치가 불량한 것
⑤ 비상정지장치를 작동시키지 못하는 것
⑥ 볼트, 너트, 핀의 이완 유무

37 비상용 승강기는 화재발생시 화재 진압용으로 사용하기 위하여 고층빌딩에 많이 설치하고 있다. 비상용승강기에 반드시 갖추지 않아도 되는 조건은?

① 비상용 소화기
② 예비전원
③ 전용 승강장 이외의 부분과 방화구획
④ 비상운전 표시등

해설 ① 평상 시 승객용 또는 승객·화물용으로 사용, 화재 시 인명구조 및 소방 활동으로 사용하도록 제작
② 건물의 높이가 31m 이상, 각층마다 면적이 1,500m 초과하는 경우 설치
③ 상시전원의 정전 시 카가 층 중간에 멈출 경우 비상전원 배터리로 안전한 층까지 저속으로 운전하는 장치
④ 카 이송 및 정지의 운전지령은 중앙관리실에 장치를 설치
⑤ 카 내부에 설치, 정전 시 램프중심부로부터 2m 떨어진 수직면상에서 밝기를 1LX 이상으로 30분 이상유지

38 정전 시 램프중심부로부터 2m 떨어진 수직면상의 조도는 몇 LX 이상이어야 하는가?

① 100 ② 50
③ 10   ④ 2

해설 카 내부에 설치. 정전 시 램프중심부로부터 2m 떨어진 수직면상에서 밝기를 1LX 이상으로 30분 이상유지

39 에스컬레이터 승강장의 주의표지판에 대한 설명 중 옳은 것은?

① 주의표지판은 충격을 흡수하는 재질로 만들어야 한다.
② 주의표지판은 영문으로 읽기 쉽게 표기되어야 한다.
③ 주의표지판의 크기는 80mm×80mm 이하의 그림으로 표시되어야 한다.
④ 주의표지판의 바탕은 흰색, 도안은 흑색, 사선은 적색이다.

해설 에스컬레이터 또는 무빙워크의 출입구 근처의 주의표시
① 주의표시를 위한 표시판 또는 표지는 견고한 재질로 만들어야 한다.
② 승강장에서 잘 보이는 곳에 확실히 부착되어야 한다.
③ 주의표시는 80mm×100mm 이상의 크기로 한다.

구분	기준규격(mm)	색상
최소 크기	80×100	–
바탕	–	흰색
원	40×40	–
바탕	–	황색
사선	–	적색
도안	–	흑색

40 실린더를 검사하는 것 중 해당하지 않는 것은?

① 패킹으로부터 누유된 기름을 제거하는 장치
② 공기 또는 가스의 배출구
③ 더스트 와이퍼의 상태
④ 압력배관의 고무호스는 여유가 있는지의 상태

해설
① 유압 실린더(cylinder)상태
 • 유체에너지를 이용하여 기계적 에너지로 변환 시 직선운동 하는 장치이다.
 • 실린더는 상부에 먼지를 방지하는 더스트 와이퍼, 플런저와 접동하면서 오일을 밀봉하는 패킹, 플런저를 접동하면서 지지하는 그랜드 메탈이 부착되어 있어야 한다.
 • 실린더 패킹에서 기름누설은 적절하게 처리될 수 있어야 한다.
 • 유압실린더는 비정상적인 누유 및 전도의 위험 없이 설치상태는 양호하여야 한다.
 • 실린더측 가이드슈의 설치상태는 풀림이나 손상, 균열 등이 없이 확실하고, 지진 기타의 진동에 의해 레일로부터 이탈되지 않는 조치가 되어 있어야 한다.
② 압력배관 상태
 • 압력배관에는 지진 기타의 진동 및 충격을 완화하는 장치가 설치되어 있고, 벽 등을 관통하는 부분에는 슬리브 등이 설치되어 있어야 한다.
 • 유압고무호스의 이음접속은 확실하고, 기름 누설 및 심각한 손상이 없어야 하며, 벽 등을 관통하는 부분에는 슬리브 등이 설치되어 있어야 한다.
 • 압력배관 및 고압고무호스에는 1개 이상의 압력계가 설치되어 있어야 한다.
 • 압력배관은 유효한 부식방지를 위한 조치가 강구되어 있어야 하고, 확실히 지지되어 있어야 한다.

Answer
38 ④ 39 ④ 40 ④

41 가이드 레일의 보수 점검 항목이 아닌 것은?
① 브래킷 취부의 앵커 볼트 이완상태
② 레일 및 브래킷의 오염상태
③ 레일의 급유상태
④ 레일길이의 신축상태

해설 가이드 레일 점검 및 조정
① 가이드 레일 청결상태 확인
② 카의 주행 중 가이드 레일에서 금속음 유무 확인
③ 가이드 레일 수동점검 시 파손, 마모 상태 확인
④ 가이드 레일 볼트, 너트 등의 이완상태 확인
⑤ 가이드 레일의 이음부분 균열상태 확인
⑥ 승강로 벽과 가이드 레일의 고정상태 확인
⑦ 레일 브래킷의 조임상태 및 용접부의 균열 상태 확인

42 보수 기술자의 올바른 자세로 볼 수 없는 것은?
① 신속, 정확 및 예의 바르게 보수 처리한다.
② 보수를 할 때는 안전기준보다는 경험을 우선시한다.
③ 항상 배우는 자세로 기술향상에 적극 노력한다.
④ 안전에 유의하면서 작업하고 항상 건강에 유의한다.

해설 유지보수 및 점검을 할 때는 안전검사기준에 의거 실시 한다.

43 조속기로프의 공칭직경은 몇 mm 이상이어야 하는가?
① 5   ② 6
③ 7   ④ 8

해설 조속기로프
① 조속기는 조속기 용도로 설계된 와이어로프에 의해 구동되어야 한다.
② 조속기로프의 공칭 직경은 6mm 이상이어야 한다.
③ 조속기로프 풀리의 피치 직경과 조속기로프의 공칭 직경 사이의 비는 30 이상이어야 한다.
④ 조속기로프의 최소 파단하중은 조속기가 작동될 때 권상 형식의 조속기에 대해 마찰계수 μmax가 0.2와 동등하게 고려되어 8 이상의 안전율로 조속기로프에 생성

44 유압잭의 부품이 아닌 것은?
① 사이렌서   ② 플런저
③ 패킹   ④ 더스트 와이퍼

해설 사이렌서 : 자동차의 머플러와 같이 작동유의 압력 맥동을 흡수하여 진동, 소음을 감소시키는 역할을 한다.

45 전기식 엘리베이터에서 자체점검주기가 가장 긴 것은?
① 권상기의 감속기어
② 권상기 베어링
③ 수동조작핸들
④ 고정도르래

해설 자체점검주기
① 권상기의 감속기어(1회/3월)
② 권상기 베어링(1회/6월)
③ 수동조작핸들(1회/3월)
④ 고정도르래, 폴리(1회/12월)

Answer
41 ④ 42 ② 43 ② 44 ① 45 ④

46 정격속도 60m/min를 초과하는 엘리베이터에 사용되는 비상정지장치의 종류는?

① 점차작동형 ② 즉시작동형
③ 디스크작동형 ④ 플라이볼작동형

해설 ① 점진적(점차 작동형) 비상정지장치
- F·G·C(flexible guide clamp)형
  - 구조가 간단하여 많이 사용되며, 복구가 용이 하다.
  - 정격속도 60m/min 이상인 중·고속엘리베이터에 사용
- F·W·C(flexible wedge clamp)형
  - 레일을 죄는 힘이 동작 시점에는 약하나 하강함에 점점 강해진 후 일정치 도달한다.
  - 구조가 복잡하여 많이 사용하지 않는다.
② 순간식 비상정지장치
- 저속도 엘리베이터 속도가 45m/min 이하 사용한다.
- 순간식 비상정지장치에는 조속기를 사용하지 않고 롤러의 장력이 없어지는 것을 검출하여 작동하는 방식도 있으며, 슬랙로프 세이프티라고 부른다.

47 운동을 전달하는 장치로 옳은 것은?

① 절이 왕복하는 것을 레버라 한다.
② 절이 요동하는 것을 슬라이더라 한다.
③ 절이 회전하는 것을 크랭크라 한다.
④ 절이 진동하는 것을 캠이라 한다.

해설 링크기구의 구성
① 크랭크(Crank) : 직선운동을 회전운동으로 또는 회전운동을 직선운동으로 바꾸는 장치
② 캠(Cam) : 동력장치의 회전운동을 직선이나 왕복 운동으로 바꾸는 장치
③ 레버(Lever) : 고정링크의 주위를 왕복각 운동하는 링크
④ 슬라이더(Slider) : 왕복 직선 운동하는 링크(피스톤, 실린더 등)

48 헬리컬 기어의 설명으로 적절하지 않은 것은?

① 진동과 소음이 크고 운전이 정숙하지 않다.
② 회전 시에 축압이 생긴다.
③ 스퍼기어보다 가공이 힘들다.
④ 이의 물림이 좋고 연속적으로 접촉한다.

해설 헬리컬 기어
① 잇줄이 축 방향과 일치하지 않는 기어
② 소음이 적음
③ 축 방향 하중이 발생되는 단점이 있음
④ 평기어보다 접촉선의 길이가 길어지므로 큰 힘을 전달

49 평행판 콘덴서에 있어서 콘덴서의 정전용량은 판 사이의 거리와 어떤 관계인가?

① 반비례 ② 비례
③ 불변 ④ 2배

해설 평행판 도체의 정전용량
평행한 두 금속판을 일정한 간격과 면적이 같은 두 금속사이에 전압을 가하면, $+Q[C]$와 $-Q[C]$의 전하가 축적된다.(절연물의 유전율은 $\varepsilon[F/m]$)

$$C = \frac{Q}{V} = \frac{\varepsilon A}{\ell} [F]$$

여기서, A : 단면적$[m^2]$, ℓ : 두 금속 사이$[m]$
ε : 유전율$[F/m]$

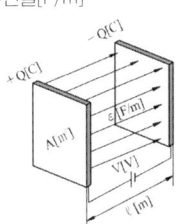

Answer
46 ① 47 ③ 48 ① 49 ①

50 복활차에서 하중 W 물체를 올리기 위해 필요한 힘(P)은? (단, n은 동활차의 수이다.)

① $P = W + 2^n$ ② $P = W - 2^n$
③ $P = W \times 2^n$ ④ $P = \dfrac{W}{2^n}$

해설 복활차
① 정활차와 동활차를 조합한 활차로 같은 힘으로 큰 하중을 운행시킬 수 있다.
② $P = \dfrac{W}{2^n}$
여기서, W : 하중, P : 올리는 힘
n : 동활차의 수

51 유도 전동기의 동기 속도는 무엇에 의하여 정하여 지는가?

① 전원의 주파수와 전동기의 극수
② 전력과 저항
③ 전원의 주파수와 전압
④ 전동기의 극수와 전류

해설 3상 유도전동기
① 동기속도(N_S) : 유도전류와 회전 자속의 곱에 비례하는 토크가 발생
② $N_S = \dfrac{120f}{P}$ [rpm]
여기서, N_S : 동기속도, P : 극수
f : 주파수

52 반지름 r[m], 권수 N의 원형 코일에 I[A]의 전류가 흐를 때 원형 코일 중심전의 자기장의 세기[AT/m]는?

① $\dfrac{NI}{r}$ ② $\dfrac{NI}{2r}$
③ $\dfrac{NI}{2\pi r}$ ④ $\dfrac{NI}{4\pi r}$

해설 원형코일 중심의 자장의 세기
$H = \dfrac{NI}{2r}$ [AT/m]

53 유도전동기에서 슬립이 1이란 전동기의 어느 상태인가?

① 유도 제동기의 역할을 한다.
② 유도 전동기가 전부하 운전 상태이다.
③ 유도 전동기가 정지 상태이다.
④ 유도 전동기가 동기속도로 회전한다.

해설 슬립
① 3상 유도전동기에는 동기속도(N_S), 회전자속도(N) 사이에 속도차이가 생긴다.
② $S = \dfrac{N_S - N}{N_S}$
- S가 커지면 회전자의 속도는 감소, S가 작아지면 회전자 속도는 증가한다.
- $S = 1$: 유도전동기 회전자 정지
- $S = 0$: 동기속도로 회전
∴ $0 < S < 1$

54 물체에 하중이 작용할 때, 그 재료 내부에 생기는 저항력을 내력이라 하고 단위면적당 내력의 크기를 응력이라 하는데 이 응력을 나타내는 식은?

① $\dfrac{단면적}{하중}$
② $\dfrac{하중}{단면적}$
③ 단면적 × 하중
④ 하중 − 단면적

해설 응력
① 물체에 하중이 작용하였을 때, 그 하중에 저항하여 단위 면적당 발생한 내력
② $\delta = \dfrac{N}{m^2} = \dfrac{W}{A}$ [N/m²]
여기서, δ : 응력, W : 하중, A : 단면적

Answer
50 ④ 51 ① 52 ② 53 ③ 54 ②

55 유도전동기의 속도제어방법이 아닌 것은?

① 전원 전압을 변화시키는 방법
② 극수를 변화시키는 방법
③ 주파수를 변화시키는 방법
④ 계자저항을 변화시키는 방법

해설
① 농형 유도전동기
  • 극수 변환법
  • 주파수 제어
  • 1차전압제어(발생토크는 1차전압의 2승에 비례)
② 권선형 유도전동기
  • 2차저항(외부저항)제어법(토크와 속도)
  • 2차여자제어
  • 종속 접속법

56 다음 중 교류전동기는?

① 분권전동기   ② 타여자전동기
③ 유도전동기   ④ 차동복권전동기

해설 직류 전동기의 종류
① 타여자 전동기
② 자여자 전동기
  • 직권전동기
  • 분권전동기
  • 복권전동기
    – 가동복권전동기
    – 차동복권전동기

57 자동제어계의 상태를 교란시키는 외적인 신호는?

① 제어량   ② 외란
③ 목표량   ④ 피드백신호

해설 자동제어계의 상태를 교란시키는 외적 작용으로 목표치가 아닌 압력

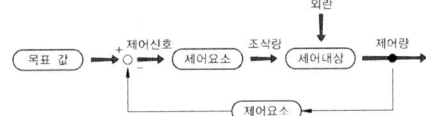

58 50μF의 콘덴서에 200V, 60Hz의 교류 전압을 인가했을 때, 흐르는 전류[A]는?

① 약 2.56   ② 약 3.77
③ 약 4.56   ④ 약 5.28

해설 정전용량(C)만의 회로
① 전압이 전류보다 위상차가 90°($\frac{\pi}{2}$[rad]) 뒤진다.
② 전압과 전류의 관계
  • $I = \omega C \cdot V = \dfrac{V}{\dfrac{1}{\omega C}}$[A]
  • $X_C = \dfrac{1}{\omega C} = \dfrac{1}{2\pi f C}$[Ω]
  여기서, ω : 각속도[rad/s]
  X_C : 용량리액턴스[Ω]
  C : 정전용량[F]
  f : 주파수[Hz]
  ∴ $I = \omega CV = 2\pi fCV$
  $= 2 \times 3.14 \times 60 \times 50 \times 10^{-6} \times 200$
  $= 3.768 ≒ 3.77$[A]
  (각속도 $\omega = 2\pi f$[rad/s])

Answer
55 ④ 56 ③ 57 ② 58 ②

59 영(Young)율이 커지면 어떠한 특성을 보이는가?

① 안전하다.
② 위험하다.
③ 늘어나기 쉽다.
④ 늘어나기 어렵다.

해설 영률(Young's modulus) : 탄성영역에서 스트레스와 변형 사이의 비례관계
① 세로탄성계수 : 탄성한계 내에서 응력과 변형률의 비례관계
- $\sigma = E\varepsilon$

∴ 탄성계수$(E) = \dfrac{응력(\sigma)}{형률(\varepsilon)}$

② 세로변형률이 작다는 것은 늘어나기 어렵다는 의미

60 와이어 로프의 사용 하중이 5000kgf이고, 파괴하중이 25000kgf일 때 안전율은?

① 2.5
② 5.0
③ 0.2
④ 0.5

해설 로프의 안전율

$$S = \dfrac{K \cdot P \cdot N}{W + W_c + W_r}$$

여기서, S : 안전율
K : 로핑계수
P : 로프 1본당 절단하중[kg]
W : 적재하중[kg]
W_c : 카 자중[kg]
W_r : 로프자중[kg]

∴ S(안전율) $= \dfrac{\sigma_s(파단강도)}{\sigma_a(허용응력)} = \dfrac{25000}{5000} = 5$

Answer
59 ④ 60 ②

제4회 (2015.07.19 시행)
2015 과년도기출문제

01 에스컬레이터의 핸드레일(Hand Rail)의 속도는 어떻게 하고 있는가?
① 30m/min 이하로 하고 있다.
② 45m/min 이하로 하고 있다.
③ 발판(step)속도의 $\frac{2}{3}$ 정도로 하고 있다.
④ 발판(step)속도와 같게 하고 있다.

해설 핸드레일
① 주 구동장치와 핸드레일을 구동시키는 장치의 연동되어 있어 구동 시 속도가 같을 것
② 각 난간 상부에는 디딤판, 팔레트 또는 벨트 속도의 0~2%의 허용오차에서 동일한 방향으로 움직이는 핸드레일 설치
③ 핸드레일은 스텝면에서 수직으로 높이 600mm의 위치에 설치하고, 핸드레일 내측거리는 1.2m 이하로 하며, 하강 중 약 15kg의 힘으로 가하여 잡아도 멈추지 않을 것

02 유압식 승강기의 종류를 분류할 때 적합하지 않은 것은?
① 직접식 ② 간접식
③ 팬터 그래프식 ④ 밸브식

해설 유압식 승강기
① 직접식 승강기
② 간접식 승강기
③ 팬터 그래프식 승강기

03 다음 중 엘리베이터 도어용 부품과 거리가 먼 것은?
① 행거롤러 ② 업스러스트롤러
③ 도어레일 ④ 가이드롤러

해설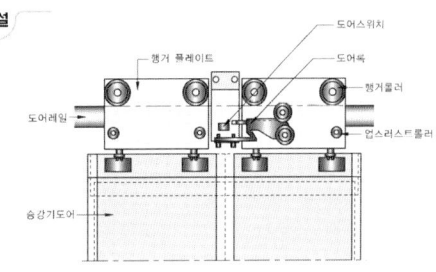

04 균형로프(Compensating Rope)의 역할로 적합한 것은?
① 카의 낙하를 방지한다.
② 균형추의 이탈을 방지한다.
③ 주로프와 이동케이블의 이동으로 변화된 하중을 보상한다.
④ 주로프가 열화되지 않도록 한다.

해설
① 로프가 서로 엉키는 것을 방지하기 위하여 인장시브를 설치
② 균형 로프는 고속 승강기에 적용
③ 보상의 효과는 100%
④ 소음진동 보상
⑤ 카의 밸런스 및 와이어로프 무게 보상

Answer
01 ④ 02 ④ 03 ④ 04 ③

05 교류 2단속도 제어에 관한 설명으로 틀린 것은?

① 기동 시 저속권선 사용
② 주행 시 고속권선 사용
③ 감속 시 저속권선 사용
④ 착상 시 저속권선 사용

해설 교류 2단 속도제어
① 30~60m/min 중속의 화물용 엘리베이터에 적용
② 고속권선 → 기동과 주행, 저속권선 → 감속과 착상 시 행하는 제어
③ 속도비로 4 : 1이 가장 많이 사용

06 주차구획을 평면상에 배치하여 운반기의 왕복 이동에 의하여 주차를 행하는 방식은?

① 평면 왕복식
② 다층 순환식
③ 승강기식
④ 수평 순환식

해설 평면 왕복식 주차 방식
① 주차구획 또는 운반기를 평면적으로 2열 또는 그 이상으로 배열하고, 운반기를 왕복이동시켜 주차하는 방식
② 특징
 • 차량의 입·출고 시간이 짧음
 • 차량의 동시 입·출고 가능
 • 대규모 지하주차장에 적합(소규모 지하주차장에는 고가)

07 승객용 엘리베이터의 적재하중 및 최대정원을 계산할 때 1인당 하중의 기준은 몇 kg 인가?

① 63
② 65
③ 67
④ 70

해설 승강기검사기준 1.4.1 정격하중 적정성
정격하중은 표에 의하여 계산한 값 이상으로 하고, 최대정원은 1인당 하중을 65kg으로 계산한다.

용도	카바닥 면적	정격하중
승객용	1.5m² 이하	바닥면적 1m² 당 370kg로 계산한 수치
	1.5m² 초과 3m² 이하	바닥면중 1.5m²를 초과한 면적에 대해서 1m² 당 500kg으로 계산한 값에 550kg을 더한 수치
	3m² 초과	바닥면중 3m²를 초과한 면적에 대해서 1m² 당 600kg으로 계산한 값에 1,300kg을 더한 수치
화물용		바닥면적 1m²당 250kg (자동차용 엘리베이터와 바닥면적 1m² 이하의 덤웨이터의 경우에는 150kg)으로 계산한 수치

08 가변 전압 가변 주파수(VVVF) 제어방식에 관한 설명 중 틀린 것은?

① 고속의 승강기까지 적용 가능하다.
② 저속의 승강기에만 적용하여야 한다.
③ 직류 전동기와 동등한 제어 특성을 낼 수 있다.
④ 유도 전동기의 전압과 주파수를 변환시킨다.

해설 ① 저속도에서 고속 범위까지 적용
② 유도 전동기에 공급되는 전압과 주파수를 변환시켜 직류 전동기와 동등한 제어방식
③ 제어방식의 향상으로 고속엘리베이터에 유도전동기 적용으로 유지보수가 용이
④ 중·저속 엘리베이터의 승차감, 성능 향상과 저속영역의 손실저감 시켜 소비전력 절감
⑤ 복잡한 제어방식으로 고성능 마이크로프로세서 적용

Answer
05 ① 06 ① 07 ② 08 ②

09 레일의 규격호칭은 소재 1m길이당 중량을 라운드 번호로 하여 레일에 붙여 쓰고 있다. 일반적으로 쓰이고 있는 T형 레일의 공칭이 아닌 것은?

① 8K레일 ② 13K레일
③ 16K레일 ④ 24K레일

해설 가이드 레일의 규격
① 레일 호칭은 마무리 가공 전 소재의 1m당 중량으로 한다.
② 보통 T형 레일 공칭은 8K, 13K, 18K, 24K(대용량 엘리베이터에서는 37K, 50K)
③ 레일의 표준길이는 5m이다.
④ 가이드 레일의 허용응력은 2400kg/cm²이다.

10 엘리베이터 기계실에 관한 설명으로 틀린 것은?

① 기계실이 정상부에 위치한 경우 꼭대기 틈새의 높이는 2m 이상의 높이를 두어야 한다.
② 기계실의 크기는 승강로 수평투영면적의 2배 이상으로 하는 것이 적합하다.
③ 기계실의 위치는 반드시 정상부에 위치하지 않아도 된다.
④ 기계실이 있는 경우 기계실의 크기는 승강로의 크기와 같아야 한다.

해설 기계실 구조
① 기계실의 면적은 승강로 투영면적의 2배 이상
② 기계실의 바닥·벽 및 천장은 내화구조 또는 방화구조로 양호하게 유지
③ 기계실 온도는 5℃에서 +40℃ 이하를 유지(기준 온도이상 시 제어장치 오작동)
④ 기계실에는 바닥 면에서 200LX 이상을 비출 수 있는 영구적으로 설치된 전기 조명
⑤ 상부에 위치할 경우 꼭대기 틈새의 높이는 정격속도에 따라 일정 높이를 두어야 한다.

11 유압 엘리베이터의 압력 릴리프 밸브는 압력을 전 부하 압력의 몇 % 까지 제한하도록 맞추어 조절해야 하는가?

① 115 ② 125
③ 140 ④ 150

해설 압력 릴리프 밸브
① 압력 릴리프 밸브가 설치되어야 하며, 이 압력 릴리프 밸브는 펌프와 체크밸브 사이의 회로에 연결되어야 한다. 유압유는 탱크로 복귀되어야 한다.
② 압력 릴리프 밸브는 압력을 전 부하 압력의 140%까지 제한하도록 맞추어 조절되어야 한다.

12 승강기에 사용하는 가이드 레일 1분의 길이는 몇 m로 정하고 있는가?

① 1 ② 3
③ 5 ④ 7

해설 가이드 레일의 규격
① 레일 호칭은 마무리 가공 전 소재의 1m당 중량으로 한다.
② 보통 T형 레일 공칭은 8K, 13K, 18K, 24K(대용량 엘리베이터에서는 37K, 50K)
③ 레일의 표준길이는 5m이다.
④ 가이드 레일의 허용응력은 2400kg/cm²이다.

Answer
09 ③ 10 ④ 11 ③ 12 ③

13 기계실의 작업구역에서 유효 높이는 몇 m 이상으로 하여야 하는가?

① 1.8
② 2
③ 2.5
④ 3

해설 기계실 구비 조건
① 작업구역에서 유효 높이는 2m 이상이어야 한다.
② 기계실에는 바닥 면에서 200LX 이상을 비출 수 있는 영구적으로 설치된 전기 조명이 있어야 한다.
③ 기계실은 눈·비가 유입되거나 동절기에 실온이 내려가지 않도록 조치되어야 하며 실온은 +5℃에서 +40℃ 사이에서 유지되어야 한다.
④ 제어 패널 및 캐비닛 전면의 유효 수평면적은 아래와 같아야 한다.
  • 폭은 0.5m 또는 제어 패널·캐비닛의 전체 폭 중에서 큰 값 이상
  • 깊이는 외함의 표면에서 측정하여 0.7m 이상
⑤ 수동 비상운전이 필요하다면, 움직이는 부품의 유지보수 및 점검을 위한 유효 수평면적은 0.5m×0.6m 이상이어야 한다.

14 정지로 작동시키면 승강기의 버튼등록이 정지되고 자동으로 지정 층에 도착하여 운행이 정지 되는 것은?

① 리미트 스위치
② 슬로다운 스위치
③ 파킹 스위치
④ 피트 정지 스위치

해설 파킹스위치
① 파킹스위치(키 스위치)는 승강장·중앙관리실 또는 경비실 등에 설치되어 엘리베이터 운행의 휴지조작과 재개조작이 가능하여야 한다.(다만 공동주택, 숙박시설, 의료시설은 제외할 수 있다.)
② 파킹스위치를 휴지상태로 작동시키면 자동으로 지정층에 도착하고, 카가 지정층에 도착하면 모든 카 등록과 승강장 호출은 취소되고 휴지되어야 한다.

15 엘리베이터 완충기에 대한 설명을 적합하지 않는 것은?

① 정격속도 1m/s 이하의 엘리베이터에 스프링 완충기를 사용하였다.
② 정격속도 1m/s 초과의 엘리베이터에 유입완충기를 사용하였다.
③ 유입완충기의 플런저 복귀시험은 완전히 압축한 상태에서 완전 복귀할 때까지의 시간은 120초 이하이다.
④ 유입 완충기에서 최소적용중량은 카 자중 + 적재하중으로 한다.

해설
① 스프링완충기
  • 정격속도 60m/min 이하 승강기에 적용
  • 행정은 최소한 정격속도의 115%에 상응하는 중력 정지거리의 2배
  • 적용중량은 최대 압축하중의 1/4배~1/2.5배의 범위로 적용
② 유입완충기
  • 정격속도 60m/min 초과에 적용
  • 적용중량 : 최소적용중량(카 자중+65), 최대적용중량(카 자중+적재하중)

16 에스컬레이터의 역회전 방지장치가 아닌 것은?

① 구동체인 안전장치
② 기계 브레이크
③ 조속기
④ 스컷트 가드

해설 스컷트 가드 안전장치(S.G.S)
① 승강구에서 사람, 이물질이 끼이는 경우 구동 전동기 및 브레이크의 전원을 차단하는 장치
② 디딤판 수평구간에 위치하며, 보통 콤플레이트 앞 곡선부 상하 양 측면에 설치

Answer
13 ② 14 ③ 15 ④ 16 ④

17 로프이탈방지장치를 설치하는 목적으로 부적절한 것은?

① 급제동시 진동에 의해 주로프가 벗겨질 우려가 있는 경우
② 지진의 진동에 의해 주로프가 벗겨질 우려가 있는 경우
③ 기타의 진동에 의해 주로프가 벗겨질 우려가 있는 경우
④ 주로프의 파단으로 이탈할 경우

해설 로프이탈 방지조치
① 도르래에는 급제동시나 지진 기타의 진동에 의해 주로프가 벗겨지지 않도록 조치
② 기계실에 설치된 고정도르래 또는 도르래 홈에 주로프가 1/20상 묻히거나 도르래의 끝단의 높이가 주로프보다 더 높은 경우에는 제외한다.

18 평면의 디딤판을 동력으로 오르내리게 한 것으로, 경사도가 12° 이하로 설계된 것은?

① 에스컬레이터 ② 수평보행기
③ 경사형 리프트 ④ 덤웨이터

해설 수평보행기의 구조
① 일반적인 내측판간 거리는 0.8~1.2m, 핸드레일 간격은 1.25m 이하
② 경사각은 12° 이하(디딤판의 고무 및 가공으로 미끄러지기 어려운 재질 : 15°이하)
③ 경사각에 따른 속도는 8° 이하 50m/min 이하 (단 8° 초과 시 40m/min 이하)
④ 인·출입표시를 반드시 할 것(수평 보행기라 오판으로 인한 사고 유발)

19 카내에 승객이 갇혔을 때의 조치할 내용 중 부적절한 것은?

① 우선 인터폰을 통해 승객을 안심시킨다.
② 카의 위치를 확인한다.
③ 층 중간에 정지하여 구출이 어려운 경우에는 기계실에서 정지층에 위치하도록 권상기를 수동으로 조작한다.
④ 반드시 카 상부의 비상구출구를 통해서 구출한다.

해설 비상 시 카 내의 승객 구출
① 카 내의 승객과 인터폰을 통해 의사소통(안전하게 구출)을 통한 심적 안정을 취한 후 무리한 탈출 자제 당부한다.
② 카의 현 위치(층 표시)를 확인 한다.
③ 승강기의 주전원 스위치를 차단한다.
④ 승강기가 있는 승강장 도어 비상키를 사용해 열어서 카를 확인한다.
⑤ 카 도어의 잠금을 해지하여 승객을 구출 한다.
⑥ 카의 위치가 층 중간에 있는 경우 승객 구출 시 추락 우려가 있으므로 특별한 경우가 아니면 카가 층의 정위치에 고정한 후 승객 구출을 원칙으로 한다.
⑦ 카의 위치가 중간 사이에 있을 시 ①~③까지 취한 후 권상기를 수동조작으로 층의 정 위치에 맞추고 구출한다.

20 높은 열로 전선의 피복이 연소되는 것을 방지하기 위해 사용되는 재료는?

① 고무   ② 석면
③ 종이   ④ PVC

해설 석면(Asbestos)은 자연계에서 존재하는 섬유상 규산광물로 부터 추출된 천연섬유로서 뛰어난 내구성. 불연성 그리고 절연성의 특징을 가지고 있을 뿐만 아니라 열, 화학물질, 전기 등에 저항성이 강한 물질

Answer
17 ④ 18 ② 19 ④ 20 ②

21 승강기 안전점검에서 신설·변경 또는 고장 수리 등 작업을 한 후에 실시하는 것은?

① 사전점검　② 특별점검
③ 수시점검　④ 정기점검

해설

종류	시행시기	점검사항
일상 점검	• 매일 • 작업 전, 후(수시)	• 기계 공구 및 설비 등 • 해당 작업
정기 점검	• 매주, 매월 • 분기별(정기적)	• 기계, 기구 설비의 주요 부분 • 파손 마모 등 세밀한 부분
특별 점검	• 설비의 신설 및 변경 시 • 천재지변 후(부정기적)	• 기계, 기구 설비의 신설 및 변경 • 고장 및 수리 등

22 작업표준의 목적이 아닌 것은?

① 작업의 효율화
② 위험요인의 제거
③ 손실요인의 제거
④ 재해책임의 추궁

해설 작업표준의 작성목적
① 작업자의 작업책임과 권한에 대한 명확성
② 기술지도 교육에 대한 적절성
③ 현장작업의 교육에 대한 적절성
④ 단기간에 작업기술 숙련에 대한 용이성
⑤ 공장에 우수한 축적된 기술과 전통을 남기기 위해서
⑥ 신속한 기술의 개량 및 개발을 위해서
⑦ 품질관리, 작업관리, 공정관리, 설비관리의 기초 자료로 삼기 위해서

23 감전의 위험이 있는 장소의 전기를 차단하여 수선, 점검 등의 작업을 할 때에는 작업 중 스위치에 어떤 장치를 하여야 하는가?

① 접지장치　② 복개장치
③ 시건장치　④ 통전장치

해설 정전작업 시 안전조치사항
전로 또는 그 지지물의 신설, 점검, 수리, 증설 등의 전기작업을 안전하게 행하려면 위험한 전로를 정지시키고 작업
① 개폐기 시건장치 및 통전금지표시
② 잔류전하 방전조치
③ 정전의 확인(점검)
④ 단락 접지의 실시
⑤ 재통전시의 안전조치

24 방호장치에 대하여 근로자가 준수할 사항이 아닌 것은?

① 방호장치에 이상이 있을 때 근로자가 즉시 수리한다.
② 방호장치를 해체하고자 할 경우에는 사업주의 허가를 받아 해체한다.
③ 방호장치의 해체 사유가 소멸된 때에는 지체 없이 원상으로 회복시킨다.
④ 방호장치의 기능이 상실된 것을 발견하면 지체 없이 사업주에게 신고한다.

해설 산업안전기준에 관한 규칙 제1편 제41조(고장난 기계의 정비등)
① 사업주는 기계 또는 방호장치의 결함이 발견된 때에는 정비를 하지 아니하고서는 근로자로 하여금 이를 사용하도록 하여서는 아니 된다.
② 제1항의 정비가 완료될 때까지는 당해 기계 및 방호장치등에 사용을 금지하는 취지의 표시를 하여야 한다.

Answer
21 ②　22 ④　23 ③　24 ①

25 전류의 흐름을 안전하게 하기 위하여 전선의 굵기는 가장 적당한 것으로 선정하여 사용하여야 한다. 전선의 굵기를 결정하는 요인으로 다음 중 거리가 가장 먼 것은?

① 전압강화
② 허용전류
③ 기계적 강도
④ 외부 온도

해설 전선 굵기의 선정
① 전선의 허용전류
② 허용 전압강하
③ 기계적 강도(전기설비 기술기준)

26 승강기 관리주체의 의무사항이 아닌 것은?

① 승강기 완성검사를 받아야 한다.
② 자체점검을 받아야한다.
③ 승강기의 안전에 관한 일상관리를 하여야한다.
④ 승강기의 안전에 관한 보수를 하여야 한다.

해설 관리주체(사업주)
① 승강기 운행에 대한 지식이 풍부한 자를 안전관리자로 선임하여 당해 승강기를 관리하도록 한다.
② 승강기를 안전하게 관리하도록 안전관리자를 지휘·감독하여야 한다.
③ 이용자의 안전 확보를 위하여 승강기 유지관리 보수에 철저를 기하여야 한다.
④ 승강기의 자체보수점검 시 안전조치를 취한 후, 작업하도록 해야 한다.

27 재해원인의 분석방법 중 개별적 원인 분석은?

① 각각의 재해원인을 규명하면서 하나하나 분석하는 것이다.
② 사고의 유형, 기인물 등을 분류하여 큰 순서대로 도표화하는 것이다.
③ 특성과 요인관계를 도표로 하여 물고기 모양으로 세분화 하는 것이다.
④ 월별 재해 발생수를 그래프화 하여 관리선을 선정하여 관리하는 것이다.

해설
① 개별적 원인분석
 • 통계적 원인분석의 기초자료로 활용
 • 개별적 재해대상(중소규모의 기업에 적합)
 • 재해원인을 상세하게 규명하는 것으로서 재해원인 분석 중에 고려되지 않았던 사항 발견과 실시중인 안전대책의 결함을 발견할 수 있음
 • 특별재해나 중대재해의 원인분석에 적합
 • 대표적 분석기법
② 통계적 원인분석
 • 재해통계의 목적
 • 산업재해 통계양식
 • 산업재해 표현방식

28 합리적인 사고의 발견방법으로 타당하지 않은 것은?

① 육감진단
② 예측진단
③ 장비진단
④ 육안진단

Answer
25 ④ 26 ① 27 ① 28 ①

29 피트에서 하는 검사가 아닌 것은?

① 완충기의 설치상태
② 하부 화이널리미트 스위치류 설치상태
③ 균형로프 및 부착부 설치상태
④ 비상구출구 설치상태

해설) 피트에서 하는 검사
① 완충기 취부상태 확인
② 조속기로프 및 기타의 당김 도르래 확인
③ 피트바닥 청결상태 확인(사다리 고정 유무, 배수구점검)
④ 하부 화이널리미트스위치 동작상태 확인
⑤ 가 비상정지장치 및 스위치 동작상태 확인
⑥ 하부 도르래 동작상태 확인
⑦ 균형추 밑부분 틈새 확인
⑧ 균형로프 및 부착부 확인

30 전기식 엘리베이터 자체점검 항목 중 점검주기가 가장 긴 것은?

① 권상기 감속기어의 윤활유(Oil) 누설 유무 확인
② 비상정지장치 스위치의 기능상실 유무 확인
③ 승장버튼의 손상 유무 확인
④ 이동케이블의 손상 유무 확인

해설) 자체점검주기
① 권상기의 감속기어(1회/3월)
② 비상정지장치 스위치(1회/1월)
③ 승강장버튼 및 표시기(1회/1월)
④ 이동케이블 및 부착부(1회/6월)

31 다음 중 조속기의 형태가 아닌 것은?

① 롤 세이프티(Roll Safety)형
② 디스크(Disk)형
③ 플라이 볼(Fly Ball)형
④ 카(Car)형

해설)
① 롤 세이프티 조속기(roll safety governor)
  • 카의 정격속도 이상시 과속스위치가 검출하여 동력전원회로 차단
  • 조속기 도르래의 홈과 로프 사이에 마찰력을 이용 비상정지
② 디스크 조속기(disk governor)
  • 카의 정격속도 초과 시 원심력에 의해 진자(振子)가 작동 가속 스위치를 작동시켜 정지
  • 추형방식 : 추(錘, weight)형 캐치에 의해 로프를 붙잡아 비상정지 장치 작동
  • 슈형방식 : 도르래 홈과 슈사이에 로프를 붙잡아 비상정지장치를 작동
③ 플라이 볼 조속기(fly ball governor)
  • 도르래의 회전을 수직축의 회전으로 변환, 링크 기구로 구형의 진자에 원심력으로 작동
  • 구조가 매우 복잡하나 정밀도가 높은 검출을 하므로 고속 승강기에 많이 적용

32 다음 중 에스컬레이터의 일반구조에 대한 설명으로 틀린 것은?

① 일반적으로 경사도는 30도 이하로 하여야 한다.
② 핸드레일의 속도가 디딤바닥과 동일한 속도를 유지하도록 한다.
③ 디딤바닥의 정격속도는 30m/min 초과하여야 한다.
④ 물건이 에스컬레이터의 각 부분에 끼이거나 부딪치는 일이 없도록 안전한 구조이어야 한다.

해설) 속도에 의한 분류
① 디딤판의 정격속도 30m/min 이하
② 경사도 30° 이하 수평에서는 0.75m/s 이하, 35° 이하 수평에서는 0.5m/s 이하
③ 경사도가 8° 이하의 속도는 50m/min

Answer
29 ④ 30 ④ 31 ④ 32 ③

33 T형 가이드레일의 규격은 마무리 가공 전 소재의 (   )m 당 중량을 반올림한 정수에 'K 레일'을 붙여서 호칭한다. 빈 칸에 맞는 것은?

① 1　　② 2
③ 3　　④ 4

해설 가이드 레일의 규격
① 레일 호칭은 마무리 가공 전 소재의 1m당 중량으로 한다.
② 보통 T형 레일 공칭은 8K, 13K, 18K, 24K(대용량 엘리베이터에서는 37K, 50K)
③ 레일의 표준길이는 5m이다.
④ 가이드 레일의 허용응력은 2400kg/cm²이다.

34 로프식 엘리베이터에서 도르래의 직경은 로프 직경의 몇 배 이상으로 하여야 하는가?

① 25　　② 30
③ 35　　④ 40

해설 승강기용 권상기 로프의 특징
① 로프의 피치는 직경의 6배를 표준으로 한다.
② Sheave의 직경은 로프 지름의 40배 이상으로 한다.
③ 안전율은 10 이상으로 한다.

35 승강기에 설치할 방호장치가 아닌 것은?

① 가이드 레일
② 출입문 인터 록
③ 조속기
④ 파이널 리미트 스위치

해설 ① 방호장치 : 기계기구 및 설비를 사용할 경우에 작업자에게 상해를 입힐 우려가 있는 부분으로부터 작업자를 보호하기 위한 장치
② 가이드 레일 : 카, 균형추 또는 평형추의 안내

36 카 및 승강장 문의 유효 출입구의 높이[m] 얼마 이상이어야 하는가?

① 1.8　　② 1.9
③ 2.0　　④ 2.1

해설 승강장에서 행하는 검사
① 개문출발방지기능은 카가 승강장에서 1,200mm를 이동하기 전에 통제 불능한 이동을 감지하여 카를 완전히 정지시켜야 한다.
② 카문 및 승강장문에는 2개 이상의 출입구를 설치할 수 있으나, 2개의 문이 동시에 열려 통로로 사용되는 구조이어서는 아니 된다.
③ 카문 및 승강장문의 유효 출입구의 높이는 2.0m 이상이어야 한다.
④ 상하개폐문 및 중앙개폐문의 경우에는 5cm 이내까지 닫혔을 때 기동하고, 승강장에서는 5cm 이상 열려지지 않아야 한다.
⑤ 기타의 문의 경우에는 2cm 이내까지 닫혀졌을 때 기동하고, 승강장에서는 2cm 이상 열려지지 않아야 한다.

37 레일을 싸고 있는 모양의 클램프와 레일 사이에 강체와 가까이 롤러를 물려서 정지시키는 비상정지장치의 종류는?

① 즉시 작동형 비상정지장치
② 플랙시블 가이드 클램프형 비상정지장치
③ 플랙시블 웨지 클램프형 비상정지장치
④ 점차 작동형 비상정지장치

해설 순간식 비상정지장치
① 속도 45m/min 이하에는 순간적으로 정지시키는 즉시 작동형이 사용된다.
② 순간식 비상정지장치에는 조속기를 사용하지 않고 롤러의 장력이 없어지는 것을 검출하여 작동하는 방식도 있으며, 슬랙로프 세이프티라고 부른다.
③ 45m/min 초과의 승강기는 정격속도의 1.4배를 넘지 않는 범위에서 작동하여야 한다.

Answer
33 ①　34 ④　35 ①　36 ③　37 ①

38. 승객용 엘리베이터에서 자동으로 동력에 의해 문을 닫는 방식에서의 문 닫힘 안전장치의 기준에 부적합한 것은?

① 문 닫힘 동작 시 사람 또는 물건이 끼일 때 문이 반전하여 열려야 한다.
② 문 닫힘 안전장치 연결전선이 끊어지면 문이 반전하여 닫혀야 한다.
③ 문 닫힘 안전장치의 종류에는 세이프티슈, 광전장치, 초음파장치 등이 있다.
④ 문 닫힘 안전장치는 카 문이나 승강장 문에 설치되어야 한다.

해설 도어 시스템의 안전장치
① 도어 클로저 : 승강기 출입문이 열려있으면, 자동으로 닫게 하는 안전장치
② 도어 보호장치
　• 세이프티 슈(safety shoe) : 물체가 접촉이 되면 도어가 열리는 보호장치
　• 세이프티 레이(safety ray) : 광이 물체에 반산, 변화된 파장을 검출
　• 초음파 장치 : 초음파로 물체를 검출
③ 도어 스위치 : 도어가 완전 닫히지 않으면 카의 운행할 수 없는 장치
④ 도어 인터록 : 운행 중 카가 정지하지 않은 층에서는 승강장문 전용 열쇠로 열리는 장치
⑤ 문 닫힘 안전장치 연결전선이 끊어지면 문이 반전하여 열려야 한다.

39. 기계식 주차장치에 있어서 자동차 중량의 전륜 및 후륜에 대한 배분 비는?

① 6 : 4　　② 5 : 5
③ 7 : 3　　④ 4 : 6

해설 제2장 안전기준, 제8조(중량배분)
자동차 중량의 전륜 및 후륜에 대한 배분은 6 : 4로 하고 계산하는 단면에는 큰 쪽의 중량이 집중하중으로 작용하는 것으로 가정하여 계산하여야 한다.

40. 승강기의 파이널 리미트 스위치(FINAL LIMIT SWITCH)의 요건 중 틀린 것은?

① 반드시 기계적으로 조작되는 것이어야 한다.
② 작동 캠(CAM)은 금속으로 만든 것이어야 한다.
③ 이 스위치가 동작하게 되면 권상전동기 및 브레이크 전원이 차단되어야 한다.
④ 이 스위치는 카가 승강로의 완충기에 충돌된 후에 작동되어야 한다.

해설 파이널 리미트 스위치(final limit switch)
① 파이널 리미트 스위치의 오동작에 대한 대비로, 종단(최상층 또는 최하층) 전에 설치하여 지나치지 않도록 하기 위해 설치
② 승강로 내부에 설치하고 카에 부착된 캠으로 조작시켜야 한다.
③ 기계적으로 조작되어야 하며 작동 캠은 금속재이어야 한다.
④ 파이널 리미트 스위치가 작동하면 카의 움직임은 어느 방향으로든지 움직일 수 없어야 한다.

41. 승강기의 주로프 로핑(ROPING)방법에서 로프의 장력은 부하측(카 및 균형추) 중력의 1/2로 되며, 부하측의 속도가 로프 속도의 1/2이 되는 로핑 방법은 어느 것인가?

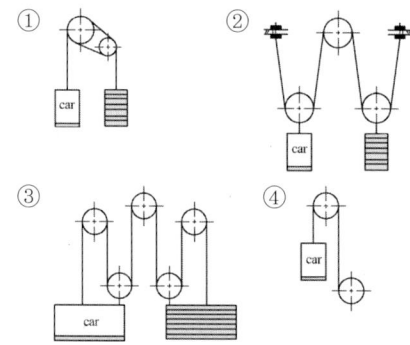

해설 로핑방식
① 승용엘리베이터는 1 : 1 로핑방식을 사용한다.
② 2 : 1 로핑방식의 엘리베이터는 기어식 30m/min 미만에 사용한다.

Answer
38 ②　39 ①　40 ④　41 ②

③ 3 : 1, 4 : 1, 6 : 1 로핑방식의 엘리베이터는 대용량의 저속화물용 엘리베이터에 사용된다. 단점으로는 로프의 길이가 매우 길어지며, 로프의 수명이 짧아지고, 조합 효율이 저하된다.

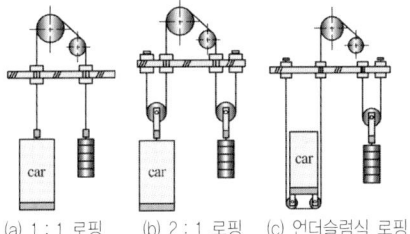

(a) 1 : 1 로핑   (b) 2 : 1 로핑   (c) 언더슬럼식 로핑

42 엘리베이터의 트랙션 머신에서 시브풀리의 홈마모상태를 표시하는 길이 H는 몇 mm 이하로 하는가?

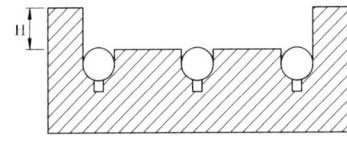

① 0.5   ② 2
③ 3.5   ④ 5

해설 도르래 마모 한계
① 도르래는 심한 마모가 없어야 한다.
② 권상기 도르래홈의 언더컷의 잔여량은 1mm 이상이어야 한다.
③ 권상기 도르래에 감긴 주로프 가닥끼리의 높이차 또는 언더컷 잔여량의 차이는 2mm 이내이어야 한다.

43 전기식 엘리베이터 자체점검 중 카 위에서 하는 점검항목장치가 아닌 것은?

① 비상구출구
② 도어잠금 및 잠금해제장치
③ 카 위 안전스위치
④ 문 닫힘 안전장치

해설 ① 카 실내에서 하는 점검
• 카의 문 및 문턱
• 카 도어 스위치
• 문 닫힘 안전장치
• 카 조작반 및 표시기 등
② 카 상부에서 행하는 점검
• 비상구출구
• 문의 개폐장치
• 도어잠금 및 잠금해세징치
• 카위 안전스위치
• 상부 도르래, 풀리, 스프라켓

44 유압식 승강기의 특징으로 틀린 것은?

① 기계실의 배치가 자유롭다.
② 실린더를 사용하기 때문에 행정거리와 속도에 한계가 있다.
③ 과부하방지가 불가능하다.
④ 균형추를 사용하지 않기 때문에 모터의 출력과 소비전력이 크다.

해설 유압 승강기의 특징
① 건물 하층부에 기계실을 설치하여 상층부의 하중이 걸리지 않음
② 타방식에 기계실 배치보다 자유롭게 설치 운영 가능
③ 유체를 이용한 실린더와 플런저를 사용하므로 속도 및 행정거리에 한계가 있음
④ 균형추가 없어 오로지 동력만을 이용하므로 전력소비가 많음
⑤ 저층 및 60m/min 이하에 적용하며, 대용량 화물용으로 적합
⑥ 유체의 온도를 5~60℃ 이하로 유지
⑦ 공회전 방지장치가 필요함
⑧ 카의 상승 시 압력의 125% 초과하지 않도록 안전밸브 설치

Answer
42 ②   43 ④   44 ③

45 에스컬레이터(무빙워크 포함) 자체점검 중 구동기 및 순환 공간에서 하는 점검에서 B(요주의)로 하여야 할 것이 아닌 것은?

① 전기안전장치의 기능을 상실한 것
② 운전, 유지보수 및 점검에 필요한 설비 이외의 것이 있는 것
③ 상부 덮개와 바닥면과의 이음부분에 현저한 차이가 있는 것
④ 구동기 고정 볼트 등의 상태가 불량한 것

해설 구동기 및 순환 공간에서 하는 점검
① B로 하여야 할 것
  • 운전, 유지보수 및 점검에 필요한 설비 이외의 것이 있는 것
  • 상부 덮개와 바닥면과의 이음부분에 현저한 차이가 있는 것
  • 상부덮개 및 상부덮개 부착부의 마모, 손상 및 부식이 현저하고 감도가 저하하고 있는 것
  • 구동기 고정 볼트 등의 상태가 불량한 것
② C로 하여야 할 것
  • 전기안전장치의 기능을 상실한 것
  • 열쇠 또는 도구로 열수 없는 것
  • 유지보수를 위한 들어 올리는 장치의 기능이 상실된 것
  • 구동기가 전도될 우려가 있는 것

46 유압승강기에 사용되는 안전밸브의 설명으로 옳은 것은?

① 승강기의 속도를 자동으로 조절하는 역할을 한다.
② 압력배관이 파열되었을 때 작동하여 카의 낙하를 방지한다.
③ 카가 최상층으로 상승할 때 더 이상 상승하지 못하게 하는 안전장치이다.
④ 작동유의 압력이 정격압력이상이 되었을 때 작동하여 압력이 상승하지 않도록 한다.

해설 안전밸브
① 사용압력의 1.25배를 초과하기 전에 작동하여 1.5배를 초과하지 않는다.
② 점검은 수동정지밸브를 차단하고 펌프를 강제 가동시켜 점검한다.
③ 카의 상승 시 유입이 증대되었을 때 자동적으로 작동되어 회로를 보호한다.

47 변형률이 가장 큰 것은?

① 비례한도
② 인장 최대하중
③ 탄성한도
④ 항복점

해설 변형률 선도(탄성곡선)
① 비례한도(Proportional limit) : 물체에 가한 응력에 비례하여 물체가 변형되는 최대 한계점. 이 한계점을 넘어가면 파란색 구간으로 들어간다.
② 탄성한도(Elastic limit) : 가해진 응력을 제거했을 때 물체가 원상태(원점)로 돌아오는 최대 한계점. 이 한계점을 넘어가면 초록색 구간으로 들어가며 나서는 물체가 원상태(원점)로 돌아오지 않는다.
③ 항복점(Yield point) : 가해진 응력이 증가하지 않아도 물체가 계속 변형되는 점. 소성영역이며 이런 상태까지 왔으면 절대로 원상태(원점)로 돌아오지 않는다.
④ 극한강도(Ultimate strength) : 물체가 견딜 수 있는 최대의 응력. 인장강도라고도 부른다. 이 점을 지나면 넥킹(necking)이 일어나서 단면적이 급격히 줄어들며, 또한 변형률은 크나 작용응력은 감소한다.

48 어떤 백열전등에 100V의 전압을 가하면 0.2A의 전류가 흐른다. 이 전등의 소비전력은 몇 W인가? (단, 부하의 역률은 1이다.)

① 10
② 20
③ 30
④ 40

해설 유효전력(평균전력) : 교류회로에서 부하에 유효하게 작용하는 전력(실수부)

$$P = VI\cos\theta = I^2R = \frac{V^2}{R}[W]$$

$\therefore P = VI\cos\theta = 100 \times 0.2 \times 1 = 20[W]$

49 "회로망에서 임의의 접속점에 흘러 들어오고 흘러 나가는 전류의 대수합은 0이다."라는 법칙은?

① 키르히호프의 법칙
② 가우스의 법칙
③ 줄의 법칙
④ 쿨롱의 법칙

해설
① 키르히호프의 제1법칙(전류 법칙)
- 회로 내에서 어느 한 접속점에서 유입되는 전류와 유출되는 전류의 대수합은 '0'이다.
- $\sum I = 0 (\sum 유입전류 = \sum 유출전류)$
- $I_1 + I_2 = I_3 + I_4 + I_5$
  $I_1 + I_2 - I_3 - I_4 - I_5 = 0$

② 키르히호프의 제2법칙(전압 법칙)
- 회로 내 임의의 폐회로에 공급되는 기전력과 전압강하의 대수합은 같다.
- $\sum V = \sum IR$ ($\sum 기전력 = \sum 전압강하$)
- $V_1 + V_2 - V_3 = IR_1 + IR_2 + IR_3$

50 유도전동기의 속도를 변화시키는 방법이 아닌 것은?

① 슬립 s를 변화시킨다.
② 극수 P를 변화시킨다.
③ 주파수 f를 변화시킨다.
④ 용량을 변화시킨다.

해설 유도전동기의 이론
① 회전수
- 동기속도(N_S) : 유도전류와 회전 자속의 곱에 비례하는 토크가 발생
- $N_S = \dfrac{120f}{P}$ [rpm]
  여기서, N_S : 동기속도
  P : 극수
  f : 주파수

② 슬립
- 3상 유도전동기에는 동기속도(N_S), 회전자속도(N) 사이에 속도차이가 생긴다.
- $S = \dfrac{N_S - N}{N_S}$
  - S가 커지면 회전자의 속도는 감소, S가 작아지면 회전자 속도는 증가한다.
  - $S = 1$: 유도전동기 회전자 정지
  - $S = 0$: 동기속도로 회전
  ∴ $0 < S < 1$

51 다음 중 OR회로의 설명으로 옳은 것은?

① 입력신호가 모두 "0"이면 출력신호에 "1"이 됨
② 입력신호가 모두 "0"이면 출력신호에 "0"이 됨
③ 입력신호가 "1"과 "0"이면 출력신호에 "0"이 됨
④ 입력신호가 "0"과 "1"이면 출력신호에 "0"이 됨

해설 OR 소자
① 출력신호 값은 2개의 입력 신호 값의 논리합으로 표현
② 회로 및 기호
- 논리식 . A+B = C
- 회로

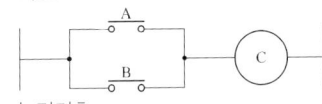

- 논리기호

- 진리표

입력		출력
A	B	C
0	0	0
1	0	1
0	1	1
1	1	1

Answer
50 ④ 51 ②

52 유도전동기에서 슬립이 1이란 전동기의 어느 상태인가?

① 유도 제동기의 역할을 한다.
② 유도 전동기가 전부하 운전 상태이다.
③ 유도 전동기가 정지 상태이다.
④ 유도 전동기가 동기속도로 회전한다.

해설 슬립
① 3상 유도전동기에는 동기속도(N_S), 회전자속도(N) 사이에 속도차이가 생긴다.
② $S = \dfrac{N_S - N}{N_S}$
- S가 커지면 회전자의 속도는 감소, S가 작아지면 회전자 속도는 증가한다.
- $S = 1$: 유도전동기 회전자 정지
- $S = 0$: 동기속도로 회전
∴ $0 < S < 1$

53 주전원이 380V인 엘리베이터에서 110V전원을 사용하고자 강압 트랜스를 사용하던 중 트랜스가 소손되었다. 원인 규명을 위해 회로시험기를 사용하여 전압을 확인하고자 할 경우 회로시험기의 전압 측정범위선택스위치의 최초선택위치로 옳은 것은?

① 회로시험기의 110V 미만
② 회로시험기의 110V 이상 220V 미만
③ 회로시험기의 220V 이상 380V 미만
④ 회로시험기의 가장 큰 범위

해설
① 전압계는 회로에 병렬로 접속
② 측정 전압을 모르는 경우 전압계의 측정범위를 크게 선택

54 진공 중에서 m[Wb]의 자극으로부터 나오는 총 자력선의 수는 어떻게 표현되는가?

① $\dfrac{m}{4\pi\mu_0}$ ② $\dfrac{m}{\mu_0}$
③ $\mu_0 m$ ④ $\mu_0 m^2$

해설 자력선 : 자기장의 세기와 방향을 선으로 나타낸 것의 전위차를 말한다.
- 자기장 내에 임의의 점자하에 작용하는 힘의 크기와 방향을 표시
※ $H = \dfrac{1}{4\pi\mu} \times \dfrac{m_1}{r^2}$ [AT/m]
∴ 진공 중 ⇒ $H = \dfrac{1}{4\pi\mu_0} \times \dfrac{m_1}{r^2}$ [AT/m]
⇒ $\dfrac{m}{\mu_0}$ (자력선 수)

55 대형 직류전동기의 토크를 측정하는데 가장 적당한 방법은?

① 와전류전동기
② 프로니 브레이크법
③ 전기동력계
④ 반환부하법

해설 전기동력계
① 회전기 용어. 토크를 지시하는 방법을 갖춤. 발전기, 전동기 또는 와전류 부하흡수기
② 발전기나 전동기의 고정자를 고정하는 데 필요한 회전력을 계측
③ 토크를 구하는 방식의 동력계이며, 정밀도가 좋아서 주로 고속 기관의 출력 계산에 이용된다.

Answer
52 ③　53 ④　54 ②　55 ③

56 웜기어의 특징에 관한 설명으로 틀린 것은?

① 가격이 비싸다.
② 부하용량이 작다.
③ 소음이 적다.
④ 큰 감속비를 얻는다.

해설 웜 기어
① 두 축이 직각을 이루는 경우 적용
② 큰 감속을 얻을 수 있으나 효율이 낮음
③ 접촉에 의해 동력 전달로 소음, 진동이 적은 편
④ 같은 동력을 전달 시 다른 기계장치에 비해 크기를 약 1/2 줄일 수 있음

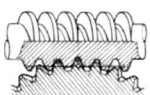

57 다음 설명 중 링크의 특징이 아닌 것은?

① 경쾌한 운동과 동력의 마찰손실이 크다.
② 제작이 용이하다.
③ 전동이 매우 확실하다.
④ 복잡한 운동을 간단한 장치로 할 수 있다.

해설 링크기구(link mechanism) : 가늘고 긴 막대를 조합시킨 기구
① 운동의 마찰손실 적음
② 구조가 간단
③ 복잡한 운동을 얻을 수 있음
④ 전달하는 힘에 비하여 구조가 경쾌하다.

58 다음 중 전압계에 대한 설명으로 옳은 것은?

① 부하와 병렬로 연결한다.
② 부하와 직렬로 연결한다.
③ 전압계는 극성이 없다.
④ 교류 전압계에는 극성이 있다.

해설 전압계 사용법
① 전압의 종류
  • 저압 : 교류 600V 이하, 직류 750V 이하
  • 고압 : 저압의 한도를 넘고 7000V 이하
  • 특고압 : 7000V 초과
② 전압계는 회로에 병렬로 접속
③ 측정 전압을 모르는 경우 전압계의 측정범위를 크게 선택
④ 측정한 전압값이 눈금 범위의 1/3~2/3 사이에 위치하도록 범위를 적당히 조정
⑤ 계기용 변압기를 사용할 경우는 2차측에 병렬로 접속하고 2차측의 한 단지에 접지

59 재료에 하중이 작용하면 재료를 구성하는 원자사이에서 위치의 변화가 일어나고, 그 내부에 응력이 생기며, 외적으로는 변형이 나타난다. 이 변형량과 원치수와의 비를 변형률이라 하는데, 변형률의 종류가 아닌 것은?

① 세로 변형률 ② 가로 변형률
③ 전단 변형률 ④ 중량 변형률

해설
변형률 = $\dfrac{\text{변형량}}{\text{원래의 길이}}$

① 세로 변형률 : $\varepsilon = \dfrac{\lambda}{l}$
  여기서, λ : 변형량, l : 세로 방향의 처음 길이

② 가로 변형률 : $\varepsilon_c = \dfrac{\delta}{d}$
  여기서, δ : 변형량, d : 가로방향의 처음 지름

③ 체적 변형률 : $\varepsilon_v = \dfrac{\Delta V}{V}$
  여기서, ΔV : 체적 변화량, V : 처음체적

④ 전단변형률(γ) = $\dfrac{\text{전단응력}(\tau)}{\text{가로탄성계수}(G)}$

Answer
56 ② 57 ① 58 ① 59 ④

60 2진수 001101과 100101을 더하면 합은 얼마인가?

① 101010　　② 110010
③ 011010　　④ 110100

해설 2진수의 덧셈
각 자리에 올 수 있는 가장 큰 수는 1이므로, 각 자리의 덧셈 결과가 2가 되면 바로윗자리에 1을 더해주는 자리올림수가 발생하고 그 자리는 0이 된다.
① 0 + 0 = 0
② 0 + 1 = 1
③ 1 + 0 = 1
④ 1 + 1 = 10
∴　　0 0 1 1 0 1
　+) 1 0 0 1 0 1
　　 1 1 0 0 1 0 = 110010

Answer
60 ②

제5회 (2015.10.10 시행) 과년도기출문제

01 조속기의 설명에 관한 사항으로 틀린 것은?

① 조속기로프의 공칭 직경은 8mm 이상이어야 한다.
② 조속기는 조속기 용도로 설계된 와이어로프에 의해 구동되어야 한다.
③ 조속기에는 비상정지장치의 작동과 일치하는 회전방향이 표시되어야 한다.
④ 조속기로프 풀리의 피치 직경과 조속기로프의 공칭 직경 사이의 비는 30 이상이어야 한다.

해설 조속기 로프 및 도르래 구비조건
① 조속기 로프의 공칭지름의 6mm 이상, 안전율은 최소 8 이상
② 마찰 정지형 조속기의 경우 마찰계수가 0.2로 고려하여 인장력 계산
③ 도르래의 피치지름과 로프의 공칭지름의 비를 30 이상
④ 카의 속도를 검출하는 장치로 카의 속도와 같은 회전(기계실에서 행하는 검사 중 하나)

02 전기식 엘리베이터 기계실의 구조에서 구동기의 회전부품 위로 몇 m 이상의 유효수직거리가 있어야 하는가?

① 0.2 ② 0.3
③ 0.4 ④ 0.5

해설 기계실 치수
① 구동기의 회전부품 위로 0.3m 이상의 유효 수직 거리가 있어야 한다.
② 기계실 바닥에 0.5m를 초과하는 단차가 있을 경우에는 보호난간이 있는 계단 또는 발판이 있어야 한다.
③ 기계실 크기는 설비, 특히 전기설비의 작업이 쉽고 안전하도록 충분하여야 한다.(작업구역에서 유효 높이는 2m 이상이어야 한다.)
④ 기계실 유효 공간으로 접근하는 통로의 폭은 0.5m 이상이어야 한다. 다만, 움직이는 부품이 없는 경우에는 0.4m로 줄일 수 있다.

03 균형추의 중량을 결정하는 계산식은? (단, 여기서 L 은 정격하중, F 는 오버밸런스율이다.)

① 균형추의 중량 = 카 자체하중 + $(L \times F)$
② 균형추의 중량 = 카 자체하중 × $(L \times F)$
③ 균형추의 중량 = 카 자체하중 + $(L + F)$
④ 균형추의 중량 = 카 자체하중 + $(L - F)$

해설 균형추 중량
= 카 자체하중 + $L \times F(0.35 \sim 0.55)$
여기서, L : 정격 적재량[kg]
F : 오버밸런스(0.35~0.55)율

04 승강기가 최하층을 통과했을 때 주전원을 차단시켜 승강기를 정지시키는 것은?

① 완충기
② 조속기
③ 비상정지장치
④ 파이널 리미트 스위치

해설 파이널 리미트 스위치(final limit switch) : 파이널 리미트 스위치의 오동작에 대한 대비로, 종단(최상층 또는 최하층) 전에 설치하여 지나치지 않도록 하기 위해 설치

Answer
01 ① 02 ② 03 ① 04 ④

05 엘리베이터의 정격속도 계산 시 무관한 항목은?

① 감속비　　　② 편향도르래
③ 전동기 회전수　④ 권상도르래 직경

해설
① 시브의 속도(V)
$$V = \frac{\pi \cdot D \cdot N_m}{1000} [\text{m/min}]$$
여기서, V : 정격속도[m/min]
　　　　D : 시브의 직경[mm]
　　　　N_m : 시브의 회전속도[rpm]

② 모터의 용량(N)
$$N = \frac{r_m \cdot M \cdot \eta_3}{i \times 974} [\text{kW}]$$
여기서, i : 감속비
　　　　r_m : motor 회전수[rpm]
　　　　M : 승강기 모멘트
　　　　η_3 : counter weight의 균형계수

06 엘리베이터용 도어머신에 요구되는 성능이 아닌 것은?

① 가격이 저렴할 것
② 보수가 용이할 것
③ 작동이 원활하고 정숙할 것
④ 기동회수가 많으므로 대형일 것

해설
① 동작이 원활하며, 잡음이 없을 것
② 소형 경량일 것
③ 내구성이 좋을 것
④ 보수가 쉽고, 가격이 저렴할 것

07 여러 층으로 배치되어 있는 고정된 주차구획에 아래·위로 이동할 수 있는 운반기에 의하여 자동차를 자동으로 운반 이동하여 주차하도록 설계한 주차장치는?

① 2단식
② 승강기식
③ 수직순환식
④ 승강기슬라이드식

해설
승강기식 주차 방식
① 여러 층으로 배열되어 고정된 주차구획에 상하로 운반할 수 있는 운반기로 자동차를 주차시키는 방식
② 주차방식의 종류
 • 횡식 : 자동차를 주차구획에 격납 시킬 때 자동차의 폭 방향으로 이송시켜 입·출고하는 방식 (가장 일반적인 방식)
 • 종식 : 자동차를 주차구획에 격납 시킬 때 자동차의 길이 방향으로 이송시켜 입·출고하는 방식
 • 승강 선회식 : 승강로 주위를 방사선 형태로 주차구획을 배치하여 입·출고를 행하는 방식으로 공간 효율이 좋지 않다.

08 다음 중 도어 시스템의 종류가 아닌 것은?

① 2짝문 상하열기방식
② 2짝문 가로열기(2S)방식
③ 2짝문 중앙열기(CO)방식
④ 가로열기와 상하열기 겸용방식

해설
① 가로 열기식 문 : 승객용, 침대용 또는 화물용으로 사용(1SO, 2SO)
② 중앙 열기식 문 : 승객용 또는 침대용으로 사용(2CO, 4CO)
③ 상승 열기식 문 : 대형 화물 또는 자동차용으로 사용(1UP, 2UP)
④ 상하 열기식 문 : 주로 덤 웨이터 사용(2UD, 4UD)
⑤ 스윙식 문 : 여닫이(1S, 2S)

09 전기식 엘리베이터의 속도에 의한 분류방식 중 고속엘리베이터의 기준은?

① 2m/s 이상 ② 2m/s 초과
③ 3m/s 이상 ④ 4m/s 초과

해설 승강기 속도별 분류

분류	속도	사용
저속	45 이하 [m/min]	소형빌딩 등
중속	60~105 [m/min]	아파트 및 병원, 중형빌딩 등
고속	120~240(300) [m/min]	대형빌딩, 백화점 등 (무기어제어 시)
초고속	360 초과 [m/min]	초고층 빌딩

∴ m/min → m/s 변환[60초(sec)]

10 에스컬레이터의 구동체인이 규정치 이상으로 늘어났을 때 일어나는 현상은?

① 안전레버가 작동하여 브레이크가 작동하지 않는다.
② 안전레버가 작동하여 하강은 되나 상승은 되지 않는다.
③ 안전레버가 작동하여 안전회로 차단으로 구동되지 않는다.
④ 안전레버가 작동하여 무부하시는 구동되나 부하시는 구동되지 않는다.

해설 **구동체인 안전장치(D.C.S)** : 구동체인이 늘어짐 또는 절단되었을 때 동력을 차단
• 안전레버가 작동하여 안전회로 차단으로 구동되지 않는다.

11 승강기 정밀안전 검사 시 과부하방지장치의 작동치는 정격 적재하중의 몇 %를 권장치로 하는가?

① 95~100 ② 105~110
③ 115~120 ④ 125~130

해설 카 내에 정격적재하중 초과 시 바닥에 설치한 장치가 작동으로 경보와 도어 열림
② 정격적재하중의 105~110% 범위에 설정
③ 카의 출발을 정지시킨다.

12 사이리스터의 점호각을 바꿈으로써 회전수를 제어하는 것은?

① 궤환제어
② 일단속도제어
③ 주파수변환제어
④ 정지레오나드제어

해설 ① 교류 1단 속도제어 : 30m/min의 저속용 엘리베이터에 적용하며, 가장 간단
② 교류이단 속도제어 : 30~60m/min 중속의 화물용 엘리베이터에 적용(주행 → 고속권선, 감속 → 저속권선 방식)
③ 교류귀환제어 : 45~105m/min 승객용 엘리베이터에 적용(카의 실제속도와 지령속도를 비교, 사이리스터의 점호각을 바꾸는 방식)
④ 가변전압 가변주파수제어(VVVF) : 저속도에서 고속 범위까지 적용(전압과 주파수 변화 방식)
⑤ 정지 레오나드 방식 : 사이리스터와 같은 정지형 반도체 소자로 교류를 직류로 변환과 동시에 점호각 제어

Answer
09 ④ 10 ③ 11 ② 12 ①, ④

13 와이어로프 가공방법 중 효과가 가장 우수한 것은?

해설

가공종류		하중효율
록크가공		90~95%
슬링가공		10mm≧ : 85% 20mm≧ : 75% 20mm< : 70%
소컷트가공		100%
클립가공		50~60%

14 실린더에 이물질이 흡입되는 것을 방지하기 위하여 펌프의 흡입측에 부착하는 것은?

① 필터　　② 사이렌서
③ 스트레이너　　④ 더스트와이퍼

해설
① 스트레이너(흡입필터) : 비교적 눈이 거친 필터로 작동유의 통과저항이 작아 일반적으로 펌프의 흡입측에 이용된다.
② 사이렌서 : 자동차의 머플러와 같이 작동유의 압력맥동을 흡수하여 진동, 소음을 감소시키는 역할을 한다.
③ 더스트와이퍼 : 먼지, 모래 등 이물질이 실린더에 들어가지 않도록 플런저의 표면에 밀착하여 이물질 제거

15 직류 가변전압식 엘리베이터에서는 권상전동기에 직류 전원을 공급한다. 필요한 발전기용량은 약 몇 kW인가? (단, 권상전동기의 효율은 80%, 1시간 정격은 연속정격의 56%, 엘리베이터용 전동기의 출력은 20kW이다.)

① 11　　② 14
③ 17　　④ 20

해설
발전기용량 = 전동기 출력×정격비율
∴ $Q = \dfrac{20}{0.8} \times 0.56 = 14[kW]$

16 교류엘리베이터의 제어방식이 아닌 것은?

① 교류일단 속도제어방식
② 교류귀환 전압제어방식
③ 워드레오나드방식
④ VVVF 제어방식

해설 교류 엘리베이터 제어방식의 종류
① 교류 1단 속도제어
② 교류이단 속도제어
③ 교류귀환제어
④ VVVF(Variable Voltage Variable Friquency : 가변전압 가변주파수)제어

17 카 비상정지장치의 작동을 위한 조속기는 정격속도의 몇 % 이상의 속도에서 작동해야 하는가?

① 105　　② 110
③ 115　　④ 120

해설
카 비상정지장치의 작동을 위한 조속기는 정격속도의 115% 이상의 속도 그리고 다음과 같은 속도 미만에서 작동되어야 한다.
① 고정된 롤러 형식을 제외한 즉시 작동형 비상정지장치 : 0.8m/s
② 고정된 롤러 형식의 비상정지장치 : 1m/s
③ 완충효과가 있는 즉시 작동형 비상정지장치 및 정격속도가 1m/s 이하의 엘리베이터에 사용되는 점차 작동형 비상정지장치 : 1.5m/s
④ 정격속도가 1m/s를 초과하는 엘리베이터에 사용되는 점차 작동형 비상정지장치
 : 1.25V+ 0.25/Vm/s

Answer
13 ①　14 ③　15 ②　16 ③　17 ③

18 간접식 유압엘리베이터의 특징으로 틀린 것은?

① 실린더의 점검이 용이하다.
② 비상정지장치가 필요하지 않다.
③ 실린더를 설치하기 위한 보호관이 필요하지 않다.
④ 승강로는 실린더를 수용할 부분만큼 더 커지게 된다.

해설 ① 간접식 유압엘리베이터 특징
- 플런저에 도르래를 설치하여 로프 또는 체인을 이용한(roping) 카를 승강함
- 로핑(roping)으로 1 : 2, 1 : 4, 2 : 4 방법으로 설치
- 실린더의 행정은 승강행정의 1/2, 1/4배 적어도 되며, 그로인해 실린더 매설이 불필요
- 실린더(cylinder) 매설이 불필요하므로 보호관이 필요 없음
- 일반적으로 실린더(cylinder)의 점검이 간편함
- 별도의 비상정지장치가 필요

② 직접식 유압엘리베이터 특징
- 플런저에 카를 직접 설치로 비상정지장치를 추가로 설치하지 않아도 됨
- 지중에 실린더(cylinder)를 설치하기 위해 보호판을 지중에 설치
- 승강로의 면적이 작아도 되며, 구조가 매우 간단
- 실린더는 카의 승강행정의 길이와 동일(약간의 여유)
- 공회전 방지장치가 필요함

19 전기기기의 외함 등이 절연이 나빠져서 전류가 누설되어도 감전사고의 위험이 적도록 하기 위하여 어떤 조치를 하여야 하는가?

① 접지를 한다.
② 도금을 한다.
③ 퓨즈를 설치한다.
④ 영상변류기를 설치한다.

해설 감전사고 예방 대책
① 전기 기기 사용 시에 필히 접지 할 것(전기기기 외함 등)
② 전기 기기 및 배선 등의 모든 충전부는 노출시키지 않을 것
③ 누전 차단기를 시설하여 감전사고 시의 재해를 방지할 것
④ 젖은 손으로 전기 기기를 만지지 않을 것
⑤ 개폐기에는 반드시 정격 퓨즈를 사용할 것
⑥ 불량하거나 고장난 전기제품은 사용하지 않을 것

20 재해 누발자의 유형이 아닌 것은?

① 미숙성 누발자   ② 상황성 누발자
③ 습관성 누발자   ④ 자발성 누발자

해설 재해 누발자의 유형
① 미숙성 누발자(기능, 환경에 익숙하지 못한 자)
② 상황성 누발자
③ 습관성 누발자
④ 소질성 누발자

21 카 내에 갇힌 사람이 외부와 연락할 수 있는 장치는?

① 챠임벨   ② 인터폰
③ 리미트스위치   ④ 위치표시램프

해설 비상 시 카 내의 승객 구출
① 카 내의 승객과 인터폰을 통해 의사소통(안전하게 구출)을 통한 심적 안정을 취한 후 무리한 탈출 자제 당부한다.
② 카의 현 위치(층 표시)를 확인한다.
③ 승강기의 주전원 스위치를 차단한다.
④ 승강기가 있는 승강장 도어 비상키를 사용해 열어서 카를 확인한다.
⑤ 카 도어의 잠금을 해지하여 승객을 구출 한다.
⑥ 카의 위치가 층 중간에 있는 경우 승객 구출 시 추락 우려가 있으므로 특별한 경우가 아니면 카가 층의 정위치에 고정한 후 승객 구출을 원칙으로 한다.
⑦ 카의 위치가 층간 사이에 있을 시 ①~③까지 취한 후 권상기를 수동조작으로 층의 정 위치에 맞추고 구출한다.

Answer
18 ② 19 ① 20 ④ 21 ②

22 추락에 의한 위험방지 중 유의사항으로 틀린 것은?

① 승강로 내 작업 시에는 작업공구, 부품 등이 낙하하여 다른 사람을 해하지 않도록 할 것
② 카 상부 작업 시 중간층에는 균형추의 움직임에 주의하여 충돌하지 않도록 할 것
③ 카 상부 작업 시에는 신체가 카상부 보호대를 넘지 않도록 하며 로프를 잡을 것
④ 승강장 도어 키를 사용하여 도어를 개방할 때에는 몸의 중심을 뒤에 두고 개방하여 반드시 카 유무를 확인하고 탑승할 것

해설 안전기준 제336조(조립 등 작업 시의 준수사항) 제2항2호
작업위치의 높이가 2m 이상일 경우에는 작업발판을 설치하거나 안전대를 착용하게 하는 등 위험방지를 위하여 필요한 조치를 할 것(로프를 잡아서는 안 된다.)

23 안전보호기구의 점검, 관리 및 사용방법으로 틀린 것은?

① 청결하고 습기가 없는 장소에 보관한다.
② 한번 사용한 것은 재사용을 하지 않도록 한다.
③ 보호구는 항상 세척하고 완전히 건조시켜 보관한다.
④ 적어도 한 달에 1회 이상 책임 있는 감독자가 점검한다.

해설 ① 보호구의 올바른 보관 방법을 파악한다.
• 보호구는 언제든지 사용할 수 있는 상태로 손질하여 놓아야 한다.
• 최소 1개월에 1회 이상 책임 있는 감독자가 점검한다.
• 세척한 후에는 완전히 건조시켜 청결하고 습기가 없는 장소에 보관한다.
• 부식성 액체, 유기용제, 기름, 화장품, 산등과 혼합하여 보관하지 않는다.
② 보호구 선택 시 유의사항을 파악
• 품질이 좋고, 사용목적에 적합해야 한다.
• 쓰기 쉽고, 손질하기 쉬워야 한다.
• 사용자에게 잘 맞아야 한다.

24 작업장에서 작업복을 착용하는 가장 큰 이유는?

① 방한
② 복장 통일
③ 작업능률 향상
④ 작업 중 위험 감소

해설 유해 물질로부터 근로자를 보호하기 위하여 고안된 작업복
① 작업의 안전 및 능률향상
② 개인의 의복보호
③ 작업장의 오염으로부터 몸 보호

25 재해원인 중 생리적인 원인은?

① 작업자의 피로
② 작업자의 무지
③ 안전장치의 고장
④ 안전장치 사용의 미숙

해설 재해 원인의 분류
① 직접원인 : 불안전한 행동(인적원인), 불안전한 상태(물적 원인)
② 간접원인 : 기술적 교육적 신체적 정신적 관리적

26 기계운전 시 기본안전수칙이 아닌 것은?

① 작업범위 이외의 기계는 허가 없이 사용한다.
② 방호장치는 유효 적절히 사용하며, 허가 없이 무단으로 떼어놓지 않는다.
③ 기계가 고장이 났을 때에는 정지, 고장표시를 반드시 기계에 부착한다.
④ 공동 작업을 할 경우 시동할 때에는 남에게 위험이 없도록 확실한 신호를 보내고 스위치를 넣는다.

해설 기계설비 운전 시의 기본 안전수칙
① 방호장치는 유효 적절히 사용하며 허가 없이 무단으로 떼어놓지 않음
② 기계설비가 고장이 났을 때는 정지, 고장표시를 반드시 기계에 부착(고장부품 즉시 교환)
③ 안전사고 예방을 위해 주기적인 점검을 해야 한다.
④ 기계수리 후 조작하기 전에 주변의 작업자를 반드시 확인한다.

Answer
22 ③ 23 ② 24 ④ 25 ① 26 ①

27. 승강기 보수 작업 시 승강기의 카와 건물의 벽 사이에 작업자가 끼인 재해의 발생 형태에 의한 분류는?

① 협착   ② 전도
③ 방심   ④ 접촉

해설 재해의 발생 형태
① 협착 : 물건에 끼워진 상태, 말려든 상태
② 전도 : 사람이 평면상에서 넘어졌을 경우(과속/미그러짐 포함)
③ 감전 : 전기 접촉이나 방전에 의해서 충격을 받은 경우
④ 충격 : 사람이 정지물에 부딪힌 경우
⑤ 파열 : 용기 또는 장치가 물리적 압력에 의해 찢어지는 경우

28. 감전 상태에 있는 사람을 구출할 때의 행위로 틀린 것은?

① 즉시 잡아당긴다.
② 전원 스위치를 내린다.
③ 절연물을 이용하여 떼어 낸다.
④ 변전실에 연락하여 전원을 끈다.

해설 감전사고 시의 응급조치
① 감전재해가 발생하면 우선 전원을 차단한다.
② 피해자를 위험지역에서 신속히 대피시키는 동시에 구급차나 의사에 연락한다.
③ 2차재해가 발생하지 않도록 조치하여야 한다.
④ 재해상태를 신속·정확하게 관찰한 다음 구명시기를 놓치지 않도록 불필요한 시간을 낭비해서는 안된다.
⑤ 감전에 의하여 넘어진 사람에 대한 중요 관찰사항은 의식상태, 호흡상태, 맥박상태이며 높은 곳에서 추락한 경우에는 출혈의 상태, 골절의 이상 유무 등을 확인
⑥ 관찰한 결과 의식이 없거나 호흡 및 심장이 정지해 있거나 출혈을 많이 하였을 때에는 관찰을 중지하고 곧 필요한 응급조치(인공호흡, 심장마사지 등)를 하여야 한다.

29. 운행 중인 에스컬레이터가 어떤 요인에 의해 갑자기 정지하였다. 점검해야 할 에스컬레이터 안전장치로 틀린 것은?

① 승객검출장치
② 인레트 스위치
③ 스커드 가드 안전 스위치
④ 스텝체인 안전장치

해설 에스컬레이터 안전장치
① 스커트 가드 안전장치(S.G.S)
 • 승강구의 가까운 위치에서 사람이나 이물질이 디딤판 측면과 스커트가드와의 사이에 강하게 끼이는 경우 구동 전동기 및 브레이크의 전원을 차단하는 장치
 • 스커트 가드는 어느 부분에서나 $25cm^2$의 면적에 1500N(153kg)의 힘을 직각으로 가했을 때 휨량이 4mm 이내이어야 하고, 시험후 영구변형이 없어야 한다.
② 스텝체인 안전장치(T.C.S)
 • 체인 재료의 강도는 에스컬레이터 폭이 넓고, 운행길이가 길수록 기계적 강도가 클 것
 • 스텝체인(롤러체인)의 일정한 결합간격을 위하여 일정한 간격으로 스텝측에 연결하고, 스텝측 좌·우단에 각 1개씩 스텝의 전륜에 부착
 • 안전율은 에스컬레이터가 승객하중과 인장장치의 인장력을 더한 하중을 운반할 때 체인이 받는 정적인 힘 사이의 비율로 결정
③ 인레트(Inlet) 안전스위치
 • 에스컬레이터의 핸드레일이 난간 아래로 되돌아 들어가는 구멍에 설치되는 안전스위치로서, 사람 손이나 이물체를 감지하여 운행을 정지시키는 장치이다.

30. 승강기 완성검사 시 에스컬레이터의 공칭속도가 0.5m/s인 경우 제동기의 정지거리는 몇 m 이어야 하는가?

① 0.20m에서 1.00m 사이
② 0.30m에서 1.30m 사이
③ 0.40m에서 1.50m 사이
④ 0.55m에서 1.70m 사이

해설 에스컬레이터의 정지거리

공칭속도 V	정지거리
0.50m/s	0.20m에서 1.00m 사이
0.65m/s	0.30m에서 1.30m 사이
0.75m/s	0.40m에서 1.50m 사이

Answer
27 ① 28 ① 29 ① 30 ①

31. 로프식 승용승강기에 대한 사항 중 틀린 것은?

① 카 내에는 외부와 연락되는 통화장치가 있어야 한다.
② 카 내에는 용도, 적재하중(최대 정원) 및 비상시 조치 내용의 표찰이 있어야 한다.
③ 카바닥 끝단과 승강로 벽사이의 거리는 150mm 초과 하여야 한다.
④ 카바닥은 수평이 유지되어야 한다.

해설 카 내에서 행하는 검사 : 카 바닥 앞부분과 승강로 벽과의 수평거리는 125mm 이하이어야 한다.

32. 버니어캘리퍼스를 사용하여 와이어 로프의 직경 측정방법으로 알맞은 것은?

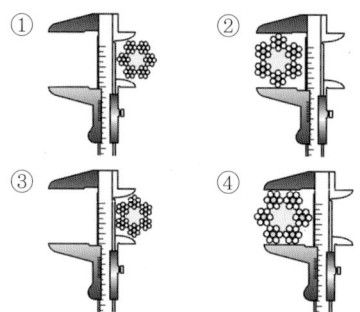

해설
① 버니어캘리퍼스의 사용
  • 본척(어미자), 부척(아들자) 이용하여 1/20mm, 1/50mm 길이 측정
  • 외경, 내경, 깊이, 계단측정이 가능
  • 가격이 저렴하고, 측정방법이 편리하여 많이 사용
② 와이어로프 지름 측정

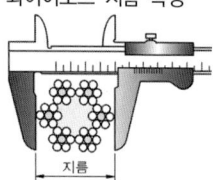

33. 전기식엘리베이터 자체점검 항목 중 피트에서 완충기점검 항목 중 B로 하여야 할 것은?

① 완충기의 부착이 불확실한 것
② 스프링식에서는 스프링이 손상되어 있는 것
③ 전기안전장치가 불량한 것
④ 유압식으로 유량부족의 것

해설
① 피트에서 하는 점검(완충기 점검 항목 B로 할 것)
  • 완충기 본체 및 부착부분의 녹발생이 현저한 것
  • 유압식으로 유량부족의 것
② 피트에서 하는 점검(완충기 점검 항목 C로 할 것)
  • B의 상태가 심한 것
  • 완충기의 부착이 불확실한 것
  • 스프링식에서는 스프링이 손상되어 있는 것
  • 전기안전장치가 불량한 것

34. 조속기 로프의 공칭 지름[mm]은 얼마 이상이어야 하는가?

① 6   ② 8
③ 10 ④ 12

해설 조속기 로프 및 도르래 구비조건
① 조속기 로프의 공칭지름의 6mm 이상, 안전율은 최소 8 이상
② 마찰 정지형 조속기의 경우 마찰계수가 0.2로 고려하여 인장력 계산
③ 도르래의 피치지름과 로프의 공칭지름의 비를 30 이상

Answer
31 ③ 32 ② 33 ④ 34 ①

35 가이드 레일의 규격(호칭)에 해당되지 않는 것은?

① 8K　　② 13K
③ 15K　　④ 18K

해설 / 가이드 레일의 규격
① 레일 호칭은 마무리 가공 전 소재의 1m당 중량으로 한다.
② 보통 T형 레일 공칭은 8K, 13K, 18K, 24K(대량 엘리베이터에서는 37K, 50K)
③ 레일의 표준길이는 5m이다.
④ 가이드 레일의 허용응력은 2400kg/cm² 이다.
⑤ 카의 기울어짐 방지 또는 비상정지장치가 작동 때 수직하중 유지

36 승강기 완성검사 시 전기식엘리베이터에서 기계실의 조도는 기기가 배치된 바닥면에서 몇 LX 이상인가?

① 50　　② 100
③ 150　　④ 200

해설 / 기계실 구조
① 기계실의 면적은 승강로 투영면적의 2배 이상
② 기계실의 바닥·벽 및 천장은 내화구조 또는 방화구조로 양호하게 유지
③ 기계실 온도는 5℃에서 40℃ 이하를 유지(기준 온도이상 시 제어장치 오작동)
④ 기계실에는 바닥 면에서 200LX 이상을 비출 수 있는 영구적으로 설치된 전기 조명

37 유압식 엘리베이터의 제어방식에서 펌프의 회전수를 소정의 상승속도에 상당하는 회전수로 제어하는 방식은?

① 가변전압가변주파수 제어
② 미터인회로 제어
③ 블리드오프회로 제어
④ 유량밸브 제어

해설 / 가변전압 가변주파수제어(VVVF) : 저속도에서 고속 범위까지 적용(전압과 주파수 변화 방식)
① 컨버터(converter)와 인버터(inverter)로 구성되어 있다.
② 유도 전동기에 공급되는 전압과 주파수를 변환시켜 직류 전동기와 동등한 제어방식
③ PAM 제어방식과 PWM 제어방식이 있다.
④ 중·저속 엘리베이터의 승차감, 성능 향상과 저속영역의 손실 저감시켜 소비전력 절감
⑤ 복잡한 제어방식으로 고성능 마이크로프로세서 적용

38 베어링(bearing)에 가압력을 주어 축에 삽입할 때 가장 올바른 방법은?

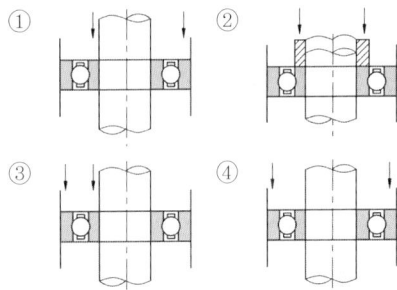

해설 / 베어링(bearing) : 회전하는 축을 지지하고 원활한 회전을 유지하도록 하며, 축에 작용하는 하중 및 축의 자중에 의한 마찰저항을 가능한 적게 하도록 하는 기계요소

Answer
35 ③　36 ④　37 ①　38 ②

39 도어 시스템(열리는 방향)에서 S로 표현되는 것은?

① 중앙열기 문
② 가로열기 문
③ 외짝 문 상하열기
④ 2짝 문 상하열기

해설
① 가로 열기식 문 : 승객용, 침대용 또는 화물용으로 사용(1SO, 2SO)
② 중앙 열기식 문 : 승객용 또는 침대용으로 사용(2CO, 4CO)
③ 상승 열기식 문 : 대형 화물 또는 자동차용으로 사용(1UP, 2UP)
④ 상하 열기식 문 : 주로 덤 웨이터 사용(2UD, 4UD)
⑤ 스윙식 문 : 여닫이(1S, 2S)

40 다음 중 카 상부에서 하는 검사가 아닌 것은?

① 비상구출구 스위치의 작동상태
② 도어개폐장치의 설치상태
③ 조속기로프의 설치상태
④ 조속기로프 인장장치의 작동상태

해설
① 카 상부에서 행하는 점검
 • 비상구출구
 • 문의 개폐장치
 • 도어잠금 및 잠금해제장치
 • 카 위 안전스위치
 • 상부 도르래, 풀리, 스프라켓
② 조속기 인장장치는 피트 바닥 등에 접촉하는 처짐이 발생하지 않아야 한다.

41 디스크형 조속기의 점검방법으로 틀린 것은?

① 로프잡이의 움직임은 원활하며 지점부에 발청이 없으며 급유상태가 양호한지 확인한다.
② 레버의 올바른 위치에 설정되어 있는지 확인한다.
③ 플라이 볼을 손으로 열어서 각 연결 레버의 움직임에 이상이 없는지 확인한다.
④ 시브홈의 마모를 확인한다.

해설
① 디스크 조속기(disk governor)
 • 카의 정격속도 초과 시 원심력에 의해 진자(振子)가 작동 가속 스위치를 작동시켜 정지
 • 추형방식: 추(錘, weight)형 캐치에 의해 로프를 붙잡아 비상정지 장치 작동
 • 슈형방식 : 도르래 홈과 슈사이에 로프를 붙잡아 비상정지장치를 작동
 • 플라이 웨이트가 로프잡이를 동작시켜 로프잡이는 조속기 로프를 잡고 비상정지장치를 동작시키는 기구
② 플라이 볼 조속기(fly ball governor)
 • 도르래의 회전을 수직축의 회전으로 변환, 링크 기구로 구형의 진자에 원심력으로 작동
 • 구조가 매우 복잡하나 정밀도가 높은 검출을 하므로 고속 승강기에 많이 적용

42 감속기의 기어 치수가 제대로 맞지 않을 때 일어나는 현상이 아닌 것은?

① 기어의 강도에 악 영향을 준다.
② 진동 발생의 주요 원인이 된다.
③ 카가 전도할 우려가 있다.
④ 로프의 마모가 현저히 크다.

해설 로프의 마모 주요 원인으로는 로프이완 및 장력에 의한 것으로 보수, 조정

43 전기식 엘리베이터 자체점검 중 피트에서 하는 점검항목에서 과부하 감지장치에 대한 점검 주기(회/월)는?

① 1/1 ② 1/3
③ 1/4 ④ 1/6

해설 피트에서 하는 점검항목(과부하감지장치 : 1회/1월)
① B로 하여야 할 것
  • 장치의 부착에 늘어짐 또는 손상이 생긴 것
② C로 하여야 할 것
  • 장치가 움직이지 않는 것
  • 스위치가 작동하여도 장치가 움직이지 않는 것
  • 스위치 자체의 기능이 상실된 것

44 도르래의 로프홈에 언더커트(Under Cut)를 하는 목적은?

① 로프의 중심 균형
② 윤활 용이
③ 마찰계수 향상
④ 도르래의 경량화

해설 언더 커트(Under Cut) 특징
① 로프와 시브의 마찰계수를 높이기 위한 것이다.
② 주로 싱글 랩핑(1 : 1로핑)에 사용된다.
③ 홈의 형상은 시브 홈의 밑을 도려낸 것이다.
④ 권상기 도래홈의 언더컷의 잔여량은 1mm 이상이어야 하고, 권상기 도르래에 감긴 주로프 가닥끼리의 높이차는 2mm 이내이어야 한다.

45 비상용 엘리베이터의 운행속도는 몇 m/min 이상으로 하여야 하는가?

① 30 ② 45
③ 60 ④ 90

해설 비상용 엘리베이터 구조
① 엘리베이터의 운행속도는 60m/min 이상이어야 한다.
② 카는 비상운전 시 반드시 모든 승강장의 출입구마다 정지할 수 있어야 한다.
③ 정전 시 예비전원에 의해 2시간 이상 가동할 수 있어야 한다.
④ 60초 이내 전력 용량을 자동적으로 발생(수동으로 전원을 작동할 수 있을 것)
⑤ 평상 시 승객용 또는 승객·화물용으로 사용, 화재 시 인명구조 및 소방 활동으로 사용하도록 제작
⑥ 건물의 높이가 31m 이상, 각층마다 면적이 $1,500m^2$ 초과하는 경우 설치
⑦ 카 내부에 설치, 정전 시 램프중심부로부터 2m 떨어진 수직면상에서 밝기를 1LX 이상으로 30분 이상유지(별도의 비상전원장치)

46 에스컬레이터의 스텝 폭이 1m이고 공칭속도가 0.5m/s인 경우 수송능력[명/h]은?

① 5000 ② 5500
③ 6000 ④ 6500

해설 ① 난간폭에 의한 분류
  • 800형 : 시간당 수송능력 6000명(전동기 용량 : 7.5kW)
  • 1200형 : 시간당 수송능력 9000명(층고 4.7m 이하 : 7.5kW, 층고 4.7~7m 이하 : 11kW)
② 공칭속도 0.5m/s → 30m/min[초(s)를 분(min) 단위로 변환]

Answer
43 ① 44 ③ 45 ③ 46 ③

47 유도전동기의 속도제어법이 아닌 것은?

① 2차 여자제어법
② 1차 계자제어법
③ 2차 저항제어법
④ 1차 주파수제어법

해설
① 농형 유도전동기
  • 극수 변환법
  • 주파수 제어
  • 1차전압제어(발생토크는 1차전압의 2승에 비례)
② 권선형 유도전동기
  • 2차저항(외부저항)제어법(토크와 속도)
  • 2차여자제어
  • 종속 접속법

48 그림과 같이 자기장 안에서 도선에 전류가 흐를 때, 도선에 작용하는 힘의 방향은? (단, 전선가운데 점 표시는 전류의 방향을 나타낸다.)

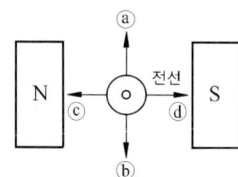

① ⓐ방향
② ⓑ방향
③ ⓒ방향
④ ⓓ방향

해설 플레밍의 왼손법칙(전동기 회전원리)
① 엄지 : F[N](힘)
② 검지 : B[Wb/m²](자기장)
③ 중지 : I[A](전류)

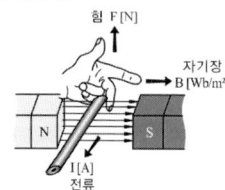

49 6극, 50Hz의 3상 유도전동기의 동기속도 [rpm]는?

① 500   ② 1000
③ 1200   ④ 1800

해설 3상 유도전동기
① 동기속도(N_S) : 유도전류와 회전 자속의 곱에 비례하는 토크가 발생
② $N_S = \dfrac{120f}{P}$ [rpm]
   여기서, N_S : 동기속도
   P : 극수
   f : 주파수
   ∴ $N_S = \dfrac{120 \times 50}{6} = 1000$ [rpm]

50 다음 중 역률이 가장 좋은 단상 유도전동기로서 널리 사용되는 것은?

① 분상기동형   ② 반발기동형
③ 콘덴서기동형   ④ 셰이딩코일형

해설
① 콘덴서 기동형
  • 보조 권선에 콘덴서가 직렬로 연결되어 있는 것을 콘덴서 유도 전동기(capacitor ac induction motor)라 한다.
  • 다른 단상 유도전동기에 비해서 효율과 역률이 좋고 진동과 소음도 작다.
  • 영구 콘덴서형은 펌프, 세탁기, 선풍기 등에 사용된다.
② 분상 기동형
  • 주권선과 보조 권선에 의해 회전 자기장을 만들어 기동시킨다.
  • 기동토크가 작으며 소형공작기계, 공업용 재봉틀 등에 가장 광범위하게 사용
③ 셰이딩코일형
  • 고정자의 주 자극 옆에 작은 돌극을 만든다. 여기에 굵은 구리선으로 수 회 정도 감아 단락시킨 구조의 전동기이다.
  • 구조가 간단하고 기동 토크 적으므로 소형 선풍기, 전축 등의 소용량 부하에 주로 사용된다.
④ 반발 기동형
  • 고정자 권선과 회전자 권선에서 발생하는 자기장 사이의 반발력을 이용한 것이다.
  • 용도로는 영업용 냉장고, 콤프레서, 펌프 등에 사용된다.

Answer
47 ② 48 ① 49 ② 50 ③

51 Q[C]의 전하에서 나오는 전기력선의 총수는?

① Q ② $\varepsilon \cdot Q$
③ $\dfrac{\varepsilon}{Q}$ ④ $\dfrac{Q}{\varepsilon}$

해설 임의의 폐곡면 내의 전체 전하량 Q[C]가 있을 때 이 폐곡면을 통해서 나오는 전기력선의 총수는 $\dfrac{Q}{\varepsilon}$개다.

52 그림에서 지름 400mm의 바퀴가 원주방향으로 25kg의 힘을 받아 200rpm으로 회전하고 있다면, 이때 전달되는 동력은 몇 kg·m/sec 인가? (단, 마찰계수는 무시한다.)

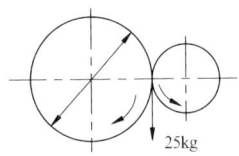

① 10.47 ② 78.5
③ 104.7 ④ 785

해설 전달동력(H')

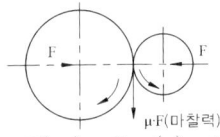

$H' = F \cdot v = F(\omega r) = F \cdot r(\omega) = T \cdot \omega$
$= F \cdot r \cdot \dfrac{2\pi N}{60}$ [kg·m/s]

여기서, H' : 전달동력[kW]
T : 전달토크
N : 회전수[rpm]
r : 축의 반지름
ω : 각속도[rad/s]
F : 전달력[kgf]

$\therefore H' = F \cdot r \cdot \dfrac{2\pi N}{60}$
$= 25 \times 0.2 \times 2 \times 3.14 \times \dfrac{200}{60}$
$\fallingdotseq 104.66$ [kg·m/s]

53 다음 중 다이오드의 순방향 바이어스 상태를 의미하는 것은?

① P형 쪽에 (-), N형 쪽에 (+) 전압을 연결한 상태
② P형 쪽에 (+), N형 쪽에 (-) 전압을 연결한 상태
③ P형 쪽에 (-), N형 쪽에 (-) 전압을 연결한 상태
④ P형 쪽에 (+), N형 쪽에 (+) 전압을 연결한 상태

해설 ① 다이오드 특성 및 구조
- P형 반도체와 N형 반도체를 결합하여 구성한다.
- 전류를 한쪽 방향으로 흐르게 한다.
- 에노드(A), (+)극성과 캐소드(K), (-)극성을 갖는다.
- 임계전압을 초과 시 순방향 전류가 흐른다.
  - 실리콘 임계전압 : 0.7[V]
  - 게르마늄 임계전압 : 0.3[V]
- 역방향에서 전류가 흐르는 전압을 항복전압이라 한다.

② 순방향 바이어스
- P형 반도체에 (+)극 연결, N형 반도체 (-)극 연결 한다.
- P형 영역에서 N형 영역으로 순전류가 흐른다.

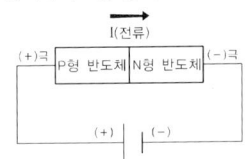

Answer
51 ④ 52 ③ 53 ②

54 요소와 측정하는 측정기구의 연결로 틀린 것은?

① 길이 : 버니어캘리퍼스
② 전압 : 볼트미터
③ 전류 : 암미터
④ 접지저항 : 메거

해설
① 접지저항 측정법
  • Wenner의 4전극법 : 측정하고자 하는 대지에 4개의 전극을 일렬로 일정간격, 일정깊이로 매설하고, 전극에 교류전류를 인가하여 그 전류치(I)를 측정하고, 측정되는 전압(V)으로 저항(R)을 구한다.
  • 콜라우시 브리지법 : 3개의 전극을 삼각형으로 배치하고 각 전극간의 저항을 측정하여 구한다.
  • 전자식접지저항계(어스 테스터)
    - 측정하고자 하는 접지극(E)과 일직선으로 10m 간격에 P, C보조전극을 지면에 설치
    - 리드선을 접지저항계의 접지극단자(E)와 보조전극(P, C)에 접속
    - 접지저항계의 스위치 조작으로 지전압을 10V미만인지 확인
    - 스위치를 저항값으로 한 후 검류계의 지시값이 "0" 일 때 눈금판 값을 직독
② 절연저항 측정
  • 메거 : 대지와 전로사이의 절연상태(개폐기 또는 과전류차단기로 구획할 수 있는 전로마다 검사할 수 있다.)

55 교류 회로에서 전압과 전류의 위상이 동상인 회로는?

① 저항만의 조합회로
② 저항과 콘덴서의 조합회로
③ 저항과 코일의 조합회로
④ 콘덴서와 콘덴서만의 조합회로

해설 저항(R)만의 회로
① 전압과 전류의 위상차가 없는 동상이다.
② 전압과 전류의 관계
$$I = \frac{V}{R} [A]$$

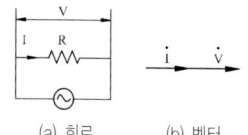

(a) 회로   (b) 벡터

56 아래의 회로도와 같은 논리기호는?

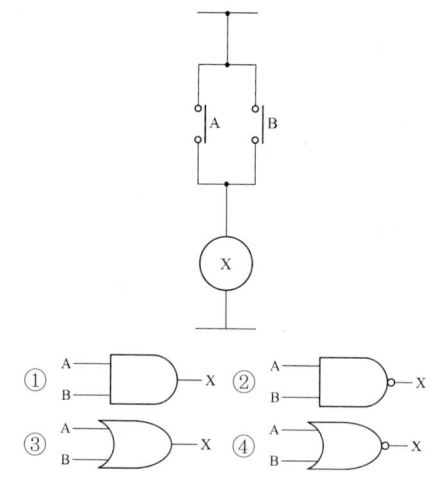

해설
① OR 소자
  • 출력신호 값은 2개의 입력 신호 값의 논리합으로 표현
  • 회로 및 기호
    - 논리식 : A+B = C
  • 회로

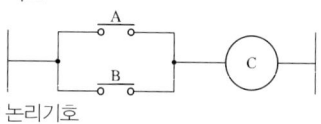

  • 논리기호

  - 진리표

입력		출력
A	B	C
0	0	0
1	0	1
0	1	1
1	1	1

② AND 소자
  • 출력신호 값은 2개의 입력 신호 값의 논리곱으로 표현
  • 회로 및 기호
    - 논리식 : A·B = C
    - 회로

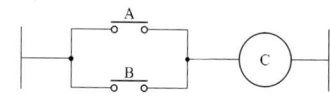

Answer
54 ④   55 ①   56 ④

- 논리기호

- 진리표

입력		출력
A	B	C
0	0	0
1	0	0
0	1	0
1	1	1

③ NAND 소자
- AND회로와 NOT회로를 조합하여 표현
- 회로 및 기호
  - 논리식 : $\overline{A \cdot B} = C$
  - 회로

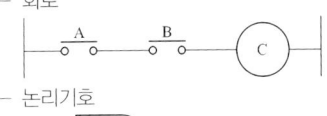

  - 논리기호

  - 진리표

입력		출력
A	B	C
0	0	1
1	0	1
0	1	1
1	1	0

④ NOR 소자
- OR회로와 NOT회로를 조합하여 표현
- 회로 및 기호
  - 논리식 : $\overline{A+B} = C$
  - 회로

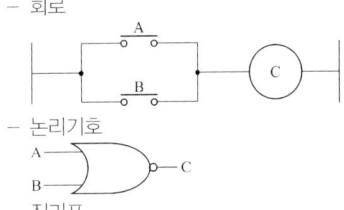

  - 논리기호

  - 진리표

입력		출력
A	B	C
0	0	1
1	0	0
0	1	0
1	1	0

57 구름베어링의 특징에 관한 설명으로 틀린 것은?

① 고속회전이 가능하다.
② 마찰저항이 작다.
③ 설치가 까다롭다.
④ 충격에 강하다.

해설 구름 베어링의 특징
① 미끄럼 베어링에 비해 마찰이 작아서 마찰손실이 작다.
② 기동저항과 발열도 작아 고속회전을 할 수 있다.
③ 전동체와 궤도륜이 점접촉이나 선접촉을 하기 때문에 충격에 약하고, 소음이 크다.
④ 구조가 복잡하며, 설치하기 까다롭다.

58 전선의 길이를 고르게 2배로 늘리면 단면적은 1/2로 된다. 이때의 저항은 처음의 몇 배가 되는가?

① 4배　　② 3배
③ 2배　　④ 1.5배

해설 저항(Resistance)

$R = \rho \dfrac{\ell}{A} [\Omega]$

여기서, R : 저항[Ω]
　　　　ρ : 고유저항[$\Omega \cdot m$]
　　　　ℓ : 도체의 길이[m]
　　　　A : 도체의 단면적[m^2]

$\therefore R = \rho \dfrac{\ell}{A} = \rho \dfrac{2\ell}{\frac{1}{2}A} = 4 \times \rho \dfrac{\ell}{A} [\Omega]$

Answer
57 ④　58 ①

59 응력(stress)의 단위는?

① kcal/h
② %
③ kg/cm²
④ kg·cm

해설 응력
① 물체에 하중이 작용하였을 때, 그 하중에 저항하여 단위 면적당 발생한 내력
② $\delta = \dfrac{N}{m^2} = \dfrac{W}{A}$ [N/m²]
여기서, δ : 응력[kg/cm²]
W : 하중[kg$_f$/mm²]
A : 단면적[Pa]

60 동력을 수시로 이어주거나 끊어주는 데 사용할 수 있는 기계요소는?

① 클러치
② 리벳
③ 키이
④ 체인

해설
① 클러치 : 두축 사이의 회전을 연결 또는 끊는 장치(돌리개 클러치, 마찰 클러치, 유체 클러치, 전자기 클러치)
② 키(Key) : 축에 기어, 풀리, 플라이휠, 커플링, 클러치 등을 고정시켜 상대운동을 방지함으로 회전력을 전달시키는 결합용 기계요소이다.
③ 체인 특징 : 미끄럼이 없는 일정한 속도비를 얻고, 초기 장력이 필요 없으며, 다축 전동이 용이하여 큰 동력을 전달 시 유리하다.(효율 95% 이상)
④ 리벳(전단력을 받는 부품) : 금속재료를 영구적으로 결합하는데 사용되는 막대 모양의 기계요소

Answer
59 ③ 60 ①

제1회 (2016.01.24 시행) 과년도기출문제

01 엘리베이터의 유압식 구동방식에 의한 분류로 틀린 것은?
① 직접식 ② 간접식
③ 스크류식 ④ 팬터 그래프식

해설 유압식 엘리베이터
① 직접식 엘리베이터
② 간접식 엘리베이터
③ 팬터 그래프식 엘리베이터

02 권상도르래, 풀리 또는 드럼과 현수로프의 공칭 직경사이의 비는 스트랜드의 수와 관계없이 얼마 이상이어야 하는가?
① 10 ② 20
③ 30 ④ 40

해설 권상도르래, 풀리 또는 드럼과 로프의 직경 비율, 로프/체인의 단말처리
① 권상도르래, 풀리 또는 드럼과 현수로프의 공칭 직경사이의 비는 스트랜드의 수와 관계없이 40 이상이어야 한다.
② 현수로프의 안전율은 부속서 IX에 따라 계산되어야 한다. 어떠한 경우라도 안전율은 12 이상이어야 한다.
③ 로프와 로프 단말 사이의 연결은 로프의 최소 파단하중의 80% 이상을 견뎌야 한다.

03 가이드 레일의 사용목적으로 틀린 것은?
① 집중하중 작용 시 수평하중을 유지
② 비상정지장치 작동 시 수직하중을 유지
③ 카와 균형추의 승강로 평면내의 위치 규제
④ 카의 자중이나 화물에 의한 카의 기울어짐 방지

해설 가이드 레일의 역할
① 카의 기울어짐을 방지
② 카와 균형추의 승강로내 위치규제
③ 비상정지장치 작동 시 수직하중을 유지

04 아파트 등에서 주로 야간에 카내의 범죄활동 방지를 위해 설치하는 것은?
① 파킹스위치
② 슬로다운 스위치
③ 록다운 비상정지 장치
④ 각층 강제 정지운전 스위치

해설 강제 각층 정지운전 : 공동주택에서 방범 목적으로 야간에 사용되며, 각층에 정지 후 운행

Answer
01 ③ 02 ④ 03 ① 04 ④

05 레일의 규격을 나타낸 그림이다. 빈칸 ⓐ, ⓑ 에 맞는 것은 몇 kg인가?

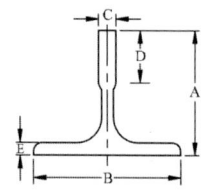

공칭 mm	8kg	ⓐ	18kg	ⓑ	30kg
A	56	62	89	89	108
B	78	89	114	127	140
C	10	16	16	16	19
D	26	32	38	50	51
E	6	7	8	12	13

① ⓐ 10, ⓑ 26   ② ⓐ 12, ⓑ 22
③ ⓐ 13, ⓑ 24   ④ ⓐ 12, ⓑ 27

해설 ① 가이드 레일(guide rail)
- 가이드 레일 사용목적 : 카의 기울어짐 방지 또는 비상정지장치가 작동 때 수직하중 유지
② 가이드 레일의 규격
- 레일 호칭은 마무리 가공 전 소재의 1m당 중량으로 한다.
- 보통 T형 레일을 사용하는데 공칭은 8K, 13K, 18K, 24K이나 대용량 엘리베이터에서는 37K, 50K 등도 사용된다.
- 레일의 표준길이는 5m이다.
- 가이드 레일의 허용응력은 2400kg/cm²이다.

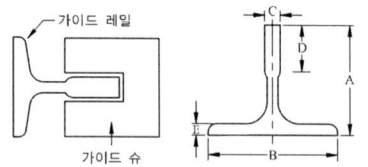

③ 가이드 레일의 단면치수

공칭\mm	A	B	C	D	E	계산중량 (kg$_f$/m)
8K	56	78	10	26	6	8.55
13K	62	89	16	32	7	13.1
18K	89	114	16	38	8	17.5
24K	89	127	16	50	12	23.7
30K	108	140	19	50	13	29.7

※ 가이드 레일은 길이 1m의 공칭하중

06 다음 중 주유를 해서는 안 되는 부품은?

① 균형추   ② 가이드슈
③ 가이드레일   ④ 브레이크 라이닝

해설 브레이크 라이닝 : 카를 감속하여 제동시킬 때 마찰재 부품

07 중앙 개폐방식의 승강장 도어를 나타내는 기호는?

① 2S   ② CO
③ UP   ④ SO

해설
① 가로 열기식 문 : 승객용, 침대용 또는 화물용으로 사용(1SO, 2SO)
② 중앙 열기식 문 : 승객용 또는 침대용으로 사용(2CO, 4CO)
③ 상승 열기식 문 : 대형 화물 또는 자동차용으로 사용(1UP, 2UP)
④ 상하 열기식 문 : 주로 덤 웨이터 사용(2UD, 4UD)
⑤ 스윙식 문 : 여닫이(1S, 2S)

08 압력맥동이 적고 소음이 적어서 유압식 엘리베이터에 주로 사용되는 펌프는?

① 기어 펌프   ② 베인 펌프
③ 스크류 펌프   ④ 릴리프 펌프

해설 펌프(pump)와 모터(motor)
① 유압회로 펌프는 압력의 맥동, 소음, 진동이 적은 스크류(screw) 펌프를 적용
② 펌프의 토출량이 클수록 속도가 빠르다(50~1500ℓ/min)
③ 유압 펌프로 초고압력 250kg$_f$/cm² 까지 실용화 되고 있음
④ 모터(motor)로는 3상유도전동기를 일반적으로 적용

Answer
05 ③　06 ④　07 ②　08 ③

09 에스컬레이터의 역회전 방지장치로 틀린 것은?

① 조속기
② 스커트 가드
③ 기계 브레이크
④ 구동체인 안전장치

해설 스커트 가드 안전장치(S.G.S)
① 승강구에서 사람, 이물질이 끼이는 경우 구동 전동기 및 브레이크의 전원을 차단하는 장치
② 디딤판 수평구간에 위치하며, 보통 콤플레이트 앞 곡선부 상하 양 측면에 설치

10 엘리베이터 도어 사이에 끼이는 물체를 검출하기 위한 안전장치로 틀린 것은?

① 광전 장치   ② 도어클로저
③ 세이프티 슈   ④ 초음파 장치

해설
① 엘리베이터 도어 안전장치
  - 세이프티 슈(safety shoe) : 물체가 접촉이 되면 도어가 열리는 보호장치
  - 세이프티 레이(safety ray) : 광이 물체에 반사, 변화된 파장을 검출
  - 초음파 장치 : 초음파로 물체를 검출
② 도어클로저
  - 승강기 출입문이 열려있으면, 자동으로 닫게 하는 안전장치
  - 스프링 방식 또는 중력 방식

11 기계실을 승강로의 아래쪽에 설치하는 방식은?

① 정상부형 방식
② 횡인 구동 방식
③ 베이스먼트 방식
④ 사이드머신 방식

해설 기계실의 종류
① 정상부 타입(over head machine type) : 승강로의 최상부
② 상부 측면부 타입(side machine type) : 승강로 중간
③ 하부 측면부 타입(basement machine type) : 승강로 최하부

12 기계식 주차설비를 할 때 승강기식인 경우 시브 또는 드럼의 직경은 와이어로프 직경의 몇 배 이상으로 하는가?

① 10   ② 15
③ 20   ④ 30

해설
① 주차장치에 사용 : 시브 또는 드럼의 직경은 와이어로프가 시브 또는 드럼과 접하는 부분
  - 4분의 1 이하 : 와이어로프직경의 12배 이상
  - 4분의 1 초과 : 와이어로프직경의 20배 이상
② 승강기식주차장치·승강기슬라이드식주차장치 또는 평면왕복식주차장치의 경우 : 승강구동용은 이를 와이어로프직경의 30배 이상

Answer
09 ② 10 ② 11 ③ 12 ④

13 가장 먼저 누른 호출버튼에 응답하고 운전이 완료될 때까지 다른 호출에 응답하지 않는 운전방식은?

① 승합 전자동식
② 단식 자동방식
③ 카 스위치방식
④ 하강 승합 전자동식

해설 ① 반자동식(ATT : Attendant)방식 – 운전자 전용 운전
- 운전자가 탑승하여 직접 조작하여 엘리베이터를 운진하는 방식으로, 운전자의 조작에 의해서만 엘리베이터를 운전할 수 있다.
- 승장버튼의 부름에 응답하지 않고 운행할 수 있다.
- 도어는 행선층에 도착하면 자동으로 열리게되며, 도어를 닫을 때는 도어 닫힘 버튼을 완전히 닫힐 때까지 누르고 있어 한다.
- 도어가 닫히는 도중 버튼에서 손을떼면 자동으로 도어가 다시 열립니다. 도어를 닫기 전에는 계속 열린상태로 대기하게 된다.
② 단식자동(Single Automatic)방식
- 운전중에 일단 호출을 받으면 다른 호출을 받지 않는 운전방식이다.
- 승객 자신이 자동적으로 시동, 정지를 이루는 조작방식이다.
③ 승합전자동(Selective Collective)
- 승객 자신이 운전하는 전자동 엘리베이터로 목적 층의 단추나 승강장으로부터의 호출 신호로 시동, 정지를 이루는 조작방식이다.

14 트랙션권상기의 특징으로 틀린 것은?

① 소요동력이 작다.
② 행정거리의 제한이 없다.
③ 주로프 및 도르래의 마모가 일어나지 않는다.
④ 권과(지나치게 감기는 현상)를 일으키지 않는다.

해설 ① 권동식
- 균형추를 사용하지 않아 소비전력이 크다.
- 승강행정이 변화할 때마다 다른 권동이 필요하며, 높은 행정에 적용은 어렵다.
- 로프와 시브의 마찰계수를 높이기 위한 것이다.

② 트랙션 머신(권상기) : 전동기축의 회전력을 로프차에 전달하는 기구
- 기어드(geared) 방식 : 전동기회전 감속을 위해 기어 부착(웜 기어, 헬리컬 기어)
- 기어레스(gearless) 방식 : 전동기 회전축에 시브(sheave : 도르래)를 고정 부착
- 기어식 권상기 : 감속기를 사용(105m/min 이하)
- 무기어식 권상기 : 구동모터의 축에 직접 구동도르래와 브레이크 부착(120m/min 이상)

15 정지 레오나드 방식 엘리베이터의 내용으로 틀린 것은?

① 워드 레오나드 방식에 비하여 손실이 적다.
② 워드 레오나드 방식에 비하여 유지보수가 어렵다.
③ 사이리스터를 사용하여 교류를 직류로 변환한다.
④ 모터의 속도는 사이리스터의 점호각을 바꾸어 제어한다.

해설 ① 워드 레오나드 방식 : 직류엘리베이터 속도제어에 널리 사용되는 방식이며, 발전기의 자계를 조절하고 따라서 발전기의 직류전압을 제어
② 정지 레오나드 방식 : 사이리스터와 같은 정지형 반도체 소자로 교류를 직류로 변환과 동시에 점호각 제어

16 작동유의 압력맥동을 흡수하여 진동, 소음을 감소시키는 것은?

① 펌프　　② 필터
③ 사이렌서　④ 역류제지 밸브

해설 ① 펌프 : 펌프의 출력은 압력과 토출량에 비례한다.
② 필터 : 무언가를 걸러내는 도구. 특정 성질을 가진 것은 차단하고, 그렇지 않은 것은 통과시키는 도구이다.
③ 사이렌서 : 자동차의 머플러와 같이 작동유의 압력맥동을 흡수하여 진동, 소음을 감소시키는 역할을 한다.
④ 역저지밸브 : 정전이나 그 외의 원인으로 펌프의 토출 압력이 떨어져 실린더의 기름이 역류하여 카가 자유 낙하하는 것을 방지하는 역할을 한다.

Answer
13 ②　14 ③　15 ②　16 ③

17 에스컬레이터 각 난간의 꼭대기에는 정상운행 조건하에서 스텝, 팔레트 또는 벨트의 실제 속도와 관련하여 동일방향으로 몇 %의 공차가 있는 속도로 움직이는 핸드레일이 설치되어야 하는가?

① 0~2　　② 4~5
③ 7~9　　④ 10~12

해설
① 이동식 핸드레일의 경우, 운행 전구간에서 디딤판과 핸드레일의 속도차는 0~2% 이하이어야 한다.
② 이동식 핸드레일은 하강운전중 상부 승강장에서 수평으로 약 147N 정도의 사람의 힘으로 당겨도 정지하지 않아야 한다.
③ 승강장에서는 물체가 쉽게 끼어 들이지 않도록 디딤판과 콤(Comb)의 물림량은 6mm 이상(벨트방식의 경우에는 4mm 이상)이어야 하고, 맞물리는 부분의 틈새는 4mm 이하이어야 한다.
④ 디딤판 상호간의 틈새는 승강로의 총길이에 걸쳐서 6mm 이하이어야 한다.
⑤ 스커트가드와 디딤판과의 틈새는 승강로의 총길이에 걸쳐서 한쪽이 4mm 이하이어야 한다.
⑥ 승강장의 길이는 난간 끝단에서 진행방향으로 2.5m 이상이어야 한다.

18 3상 유도전동기의 회전 방향을 바꾸는 방법으로 옳은 것은?

① 3상 전원의 주파수를 바꾼다.
② 3상 전원 중 1상을 단선시킨다.
③ 3상 전원 중 2상을 단락시킨다.
④ 3상 전원 중 임의의 2상의 접속을 바꾼다.

해설 3상 전원 중 임의의 2상 교차

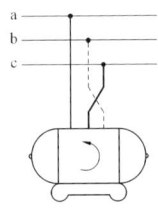

19 화재 시 조치사항에 대한 설명 중 틀린 것은?

① 비상용 엘리베이터는 소화활동 등 목적에 맞게 동작시킨다.
② 빌딩 내에서 화재가 발생할 경우 반드시 엘리베이터를 이용해 비상탈출을 시켜야 한다.
③ 승강로에서의 화재 시 전선이나 레일의 윤활유가 탈 때 발생되는 매연에 질식되지 않도록 주의한다.
④ 기계실에서의 화재 시 카내의 승객과 연락을 취하면서 주전원 스위치를 차단한다.

해설 화재발생 시 조치사항
① 모든 카를 피난 층으로 불러들인 후 도어를 닫고 정지시키는 것을 원칙으로 한다.
② 빌딩 내에서 화재 발생 시 전원 차단, 굴뚝효과 등으로 승객이 갇혀 2차사고 발생 우려로 피난에는 계단을 이용하여 비상탈출 한다.(승강기를 이용한 비상탈출 하지 않음)
③ 기계실 화재 발생 시 화재의 확대를 막기 위한 소화기 등으로 소화활동에 주력한다.
④ 카 내의 승객과 연락을 취하면서 안정을 취한 후 승강기용 주전원 스위치를 차단한다.
⑤ 카가 중간층에서 멈추게 되면 앞의 내용 중 카 내의 승객 구출 순서에 의해 구출한다.

20 안전점검 체크 리스트 작성 시의 유의사항으로 가장 타당한 것은?

① 일정한 양식으로 작성할 필요가 없다.
② 사업장에 공통적인 내용으로 작성한다.
③ 중점도가 낮은 것부터 순서대로 작성한다.
④ 점검표의 내용은 이해하기 쉽도록 표현하고 구체적이어야 한다.

해설 안전진단 항목 작성 시 유의사항
① 사업장에 맞는 단독적인 내용과 적합한 내용으로 작성
② 정기적으로 세부적인 내용과 타당성 있는 내용으로 재해예방에 효과 있도록 작성
③ 일정한 양식에 따라서 폭 넓게 점검할 수 있는 항목 작성
④ 위험성이 매우 높으며, 긴급을 요하는 순으로 작성
⑤ 알기 쉽고 구체화된 항목으로 작성

Answer
17 ①　18 ④　19 ②　20 ④

21. 재해의 직접 원인 중 작업환경의 결함에 해당되는 것은?

① 위험장소 접근
② 작업순서의 잘못
③ 과다한 소음 발산
④ 기술적, 육체적 무리

해설 직접원인 중 불안전한 상태
① 자체의 결함(설계, 제작, 정비, 재료 등 불량)
② 방호장치의 결함(방호조치 미흡)
③ 작업, 장소 불량(기계, 설비 등의 배치 결함, 작업, 장소 공간 부족 등)
④ 복장 결함(작업 상황에 적지 않는 복장 및 복장 불량 등)
⑤ 작업환경 결함(조명불량, 정전기발생 및 위험물질 관리 미흡, 소음과다 등)

22. 추락방지를 위한 물적 측면의 안전대책과 관련이 없는 것은?

① 발판, 작업대 등은 파괴 및 동요되지 않도록 견고하고 안정된 구조이어야 한다.
② 안전교육훈련을 통해 작업자에게 추락의 위험을 인식시킴과 동시에 자율적 규제를 촉구한다.
③ 작업대와 통로는 미끄러지거나 발에 걸려 넘어지지 않게 평평하고 미끄럼 방지성이 뛰어난 것으로 한다.
④ 작업대와 통로 주변에는 난간이나 보호대를 설치해야 한다.

해설 작업장 추락 방지조치
① 추락하거나 넘어질 위험이 있는 장소에는 안전난간·울·손잡이 또는 충분한 강도를 가진 덮개 등을 설치
② 작업발판의 끝·개구부 등을 제외한 높이가 2m 이상인 장소에는 비계 조립 등의 방법에 의해 작업발판을 설치
③ 작업발판 설치가 곤란한 경우에는 안전방망을 치거나 근로자에게 안전대를 착용
④ 통로는 미끄러지거나 발에 걸려 넘어지지 않게 평평하고 미끄럼 방지성 설치

23. 산업재해의 발생원인 중 불안전한 행동이 많은 사고의 원인이 되고 있다. 이에 해당 되지 않는 것은?

① 위험장소 접근
② 작업 장소 불량
③ 안전장치 기능 제거
④ 복장 보호구 잘못 사용

해설 불안전한 행동(인적원인, 작업환경의 부적응 등) : 안전사고 발생요인이 가장 높음
① 안전조치의 불이행
② 가동 중인 장비를 정비
③ 개인 보호구를 미사용
④ 잘못된 동작 자세 적용
⑤ 인위적인 속도조작으로 운전
⑥ 공동 작업자에게 경고 누락
⑦ 안전장치가 미가동
⑧ 구조물 등 위험방치 및 미확인
⑨ 무모하고, 불필요한 행위 및 동작
⑩ 위험장소 접근
⑪ 잘못된 절차로 장치를 운전

24. 높은 곳에서 전기작업을 위한 사다리작업을 할 때 안전을 위하여 절대 사용해서는 안 되는 사다리는?

① 니스(도료)를 칠한 사다리
② 셀락(shellac)을 칠한 사다리
③ 도전성 있는 금속제 사다리
④ 미끄럼 방지장치가 있는 사다리

해설 전기안전작업 요령
① 장비를 점검하기 전에 회로차단 하고, 플러그가 있는 장비는 플러그를 제거 함
② 전기 설비를 작업할 때 공구나 비품의 손잡이는 부도체로 된 것을 사용
③ 전기 장치의 충전부 전기가 흐르는 부분은 절연할 것
④ 전기 설비에 연결된 접지선의 접속을 확인 할 것

Answer
21 ③ 22 ② 23 ② 24 ③

25 전기 화재의 원인으로 직접적인 관계가 되지 않는 것은?

① 저항
② 누전
③ 단락
④ 과전류

해설) 전기화재 발생 형태
① 전열기/조명기구 등의 과열로 주위 가연물을 착화시키는 경우
② 배선의 과열로 전선피복을 착화시키는 경우
③ 전동기/변압기 등 전기기기의 과열
④ 선간 단락/누전/과전류/정전기

26 안전점검의 목적에 해당되지 않는 것은?

① 합리적인 생산관리
② 생산위주의 시설 가동
③ 결함이나 불안전 조건의 제거
④ 기계·설비의 본래 성능 유지

해설) 안전점검의 목적
① 시설물의 물리적·기능적 결함과 내재 되어 있는 위험요인 발견
② 신속하고, 적절한 보수·보강 방법 및 조치방안 등을 제시
③ 안전을 확보하고자 함

27 전기식 엘리베이터의 자체점검항목이 아닌 것은?

① 브레이크
② 스커트가드
③ 가이드레일
④ 비상정지장치

해설) 스커트가드는 에스컬레이터 기계실에서 행하는 검사

28 다음에서 일상점검의 중요성이 아닌 것은?

① 승강기 품질유지
② 승강기의 수명연장
③ 보수자의 편리도모
④ 승강기의 안전한 운행

해설) 승강기의 일상점검의 중요성
① 승강기의 안전한 운행과 품질유지
② 승강기의 수면연장과 이용자의 편의를 도모

29 전동 덤웨이터의 안전장치에 대한 설명 중 옳은 것은?

① 도어 인터록 장치는 설치하지 않아도 된다.
② 승강로의 모든 출입구 문이 닫혀야만 카를 승강시킬 수 있다.
③ 출입구 문에 사람의 탑승금지 등의 주의사항은 부착하지 않아도 된다.
④ 로프는 일반 승강기와 같이 와이어로프 소켓을 이용한 체결을 하여야만 한다.

해설) 덤 웨이터의 안전장치
① 승강로에 전체 출입구의 도어가 닫혀야 카를 승강할 수 있는 구조
② 조작방식에 있어 일반적인 다수 단추방식을 대다수 적용
③ 출입구 문의 안전장치 또는 적재하중, 사람의 탑승 금지 등 명시한 표시판 취부

Answer
25 ① 26 ② 27 ② 28 ③ 29 ②

30 전기식 엘리베이터의 자체점검 중 피트에서 하는 점검항목장치가 아닌 것은?

① 완충기
② 측면 구출구
③ 하부 파이널 리미트 스위치
④ 조속기로프 및 기타의 당김 도르래

해설 피트 내에서 행하는 검사
① 완충기
② 조속기로프 및 기타의 당김 도르래
③ 하부 화이널리미트
④ 카 비상정지장치 및 스위치
⑤ 하부 도르래
⑥ 균형추 밑부분 틈새
⑦ 이동케이블 및 부착부
⑧ 과부하감지장치

31 유압식 엘리베이터의 피트 내에서 점검을 실시할 때 주의해야 할 사항으로 틀린 것은?

① 피트 내 비상정지스위치를 작동 후 들어 갈 것
② 피트 내 조명을 점등한 후 들어갈 것
③ 피트에 들어갈 때는 승강로 문을 닫을 것
④ 피트에 들어갈 때 기름에 미끄러지지 않도록 주의할 것

해설 피트 내부의 작업구역 출입 시 : 열쇠를 사용한 피트 출입문 개방은 엘리베이터가 더 이상 움직이지 않도록 방지하는 전기안전장치에 따른 확인되어야 한다.

32 전기식 엘리베이터의 경우 기계실에서 검사하는 항목과 관계없는 것은?

① 전동기
② 인터록장치
③ 권상기의 도르래
④ 권상기의 브레이크 라이닝

해설
① 기계실에서 행하는 검사
• 기계실 구조
• 수전반 및 제어반
• 제동기, 조속기, 전동기 및 권상기
• 비상정지장치
• 정격하중 적정성 및 하중시험
② 도어 인터록(도어 안전장치) : 운행 중 카가 정지하지 않은 층에서는 승강장문 전용 열쇠로 열리는 장치

33 승강로에 관한 설명 중 틀린 것은?

① 승강로는 안전한 벽 또는 울타리에 의하여 외부공간과 격리되어야 한다.
② 승강로는 화재 시 승강로를 거쳐서 다른 층으로 연소 될 수 있도록 한다.
③ 엘리베이터에 필요한 배관 설비외의 설비는 승강로내에 설치하여서는 안된다.
④ 승강로 피트 하부를 사무실이나 통로로 사용할 경우 균형추에 비상정지장치를 설치한다.

해설 빌딩 내에서 화재 발생 시 전원 차단, 굴뚝효과 등으로 승객이 갇혀 2차사고 발생 우려로 피난에는 계단을 이용하여 비상탈출 한다.(승강기를 이용한 비상탈출 하지 않음)

Answer
30 ② 31 ③ 32 ② 33 ②

34 승강기 완성검사 시 전기식 엘리베이터의 카문턱과 승강장문 문턱 사이의 수평거리는 몇 mm 이하이어야 하는가?

① 35　　② 45
③ 55　　④ 65

해설) 카 문턱과 승강장문 문턱 사이의 수평거리는 35mm 이하이어야 한다.

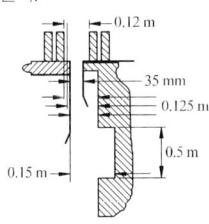

35 워엄기어오일(worm gear oil)에 관한 설명으로 틀린 것은?

① 매월 교체하여야 한다.
② 반드시 지정된 것만 사용한다.
③ 규정된 수준을 유지하여야 한다.
④ 워엄기어가 분말이나 먼지로 혼탁해지면 교체한다.

해설) ① 작동유의 불순물로 인하여 혼탁하거나 장기간 사용으로 점도가 떨어지는 경우
② 오일 교체주기는 규정된 수준 이하일 경우

36 에스컬레이터(무빙워크 포함)에서 6개월에 1회 점검하는 사항이 아닌 것은?

① 구동기의 베어링 점검
② 구동기의 감속기어 점검
③ 중간부의 스텝 레일 점검
④ 핸드레일 시스템의 속도 점검

해설) 에스컬레이터(무빙워크 포함)점검항목 및 방법
① 구동기의 베어링 점검 (1회/6월)
② 구동기의 감속기어 점검 (1회/6월)
③ 중간부의 스텝 레일 점검 (1회/6월)
④ 핸드레일 시스템의 속도 점검 (1회/1월)

37 기계실에 대한 설명으로 틀린 것은?

① 출입구 자물쇠의 잠금장치는 없어도 된다.
② 관리 및 검사에 지장이 없도록 조명 및 환기는 적절해야 한다.
③ 주루프, 조속기로프 등은 기계실 바닥의 관통부분과 접촉이 없어야 한다.
④ 권상기 및 제어반은 기둥 및 벽에서 보수관리에 지장이 없어야 한다.

해설) 기계실 구비 조건
① 출입문은 외부인이 출입을 방지할 수 있도록 잠금장치를 설치하여야 한다.
② 기계실은 엘리베이터 이외의 목적으로 사용되지 않아야 한다.
③ 작업구역에서 유효 높이는 2m 이상이어야 한다.
④ 기계실에는 바닥 면에서 200LX 이상을 비출 수 있는 영구적으로 설치된 전기 조명이 있어야 한다.
⑤ 기계실은 눈·비가 유입되거나 동절기에 실온이 내려가지 않도록 조치되어야 하며 실온은 +5℃에서 +40℃ 사이에서 유지되어야 한다.
⑥ 제어 패널 및 캐비닛 전면의 유효 수평면적은 아래와 같아야 한다.
 • 폭은 0.5m 또는 제어 패널·캐비닛의 전체 폭 중에서 큰 값 이상
 • 깊이는 외함의 표면에서 측정하여 0.7m 이상
⑦ 주로프·조속기로프 및 층상선택기의 스틸테이프 등은 기계실 바닥의 관통부분과 접촉되지 않아야 하고, 엘리베이터 관련 설비 이외의 것이 기계실 바닥을 관통하여서는 아니 된다.

Answer
34 ①　35 ①　36 ④　37 ①

38 파워유니트를 보수·점검 또는 수리할 때 사용하면 불필요한 작동유의 유출을 방지할 수 있는 밸브는?

① 사이런스   ② 체크밸브
③ 스톱밸브   ④ 릴리프밸브

해설) 유압 파워유니트 보수·점검
① 사이렌서 : 자동차의 머플러와 같이 작동유의 압력맥동을 흡수하여 진동, 소음을 감소시키는 역할을 한다.
② 체크밸브 : 한 방향 유체 공급(로프식 승강기의 전자 브레이크기능과 흡사)
③ 스톱밸브 : 유압파워유니트와 실린더 사이의 압력배관에 설치되며 이것을 닫으면 실린더의 기름이 파워 유니트로 역류하는 것을 방지한다.
④ 릴리프밸브 : 작동압력이 125%를 초과하지 않을 때 자동개시하고, 작동압력이 상용압력의 150%를 초과하지 않아야 한다.

39 에스컬레이터의 경사도가 30° 이하일 경우에 공칭 속도는?

① 0.75m/s 이하   ② 0.80m/s 이하
③ 0.85m/s 이하   ④ 0.90m/s 이하

해설) ① 디딤판의 정격속도 30m/min 이하
② 경사도 30° 이하 수평에서는 0.75m/s 이하, 35° 이하 수평에서는 0.5m/s 이하
③ 경사도가 8° 이하의 속도는 50m/min

40 에스컬레이터(무빙워크 포함) 점검항목 및 방법 중 제어 패널, 캐비닛, 접촉기, 릴레이, 제어기판에서 "B로 하여야 할 것"에 해당하지 않는 것은?

① 잠금 장치가 불량한 것
② 환경상태(먼지, 이물)가 불량한 것
③ 퓨즈 등에 규격외의 것이 사용되고 있는 것
④ 접촉기, 릴레이-접촉기 등의 손모가 현저한 것

해설) ① 제어 패널, 캐비닛, 접촉기, 릴레이, 제어 기판에서 "B로 하여야 할 것"
• 접촉기, 릴레이-접촉기 등의 손모가 현저한 것
• 잠금 장치가 불량한 것
• 고정이 불량한 것
• 발열, 진동 등이 현저한 것
• 동작이 불안정 한 것
• 환경상태(먼지,이물)가 불량한 것
• 제어 계통에서 안전에 지장이 없는 경미한 결함 또는 오류가 발행한 것
• 전기설비의 절연저항이 규정값을 초과하는 것
② 퓨즈 등에 규격외의 것이 사용되고 있는 것은 "C로 하여야 할 것"

41 고속 엘리베이터에 많이 사용되는 조속기는?

① 점차 작동형 조속기
② 롤 세이프티형 조속기
③ 디스크형 조속기
④ 플라이 볼형 조속기

해설) 플라이 볼 조속기(fly ball governor)
① 도르래의 회전을 수직축의 회전으로 변환, 링크 기구로 구형의 진자에 원심력으로 작동
② 구조가 매우 복잡하나 정밀도가 높은 검출을 하므로 고속 승강기에 많이 적용

Answer
38 ③ 39 ① 40 ③ 41 ④

42 에스컬레이터(무빙워크 포함)의 비상정지 스위치에 관한 설명으로 틀린 것은?

① 색상은 적색으로 하여야 한다.
② 상하 승강장의 잘 보이는 곳에 설치한다.
③ 버튼 또는 버튼 부근에는 "정지" 표시를 하여야 한다.
④ 장난 등에 의한 오조작 방지를 위하여 잠금장치를 설치하여야 한다.

해설 비상정지버튼(emergency stop button)
① 승강장에서 비상 시 또는 전건할 때 디딤판의 승강을 강제로 정지시킬 수 있는 장치
② 비상정지버튼을 설치하는 위치는 비상 시 쉽게 작동할 수 있는 상하 승강장의 이입구
③ 층고가 12m 초과 시 비상정지버튼 추가설치(비상정지버튼의 간격은 15m 초과할 수 없음)
④ 비상정지버튼의 색상은 "적색", 부근에는 "정지" 표시 할 것
⑤ 어린이 등 장난에 의한 오조작을 방지하기 위한 덮개를 설치하며, 비상 시 쉽게 열 수 있는 구조로 할 것

43 와이어 로프의 구성요소가 아닌 것은?

① 소선   ② 심강
③ 킹크   ④ 스트랜드

해설 스트랜드 : 소선을 한층 혹은 여러층 꼬아 합친 로프

44 카 상부에서 행하는 검사가 아닌 것은?

① 완충기 점검
② 주로프 점검
③ 가이드 슈 점검
④ 도어개폐장치 점검

해설 피트에서 하는 점검
① 완충기 취부상태 확인
② 조속기로프 및 기타의 당김 도르래 확인
③ 피트바닥 청결상태 확인(사다리 고정 유무, 배수구점검)
④ 하부 파이널리미트스위치 동작상태 확인
⑤ 카 비상정지장치 및 스위치 동직상태 확인
⑥ 하부 도르래 동작상태 확인
⑦ 균형추 밑부분 틈새 확인
⑧ 이동케이블 및 부착부 확인

45 전기식 엘리베이터의 가이드 레일 설치에서 패킹(보강재)이 설치된 경우는?

① 가이드 레일이 짧게 설치되어 보강할 경우
② 가이드 레일 양 폭의 너비를 조정 작업할 경우
③ 레일브래킷의 간격이 필요이상 한계를 초과하여 레일의 뒷면에 강재를 붙여서 보강하는 경우
④ 레일브래킷의 간격이 필요이상 한계를 초과하여 레일의 아편에 강재를 붙여서 보강하는 경우

해설 ① 레일 브래킷(Rail bracket)
- 엘리베이터 레일을 승강로에 고정하기 위한 지지대로 승강로의 벽, 철골, 중간 빔 등에 설치된다.
- 레일브래킷의 간격이 필요이상 한계를 초과할 경우 레일의 뒷면에 패킹을 보강
② 가이드 레일의 규격
- 레일 호칭은 마무리 가공 전 소재의 1m당 중량으로 한다.
- 보통 T형 레일 공칭은 8K, 13K, 18K, 24K(대용량 엘리베이터에서는 37K, 50K)
- 레일의 표준길이는 5m이다.
- 가이드 레일의 허용응력은 2400kg/cm^{2}이다.
- 카의 기울어짐 방지 또는 비상정지장치가 작동 때 수직하중 유지

Answer
42 ④   43 ③   44 ①   45 ③

46 유압식 엘리베이터에 있어서 정상적인 작동을 위하여 유지하여야 할 오일의 온도 범위는?

① 5℃~60℃   ② 20℃~70℃
③ 30℃~80℃   ④ 40℃~90℃

해설 유압 승강기의 특징
① 건물 하층부에 기계실을 설치하여 상층부의 하중이 걸리지 않음
② 타방식에 기계실 배치보다 자유롭게 설치 운영 가능
③ 유체를 이용한 실린더와 플런저를 사용하므로 속도 및 행정거리에 한계가 있음
④ 균형추가 없어 오로지 동력만을 이용하므로 전력소비가 많음
⑤ 저층 및 60m/min 이하에 적용하며, 대용량 화물용으로 적합
⑥ 유체의 온도를 5~60℃ 이하로 유지
⑦ 공회전 방지장치가 필요함
⑧ 카의 상승 시 압력의 125% 초과하지 않도록 안전밸브 설치

47 직류전동기의 회전수를 일정하게 유지하기 위하여 전압을 변화시킬 때 전압은 어디에 해당되는가?

① 조작량   ② 제어량
③ 목표값   ④ 제어대상

해설
① 제어량 : 제어된 제어 대상의 양, 또는 시스템의 출력
② 목표값 : 제어계의 입력, 외부에서 주어진 값
③ 제어대상 : 시스템에서 제어되는 전체 또는 일부분
④ 조작량 : 제어장치가 제어 대상에 가해지는 양

48 직류발전기의 구조로서 3대 요소에 속하지 않는 것은?

① 계자   ② 보극
③ 전기자   ④ 정류자

해설
① 직류기 구성
• 계자(field)
• 전기자(armature)
• 정류자(commutator)
• 브러시(brush) – 4요소
② 보극, 보상권선, 전기자권선 : 전기자 반작용에 대한 대책

49 체크밸브(non-return valve)에 관한 설명 중 옳은 것은?

① 하강 시 유량을 제어하는 밸브이다.
② 오일의 압력을 일정하게 유지하는 밸브이다.
③ 오일의 방향이 한쪽방향으로만 흐르도록 하는 밸브이다.
④ 오일의 방향이 양방향으로 흐르는 것을 제어하는 밸브이다.

해설 체크 밸브(check vale)
① 어느 한쪽에서 유체가 공급되어 흐르도록 하는 밸브로 역방향은 유체가 차단됨
② 체크 밸브기능은 로프식 승강기의 전자 브레이크기능과 흡사 함

Answer
46 ①   47 ①   48 ②   49 ③

50 높이 50mm의 둥근 봉이 압축하중을 받아 0.004의 변형률이 생겼다고 하면, 이 봉의 높이는 몇 mm인가?

① 49.80　　② 49.90
③ 49.98　　④ 48.99

해설
변형률$(\varepsilon) = \dfrac{\lambda}{l}$

여기서, l : 길이, λ : 인장
∴ λ(인장) $= \varepsilon \cdot l = 0.004 \times 50 = 0.2$mm
　봉의 높이 : 50−0.2 = 49.80mm

51 기어의 언더컷에 관한 설명으로 틀린 것은?

① 이의 간섭현상이다.
② 접촉면적이 넓어진다.
③ 원활한 회전이 어렵다.
④ 압력각을 크게 하여 방지한다.

해설 언더컷
① 원인
　• 이의 간섭으로 이 끝부분이 이뿌리 부분에 파고 들어갈 때 깎여지는 현상
　• 접촉면이 작아 회전력이 떨어진다.
② 방지방법
　• 압력 각을 크게 한다.
　• 이 끝 높이를 낮게 한다.(표준보다 낮게)
　• 전위 기어사용

52 기계 부품 측정 시 각도를 측정할 수 있는 기기는?

① 사인바　　② 옵티컬플렛
③ 다이얼게이지　　④ 마이크로미터

해설 간접측정(indirect measurement)
① 피측정물의 기하학적 관계를 이용하여 측정하는 방법
② 사인바에 의한 각도측정
③ 삼침법에 의한 나사의 유효지름측정
④ 롤러와 블록게이지를 이용한 테이퍼 측정

53 그림과 같은 논리기호의 논리식은?

① $Y = \overline{A} + \overline{B}$　　② $Y = \overline{A} \cdot \overline{B}$
③ $Y = A \cdot B$　　④ $Y = A + B$

해설 OR 소자
① 출력신호 값은 2개의 입력 신호 값의 논리합으로 표현
② 회로 및 기호
　• 논리식 : $A + B = C$
　• 회로

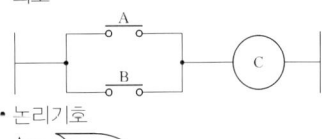

　• 논리기호

　• 진리표

입력		출력
A	B	C
0	0	0
1	0	1
0	1	1
1	1	1

54 평행판 콘덴서에 있어서 판의 면적을 동일하게 하고 정전용량은 반으로 줄이려면 판 사이의 거리는 어떻게 하여야 하는가?

① 1/4로 줄인다.　　② 반으로 줄인다.
③ 2배로 늘린다.　　④ 4배로 늘린다.

해설 평행판 도체의 정전용량 : 평행한 두 금속판을 일정한 간격과 면적이 같은 두 금속사이에 전압을 가하면, $+Q$[C]와 $-Q$[C]의 전하가 축적된다.(절연물의 유전율은 ε[F/m])

$C = \dfrac{Q}{V} = \dfrac{\varepsilon A}{\ell}$[F]

여기서, A : 단면적, [m²]
　　　　ℓ : 두 금속 사이[m]
　　　　ε : 유전율[F/m]

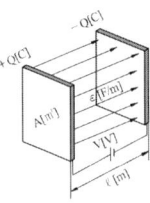

Answer
50 ①　51 ②　52 ①　53 ④　54 ③

55 유도 전동기에서 동기속도 N_S와 극수 P와의 관계로 옳은 것은?

① $N_S \propto P$
② $N_S \propto \dfrac{1}{P}$
③ $N_S \propto P^2$
④ $N_S \propto \dfrac{1}{P^2}$

해설 3상 유도전동기
① 동기속도(N_S) : 유도전류와 회전 자속의 곱에 비례하는 토크가 발생
② $N_S = \dfrac{120f}{P}$ [rpm]
여기서, N_S : 동기속도
P : 극수
f : 주파수

56 그림과 같은 회로의 역률은 약 얼마인가?

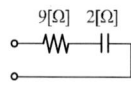

① 0.74 ② 0.80
③ 0.86 ④ 0.98

해설 RC직렬회로
① 저항 $R[\Omega]$과 정전용량 $C[F]$을 직렬 접속한 회로
② 임피던스 : 회로에 가한 전압과 전류의 비
- $Z = \sqrt{R^2 + X_C^2} = \sqrt{R^2 + (\dfrac{1}{\omega C})^2}$
  $= \sqrt{R^2 + (\dfrac{1}{2\pi f C})^2}$ [Ω]
③ 역률
- $\cos\theta = \dfrac{R}{Z} = \dfrac{R}{\sqrt{R^2 + X_C^2}} = \dfrac{R}{\sqrt{R^2 + (\dfrac{1}{\omega C})^2}}$
  $= \dfrac{R}{\sqrt{R^2 + (\dfrac{1}{2\pi f C})^2}}$
- 위상차이 : 전압(V)의 위상은 전류(I)보다 θ [rad]만큼 뒤진다.

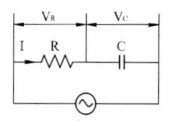
(a) RC직렬회로
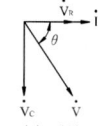
(b) 전압 벡터도
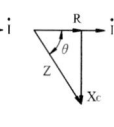
(c) 임피던스 벡터도

∴ $\cos\theta = \dfrac{R}{Z} = \dfrac{R}{\sqrt{R^2 + X_C^2}} = \dfrac{9}{\sqrt{9^2 + 2^2}}$
$= \dfrac{9}{\sqrt{85}} = \dfrac{9}{9.22} \fallingdotseq 0.98$

57 전기기기에서 E종 절연의 최고 허용온도는 몇 ℃인가?

① 90   ② 105
③ 120   ④ 130

해설 절연등급

절연기기 종류	Y	A	E	B	F	H	C
허용온도 (℃)	90	105	120	130	155	180	180 초과

58 안전율의 정의로 옳은 것은?

① 허용응력/극한강도
② 극한강도/허용응력
③ 허용응력/탄성한도
④ 탄성한도/허용응력

해설 안전율
S(안전율) $= \dfrac{\sigma_s(\text{기준강도})}{\sigma_a(\text{허용응력})}$

Answer
55 ② 56 ④ 57 ③ 58 ②

59 정속도 전동기에 속하는 것은?

① 직권 전동기
② 분권 전동기
③ 타여자 전동기
④ 가동복권 전동기

해설
① 타여자 전동기
 • 타여자 전동기는 계자 권선에 공급되는 전류가 전기자 전류와 다른 전원을 사용
 • 자속이 일정하여 정속도 특성을 갖는다.
② 분권 전동기(shunt motor)
 • 부하변동에 따른 속도변화가 적다.(정속도 특성)
 • 계자극 권선과 전기자 권선이 병렬로 연결된 직류전동기이다.
 • 컨베이어벨트, 공작기계 등에 사용된다.

60 측정계기의 오차의 원인으로서 장시간의 통전 등에 의한 스프링의 탄성피로에 의하여 생기는 오차를 보정하는 방법으로 가장 알맞은 것은?

① 정전기 제거
② 자기 가열
③ 저항 접속
④ 영점 조정

해설
측정 레인지를 가변한 경우는 매번 영점 조정을 해야만 한다.

Answer
59 ②, ③ 60 ④

제2회 (2016.04.02 시행) 과년도기출문제

01 엘리베이터용 트랙션식 권상기의 특징이 아닌 것은?

① 소요동력이 작다.
② 균형추가 필요 없다.
③ 행정거리에 제한이 없다.
④ 권과를 일으키지 않는다.

해설
① 권동식
　• 균형추를 사용하지 않아 소비전력이 크다.
　• 승강행정이 변화할 때마다 다른 권동이 필요하며, 높은 행정에 적용은 어렵다.
② 트랙션 머신(권상기) : 전동기축의 회전력을 로프차에 전달하는 기구
　• 기어드(geared) 방식 : 전동기회전 감속을 위해 기어 부착(웜 기어, 헬리컬 기어)
　• 기어레스(gearless) 방식 : 전동기 회전축에 시브(sheave : 도르래)를 고정 부착
　• 기어식 권상기 : 감속기를 사용(105m/min 이하)
　• 무기어식 권상기 : 구동모터의 축에 직접 구동도르래와 브레이크 부착(120m/min 이상)

02 스텝 폭 0.8m, 공칭속도 0.75 m/s 인 에스컬레이터로 수송할 수 있는 최대 인원의 수는 시간 당 몇 명인가?

① 3600　② 4800
③ 6000　④ 6600

해설 난간폭에 의한 분류
① 800형 : 시간당 수송능력 6000명(전동기 용량 : 7.5kW)
　공칭속도 0.5m/s → 30m/min[초(s)를 분(min) 단위로 변환]
② 1200형 : 시간당 수송능력 9000명(층고 4.7m 이하 : 7.5kW, 층고 4.7~7m 이하 : 11kW)
　공칭속도 0.75m/s → 45m/min[초(s)를 분(min) 단위로 변환]

03 카가 최상층 및 최하층을 지나쳐 주행하는 것을 방지하는 것은?

① 균형추　② 정지 스위치
③ 인터록 장치　④ 리미트 스위치

해설 파이널 리미트 스위치(final limit switch) : 파이널 리미트 스위치의 오동작에 대한 대비로, 종단(최상층 또는 최하층) 전에 설치하여 지나치지 않도록 하기 위해 설치

04 비상용 엘리베이터의 정전 시 예비전원의 기능에 대한 설명으로 옳은 것은?

① 30초 이내에 엘리베이터 운행에 필요한 전력용량을 자동적으로 발생하여 1시간 이상 작동하여야 한다.
② 40초 이내에 엘리베이터 운행에 필요한 전력용량을 자동적으로 발생하여 1시간 이상 작동하여야 한다.
③ 60초 이내에 엘리베이터 운행에 필요한 전력용량을 자동적으로 발생하여 2시간 이상 작동하여야 한다.
④ 90초 이내에 엘리베이터 운행에 필요한 전력용량을 자동적으로 발생하여 2시간 이상 작동하여야 한다.

해설 비상용 엘리베이터의 구조
① 카는 비상운전 시 반드시 모든 승강장의 출입구마다 정지할 수 있어야 한다.
② 60초 이내 전력 용량을 자동적으로 발생(수동으로 전원을 작동할 수 있을 것)
③ 2시간 이상 작동 할 수 있을 것
④ 평상 시 승객용 또는 승객·화물용으로 사용, 화재 시 인명구조 및 소방 활동으로 사용하도록 제작
⑤ 건물의 높이가 31m 이상, 각층마다 면적이 1,500m² 초과하는 경우 설치
⑥ 카 내부에 설치, 정전 시 램프중심부로부터 2m 떨어진 수직면상에서 밝기를 1LX 이상으로 30분 이상유지(별도의 비상전원장치)

Answer
01 ②　02 ④　03 ④　04 ③

05 주차구획이 3층 이상으로 배치되어 있고 출입구가 있는 층의 모든 주차구획을 주차장치 출입구로 사용할 수 있는 구조로서 그 주차 구획을 아래·위 또는 수평으로 이동하여 자동차를 주차하도록 설계한 주차 장치는?

① 수평순환식
② 다층순환식
③ 다단식 주차장치
④ 승강기 슬라이드식

해설 다단식주차장치
① 주차구획이 3층 이상으로 배치되어 있고 출입구가 있는 층의 모든 주차구획을 주차장치 출입구로 사용할 수 있는 구조
② 주차구획을 아래·위 또는 수평으로 이동하여 자동차를 주차하도록 설계한 주차장치

06 도어 인터록에 관한 설명으로 옳은 것은?

① 도어 닫힘 시 도어 록이 걸린 후, 도어 스위치가 들어가야 한다.
② 카가 정지하지 않는 층은 도어 록이 없어도 된다.
③ 도어 록은 비상시 열기 쉽도록 일반공구로 사용 가능해야 한다.
④ 도어 개방 시 도어 록이 열리고, 도어 스위치가 끊어지는 구조이어야 한다.

해설 도어 인터록
① 운행 중 카가 정지하지 않은 층에서는 승강장문 전용 열쇠로 열리는 장치
② 도어가 닫힐 때 도어록의 장치가 확실히 걸린 후 도어 스위치가 ON된다.
③ 도어가 열릴 때 도어스위치가 OFF 후에 도어록이 열려야 한다.

07 승객이나 운전자의 마음을 편하게 해 주는 장치는?

① 통신장치
② 관제운전장치
③ 구출운전장치
④ B.G.M(Black Ground Music)장치

해설 B.G.M 장치 : 카 내부에 음악이나 방송하기 위한장치(Back Ground Music)

08 조속기로프의 공칭 직경은 몇 mm 이상이어야 하는가?

① 6
② 8
③ 10
④ 12

해설 조속기로프
① 조속기는 조속기 용도로 설계된 와이어로프에 의해 구동되어야 한다.
② 조속기로프의 공칭 직경은 6mm 이상이어야 한다.
③ 조속기로프 풀리의 피치 직경과 조속기로프의 공칭 직경 사이의 비는 30 이상이어야 한다.
④ 조속기로프의 최소 파단하중은 조속기가 작동될 때 권상 형식의 조속기에 대해 마찰계수 μ max 가 0.2와 동등하게 고려되어 8 이상의 안전율로 조속기로프에 생성

09 카 문턱과 승강장문 문턱 사이의 수평거리는 몇 mm 이하이어야 하는가?

① 12
② 15
③ 35
④ 125

해설 카 문턱과 승강장문 문턱 사이의 수평거리는 35mm 이하이어야 한다.

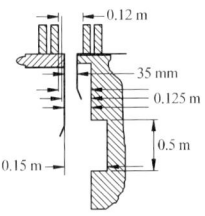

Answer
05 ③ 06 ① 07 ④ 08 ① 09 ③

10 기계실에서 이동을 위한 공간의 유효높이는 바닥에서부터 천장의 빔 하부까지 측정하여 몇 m 이상이어야 하는가?

① 1.2 ② 1.8
③ 2.0 ④ 2.5

해설 기계실로 가는 복도·계단 및 출입문 등은 다음 각항의 기준에 적합하여야 한다.
① 유지관리상 통행에 지장이 없도록 기계실 출입구의 폭과 높이에 해당하는 크기 이상의 통로를 확보하여야 한다.
② 계단은 불연재료로 설치하여야 하고, 발판·난간 및 경사가 있어야 하며, 계단의 폭은 0.7m 이상이여야 한다.
③ 출입문은 보수관리 및 방재를 고려하여 잠금장치가 있는 금속제 문을 설치하여야 하고, 유효 개구부의 폭 0.7m 이상, 유효 개구부의 높이 1.8m 이상이여야 한다.

11 펌프의 출력에 대한 설명으로 옳은 것은?

① 압력과 토출량에 비례한다.
② 압력과 토출량에 반비례한다.
③ 압력에 비례하고, 토출량에 반비례한다.
④ 압력에 반비례하고, 토출량에 비례한다.

해설 ① 펌프(pump)와 모터(motor)
- 유압회로 펌프는 압력의 맥동, 소음, 진동이 적은 스크류(screw) 펌프를 적용
- 펌프의 토출량이 클수록 속도가 빠르다. (50~1500ℓ/min)
- 유압 펌프로 초고압력 250kgf/cm² 까지 실용화되고 있음
- 모터(motor)로는 3상유도전동기를 일반적으로 적용

② 펌프 : 펌프의 출력은 압력과 토출량에 비례한다.

12 엘리베이터를 3~8대 병설하여 운행관리하며 1개의 승강장 부름에 대하여 1대의 카가 응답하고 교통수단의 변동에 대하여 변경되는 조작방식은?

① 군관리방식
② 단식 자동방식
③ 군승합 전자동식
④ 방향성 승합 전자동식

해설 ① 군 관리 방식
- 3~8대의 승강기를 병설로 할 때 카의 불필요한 동작 없이 운영하는 조작방식
- 수요의 변화에 따라 카의 운전내용을 변화시켜 즉각 대응(ex : 출퇴근, 점심시간식당 등)

② 군 승합 전자동식
- 2~3대의 승강기를 병설로 할 때 사용하는 조작방식
- 한 개의 승강장 호출에 한 대의 카만 응답하고 나머지는 응답하지 않아 효율적 이용방식

13 교류 2단속도 제어에서 가장 많이 사용되는 속도비는?

① 2 : 1 ② 4 : 1
③ 6 : 1 ④ 8 : 1

해설 교류 2단 속도제어
① 30~60m/min 중속의 화물용 엘리베이터에 적용
② 고속권선 → 기동과 주행, 저속권선 → 감속과 착상 시 행하는 제어
③ 속도비로 4 : 1이 가장 많이 사용

14 일반적으로 사용되고 있는 승강기의 레일 중 13K, 18K, 24K 레일 폭의 규격에 대한 사항으로 옳은 것은?

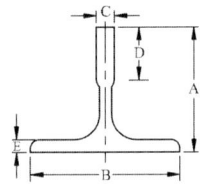

① 3종류 모두 같다.
② 3종류 모두 다르다.
③ 13K와 18K는 같고 24K는 다르다.
④ 18K와 24K는 같고 13K는 다르다.

해설 ① 가이드 레일의 규격
- 레일 호칭은 마무리 가공 전 소재의 1m당 중량으로 한다.
- 보통 T형 레일을 사용하는데 공칭은 8K, 13K, 18K, 24K이나 대용량 엘리베이터에서는 37K, 50K 등도 사용된다.
- 레일의 표준길이는 5m이다.
- 가이드 레일의 허용응력은 2400kg/cm²이다.

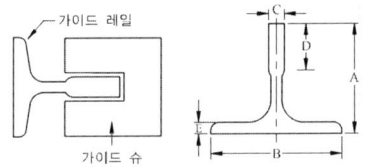

② 가이드 레일의 단면치수

mm 공칭	A	B	C	D	E	계산중량 (kg/m)
8K	56	78	10	26	6	8.55
13K	62	89	16	32	7	13.1
18K	89	114	16	38	8	17.5
24K	89	127	16	50	12	23.7
30K	108	140	19	50	13	29.7

15 엘리베이터의 속도가 규정치 이상이 되었을 때 작동하여 동력을 차단하고 비상정지를 작동시키는 기계장치는?

① 구동기   ② 조속기
③ 완충기   ④ 도어스위치

해설 ① 조속기(governor)
- 카의 속도를 검출하는 장치로 카의 속도와 같은 회전
- 기계적 과속 제어장치(카의 정격속도 이상 과속을 캐치 카를 정지시키는 장치)
② 1단계 과속검출 스위치 : 카(car)의 속도가 정격속도의 1.3배 이하에서 동작(정격속도 45m/min 이하의 경우 63m/min 이하에서 동작)
③ 2단계 캣치 : 카의 속도가 정격속도의 1.4배를 넘기 전에 동작(정격속도 45m/min 이하의 경우 68m/min 넘기 전에 동작)

16 승객(공동주택)용 엘리베이터에 주로 사용되는 도르래 홈의 종류는?

① U홈   ② V홈
③ 실홈   ④ 언더컷홈

해설 언더컷(Under Cut) 특징
① 로프와 시브의 마찰계수를 높이기 위한 것이다.
② 주로 싱글 랩핑(1 : 1로핑)에 사용된다.
③ 홈의 형상은 시브 홈의 밑을 도려낸 것이다.
④ 권상기 도래홈의 언더컷의 잔여량은 1mm 이상이어야 하고, 권상기 도르래에 감긴 주로프 가닥끼리의 높이차는 2mm 이내이어야 한다.

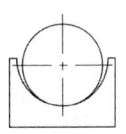 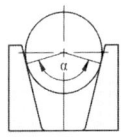 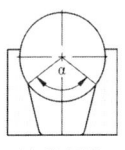
(a) U홈   (b) V홈   (c) 언더컷홈

Answer
14 ① 15 ② 16 ④

17 가요성 호스 및 실린더와 체크밸브 또는 하강밸브 사이의 가요성 호스 연결장치는 전 부하 압력의 몇 배의 압력을 손상 없이 견뎌야 하는가?

① 2　　② 3
③ 4　　④ 5

해설
① 가요성 호스 및 실린더와 체크밸브 또는 하강밸브 사이의 가요성 호스 연결장치는 전 부하 압력의 5배의 압력을 손상 없이 견뎌야 한다.
② 실린더와 체크밸브 또는 하강밸브 사이의 가요성 호스는 전 부하 압력 및 피열 압력과 관련하여 안전율이 8 이상이어야 한다.

18 에스컬레이터와 무빙워크의 일반적인 경사도는 각각 몇 도 이하 인가?

① 20°, 5°　　② 30°, 8°
③ 30°, 12°　　④ 45°, 20°

해설 에스컬레이터의 경사도
① 30°를 초과하지 않아야 한다.(다만, 높이가 6m 이하이고 공칭속도가 0.5m/s 이하인 경우, 경사도를 35°까지 증가)
② 무빙워크의 경사도는 12° 이하이어야 한다.

19 파괴검사 방법이 아닌 것은?

① 인장 검사　　② 굽힘 검사
③ 육안 검사　　④ 경도 검사

해설
① 정적 시험
 • 인장 시험(Tension or Tensile Test)
 • 굽힘 시험(Bending Test)
 • 압축 시험(Compression Test)
 • 경도 시험(Hardness Test)
② 동적 시험
 • 충격 시험(Impact Test)
 • 피로 시험(Fatigue Test)

20 안전 작업모를 착용하는 주요 목적이 아닌 것은?

① 화상방지
② 감전의 방지
③ 종업원의 표시
④ 비산물로 인한 부상 방지

해설 안전모
① 작업장 바닥, 천장, 도로, 등에서 낙하물의 위험이 있는 작업
② 바닥으로부터 높이 2m 이상인 작업장에서 추락의 위험이 있는 작업
③ 활선작업에 있어 감전의 위험이 있는 작업

21 전기재해의 직접적인 원인과 관련이 없는 것은?

① 회로 단락
② 충전부 노출
③ 접속부 과열
④ 접지판 매설

해설 감전사고 예방 대책
① 전기 기기 및 배선 등의 모든 충전부는 노출시키지 않을 것
② 전기 기기 사용 시에 필히 접지(접지판 매설) 할 것
③ 누전 차단기를 시설하여 감전사고 시의 재해를 방지할 것
④ 젖은 손으로 전기 기기를 만지지 않을 것
⑤ 개폐기에는 반드시 정격 퓨즈를 사용할 것
⑥ 불량하거나 고장난 전기제품은 사용하지 않을 것

Answer
17 ④　18 ③　19 ③　20 ③　21 ④

22 사용전압 380V의 전동기를 사용하는 경우 접지공사는?

① 제1종 접지공사
② 제2종 접지공사
③ 제3종 접지공사
④ 특별 제3종 접지공사

해설

종류	적용장소	접지저항 값[Ω]
제1종	고압 및 특고압	10
제2종	고(특)압/저압 혼촉 시 저압측	150/1선지락전류
제3종	저압(400V 미만)	100
특별제3종	저압(400V 이상)	10

23 재해의 발생 과정에 영향을 미치는 것에 해당 되지 않는 것은?

① 개인의 성격적 결함
② 사회적 환경과 신체적 요소
③ 불안전한 행동과 불안전한 상태
④ 개인의 성별·직업 및 교육의 정도

해설 재해의 발생 과정
① 간접원인 : 안전관리 결함(기술적, 교육적, 관리적)
② 직접원인 : 불안전한 상태, 불안전한 행동
③ 물적요인 : 가해물, 인적요인(사고)
④ 발생형태 : 사람, 사고현상(재해)

24 승강기시설 안전관리법의 목적은 무엇인가?

① 승강기 이용자의 보호
② 승강기 이용자의 편리
③ 승강기 관리주체의 수익
④ 승강기 관리주체의 편리

해설 승강기시설 안전관리법
제1조(목적) 이 법은 승강기의 설치 및 보수 등에 관한 사항을 정하여 승강기를 효율적으로 관리함으로써 승강기시설의 안전성을 확보하고 승강기 이용자를 보호함을 목적으로 한다.

25 재해 조사의 목적으로 가장 거리가 먼 것은?

① 재해에 알맞은 시정책 강구
② 근로자의 복리후생을 위하여
③ 동종재해 및 유사재해 재발방지
④ 재해 구성요소를 조사, 분석, 검토하고 그 자료를 활용하기 위하여

해설 재해조사의 목적
① 동종 또는 유사 재해방지
② 재해원인의 규명
③ 예방자료 수집으로 예방대책
④ 사실 확인, 직접원인 및 문제점 확인

26 감전과 전기화상을 입을 위험이 있는 작업에서 구비해야 하는 것은?

① 보호구   ② 구명구
③ 운동화   ④ 구급용구

해설 보호구 종류 및 작업내용
① 보안면 : 각종 비산물과 유해한 액체로부터 얼굴을 보호
② 안전장갑 : 감전의 위험이 있는 작업
③ 방열복 : 고열에 의한 화상 등의 위험이 있는 작업
④ 안전화 : 물체의 낙하, 물체의 끼임 등이 있는 작업

Answer
22 ③ 23 ④ 24 ① 25 ② 26 ①

27 감전에 의한 위험대책 중 부적합한 것은?

① 일반인 이외에는 전기기계 및 기구에 접촉금지
② 전선의 절연피복을 보호하기 위한 방호 조치가 있어야 함
③ 이동전선의 상호 연결은 반드시 접속기구를 사용할 것
④ 배선의 연결부분 및 나선부분은 전기 절연용 접착테이프로 테이핑 하여야 함

해설 감전사고 예방 대책
① 전기 기기 및 배선 등의 모든 충전부는 노출시키지 않을 것
② 전기 기기 사용 시에 필히 접지 할 것
③ 누전 차단기를 시설하여 감전사고 시의 재해를 방지할 것
④ 젖은 손으로 전기 기기를 만지지 않을 것
⑤ 개폐기에는 반드시 정격 퓨즈를 사용할 것
⑥ 불량하거나 고장난 전기제품은 사용하지 않을 것

28 "엘리베이터 사고 속보"란 사고 발생 후 몇 시간 이내인가?

① 7시간 ② 9시간
③ 18시간 ④ 24시간

해설 제24조의6(사고조사반의 구성 등)
① 법 제16조의4제4항에 따른 사고조사반은 사고 발생지역을 관할하는 공단 지역사무소에 설치되는 초동조사반과 공단 본부에 설치되는 전문조사반으로 구분하여 구성한다.
② 제1항에 따른 초동조사반은 2명이내의 사고조사관으로 구성하고, 초동조사반은 제24조의5제2항에 따라 사고에 관한 통보를 받은 후 24시간 이내에 다음 각 호의 사항을 조사한다.
 • 사고의 개략적 규모 및 원인
 • 법 제16조의4제2항에 따른 사고현장 보전의 필요성

29 에스컬레이터의 스커트 가드판과 스탭 사이에 인체의 일부나 옷, 신발 등이 끼었을 때 에스컬레이터를 정지시키는 안전장치는?

① 스텝체인 안전장치
② 구동체인 안전장치
③ 핸드레일 안전장치
④ 스커트 가드 안전장치

해설 스커트 가드 안전장치(S.G.S)
① 승강구의 가까운 위치에서 사람이나 이물질이 디딤판 측면과 스커트가드와의 사이에 강하게 끼이는 경우 구동 전동기 및 브레이크의 전원을 차단하는 장치
② 스커트 가드는 어느 부분에서나 $25cm^2$의 면적에 1500N(153kgf)의 힘을 직각으로 가했을 때 휨량이 4mm 이내이어야 하고, 시험후 영구변형이 없어야 한다.

30 유압장치의 보수 점검 및 수리 등을 할 때 사용되는 장치로서 이것을 닫으면 실린더의 기름이 파워유니트로 역류하는 것을 방지하는 장치는?

① 제지 밸브 ② 스톱 밸브
③ 안전 밸브 ④ 럽처 밸브

해설
① **체크밸브** : 한 방향 유체 공급(로프식 승강기의 전자 브레이크기능과 흡사)
② **스톱 밸브** : 유압파워유니트와 실린더 사이의 압력배관에 설치되며 이것을 닫으면 실린더의 기름이 파워 유니트로 역류하는 것을 방지한다.
③ **릴리프 밸브** : 작동압력이 125%를 초과하지 않을 때 자동개시하고, 작동압력이 상용압력의 150%를 초과하지 않아야 한다.
④ **럽처 밸브** : 실린더와 유압 배관사이에 설치하여 배관의 파손 등으로 유압유 작동압력이 설정치 이상이 되었을 때 유압유의 흐름을 차단하여 카 (car)의 운행을 정지시키는 기능을 가진 밸브

Answer
27 ① 28 ④ 29 ④ 30 ②

31 피트 정지 스위치의 설명으로 틀린 것은?

① 이 스위치가 작동하면 문이 반전하여 열리도록 하는 기능을 한다.
② 점검자나 검사자의 안전을 확보하기 위해서는 작업 중 카의 움직임을 방지하여야 한다.
③ 수동으로 조작되고 스위치가 열리면 전동기 및 브레이크에 전원 공급이 차단되어야 한다.
④ 보수 점검 및 검사를 위해 피트 내부로 "정지"위치로 두어야 한다.

해설 피트 정지 스위치(pit stop switch) : 유지보수 점검 및 안전검사로 피트 내부에 들어가기 전 정지 스위치로 선택 작업 중 카 동작 방지(수동 조작 스위치)

32 유압식 엘리베이터의 카 문턱에는 승강장 유효 출입구 전폭에 걸쳐 에이프런이 설치되어야 한다. 수직면의 아랫부분은 수평면에 대해 몇 도 이상으로 아랫방향을 향하여 구부러져야 하는가?

① 15° ② 30°
③ 45° ④ 60°

해설 에이프런
① 카 문턱에는 승강장 유효 출입구 전폭에 걸쳐 에이프런이 설치되어야 한다. 수직면의 아랫부분은 수평면에 대해 60° 이상으로 아랫방향을 향하여 구부러져야 한다.
② 구부러진 곳의 수평면에 대한 투영길이는 20mm 이상이어야 한다.
③ 수직 부분의 높이는 0.75m 이상이어야 한다.

33 도어에 사람의 끼임을 방지하는 장치가 아닌 것은?

① 광전 장치
② 세이프티 슈
③ 초음파 장치
④ 도어 인터로크

해설 도어 인터록
① 운행 중 카가 정지하지 않은 층에서는 승강장문 전용 열쇠로 열리는 장치
② 도어가 닫힐 때 도어록의 장치가 확실히 걸린 후 도어 스위치가 ON된다.
③ 도어가 열릴 때 도어스위치가 OFF 후에 도어록이 열려야 한다.

34 승강기 정밀안전 검사기준에서 전기식 엘리베이터 주로프의 끝 부분은 몇 가닥 마다 로프소켓에 바빗트 채움을 하거나 체결식 로프소켓을 사용하여 고정하여야 하는가?

① 1가닥 ② 2가닥
③ 3가닥 ④ 5가닥

해설 ① 주로프 끝부분은 1가닥마다 로프소켓에 바빗트 채움을 하거나 체결식 로프소켓을 사용하여 고정하여야 한다.(고정하는 경우의 연결은 주로프 최소단하중의 80% 이상)
② 주로프를 걸어 맨 고정부위는 2중 너트로 견고하게 조이고, 풀림방지를 위한 분할 핀이 꽂혀 있어야 한다.

Answer
31 ① 32 ④ 33 ④ 34 ①

35 정전으로 인하여 카가 층 중간에 정지될 경우 카를 안전하게 하강시키기 위하여 점검자가 주로 사용하는 밸브는?

① 체크 밸브
② 스톱 밸브
③ 릴리프 밸브
④ 하강용 유량제어 밸브

해설 하강용 유량 제어 밸브
① 카의 하강 시 실린더에서 오일탱크로 귀환하는 유체를 제어하는 밸브
② 이상현상 또는 정전으로 층사이에 운행을 멈추었을 때 수동식 하강밸브가 부착되어 있어 밸브를 열어 카 자중의 힘으로 안전하게 하강할 수 있음

36 유압펌프에 관한 설명 중 틀린 것은?

① 압력맥동이 커야 한다.
② 진동과 소음이 작아야 한다.
③ 일반적으로 스크류 펌프가 사용된다.
④ 펌프의 토출량이 크면 속도도 커진다.

해설 ① 펌프(pump)와 모터(motor)
  • 유압회로 펌프는 압력의 맥동, 소음, 진동이 적은 스크류(screw) 펌프를 적용
  • 펌프의 토출량이 클수록 속도가 빠르다 (50~1500ℓ/min)
  • 유압 펌프로 초고압력 250kgf/cm² 까지 실용화되고 있음
  • 모터(motor)로는 3상유도전동기를 일반적으로 적용
② 펌프 : 펌프의 출력은 압력과 토출량에 비례한다.

37 유압식 엘리베이터 자체점검 시 피트에서 하는 점검항목 장치가 아닌 것은?

① 체크밸브
② 램(플런저)
③ 이동케이블 및 부착부
④ 하부 파이널리미트 스위치

해설 체크밸브(check vale)
① 어느 한쪽에서 유체가 공급되어 흐르도록 하는 밸브로 역방향은 유체가 차단됨
② 체크밸브기능은 로프식 승강기의 전자 브레이크 기능과 흡사 함
③ 유압식 엘리베이터의 유압 파워유니트(Power unit)의 구성 요소

38 전기식 엘리베이터 자체점검 시 기계실, 구동기 및 풀리 공간에서 하는 점검항목 장치가 아닌 것은?

① 조속기   ② 권상기
③ 고정 도르래   ④ 과부하 감지장치

해설 전기식 엘리베이터 자체점검 중 피트에서 하는 점검 항목 : 과부하 감지장치 점검항목(1회/1개월)

39 승강장에서 스텝 뒤쪽 끝부분을 황색등으로 표시하여 설치되는 것은?

① 스텝체인   ② 테크보드
③ 데마케이션   ④ 스커트 가드

해설 데마케이션 : 사람의 신체일부 및 이물질이 스텝 사이 틈새에 닿지 않게 주의시키는 효과

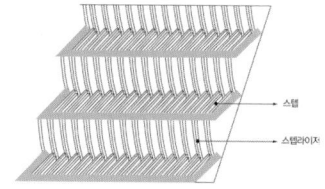

40 전기식 엘리베이터 자체점검 시 제어 패널, 캐비닛 접촉기, 릴레이 제어 기판에서 "B로 하여야할 것"이 아닌 것은?

① 기판의 접촉이 불량한 것
② 발열, 진동 등이 현저한 것
③ 접촉기, 릴레이-접촉기 등의 손모가 현저한 것
④ 전기설비의 절연저항이 규정 값을 초과하는 것

해설
① 제어 패널, 캐비닛, 접촉기, 릴레이, 제어 기판에서 "B로 하여야 할 것"
  - 접촉기, 릴레이-접촉기 등의 손모가 현저한 것
  - 잠금 장치가 불량한 것
  - 고정이 불량한 것
  - 발열, 진동 등이 현저한 것
  - 동작이 불안정 한 것
  - 환경상태(먼지,이물)가 불량한 것
  - 제어 계통에서 안전에 지장이 없는 경미한 결함 또는 오류가 발행한 것
  - 전기설비의 절연저항이 규정값을 초과하는 것
② 기판의 접촉이 불량한 것은 "C로 하여야 할 것"

41 기계실에는 바닥 면에서 몇 LX 이상을 비출 수 있는 영구적으로 설치된 전기 조명이 있어야 하는가?

① 2
② 50
③ 100
④ 200

해설 기계실 구조
① 기계실의 면적은 승강로 투영면적의 2배 이상
② 기계실의 바닥·벽 및 천장은 내화구조 또는 방화구조로 양호하게 유지
③ 기계실 온도는 5℃에서 +40℃ 이하를 유지(기준 온도이상 시 제어장치 오작동)
④ 기계실에는 바닥 면에서 200LX 이상을 비출 수 있는 영구적으로 설치된 전기 조명
⑤ 천장에는 기기를 양정하기 위한 고리를 설치

42 콤에 대한 설명으로 옳은 것은?

① 홈에 맞물리는 각 승강장의 갈라진 부분
② 전기안전장치로 구성된 전기적인 안전시스템의 부분
③ 에스컬레이터 또는 무빙워크를 둘러싸고 있는 외부 측 부분
④ 스텝, 팔레트 또는 벨트와 연결되는 난간의 수직 부분

해설 승강장에서는 물체가 쉽게 끼어 들어가지 않도록 디딤판과 콤(Comb)의 물림량은 6mm 이상(벨트방식의 경우에는 4mm 이상)이어야 하고, 맞물리는 부분의 틈새는 4mm 이하이어야 한다.

43 로프의 미끄러짐 현상을 줄이는 방법으로 틀린 것은?

① 권부각을 크게 한다.
② 카 자중을 가볍게 한다.
③ 가감속도를 완만하게 한다.
④ 균형체인이나 균형로프를 설치한다.

해설 로프 제동장치
① 승강기 추락시 카의 미끄러짐이나 떨어짐을 방지하는 비상제동장치
② 로프와 견인 시브의 마찰력 저하로 인해 로프의 미끄러짐이나 제동장치의 불량으로 서서히 미끄러져 이동되거나 하강방향 또는 상승방향으로 떨어질 (균형추가 아래로 떨어짐)때 제동장치가 작동되어 승강기의 추락을 방지해 주는 안전장치이다.
  - 권부각(로프를 감는 각도)이 클수록 로프의 미끄러짐을 줄일 수 있다.
  - 가감속도가 작을수록 로프의 미끄러짐을 줄일 수 있다.
  - 보상체인이나 로프를 설치하여 미끄러짐을 줄인다.

Answer
40 ① 41 ④ 42 ① 43 ②

44 균형체인과 균형로프의 점검사항이 아닌 것은?

① 이상소음이 있는지를 점검
② 이완상태가 있는지를 점검
③ 연결부위의 이상 마모가 있는지를 점검
④ 양쪽 끝단은 카의 양측에 균등하게 연결되어 있는지를 점검

해설
① 로프가 서로 엉키는 것을 방지하기 위하여 인장시브를 설치
② 균형 로프는 고속 승강기에 적용
③ 보상의 효과는 100%
④ 소음진동 보상
⑤ 카의 밸런스 및 와이어로프 무게 보상
⑥ 연결부위의 이상 마모, 이완상태, 이상소음 등 점검

45 고장 및 정전 시 카 내의 승객을 구출하기 위해 카 천장에 설치된 비상구출문에 대한 설명으로 틀린 것은?

① 카 천장에 설치된 비상구출문은 카 내부 방향으로 열리지 않아야 한다.
② 카 내부에서는 열쇠를 사용하지 않으면 열 수 없는 구조이어야 한다.
③ 비상구출구의 크기는 0.3m×0.3m 이상이어야 한다.
④ 카 천장에 설치된 비상구출문은 열쇠 등을 사용하지 않고 카 외부에서 간단한 조작으로 열 수 있어야 한다.

해설 비상구출구
① 비상구출운전으로서 특별히 규정된 경우, 카내에 있는 승객에 대한 구출활동은 항상 카 밖에서 이루어져야 한다.
② 승객의 구출 및 구조를 위해 카 천장에 비상구출구가 있는 경우, 크기는 0.35m×0.50m 이상으로 하여야 한다.
③ 카 밖에서 간단한 조작으로 열 수 있어야 하고, 카 내부에서는 규정된 삼각키를 사용하지 않으면 열 수 없는 구조로 하여야 한다.

46 자동차용 엘리베이터에서 운전자가 항상 전진방향으로 차량을 입·출고할 수 있도록 해주는 방향전환 장치는?

① 턴 테이블
② 카 리프트
③ 차량 감지기
④ 출차 주의등

해설 제12조(방향전환장치의 구조)
① 방향전환장치에는 점검 및 수리등을 할 수 있도록 섬검구 및 점검공간을 두어야 하며, 자동차가 출발·정지할 때에 탑재면이 공전하여 이동하지 아니하도록 하는 장치를 설치하여야 한다.
② 주차장치 내부에 설치된 방향전환장치의 회전여유직경은 5.38미터 이상으로 하여야 하고, 방향전환장치자체(파레트포함)의 크기는 4미터 이상으로 하여야 한다.
③ 방향전환장치의 끝단과 바닥 끝단과의 거리는 수평거리는 4센티미터 이하로, 수직거리는 5센티미터 이하로 하여야 한다.

47 한 쌍의 기어를 맞물렸을 때 치면 사이에 생기는 틈새를 무엇이라 하는가?

① 백래시   ② 이사이
③ 이뿌리면 ④ 지름피치

해설 백래시 : 기어가 맞물렸을 때 치면 사이의 틈새

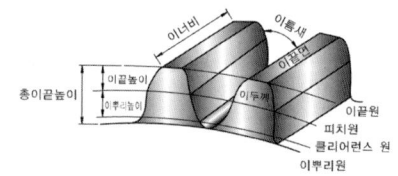

Answer
44 ④ 45 ③ 46 ① 47 ①

48 변형량과 원래 치수와의 비를 변형률이라 하는데 다음 중 변형률의 종류가 아닌 것은?

① 가로 변형률　② 세로 변형률
③ 전단 변형률　④ 전체 변형률

해설
변형률 = $\dfrac{\text{변형량}}{\text{원래의 길이}}$

① 세로 변형률 : $\varepsilon = \dfrac{\lambda}{l}$
　여기서, λ : 변형량, l : 세로 방향의 처음 길이
② 가로 변형률 : $\varepsilon_c = \dfrac{\delta}{d}$
　여기서, δ : 변형량, d : 가로방향의 처음 지름
③ 체적 변형률 : $\varepsilon_v = \dfrac{\Delta V}{V}$
　여기서, ΔV : 체적 변화량, V : 처음체적
④ 전단변형률(γ) = $\dfrac{\text{전단응력}(\tau)}{\text{가로탄성계수}(G)}$

49 직류 전동기에서 전기자 반작용의 원인이 되는 것은?

① 계자 전류
② 전기자 전류
③ 와류손 전류
④ 히스테리시스손의 전류

해설
① 전기자 반작용 현상
  • 코일이 자극의 중성축에 있을 때 도 전압을 유기시켜 브러시 사이에 불꽃을 발생한다.
  • 주자속의 분포를 찌그러 뜨려 중성축을 이동시킨다.
  • 주자속을 감소시켜 유도 전압을 감소시킨다.
② 전기자 반작용에 대한 대책

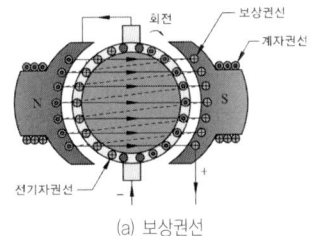

(a) 보상권선

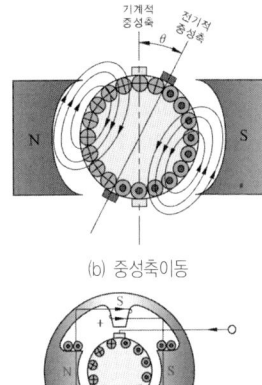

(b) 중성축이동

(c) 보극

50 공작물을 제작할 때 공차 범위라고 하는 것은?

① 영점과 최대허용치수와의 차이
② 영점과 최소허용치수와의 차이
③ 오차가 전혀 없는 정확한 치수
④ 최대허용치수와 최소허용치수와의 차이

해설　치수공차와 끼워 맞춤공차
① 최대허용한계치수와 최소허용한계치수와의 차
② 윗 치수 허용차와 아래치수 허용차와의 차

51 논리식 $A(A+B)+B$ 를 간단히 하면?

① 1　　　　② A
③ A+B　　④ A·B

해설　불 대수의 공리
① 공리 1 : A = 1 아니면 A = 0
② 공리 2 : A+1 = 1, A·0 = 0
③ 공리 3 : 0+0 = 0, 1·1 = 1
④ 공리 4 : 0+1 = 1, 1·0 = 0
※ A·A = A
∴ A(A+B)+B = A·A+A·B+B = A·A+B(A+1)
　　　　　　 = A+B(A+1) = A+B

Answer
48 ④　49 ②　50 ④　51 ③

52 전압계의 측정범위를 7배로 하려 할 때 배율기의 저항은 전압계 내부저항의 몇 배로 하여야 하는가?

① 7 ② 6
③ 5 ④ 4

해설) 배율기(m)
$$m = 1 + \frac{R_m}{R_s}$$
여기서, R_m : 전압계 저항, R_s : 배율기 저항
$\therefore R_m = (m-1) \cdot R_s = (7-1) \cdot R_s = 6R_s [\Omega]$

53 논리회로에 사용되는 인버터(inverter)란?

① OR회로 ② NOT회로
③ AND회로 ④ X-OR회로

해설) NOT 소자
① 출력신호는 입력 신호의 부정으로 표현
② 회로 및 기호
- 논리식 : $\overline{A} = C$
- 회로

- 논리기호

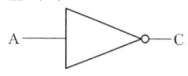

- 진리표

입력	출력
A	C
0	1
1	0

54 물체에 하중을 작용시키면 물체 내부에 저항력이 생긴다. 이 때 생긴 단위면적에 대한 내부 저항력을 무엇이라 하는가?

① 보 ② 하중
③ 응력 ④ 안전율

해설) 응력
① 물체에 하중이 작용하였을 때, 그 하중에 저항하여 단위 면적당 발생한 내력
② $\delta = \frac{N}{m^2} = \frac{W}{A} [N/m^2]$
여기서, δ : 응력, W : 하중, A : 단면적

55 100V를 인가하여 전기량 30C을 이동시키는데 5초 걸렸다. 이때의 전력(kW)은?

① 0.3 ② 0.6
③ 1.5 ④ 3

해설)
$P = \frac{W}{t} [W]$, $W = V \cdot Q [J]$
$W = V \cdot Q = 100 \times 30 = 3000 [J]$
$\therefore P = \frac{W}{t} = \frac{3000}{5} = 600[W] = 0.6[kW]$

56 다음 중 측정계기의 눈금이 균일하고, 구동 토크가 커서 감도가 좋으며 외부의 영향을 적게 받아 가장 많이 쓰이는 아날로그 계기 눈금의 구동방식은?

① 충전된 물체 사이에 작용하는 힘
② 두 전류에 의한 자기장 사이의 힘
③ 자기장내에 있는 철편에 작요하는 힘
④ 영구자석과 전류에 의한 자기장 사이의 힘

해설) 아날로그 방식 : 무빙코일에 흐르는 전류에 따른 자기장의 크기로 회전력을 얻음

Answer
52 ② 53 ② 54 ③ 55 ② 56 ④

57 RLC직렬회로에서 최대전류가 흐르게 되는 조건은?

① $wL^2 - \dfrac{1}{wC} = 0$

② $wL^2 + \dfrac{1}{wC} = 0$

③ $wL - \dfrac{1}{wC} = 0$

④ $wL + \dfrac{1}{wC} = 0$

해설 RLC직렬회로
① 저항 $R[\Omega]$과 자체 인덕턴스 $L[H]$, 정전용량 $C[F]$을 직렬 접속한 회로
② 임피던스 : 회로에 가한 전압과 전류의 비
- $Z = \sqrt{R^2 + (X_L - X_C)^2}$
  $= \sqrt{R^2 + (\omega L - \dfrac{1}{\omega C})^2}\,[\Omega]$
③ 역률
- $\cos\theta = \dfrac{R}{Z} = \dfrac{R}{\sqrt{R^2 + (X_L - X_C)^2}}$
  $= \dfrac{R}{\sqrt{R^2 + (\omega L - \dfrac{1}{\omega C})^2}}$
④ 전압과 전류의 위상 차이
- $\theta = \tan^{-1}\dfrac{X_L - X_C}{R}$
  $= \tan^{-1}\dfrac{(\omega L - \dfrac{1}{\omega C})}{R}\,[\text{rad}]$

58 직류발전기의 기본 구성요소에 속하지 않는 것은?

① 계자 ② 보극
③ 전기자 ④ 정류자

해설 ① 직류기 구성
- 계자(field)
- 전기자(armature)
- 정류자(commutator)
- 브러시(brush) -4요소
② 보극, 보상권선, 전기자권선 : 전기자 반작용에 대한 대책

59 3상 유도전동기를 역회전 동작시키고자할 때의 대책으로 옳은 것은?

① 퓨즈를 조사한다.
② 전동기를 교체한다.
③ 3선을 모두 바꾸어 결선한다.
④ 3선의 결선 중 임의의 2선을 바꾸어 결선한다.

해설 3상유도전동기는 회전자계로 3상유도전동기에 연결된 임의의 2상을 교체 접속하면 회전방향이 바뀐다.

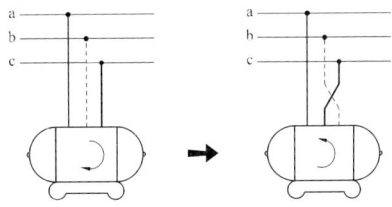

60 웜(Worm)기어의 특징이 아닌 것은?

① 효율이 좋다.
② 부하용량이 크다.
③ 소음과 진동이 적다.
④ 큰 감속비를 얻을 수 있다.

해설 웜 기어
① 두 축이 직각을 이루는 경우 적용
② 큰 감속을 얻을 수 있으나 효율이 낮음
③ 접촉에 의해 동력 전달로 소음, 진동이 적은 편
④ 같은 동력을 전달 시 다른 기계장치에 비해 크기를 약 1/2 줄일 수 있음

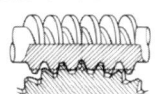

Answer
57 ③ 58 ② 59 ④ 60 ①

제4회 (2016.07.10 시행) 과년도 기출문제

01 유압식엘리베이터에서 T형 가이드레일이 사용되지 않는 엘리베이터의 구성품은?

① 카
② 도어
③ 유압실린더
④ 균형추(밸런싱웨이트)

해설 ① 가이드 레일의 역할
- 카의 기울어짐을 방지
- 카와 균형추의 승강로내 위치규제
- 비상정지장치 작동 시 수직하중을 유지

② 가이드 레일의 규격
- 레일 호칭은 마무리 가공 전 소재의 1m당 중량으로 한다.
- 보통 T형 레일 공칭은 8K, 13K, 18K, 24K(대용량 엘리베이터에서는 37K, 50K)
- 레일의 표준길이는 5m이다.
- 가이드 레일의 허용응력은 2400kg/cm² 이다.

02 전기식엘리베이터에서 기계실 출입문의 크기는?

① 폭 0.7m 이상, 높이 1.8m 이상
② 폭 0.7m 이상, 높이 1.9m 이상
③ 폭 0.6m 이상, 높이 1.8m 이상
④ 폭 0.6m 이상, 높이 1.9m 이상

해설 기계실로 가는 복도·계단 및 출입문 등은 다음 각항의 기준에 적합하여야 한다.
① 유지관리상 통행에 지장이 없도록 기계실 출입구의 폭과 높이에 해당하는 크기 이상의 통로를 확보하여야 한다.
② 계단은 불연재료로 설치하여야 하고, 발판·난간 및 경사가 있어야 하며, 계단의 폭은 0.7m 이상이여야 한다.
③ 출입문은 보수관리 및 방재를 고려하여 잠금장치가 있는 금속제 문을 설치하여야 하고, 유효 개구부의 폭 0.7m 이상, 유효 개구부의 높이 1.8m 이상이여야 한다.

03 엘리베이터의 도어머신에 요구되는 성능과 거리가 먼 것은?

① 보수가 용이할 것
② 가격이 저렴할 것
③ 직류 모터만 사용할 것
④ 작동이 원활하고 정숙할 것

해설 도어머신 조건
① 동작이 원활하며, 잡음이 없을 것
② 소형 경량일 것
③ 내구성이 좋을 것
④ 보수가 쉽고, 가격이 저렴할 것

04 건물에 에스컬레이터를 배열할 때 고려할 사항으로 틀린 것은?

① 엘리베이터 가까운 곳에 설치한다.
② 바닥 점유 면적을 되도록 작게 한다.
③ 승객의 보행거리를 줄일 수 있도록 배열한다.
④ 건물의 지지보 등을 고려하여 하중을 균등하게 분산시킨다.

해설 에스컬레이터 배열시 고려사항
① 지지보, 기둥 등에 하중이 균등하게 분산시키는 위치에 배치
② 동선 중심에 배치(엘리베이터와 정면 현관의 중간)
③ 바닥면적 작게 하고, 승객의 시야가 넓게 확보
④ 주행거리가 짧도록 배치

Answer
01 ② 02 ① 03 ③ 04 ①

05 교류 이단속도(AC-2)제어 승강기에서 카 바닥과 각 층의 바닥면이 일치되도록 정지시켜 주는 역할을 하는 장치는?

① 시브 ② 로프
③ 브레이크 ④ 전원 차단기

해설 제동기에 의한 기계적 브레이크 제어방식
① 교류 1단 속도제어 : 30m/min의 저속용 엘리베이터에 적용하며, 전원차단 후 정지하는 가장 간단
② 교류 2단 속도제어 : 30~60m/min 중속의 화물용 엘리베이터에 적용(주행 → 고속권선, 감속 → 저속권선 방식)
③ 교류귀환제어 : 45~105m/min 승객용 엘리베이터에 적용(카의 실제속도와 지령속도를 비교, 사이리스터의 점호각을 바꾸는 방식)
④ 가변전압 가변주파수제어(VVVF) : 저속도에서 고속 범위까지 적용(전압과 주파수 변화 방식)

06 에스컬레이터의 안전장치에 해당되지 않는 것은?

① 스프링(spring) 완충기
② 인레트 스위치(inlet switch)
③ 스커트 가드(skirt guard) 안전 스위치
④ 스텝 체인 안전 스위치(step chain safety switch)

해설 에스컬레이터 안전장치
① 스커트 가드 안전장치(S.G.S)
 • 승강구의 가까운 위치에서 사람이나 이물질이 디딤판 측면과 스커트가드와의 사이에 강하게 끼이는 경우 구동 전동기 및 브레이크의 전원을 차단하는 장치
 • 스커트 가드는 어느 부분에서나 $25cm^2$의 면적에 1500N(153kg)의 힘을 직각으로 가했을 때 휨량이 4mm 이내이어야 하고, 시험후 영구변형이 없어야 한다.
② 스텝체인 안전장치(T.C.S)
 • 체인 재료의 강도는 에스컬레이터 폭이 넓고, 운행길이가 길수록 기계적 강도가 클 것
 • 스텝체인(롤러체인)의 일정한 결합간격을 위하여 일정한 간격으로 스텝측에 연결하고, 스텝측 좌·우단에 각 1개씩 스텝의 전륜에 부착
 • 안전율은 에스컬레이터가 승객하중과 인장장치의 인장력을 더한 하중을 운반할 때 체인이 받는 정적인 힘 사이의 비율로 결정
③ 인레트(Inlet) 안전스위치
 • 에스컬레이터의 핸드레일이 난간 아래로 되돌아 들어가는 구멍에 설치되는 안전스위치로서, 사람 손이나 이물체를 감지하여 운행을 정지시키는 장치이다.

07 유압식 승강기의 밸브 작동 압력을 전 부하 압력의 140%까지 맞추어 조절해야 하는 밸브는?

① 체크 밸브 ② 스톱 밸브
③ 릴리프 밸브 ④ 업(up)밸브

해설 유압 파워유니트 보수·점검
① 체크 밸브 : 한 방향 유체 공급(로프식 승강기의 전자 브레이크기능과 흡사)
② 스톱 밸브 : 유압파워유니트와 실린더 사이의 압력배관에 설치되며 이것을 닫으면 실린더의 기름이 파워 유니트로 역류하는 것을 방지한다.
③ 릴리프 밸브 : 작동압력이 125%를 초과하지 않을 때 자동개시하고, 작동압력이 상용압력의 150%를 초과하지 않아야 한다.

08 문 닫힘 안전장치의 종류로 틀린 것은?

① 도어 레일 ② 광전 장치
③ 세이프티 슈 ④ 초음파 장치

해설 도어 시스템의 안전장치
① 도어 클로저 : 승강기 출입문이 열려있으면, 자동으로 닫게 하는 안전장치
② 도어 보호장치
 • 세이프티 슈(safety shoe) : 물체가 접촉이 되면 도어가 열리는 보호장치
 • 세이프티 레이(safety ray) : 광이 물체에 반사, 변화된 파장을 검출
 • 초음파 장치 : 초음파로 물체를 검출
③ 도어 스위치 : 도어가 완전 닫히지 않으면 카의 운행할 수 없는 장치
④ 도어 인터록 : 운행 중 카가 정지하지 않은 층에서는 승강장문 전용 열쇠로 열리는 장치
⑤ 문닫힘안전장치 연결전선이 끊어지면 문이 반전하여 열려야 한다.

Answer
05 ③ 06 ① 07 ③ 08 ①

09 군 관리 방식에 대한 설명으로 틀린 것은?

① 특정 층의 혼잡 등을 자동적으로 판단한다.
② 카를 불필요한 동작 없이 합리적으로 운행 관리한다.
③ 교통수요의 변화에 따라 카의 운전 내용을 변화 시킨다.
④ 승강장 버튼의 부름에 대하여 항상 가장 가까운 카가 응답한다.

해설
① 군 관리 방식
- 3~8대의 승강기를 병설로 할 때 카의 불필요한 동작 없이 운영하는 조작방식
- 수요의 변화에 따라 카의 운전내용을 변화시켜 즉각 대응(ex : 출퇴근, 점심시간식당 등)
② 군 승합 전자동식
- 2~3대의 승강기를 병설로 할 때 사용하는 조작방식
- 한 개의 승강장 호출에 한 대의 카만 응답하고 나머지는 응답하지 않아 효율적 이용방식

10 기계실 바닥에 몇 m를 초과하는 단차가 있을 경우에는 보호난간이 있는 계단 또는 발판이 있어야 하는가?

① 0.3   ② 0.4
③ 0.5   ④ 0.6

해설
기계실 치수
① 구동기의 회전부품 위로 0.3m 이상의 유효 수직거리가 있어야 한다.
② 기계실 바닥에 0.5m를 초과하는 단차가 있을 경우에는 보호난간이 있는 계단 또는 발판이 있어야 한다.
③ 기계실 크기는 설비, 특히 전기설비의 작업이 쉽고 안전하도록 충분하여야 한다.(작업구역에서 유효 높이는 2m 이상이어야 한다.)
④ 기계실 유효 공간으로 접근하는 통로의 폭은 0.5m 이상이어야 한다. 다만, 움직이는 부품이 없는 경우에는 0.4m로 줄일 수 있다.

11 다음 중 조속기의 종류에 해당되지 않는 것은?

① 웨지형 조속기
② 디스크형 조속기
③ 플라이 볼형 조속기
④ 롤 세이프티형 조속기

해설
① 롤 세이프티 조속기(roll safety governor)
- 카의 정격속도 이상시 과속스위치가 검출하여 동력전원회로 차단
- 조속기 도르레의 홈과 로프 사이에 마찰력을 이용 비상정지
② 디스크 조속기(disk governor)
- 카의 정격속도 초과 시 원심력에 의해 진자(振子)가 작동 가속 스위치를 작동시켜 정지
- 추형방식 : 추(錘, weight)형 캐치에 의해 로프를 붙잡아 비상정지 장치 작동
- 슈형방식 : 도르래 홈과 슈사이에 로프를 붙잡아 비상정지장치를 작동
③ 플라이 볼 조속기(fly ball governor)
- 도르래의 회전을 수직축의 회전으로 변환, 링크 기구로 구형의 진자에 원심력으로 작동
- 구조가 매우 복잡하나 정밀도가 높은 검출을 하므로 고속 승강기에 많이 적용

12 엘리베이터용 전동기의 구비조건이 아닌 것은?

① 전력소비가 클 것
② 충분한 기동력을 갖출 것
③ 운전상태가 정숙하고 저진동일 것
④ 고기동 빈도에 의한 발열에 충분히 견딜 것

해설
전동기 구비해야 할 특성
① 기동전류가 작을 것
② 기동빈도가 많아(시간당 180~300회) 발열을 고려할 것
③ 제동력을 가질 것(전동기 회전력 +100~-70% 이상)
④ 승강기 정격속도에 맞는 회전특성을 가질 것(회전속도 오차 +5~-10% 이내)
⑤ 소음이 작고, 저진동 일 것

Answer
09 ④ 10 ③ 11 ① 12 ①

13 승강기의 안전에 관한 장치가 아닌 것은?

① 조속기(governor)
② 세이프티 블록(safety block)
③ 용수철완충기(spring buffer)
④ 눌름버튼스위치(push button switch)

해설
① 조속기(governor)
  - 카의 정격속도 초과 시 원심력에 의해 진자(振子)가 작동 가속 스위치를 작동시켜 정지
  - 추형방식 : 주(錘 weight)형 캐치에 의해 로프를 붙잡아 비상정지 장치 작동
  - 슈형방식 : 도르래 홈과 슈사이에 로프를 붙잡아 비상정지장치를 작동
② 세이프티 블록(safety block)
  - 작업자가 추락하는 것을 방지해 주고 추락 시 인체에 가해지는 충격을 완화시켜 주는 보호구
③ 완충기
  - 주행의 종점에서 완충적인 정지, 그리고 유체 또는 스프링(또는 유사한 수단)을 사용한 것을 포함한 제동수단
  - 카가 하강 또는 균형추의 충격을 완화하기 위해 1개 이상 스프링을 사용
  - 피트 바닥면에 설치

14 가이드 레일의 규격과 거리가 먼 것은?

① 레일의 표준길이는 5m로 한다.
② 레일의 표준길이는 단면으로 결정한다.
③ 일반적으로 공칭 8, 13, 18, 24 및 30K 레일을 쓴다.
④ 호칭은 소재의 1m 당의 중량을 라운드 번호로 K레일을 붙인다.

해설
가이드 레일의 규격
① 레일 호칭은 마무리 가공 전 소재의 1m당 중량으로 한다.
② 보통 T형 레일을 사용하는데 공칭은 8K, 13K, 18K, 24K이나 대용량 엘리베이터에서는 37K, 50K 등도 사용된다.
③ 레일의 표준길이는 5m이다.
④ 가이드 레일의 허용응력은 2400kg/cm^{2}이다.

15 승강기의 카 내에 설치되어 있는 것의 조합으로 옳은 것은?

① 조작반, 이동 케이블, 급유기, 조속기
② 비상조명, 카 조작반, 인터폰, 카 위치표시기
③ 카 위치표시기, 수전반, 호출버튼, 비상정지장치
④ 수전반, 승강장 위치표시기, 비상스위치, 리미트 스위치

해설
카 실(cage)의 구조
① 카 바닥, 카틀, 카 벽, 천장 및 도어 등으로 구성
② 재질은 1.2mm 이상의 강판을 사용, 도장 또는 스테인리스 스틸
③ 천정에는 조명(비상조명), 환기, 비상구시설 등 설치
④ 카 벽에는 층 버튼, 카 도어, 카 내 위치표시, 명판, 운전 조작반, 외부연락장치 등 설치

16 엘리베이터 카에 부착되어 있는 안전장치가 아닌 것은?

① 조속기 스위치
② 카 도어 스위치
③ 비상정지 스위치
④ 세이프티 슈 스위치

해설
조속기 스위치(Governor switch, Overspeed switch)
① 조속기 기능의 하나이며, 과속도를 검출하여 신호를 주기 위한 스위치(과도스위치)
② 조속기는 기계실에서 행하는 검사 중 하나

Answer
13 ④ 14 ② 15 ② 16 ①

17 다음 장치 중에서 작동되어도 카의 운행에 관계없는 것은?

① 통화장치
② 조속기 캐치
③ 승강장 도어의 열림
④ 과부하 감지 스위치

해설 승강로의 비상통화장치 : 승강로에서 작업하는 사람이 갇히게 되어 카 또는 승강로를 통해서 빠져나올 방법이 없는 경우, 이러한 위험이 존재하는 장소에는 비상통화장치가 설치되어야 한다.

18 비상용 승강기에 대한 설명 중 틀린 것은?

① 예비전원을 설치하여야 한다.
② 외부와 연락할 수 있는 전화를 설치하여야 한다.
③ 정전 시에는 예비전원으로 작동할 수 있어야 한다.
④ 승강기의 운행속도는 90m/min 이상으로 해야 한다.

해설 비상용 엘리베이터
① 평상 시 승객용 또는 승객·화물용으로 사용, 화재 시 인명구조 및 소방 활동으로 사용하도록 제작
② 건물의 높이가 31m 이상, 각층마다 면적이 1,500m^2 초과하는 경우 설치
③ 60초 이내 전력 용량을 자동적으로 발생(수동으로 전원을 작동할 수 있을 것)
④ 2시간 이상 작동 할 수 있을 것
⑤ 승강기의 운행속도는 60m/min 이상
⑥ 카 내부에 설치, 정전 시 램프중심부로부터 2m 떨어진 수직면상에서 밝기를 1LX 이상으로 30분 이상유지

19 사고 예방 대책 기본 원리 5단계 중 3E를 적용하는 단계는?

① 1단계 ② 2단계
③ 3단계 ④ 5단계

해설 ① 1단계 : 안전관리조직(Organization)
② 2단계 : 사실의 발견(Fact Finding)
③ 3단계 : 분석(Analysis 사고기록, 원인 등)
④ 4단계 : 대책의 선정(Selection of Remedy)
⑤ 5단계 : 3E(교육 : education, 기술 : engineering, 독려 : enforcement)

20 승강기 안전관리자의 직무범위에 속하지 않는 것은?

① 보수계약에 관한 사항
② 비상열쇠 관리에 관한 사항
③ 구급체계의 구성 및 관리에 관한 사항
④ 운행관리규정의 작성 및 유지에 관한 사항

해설 승강기 안전관리자의 직무 범위
① 승강기 운행관리 규정의 작성 및 유지·관리에 관한 사항
② 승강기의 고장·수리 등에 관한 기록 유지에 관한 사항
③ 승강기 사고 발생에 대비한 비상연락망의 작성 및 관리에 관한 사항
④ 승강기 인명사고 시 긴급조치를 위한 구급체제의 구성 및 관리에 관한 사항
⑤ 승강기의 중대한 사고 및 중대한 고장 시 사고 및 고장 보고에 관한 사항
⑥ 승강기 표준부착물의 관리에 관한 사항
⑦ 승강기 비상열쇠의 관리에 관한 사항

Answer
17 ① 18 ④ 19 ④ 20 ①

21 저압 부하설비의 운전조작 수칙에 어긋나는 사항은?

① 퓨즈는 비상시라도 규격품을 사용하도록 한다.
② 정해진 책임자 이외에는 허가 없이 조작하지 않는다.
③ 개폐기는 땀이나 물에 젖은 손으로 조작하지 않도록 한다.
④ 개폐기의 조작은 왼손으로 하고 오른손은 만약의 사태에 대비한다.

해설 감전사고 예방 대책
① 전기 기기 및 배선 등의 모든 충전부는 노출시키지 않을 것
② 전기 기기 사용 시에 필히 접지(접지판 매설) 할 것
③ 누전 차단기를 시설하여 감전사고 시의 재해를 방지할 것
④ 젖은 손으로 전기 기기를 만지지 않을 것
⑤ 개폐기에는 반드시 정격 퓨즈를 사용할 것
⑥ 불량하거나 고장난 전기제품은 사용하지 않을 것

22 재해 발생 시의 조치내용으로 볼 수 없는 것은?

① 안전교육 계획의 수립
② 재해원인 조사와 분석
③ 재해방지대책의 수립과 실시
④ 피해자를 구출하고 2차 재해방지

해설 재해발생시 긴급조치의 순서
① 긴급처리
② 재해조사(6하 원칙)
③ 원인강구
④ 대책수립(유사재해의 예방대책)
⑤ 대책실시계획(6하 원칙)
⑥ 실시
⑦ 평가(평가 후 후속조치)

23 관리주체가 승강기의 유지관리 시 유지관리자로 하여금 유지관리중임을 표시하도록 하는 안전 조치로 틀린 것은?

① 사용금지 표시
② 위험요소 및 주의사항
③ 작업자 성명 및 연락처
④ 유지관리 개소 및 소요시간

해설 관리주체는 승강기의 보수점검시 안전조치를 취한 후, 작업하도록 해야한다.
① 점검중"이라는 사용금지 표지
② 보수 점검개소 및 소요시간
③ 보수 점검자명 및 보수 점검자 연락처(전화번호 등)
④ 즉시 보수하고, 보수가 끝날 때까지 운행 중지

24 전기에서는 위험성이 가장 큰 사고의 하나가 감전이다. 감전사고를 방지하기 위한 방법이 아닌 것은?

① 충전부 전체를 절연물로 차폐한다.
② 충전부를 덮은 금속체를 접지한다.
③ 가연물질과 전원부의 이격거리를 일정하게 유지 한다.
④ 자동차단기를 설치하여 선로를 차단할 수 있게 한다.

해설 감전사고 예방 대책
① 전기 기기 및 배선 등의 모든 충전부는 노출시키지 않을 것
② 전기 기기 사용 시에 필히 접지 할 것
③ 누전 차단기를 시설하여 감전사고 시의 재해를 방지할 것
④ 젖은 손으로 전기 기기를 만지지 않을 것
⑤ 개폐기에는 반드시 정격 퓨즈를 사용할 것
⑥ 불량하거나 고장난 전기제품은 사용하지 않을 것

Answer
21 ④ 22 ① 23 ② 24 ③

25 재해의 직접 원인에 해당되는 것은?

① 물적 원인 ② 교육적 원인
③ 기술적 원인 ④ 작업관리상 원인

해설 재해 원인의 분류
① 직접원인 : 불안전한 행동(인적원인), 불안전한 상태(물적 원인)
② 간접원인 : 기술적, 교육적, 신체적, 정신적, 관리적

26 안전점검 시의 유의사항으로 틀린 것은?

① 여러 가지의 점검방법을 병용하여 점검한다.
② 과거의 재해발생 부분은 고려할 필요 없이 점검한다.
③ 불량 부분이 발견되면 다른 동종의 설비도 점검한다.
④ 발견된 불량 부분은 원인을 조사하고 필요한 대책을 강구한다.

해설 안전점검 시 유의 사항
① 불량부분 발견 시 동종설비 점검 실시
② 점검방법을 여러 가지로 병용
③ 불량부분 발견 시 원인조사 후 대책 강구
④ 관계자의 의견을 청취하며, 점검자의 주관적 판단은 안됨
⑤ 점검자의 복장 및 동작이 모범적 일 것
⑥ 재해발생부분이 이전 재해요인이 배제되었는지 확인
⑦ 점검자 능력에 맞는 점검을 실시

27 안전점검 중에서 5S 활동 생활화로 틀린 것은?

① 정리 ② 정돈
③ 청소 ④ 불결

해설 안전운동 안전행동 5C
① 복장단정(Correctness)
② 정리정돈(Clearance)
③ 청소청결(Cleaning)
④ 점검확인(Checking)
⑤ 전심전력(Concentration)

28 재해의 간접 원인 중 관리적 원인에 속하지 않는 것은?

① 인원 배치 부적당
② 생산 방법 부적당
③ 작업 지시 부적당
④ 안전관리 조직 결함

해설 작업관리상 원인
① 안전관리조직 결함, 설비 불량
② 안전수칙 미제정
③ 작업준비 불충분
④ 인원배치 부적당
⑤ 작업지시 부적당

29 전기식 엘리베이터의 정기검사에서 하중시험은 어떤 상태로 이루어져야 하는가?

① 무부하
② 정격하중의 50%
③ 정격하중의 125%
④ 정격하중의 130%

해설 하중시험
① 하중을 싣지 않은 경우
② 정격하중의 100%의 하중을 실은 경우
③ 정격하중의 110%의 하중을 실은 경우

30 전기식 엘리베이터의 과부하방지장치에 대한 설명으로 틀린 것은?

① 과부하방지장치의 작동치는 정격적재하중의 110%를 초과하지 않아야 한다.
② 과부하방지장치의 작동상태는 초과하중이 해소되기까지 계속 유지되어야 한다.
③ 적재하중 초과 시 경보가 울리고 출입문의 닫힘이 자동적으로 제지되어야 한다.
④ 엘리베이터 주행 중에는 오동작을 방지하기 위해 과부하방지장치 작동은 유효화 되어 있어야 한다.

Answer
25 ① 26 ② 27 ④ 28 ② 29 ① 30 ④

해설
① 카 내에 정격적재하중 초과 시 바닥에 설치한 장치가 작동으로 경보와 도어 열림
② 정격적재하중의 105~110% 범위에 설정
③ 카의 출발을 정지시킨다.

31 균형추를 구성하고 있는 구조재 및 연결재의 안전율은 균형추가 승강로의 꼭대기에 있고, 엘리베이터가 정지한 상태에서 얼마 이상으로 하는 것이 바람직한가?

① 3
② 5
③ 7
④ 9

해설
① 엘리베이터 카의 자중에 적재용량의 약 40%~50%를 더한 중량을 보상시키기 위하여 엘리베이터 카와 연결된 권상로프의 반대편에 연결된 중량물
② 균형추가 승강로의 꼭대기에 위치해 있고 엘리베이터가 정지하여 있는 상태에서 5 이상으로 하며 프레임은 완충기에 안전율을 가질 수 있도록 설계하는 것이 바람직하다.

32 에스컬레이터의 스텝 체인의 늘어남을 확인하는 방법으로 가장 적합한 것은?

① 구동체인을 점검한다.
② 롤러의 물림상태를 확인한다.
③ 라이저의 마모상태를 확인한다.
④ 스텝과 스텝간의 간격을 측정한다.

해설 스텝 체인 안전장치(T.C.S)
① 체인 재료의 강도는 에스컬레이터 폭이 넓고, 운행길이가 길수록 기계적 강도가 클 것
② 스텝 체인(롤러체인)의 일정한 결합간격을 위하여 일정한 간격으로 스텝측에 연결하고, 스텝측 좌·우단에 각 1개씩 스텝의 전륜에 부착
③ 안전율은 에스컬레이터가 승객하중과 인장장치의 인장력을 더한 하중을 운반할 때 체인이 받는 정적인 힘 사이의 비율로 결정

33 비상정지장치의 작동으로 카가 정지할 때까지 레일이 죄는 힘이 처음에는 약하게 그리고 하강함에 따라 강해지다가 얼마 후 일정한 값으로 도달하는 방식은?

① 슬랙로프 세이프티
② 순간식 비상정지장치
③ 플렉시블 가이드 방식
④ 플렉시블 웨지 클램프 방식

해설
① F·G·C(flexible guide clamp)형
• 레일을 죄는 힘이 동작 시점에서 정지까지 일정하다.
• 구조가 간단하여 많이 사용되며, 복구가 용이하다.
• 정격속도 60m/min 이상인 중·고속엘리베이터에 사용

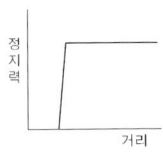

② F·W·C(flexible wedge clamp)형
• 레일을 죄는 힘이 동작 시점에는 약하나 하강함에 점점 강해진 후 일정치 도달한다.
• 구조가 복잡하여 많이 사용하지 않는다.

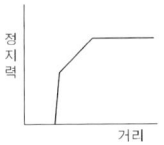

34 제어반에서 점검할 수 없는 것은?

① 결선단자의 조임상태
② 스위치접점 및 작동상태
③ 조속기 스위치의 작동상태
④ 전동기 제어회로의 절연상태

해설 조속기 스위치(Governor switch, Overspeed switch)
① 조속기 기능의 하나이며, 과속도를 검출하여 신호를 주기 위한 스위치(과도스위치)
② 조속기는 기계실에서 행하는 검사 중 하나

Answer
31 ② 32 ④ 33 ④ 34 ③

35 전기식엘리베이터에서 카 지붕에 표시되어야 할 정보가 아닌 것은?

① 최종점검일지 비치
② 정지장치에 "정지"라는 글자
③ 점검운전 버튼 또는 근처에 운행 방향 표시
④ 점검운전 스위치 또는 근처에 "정상" 및 "점검"이라는 글자

해설 카(Elevator Car)
① 카 바닥, 카틀, 카 벽, 천장 및 도어 등으로 구성
② 재질은 1.2mm 이상의 강판을 사용, 도장 또는 스테인레스 스틸
③ 천정에는 조명, 환기, 비상구시설 등 설치
④ 카 벽에는 층 버튼, 카 도어, 카 내 위치표시, 명판, 운전 조작반, 외부연락장치 등 설치

36 조속기의 점검사항으로 틀린 것은?

① 소음의 유무
② 브러시 주변의 청소상태
③ 볼트 및 너트의 이완 유무
④ 조속기 로프와 클립 체결상태 양호 유무

해설 조속기의 점검사항
① 각부 마모가 진행하여 진동 소음이 현저한 것
② 베어링에 눌러 붙음이 생길 염려가 있는 것
③ 캣치가 작동하지 않는 것
④ 스위치가 불량한 것
⑤ 비상정지장치를 작동시키지 못하는 것
⑥ 연결부위의 이상 마모, 이완상태 등 점검

37 승강기 정밀안전 검사 시 전기식 엘리베이터에서 권상기 도르래 홈의 언더컷의 잔여량은 몇 mm 미만일 때 도르래를 교체하여야 하는가?

① 1   ② 2
③ 3   ④ 4

해설
① 권상기의 도르래는 몸체에 균열이 없어야 하고, 자동정지때 주로프와의 사이에 심한 미끄러움 및 마모가 없어야 한다.
② 권상기 도르래홈의 언더컷의 잔여량은 1mm 이상이어야 하고, 권상기 도르래에 감긴 주로프 가닥끼리의 높이차는 2mm 이내이어야 한다.

38 이동식 핸드레일은 운행 중에 전 구간에서 디딤판과 핸드레일의 동일 방향 속도 공차는 몇 % 인가?

① 0~2   ② 3~4
③ 5~6   ④ 7~8

해설
① 이동식 핸드레일의 경우, 운행 전구간에서 디딤판과 핸드레일의 속도차는 0~2% 이하이어야 한다.
② 이동식 핸드레일은 하강운전중 상부 승강장에서 수평으로 약 147N 정도의 사람의 힘으로 당겨도 정지하지 않아야 한다.
③ 승강장에서는 물체가 쉽게 끼어 들어가지 않도록 디딤판과 콤(Comb)의 물림량은 6mm 이상(벨트방식의 경우에는 4mm 이상)이어야 하고, 맞물리는 부분의 틈새는 4mm 이하이어야 한다.
④ 디딤판 상호간의 틈새는 승강로의 총길이에 걸쳐서 6mm 이하이어야 한다.
⑤ 스커트가드와 디딤판과의 틈새는 승강로의 총길이에 걸쳐서 한쪽이 4mm 이하이어야 한다.
⑥ 승강장의 길이는 난간 끝단에서 진행방향으로 2.5m 이상이어야 한다.

Answer
35 ①   36 ②   37 ①   38 ①

39 유압식 엘리베이터에서 실린더의 점검사항으로 틀린 것은?

① 스위치의 기능 상실여부
② 실린더 패킹에 누유여부
③ 실린더의 패킹의 녹 발생여부
④ 구성부품, 재료의 부착에 늘어짐 여부

해설 유압 실린더(cylinder)상태
① 유체에너지를 이용하여 기계적 에너지로 변환 시 직선운동 하는 장치이다.
② 실린더는 상부에 먼지를 방지하는 더스트 와이퍼, 플런저외 접동하면서 오일을 밀봉하는 패킹, 플런저를 접동하면서 지지하는 그랜드 메탈이 부착되어 있어야 한다.
③ 실린더 패킹에서 기름누설은 적절하게 처리될 수 있어야 한다.
④ 유압실린더는 비정상적인 누유 및 전도의 위험 없이 설치상태는 양호하여야 한다.
⑤ 실린더측 가이드슈의 설치상태는 풀림이나 손상, 균열 등이 없이 확실하고, 지진 기타의 진동에 의해 레일로부터 이탈되지 않는 조치가 되어 있어야 한다.

40 에스컬레이터의 스텝구동장치에 대한 점검사항이 아닌 것은?

① 링크 및 핀의 마모상태
② 핸드레일 가드 마모상태
③ 구동체인의 늘어짐 상태
④ 스프로켓의 이의 마모상태

해설 ① 에스컬레이터 구동장치 보수점검사항
 • 구동체인의 이완 여부 상태
 • 브레이크 작동상태
 • 각부의 볼트 및 너트의 풀림 상태
 • 구동체인의 늘어짐 상태
 • 링크 및 핀의 마모상태
② 에스컬레이터의 구조 : 전동기, 구동기, 구동체인, 핸드레일, 스텝, 스텝레일 트러스 등
 • 스텝을 구동시키는 주 구동장치와 핸드레일을 구동시키는 장치의 연동되어 있어 구동 시 속도가 같을 것

41 전기식엘리베이터의 기계실에 설치된 고정 도르래의 점검내용이 아닌 것은?

① 이상음 발생여부
② 로프 홈의 마모상태
③ 브레이크 드럼 마모상태
④ 도르래의 원활한 회전여부

해설 ① 기계실 고정 도르래 점검사항
 • 각부 진동 소음여부
 • 시브 홈의 마모여부
 • 회전이 원활여부
② 브레이크 드럼 마모상태 : 브레이크 라이닝, 드럼, 플런저, 스프링 점검항목 장치

42 가이드레일 또는 브라켓의 보수점검사항이 아닌 것은?

① 가이드레일의 녹 제거
② 가이드레일의 요철제거
③ 가이드레일과 브라켓의 체결볼트 점검
④ 가이드레일 고정용 브라켓 간의 간격 조정

해설 가이드 레일 점검 및 조정
① 가이드 레일 청결상태 확인
② 카의 주행 중 가이드 레일에서 금속음 유무 확인
③ 가이드 레일 수동점검 시 파손, 마모 상태 확인
④ 가이드 레일 볼트, 너트 등의 이완상태 확인
⑤ 가이드 레일의 이음부분 균열상태 확인
⑥ 승강로 벽과 가이드 레일의 고정상태 확인
⑦ 레일 브래킷의 조임상태 및 용접부의 균열 상태 확인

Answer
39 ① 40 ② 41 ③ 42 ④

43 엘리베이터에서 현수로프의 점검사항이 아닌 것은?

① 로프의 직경
② 로프의 마모 상태
③ 로프의 꼬임 방향
④ 로프의 변형 부식 유무

해설 주로프 및 부착부
① 로프의 마모 및 파손여부
② 로프의 변형, 신장, 녹 발생, 부식여부
③ 장력이 불균등 여부
④ 2중너트, 핀 등의 조임 및 장착여부
⑤ 주로프의 공칭직경은 12mm 이상

44 유압식엘리베이터의 점검 시 플런저 부위에서 특히 유의하여 점검하여야 할 사항은?

① 플런저의 토출량
② 플런저의 승강행정 오차
③ 제어밸브에서의 누유상태
④ 플런저 표면조도 및 작동유 누설 여부

해설 ① 누유가 현저한여부
② 구성부품 재료의 부착에 늘어짐여부

45 비상정지장치가 없는 균형추의 가이드레일 검사 시 최대 허용 휨의 양은 양방향으로 몇 mm인가?

① 5   ② 10
③ 15 ④ 20

해설 T형 가이드 레일에 대해 계산된 최대 허용 휨은 다음과 같다.
① 비상정지장치가 작동하는 카, 균형추 또는 평형추의 가이드 레일 : 양방향으로 5mm
② 비상정지장치가 없는 균형추 또는 평형추의 가이드 레일 : 양방향으로 10mm

46 전동기의 점검항목이 아닌 것은?

① 발열이 현저한 것
② 이상음이 있는 것
③ 라이닝의 마모가 현저한 것
④ 연속으로 운전하는데 지장이 생길 염려가 있는 것

해설 전동기 점검항목 장치
① 발열이 현저한 것
② 이상음이 있는 것
③ 운전의 계속에 지장이 생길 염려가 있는 것
④ 구동시간 제한장치의 기능 상실이 예상되는 것

47 18-8 스테인리스강의 특징에 대한 설명 중 틀린 것은?

① 내식성이 뛰어난다.
② 녹이 잘 슬지 않는다.
③ 자성체의 성질을 갖는다.
④ 크롬 18%와 니켈 8%를 함유한다.

해설 ① 크롬 18%, 니켈 8%를 철에 가해서 만든 스테인리스강
② 내식재료로 널리 사용. 판이나 관, 주물로 이용
③ 녹이 잘 슬지 않는 합금강의 하나

48 기계요소 설계 시 일반 체결용에 주로 사용되는 나사는?

① 삼각나사   ② 사각나사
③ 톱니 나사   ④ 사다리꼴나사

해설 결합용 기계요소(체결용 나사)
① 나사산의 단면이 삼각형인 삼각나사
② 기계의 접합
③ 위치조정을 목적으로 주로 사용
④ 종류
 • 미터나사
 • 유니 파이나사
 • 휘트 워드나사
 • 관용나사

Answer
43 ③   44 ④   45 ②   46 ③   47 ③   48 ①

49 직류기 권선법에서 전기자 내부 병렬회로수 a와 극수 p의 관계는? (단, 권선법은 중권이다.)

① a = 2
② a = (1/2)P
③ a = p
④ a = 2p

해설 피권과 중권의 비교

비교항목	파권(직렬)	중권(병렬)
병렬회로수	2	P(극수)
브러시 수	2	P(극수)
용도	소전류, 고전압	대전류, 저전압

50 다음 논리회로의 출력값 E는?

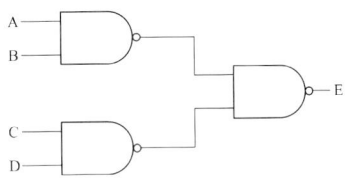

① A·B + C·D
② A·B + C·D
③ A·B·C·D
④ (A + B)·(C + D)

해설 E = $\overline{\overline{AB} \cdot \overline{CD}}$ = $\overline{\overline{AB}} + \overline{\overline{CD}}$ = AB+CD

51 직류전동기에서 자속이 감소되면 회전수는 어떻게 되는가?

① 정지
② 감소
③ 불변
④ 상승

해설 $N = K\dfrac{V - I_aR_a}{\Phi}$[rpm]

① 자속이 감소하면 회전 속도는 증가
② 공급 전압이 감소하면 회전속도 감소
③ 전기자 저항이 증가하면 회전속도 감소

52 회전하는 축을 지지하고 원활한 회전을 유지하도록 하며, 축에 작용하는 하중 및 축의 자중에 의한 마찰저항을 가능한 적게 하도록 하는 기계요소는?

① 클러치
② 베어링
③ 커플링
④ 스프링

해설 ① 베어링(bearing) : 회전축에 가해지는 하중이 마찰저항을 작게 받도록 지지하여 주는 기계요소
② 베어링의 구비조건
 • 마모가 적고 내구성 클 것
 • 내부식성이 좋을 것
 • 가공이 쉬울 것
 • 충격하중에 강할 것
 • 열변형이 적을 것
 • 강도와 강성이 클 것
 • 마찰열의 소산(消散)을 위해 열전도율이 좋을 것
 • 마찰계수가 작을 것

53 계측기와 관련된 문제, 환경적 영향 또는 관측 오차 등으로 인해 발생하는 오차는?

① 절대오차
② 계통오차
③ 과실오차
④ 우연오차

해설 ① 절대오차 : 계산의 결과에서 나온 직접적인 오차의 절대값
② 과실오차 : 부주의에 의해 생긴 오차로서 눈금의 오독, 기록의 잘못 등이 이에 속한다.
③ 계통오차 : 측정기나 측정자에 기인되는 오차로서 그 크기와 부호를 추정할 수 있고 보정할 수 있는 오차이다.
④ 우연오차 : 측정이 불균일해지고 완전히 제거할 수 없다.(계통오차 등을 보정해도 남는 원인을 찾아볼 수 없는 오차)

Answer
49 ③ 50 ② 51 ④ 52 ② 53 ②

54 유도기전력의 크기는 코일의 권수와 코일을 관통하는 자속의 시간적인 변화율과의 곱에 비례한다는 법칙은 무엇인가?

① 패러데이의 전자유도 법칙
② 앙페르의 주회 적분의 법칙
③ 전자력에 관한 플레밍의 법칙
④ 유도 기전력에 관한 렌츠의 법칙

해설 전자유도
① 전자유도 : 자속의 변화로 도체에 기전력 발생
② 유도기전력 : 전자유도에 의해 발생된 전압
③ 유도전류 : 전자유도에 의해 흐르는 전류
④ 렌쯔의 법칙 : 유도기전력은 자속의 변화를 방해하려는 방향으로 발생
⑤ 패러데이 법칙 : 단위시간동안에 코일을 쇄교하는 자속의 변화량과 코일의 권수에 비례
⑥ $e = -N\dfrac{\Delta \Phi}{\Delta t}$ [V]
여기서, e : 유기기전력
N : 코일의 권수
$\Delta \Phi$: 자속의 변화량
Δt : 단위시간[sec]
$-$: 역방향(렌쯔의 법칙)

55 직류 전동기의 속도 제어 방법이 아닌 것은?

① 저항 제어법
② 계자 제어법
③ 주파수 제어법
④ 전기자 전압 제어법

해설 ① 계자 제어법
• 계자 전류를 조정하여 계자속 φ 를 변화시켜 속도를 제어하는 방법
• 제어하는 전류가 작아, 손실이 작다.
• 광범위하게 속도 조정을 할 수 있다.
• 정출력 가변속도의 용도에 적합하다.
② 저항 제어법
• 회로에 저항을 가감하여 속도를 제어하는 방법
• 계자전류보다 훨씬 큰 전기자전류가 흐른다.
• 전력손실이 크고, 효율이 나쁘다.
• 속도 변동률이 크게 되어 특성이 나쁘다.
③ 전압 제어법
• 전기자에 단자 전압을 변화하여 속도를 조정하는 방법
• 광범위한 속도 조정이 가능하다.
• 정토크 가변 속도의 용도에 적합하다.

56 그림은 마이크로미터로 어떤 치수를 측정한 것이다. 치수는 약 몇 mm인가?

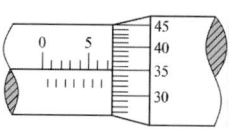

① 5.35 ② 5.85
③ 7.35 ④ 7.85

해설 ① 슬리브 눈금 값 : 7.5mm
② 심블 눈금 값 : 0.35mm
∴ 7.5 + 0.35 = 7.85mm

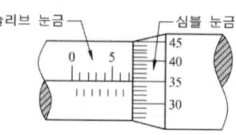

57 다음 중 응력을 가장 크게 받는 것은? (단, 다음 그림은 기둥의 단면 모양이며, 가해지는 하중 및 힘의 방향은 같다.)

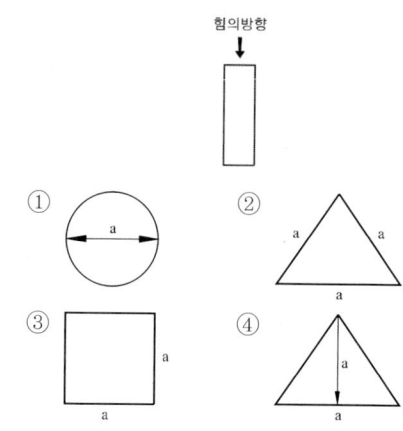

Answer
54 ① 55 ③ 56 ④ 57 ②

58 다음 그림과 같은 제어계의 전체 전달함수는? (단, H(s) = 1이다.)

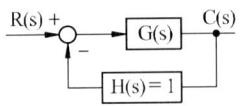

① $\dfrac{1}{G(s)}$ ② $\dfrac{1}{1+G(s)}$
③ $\dfrac{G(s)}{1+G(s)}$ ④ $\dfrac{G(s)}{1-G(s)}$

해설 신호 흐름 선도의 등가 변환 표
• 직렬접속

블록선도
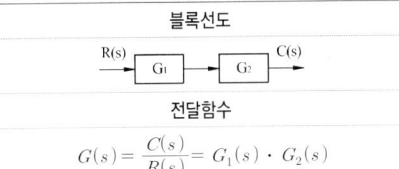
전달함수
$G(s) = \dfrac{C(s)}{R(s)} = G_1(s) \cdot G_2(s)$

• 병렬접속

블록선도
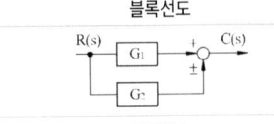
전달함수
$G(s) = \dfrac{C(s)}{R(s)} = G_1(s) \pm G_2(s)$

• 피드백접속

블록선도
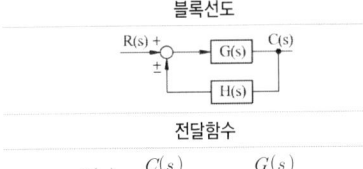
전달함수
$G(s) = \dfrac{C(s)}{R(s)} = \dfrac{G(s)}{1 \mp G(s)H(s)}$
블록선도
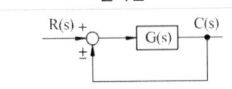
$H(s) = 1$
전달함수
$G(s) = \dfrac{C(s)}{R(s)} = \dfrac{G(s)}{1 \mp G(s)}$

피드백 접속

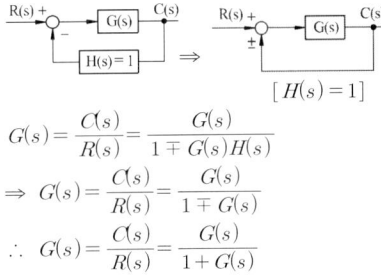

$[H(s) = 1]$

$G(s) = \dfrac{C(s)}{R(s)} = \dfrac{G(s)}{1 \mp G(s)H(s)}$

$\Rightarrow G(s) = \dfrac{C(s)}{R(s)} = \dfrac{G(s)}{1 \mp G(s)}$

$\therefore G(s) = \dfrac{C(s)}{R(s)} = \dfrac{G(s)}{1 + G(s)}$

59 인덕턴스가 5mH인 코일에 50Hz의 교류를 사용할 때 유도 리액턴스는 약 몇 Ω 인가?

① 1.57 ② 2.50
③ 2.53 ④ 3.14

해설 인덕턴스(L)만의 회로
① 전압이 전류보다 위상차가 90°($\dfrac{\pi}{2}$[rad]) 앞선다.
② 전압과 전류의 관계
• $I = \dfrac{V}{\omega L}$ [A]
• $X_L = \omega L = 2\pi f L$ [Ω]
여기서, ω : 각속도[rad/s]
X_L : 유도리액턴스[Ω]
L : 인덕턴스[H]
f : 주파수[Hz]
$\therefore X_L = \omega L = 2\pi f L = 2 \times 3.14 \times 50 \times 0.005$
$= 1.57$ [Ω]

60 저항 100Ω 의 전열기에 5A의 전류를 흘렸을 때 전력은 몇 W인가?

① 0 ② 00
③ 00 ④ 500

해설 단상전력
$P = V \cdot I = \dfrac{V^2}{R} = I^2 \cdot R$ [W]
$\therefore P = I^2 \cdot R = 5^2 \times 100 = 2500$ [W]

Answer
58 ③ 59 ① 60 ④

CBT 기출복원 문제

01 일반 승객용 엘리베이터의 도어머신에 요구되는 구비조건이 아닌 것은?

① 작동이 원활하고 조용할 것
② 방수 및 내화구조일 것
③ 카 상부에 설치하기 위해 소형 경량일 것
④ 작동이 확실해야 할 것

해설
① 동작이 원활하며, 잡음이 없을 것
② 소형 경량일 것
③ 내구성이 좋을 것
④ 보수가 쉽고, 가격이 저렴할 것

02 전기식 엘리베이터 기계실의 조도는 기기가 배치된 바닥면에서 몇 lx 이상이어야 하는가?

① 150   ② 200
③ 250   ④ 300

해설 기계실 구조
① 기계실의 면적은 승강로 투영면적의 2배 이상
② 기계실의 바닥·벽 및 천장은 내화구조 또는 방화구조로 양호하게 유지
③ 기계실 온도는 5℃에서 +40℃ 이하를 유지(기준 온도이상 시 제어장치 오작동)
④ 기계실에는 바닥 면에서 200lx 이상을 비출 수 있는 영구적으로 설치된 전기 조명

03 승강기에 사용되는 전동기의 소요 동력을 결정하는 요소가 아닌 것은?

① 정격적재하중
② 정격속도
③ 종합효율
④ 건물길이

해설 전동기 용량

$$P = \frac{M \cdot V \cdot S}{6120\eta} \text{kw}$$

여기서, M : 정격 적재량[kg]
V : 정격속도[m/min]
S : $1-F$(F : 오버밸런스율%)
η : 종합효율
∴ 균형추 중량 : 케이지 자체중량 $+ M \cdot F$

04 에스컬레이터 스텝체인의 안전율은 얼마 이상이어야 하는가?

① 5   ② 10
③ 15   ④ 20

해설

에스컬레이터부분	안전율
트러스 및 빔	5
디딤판(스텝) 체인 및 구동체인	10
벨트식 디딤판 및 연결부재	7

Answer
01 ② 02 ② 03 ④ 04 ②

05 수직면내에 배열된 다수의 주차구획이 순환 이동하는 방식의 주차설비는 무엇인가?

① 다층순환식
② 수평순환식
③ 승강기식
④ 수직순환식

해설 수직 순환식 주차 방식
① 주차 구획을 수직으로 순환 이동하여 수직면에 배열된 곳에 운반하는 방식
② 주차방식의 종류(입출구의 위치에 의한 구분)
  • 상부 승입식
  • 중간 승입식
  • 하부 승입식

06 전기식 엘리베이터 기계실의 실온 범위는?

① 5~70℃
② 5~60℃
③ 5~50℃
④ 5~40℃

해설 기계실 구비 조건
① 작업구역에서 유효 높이는 2m 이상이어야 한다.
② 기계실에는 바닥 면에서 200lx 이상을 비출 수 있는 영구적으로 설치된 전기 조명이 있어야 한다.
③ 기계실은 눈·비가 유입되거나 동절기에 실온이 내려가지 않도록 조치되어야 하며 실온은 +5℃에서 +40℃ 사이에서 유지되어야 한다.
④ 제어 패널 및 캐비닛 전면의 유효 수평면적은 아래와 같아야 한다.
  • 폭은 0.5m 또는 제어 패널·캐비닛의 전체 폭 중에서 큰 값 이상
  • 깊이는 외함의 표면에서 측정하여 0.7m 이상
⑤ 수동 비상운전이 필요하다면, 움직이는 부품의 유지보수 및 점검을 위한 유효 수평면적은 0.5m×0.6m 이상이어야 한다.

07 엘리베이터의 완충기에 대한 설명 중 옳지 않은 것은?

① 스프링 완충기와 유입 완충기가 있다.
② 정격속도 60[m/min] 이하는 스프링 완충기가 사용된다.
③ 정격속도 60[m/min] 초과 시는 유입완충기가 사용된다.
④ 스프링 완충기의 작용은 유체저항에 의한다.

해설
① 스프링완충기
  • 정격속도 60m/min 이하 승강기에 적용
  • 행정은 최소한 정격속도의 115%에 상응하는 중력 정지거리의 2배
  • 적용중량은 최대 압축하중의 1/4배~1/2.5배의 범위로 적용
② 유입완충기
  • 정격속도 60m/min 초과에 적용
  • 적용중량 : 최소적용중량(카 자중+65), 최대적용중량(카 자중+적재하중)

08 고속엘리베이터의 일반적인 속도 m/min 범위는?

① 40~60
② 60~105
③ 120~300
④ 360 이상

해설 엘리베이터 속도별 분류

분류	속도	사용
저속	45 이하 [m/min]	소형빌딩 등
중속	60~105 [m/min]	아파트 및 병원, 중형빌딩 등
고속	120~240(300) [m/min]	대형빌딩, 백화점 등 (무기어제어 시)
초고속	360 초과 [m/min]	초고층 빌딩

Answer
05 ④　06 ④　07 ④　08 ④

09 기계실의 바닥면적은 일반적으로 승강로 수평투영면적의 몇 배 이상으로 하여야 하는가?

① 2배　② 3배
③ 4배　④ 5배

해설 기계실 구조
① 기계실의 면적은 승강로 투영면적의 2배 이상
② 기계실의 바닥·벽 및 천장은 내화구조 또는 방화구조로 양호하게 유지
③ 기계실 온도는 5℃에서 +40℃ 이하를 유지(기준 온도이상 시 제어장치 오작동)
④ 기계실에는 바닥 면에서 200lx 이상을 비출 수 있는 영구적으로 설치된 전기 조명
⑤ 수전반 및 제어반
⑥ 제동기, 조속기, 전동기 및 권상기

10 도어관련 부품 중 안전장치가 아닌 것은?

① 도어머신
② 도어 스위치
③ 도어 인터록
④ 도어 클로저

해설
① 도어머신의 구비조건
  • 동작이 원활하며, 잡음이 없을 것
  • 소형 경량일 것
  • 내구성이 좋을 것
  • 보수가 쉽고, 가격이 저렴할 것
② 도어머신의 특징
  • 주행 중 어린이의 장난으로 문을 여는 것을 막기 위해, 손으로 문을 여는데 필요한 힘을 20kgf 이상으로 규정
  • 카 도어의 닫힘은 중간에 서지 못하도록 방지하는데 필요한 힘이 13kgf 하중이하 규정

11 조속기의 종류가 아닌 것은?

① 롤세이프티형 조속기
② 디스크형 조속기
③ 플렉시블형 조속기
④ 프라이볼형 조속기

해설
① 롤 세이프티 조속기(roll safety governor)
  • 카의 정격속도 이상시 과속스위치가 검출하여 동력전원회로 차단
  • 조속기 도르래의 홈과 로프 사이에 마찰력을 이용 비상정지
② 디스크 조속기(disk governor)
  • 카이 정격속도 초과 시 원심력에 의해 진자(振子)가 작동 가속 스위치를 작동시켜 정지
  • 추형방식 : 추(錘, weight)형 캐치에 의해 로프를 붙잡아 비상정지 장치 작동
  • 슈형방식 : 도르래 홈과 슈사이에 로프를 붙잡아 비상정지장치를 작동
③ 플라이 볼 조속기(fly ball governor)
  • 도르래의 회전을 수직축의 회전으로 변환, 링크 기구로 구형의 진자에 원심력으로 작동
  • 구조가 매우 복잡하나 정밀도가 높은 검출을 하므로 고속 승강기에 많이 적용

12 가이드 레일의 역할에 대한 설명 중 틀린 것은?

① 카와 균형추를 승강로 평면 내에서 일정궤도상에 위치를 규제한다.
② 일반적으로 가이드 레일은 H형이 가장 만이 사용된다.
③ 카의 자중이나 화물에 의한 카의 기울어짐을 방지한다.
④ 비상 멈춤이 작동할 때의 수직하중을 유지한다.

해설
① 가이드 레일의 역할
  • 카의 기울어짐을 방지
  • 카와 균형추의 승강로내 위치규제
  • 비상정지장치 작동 시 수직하중을 유지
② 가이드 레일의 규격
  • 레일 호칭은 마무리 가공 전 소재의 1m당 중량으로 한다.
  • 보통 T형 레일 공칭은 8K, 13K, 18K, 24K(대용량 엘리베이터에서는 37K, 50K)
  • 레일의 표준길이는 5m이다.
  • 가이드 레일의 허용응력은 2400kg/cm^{2}이다.

Answer
09 ①　10 ①　11 ③　12 ②

13 전기화재의 원인이 아닌 것은?

① 누전　　② 단락
③ 과전류　④ 케이블 연피

해설 전기화재 발생 형태
① 전열기/조명기구 등의 과열로 주위 가연물을 착화시키는 경우
② 배선의 과열로 전선피복을 착화시키는 경우
③ 전동기/변압기 등 전기기기의 과열
④ 선간 단락/누전/과전류/정전기

14 로프식(전기식) 엘리베이터에서 카에 여러 개의 비상정지장치가 설치된 경우의 비상정지장치는?

① 평시 작동형
② 즉시 작동형
③ 점차 작동형
④ 순간 작동형

해설 ① 점진적(점차 작동형) 비상정지장치
- F·G·C(flexible guide clamp)형
  - 구조가 간단하여 많이 사용되며, 복구가 용이 하다.
  - 정격속도 60m/min 이상인 중·고속엘리베이터에 사용
- F·W·C(flexible wedge clamp)형
  - 레일을 죄는 힘이 동작 시점에는 약하나 하강함에 점점 강해진 후 일정치 도달한다.
  - 구조가 복잡하여 많이 사용하지 않는다.
② 순간식 비상정지장치
- 저속도 엘리베이터 속도가 45m/min 이하 사용한다.
- 순간식 비상정지장치에는 조속기를 사용하지 않고 롤러의 장력이 없어지는 것을 검출하여 작동하는 방식도 있으며, 슬랙로프 세이프티라고 부른다.

15 에스컬레이터의 역회전 방지장치가 아닌 것은?

① 구동체인 안전장치
② 기계 브레이크
③ 조속기
④ 스컷트 가드

해설 스컷트 가드 안전장치(S.G.S)
① 승강구에서 사람, 이물질이 끼이는 경우 구동 전동기 및 브레이크의 전원을 차단하는 장치
② 디딤판 수평구간에 위치하며, 보통 콤플레이트 앞 곡선부 상하 양 측면에 설치

16 작동유의 압력맥동을 흡수하여 진동, 소음을 감소시키는 것은?

① 펌프　　② 필터
③ 사이렌서　④ 역류제지 밸브

해설 ① 펌프 : 펌프의 출력은 압력과 토출량에 비례한다.
② 필터 : 무언가를 걸러내는 도구. 특정 성질을 가진 것은 차단하고, 그렇지 않은 것은 통과시키는 도구이다.
③ 사이렌서 : 자동차의 머플러와 같이 작동유의 압력맥동을 흡수하여 진동, 소음을 감소시키는 역할을 한다.
④ 역저지밸브 : 정전이나 그 외의 원인으로 펌프의 토출 압력이 떨어져 실린더의 기름이 역류하여 카가 자유 낙하하는 것을 방지하는 역할을 한다

17 다음 장치 중에서 작동되어도 카의 운행에 관계없는 것은?

① 통화장치
② 조속기 캐치
③ 승강장 도어의 열림
④ 과부하 감지 스위치

해설 승강로의 비상통화장치 : 승강로에서 작업하는 사람이 갇히게 되어 카 또는 승강로를 통해서 빠져나올 방법이 없는 경우, 이러한 위험이 존재하는 장소에는 비상통화장치가 설치되어야 한다.

Answer
13 ④　14 ③　15 ④　16 ③　17 ①

18 승강기 안전관리자의 직무범위에 속하지 않는 것은?

① 보수계약에 관한 사항
② 비상열쇠 관리에 관한 사항
③ 구급체계의 구성 및 관리에 관한 사항
④ 운행관리규정의 작성 및 유지에 관한 사항

해설 승강기 안전관리자의 직무 범위
① 승강기 운행관리 규정의 작성 및 유지·관리에 관한 사항
② 승강기의 고장·수리 등에 관한 기록 유지에 관한 사항
③ 승강기 사고 발생에 대비한 비상연락망의 작성 및 관리에 관한 사항
④ 승강기 인명사고 시 긴급조치를 위한 구급체제의 구성 및 관리에 관한 사항
⑤ 승강기의 중대한 사고 및 중대한 고장 시 사고 및 고장 보고에 관한 사항
⑥ 승강기 표준부착물의 관리에 관한 사항
⑦ 승강기 비상열쇠의 관리에 관한 사항

19 재해 발생의 원인 중 가장 높은 빈도를 차지하는 것은?

① 열량의 과잉 억제
② 설비의 배치 착오
③ 과부하
④ 작업자의 작업행동 부주의

해설 ① 간접원인 : 안전관리 결함(기술적, 교육적, 관리적)
② 직접원인
• 불안전한 상태(물적원인, 작업환경 결함 등)
• 불안전한 행동(인적원인, 작업환경의 부적응 등) – 안전사고 발생요인이 가장 높음

20 작업의 특수성으로 인해 발생하는 직업병으로서 작업 조건에 의하지 않은 것은?

① 먼지
② 유해 가스
③ 소음
④ 작업 자세

해설 작업 방법적 위험 : 작업 시 작업방법의 잘못으로 생기는 위험
• 작업자세, 작업속도, 작업강도, 근로시간, 휴식시간, 작업동작, 작업순서 등

21 승강기 안전점검에서 신설·변경 또는 고장 수리 등 작업을 한 후에 실시하는 것은?

① 사전점검
② 특별점검
③ 수시점검
④ 정기점검

해설

종류	시행시기	점검사항
일상 점검	• 매일 • 작업 전, 후(수시)	• 기계 공구 및 설비 등 • 해당 작업
정기 점검	• 매주, 매월 • 분기별(정기적)	• 기계, 기구 설비의 주요 부분 • 파손 마모 등 세밀한 부분
특별 점검	• 설비의 신설 및 변경 시 • 천재지변 후(부정기적)	• 기계, 기구 설비의 신설 및 변경 • 고장 및 수리 등

Answer
18 ① 19 ④ 20 ④ 21 ②

22 추락방지를 위한 물적 측면의 안전대책과 관련이 없는 것은?

① 발판, 작업대 등은 파괴 및 동요되지 않도록 견고하고 안정된 구조이어야 한다.
② 안전교육훈련을 통해 작업자에게 추락의 위험을 인식시킴과 동시에 자율적 규제를 촉구한다.
③ 작업대와 통로는 미끄러지거나 발에 걸려 넘어지지 않게 평평하고 미끄럼방지성이 뛰어난 것으로 한다.
④ 작업대와 통로 주변에는 난간이나 보호대를 설치해야 한다.

해설 작업장 추락 방지조치
① 추락하거나 넘어질 위험이 있는 장소에는 안전난간·울·손잡이 또는 충분한 강도를 가진 덮개 등을 설치
② 작업발판의 끝·개구부 등을 제외한 높이 2m 이상인 장소에는 비계 조립 등의 방법에 의해 작업발판을 설치
③ 작업발판 설치가 곤란한 경우에는 안전방망을 치거나 근로자에게 안전대를 착용
④ 통로는 미끄러지거나 발에 걸려 넘어지지 않게 평평하고 미끄럼 방지성 설치

23 안전사고의 발생요인으로 심리적인 요인에 해당되는 것은?

① 감정
② 극도의 피로감
③ 육체적 능력 초과
④ 신경계통의 이상

해설 안전심리 5대 요소(개인적 불안전요소 5가지)
① 동기 : 능동적인 감각에 의한 자극에서 일어나는 사고(思考)의 결과를 동기라 함. 사람의 마음을 움직이는 원동력을 말함.
② 기질 : 인간의 성격, 능력 등 개인적인 특성. 생활환경에서 영향을 받으며 주위환경에 따라 달라짐.
③ 감정 : 희노애락 등의 의식. 사고를 일으키는 정신적 동기
④ 습성 : 동기, 기질 감정 등과 밀접한 관계를 형성하여 인간의 행동에 영향을 미칠 수 있는 것.
⑤ 습관 : 성장과정을 통해 형성된 특성 등이 자신도 모르게 습관화된 현상

24 로프식 엘리베이터에서 도르래의 직경은 로프 직경의 몇 배 이상으로 하여야 하는가?

① 25   ② 30
③ 35   ④ 40

해설 승강기용 권상기 로프의 특징
① 로프의 피치는 직경의 6배를 표준으로 한다.
② Sheave의 직경은 로프 지름의 40배 이상으로 한다.
③ 안전율은 10 이상으로 한다.

25 에스컬레이터의 스커트 가드판과 스탭 사이에 인체의 일부나 옷, 신발 등이 끼었을 때 에스컬레이터를 정지시키는 안전장치는?

① 스텝체인 안전장치
② 구동체인 안전장치
③ 핸드레일 안전장치
④ 스커트 가드 안전장치

해설 스커트 가드 안전장치(S.G.S)
① 승강구의 가까운 위치에서 사람이나 이물질이 디딤판 측면과 스커트가드와의 사이에 강하게 끼이는 경우 구동 전동기 및 브레이크의 전원을 차단하는 장치
② 스커트 가드는 어느 부분에서나 $25cm^2$의 면적에 1500N(153kg$_f$)의 힘을 직각으로 가했을 때 휨량이 4mm 이내이어야 하고, 시험 후 영구변형이 없어야 한다.

Answer
22 ②   23 ①   24 ④   25 ④

26 이상 시 재해원인 중 통계적 재해 분류에 속하지 않는 것은?

① 중상해　　② 경상해
③ 중미상해　④ 경미상해

해설 재해 통계를 위한 인체상해의 통계적 분류
① 사망 : 업무상 목숨을 잃게 되는 경우 (노동 손실일수 7,500일)
② 중상해 : 부상으로 인하여 8일 이상의 노동 상실을 가져온 상해 정도
③ 경상해 : 부상으로 1일 이상 7일 이하의 노동 상실을 가져온 상해 정도
④ 무상해 : 사고로 응급 처치 이하의 상처로 작업에 종사하면서 치료를 받는 상해 정도(동원치료). 한국과 일본에서는 4일 이상의 요양을 요하는 재해를 다루고 있다.

27 피트 내에서 행하는 검사가 아닌 것은?

① 피트 스위치 동작 여부
② 하부 파이널스위치 동작 여부
③ 완충기 취부상태 양호 여부
④ 상부 파이널 스위치 동작 여부

해설 피트 내에서 행하는 검사
① 완충기 취부상태 확인
② 조속기로프 및 기타의 당김 도르래 확인
③ 피트바닥 청결상태 확인(사다리 고정 유무, 배수구점검)
④ 하부 화이널리미트스위치 동작상태 확인
⑤ 카 비상정지장치 및 스위치 동작상태 확인
⑥ 하부 도르래 동작상태 확인
⑦ 균형추 밑부분 틈새 확인
⑧ 이동케이블 및 부착부 확인

28 다음 중 엘리베이터 자체 검사 시의 점검 항목으로 크게 중요하지 않은 사항은?

① 브레이크 장치
② 와이어로프상태
③ 비상정지장치
④ 각종 계전기의 명판 부착 상태

해설 엘리베이터 자체검사 항목
① 기계실, 구동기 및 풀리 공간에서 하는 점검
② 카 실내에서 하는 점검
③ 카 위에서 하는 점검
④ 승강장에서 하는 점검
⑤ 피트에서 하는 점검
⑥ 비상용 엘리베이터 점검
⑦ 장애인용 엘리베이터 점검

29 전기식 엘리베이터에서 현수로프 안전율은 몇 이상이어야 하는가?

① 8　　② 9
③ 11　④ 12

해설
① 현수로프의 안전율 12 이상
② 현수체인의 안전율 10 이상
③ 가용성 호스의 안전율 8 이상

Answer
26 ③　27 ④　28 ④　29 ④

30 비상정지장치에 대한 설명 중 옳지 않은 것은?

① 승강로 피트 하부가 통로로 사용된 경우는 카측에만 설치하여야 한다.
② 속도 45m/min 이하에는 순간적으로 정지시키는 즉시 작동형이 사용된다.
③ 정격속도 90m/min인 경우 126m/min에서 작동하였다.
④ 45m/min 초과의 승강기는 정격속도의 1.4배를 넘지 않는 범위에서 작동하여야 한다.

해설
① 순간식 비상정지장치
  • 저속도 엘리베이터 속도가 45m/min 이하 사용한다.
  • 순간식 비상정지장치에는 조속기를 사용하지 않고 롤러의 장력이 없어지는 것을 검출하여 작동하는 방식도 있으며, 슬랙로프 세이프티라고 부른다.
② 1단계 과속검출 스위치 : 카(car)의 속도가 정격속도의 1.3배 이하에서 동작(정격속도 45m/min 이하의 경우 63m/min 이하에서 동작)
③ 2단계 캣치 : 카의 속도가 정격속도의 1.4배를 넘기 전에 동작(정격속도 45m/min 이하의 경우 68m/min 넘기 전에 동작)

31 승강기 회로의 사용전압이 440V인 전동기 주회로의 절연저항은 몇 MΩ 이상이어야 하는가?

① 1.5   ② 1.0
③ 0.5   ④ 0.1

해설
• 절연저항 : 대지와 전로사이의 절연상태(개폐기 또는 과전류차단기로 구획할 수 있는 전로마다 검사할 수 있다.)

공칭회로전압[V]	시험전압(직류)[V]	절연저항[MΩ]
SELV	250	0.25 이상
≤ 500	500	0.5 이상
〉500	1000	1.0 이상

• 메가 : 절연저항 측정

32 승강기에 설치할 방호장치가 아닌 것은?

① 가이드 레일
② 출입문 인터 록
③ 조속기
④ 파이널 리미트 스위치

해설
① 방호장치 : 기계기구 및 설비를 사용할 경우에 작업자에게 상해를 입힐 우려가 있는 부분으로부터 작업자를 보호하기 위한 장치
② 가이드레일 : 카, 균형추 또는 평형추의 안내

33 자기저항의 단위로 맞는 것은?

① Ω   ② AT/Wb
③ Φ   ④ Wb

해설
① Ω : 저항
② AT/Wb : 자기저항
③ Φ : 자속
④ Wb : 자극세기

34 회전축에 가해지는 하중이 마찰저항을 작게 받도록 지지하여 주는 기계요소는?

① 클러치   ② 베어링
③ 커플링   ④ 축

해설
베어링의 구비조건
① 마모가 적고 내구성 클 것
② 내부식성이 좋을 것
③ 가공이 쉬울 것
④ 충격하중에 강할 것
⑤ 열변형이 적을 것
⑥ 강도와 강성이 클 것
⑦ 마찰열의 소산(消散)을 위해 열전도율이 좋을 것
⑧ 마찰계수가 작을 것

Answer
30 ① 31 ③ 32 ① 33 ② 34 ②

34 와이어로프 클립(wire rope clip)의 체결 방법으로 가장 적합한 것은?

①
②
③
④

해설 와이어로프 체결 순서
① 클립 1번 가체결

② 딤블쪽 클립 체결

③ 딤블쪽에서 두 번째, 세 번째 클립 체결

35 전자접촉기 등의 조작회로를 접지하였을 경우, 당해 전자접촉기 등이 폐로될 염려가 있는 것의 접속방법으로 옳은 것은?

① 코일과 접지측 전선 사이에 반드시 개폐기가 있을 것
② 코일의 일단을 접지측 전선에 접속 할 것
③ 코일의 일단을 접지하지 않는 쪽의 전선에 접속할 것
④ 코일과 접지측 전선 사이에 반드시 퓨즈를 설치할 것

해설 원심기 제작 및 안전기준(제5조 관련)
전자접촉기 등의 조작회로는 접지하였을 때 전자접촉기 등이 폐로 될 우려가 있는 것은 다음과 같이 한다.
① 코일의 한쪽 끝은 접지측 전선에 접속할 것
② 코일의 접지측 전선과의 사이에는 개폐기 등이 없을 것

36 진공 중에서 m[Wb]의 자극으로부터 나오는 총 자력선의 수는 어떻게 표현되는가?

① $\dfrac{m}{4\pi\mu_0}$ ② $\dfrac{m}{\mu_0}$
③ $\mu_0 m$ ④ $\mu_0 m^2$

해설 자력선 : 자기장의 세기와 방향을 선을 나타낸 것의 전위차를 말한다.
• 자기장 내에 임의의 점자하에 작용하는 힘의 크기와 방향을 표시

※ $H = \dfrac{1}{4\pi\mu} \times \dfrac{m_1}{r^2}$ [AT/m]

∴ 진공 중 ⇒ $H = \dfrac{1}{4\pi\mu_0} \times \dfrac{m_1}{r^2}$ [AT/m]

⇒ $\dfrac{m}{\mu_0}$ (자력선 수)

37 가이드 레일의 규격(호칭)에 해당되지 않는 것은?

① 8K   ② 13K
③ 15K   ④ 18K

해설 가이드 레일의 규격
① 레일 호칭은 마무리 가공 전 소재의 1m당 중량으로 한다.
② 보통 T형 레일 공칭은 8K, 13K, 18K, 24K(대용량 엘리베이터에서는 37K, 50K)
③ 레일의 표준길이는 5m이다.
④ 가이드 레일의 허용응력은 2400kg/cm²이다.
⑤ 카의 기울어짐 방지 또는 비상정지장치가 작동 때 수직하중 유지

Answer
34 ② 35 ② 36 ② 37 ③

38 와이어 로프의 구성요소가 아닌 것은?

① 소선   ② 심강
③ 킹크   ④ 스트랜드

해설 스트랜드 : 소선을 한층 혹은 여러층 꼬아 합친 로프

39 유압식 엘리베이터에서 실린더의 점검사항으로 틀린 것은?

① 스위치의 기능 상실여부
② 실린더 패킹에 누유여부
③ 실린더의 패킹의 녹 발생여부
④ 구성부품, 재료의 부착에 늘어짐 여부

해설 유압 실린더(cylinder)상태
① 유체에너지를 이용하여 기계적 에너지로 변환 시 직선운동 하는 장치이다.
② 실린더는 상부에 먼지를 방지하는 더스트 와이퍼, 플런저와 접동하면서 오일을 밀봉하는 패킹, 플런저를 접동하면서 지지하는 그랜드 메탈이 부착되어 있어야 한다.
③ 실린더 패킹에서 기름누설은 적절하게 처리될 수 있어야 한다.
④ 유압실린더는 비정상적인 누유 및 전도의 위험 없이 설치상태는 양호하여야 한다.
⑤ 실린더측 가이드슈의 설치상태는 풀림이나 손상, 균열 등이 없이 확실하고, 지진 기타의 진동에 의해 레일로부터 이탈되지 않는 조치가 되어 있어야 한다.

40 전류 I[A]와 전하 Q[C] 및 시간 t초와의 상관관계를 나타낸 것은?

① $I = \dfrac{Q}{t}$[A]   ② $I = \dfrac{t}{Q}$[A]

③ $I = \dfrac{Q^2}{t}$[A]   ④ $I = \dfrac{Q}{t^2}$[A]

해설 $I = \dfrac{Q}{t}$[A]

41 유압잭의 부품이 아닌 것은?

① 사이렌서
② 플런저
③ 패킹
④ 더스트 와이퍼

해설 사이렌서 : 자동차의 머플러와 같이 작동유의 압력 맥동을 흡수하여 진동, 소음을 감소시키는 역할을 한다.

42 대형 직류전동기의 토크를 측정하는데 가장 적당한 방법은?

① 와전류전동기
② 프로니 브레이크법
③ 전기동력계
④ 반환부하법

해설 전기동력계
① 회전기 용어. 토크를 지시하는 방법을 갖춤. 발전기, 전동기 또는 와전류 부하흡수기
② 발전기나 전동기의 고정자를 고정하는 데 필요한 회전력을 계측
③ 토크를 구하는 방식의 동력계이며, 정밀도가 좋아서 주로 고속 기관의 출력 계산에 이용된다.

43 후크의 법칙을 옳게 설명한 것은?

① 응력과 변형률은 반비례 관계이다.
② 응력과 탄성계수는 반비례 관계이다.
③ 응력과 변형률은 비례 관계이다.
④ 응력과 탄성계수는 비례 관계이다.

해설 후크(Hooke)의 법칙
① 재료의 비례한도 내에서는 응력(σ)과 변형률(ε)이 비례한다.
 • $\sigma \propto \varepsilon$
② 비례식은 비례상수(E)라 하고 항등식으로 표시하면
 • $\sigma = E\varepsilon$

Answer
38 ③ 39 ① 40 ① 41 ① 42 ③ 43 ③

44 일반적인 에스컬레이터 경사도는 몇 도[°]를 초과하지 않아야 하는가?

① 25°   ② 30°
③ 35°   ④ 40°

해설 ① 경사도는 30°를 초과하지 않아야 한다.(높이 6m 이하, 공칭속도 0.5m/s 이하에서는 경사도 35°까지)
② 디딤판 속도 40m/min

45 그림과 같은 지침형(아날로그형) 계기로 측정하기에 가장 알맞은 것은? (단, R은 지침의 0점을 조절하기 위한 가변저항이다.)

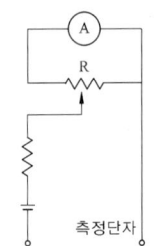

① 전압   ② 전류
③ 저항   ④ 전력

해설 저항측정 방법
① 회로상에서 저항을 측정하고자 하는 경우는 반드시 전원을 끄고 회로를 개방한 상태에서 저항 양단을 병렬로 연결해야 한다.
② 폐회로 상태에서는 디지털 멀티메타에 외부전압이 인가되어 정확한 측정이 되지 않는다.
③ 멀티메타의 리드선중 붉은 색인 [+]는 [V/Ω]단자에 연결하고 검은 색인 [-]는 [COM]에 연결한다.
④ 멀티메타의 측정 범위는 예상되는 저항값보다 약간 높은 범위의 레인지를 선택하는 것이 좋다. (낮은 레인지를 선택하면 측정이 불가능)
⑤ 측정 레인지를 가변한 경우는 매번 영점 조정을 해야만 한다.

46 영(Young)율이 커지면 어떠한 특성을 보이는가?

① 안전하다.
② 위험하다.
③ 늘어나기 쉽다.
④ 늘어나기 어렵다.

해설 영률(Young's modulus) : 탄성영역에서 스트레스와 변형 사이의 비례관계
① 세로탄성계수 : 탄성한계 내에서 응력과 변형률의 비례관계
- $\sigma = E\varepsilon$
∴ 탄성계수$(E) = \dfrac{응력(\sigma)}{형률(\varepsilon)}$
② 세로변형률이 작다는 것은 늘어나기 어렵다는 의미

47 높은 곳에서 전기작업을 위한 사다리작업을 할 때 안전을 위하여 절대 사용해서는 안 되는 사다리는?

① 니스(도료)를 칠한 사다리
② 셸락(shellac)을 칠한 사다리
③ 도전성 있는 금속제 사다리
④ 미끄럼 방지장치가 있는 사다리

해설 전기안전작업 요령
① 장비를 점검하기 전에 회로차단 하고, 플러그가 있는 장비는 플러그를 제거 함
② 전기 설비를 작업할 때 공구나 비품의 손잡이는 부도체로 된 것을 사용
③ 전기 장치의 충전부 전기가 흐르는 부분은 절연할 것
④ 전기 설비에 연결된 접지선의 접속을 확인 할 것

48 물체에 하중을 작용시키면 물체 내부에 저항력이 생긴다. 이 때 생긴 단위면적에 대한 내부 저항력을 무엇이라 하는가?

① 보 ② 하중
③ 응력 ④ 안전율

해설 응력
① 물체에 하중이 작용하였을 때, 그 하중에 저항하여 단위 면적당 발생한 내력
② $\delta = \dfrac{N}{m^2} = \dfrac{W}{A}$ [N/m²]
  여기서, δ : 응력, W : 하중, A : 단면적

49 직류기 권선법에서 전기자 내부 병렬회로수 a와 극수 p의 관계는? (단, 권선법은 중권이다.)

① a = 2 ② a = (1/2)P
③ a = p ④ a = 2p

해설 파권과 중권의 비교

비교항목	파권(직렬)	중권(병렬)
병렬회로수	2	P(극수)
브러시 수	2	P(극수)
용도	소전류, 고전압	대전류, 저전압

50 전기기기의 충전부와 외함 사이에 저항은 어떤 저항인가?

① 브리지저항 ② 접지저항
③ 접촉저항 ④ 절연저항

해설 ① 절연저항 : 대지와 전로사이의 절연상태(개폐기 또는 과전류차단기로 구획할 수 있는 전로마다 검사할 수 있다.)
② 메거 : 절연저항 측정

51 반지름 r[m], 권수 N의 원형 코일에 I[A]의 전류가 흐를 때 원형 코일 중심전의 자기장의 세기[AT/m]는?

① $\dfrac{NI}{r}$ ② $\dfrac{NI}{2r}$
③ $\dfrac{NI}{2\pi r}$ ④ $\dfrac{NI}{4\pi r}$

해설 원형코일 중심의 자장의 세기
$H = \dfrac{NI}{2r}$ [AT/m]

52 다음 중 회전운동을 하는 유희시설이 아닌 것은?

① 해적선 ② 로터
③ 비행탑 ④ 워터슈트

해설 ① 회전운동을 하는 유희시설
  • 회전목마
  • 회전그네
  • 회전탑
  • 관람기차
  • 옥토퍼스
  • 해적선
  • 문로켓
  • 로터
② 고가의 유희시설
  • 모노레일
  • 어린이 기차
  • 코스터
  • 매트 마우스

Answer
48 ③ 49 ② 50 ④ 51 ② 52 ④

53 산업재해 중에서 다음에 해당하는 경우를 재해형태별로 분류하면 무엇인가?

> 전기 접촉이나 방전에 의해 사람이 충격을 받은 경우

① 감전 ② 전도
③ 추락 ④ 화재

해설 재해의 발생 형태
① 협착 : 물건에 끼워진 상태, 말려든 상태
② 전도 : 사람이 평면상에서 넘어졌을 경우(과속/미그러짐 포함)
③ 감전 : 전기 접촉이나 방전에 의해서 충격을 받은 경우
④ 파열 : 용기 또는 장치가 물리적 압력에 의해 찢어지는 경우
⑤ 추락 : 사람이 건축물, 비계, 기계, 사다리, 경사면 등에서 떨어짐

54 물체에 하중이 작용할 때, 그 재료 내부에 생기는 저항력을 내력이라 하고 단위면적당 내력의 크기를 응력이라 하는데 이 응력을 나타내는 식은?

① $\dfrac{단면적}{하중}$ ② $\dfrac{하중}{단면적}$
③ 단면적 × 하중 ④ 하중 − 단면적

해설 응력
① 물체에 하중이 작용하였을 때, 그 하중에 저항하여 단위 면적당 발생한 내력
② $\delta = \dfrac{N}{m^2} = \dfrac{W}{A}$ [N/m²]
여기서, δ : 응력, W : 하중, A : 단면적

55 물질 내에서 원자핵의 구속력을 벗어나 자유로이 이동 할 수 있는 것은?

① 분자 ② 자유전자
③ 양자 ④ 중성자

해설 자유전자 : 원자의 외각전자는 어느 원자에도 소속되어 있지 않아 그 금속 내부를 마음대로 움직일 수 있는 입자(질량이 작고 (−)전하를 띤 입자)

56 감속기의 기어 치수가 제대로 맞지 않을 때 일어나는 현상이 아닌 것은?

① 기어의 강도에 악 영향을 준다.
② 진동 발생의 주요 원인이 된다.
③ 카가 전도할 우려가 있다.
④ 로프의 마모가 현저히 크다.

해설 로프의 마모 주요 원인으로는 로프이완 및 장력에 의한 것으로 보수, 조정

57 유압식엘리베이터의 점검 시 플런저 부위에서 특히 유의하여 점검하여 야 할 사항은?

① 플런저의 토출량
② 플런저의 승강행정 오차
③ 제어밸브에서의 누유상태
④ 플런저 표면조도 및 작동유 누설 여부

해설 ① 누유가 현저한여부
② 구성부품 재료의 부착에 늘어짐여부

Answer
53 ① 54 ② 55 ② 56 ④ 57 ④

58 승객의 구출 및 구조를 위한 카 상부 비상구 출구문의 크기는 얼마 이상이어야 하는가?

① 0.2m×0.2m ② 0.35m×0.5m
③ 0.5m×0.5m ④ 0.25m×0.3m

해설 비상구출구
① 비상구출운전으로서 특별히 규정된 경우, 카내에 있는 승객에 대한 구출활동은 항상 카 밖에서 이루어져야 한다.
② 승객의 구출 및 구조를 위해 카 천장에 비상구출구가 있는 경우, 크기는 0.35m×0.50m 이상으로 하여야 한다.
③ 카 밖에서 간단한 조작으로 열 수 있어야 하고, 카 내부에서는 규정된 삼각키를 사용하지 않으면 열 수 없는 구조로 하여야 한다.

59 3상 유도전동기의 회전 방향을 바꾸는 방법으로 옳은 것은?

① 3상 전원의 주파수를 바꾼다.
② 3상 전원 중 1상을 단선시킨다.
③ 3상 전원 중 2상을 단락시킨다.
④ 3상 전원 중 임의의 2상의 접속을 바꾼다.

해설 3상 전원 중 임의의 2상 교차

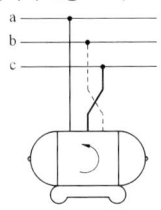

60 18-8 스테인리스강의 특징에 대한 설명 중 틀린 것은?

① 내식성이 뛰어난다.
② 녹이 잘 슬지 않는다.
③ 자성체의 성질을 갖는다.
④ 크롬 18%와 니켈 8%를 함유한다.

해설 ① 크롬 18%, 니켈 8%를 철에 가해서 만든 스테인리스강
② 내식재료로 널리 사용. 판이나 관. 주물로 이용
③ 녹이 잘 슬지 않는 합금강의 하나

Answer
58 ② 59 ④ 60 ③

승강기기능사 필기

초판 인쇄 | 2019년 1월 5일
초판 발행 | 2019년 1월 10일
초판 2쇄발행 | 2021년 1월 5일

인 지

지 은 이 | 정명교
발 행 인 | 조규백
발 행 처 | 도서출판 구민사
(07293) 서울특별시 영등포구 문래북로 116(문래동3가, 트리플렉스)604호
전화 (02) 701-7421(~2)
팩스 (02) 3273-9642
홈페이지 www.kuhminsa.co.kr

신고번호 | 제2012-000055호(1980년 2월 4일)
I S B N | 979-11-5813-521-8　　13500

값　22,000원

※ 낙장 및 파본은 구입하신 서점에서 바꿔드립니다.
※ 본서를 허락없이 부분 또는 전부를 무단복제, 게재행위는 저작권법에 저촉됩니다.